普通高等教育"十一五"国家级规划教材

教育部高职高专规划教材

机械工业出版社精品教材

供 配 电 技 术

第 4 版

刘介才 编著

机 械 工 业 出 版 社

本书是教育部高职高专规划教材,为2012年第3版的修订本,主要适用于电气自动化技术、电力系统自动化技术、建筑电气工程技术、供用电技术等专业。本书亦可供广播电视大学、职工大学、业余大学及应用型本科有关专业使用,并可供有关工程技术人员参考。

本书共分十章,包括概论,供配电系统的主要电气设备,电力负荷及其计算,短路计算及电器的选择校验,供配电系统的接线、结构及安装图,供配电系统的保护,供配电系统的二次回路及其自动装置与自动化,电气照明,安全用电、节约用电与计划用电,供配电系统的设计施工、运行维护与检修试验。

本书在第3版的基础上,本着"与时俱进、精益求精"的精神,根据我国近年来新颁布的一系列标准规范及供配电技术的最新发展,进行了全面的修订,使本教材切实具有新颖实用的特色。

为便于教师授课,本书备有免费电子课件和章后习题详解,凡选用本书做授课教材的教师均可来电索取,电话:010-88379375,Email:cmpgaozhi @sina.com。

图书在版编目(CIP)数据

供配电技术/刘介才编著. —4版. —北京:机械工业出版社,2017.1
(2025.2重印)
普通高等教育"十一五"国家级规划教材 教育部高职高专规划教材
机械工业出版社精品教材
ISBN 978-7-111-55202-4

Ⅰ.①供… Ⅱ.①刘… Ⅲ.①供电系统-高等职业教育-教材②配电系统-高等职业教育-教材 Ⅳ.①TM72

中国版本图书馆 CIP 数据核字(2016)第249105号

机械工业出版社(北京市百万庄大街22号 邮政编码100037)
策划编辑:于 宁 责任编辑:于 宁
责任校对:陈延翔 封面设计:马精明
责任印制:常天培
固安县铭成印刷有限公司印刷
2025年2月第4版第19次印刷
184mm×260mm · 26印张 · 627千字
标准书号:ISBN 978-7-111-55202-4
定价:54.80元

凡购本书,如有缺页、倒页、脱页,由本社发行部调换

电话服务	网络服务
服务咨询热线:010-88379833	机 工 官 网:www.cmpbook.com
读者购书热线:010-88379649	机 工 官 博:weibo.com/cmp1952
	教育服务网:www.cmpedu.com
封面无防伪标均为盗版	金 书 网:www.golden-book.com

出版说明

教材建设工作是整个高职高专教育教学工作中的重要组成部分。改革开放以来,在各级教育行政部门、学校和有关出版社的共同努力下,各地已出版了一批高职高专教育教材。但从整体上看,具有高职高专教育特色的教材极其匮乏,不少院校尚在借用本科或中专教材,教材建设仍落后于高职高专教育的发展需要。为此,1999年教育部组织制定了《高职高专教育基础课程教学基本要求》(以下简称《基本要求》)和《高职高专教育专业人才培养目标及规格》(以下简称《培养规格》),通过推荐、招标及遴选,组织了一批学术水平高、教学经验丰富、实践能力强的教师,成立了"教育部高职高专规划教材"编写队伍,并在有关出版社的积极配合下,推出一批"教育部高职高专规划教材"。

"教育部高职高专规划教材"计划出版500种,用5年左右时间完成。出版后的教材将覆盖高职高专教育的基础课程和主干专业课程。计划先用2~3年的时间,在继承原有高职、高专和成人高等学校教材建设成果的基础上,充分汲取近几年来各类学校在探索培养技术应用性专门人才方面取得的成功经验,解决好新形势下高职高专教育教材的有无问题;然后再用2~3年的时间,在《新世纪高职高专教育人才培养模式和教学内容体系改革与建设项目计划》立项研究的基础上,通过研究、改革和建设,推出一大批教育部高职高专教育教材,从而形成优化配套的高职高专教育教材体系。

"教育部高职高专规划教材"是按照《基本要求》和《培养规格》的要求,充分汲取高职、高专和成人高等学校在探索培养技术应用性专门人才方面取得的成功经验和教学成果编写而成的,适用于高等职业学校、高等专科学校、成人高校及本科院校举办的二级职业技术学院和民办高校使用。

教育部高等教育司

前言

本书是教育部高职高专规划教材，为2012年第3版的修订本，主要适用于电气自动化技术、电力系统自动化技术、建筑电气工程技术、供用电技术等专业。本书也适用于广播电视大学、职工大学、业余大学及应用型本科的有关专业，并可供有关工程技术人员参考。教材内容可根据各校专业要求和教学时数自行取舍。限于教学时数时，目录中标有"＊"号的章节，可作为选讲内容，或安排给学生自学。

本书共分十章。首先是概论，简要地讲述供配电工作的意义、要求及本课程任务，供配电系统及发电厂、电力系统和自备电源的基本知识，电力系统的中性点运行方式及低压配电系统的接地形式，供电质量要求及电力用户供配电电压的选择等，为学习本课程打下初步的基础。接着依次讲述供配电系统的主要电气设备、电力负荷及其计算、短路计算及电器的选择校验、供配电系统的接线与结构及安装图、供配电系统的保护、二次回路及其自动装置与自动化、电气照明、安全用电、节约用电与计划用电。最后讲述供配电系统的设计施工、运行维护与检修试验。

为便于学生复习和自学，每章前列有内容提要，每章末附有复习思考题和习题，书末附有习题参考答案。为配合教学和习题的需要，书末还附录一些技术数据图表。为便于学生更准确地理解有关专业名词术语的含义，本书对首次出现的一些专业名词术语加注了英文，并在本书前面列有中英含义对照的字符表，供参考。

为贯彻落实党的二十大精神，加强教材建议，本着"与时俱进、精益求精"的精神，根据我国近年来新颁布的一系列标准规范及供配电技术的最新发展，每次重印都会进行修正，使本教材切实具有新颖、实用和便于自学的特色。

为便于教师授课，**本书特备有免费电子课件和章后习题详解**，凡选用本书做授课教材的教师均可来电索取，电话：010-88379375。

本书的修订，得到一些学校老师和出版社有关编辑的支持，谨在此表示谢意！

限于本人水平，书中错漏难免，敬请使用本书的师生和有关专家指正，本人不胜感激！

刘介才

目录

出版说明
前言
本书常用字符表
第一章　概论 ………………………………… 1
　第一节　供配电工作的意义、要求及
　　　　　课程任务 ……………………… 1
　第二节　供配电系统及发电厂、电力
　　　　　系统和自备电源基本知识 …… 2
　第三节　电力系统的中性点运行方式及
　　　　　低压配电系统的接地型式 …… 9
　第四节　供电质量要求及电力用户供
　　　　　配电电压的选择 ……………… 14
　复习思考题 ………………………………… 23
　习题 ………………………………………… 23
第二章　供配电系统的主要电气设备 … 25
　第一节　电气设备概述 …………………… 25
　第二节　电力变压器和互感器 …………… 25
　第三节　高低压开关电器 ………………… 39
　第四节　高低压熔断器和避雷器 ………… 58
　第五节　无功补偿设备和成套配电装置 … 68
　复习思考题 ………………………………… 76
　习题 ………………………………………… 77
第三章　电力负荷及其计算 ……………… 78
　第一节　电力负荷与负荷曲线 …………… 78
　第二节　三相用电设备组计算负荷的
　　　　　确定 …………………………… 82
　*第三节　单相用电设备组计算负荷的
　　　　　确定 …………………………… 90
　第四节　用户计算负荷及年耗电量的
　　　　　计算 …………………………… 93
　第五节　尖峰电流及其计算 ……………… 100

　复习思考题 ………………………………… 100
　习题 ………………………………………… 101
第四章　短路计算及电器的选择校验 … 103
　第一节　短路的原因、后果及其形式 …… 103
　第二节　无限大容量电力系统发生三相
　　　　　短路时的物理过程和物理量 … 105
　第三节　无限大容量电力系统中的短路
　　　　　电流计算 ……………………… 107
　第四节　短路电流的效应与校验 ………… 116
　第五节　高低压电器的选择与校验 ……… 120
　复习思考题 ………………………………… 130
　习题 ………………………………………… 131
第五章　供配电系统的接线、结构及
　　　　安装图 …………………………… 133
　第一节　变配电所的主接线方案 ………… 133
　第二节　变配电所的类型、所址及其
　　　　　布置与结构 …………………… 145
　第三节　变电所主变压器及应急柴油
　　　　　发电机组的选择 ……………… 159
　第四节　供配电线路的接线与结构 ……… 161
　第五节　供配电线路导线和电缆的
　　　　　选择计算 ……………………… 177
　第六节　供配电系统的电气安装图 ……… 186
　复习思考题 ………………………………… 195
　习题 ………………………………………… 196
第六章　供配电系统的保护 ……………… 197
　第一节　继电保护的任务与要求 ………… 197
　第二节　常用的保护继电器及其接线和
　　　　　操作方式 ……………………… 198
　第三节　高压电力线路的继电保护 ……… 209
　第四节　电力变压器的继电保护 ………… 219

第五节 供配电系统和建筑物的防雷
保护 ………………………… 227
第六节 电气装置的接地与接零 ……… 238
第七节 低压配电系统的漏电保护与等
电位联结 …………………… 249
复习思考题 …………………………… 254
习题 …………………………………… 255

第七章 供配电系统的二次回路及其自动装置与自动化 ……………………… 257

第一节 供配电系统的二次回路及其
操作电源 …………………… 257
第二节 高压断路器的控制与信号回路 … 260
第三节 电测量仪表与绝缘监视装置 …… 264
第四节 供配电系统的自动装置 ……… 268
*第五节 高层建筑自动化系统 ………… 274
第六节 供配电系统二次回路的接线和
接线图 ……………………… 277
复习思考题 …………………………… 282
习题 …………………………………… 283

第八章 电气照明 ……………………… 284

第一节 照明技术的有关概念 ………… 284
第二节 电光源和灯具 ………………… 287
第三节 照明质量及照度计算 ………… 298
*第四节 照明供配电系统及电气安装图 … 303
复习思考题 …………………………… 309
习题 …………………………………… 310

第九章 安全用电、节约用电与计划用电 ……………………………………… 311

*第一节 电力供应与使用的管理原则 … 311
第二节 安全用电措施及触电急救 …… 312
第三节 节约用电措施及并联电容器的
装设与运行 ………………… 320
第四节 计划用电措施及电价与电费 … 329
复习思考题 …………………………… 332
习题 …………………………………… 332

*第十章 供配电系统的设计施工、运行维护与检修试验 ……………………… 333

第一节 供配电工程的设计与施工 …… 333
第二节 供配电系统的运行维护 ……… 336

第三节 变配电所主要电气设备的检修
试验 ………………………… 342
第四节 供配电线路的检修试验 ……… 355
复习思考题 …………………………… 359

附录 ……………………………………… 361

附表1 S9系列和SC9系列电力
变压器的主要技术数据 ……… 361
附表2 部分高压断路器的主要
技术数据 …………………… 363
附表3 部分万能式低压断路器的主要
技术数据 …………………… 364
附表4 RM10型低压熔断器的主要技术
数据和保护特性曲线 ………… 366
附表5 RT0型低压熔断器的主要技术
数据和保护特性曲线 ………… 367
附表6 部分并联电容器的主要技术
数据 ………………………… 368
附表7 并联电容器的无功补偿率 Δq_C … 369
附表8 工业与民用建筑部分重要电力
负荷的级别 ………………… 369
附表9 工业用电设备组的需要系数、
二项式系数及功率因数参考值 … 374
附表10 民用建筑用电设备组的需要
系数及功率因数参考值 ……… 375
附表11 部分企业的需要系数、功率因
数及年最大有功负荷利用小时
参考值 ……………………… 376
附表12 LJ型铝绞线、LGJ型钢芯铝绞线
和LMY型硬铝母线的主要技术
数据 ………………………… 376
附表13 绝缘导线和电缆的电阻和
电抗值 ……………………… 378
附表14 导体在正常和短路时的最高
允许温度及热稳定系数 ……… 380
附表15 电力变压器配用的高压熔断器
规格 ………………………… 380
附表16 绝缘导线明敷、穿钢管和
穿塑料管时的允许载流量 …… 381
附表17 10kV常用三芯电缆的允许载
流量及校正系数 …………… 386
附表18 LQJ-10型电流互感器的主要

附表 19	技术数据 …………… 387 外壳防护等级的分类代号 …… 387
附表 20	架空裸导线的最小截面积 …… 388
附表 21	绝缘导线芯线的最小截面积 … 389
附表 22	GL-$\frac{11}{21}$、$\frac{15}{25}$型电流继电器的主要技术数据及其动作特性曲线 … 389
附表 23	爆炸性气体和粉尘危险区域的划分 …………… 390
附表 24	部分电力装置要求的工作接地电阻值 …………… 391
附表 25	土壤电阻率参考值 ………… 391

附表 26	垂直管形接地体的利用系数值 …………… 392
附表 27	部分工业建筑一般照明标准值 …………… 392
附表 28	部分民用和公共建筑照明标准值 …………… 395
附表 29	GC1-A、B-2G 型工厂配照灯的主要技术数据和计算图表 …… 397
附表 30	功率因数调整电费表 ……… 398

习题参考答案 …………………… 399

参考文献 …………………………… 402

本书常用字符表

一、电气设备的文字符号

文字符号	中文含义	英文含义	旧符号
A	装置，设备	Device, Equipment	Z, SB
A	放大器	Ampliffier	FD
AL	照明配电箱	Lighting distribution board	XM
AP	电力配电箱	Power distribution board	XL
APD	备用电源自动投入装置	Auto-put-into device of reserve-source	BZT
ARD	自动重合闸装置	Auto-reclosing device	ZCH
AW	电能表箱	Watt-hour meter box	XW
C	电容；电容器	Electric capacity; Capacitor	C
EPS	应急电源	Emergency power supply	EPS
F	避雷器	Arrester	BL
FD	跌开式熔断器	Drop-out fuse	DR
FDL	负荷型跌开式熔断器	Load-type drop-out fuse	DRF
FE	排气式避雷器	Expulsion-type arrester	GB
FE	熔断器熔体	Fuse element	RT
FG	保护间隙	Protective gap	JX
FMO	金属氧化物避雷器	Metel-Oxide arrester	JB
FU	熔断器	Fuse	RD
FV	阀式避雷器	Valve-type arrester	FB
G	发电机；电源	Generator; Source	F; DY
HLG	绿色指示灯，绿灯	Green (indicator) lamp	LD
HL	指示灯，信号灯	Indicator lamp, Pilot lamp	XD
HR	热脱扣器	Heating release	RT
K	继电器；接触器	Relay; Contactor	J; JC, C
KA	电流继电器	Current relay	LJ
KAR	重合闸继电器	Auto-reclosing relay	CHJ
KG	气体(瓦斯)继电器	Gas relay	WSJ
KR	热继电器	Heating relay	RJ
KM	中间继电器；接触器	Medium relay; Contactor	ZJ; JC, C
KO	合闸接触器	Closing (ON) contactor	HC
KS	信号继电器	Signal relay	XJ
KT	时间继电器	Time-delay relay	SJ
KV	电压继电器	Voltage relay	YJ
L	电感；电抗器	Inductance; Reactor	L; DK
M	电动机	Motor	D
N	中性线	Neutral wire	N
PA	电流表	Ammeter	A
PE	保护(接地)线	Protective earthing wire	—
PEN	保护中性线	Protective earthing and neutral wire	N
PJ	有功电能表	Active energe meter	Wh

(续)

文字符号	中文含义	英文含义	旧符号
PJR	无功电能表	Reactive energe meter	varh
PV	电压表	Voltmeter	V
Q	开关	Switch	K
QF	断路器(含低压自动开关)	Circuit-breaker	DL，(ZK)
QK	刀开关	Knife-switch	DK
QS(F)	负荷开关	Load-switch	FK
QS	隔离开关	Disconnector	GK
R	电阻；电阻器	Resistance；Resistor	R
HLR	红色指示灯，红灯	Red (indicator) lamp	HD
RP	电位器	Potential meter	W
S	电力系统；起辉器	Power system；Glow starter	XT；S
SA	控制开关；选择开关	Control switch；Selector switch	KK；XK
SB	按钮	Push-button	AN
T	变压器	Transformer	B
TA	电流互感器	Current transformer	LH
TAN	零序电流互感器	Neutral-current transformer	LLH
TM	电力变压器	Power transformer	LB
TV	电压互感器	Voltage transformer	YH
U	整流器；变流器	Rectifier；converter	ZL；BL
UPS	不间断电源	Uninterrupted power supply	UPS
V	电子管；晶体管	Electronic tube；Transistor	G；T
VD	二极管	Diode	D
VE	电子管	Electronic tube	G
VT	晶体(三极)管	Transister	T
W	导线；母线	Wire；Busbar	XL；M
WA	辅助小母线	Auxiliary small-busbar	FM
WAS	事故音响信号小母线	Accident sound signal small-busbar	SYM
WB	母线	Busbar	M
WC	控制小母线	Control small-busbar	KM
WF	闪光信号小母线	Flash-light signal small-busbar	SM
WFS	预告信号小母线	Forecast signal small-busbar	YBM
WH	白色指示灯，白灯	White (indicator) lamp	BD
WL	灯光信号小母线；线路	Lighting signal small-busbar；Line	DM；XL
WO	合闸电源小母线	Switch-on source small-busbar	HM
WS	信号电源小母线	Signal source small-busbar	XM
WV	电压小母线	Voltage small-busbar	YM
X	电抗	Reactance	X
X	端子板；插头；插座	Terminal block；Plug；Socket	—
XB	连接片；切换片	Link；Switching block	LP；QP
XS	插座	Socket	CZ
YA	电磁铁	Electromagnet	DC
YE	黄色指示灯，黄灯	Yellow (indicator) lamp	UD
YO	合闸线圈	Closing operation (ON) coil	HQ
YR	跳闸线圈；脱扣器	Opening operation coil；Release	TQ

二、物理量的下角标的文字符号

文字符号	中文含义	英文含义	旧符号
a	年，每年；有功的	year, annual; active	n; yg
Al	铝	Aluminium	L
al	允许	allowable	yx
av	平均	average	pj
C	电容；电容器	electric capacity; capacitor	C
c	计算；顶棚，天花板	calculate; ceiling	js; dp
cab	电缆	cable	L
cr	临界	critical	lj
Cu	铜	Copper	T
d	需要；基准；差动	demand; datum; differential	x; j; cd
dsq	不平衡	disequilibrium	bp
E	地；接地	earth; earthing	d; jd
e	设备；有效的	equipment; efficient	SB; yx
ec	经济的	economic	j, ji
eq	等效的	equivalent	dx
es	电动稳定	electrodynamic stable	dw
f	地板	floor	db
Fe	铁	Iron	Fe
FU	熔断器	fuse	RD
h	高度；谐波	height; harmonic	h
i	电流；任一数目	current; arbitrary number	i
ima	假想的	imaginary	jx
K	继电器	relay	J
k	短路	short-circuit (sc)	d
L	电感；负荷(载)	inductance; load	L; H, fz
l	线；长延时	line; long-delay	x; c
m	最大，幅值	maximum	zd
man	人工的	manual	rg
max	最大	maximum	zd
min	最小	minimum	zx
N	额定，标称	rated, nominal	e
n	数目	number	n
nat	自然的	natural	zr
np	非周期性的	non-periodic, aperiodic	f-zq
oc	断路，开路	open circuit	dl
oh	架空线路	over-head line	K
OL	过负荷，过载	over-load	gh, gz
op	动作	operating	dz
OR	过电流脱扣器	over-current release	TQ
p	有功功率；周期性的；保护	active power; periodic; protect	yg; zq; bh
pk	尖峰	peak	jf

（续）

文字符号	中文含义	英文含义	旧符号
q	无功功率	reactive power	wg
qb	速断	quick break	sd
r	无功；滚球	reactive；roll-ball	wg；—
RC	室空间	room cabin	—
re	返回，复归	return，reset	f，fh
rel	可靠性	reliability	k
S	系统	system	XT
s	短延时	short-delay	d
saf	安全	safety	aq
sh	冲击	shock，impulse	cj，ch
step	跨步	step	kp
t	时间	time	t
tou	接触	touch	jc
u	电压	voltage	u
w	接线；墙壁	wiring；wall	jx；qb
x	某一数值	a number	x
α	吸收	absorption	α
ρ	反射	reflection	ρ
τ	透射	transmission	τ
θ	温度	temperature	θ
Σ	总和	total，sum	Σ
φ	相	phase	φ
0	零，无，空	zero，nothing，empty	0
0	停止，停歇	stoping	0
0	每（单位）	per（unit）	0
0	中性线	neutral wire	0，N
0	起始的	initial	0
0	周围（环境）	ambient	0
0	瞬时	instantaneous	0
30	半小时[最大]	30min[maximum]	30
∞	无限大；稳态	infinity；steady state	∞
*	相对值，标幺值	relative value，per unit value	*
~	交流的；工频的	alternating current；in 50 Hz	~
⊥	垂直的；法线的	perpendicular；normal	⊥
∥	并联的；平行的	shunt；parallel	∥
△	三角形联结	△-connection	△
Y	星形联结	Y-connection	Y

第一章 概 论

本章概述供配电技术有关的一些基本知识，为学习本课程奠定初步基础。首先简要说明供配电工作的意义、要求及本课程任务，然后介绍供配电系统及发电厂、电力系统和自备电源的基本知识，接着讲述电力系统的中性点运行方式及低压配电系统的接地型式，最后讲述供电质量的要求及电力用户供配电电压的选择。

第一节 供配电工作的意义、要求及课程任务

供配电技术(Engineering of power suply and distribution)，就是研究电力的供应和分配问题。

电力，是现代工业生产的主要能源和动力，是人类现代文明的物质技术基础。没有电力，就没有工业现代化，就没有整个国民经济的现代化。现代社会的信息技术和其他高新技术的应用，都是建立在电气技术应用的基础之上的。因此电力工业被誉为国民经济的"先行官"。工业生产只有电气化以后，才能大大增加产量，提高产品质量，提高劳动生产率，降低生产成本，减轻工人的劳动强度，改善工人的劳动条件，有利于实现生产过程的自动化。人类社会生活也只有电气化以后，才能确保正常的社会秩序和必需的生活质量。但是，如果电力供应突然中断，则将对企业生产和社会生活造成严重的后果，不只是会打乱生产和生活秩序，有时甚至可能发生重大的设备损坏事故或人身伤亡事故。因此做好供配电工作，对于保证企业生产和社会生活的正常进行和实现整个国民经济的现代化具有十分重要的意义。

供配电工作要很好地为企业生产和国民经济服务，切实保证企业生产和整个国民经济生活的需要，切实搞好安全用电、节约用电、计划用电(合称"三电")工作，必须达到下列基本要求：

(1) 安全——在电力的供应、分配和使用中，要注意环境保护，特别要注意避免发生人身事故和设备事故。

(2) 可靠——应满足电力用户对供电可靠性即连续供电的要求。

(3) 优质——应满足电力用户对电压质量和频率质量等方面的要求。

(4) 经济——在满足安全、可靠和电能质量的前提下，应尽量使供配电系统的投资少，运行费用低，并尽可能地节约电能和减少有色金属消耗量。

此外，在供配电工作中，应合理地处理局部与全局、当前与长远的关系，既要照顾局部和当前的利益，又要有全局观念，能顾全大局，适应发展。例如计划用电问题，就不能只考虑本单位的局部利益，更要有全局观念，要服从公共电网的统一调度。

本课程的任务，主要是讲述电力用户（含各类企业、事业单位和民用建筑等）的电力供应和分配问题，使学生初步掌握一般供配电系统运行维护和简单设计计算所需的基本理论和基本知识，为今后从事供配电技术工作奠定初步的基础。本课程内容的实践性较强，学习过程中应注意理论联系实际，加强实践训练，以加深对课程内容的理解和掌握。

第二节　供配电系统及发电厂、电力系统和自备电源基本知识

一、供配电系统的基本知识

以工厂企业为例，其供配电系统是指工厂企业所需的电力从进厂起到所有用电设备入端止的整个供配电线路及其中所有变配电设备和控制、保护等设备。

（一）具有高压配电所的供配电系统

图 1-1 是一个有代表性的中型企业供配电系统简图。

按国家标准 GB/T 6988.1—2008《电气技术用文件的编制 第 1 部分 规则》定义，电气简图是采用电气图形符号和带注释的框来表示包括连接线在内的一个系统或设备的多个部件或零件之间关系的图示形式。图 1-1 所示简图中只绘出高低压母线上和低压联络线上的联络开关，未绘出高低压开关设备。

为使电路图简明，如图 1-1 所示的这类主电路图（又称主接线图）通常只用一根线来表示其三相线路，即绘成"单线图"（single-line diagram）的形式。

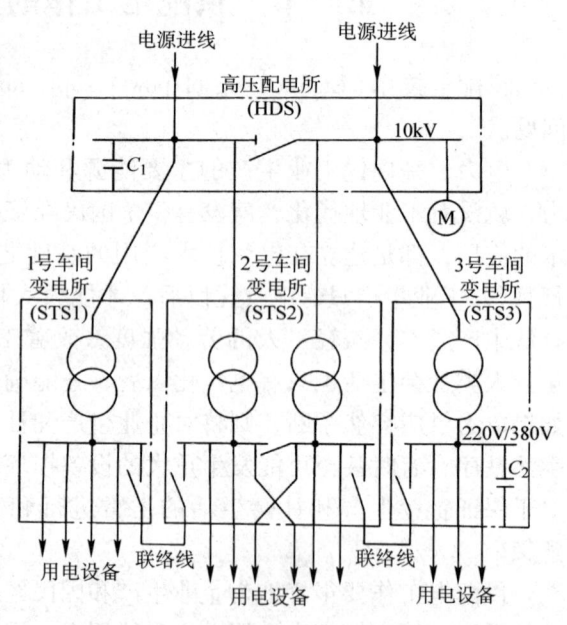

图 1-1　具有高压配电所的企业供配电系统简图

由图 1-1 可以看出，该企业高压配电所有两路 10kV 电源进线，分别接在高压配电所的两段母线上。所谓"母线"（busbar）就是用来汇集和分配电能的导体，又称汇流排。这种采用一台开关分隔开的单母线接线，称为"单母线分段制"。当一路电源进线发生故障或进行检修而被切除时，可以闭合分段开关，由另一路电源进线来恢复对整个配电所即全厂负荷的供电。这种具有双路电源的高压配电所最常见的运行方式是：分段开关在正常情况下闭合，整个配电所由一路电源供电，通常这一路是来自公共的高压电网；而另一路电源则作为备用，通常这备用电源由邻近单位取得。

图 1-1 所示高压配电所有四条高压配电线，供电给三个车间变电所。车间变电所装有电力变压器（通称"主变压器"），将 10kV 高压降为低压用电设备所需的 220V/380V 电压（220V 为相电压，380V 为线电压）。这里的 2 号车间变电所，其两台电力变压器分别由配电所的两段母线供电，而其低压侧，也采用单母线分段制，从而使供电可靠性大大提高。各车间变电所的低压侧，又都通过低压联络线相互连接，以提高供配电系统运行的可靠性和灵活性。此

外,该配电所有一条高压配电线,直接供电给一组高压电动机;另有一条高压配电线,直接连接一组高压并联电容器。3号车间变电所的低压母线上也连接有一组低压并联电容器。这些并联电容器都是用来补偿系统中的无功功率、提高功率因数用的。

由以上介绍可知,配电所的任务是接受电能和分配电能;而变电所的任务是接受电能、变换电压和分配电能。两者的区别,在于变电所装设有电力变压器,较之配电所增加了变换电压的功能。

（二）具有总降压变电所的供配电系统

图1-2是一个比较典型的具有总降压变电所的大中型企业供配电系统简图。该企业的总降压变电所有两路35kV及以上的电源进线,采用"桥形接线"。35kV及以上的电压经电力变压器降为10kV电压,再经10kV高压配电线将电能送到各车间变电所。车间变电所又经电力变压器将10kV电压降为一般低压用电设备所需的220V/380V电压。为了补偿系统的无功功率,提高功率因数,通常也在10kV母线上或380V母线上装设并联电容器。

（三）高压深入负荷中心的企业供配电系统

如果当地公共电网电压为35kV,而企业的环境条件和设备条件又允许采用35kV架空线路和较经济的电气设备时,则可考虑采

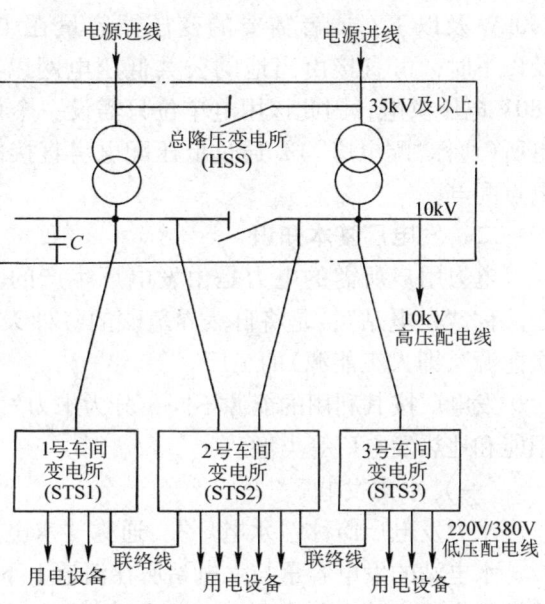

图1-2 具有总降压变电所的企业供配电系统简图

用35kV架空线路直接引入靠近负荷中心的车间变电所,经电力变压器直接降为低压用电设备所需的电压220V/380V,如图1-3所示。这种高压深入负荷中心的直配方式,可以节省一级中间变压,从而简化了供配电系统,节约有色金属,降低电能损耗和电压损耗,减少运行费用,提高供电质量。但是选用这种高压直配方式必须考虑企业内有满足35kV架空线路的"安全走廊",以确保供电安全。

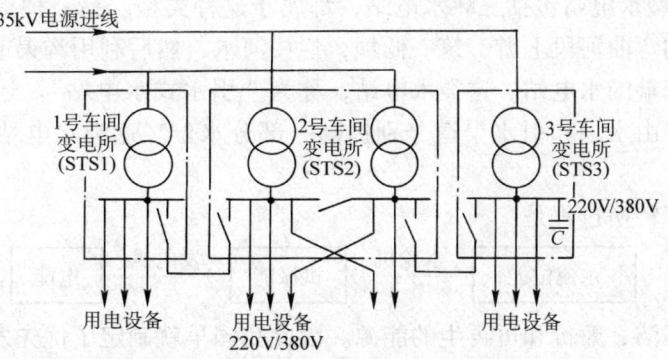

图1-3 高压深入负荷中心的供配电系统简图

（四）只有一个变电所或配电所的企业供配电系统

对某些用电单位，当所需电力容量不大于 1000kVA 或稍多时，通常只设一个将 10kV 降为低压的降压变电所，其系统简图如图 1-4 所示。这种降压变电所的规模大致相当于上述的车间变电所。

如果用电单位的负荷很小，用电设备总容量在 250kW 及以下，或者需要的变压器容量在 160kVA 及以下时，可直接由当地的公共低压电网以 220V/380V 电压供电，因此该用电单位只需设一个低压配电所（通称"配电房"），通过低压配电房直接向各用电点配电。

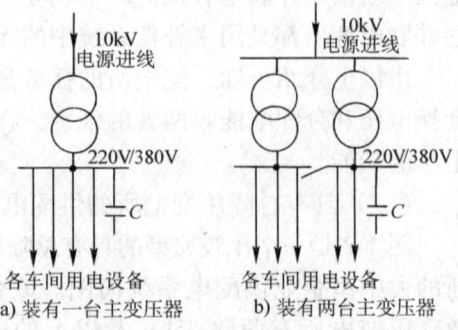

图 1-4 只有一个降压变电所的供配电系统简图

二、发电厂基本知识

电力用户所需的电力是由发电厂生产的。发电厂又称"发电站"，是将自然界蕴藏的各种天然能源（又称"一次能源"）转换为电能（属"二次能源"，即人工能源）的工厂。

发电厂按其利用的能源不同，分为水力发电厂、火力发电厂、核能发电厂以及风力、太阳能和地热发电厂等类型。

（一）水力发电厂

水力发电厂简称"水电厂"，通称"水电站"。它利用水流的位能（势能）来生产电能。

水电站的发电容量与水电站所在河道上下游的水位差（通称"水头"或"落差"）和流过水轮机的水流量的乘积成正比，即水电站的出力（容量）为：

$$P = kQH \tag{1-1}$$

式中，P 为水电站出力（单位 kW）；k 为出力系数，一般取 8.0~8.5；Q 为流量（单位 m^3/s）；H 为水头（单位 m）。

由式（1-1）可知，建造水电站，要获得较大的出力，就必须采用人工的办法来提高水位，以增大水头。常用的办法是在河道上建筑一个很高的拦河坝，提高上游水位，使坝的上下游形成尽可能大的落差。水电站的厂房就建造在大坝后面。这类水电站称为"坝后式水电站"。我国一些大型水电站包括三峡水电站，都属于这种类型。另一种提高水位的办法，是在具有相当坡度的弯曲河段上游，筑一低坝，拦住河水，然后利用沟渠或隧洞，将河水直接引至建造在河段末端的水电站。这类水电站，称为"引水式水电站"。还有一类水电站，是上述两类的综合，由水坝和引水渠道分别提高一部分水位。这类水电站，称为"混合式水电站"。

水电站的能量转换过程是：

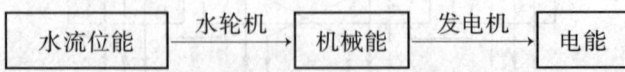

水电是一种清洁、廉价和可再生的能源。因此我国早就制定了优先发展水电的方针。在 21 世纪，随着我国"西部大开发"战略的实施，拥有极其丰富水力资源的西南地区正出现一个水电建设的高潮，并实施"西电东送"工程，将根本改变经济较发达的东部地区能源紧张的状况，同时促进西部地区的经济实现跨越式发展。

(二) 火力发电厂

火力发电厂简称"火电厂"或"火电站"。它利用燃料(煤、天然气、石油等)的化学能来生产电能。我国的火电厂以燃煤为主。为了提高燃煤效率，现代火电厂都把煤块粉碎成煤粉，用鼓风机吹入锅炉的炉膛内充分燃烧，将锅炉内的水烧成高温高压的蒸汽，推动汽轮机转动，带动与它联轴的发电机旋转发电。

火电厂的能量转换过程是：

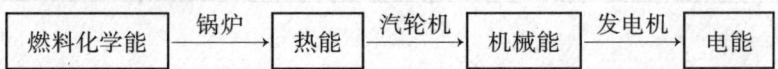

现代火电厂一般都考虑了"三废"(废渣、废水、废气)的综合利用，并且不仅发电，而且供热(供应蒸汽和热水)。这种既供电又供热的火电厂，称为"热电厂"。热电厂通常建在城市或工业区附近。

为了实现可持续发展战略，在新世纪，我国要大力发展大容量、高参数和高效率的火电机组，并要在火电的开发建设中采用洁净煤发电技术和电力环保技术，开发利用城市垃圾和生物质能(如糖厂、纸厂等的副产品)来发电，同时在煤炭基地，建设一些大型坑口电厂，而一些严重污染环境的低效火电厂，则按节能减排的方针坚决予以关停。

(三) 核能发电厂

核能发电厂又称"原子能发电厂"，通称"核电站"。它是利用原子核的裂变能来生产电能的工厂，其生产过程与火电厂基本相同，只是以核反应堆代替了燃煤锅炉，以少量的核燃料取代了大量的煤炭等燃料。

核电站的能量转换过程是：

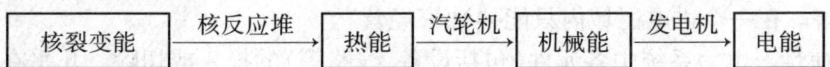

由于核能是极其巨大的能源，而且也是比较洁净和安全的一种能源，所以世界各国都很重视核电建设，核电发电量的比重正在逐年快速增长。我国从 20 世纪 80 年代起，就确定"适当发展核电"的方针，现已在沿海地区兴建了秦山、大亚湾、岭澳等多座大型核电站，并已安全运行多年。但核电站的选址不能处于地震带，以防地震引发核电站的核泄漏，污染环境，危害人类健康。

(四) 其他类型发电厂

我国确定 21 世纪在发展常规能源发电的同时，还要大力发展风能、太阳能和地热能等新能源发电，以保持能源与国民经济及环保事业的协调发展。

风力发电厂利用风力的动能来生产电能。它建造在长年有稳定风力资源的地方。

太阳能发电厂利用太阳辐射的光能或热能来生产电能。它建造在长年日照时间长的地方。

地热发电厂利用地壳内蕴藏的地热能来生产电能。它建造在有足够地热资源的地方。

风能、太阳能和地热能，都属于清洁、廉价和可再生的能源，特别是取之不尽的风能和太阳能值得大力推广利用。

三、电力系统基本知识

(一) 电力的生产和输送过程

如前所述，电力用户所需电力是由发电厂生产的。但发电厂大多建在能源基地附近，往往离用户很远。为了减少电力输送的线路损耗,因此发电厂生产的电力一般要经升压变压器升高电压,送到用户附近后,又经降压变压器降低电压,供给用户所需的低压,如图1-5所示。

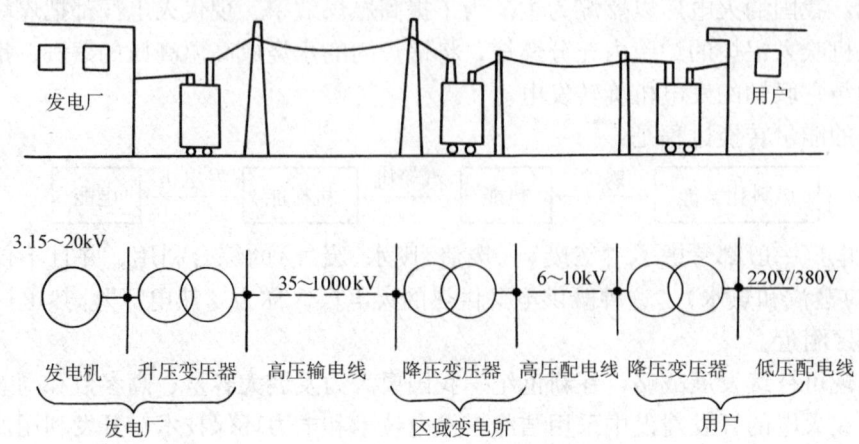

图1-5 从发电厂到用户的送电过程

（二）电力生产的特点

电力是一种特殊商品。电力生产具有不同于一般商品的下列特点：

（1）同时性　电力的生产、输送、分配以及转换为其他形态能量的过程,几乎是同时进行的。电能不能大量储存。电能的发、供、用始终是同步的。

（2）集中性　电力的生产必须集中统一,有统一的质量标准,统一的调度管理,统一的生产和销售。在一个供电区域内只能"独家经营"。

（3）快速性　电力系统中各元件(包括设备、线路等)的投入或切除,几乎在瞬间就能完成,系统运行方式的改变过程也极其短暂。因此,电力系统除了有关生产技术人员和管理人员必须具备相应的技术知识和业务能力外,还必须装设相当完善的保护和自动装置,才能确保系统安全可靠地运行。

（4）先行性　电力生产在国民经济发展中具有先行性。全国的发电装机容量和发电量的增长速度应大于工业总产值及国民经济总产值的增长速度,否则必然制约国民经济的发展。

（三）电力系统、电力网及动力系统的概念

通过各级电压的电力线路,将发电厂、变配电所和电力用户连接起来的一个发电、输电、变电、配电和用电的整体,称为"电力系统"。

发电厂与电力用户之间的输电、变电和配电的整体,包括所有变配电所和各级电压的线路,称为"电力网",简称"电网"。

电网或系统又往往以电压等级来区分。例如说10kV电网或10kV系统,这实际上是指10kV电压级的整个电力线路。

电力系统加上发电厂的动力部分以及热能系统和热能用户,则称为"动力系统"。

由此可见,发电厂与电力用户之间是通过电网联系起来的。发电厂生产的电力先要送入电网,然后由电网送给电力用户。因此电网的营业机构即供电企业才是电力用户的供电单位。

图1-6是一个大型电力系统的简图。

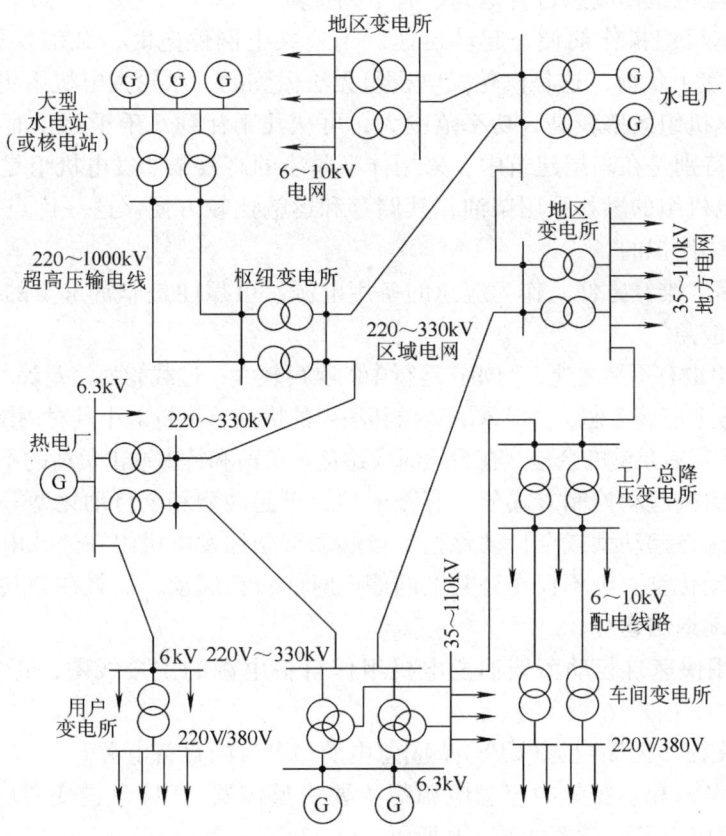

图 1-6 大型电力系统简图

建立大型电力系统(联合电网)有下列优越性:

1) 可以更经济合理地利用动力资源,首先利用水力资源和其他清洁、价廉、可再生的能源。

2) 可以减少电能损耗,降低发电和输配电成本,大大提高经济效益。

3) 可以更好地保证电能质量,提高供电可靠性。

按照我国的电力发展规划,到 2020 年,在实现水电、火电、核电和新能源四者结构合理的基础上,初步建成全国统一的智能电网,实现电力资源在全国范围内的合理配置和安全、可靠、经济、环保及可持续发展。"智能电网"是建立在集成的、高速双向通信网络的基础上,通过先进的电子信息技术、先进的设备技术和控制方法以及先进的决策支持系统技术的应用,实现电网的安全、可靠、经济高效和环保的目标。智能电网的主要特征是其自愈(自行修复)能力强,节能减排好,供电质量更能满足电能用户的要求。

四、用户自备电源基本知识

对于用户的重要负荷,一般要求在正常供电电源之外,设置应急的自备电源。

最常用的自备电源是柴油发电机组。对于重要的计算机系统等,则除了应设柴油发电机组外,往往还另设不间断电源(Uninterrupted Power Supply,UPS)或应急电源(Emergency Power Supply,EPS)。

(一) 采用柴油发电机组的自备电源

采用柴油发电机组作应急自备电源,有下列优点:

1) 柴油发电机组操作简便,起动迅速。当公共电网停电时,柴油发电机组一般能在 10~15s 内起动并接上负荷,这是汽轮发电机组无法做到的,水轮发电机组更是望尘莫及。

2) 柴油发电机组效率较高,功率范围大,可从几千瓦到几千千瓦,而且体积小,重量轻,便于搬运。特别是在高层建筑中,采用体型紧凑的高效柴油发电机组是最合适的。

3) 柴油发电机组的燃料采用柴油,其储存和运输比较方便。这一优点是以燃煤为主的汽轮发电机组无法比拟的。

4) 运行可靠,维修方便。作为应急的备用电源,可靠性是非常重要的指标,离开可靠性,就谈不上"应急"。

柴油发电机组也有不足之处,例如它运行中的噪声较大,过载能力较差等。因此在柴油发电机室的选址和布置上应该考虑,并应采取减振和消声的措施,尽量减小其对周围环境的影响;在确定机组容量时应留有足够的余地,在投运时应避免过负荷和特大冲击负荷的不良影响。

柴油发电机组按起动控制方式分,有普通型、自起动型和全自动化型等类型。作为应急的自备电源,应选自起动型或全自动化型。自起动型柴油发电机组在公共电网停电时,能自行起动;而全自动化型,则不仅在公共电网停电时能自行起动,而且在公共电网恢复正常供电时能使机组自动退出运行。

图 1-7 是采用快速自起动型柴油发电机组作自备电源的主接线图,正常供电的电源为 10kV 公共电网。

(二) 采用交流不间断电源(UPS)或应急电源(EPS)的自备电源

交流不间断电源和不变频的应急电源都主要由整流器(UR)、逆变器(UV)和蓄电池组(GB)等三部分组成,其示意图如图 1-8 所示。

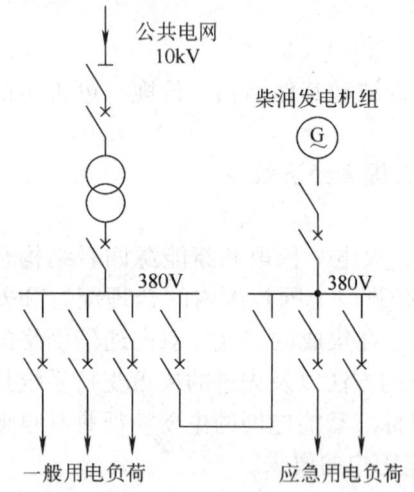

图 1-7 采用快速自起动型柴油发电机组作自备电源的主接线图

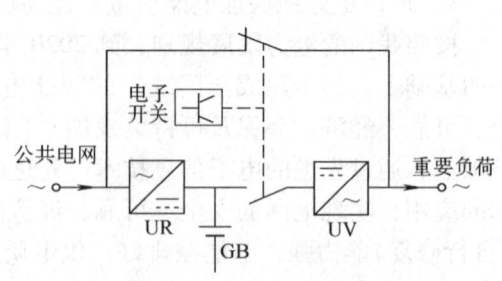

图 1-8 交流不间断电源(UPS)或应急电源(EPS)供电示意图

公共电网正常供电时,交流电源经晶闸管整流器(UR)转换为直流,对蓄电池组(GB)充电。当公共电网突然停电时,电子静态开关切换,使蓄电池组(GB)放电,直流经逆变器(UV)转换为交流,对重要负荷供电。

必须说明：UPS为"在线式"自备电源，它与重要负荷在同一电源线路上。当重要负荷的工作电源停电时，UPS可不间断地给重要负荷供电。而EPS为"离线式"自备电源，其工作电源与重要负荷的工作电源是分开的；当重要负荷的工作电源停电时，EPS要经过短暂的切换时间才能恢复对重要负荷的供电。

交流不间断电源（UPS）和应急电源（EPS）较之柴油发电机组，具有体积小、效率高、无噪声振动、维护费用低、可靠性高等优点，但是其容量较小，主要用于供电子计算机中心、重要场所的监控中心及停电时间不超过1.5s的重要负荷等重要场所。

第三节 电力系统的中性点运行方式及低压配电系统的接地型式

一、电力系统的中性点运行方式

我国电力系统中电源（包括发电机和电力变压器）的中性点有下列三种运行方式：一种是中性点不接地的运行方式；一种是中性点经阻抗（通常是经消弧线圈）接地的运行方式；再一种是中性点直接接地或经低电阻接地的运行方式。前两种系统在发生单相接地故障时的接地电流较小，因此又统称为"小接地电流系统"；后一种系统在发生单相接地故障时即形成单相接地短路，电流较大，因此称为"大接地电流系统"。

电力系统中性点运行方式对电力系统的运行特别是在系统发生单相接地故障时有明显的影响，而且还影响到系统二次侧保护装置及监视、测量系统的选择与运行，因此有必要予以充分的重视和研究。

（一）中性点不接地的电力系统

中性点不接地的电力系统正常时的电路图和相量图如图1-9所示。图中三相交流的相序代号统一采用A、B、C[⊖]。

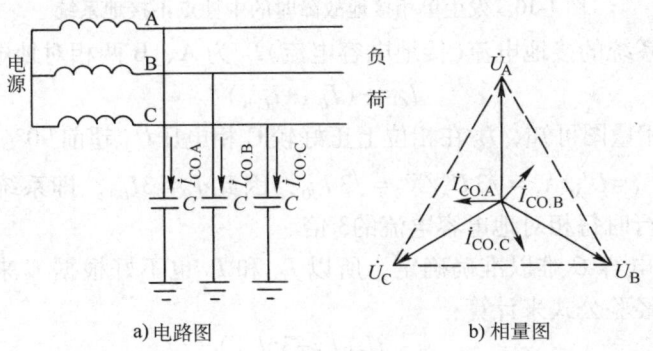

a) 电路图　　　　b) 相量图

图1-9　正常运行时的中性点不接地系统

[⊖] 原国标GB 4728.11—1985规定：交流系统的相序，对电源端，一、二、三相分别标L1、L2、L3；对设备端，一、二、三相分别标U、V、W。但新国标GB/T 4728.11—2000、2008已将此规定予以取消。本书参照现行的其他国标如GB 1094—1996《电力变压器》、GB 1207—1997《电压互感器》等的规定，三相交流相序代号不论电源端或设备端，统一采用A、B、C。而三相设备绕组的首端标A、B、C，对应绕组的末端则标X、Y、Z。[文献22]

由电工基础可知，三相线路的相间及相与地间都存在着分布电容。但相间电容与这里讨论的问题无关，因此不予考虑，只考虑相与地间的分布电容，且用集中电容 C 来表示，如图 1-9a 所示。系统正常运行时，三个相的相电压 $\dot{U}_A$、$\dot{U}_B$、$\dot{U}_C$ 是对称的，三个相的对地电容电流 $\dot{I}_{C0}$ 也完全对称，如图 1-9b 所示。这时三个相的对地电容电流的相量和为零，因此没有电流在地中流过。各相对地电压均为相电压。

当系统发生单相接地故障时，假设 C 相接地，如图 1-10a 所示。这时 C 相对地电压为零，而 A 相对地电压 $\dot{U}'_A = \dot{U}_A + (-\dot{U}_C) = \dot{U}_{AC}$，B 相对地电压 $\dot{U}'_B = \dot{U}_B + (-\dot{U}_C) = \dot{U}_{BC}$，如图 1-10b 所示。由此可见，C 相接地时，完好的 A、B 两相对地电压值均由原来的相电压值升高到线电压值，即升高为原对地电压的 $\sqrt{3}$ 倍。因此这种系统中设备的相绝缘，不能只按相电压来考虑，而要按线电压来考虑。

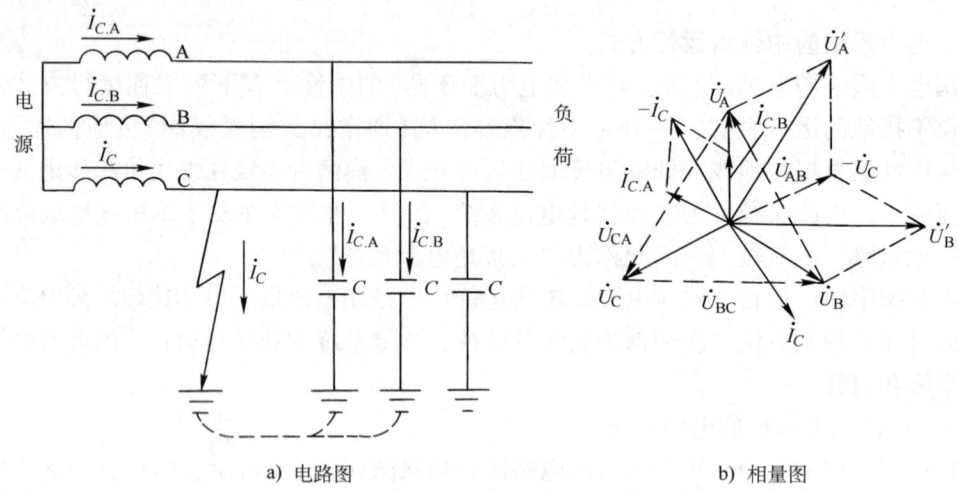

a) 电路图 b) 相量图

图 1-10 发生单相接地故障时的中性点不接地系统

C 相接地时，系统的接地电流（接地电容电流）$\dot{I}_C$ 为 A、B 两相对地电容电流之和，即

$$\dot{I}_C = -(\dot{I}_{C.A} + \dot{I}_{C.B}) \tag{1-2}$$

由图 1-10b 的相量图可知，$\dot{I}_C$ 在相位上正好较 C 相电压 $\dot{U}_C$ 超前 90°。而 $\dot{I}_C$ 的量值，由于 $I_C = \sqrt{3} I_{C.A}$，其中 $I_{C.A} = U'_A / X_C = \sqrt{3} U_A / X_C = \sqrt{3} I_{C0}$，因此 $I_C = 3 I_{C0}$，即系统单相接地时的接地电容电流为正常运行时每相对地电容电流的 3 倍。

由于线路对地电容 C 难以准确确定，所以 I_{C0} 和 I_C 也不好根据 C 来准确计算。在工程中，通常采用下列经验公式来计算：

$$I_C = \frac{U_N(l_{oh} + 35 l_{cab})}{350} \tag{1-3}$$

式中，I_C 为中性点不接地系统的单相接地电容电流（A）；U_N 为系统的额定电压（kV）；l_{oh} 为同一电压 U_N 的具有电气联系的架空线路（over-head line）总长度（km）；l_{cab} 为同一电压 U_N 的具有电气联系的电缆线路（cable line）总长度（km）。

必须指出：当中性点不接地的电力系统发生单相接地时，由图 1-10b 的相量图看出，系统的三个线电压不论其相位和量值都没有改变，因此系统中的所有设备仍可照常运行。但是这种状态不能长此下去，以免在另一相又接地时形成两相接地短路，这将产生很大的短路电流，可能损坏线路和设备。因此这种中性点不接地系统必须装设单相接地保护（参看第六章第三节）或装设绝缘监视装置（参看第七章第三节）。当系统发生单相接地故障时，发出报警信号或指示，以提醒运行值班人员注意，及时采取措施，查找和消除接地故障；如有备用线路，则可将重要负荷转移到备用线路上去。当发生单相接地故障危及人身和设备安全时，单相接地保护应动作于跳闸。

这种中性点不接地系统，高压多用于 3~10kV 系统，低压则用于三相三线制的 IT 系统（图 1-15）。

（二）中性点经消弧线圈接地的电力系统

在上述中性点不接地的系统中，有一种情况相当危险，即在发生单相接地时，如果接地电流较大，将在接地点产生断续电弧，这将使线路有可能发生谐振过电压现象。由于线路既有电阻（R）和电感（L），又有对地电容（C），因此在系统发生单相弧光接地时，可形成一个 R—L—C 的串联谐振电路，从而使线路上出现危险的过电压，过电压值可达相电压的 2.5~3 倍，这就有可能导致线路上绝缘薄弱处的绝缘击穿。因此在单相接地电容电流 I_C 大于一定值时（3~10kV 系统 $I_C \geq 30A$、20kV 及以上系统 $I_C \geq 10A$ 时），电力系统中性点宜改为经消弧线圈接地的运行方式，如图 1-11 所示。

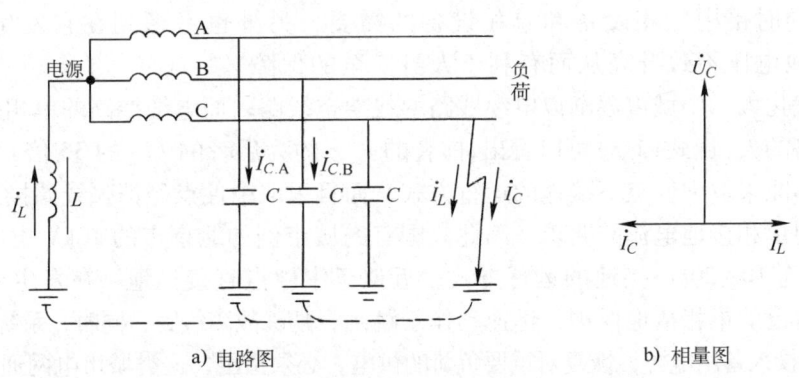

a) 电路图 b) 相量图

图 1-11 中性点经消弧线圈接地的系统

消弧线圈实际上就是一种带有铁心的电感线圈，其电阻很小，感抗很大，而且可以调节。

当此中性点经消弧线圈接地的系统发生单相接地时，流过接地点的总电流是接地电容电流 $\dot{I}_C$ 与流过消弧线圈的电感电流 $\dot{I}_L$ 的相量和。由于 $\dot{I}_C$ 超前 $\dot{U}_C$ 90°，而 $\dot{I}_L$ 滞后 $\dot{U}_C$ 90°（参看图 1-11b），所以 $\dot{I}_C$ 与 $\dot{I}_L$ 在接地点互相补偿，可使接地电流小于最小生弧电流，从而消除接地点的电弧，这样也就不致出现危险的谐振过电压现象了。

中性点经消弧线圈接地的系统中发生单相接地时，与中性点不接地的系统中发生单相接地时一样，相间电压的相位和量值关系均未改变，因此三相设备仍可照常运行。但也不能长期运行，以免发展为两相接地短路，因此必须装设单相接地保护或绝缘监视装置，在出现单相接地故障时发出报警信号或指示，以便运行值班人员及时处理。

这种中性点经消弧线圈接地的运行方式，主要用于 35~66kV 的电力系统。

（三）中性点直接接地或经低阻接地的电力系统

中性点直接接地的电力系统发生单相接地时即形成单相接地短路，如图 1-12 所示。单

相短路用符号 $k^{(1)}$ 表示。单相短路电流 $I_k^{(1)}$ 比线路正常负荷电流大得多,对系统危害很大。因此这种系统中装设的短路保护装置动作,切断线路,切除接地故障部分,使系统的其他部分恢复正常运行。

中性点直接接地的电力系统发生单相接地时,相间电压的对称关系被破坏,但未接地的另两个完好相的对地电压不会升高,仍维持相电压。因此中性点直接接地的系统中的供用电设备,其相绝缘只需按相电压来考虑,不用按相电压的 $\sqrt{3}$ 倍即线电压来考虑。这对 110kV 及以上的超高压系统来说,具有显著的经济技术价值,

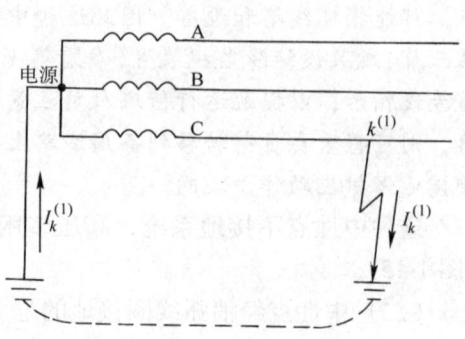

图 1-12 中性点直接接地或经低阻接地的系统发生单相接地时

因为高压电器特别是超高压电器,其绝缘问题是影响电器设计制造的关键问题。电器绝缘要求的降低,直接降低了电器的造价,同时改善了电器的性能。因此 110kV 及以上的电力系统通常都采用中性点直接接地的运行方式。在低压配电系统中,三相四线制的 TN 系统(图 1-13)和 TT 系统(图 1-14)也都采用中性点直接接地的运行方式,这主要是考虑到同时接用三相设备和单相设备的需要,另外也考虑到在它发生单相接地故障时相线对地电压不致升高从而有利于人身安全的保障。

由于现代化大、中城市逐渐以电缆线路取代架空线路,而电缆线路的单相接地电容电流远比架空线路的大(由式(1-3)可以看出,前者的 $I_{C.cab}$ 约为后者的 $I_{C.oh}$ 的 35 倍),因此这类城市电网不仅不能采取中性点不接地的运行方式,而且采取中性点经消弧线圈接地的运行方式也达不到抑制单相接地电流的要求,因此我国有的城市例如北京市的 10kV 电网采取中性点经低阻(一般为 10~20Ω)接地的运行方式,近似于中性点直接接地。在发生单相接地故障时,系统中装设的单相接地保护,迅速动作于跳闸,切除故障线路;同时,系统的备用电源投入装置动作,投入备用电源,恢复对重要负荷的供电。必须指出,这类城市电网通常都采用环网结构,而且保护完善,因此供电可靠性是相当高的。

二、低压配电系统的接地型式

低压配电系统,按其中电气设备的外露可导电部分[⊖]保护接地的型式不同,分为 TN 系统、TT 系统和 IT 系统。

(一) TN 系统(图 1-13)

TN 系统的电源中性点直接接地,并从中性点引出有中性线(N 线)、保护线(PE 线)或将 N 线与 PE 线合而为一的保护中性线(PEN 线),而该系统中电气设备的外露可导电部分则接 PE 线或 PEN 线。

具有 N 线或 PEN 线的三相系统,统称为"三相四线制"系统。没有 N 线或 PEN 线的三相系统,则称为"三相三线制"系统。TN 系统属于三相四线制系统。

中性线(N 线)的功能:①用来接用额定电压作为系统相电压的单相用电设备,如照明

⊖ 设备的外露可导电部分,是指正常时不带电而在故障时可带电的易被触及的部分,例如设备的金属外壳、金属构架等。

灯等；②用来传导三相系统中的不平衡电流和单相电流；③用来减小负荷中性点的电位偏移。

保护线（PE 线）的功能：是为了保障人身安全、防止触电事故的公共接地线。系统中的设备外露可导电部分通过 PE 线接地，可使设备在发生接地（壳）故障时降低触电危险。

保护中性线（PEN 线）的功能：由于 PEN 线是 N 线与 PE 线合而为一的导体，因此兼有 N 线和 PE 线的功能。PEN 线在我国电工界习惯上称为"零线"。因此设备外露可导电部分接 PEN 线（包括接 PE 线）的这种接地型式也称为"接零"。

1. TN-C 系统（见图 1-13a）

TN-C 系统的电源中性点引出一根 PEN 线，其中设备的外露可导电部分均接至 PEN 线。这种系统由于 N 线与 PE 线合而为一，从而可节约导线材料，比较经济。但由于 PEN 线中可有电流通过，会对接 PEN 线的某些设备产生电磁干扰，因此这种系统不适用于对抗电磁干扰要求高的场所。此外，如果 PEN 线断线，可使接 PEN 线的设备外露可导电部分带电而造成人身触电危险。因此 TN-C 系统也不适用于安全要求较高的场所，包括住宅建筑。

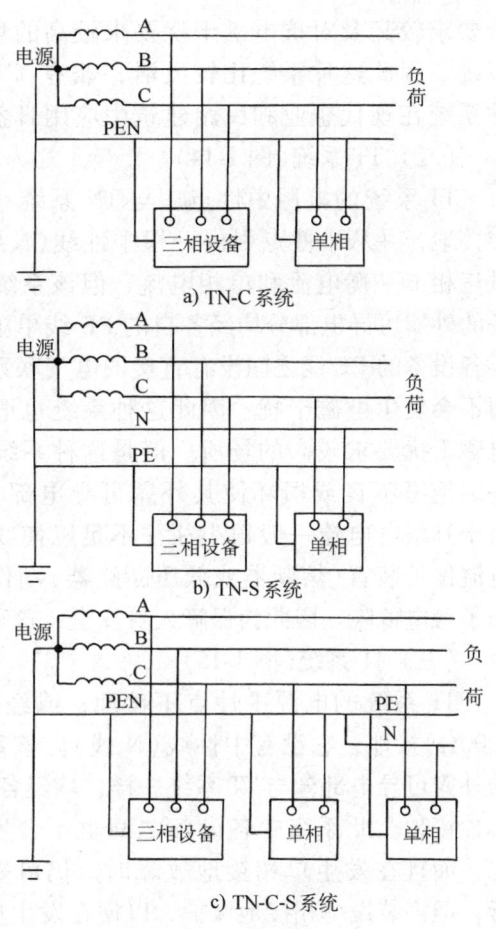

图 1-13 低压配电的 TN 系统

必须注意：PEN 线断线，不仅会造成人身触电危险，而且会造成有的相电压大大升高而烧毁单相用电设备。因此 PEN 线一定要连接牢固可靠，而且 PEN 线上不得装设开关和熔断器，以免 PEN 线断开而造成事故。

2. TN-S 系统（见图 1-13b）

TN-S 系统的电源中性点分别引出 N 线和 PE 线，其中设备的外露可导电部分接至 PE 线。由于这种系统的 PE 线与 N 线分开，PE 线中没有电流通过，因此所有接 PE 线的设备之间不会产生电磁干扰，所以这种系统适用于对抗电磁干扰要求较高的数据处理、电磁检测等实验场所。又由于 PE 线与 N 线分开，PE 线断线时不会使接 PE 线的设备外露可导电部分带电，因此比较安全。所以这种系统也适用于安全要求较高的场所，如潮湿易触电的浴池等地及居民住宅内㊀。但由于 PE 线与 N 线分开，导线材料耗用较多，因此其建造投资比 TN-C 系统略高。

3. TN-C-S 系统（见图 1-13c）

TN-C-S 系统是在 TN-C 系统的后面，部分地或全部采用 TN-S 系统，设备的外露可导电部分接 PEN 线或接 PE 线。显然，此系统为 TN-C 系统与 TN-S 系统的组合，对安

㊀ GB 50096—2011《住宅设计规范》规定：住宅应采用 TT、TN-C-S 或 TN-S 接地方式，并应进行总等电位联结。

全要求较高及对抗电磁干扰要求较高的场所,采用 TN-S 系统,而其他场所则采用 TN-C 系统。因此这种系统比较灵活,兼有 TN-C 系统和 TN-S 系统的优越性,经济实用。这种系统在现代企业和民用建筑中应用日益广泛。

（二）TT 系统（图 1-14）

TT 系统的电源中性点,与 TN 系统一样,也直接接地,并从中性点引出一根中性线（N 线）,以通过三相不平衡电流和单相电流,但该系统中电气设备的外露可导电部分均经各自的 PE 线单独接地。由于各设备的 PE 线之间没有直接的电气联系,互相之间不会发生电磁干扰,因此这种系统也适用于对抗电磁干扰要求较高的场所。但是这种系统中若有设备因绝缘不良或损坏使其外露可导电部分带电时,由于其漏电电流一般很小往往不足以使线路上的过电流保护装置（熔断器或低压断路器）动作,从而增加了触电危险。因此为保障人身安全,这种系统中必须装设灵敏的漏电保护装置。

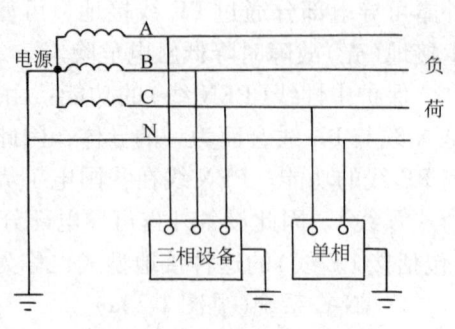

图 1-14　低压配电的 TT 系统

（三）IT 系统（图 1-15）

IT 系统的电源中性点不接地,或经高阻抗（约 1000Ω）接地,它没有中性线（N 线）。该系统中设备的外露可导电部分与 TT 系统一样,均经各自的 PE 线单独接地。此系统中各设备之间也不会发生电磁干扰,而且在发生单相接地故障时,仍可短时继续运行,但需装设单相接地保护,以便在发生单相接地故障时发出报警信号。这种 IT 系统主要用于对连续供电要求较高或对抗电磁干扰要求较高及有易燃易爆危险的场所,如矿山、井下等地。

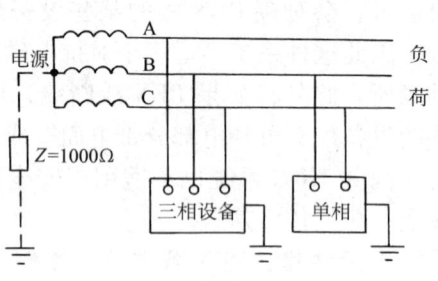

图 1-15　低压配电的 IT 系统

第四节　供电质量要求及电力用户供配电电压的选择

一、供电质量概述

供电质量包括电能质量和供电可靠性两方面。

电能质量是指电压、频率和波形的质量。电能质量的主要指标有：频率偏差、电压偏差、电压波动和闪变、电压波形畸变引起的高次谐波及三相电压不平衡度等。

供电可靠性可用供电企业对电力用户全年实际供电小时数与全年总小时数（8760h）的百分比值来衡量,也可用全年的停电次数和停电持续时间来衡量。原电力工业部 1996 年发布施行的《供电营业规则》规定：供电企业应不断提高供电可靠性,减少设备检修和电力系统事故对用户的停电次数及每次停电持续时间。供用电设备计划检修应做到统一安排。供电设备计划检修时,对 35kV 及以上电压供电的用户的停电次数,每年不应超过 1 次；对 10kV 供电的用户,每年停电不应超过 3 次。

二、供电频率、频率偏差及其改善措施

（一）供电频率及其允许偏差

《供电营业规则》规定：供电企业供电的额定频率为交流50Hz。此50Hz频率通称"工频"。

在电力系统正常状况下，供电频率的允许偏差为：电网装机容量在300万kW及以上的，为±0.2Hz；电网装机容量在300万kW以下的，为±0.5Hz。

在电力系统非正常状况下，供电频率的允许偏差不应超过±1.0Hz。

*（二）频率偏差的影响及其改善措施

电力设备只有在额定频率下运行才能获得最佳的经济效果。以感应电动机为例，如频率偏低，将使电动机转速下降，不仅影响产品产量，而且会影响产品质量；如果频率偏高，将使电动机转速升高，可能损坏所拖动的设备，并将使铁心损耗增加，使电动机发热，缩短使用寿命，甚至造成电动机烧毁。对整个系统来说，频率偏差过大，还可影响广播、电视的质量和一些自动装置的正常运行；如果频率过低，还可影响系统运行的稳定性，甚至可导致系统解列。

改善供电频率偏差可采取下列措施：

1) 加速电力建设，增加系统的装机容量和调节负荷高峰的能力。

2) 做好计划用电工作，搞好负荷调整，移峰填谷，并采取技术措施来降低冲击性负荷的影响。

3) 装设低频减载自动装置及排定低频停限电序次，以便在电网频率降低时，适时地切除部分非重要负荷，以保证重要负荷的稳定连续供电。

三、供电电压、电压偏差及其调整措施

（一）供电电网和电力设备的额定电压

我国的三相交流电网和电力设备（包括发电机、电力变压器和用电设备等）的额定电压，按 GB/T 156—2007《标准电压》规定，如表1-1所示。表中"低压"，指 1000V 及以下的电压；"高压"，指 1000V 以上的电压。但也有下列分类："安全特低电压"——50V 及以下；"低压"——1000V 及以下；"中压"——3~35kV；"高压"——66~220kV；"超高压"——330~500kV；"特高压"——500kV以上。但电压分类标准并不完全一致，也有的将35kV归入"高压"，将220kV归入"超高压"。另外须说明，GB/T 156—2007中规定的"电网和用电设备额定电压"尚有 1000(1140)V，但此电压级只限于矿井下使用。

下面就表1-1规定的额定电压作些说明。

表1-1 我国三相交流电网和电力设备的额定电压

分 类	电网和用电设备额定电压/kV	发电机额定电压/kV	电力变压器额定电压/kV	
			一次绕组	二次绕组
低压	0.38	0.40	0.38	0.40
	0.66	0.69	0.66	0.69
高压	3	3.15	3，3.15	3.15，3.3
	6	6.3	6，6.3	6.3，6.6
	10	10.5	10，10.5	10.5，11

分类	电网和用电设备 额定电压/kV	发电机 额定电压/kV	电力变压器额定电压/kV	
			一次绕组	二次绕组
高压	20	13.8, 15.75, 18, 20, 22, 24, 26	13.8, 15.75, 18, 20, 22, 24, 26	—
	35	—	35	38.5
	66	—	66	72.5
	110	—	110	121
	220	—	220	242
	330	—	330	362
	500	—	500	550
	750	—	750	825(800)
	1000	—	1000	1100

1. 电网额定电压

电网的额定电压（标称电压）等级是国家根据国民经济的发展需要和电力工业的发展水平，经全面技术经济分析后确定的。它是确定其他电力设备额定电压的基本依据。

2. 用电设备额定电压

由于用电设备运行时要在送电线路中产生电压损耗，因而造成线路上各点的电压略有不同，如图 1-16 的虚线所示。但是成批生产的用电设备，其额定电压不可能按其装设地点的实际电压来制造，而只能按线路首端电压与末端电压的平均值即电网的额定电压 U_N 来制造，所以用电设备的额定电压规定与电网额定电压相同，如表1-1所示。

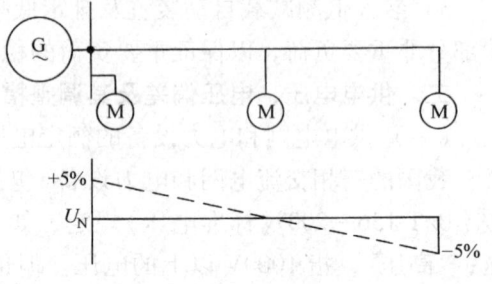

图 1-16 确定用电设备和发电机额定电压的说明图

但是在此必须指出：按 GB/T 11022—2011《高压开关设备和控制设备标准的共同技术要求》规定，高压开关设备和控制设备的额定电压按其允许的最高工作电压来标注，即其额定电压不得小于它所在系统可能出现的最高电压，如表 1-2 所示。我国现在生产的高压设备已按此新规定标注。

表 1-2 系统的额定电压、最高电压和高压设备的额定电压　　　　（单位：kV）

系统额定电压	系统最高电压	高压开关、互感器及支柱 绝缘子的额定电压	穿墙套管额定电压	熔断器额定电压
3	3.5	3.6	—	3.5
6	6.9	7.2	6.9	6.9
10	11.5	12	11.5	12
35	40.5	40.5	40.5	40.5

3. 发电机额定电压

由于电力线路一般允许的电压偏差为±5%，即整个线路允许有10%的电压损耗，因此为维持线路首端电压与末端电压的平均值在额定值，处于线路首端的发电机额定电压应高于电网（线路）额定电压5%，如图1-16所示。

4. 电力变压器一次绕组额定电压

电力变压器一次绕组额定电压的确定，分两种情况：①变压器一次绕组与发电机直接相连，如图1-17中的变压器T1，其一次绕组额定电压应与发电机额定电压相同，即高于电网（线路）额定电压5%。②变压器一次绕组不与发电机直接相连，如图1-17中的变压器T2，则应将变压器看作电网的用电设备，其一次绕组额定电压应与电网额定电压相同。

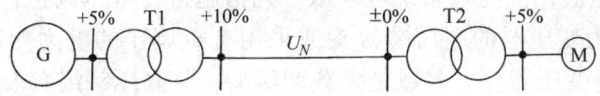

图1-17 确定电力变压器一、二次绕组额定电压的说明图

5. 电力变压器二次绕组额定电压

首先必须明白，变压器二次绕组额定电压是指变压器在其一次绕组加上额定电压时的二次绕组开路（空载）电压，而变压器满载（额定负荷）运行时，二次绕组内有约5%的阻抗电压降。因此变压器二次绕组额定电压的确定必须考虑上述因素，也分两种情况：①变压器二次侧的出线较长，如为较大的高压电网，如图1-17中变压器T1，其二次侧出线为较长的高压线路，则变压器二次绕组额定电压一方面要考虑补偿绕组本身5%的电压降，另一方面要考虑变压器满载运行时其二次电压仍需高于二次侧电网额定电压5%，因此变压器二次绕组额定电压应高于其二次侧电网额定电压10%。②如变压器二次侧的出线不长，例如二次侧为低压电网或者直接供电给高低压用电设备，如图1-17中变压器T2，则变压器二次绕组额定电压只需高于其二次侧电网额定电压5%，仅考虑补偿变压器绕组内5%的电压损耗。

（二）电压偏差及其允许值

1. 电压偏差的定义

用电设备端子处的电压偏差（voltage deviation）ΔU的百分值按下式定义[⊖]：

$$\Delta U\% \stackrel{\text{def}}{=\!=\!=} \frac{U-U_\text{N}}{U_\text{N}} \times 100\% \tag{1-4}$$

式中，U_N为用电设备额定电压；U为用电设备端电压。

2. 电压偏差允许值

GB 50052—2009《供配电系统设计规范》规定：正常运行情况下，用电设备端子处的电压偏差允许值（以U_N的百分值表示）宜符合下列要求：

（1）电动机　规定为±5%。

（2）电气照明　在一般工作场所为±5%；对于远离变电所的小面积一般工作场所、难

[⊖] 按GB 3102.11—1993《物理科学和技术中使用的数学符号》中规定，"定义"（definition）的数学符号为"$\stackrel{\text{def}}{=\!=\!=}$"。

以满足上述要求时,可为+5%、-10%;应急照明、道路照明和警卫照明等为+5%、-10%。

(3) 其他用电设备 当无特殊要求时,为±5%。

(三) 电压偏差的影响及其调整措施

电力设备也只有在额定电压下运行才能获得最佳的经济效果。例如感应电动机,如端电压偏低,则其转矩将按端电压平方成比例地减小,而在负载转矩不变的情况下,电动机电流必然增大,从而使电动机绕组绝缘过热受损,使电动机寿命缩短;如果端电压偏高,虽电动机转矩按其端电压平方成比例地增大,但同时电流也要增大,同样会使电动机绕组绝缘过热受损,缩短电动机寿命。又如白炽灯,如果电压偏低,则照度明显降低;如果电压偏高,则灯的使用寿命将大大缩短。由此可见,电压偏差过大,都是不经济、不合理的。

为了减小电压偏差值,供配电系统可采取下列措施进行电压调整:

(1) 正确选择电力变压器的电压分接头或采用有载调压的电力变压器 我国电力用户所使用的6~10kV配电变压器,大多数是无载调压型,其高压绕组有$U_{1N}±5\%U_{1N}$的五个电压分接头,并装设有无载调压分接开关,如图1-18所示。如果用电设备端电压偏高,则应将分接开关换接到+5%U_{1N}的分接头,以降低设备端电压。如果用电设备端电压偏低,则应将分接开关换接到-5%U_{1N}的分接头,以升高设备端电压。但是必须注意,换接电压分接头,应停电进行,因此不能频繁操作,也就不能适时地按用电设备端电压的变动进行电压调整。如果用电负荷中某些设备对电压要求严格,6~10kV无载调压型变压器满足不了要求,而单独装设调压设备在技术经济上不合理时,可采用有载调压型变压器。当35kV降压变电所的主变压器在电压偏差满足不了要求时以及35kV以上降压变电所的主变压器直接向35kV或6~10kV电网送电时,其主变压器均应采用有载调压变压器。

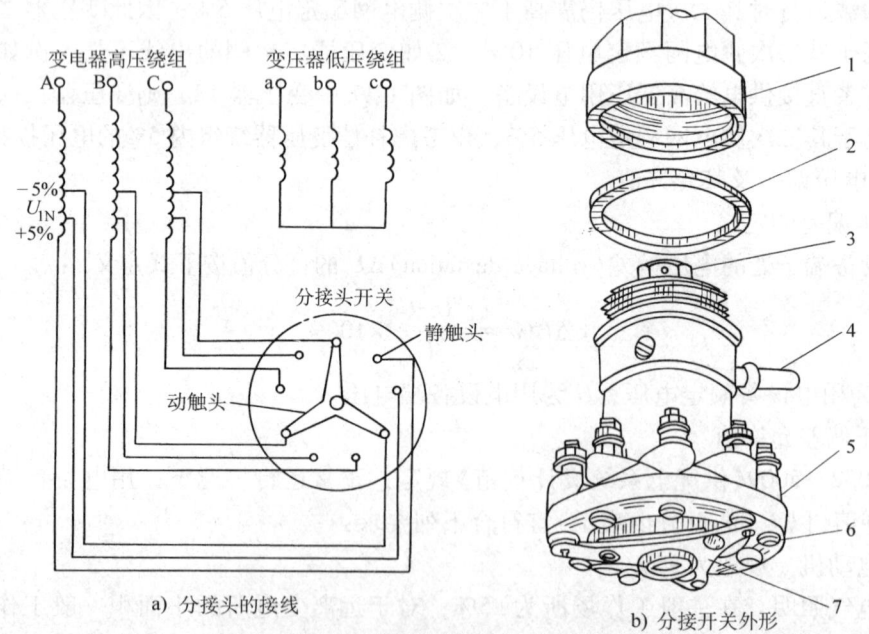

a) 分接头的接线　　b) 分接开关外形

图1-18 电力变压器的分接头和分接开关

1—帽　2—密封垫圈　3—操动螺母　4—定位钉　5—绝缘座　6—静触头　7—动触头

(2) 降低供配电系统的阻抗 供配电系统中各元件的电压降是与各元件的阻抗成正比的。因此在技术经济合理时,减少供配电系统的变压级数及以铜线代换铝线,或增大导线截面,或以电缆代换架空线,都能有效地降低系统阻抗,减少电压降,从而缩小电压偏差范围。

(3) 尽量使三相系统的负荷均衡　在低压三相四线制配电系统中,如果三相负荷分布不均衡,将使负荷中性点的电位偏移,造成有的相电位升高,从而增大线路的电压偏差。为此,应使三相负荷尽可能地均衡。

(4) 合理地调整系统的运行方式　在一班制或两班制的企业中,在工作班的时间内,负荷重,往往电压偏低,因而需要将变压器高压绕组的分接头调在$-5\%U_{1N}$的位置。但这样一来,到非工作班时间,负荷轻,电压就会过高。这时可切除此变压器,改用低压联络线供电(参看图1-1)。操作时,应先投入低压联络线,再切除变压器,以免造成负荷的短时停电。如果有两台变压器并列运行的变电所,则可在负荷轻时切除一台变压器,而在负荷重时则两台变压器并列运行。上述调整系统运行方式的措施,不仅能达到电压调整的目的,而且能取得降低电能损耗的效果。

(5) 采用无功功率补偿装置　由于供配电系统中存在大量的感性负荷,如感应电动机、高频电炉、气体放电灯等,加上系统中感抗很大的电力变压器,线路中的感抗一般也大于电阻,从而使系统中产生大量相位滞后的无功功率,降低功率因数,增加系统的电压降。为了提高系统的功率因数,减小电压降,可采用并联电容器或同步补偿机,使之产生相位超前的无功功率,以补偿一部分相位滞后的无功功率。由于采用并联电容器补偿较之采用同步补偿机更为简单经济和便于运行维护,因此并联电容器在供配电系统中应用最为广泛。不过采用专门的无功补偿设备,需额外投资,因此在进行电压调整时,应优先考虑前面所述的各项措施,以提高供配电系统的经济效果。

四、电压波动及其抑制措施

(一) 电压波动的有关概念

1. 电压波动的含义

电压波动(voltage fluctuation)是指电网电压的快速变动或电压包络线的周期性快速变动。电压变动值,以电力系统中多个用户公共连接点的相邻最大与最小电压方均根值$U_{\max}$与$U_{\min}$之差对电网额定电压U_N的百分值来表示,即

$$\delta U\% = \frac{U_{\max}-U_{\min}}{U_N} \times 100\% \tag{1-5}$$

2. 电压波动的产生和危害

电压波动是由于电网中存在急剧变动的冲击性负荷而引起的。负荷的急剧变动,使电网的电压损耗相应变动,从而使用户公共连接点的电压出现波动现象。例如电动机的起动、电焊机的工作特别是大型电弧炉和大型轧钢机等冲击性负荷的工作,均会引起电网电压波动。

电压波动可影响电动机的正常起动,甚至可使电动机无法起动。电压波动对同步电动机还可引起转子振动;对电子设备和计算机,可使之无法正常工作;对照明灯,可使之发生明显的闪烁,严重影响视觉,使人无法正常工作和学习。

(二) 电压波动的抑制措施

抑制电压波动可采取下列措施:

(1) 采用专线或专用变压器供电　对大容量的冲击性负荷如电弧炉、轧钢机等,采用专线或专用变压器供电,是降低电压波动对其他用电设备运行影响的最简便有效的办法。

(2) 减小线路阻抗　当冲击性负荷与其他负荷共用供电线路时,应设法减小线路的阻

抗，例如将单回路改为双回路，或者将架空线路改为电缆线路，或者将铝线改为铜线，从而减小由冲击性负荷引起的电压波动。

（3）选用短路容量较大或电压等级较高的电网供电　对大型电弧炉的炉用变压器，应尽量由短路容量较大或电压等级较高的电网供电，这是减小电网电压波动的一项有效措施。

（4）采用静止补偿装置　对大容量电弧炉及其他大容量冲击性负荷，在采取上述措施尚达不到要求时，可装设能"吸收"冲击性无功功率的静止补偿装置（Static Var Compensator,SVC）。SVC 的型式有多种，而从我国生产实际来说，以发展自饱和电抗器型（SR 型）的效能最好，其电子元件少，可靠性高，反应速度更快，维修方便，且维护费用低，我国一般变压器制造厂均能制造，是值得推广应用的一种SVC。但总的来说，SVC 的投资较大，因此首先应考虑前几项措施。

五、电网谐波及其抑制措施

（一）电网谐波的有关概念

1. 电网谐波的含义

谐波（harmonic），是指对周期性非正弦交流量进行傅里叶级数（Fourier Series）分解所得到的大于基波频率整数倍次的各次分量，通常称为"高次谐波"。而基波，即其频率与工频（50Hz）相同的交流分量。

2. 谐波的产生

电力系统中的三相交流发电机发出的三相交流电压，一般可认为是 50Hz 的正弦波。但由于系统中存在各种非线性元件，因而在系统中和用户处的线路内出现了谐波，使电压或电流波形发生畸变。系统中产生谐波的非线性元件很多，例如各种气体放电灯、电动机、电焊机、变压器和感应电炉等，都要产生谐波，特别是大型硅整流设备和大型电弧炉等所产生的谐波最为突出，严重影响系统的电能质量。

3. 谐波的危害

谐波对电气设备的危害很大。谐波电流通过变压器，可使变压器的铁心损耗明显增加，从而使变压器铁心过热，缩短使用寿命。谐波电流通过交流电动机，不仅会使电动机的铁心损耗明显增加，而且还会使电动机转子发生振动，严重影响机械加工的产品质量，同时噪声增大。谐波对电容器的影响更为突出。谐波电压加在电容器两极时，由于电容器对谐波的阻抗很小，因此电容器很容易发生过负荷甚至烧毁。此外，谐波电流可使电力线路的电能损耗和电压损耗增加；使计量电能的感应式电能表计量不准确；可使电力系统发生电压谐振，从而在线路上引起过电压，有可能击穿线路设备的绝缘，造成事故；还可能造成系统的继电保护和自动装置误动作，并可对电力线路附近的通信线路和通信设备产生信号干扰。由此可见，谐波的危害是十分严重的，值得高度重视。

（二）电网谐波的抑制措施

抑制电网谐波，可采用下列措施：

（1）三相整流变压器采用 Yd 或 Dy 接线　由于 3 次及其整数倍次的谐波电流在三角形联结的绕组内形成环流，而星形联结的绕组内不可能出现 3 次及其整数倍次的谐波电流，因此采用 Yd 或 Dy 接线的三相整流变压器，能使注入电网的谐波电流消除 3 次及其整数倍次的谐波电流。又由于电力系统中的非正弦交流电压或电流波形，其正、负两半波对时间轴是对称的，不含直流和偶次谐波分量，因此采用 Yd 或 Dy 接线的整流变压器，可使注入电网的谐波电流只有 5、7、11…等次谐波了。这是抑制电网谐波的最基本的方法之一。

（2）增加整流变压器二次侧的相数　整流变压器二次侧的相数越多，整流波形的脉波数越多，其次数低的谐波被消去的也越多。例如整流相数为 6 相时，出现的 5 次谐波电流为基波电流的 18.5%，7 次谐波电流为基波电流的 12%。如果整流相数增加到 12 相时，则出现的 5 次谐波电流降为基波电流的 4.5%，7 次谐波电流降为基波电流的 3%，都差不多是原来的 1/4。由此可见，增加整流变压器二次侧的相数对高次谐波的抑制效果相当显著。

（3）使各台并列运行的整流变压器二次侧互有相位差　多台相数相同的整流装置并列运行时，使其整流变压器二次侧互有适当的相位差。这与增加整流变压器二次侧的相数有类似的效果，也能大大减少注入电网的高次谐波。

（4）装设分流滤波器　在大容量静止"谐波源"（如大型晶闸管整流器）与电网连接处，装设分流滤波器，如图 1-19 所示，使滤波器的各组 R—L—C 回路分别对需要消除的 5、7、11…等次谐波进行调谐，使之发生串联谐振。由于串联谐振时阻抗很小，从而使这些谐波电流被它分流吸收而不致注入电网中去。

（5）选用 Dyn11 联结组别的三相配电变压器　由于 Dyn11 联结的变压器高压绕组为三角形接线，而 3 次及其整数倍次的高次谐波可在其中形成环流而不致注入高压电网中去，从而有利于抑制系统的高次谐波。

（6）抑制谐波的其他措施　例如限制电力系统中接入的变流设备及交流调压装置等的容量，或提高对大容量非线性设备的供电电压，或将"谐波源"与不能受谐波干扰的负荷电路从电网的接线上分开，均能有助于谐波的抑制或消除。

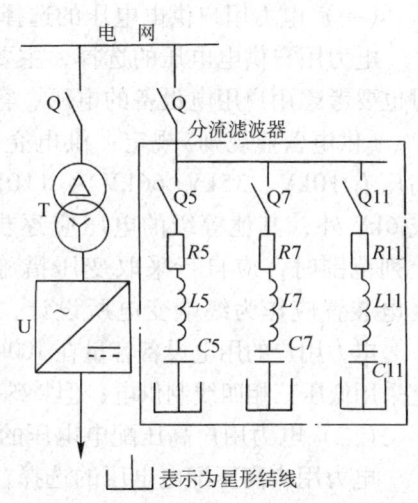

图 1-19　装设分流滤波器吸收高次谐波
Q—开关　T—整流变压器　U—变流设备

六、三相不平衡及其改善措施

（一）三相不平衡的产生及其危害

在三相供电系统中，如果三个相的电压或电流幅值或有效值不相等，或者三个相的电压或电流的相位差不为 120°时，则称此三相电压或电流不平衡。

不平衡的三相电压或电流，可按对称分量法将它分解成正序分量、负序分量和零序分量等三个对称分量。由于其负序分量的存在，对系统中的电气设备运行产生不良的影响，例如可使三相异步电动机中出现一个反向转矩，从而削弱了电动机的输出转矩，使电动机效率降低，并使其绕组电流增大，温升增大，加速绝缘老化，缩短使用寿命。对三相变压器来说，由于三相电流不平衡，当最大相电流达到变压器额定电流时，其他两相电流却低于额定值，从而使变压器容量不能充分利用。三相电压不平衡，还会严重影响多相整流设备触发脉冲的对称性，使之产生更多的高次谐波，进一步影响电能质量。

（二）电压不平衡度及其允许值

三相电压的不平衡度（unbalance factor）εU 用其负序分量的方均根值 U_2 对其正序分量方均根值 U_1 的百分比值来表示，即

$$\varepsilon U\% = \frac{U_2}{U_1} \times 100\% \tag{1-6}$$

GB/T 15543—2008《电能质量·三相电压不平衡度》规定：电力系统公共连接点，正常不平衡度允许值为 2%，短时不得超过 4%；接于公共连接点的每个用户，电压不平衡度一般不得超过 1.3%，短时不超过 2.6%。

（三）三相不平衡的改善措施

造成系统三相电压不平衡的主要原因，是单相负荷在三相系统中的容量分配和接入位置不合理、不均衡，造成三个相线上的电压降不一致。因此在供配电设计和运行中，应注意将单相负荷均衡地分配在三相系统中。在低压配电系统中，各相之间容量之差不宜超过 15%。

七、电力用户供配电电压的选择

（一）电力用户供电电压的选择

电力用户供电电压的选择，主要取决于当地供电企业（当地电网）供电的电压等级，同时也要考虑用户用电设备的电压、容量及供电距离等因素。

《供电营业规则》规定：供电企业供电的额定电压，低压有单相 220V，三相 380V；高压有 10kV、35kV（66kV）、110kV、220kV。并规定：除发电厂直配电压可采用 3kV 或 6kV 外，其他等级的电压应逐步过渡到上述额定电压。如用户需要的电压等级不在上列范围时，应自行采取变压措施解决。用户需要的电压等级在 110kV 及以上时，其受电装置应作为终端变电所设计，其方案需经省电网经营企业审批。

电力用户的用电设备容量在 100kW 及以下，或需用变压器容量在 50kVA 及以下时，一般宜采用低压三相四线制供电；但特殊情况（例如供电点距离用户太远时）也可采用高压供电。

（二）电力用户高压配电电压的选择

电力用户高压配电电压的选择，主要取决于该用户高压用电设备的电压、容量和数量等因素。

当用户的供电电源电压为 10kV 及以上时，用户的高压配电电压一般应采用 10kV。当用户用电设备的总容量较大，且选用 6kV 经济合理时，特别是可取得附近发电厂的 6kV 直配电压时，可采用 6kV 作高压配电电压。如果用户 6kV 用电设备不多，则仍应采用 10kV 作高压配电电压，而对 6kV 设备则通过专用的 10kV/6.3kV 变压器单独供电。如果用户有 3kV 的用电设备，则应通过专用的 10kV/3.15kV 变压器供电。

当用户的供电电压为 35kV 时，为了减少用户供配电系统的变压级数，如果安全要求允许，且技术经济合理时，也可考虑采用 35kV 作为用户的高压配电电压，即采用图 1-3 所示高压深入负荷中心的配电方式。

（三）电力用户低压配电电压的选择

电力用户的低压配电电压，通常采用 220V/380V，其中线电压 380V 用来接用三相电力设备及额定电压为 380V 的单相设备，而相电压 220V 用来接用额定电压为 220V 的单相设备和照明灯具。但某些场合宜采用 660V 甚至更高的 1140V 作为低压配电电压。例如在矿井下，因负荷往往离变电所较远，为保证远端负荷的电压水平，宜采用 660V 或 1140V 的电压。采用较高的电压配电，不仅可减少线路的电压损耗，保证远端负荷的电压水平，而且能减小导线截面和线路投资，增大供电半径，减少变电点，简化供配电系统。因此提高低压配电电压有其明显的经济价值，也是节电的一项有效措施。但是将 380V 升压为 660V，需电器制造部门全面配合,我国目前尚有困难。采用 660V 作配电电压,目前只限于采矿、石油和化工等少数部门。而 1140V 电压,GB/T 156—2007 已明确规定:"只限矿井下采用。"

复习思考题

1-1 供配电工作有哪些基本要求?本课程的基本任务是什么?

1-2 一个企业的供配电系统包括哪些范围?变电所和配电所各自的任务是什么?两者有何区别?

1-3 水电站、火电厂和核电站各采用什么一次能源?各自的能量转换过程是怎样的?在各种发电厂中有哪些电厂的能源属于洁净的和可再生的能源?

1-4 电力属于一种特殊商品,它有哪些特点?

1-5 什么叫电力系统、动力系统和电力网?建立大型电力系统(联合电网)有哪些好处?

1-6 在带有重要负荷的电力用户中,为何广泛采用柴油发电机组作应急的自备电源?在什么情况下宜采用不间断电源(UPS)或应急电源(EPS)?

1-7 电力系统的电源中性点有哪几种运行方式?什么叫小接地电流系统和大接地电流系统?在系统发生单相接地故障时,上述两种系统的相对地电压和线电压各有何变化?

1-8 一般 6~10kV 系统的电源中性点采用不接地的运行方式,但现在有的大中城市(例如北京市)开始采用中性点经低阻接地的运行方式,这是为什么?

1-9 低压配电系统有哪几种接地型式?N 线、PE 线和 PEN 线各有哪些功能?这几种接地型式的低压配电系统各适用于哪些场合?

1-10 我国电力系统的额定频率(工频)为多少?允许的频率偏差为多少?频率偏差过大有哪些危害?

1-11 用电设备的额定电压为什么规定等于电网(线路)的额定电压?为什么现在同-10kV 电网的高压开关额定电压有 10kV 和 12kV 两种规格?

1-12 发电机的额定电压为什么规定要高于相应电网额定电压 5%?电力变压器的额定一次电压为什么有的高于供电电网额定电压 5%,有的又等于供电电网额定电压?而电力变压器的额定二次电压为什么有的高于其二次侧电网额定电压 10%,有的又只高于其二次侧电网额定电压 5%?

1-13 什么叫电压偏差?电压偏差对电气设备运行有哪些影响?如何进行电压调整?

1-14 什么叫电压波动?电压波动是如何产生的?对电气设备运行有哪些影响?如何抑制电压波动?

1-15 产生电网谐波的主要原因是什么?它对电气设备运行有哪些影响?如何减少或消除谐波干扰?

1-16 三相电压不平衡是如何产生的?对电气设备运行有哪些影响?如何减小和补偿电压不平衡现象?

1-17 《供电营业规则》规定供电企业对用户供电的额定电压有哪些?用户的高压配电电压和低压配电电压各如何选择?

习 题

1-1 试确定图 1-20 所示供电系统中变压器 T1 和线路 WL1、WL2 的额定电压。

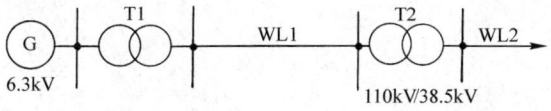

图 1-20 习题 1-1 的供电系统

1-2 试确定图1-21所示供电系统中发电机和所有电力变压器的额定电压。

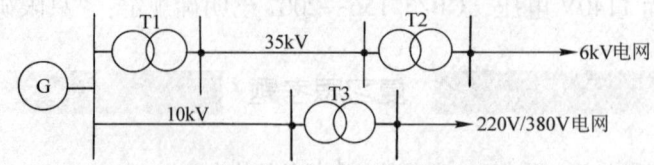

图 1-21 习题 1-2 的供电系统

1-3 某企业有若干车间变电所，互有低压联络线相连。其中某一车间变电所，装有一台无载调压型变压器，高压绕组有+5%、0、-5%三个电压分接头，现调在主接头"0"位置(即 U_{1N})运行。但是该车间白天生产时，低压母线电压只有360V，而晚上不生产时，低压母线电压又高达410V。问此车间变电所低压母线昼夜的电压偏差范围(%)为多少？宜采用哪些改善措施？

1-4 某10kV电网，架空线路总长度70km，电缆线路总长度15km。试求此中性点不接地的电力系统发生单相接地时的接地电容电流，并判断此系统的中性点是否需要改为经消弧线圈接地。

第二章 供配电系统的主要电气设备

本章首先概述供配电系统电气设备的分类，然后分别讲述电力变压器和互感器、高低压开关电器、熔断器、避雷器和无功补偿设备等的功用、结构特点、主要性能及使用注意事项，最后介绍高低压成套配电装置的类型和结构特点等，为后面进一步学习供配电技术知识打下一个基础。

第一节　电气设备概述

供配电系统中担负输送和分配电力这一主要任务的电路，称为"一次电路"，也称"主电路"。供配电系统中用来控制、指示、监测和保护一次电路及其中电气设备运行的电路，称为"二次电路"，通称"二次回路"。

相应地，供配电系统中的电气设备分为两大类：一次电路中的所有电气设备，称为"一次设备"。二次回路中的所有电气设备，称为"二次设备"。

供配电系统的主要电气设备是指其一次设备。一次设备按其功能可分为以下几类：

（1）变换设备　指按系统工作要求来改变电压、电流或频率的设备，例如电力变压器、电压互感器、电流互感器及变流或变频设备等。

（2）控制设备　指按系统工作要求来控制电路通断的设备，例如各种高低压开关。

（3）保护设备　指用来对系统进行过电流和过电压保护的设备，例如高低压熔断器和避雷器。

（4）无功补偿设备　指用来补偿系统中的无功功率、提高功率因数的设备，例如并联电容器。

（5）成套配电装置　它是按照一定的线路方案的要求，将有关一次设备和二次设备组合为一体的电气装置，例如高低压开关柜、动力和照明配电箱等。

第二节　电力变压器和互感器

一、电力变压器

（一）概述

电力变压器（Power Transformer，文字符号为 T 或 TM），是变电所中最关键的设备，其功用是将电力系统中的电力电压升高或降低，以利于电力的合理输送、分配和使用。

1. 电力变压器的类型

电力变压器按功用分，有升压变压器和降压变压器两大类。用户变电所都采用降压变压器。二次侧为低压配电电压的降压变压器，通常称为"配电变压器"。

电力变压器按容量系列分，有 R8 容量系列和 R10 容量系列两大类。所谓 R8 容量系列，是指容量等级是按 $R8 = \sqrt[8]{10} \approx 1.33$ 倍数递增的。我国老的变压器容量等级采用此系列，如容量 100kVA、135kVA、180kVA、240kVA、320kVA、420kVA、560kVA、750kVA、1000kVA 等。所谓 R10 容量系列，是指容量等级是按 $R10 = \sqrt[10]{10} \approx 1.26$ 倍数递增的。R10 系列的容量等级较密，便于合理选用，是国际电工委员会(IEC)推荐的，我国现在生产的电力变压器容量等级均采用这一系列，如容量 100kVA、125kVA、160kVA、200kVA、250kVA、315kVA、400kVA、500kVA、630kVA、800kVA、1000kVA 等。

电力变压器按相数分，有单相和三相两大类，用户变电所通常都采用三相变压器。

电力变压器按调压方式分，有无载调压和有载调压两大类型。用户变电所大多采用无载调压变压器。

电力变压器按绕组导体材质分，有铜绕组变压器和铝绕组变压器两大类型。用户变电所以往大多采用较价廉的铝绕组变压器，如 SL7 型等；现在一般采用更为节能的 S9、SC9 等系列铜绕组变压器。

电力变压器按绕组型式分，有双绕组变压器、三绕组变压器和自耦变压器。用户变电所一般采用双绕组变压器。

电力变压器按绕组绝缘和冷却方式分，有油浸式、树脂绝缘干式和充气式(SF_6)等变压器。其中油浸式变压器又分油浸自冷式、油浸风冷式和强迫油循环冷却式等。用户变电所大多采用油浸自冷式变压器，但树脂绝缘干式变压器近年来在用户变电所中日益增多，高层建筑中的变电所一般都采用干式变压器或充气变压器。充气(SF_6)变压器一般用于成套变电所。

电力变压器按结构性能分，有普通变压器、全密封变压器和防雷变压器等。用户变电所大多采用普通变压器(包括油浸式和干式变压器)。全密封变压器(包括油浸式、干式和充气式)具有全密封结构，维护安全方便，在高层建筑中应用较广。防雷变压器，适用于多雷地区用户变电所使用。

2. 电力变压器的联结组别

电力变压器的联结组别，是指变压器一、二次绕组(或一、二、三次绕组)因采取不同联结(连接)方式而形成变压器一、二次侧(或一、二、三次侧)对应的线电压之间的不同相位关系。下面重点介绍用户配电变压器常见的几种联结组别。

(1) Yyn0 联结和 Dyn11 联结的两种配电变压器　Yyn0 联结的示意图如图 2-1 所示。其一次线电压与对应的二次线电压之间的相位关系，如同时钟在零点(12 点)时的分针与时针的相互关系一样。图中一、二次绕组一端标"●"(黑点)的端子，为对应的"同名端"，或称"同极性端"。

Dyn11 联结的示意图如图 2-2 所示。其一次线电压与对应的二次线电压之间的相位关系，如同时钟在 11 点时的分针与时针的相互关系一样。

我国过去差不多都采用 Yyn0 联结的配电变压器，但近年来 Dyn11 联结的配电变压器已得到推广应用。

配电变压器采用 Dyn11 联结较之采用 Yyn0 联结有下列优点：

1) Dyn11 联结的变压器，对 3 次及其整数倍次的谐波电流可在其三角形联结的一次绕

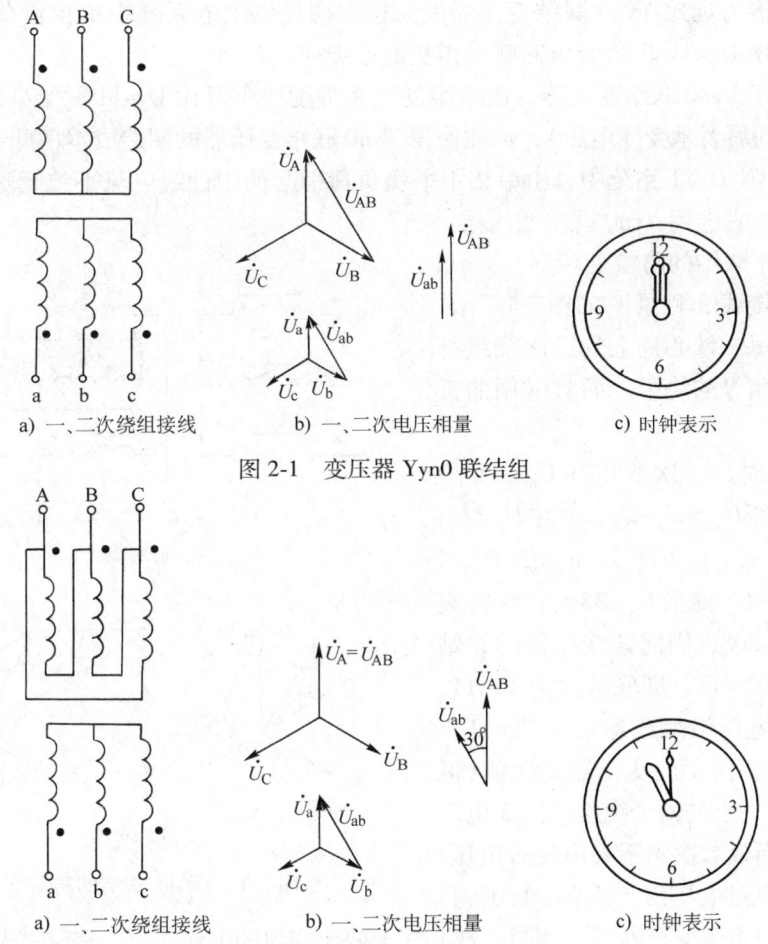

a) 一、二次绕组接线　　　b) 一、二次电压相量　　　c) 时钟表示

图 2-1　变压器 Yyn0 联结组

a) 一、二次绕组接线　　　b) 一、二次电压相量　　　c) 时钟表示

图 2-2　变压器 Dyn11 联结组

组内形成环流,从而不致注入高压公用电网中去。由此可见它较之 Yyn0 联结的变压器更有利于抑制高次谐波电流。

2) Dyn11 联结的变压器,其零序阻抗较之 Yyn0 联结的变压器的零序阻抗小得多[⊖],因此 Dyn11 联结变压器二次侧的单相接地短路电流较之 Yyn0 联结变压器二次侧的单相接地短路电流大得多,从而更有利于低压侧单相接地短路故障的保护和切除。

3) 当接用单相不平衡负荷时,由于 Yyn0 联结变压器要求中性线(N 线)电流不宜超过二次绕组额定电流的 25%,因而严重限制了接用单相用电负荷的容量,影响了变压器负荷能力的充分发挥。Dyn11 联结变压器的中性线电流允许达到相电流的 75% 以上,其承受单相

⊖ 单相接地短路故障的切除,决定于单相接地短路电流的大小,而此单相接地短路电流等于相电压除以单相短路回路的计算阻抗,计算阻抗为其正序、负序和零序阻抗之和的 1/3。如不计电阻只计电抗时,Dyn11 联结变压器的零序电抗 $X_0 = X_1$,X_1 为变压器正序电抗,亦即变压器电抗 X_T;而 Yyn0 联结变压器的零序电抗 $X_0 = X_1 + X_{\mu 0}$,$X_{\mu 0}$ 为变压器的励磁电抗。由于 $X_{\mu 0} \gg X_1$,故 Dyn11 联结变压器的 X_0 比 Yyn0 联结变压器的 X_0 小得多,因此 Dyn11 联结变压器的单相接地短路电流比 Yyn0 联结变压器的大得多,以致 Dyn11 联结变压器更有利低压单相接地短路故障的保护和切除。

不平衡负荷的能力远比 Yyn0 联结变压器大。这在现代供配电系统中单相负荷急剧增长的情况下，推广应用 Dyn11 联结变压器就显得更有必要了。

但是，由于 Yyn0 联结变压器一次绕组的绝缘强度要求可比 Dyn11 联结变压器稍低（因前者承受相电压而后者承受线电压），从而使得 Yyn0 联结变压器的制造成本稍低于 Dyn11 联结变压器，因此在 TN 及 TT 系统中，由单相不平衡负荷引起的中性线电流不致超过低压绕组额定电流的 25% 时，宜选用 Yyn0 联结变压器。

（2）Yzn11 联结的防雷变压器　Yzn11 联结变压器的接线和相量图如图 2-3 所示。其结构特点是每一铁心柱上的二次绕组都分为两个匝数相等的绕组，而且采用曲折形（Z 形）联结。

正常工作时，一次线电压 $\dot{U}_{AB} = \dot{U}_A - \dot{U}_B$，二次线电压 $\dot{U}_{ab} = \dot{U}_a - \dot{U}_b$，其中 $\dot{U}_a = \dot{U}_{a1} - \dot{U}_{b2}$，$\dot{U}_b = \dot{U}_{b1} - \dot{U}_{c2}$。由图 2-3b 知，$\dot{U}_{ab}$ 与 $-\dot{U}_B$ 同相，而 $-\dot{U}_B$ 滞后 $\dot{U}_{AB}$ 330°。在钟表上，1h 相当于 30°，因此该变压器的联结组号为 330°/30° = 11，即联结组为 Yzn11。

当雷电过电压沿变压器一次侧（高压侧）线路侵入时，由于此变压器二次侧（低压侧）同一铁心柱上的两个绕组的感应电动势相互抵消，所以二次侧不会出现过电压。同样的，如雷电过电压沿二次侧（低压侧）

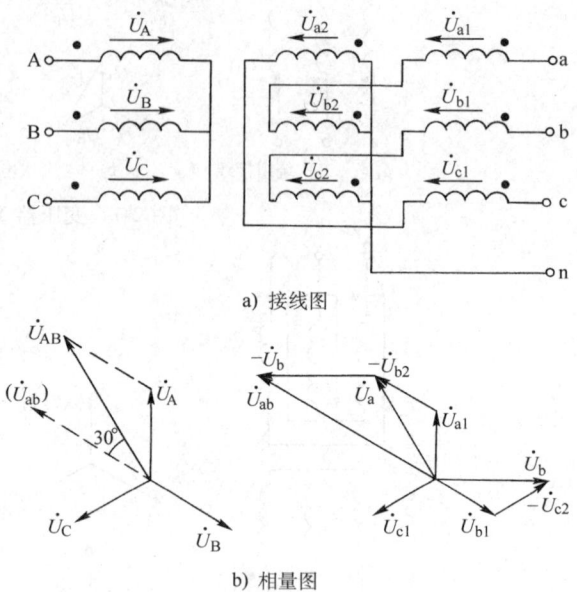

图 2-3　Yzn11 联结的防雷变压器

线路侵入时，也由于变压器二次侧同一铁心柱上两个绕组的电流相反，磁动势相互抵消，所以过电压也不会感应到一次侧（高压侧）线路上去。由此可见，采用 Yzn11 联结的变压器有利于防雷，所以这种联结的变压器称为防雷变压器，适于多雷地区使用。

3. 电力变压器的结构和型号

电力变压器的基本结构，包括铁心和一、二次或一、二、三次绕组两大部分。

图 2-4 为三相油浸式电力变压器的外形结构图。

图 2-5 为三相树脂浇注绝缘干式电力变压器的外形结构图。

（二）电力变压器的容量和过负荷能力

1. 电力变压器的额定容量和实际容量

电力变压器的额定容量，是指它在规定的环境温度条件下，室外安装时，在规定的使用年限（一般为 20 年）内所能连续输出的最大视在功率（kVA）。

GB 1094《电力变压器》规定，变压器正常使用的最高年平均气温为 +20℃。如果变压器安装地点的年平均气温 $\theta_{o.av} \neq 20℃$，则每升高 1℃，变压器的容量就要减少 1%。因此变压器的实际容量（出力）S_T 应按下式计算：

$$S_T = \left(1 - \frac{\theta_{o.av} - 20}{100}\right) S_{N.T} \tag{2-1}$$

式中，$S_{N.T}$ 是变压器额定容量。

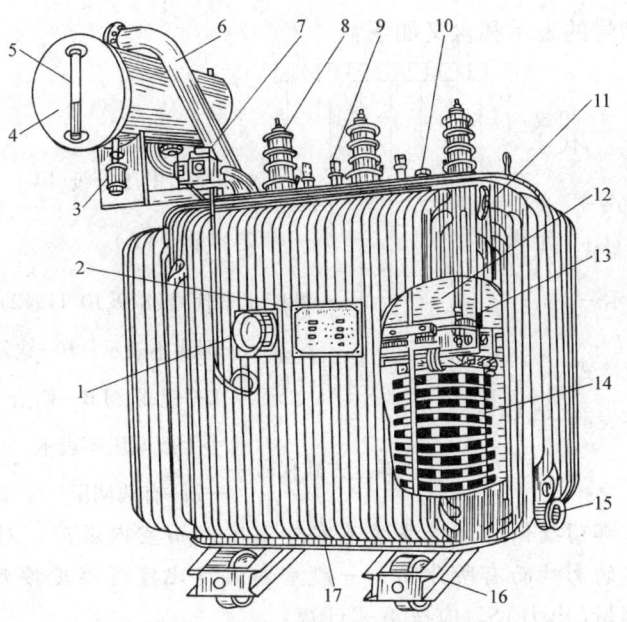

图 2-4 三相油浸式电力变压器

1—信号温度计 2—铭牌 3—吸湿器 4—油枕 5—油位指示器(油标) 6—防爆管 7—瓦斯继电器 8—高压出线套管 9—低压出线套管 10—分接开关 11—油箱 12—变压器油 13—铁心 14—绕组 15—放油阀 16—底座(小车) 17—接地端子

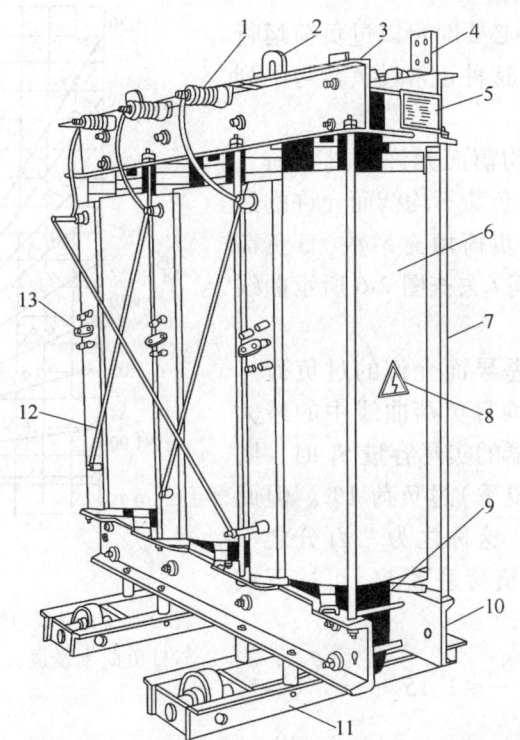

图 2-5 三相树脂浇注绝缘干式电力变压器

1—高压出线套管 2—吊环 3—上夹件 4—低压出线接线端子 5—铭牌 6—树脂浇注绝缘绕组(内为低压,外为高压) 7—上下夹件拉杆 8—警示标牌("高压危险!") 9—铁心 10—下夹件 11—底座(小车) 12—高压绕组相间连接杆 13—高压分接头及连接片电力变压器全型号的表示和含义如下：

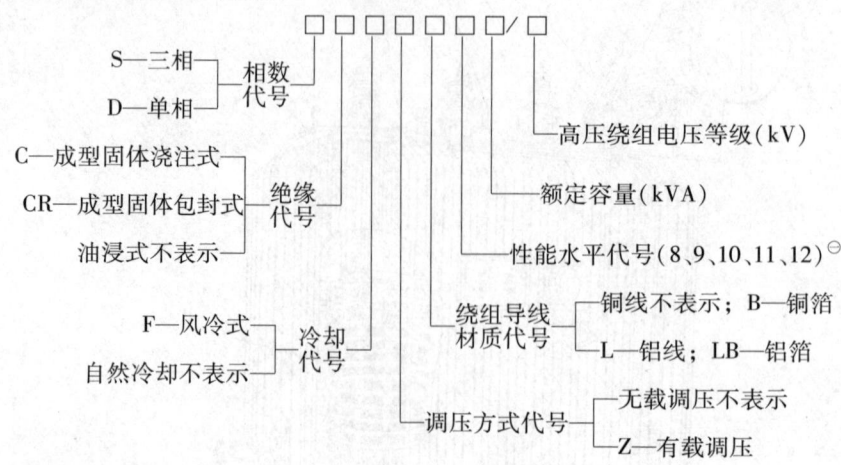

必须指出：气象部门提供的环境温度是室外温度；而室内温度，对电力变压器室来说，由于变压器运行发热的影响而有所升高，一般室内温度比室外温度按升高8℃考虑[二]。因此室内变压器的实际容量（出力）S'_T应按下式计算：

$$S'_T = \left(0.92 - \frac{\theta_{o.av} - 20}{100}\right) S_{N.T} \tag{2-2}$$

2. 电力变压器的正常过负荷

油浸式电力变压器在必要时可以过负荷运行而不致影响其使用寿命。这种正常过负荷与下列因素有关：

（1）因昼夜负荷不均衡而允许的过负荷
油浸式电力变压器因昼夜负荷不均衡而允许的过负荷系数K_{OL}，可根据日负荷填充系数（日负荷率）β和最大负荷持续时间t去查图2-6所示曲线求得。

（2）因季节性负荷差异而允许的过负荷
如果夏季（或冬季）的平均日负荷曲线中的最大负荷S_m低于油浸式变压器的实际容量S_T时，则每低1%，可在冬季（或夏季）过负荷1%。但此项过负荷不得超过15%，这称之为"百分之一规则"。因此其允许的过负荷系数K'_{OL}可按下式计算：

$$K'_{OL} = 1 + \frac{S_T - S_m}{S_T} \leq 1.15 \tag{2-3}$$

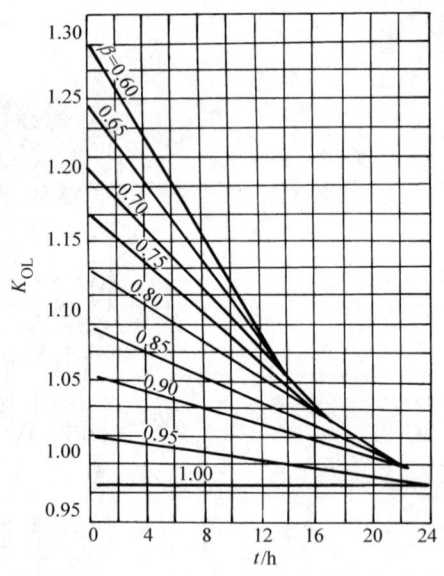

图2-6 油浸式电力变压器允许过负荷系数与日负荷率及最大负荷持续时间的关系曲线

[一] 过去此项为"设计序号"，而且多写作下角。

[二] 一般变压器室进出口温度差按15℃考虑，因此变压器室内温度比室外温度平均高15℃/2≈8℃。

但是油浸式电力变压器总的正常过负荷系数不得超过下列数值：对户内变压器，20%；对户外变压器，30%。因此油浸式电力变压器的正常过负荷能力（最大出力）可达：

户内变压器
$$S_{T(OL)}=(K_{OL}+K'_{OL}-1)S_T$$
且 $S_{T(OL)} \leqslant 1.2 S_T$ (2-4)

户外变压器
$$S_{T(OL)}=(K_{OL}+K'_{OL}-1)S_T$$
且 $S_{T(OL)} \leqslant 1.3 S_T$ (2-5)

干式电力变压器一般不考虑正常过负荷。

例 2-1 某用户变电所的变压器室有一台 1000kVA 的油浸式电力变压器，已知该用户的平均日负荷率 $\beta=0.7$，日最大负荷持续时间为 8h，夏季的平均日最大负荷为 840kVA，当地的年平均气温为 16℃。试求该变压器的实际容量和冬季可允许的过负荷能力。

解 （1）求变压器的实际容量
由式（2-2）得：
$$S_T=\left(0.92-\frac{16-20}{100}\right)\times 1000\text{kVA}=960\text{kVA}$$

（2）求变压器冬季允许的过负荷能力
由 $\beta=0.7$ 和 $t=8$h 查图 2-6 曲线得 $K_{OL}=1.12$。又由式（2-3）得：
$$K'_{OL}=1+\frac{960-840}{960}=1.13$$

故由式（2-4）得该变压器冬季允许的过负荷能力为：
$$S_{T(OL)}=(1.12+1.13-1)S_T=1.25S_T>1.2S_T$$

应取过负荷系数 1.2，故实际过负荷能力为：
$$S_{T(OL)}=1.2S_T=1.2\times 960\text{kVA}=1152\text{kVA}$$

3. 电力变压器的事故过负荷

电力变压器在事故情况下（例如并列运行的两台变压器有一台因故障切除时），允许短时间较大幅度地过负荷运行，而不论事故前的负荷情况如何；但这种事故过负荷运行的时间不得超过表 2-1 所规定的时间。

表 2-1 电力变压器事故过负荷允许值

	过负荷百分值（%）	30	45	60	75	100	200
油浸自冷式变压器	过负荷时间/min	120	80	45	20	10	1.5
	过负荷百分值（%）	10	20	30	40	50	60
干式变压器	过负荷时间/min	75	60	45	32	16	5

必须注意：变压器事故过负荷对其使用寿命是有影响的。

（三）电力变压器的并列运行条件

两台或多台电力变压器并列运行时，必须满足以下三个基本条件：

（1）所有并列变压器的额定一次电压和二次电压必须对应相等　这也就是所有并列变压器的电压比必须相同，允许差值范围为±5%。如果并列变压器的电压比不同，则并列变压器二次绕组的回路内将出现环流，即二次电压较高的绕组将向二次电压较低的绕组供给电流，引起绕组过热甚至烧毁。

（2）**所有并列变压器的阻抗电压必须相等**　由于并列变压器二次侧的负荷是按其阻抗电压值成反比分配的(参看下面例2-2)，因此并列变压器的阻抗电压如果不同，将导致阻抗电压较小的变压器过负荷甚至烧毁。所以并列变压器的阻抗电压必须相等，允许差值范围为±10%。

（3）**所有并列变压器的联结组别必须相同**　这也就是所有并列变压器的一次电压和二次电压的相序和相位都必须对应地相同，否则不允许并列运行。假设两台变压器并列，一台为Yyn0联结，另一台为Dyn11联结，则它们的二次电压将出现30°相位差，从而并列运行时将在两台变压器的二次绕组间产生电位差ΔU，如图2-7所示。这一电位差ΔU将在两台变压器的二次绕组回路内产生一个很大的环流，有可能使变压器绕组烧毁。

此外，并列运行的变压器容量应尽量相同或相近，其最大容量与最小容量之比，一般不宜超过3∶1。如果容量相差悬殊，不仅运行很不方便，而且在变压器性能略有差异时，变压器间的环流往往相当显著，极易造成容量小的变压器过负荷或烧毁。

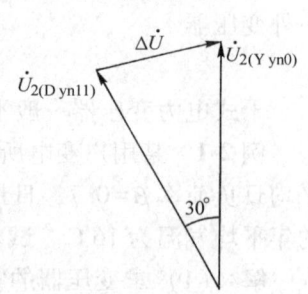

图2-7　Yyn0联结变压器与Dyn11联结变压器并列运行时二次侧电压相量图

附表1列出了S9系列和SC9系列两种节能型铜绕组电力变压器的主要技术数据，供参考。S9系列为油浸式，SC9系列为树脂浇注绝缘干式，均为目前国内比较先进的产品。

例2-2　现有一台S9-800/10型变压器与一台S9-2000/10型变压器并列运行，均为Dyn11联结。问负荷达到2800kVA时，上列变压器中哪一台变压器将要过负荷？过负荷将达到多少？

解　并列运行的变压器之间的负荷分配是与阻抗的标幺值[⊖]成反比的，因此先计算各台变压器的阻抗标幺值。

变压器的阻抗标幺值按下式计算：

$$|Z_T^*| = \frac{U_Z\% S_d}{100 S_N} \tag{2-6}$$

式中，$U_Z\%$为变压器的阻抗电压百分值；S_d为基准容量(kVA)，通常取$S_d = 100\text{MVA} = 10^5\text{kVA}$；$S_N$为变压器的额定容量(kVA)。

查附表1，可得S9-800/10(T1)的$U_Z\% = 5\%$，S9-2000/10(T2)的$U_Z\% = 6\%$，因此两台变压器的阻抗标幺值分别为(取$S_d = 10^5$kVA)：

$$|Z_{T1}^*| = \frac{5 \times 10^5 \text{kVA}}{100 \times 800 \text{kVA}} = 6.25$$

$$|Z_{T2}^*| = \frac{6 \times 10^5 \text{kVA}}{100 \times 2000 \text{kVA}} = 3.00$$

由此可知这两台变压器在负荷达2800kVA时各自负担的负荷为：

$$S_{T1} = 2800\text{kVA} \times \frac{3.00}{6.25+3.00} = 908\text{kVA}$$

$$S_{T2} = 2800\text{kVA} \times \frac{6.25}{6.25+3.00} = 1892\text{kVA}$$

⊖ 标幺值是一种相对值。某物理量的标幺值，是该量的实际值与所选定的基准值的比值，详见第四章第三节关于"采用标幺制法进行三相短路的计算"的有关内容。

由以上计算结果可知，S9-800/10型变压器将过负荷（908-800）kVA=108kVA，将超过其额定容量（108kVA/800kVA）×100%=13.5%。

按前面所讲的变压器正常过负荷可达20%（户内）或30%（户外）来衡量，因此这里的S9-800/10型变压器过负荷13.5%应当是允许的。从两台变压器的容量比来看，800kVA∶2000kVA=1∶2.5，尚未达到一般不允许的容量比1∶3。但考虑到负荷的发展，S9-800/10型变压器宜换以较大容量变压器。

二、电流互感器（Current Transformer，文字符号TA）

（一）电流互感器的功用和接线方案

1. 电流互感器的功用

（1）用来使仪表、继电器等二次设备与主电路绝缘　这既可防止主电路的高电压直接引入仪表、继电器等二次设备，又可防止仪表、继电器等二次设备的故障影响主电路，从而提高整个一、二次电路运行的安全性和可靠性，并有利于保障人身安全。

（2）用来扩大仪表、继电器等二次设备应用的电流范围　例如用一只5A的电流表，通过不同变流比的电流互感器就可测量任意大的电流。而且由于采用电流互感器，可使仪表、继电器等二次设备的规格统一，有利于这些设备的批量生产。

2. 电流互感器的结构和接线方案

电流互感器的原理结构和接线如图2-8所示。

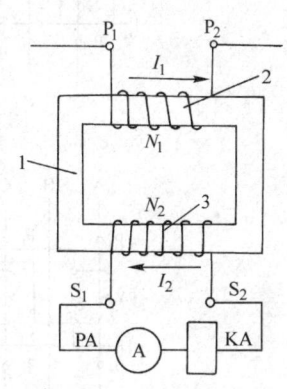

图2-8　电流互感器的
原理结构和接线
1—铁心　2—一次绕组
3—二次绕组　PA—电流表
KA—电流继电器

电流互感器的结构特点是：一次绕组的匝数很少，有的电流互感器还没有一次绕组（参看后面图2-13），而是利用穿过其铁心的一次电路导体（母线）作为一次绕组（相当于绕组匝数为1），且一次绕组导体相当粗；而二次绕组匝数很多，导体较细。工作时，一次绕组串联在一次电路中，而二次绕组则与仪表、继电器等的电流线圈串联，形成一个闭合回路。由于这些电流线圈的阻抗很小，因此电流互感器工作时其二次回路接近于短路状态。二次绕组的额定电流一般为5A，个别也有1A的。

电流互感器的一次电流I_1与其二次电流I_2之间有下列关系：

$$I_1 \approx \frac{N_2}{N_1}I_2 \approx K_i I_2 \qquad (2-7)$$

式中，N_1、N_2分别为电流互感器一、二次绕组匝数；K_i为电流互感器变流比，$K_i = I_{1N}/I_{2N}$，即为其一、二次额定电流之比。

电流互感器在三相电路中有如图2-9所示的四种常见的接线方案。

（1）一相式接线（图2-9a）　电流线圈中通过的电流，反映一次电路对应相的电流。通常用于负荷平衡的三相电路例如低压动力线路中，供测量电路电流和接过负荷保护装置之用。

（2）两相V形接线（图2-9b）　这种接线也称为两相不完全星形接线。在继电保护装置中，这种接线则称为两相两继电器接线。在中性点不接地的三相三线制电路（例如6~10kV高压电路）中，这种接线广泛用于测量三相电流、电能及作过电流继电保护之用。由图2-10所示的相量图可知，这种接线二次侧公共线上的电流为$\dot{I}_a + \dot{I}_c = -\dot{I}_b$，即反映的是未接电流互感器那一相的相电流。

(3) 两相电流差接线（图 2-9c） 这种接线也称为两相交叉接线。由图 2-11 所示的相量图可知，其二次侧公共线上的电流为 $i_a - i_c$，其量值为相电流的 $\sqrt{3}$ 倍。这种接线适于中性点不接地的三相三线制电路（例如 6~10kV 高压电路）中供作过电流继电保护之用，也称作两相一继电器接线。

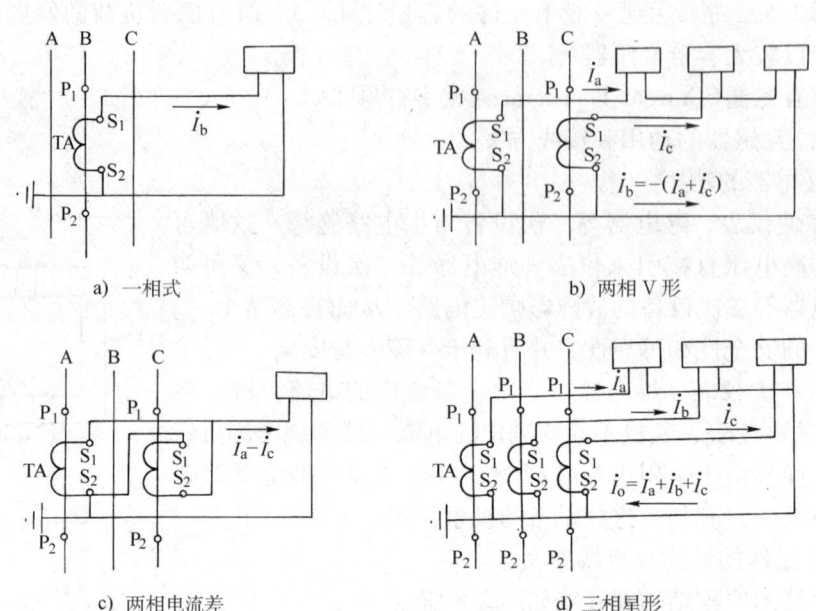

图 2-9 电流互感器的接线方案

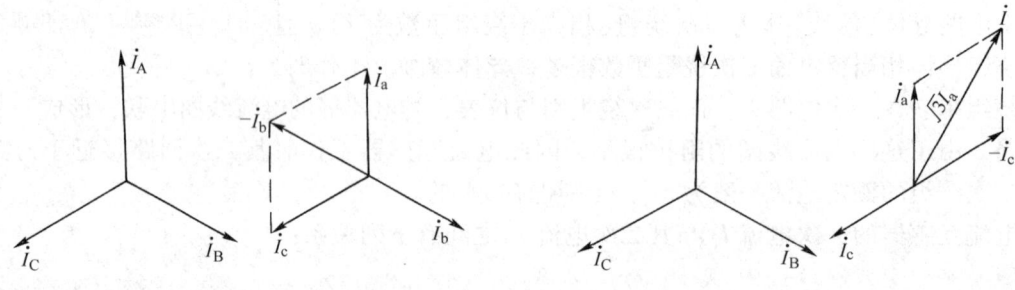

图 2-10 两相 V 形接线电流互感器的一、二次侧电流相量图

图 2-11 两相电流差接线电流互感器的一、二次侧电流相量图

(4) 三相星形接线（图 2-9d） 这种接线中的三个电流线圈，正好反映各相的电流，广泛用于三相负荷一般不平衡的三相四线制系统如低压 TN 系统中，也用在负荷可能不平衡的三相三线制系统中，作三相电流、电能测量及过电流继电保护之用。

(二) 电流互感器的类型和型号

电流互感器的类型很多。按其一次绕组的匝数分，有单匝式（包括母线式、芯柱式、套管式等）和多匝式（包括线圈式、线环式、串级式等）。按其一次电压分，有高压和低压两大类。按其用途分，有测量用和保护用两大类。按其准确度等级分，测量用电流互感器有 0.1、0.2、0.5、1、3、5 等级，保护用电流互感器有 5P、10P 两级。按其绝缘和冷却方式分，有油浸式和干式两大类，油浸式主要用于户外装置中。现在应用最普遍的是环氧树脂浇注绝缘的干式电流互感器,特别是在户内装置中,油浸式电流互感器已基本上淘汰不用。

图 2-12 是户内高压 LQJ-10 型电流互感器的外形图。它有两个铁心和两个二次绕组,准确度等级有 0.5 级和 3 级,0.5 级用于测量,3 级用于继电保护。

图 2-13 是户内低压 LMZJ1-0.5 型电流互感器的外形图。它不含一次绕组,穿过其铁心的母线就是其一次绕组(相当于 1 匝)。它用于 500V 及以下的低压配电装置中。

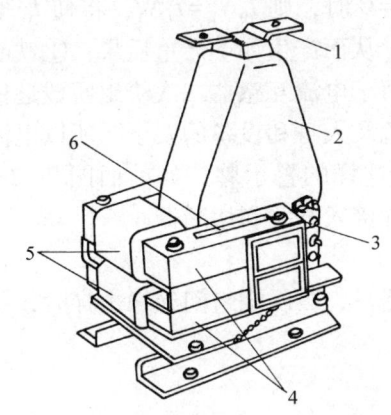 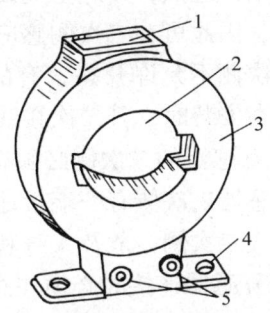

图 2-12　LQJ-10 型电流互感器
1——次接线端子
2——次绕组(树脂浇注绝缘)
3—二次接线端子　4—铁心　5—二次绕组
6—警示牌(上写"二次侧不得开路"等字样)

图 2-13　LMZJ1-0.5 型
电流互感器
1—铭牌　2——次母线穿孔
3—铁心,外绕二次绕组(树脂浇注绝缘)
4—底座(安装孔)　5—二次接线端子

电流互感器全型号的表示和含义如下:

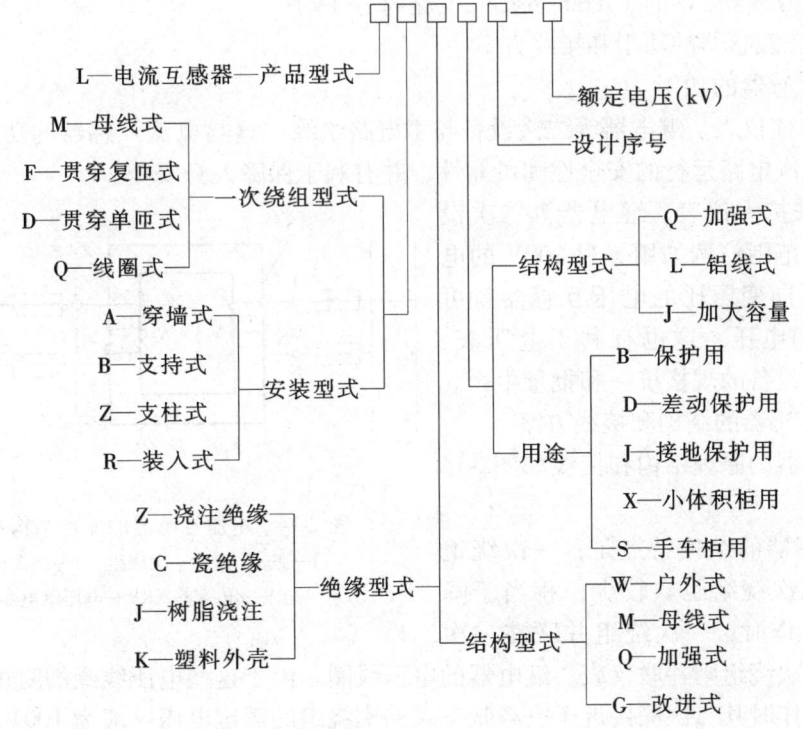

(三) 电流互感器使用注意事项

1. 电流互感器工作时二次侧不得开路

电流互感器的二次负荷为电流线圈，阻抗很小，因此其正常工作接近于短路状态。根据磁动势平衡方程式 $\dot{I}_1 N_1 - \dot{I}_2 N_2 = \dot{I}_0 N_1$ 可知，其一次电流 I_1 产生的磁动势 $I_1 N_1$，绝大部分被二次电流 I_2 产生的磁动势 $I_2 N_2$ 所抵消，所以总的磁动势 $I_0 N_1$ 很小，励磁电流即空载电流 I_0 一般只有 I_1 的百分之几。但是，如果二次侧开路，即 $I_2 = 0$ 时，则 $I_0 N_1 = I_1 N_1$，将使 I_0 增大到 I_1，突然增大几十倍，即励磁磁动势 $I_0 N_1$ 增大几十倍，从而产生如下严重后果：①铁心由于其中磁通剧增而过热，并产生剩磁，降低准确级。②由于电流互感器二次绕组匝数远比一次绕组匝数多，因此可在二次侧感应出危险的高电压，危及人身和设备的安全。所以电流互感器工作时二次侧不允许开路，有的互感器还专门标有这样的警示牌，如前面图2-12所示。电流互感器在安装时，其二次接线必须牢靠，且不允许接入开关和熔断器。

2. 电流互感器的二次侧必须有一端接地

电流互感器二次侧有一端接地，是为了防止互感器一、二次绕组间绝缘击穿时，一次侧的高电压窜入二次侧，危及人身和设备的安全。

3. 电流互感器连接时必须注意其端子极性

电流互感器的一、二次绕组端子，按 GB 1208—2006《电流互感器》规定，一次绕组端子标 P_1、P_2，二次绕组端子标 S_1、S_2，其中 P_1 与 S_1、P_2 与 S_2 分别为对应的同名端即同极性端。如果一次电流 I_1 从 P_1 流向 P_2，则二次电流 I_2 由 S_2 流向 S_1，如图2-8所示。

在安装和使用电流互感器时，一定要注意其端子极性，否则将造成不良后果或事故。例如图2-9b中C相电流互感器的 S_1 和 S_2 如果接反，则二次侧公共线中的电流就不是相电流，而是相电流的 $\sqrt{3}$ 倍，可能使电流表烧毁。

三、电压互感器（Voltage Transformer，文字符号 TV）

（一）电压互感器的功用和接线方案

1. 电压互感器的功用

（1）用来使仪表、继电器等二次设备与主电路绝缘　这与电流互感器的功用完全相同，以提高一、二次电路运行的安全性和可靠性，并有利于保障人身安全。

（2）用来扩大仪表、继电器等二次设备应用的电压范围　例如用一只100V的电压表，通过不同变压比的电压互感器就可测量任意高的电压，这也有利于电压表、继电器等二次设备的规格统一和批量生产。

2. 电压互感器的结构和接线方案

电压互感器的原理结构和接线如图2-14所示。

电压互感器的结构特点是：一次绕组匝数很多，二次绕组匝数较少，相当于降压变压器。工作时，一次绕组并联在一次电路中，而二次绕组则并联仪表、继电器的电压线圈。由于这些电压线圈的阻抗很大，所以电压互感器工作时其二次侧接近于空载状态。二次绕组的额定电压一般为100V。

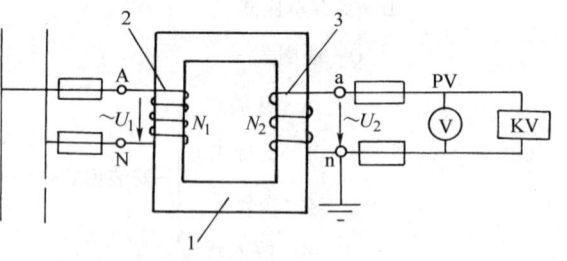

图2-14　电压互感器的原理结构和接线
1—铁心　2——次绕组　3—二次绕组
PV—电压表　KV—电压继电器

电压互感器的一次电压 U_1 与其二次电压 U_2 之间有下列关系：

$$U_1 \approx \frac{N_1}{N_2} U_2 \approx K_u U_2 \tag{2-8}$$

式中，N_1、N_2 分别为电压互感器一、二次绕组匝数；K_u 为电压互感器变压比，$K_u = U_{1N}/U_{2N}$，即为其一、二次额定电压之比。

电压互感器在三相电路中有如图 2-15 所示的四种常见的接线方案。

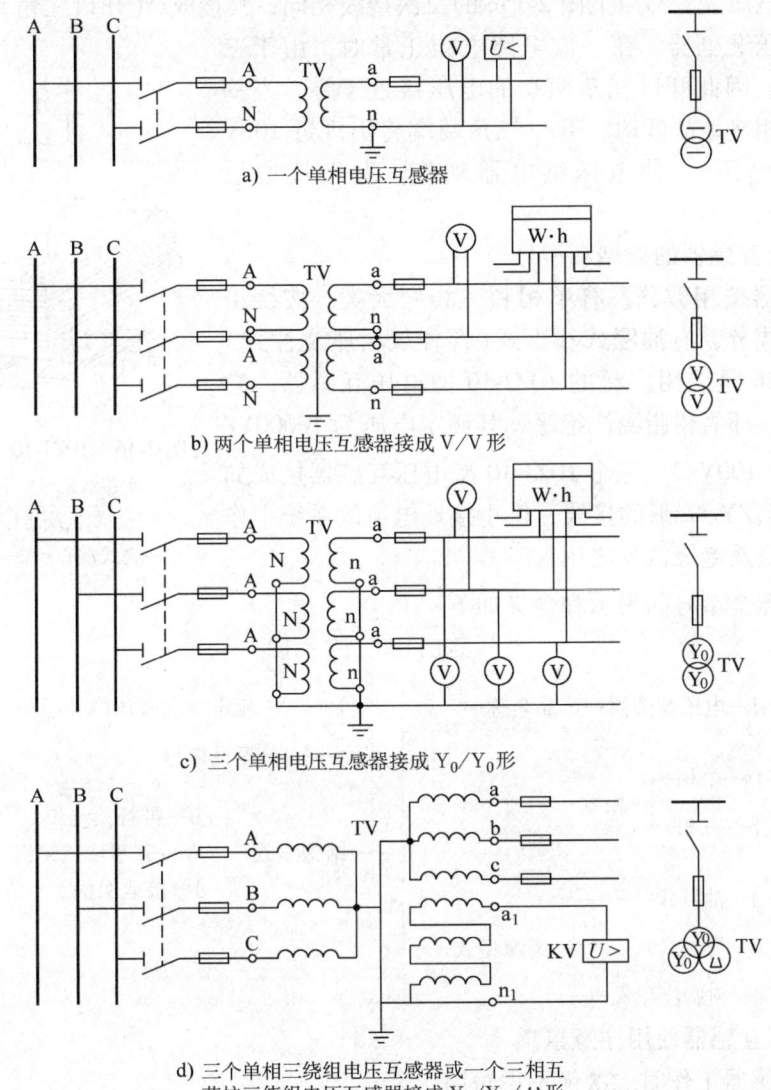

a) 一个单相电压互感器

b) 两个单相电压互感器接成 V/V 形

c) 三个单相电压互感器接成 Y_0/Y_0 形

d) 三个单相三绕组电压互感器或一个三相五芯柱三绕组电压互感器接成 $Y_0/Y_0/\sqcup$ 形

图 2-15　电压互感器的接线方案

（1）一个单相电压互感器接线（图 2-15a）　这种接线供仪表、继电器的电压线圈接于三相电路的一个线电压。

（2）两个单相电压互感器接成 V/V 形（图 2-15b）　这种接线供仪表、继电器的电压线圈接于三相三线制电路的各个线电压，广泛应用在变配电所的 6~10kV 高压配电装置中。

（3）三个单相电压互感器接成 Y_0/Y_0 形（图 2-15c）　这种接线供要求线电压的仪表、继电器，并供接相电压的绝缘监视电压表。由于小接地电流系统在发生单相接地故障时，另两个完好相的对地电压要升高到线电压(参看图 1-10b 的相量图),因此绝缘监视用电压表不能接入按相电压选择的电压表,而要按线电压(即相电压的 $\sqrt{3}$ 倍)选择其量程,否则在一次电路发生单相接地故障时,电压表可能被烧毁。

(4)三个单相三绕组电压互感器或一个三相五芯柱三绕组电压互感器接成 $Y_0/Y_0/⊿$(开口三角)形(图 2-15d) 其接成 Y_0 的二次绕组,供电给需线电压的仪表、继电器及接相电压的绝缘监视用电压表,与以上图 2-15c 的二次接线相同;其接成⊿(开口三角)形的辅助二次绕组,则接电压继电器。在一次电路电压正常时,由于三个相电压对称,因此开口三角两端的电压接近于零。当一次电路发生单相接地故障时,开口三角两端将出现近 100V 的电压(零序电压),使电压继电器动作,发出接地故障信号。

(二)电压互感器的类型和型号

电压互感器按相数分,有单相和三相两大类。按绕组绝缘和冷却方式分,有油浸式和干式(含环氧树脂浇注式)两大类。图 2-16 是应用广泛的 JDZJ-10 型电压互感器,它为单相三绕组,环氧树脂浇注绝缘,其额定电压为 $10000V/\sqrt{3}:100V/\sqrt{3}:100V/3$。三个 JDZJ-10 型电压互感器接成如图 2-15d 所示 $Y_0/Y_0/⊿$ 形的接线,供小接地电流的系统中作电压、电能测量及绝缘监视之用。

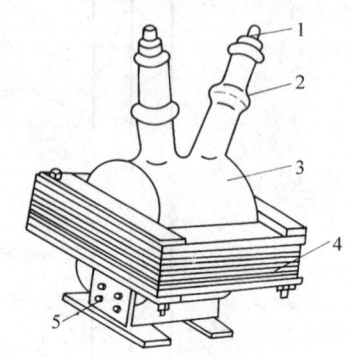

图 2-16 JDZJ-10 型电压互感器
1——一次接线端子 2——高压绝缘套管
3——一、二次绕组(环氧树脂浇注)
4——壳式铁心 5——二次接线端子

电压互感器全型号的表示和含义如下:

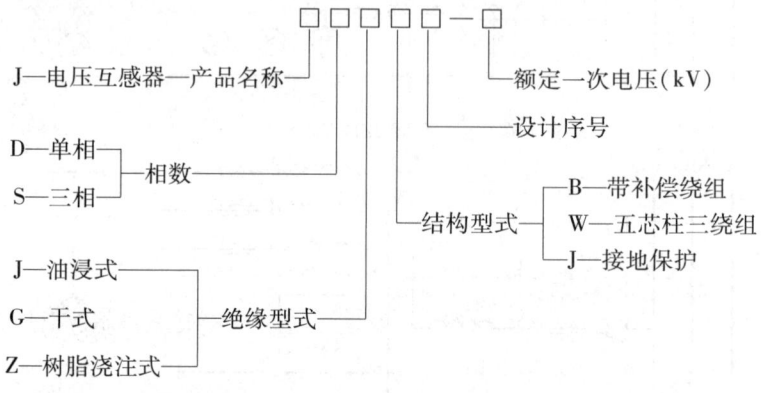

(三)电压互感器使用注意事项

1. 电压互感器工作时二次侧不得短路

由于电压互感器一、二次绕组都是在并联状态下工作的,如果发生短路,将产生很大的短路电流,有可能烧毁电压互感器,甚至危及一次电路的安全运行。因此电压互感器的一、二次侧都必须装设熔断器进行短路保护。

2. 电压互感器的二次侧必须有一端接地

这与电流互感器二次侧接地的目的相同,也是为了防止一、二次绕组绝缘击穿时,一次侧的高电压窜入二次侧,危及人身和设备的安全。

3. 电压互感器在连接时也必须注意其极性

按 GB 1207—2006《电磁式电压互感器》规定，单相电压互感器的一、二次绕组端子分别标 A、N 和 a、n，其中 A 与 a、N 与 n 分别为对应的同名端即同极性端。而三相电压互感器，按相序，一次绕组端子仍标 A、B、C，二次绕组端子仍标 a、b、c，一、二次侧的中性点则分别标 N、n，其中 A 与 a、B 与 b、C 与 c、N 与 n，分别为对应的同名端，即同极性端。

第三节 高低压开关电器

一、开关电器中的电弧问题

高低压开关电器用于高低压电路的通断控制。如果通断负荷电路，特别是通断存在着短路故障的电路，就会在开关电器的触头间产生电弧，因此对于开关电器，其触头间电弧的产生和熄灭问题很值得关注，这直接影响到开关电器的结构性能。

（一）电弧的产生

开关触头在分断电流时之所以会产生电弧，内因在于触头本身和周围介质中存在着大量可被游离的电子。如果分断的触头间又存在足够大的电压（外因），则触头间有可能产生强烈的游离而形成电弧。电弧就是一种具有强光和高温的电游离现象。

产生电弧的游离方式有：

（1）热电发射　当开关触头分断电流时，阴极表面由于大电流逐渐集中而出现炽热的光斑，温度很高，从而使触头表面分子中外层电子吸收足够的热能而发射到触头间的介质中去，形成自由电子。

（2）高电场发射　开关触头分断之初，电场强度很大。在这种高电场作用下，触头表面的电子可能被强拉出去，也进入触头间的介质中形成自由电子。

（3）碰撞游离　当触头间隙存在足够大的电场强度时，其中的自由电子以相当大的动能向阳极运动，在运动中碰撞中性质点（介质分子），有可能使中性质点分裂为带电的正离子和自由电子。这些被碰撞游离出来的带电质点，在电场力作用下继续参与碰撞游离，使触头间隙中的离子数越来越多，形成"雪崩"现象。当其离子浓度足够大时，触头间隙中的介质被击穿而形成电弧。

（4）热游离　亦称高温游离。电弧的温度很高，其表面温度达 3000~4000℃，弧心温度可达 10000℃。在如此高温下，电弧区域内的中性质点（介质分子）可游离为正离子和自由电子，从而进一步加强了电弧中的游离。触头越分开，热游离也越显著。电弧的长时间维持，主要依赖热游离。

（二）电弧的熄灭

要使电弧熄灭，必须使触头间电弧中的去游离率（速率）大于游离率（速率）。

熄灭电弧的去游离方式有：

（1）正负带电质点的"复合"　复合就是正负带电质点重新结合为中性质点。这与电弧中的电场强度、温度及电弧截面等因素有关。电弧中的电场强度越弱，电弧的温度越低，电弧的截面越小，则电弧中带电质点的复合就越强。此外，复合的强弱还与电弧接触的介质性质有关。如电弧接触的表面为固体介质，则由于较活泼的电子先使介质表面带一负电位，这一带负电位的介质表面就吸引电弧中的正离子而造成强烈的复合。

(2) 正负带电质点的"扩散" 扩散就是电弧中的带电质点向周围介质中扩散开去，从而使电弧区域内的离子浓度降低，带电质点减少。扩散的原因，一是由于电弧与周围介质间的温度差，另一是由于电弧与周围介质间的离子浓度差。扩散也与电弧截面有关。电弧截面越小，离子扩散也越强。

上述带电质点的复合和扩散，都使电弧中间的离子数减少，即去游离增强，从而有助于电弧的熄灭。

（三）开关电器中常用的灭弧方法

(1) 速拉灭弧法 迅速拉长电弧，使弧隙的电场强度骤降，使离子的复合迅速增强，从而加速灭弧。这是开关电器最基本的一种灭弧法。开关电器中装设的断路弹簧，目的就在于加速触头的分断速度，迅速拉长电弧。

(2) 冷却灭弧法 降低电弧温度，可使电弧中的热游离减弱，正负离子的复合增强，从而有助于电弧熄灭。

(3) 吹弧或吸弧灭弧法 利用外力（如气流、油流或电磁力）来吹动或吸动电弧，使电弧加速冷却，同时拉长电弧，降低电弧中的电场强度，使电弧中离子的复合和扩散加强，从而加速灭弧。按吹弧的方向分，有横吹（见图2-17a）和纵吹（见图2-17b）。按外力的性质分，有气吹、油吹、电动力吹及磁力吹弧或吸弧等。低压刀开关在拉开刀闸时，开关的电流回路产生的电动力会使电弧拉长，如图2-18所示。有的开关采用专门的磁吹线圈来吹动电弧，如图2-19所示。也有的开关利用铁磁物质如钢片来吸引电弧，如图2-20所示，这相当于反向吹弧。

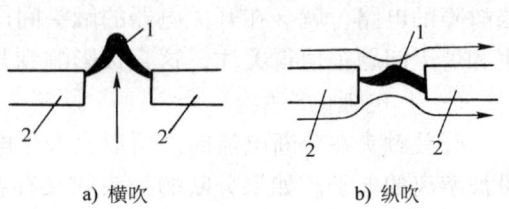

图 2-17 吹弧方式
1—电弧 2—触头

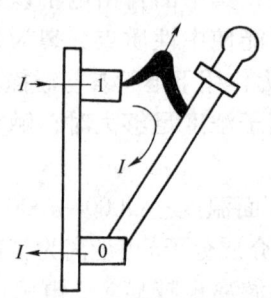

图 2-18 电动力吹弧
（刀开关断开时）

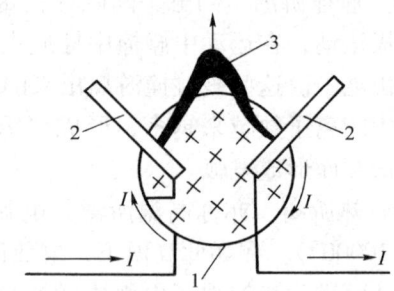

图 2-19 磁力吹弧
1—磁吹线圈 2—灭弧触头 3—电弧

(4) 长弧切短灭弧法 由于电弧的电压降主要降落在阴极和阳极上，其中以阴极电压降最大，而弧柱（电弧中间部分）的电压降极小。因此如果利用金属片将长弧切割成若干短弧，则电弧中的电压降将近似地增大若干倍。当外施电压小于电弧中总的电压降时，则电弧就不能维持而迅速熄灭。图2-21为钢灭弧栅将长弧切割成若干短弧的情形。电弧进入钢灭弧栅内，一是利用图2-18所示的电动力吹弧，另一是利用图2-20所示的铁磁吸弧。钢片对电弧还有冷却降温作用。

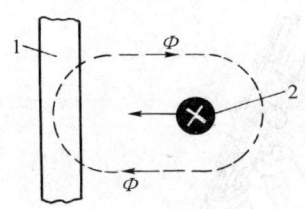
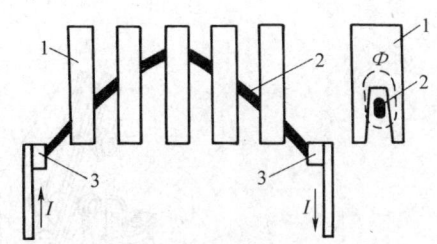

图 2-20　铁磁吸弧
1—钢片　2—电弧

图 2-21　钢灭弧栅对电弧的作用
1—钢栅片　2—电弧　3—触头

(5) 粗弧分细灭弧法　将粗大的电弧分散成若干平行的细小电弧，使电弧与周围介质的接触面增大，改善电弧的散热条件，降低电弧的温度，从而使电弧中离子的复合和扩散都得到增强，加速电弧的熄灭。

(6) 狭沟灭弧法　使电弧在固体介质所形成的狭沟中燃烧，由于电弧的冷却条件改善，从而使去游离增强，同时固体介质表面的复合也比较强烈，从而有利于加速灭弧。有一种用耐弧的绝缘材料如陶瓷制成的灭弧栅，就是利用这种狭沟灭弧原理，如图 2-22 所示。有的熔断器在装有熔丝的熔管内充填石英砂，也是利用狭沟灭弧原理来加速熔丝的熔断。

(7) 真空灭弧法　真空具有相当高的绝缘强度。装在真空容器内的触头分断时，在交流电流过零时即能熄灭电弧而不致复燃。真空断路器就是利用真空灭弧原理制成的。

(8) 六氟化硫(SF_6)灭弧法　SF_6 气体具有优良的绝缘性能和灭弧性能，其绝缘强度约为空气的 3 倍，其绝缘恢复的速度约为空气的 100 倍，因此它能快速灭弧。六氟化硫断路器就是利用 SF_6 作绝缘介质和灭弧介质的。

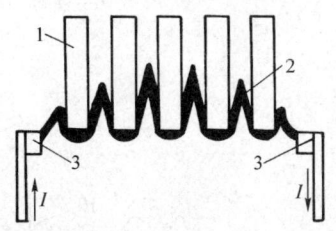

图 2-22　绝缘灭弧栅对电弧的作用
1—绝缘栅片　2—电弧　3—触头

在现代的电气开关电器中，常常根据具体情况综合利用上述某几种灭弧方法来实现快速灭弧的目的。

二、高压隔离开关和负荷开关

(一) 高压隔离开关

高压隔离开关(high-voltage disconnector，文字符号为 QS)的功用，主要是用来隔离高压电源，以保证其他设备和线路的安全检修。因此其结构有如下特点，即它断开后有明显可见的断开间隙，而且断开间隙的绝缘及相间绝缘都是足够可靠的，能充分保障人身和设备的安全。但是隔离开关没有专门的灭弧装置，因此它不允许带负荷操作。然而它可用来通断一定的小电流，例如励磁电流不超过 2A 的空载变压器，电容电流不超过 5A 的空载线路以及电压互感器和避雷器电路等。

高压隔离开关按安装地点，分户内式和户外式两大类。图 2-23 是 GN8-10 型户内式高压隔离开关的外形；图 2-24 是 GW2-35 型户外式高压隔离开关的外形。

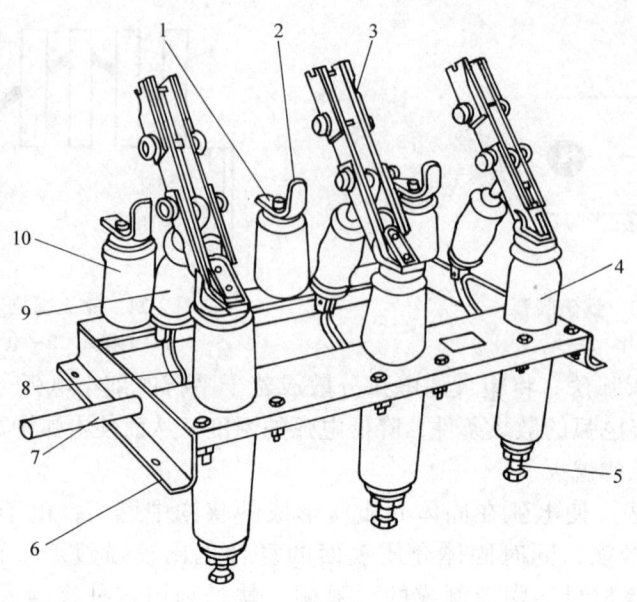

图 2-23　GN8-10 型户内式高压隔离开关

1—上接线端子　2—静触头　3—闸刀　4—套管绝缘子　5—下接线端子
6—框架　7—转轴　8—拐臂　9—升降绝缘子　10—支柱绝缘子

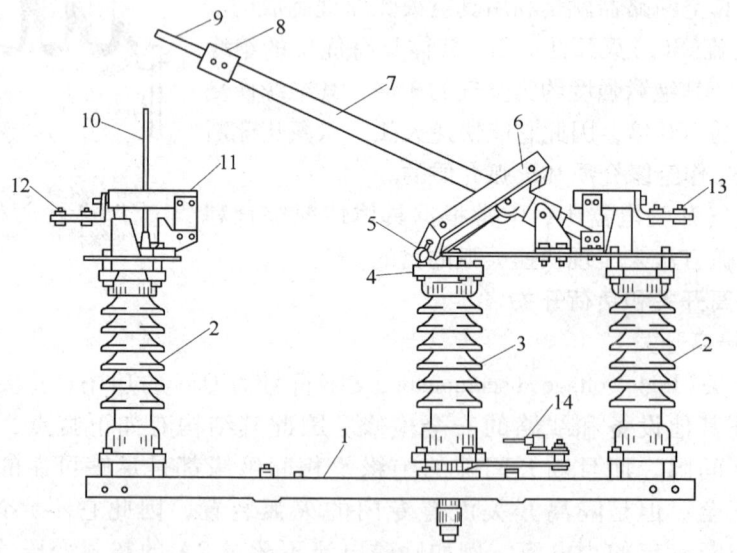

图 2-24　GW2-35 型户外式高压隔离开关

1—角钢架　2—支柱绝缘子　3—旋转绝缘子　4—曲柄　5—轴套
6—传动框架　7—管形闸刀　8—工作动触头　9、10—灭弧角条
11—插座(静触头)　12、13—接线端子　14—曲柄传动机构

户内式高压隔离开关通常采用 CS6 型手力操动机构操作。图 2-25 是 CS6 型手力操动机构⊖与 GN8 型隔离开关配合的一种安装方式。

户外式高压隔离开关，35kV 及以上的通常采用杠杆传动的手力操动机构，而 10kV 及以下的则大多采用图 2-26 所示绝缘操作棒（俗称"令克棒"）进行操作。

高压隔离开关全型号的表示和含义如下：

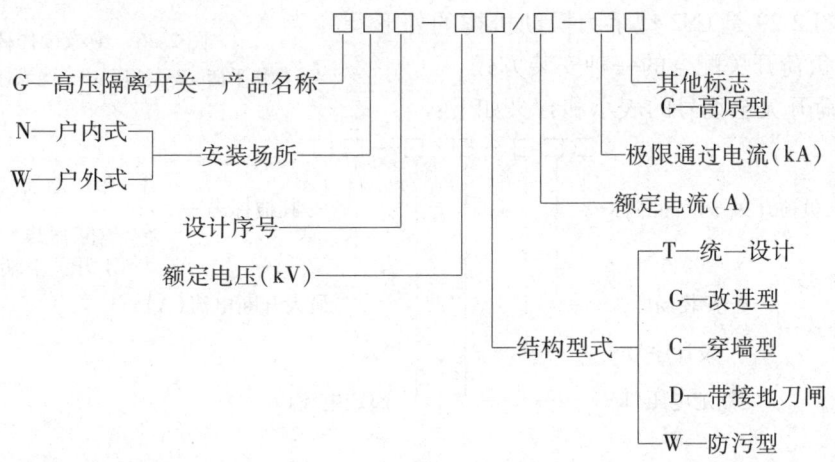

（二）高压负荷开关

高压负荷开关（high-voltage load-switch，文字符号为 QS），具有简单的灭弧装置，因此能通断一定的负荷电流和过负荷电流，但不能断开短路电流。因此它必须与高压熔断器串联使用，借助熔断器来实现短路保护，切断短路故障。负荷开关断开后，与隔离开关一样，有明显可见的断开间隙，因此它也具有隔离电源、保证安全检修的功用。

图 2-27 是一种比较常见的 FN3-10RT 型户内压气式高压负荷开关的外形图。上半部为负荷开关本身，很像一般高压隔离开关，实际上它也就是在高压隔离开关基础上加一个简单的灭弧装置。负荷开关上端的绝缘子就是一个压气式灭弧室，它不仅起支持绝缘子的作用，而且内部是一个气缸，其中装有由操动机构主轴传动的活塞，如图 2-28 所示，其功能如打气筒。当负荷开关分闸时，在闸刀一端的弧动触头与绝缘喷嘴内的弧静触头之间产生电弧。由于分闸时主轴转动而带动活塞，压缩气缸内的空气，使之从喷嘴往外吹弧，加之断路弹簧使电弧迅速拉长及电流回路的电动吹弧作用，使电弧迅速熄灭。

高压负荷开关的灭弧能力不足以熄灭短路电弧，因

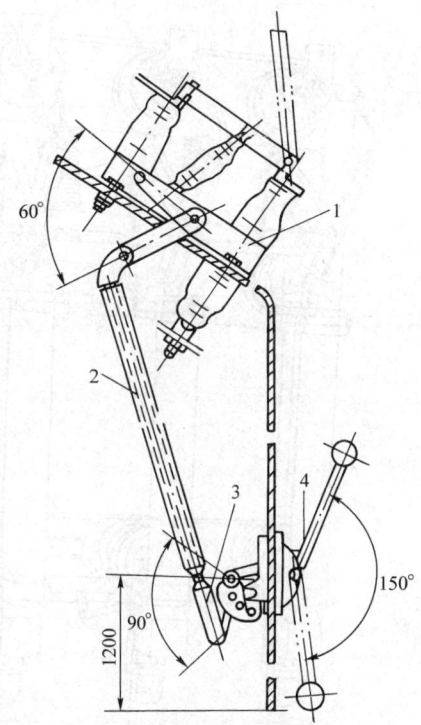

图 2-25　CS6 型手力操动机构与 GN8 型隔离开关配合的一种安装方式
1—GN8 型隔离开关　2—φ20mm 焊接钢管
3—调节杆　4—CS6 型手力操动机构

⊖ 操动机构型号含义：C—操动机构；S—手力式。

此负荷开关不能配以保护短路的继电保护来自动跳闸，但可以配以保护过负荷的热脱扣器。当电路发生过负荷时，热脱扣器动作，使负荷开关自动跳闸，实现过负荷保护。

高压负荷开关一般配用 CS2 型等手力操动机构进行操作。图 2-29 是 CS2 型手力操动机构的外形及其与 FN3 型负荷开关配合的一种安装方式。

高压负荷开关全型号的表示和含义如下：

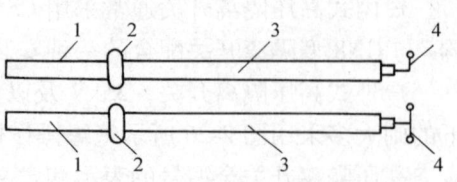

图 2-26　绝缘操作棒
1—操作手柄　2—护环　3—绝缘杆　4—金属钩

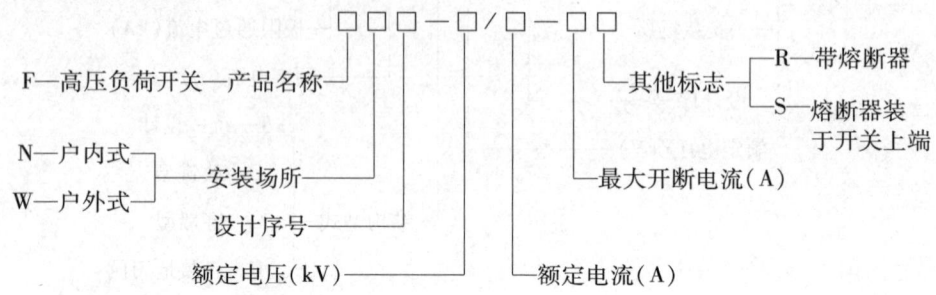

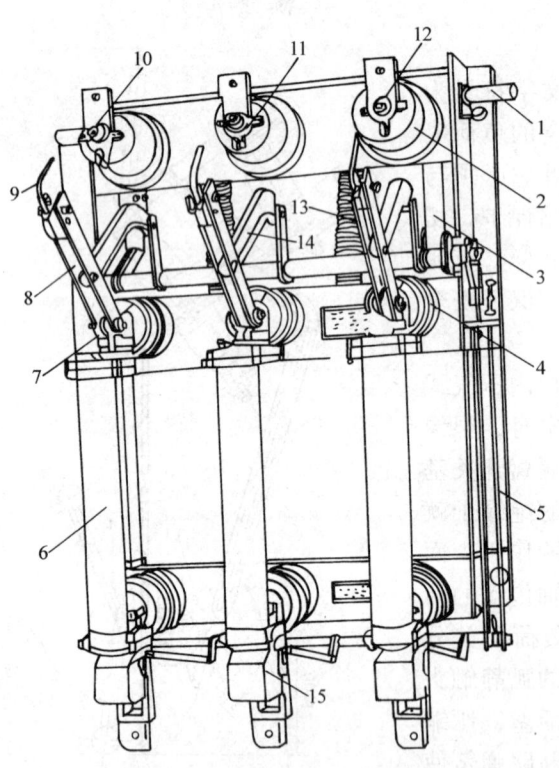

图 2-27　FN3-10RT 型高压负荷开关
1—主轴　2—上绝缘子(内为气缸)　3—连杆　4—下绝缘子
5—框架　6—RN1 型高压熔断器　7—下触座　8—闸刀
9—弧动触头　10—绝缘喷嘴(内有弧静触头)　11—主静触头
12—上触座　13—断路弹簧　14—绝缘拉杆　15—热脱扣器

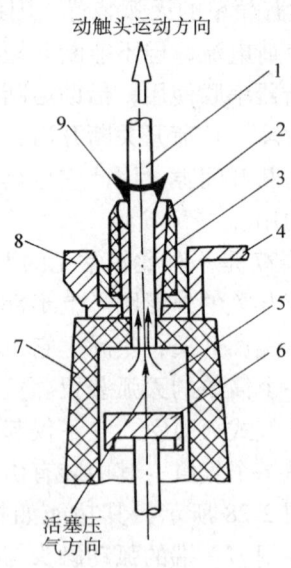

图 2-28　FN3-10 型高压负荷开关压气式灭弧装置工作示意图
1—弧动触头　2—绝缘喷嘴
3—弧静触头　4—接线端子
5—气缸　6—活塞　7—上绝缘子
8—主静触头　9—电弧

三、高压断路器

高压断路器(high-voltage circuit-breaker,文字符号为 QF)的功用是,不仅能用来通断正常负荷电流,而且能通断一定的短路电流,并能在短路保护的作用下自动跳闸。

高压断路器有相当完善的灭弧结构。按其采用的灭弧介质分,有油断路器、六氟化硫(SF_6)断路器、真空断路器以及压缩空气断路器、磁吹断路器等。油断路器按其油量多少和油的功能,又分多油断路器和少油断路器两类。多油断路器的油量多,其油一方面作为灭弧介质,另一方面又作为相对地(外壳)甚至相与相之间的绝缘介质。少油断路器的油量很少,其油只作为灭弧介质。企业变配电所中使用的高压断路器过去多为少油断路器,而现在越来越多地使用真空断路器了。高层建筑中的变配电所则一般都使用六氟化硫断路器或真空断路器。

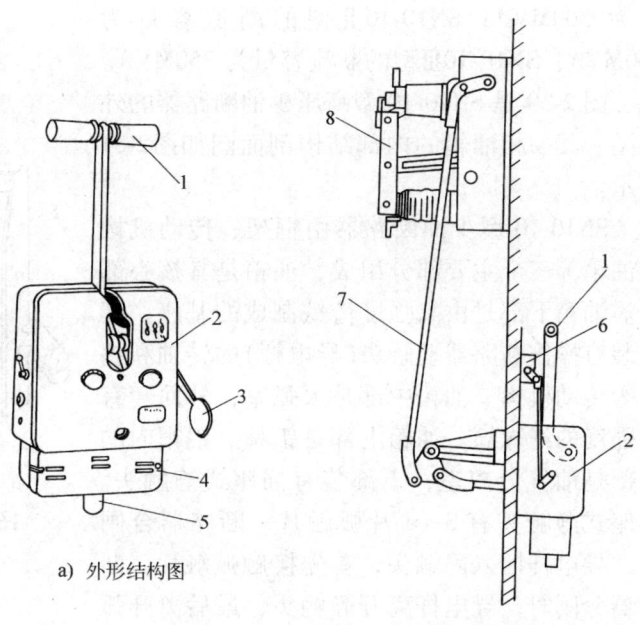

a) 外形结构图

b) 与负荷开关配合安装图

图 2-29 CS2 型手力操动机构及其与 FN3 型负荷开关配合的一种安装方式
1—操作手柄 2—操动机构外壳 3—分闸指示牌(掉牌)
4—脱扣器盒 5—分闸铁心 6—辅助开关盒
7—传动杠杆 8—负荷开关闸刀

部分高压断路器的主要技术数据如附表 2 所示,供参考。

高压断路器全型号的表示和含义如下:

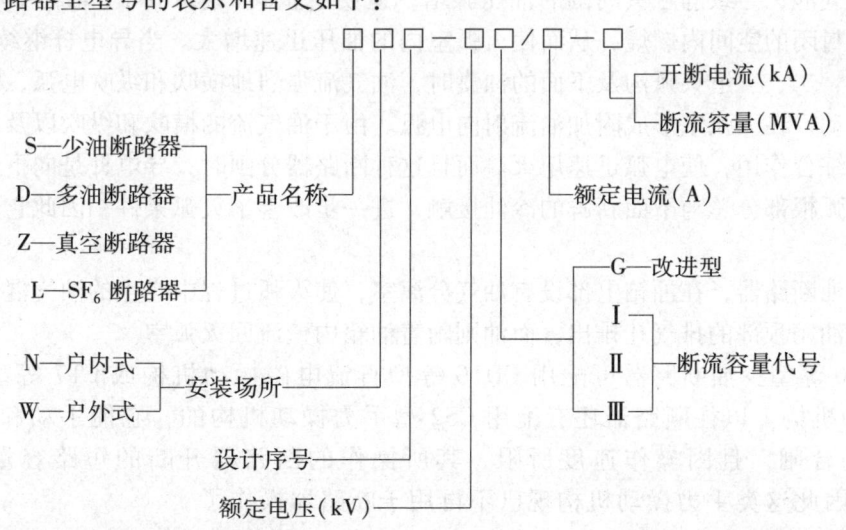

(一) SN10-10 型高压少油断路器

SN10-10 型少油断路器是我国统一设计、应用最广的一种户内式少油断路器。它按断流容量分，有Ⅰ、Ⅱ、Ⅲ型。SN10-10Ⅰ型的断流容量为 300MVA；SN10-10Ⅱ型的断流容量为 500MVA；SN10-10Ⅲ型的断流容量为 750MVA。

图 2-30 是 SN10-10 型高压少油断路器的外形图。其一相油箱的内部结构剖面图如图2-31所示。

SN10-10 型少油断路器由框架、传动机构和油箱等三个主要部分组成，油箱是其核心部分。油箱下部是由高强度铸铁制成的基座，其中装有操作断路器动触头（导电杆）的转轴和拐臂等传动机构。油箱中部是灭弧室，外面套有高强度的绝缘筒。油箱上部是铝帽。铝帽内的上部是油气分离室，下部装有插座式静触头。插座式静触头有 3~4 片弧触片。断路器合闸时，导电杆插入静触头，首先接触弧触片。断路器分闸时，导电杆离开静触头，最后离开弧触片。因此，无论断路器合闸或分闸，电弧总

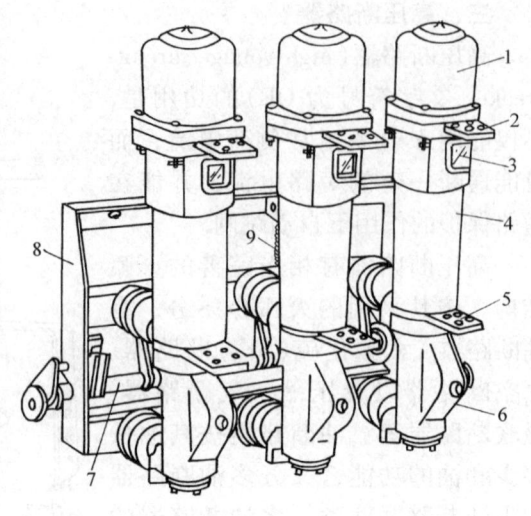

图 2-30　SN10—10 型高压少油断路器
1—铝帽　2—上接线端子　3—油标
4—绝缘筒　5—下接线端子　6—基座
7—主轴　8—框架　9—断路弹簧

在导电杆端部与弧触片之间产生。为了确保电弧能偏向弧触片，在灭弧室上部靠弧触片一侧还嵌有吸弧铁片，利用铁磁吸弧原理使电弧偏向弧触片，从而不致烧毁静触头中主要的工作触片。弧触片和导电杆端部的弧触头，均采用耐弧的铜钨合金制成。

这种断路器合闸时的导电回路是：上接线端子→静触头→动触头（导电杆）→中间滚动触头→下接线端子。

断路器的灭弧，主要依赖于图 2-32 所示的灭弧室。图 2-33 是灭弧室的工作示意图。

断路器分闸时，导电杆（动触头）向下运动。当导电杆离开静触头时，产生电弧，使油分解，形成气泡，导致静触头周围的油压骤增，迫使逆止阀（钢珠）向上堵住中心孔。这时电弧在近乎封闭的空间内燃烧，从而使灭弧室内的油压迅速增大。当导电杆继续向下运动、相继打开一、二、三道灭弧沟及下面的油囊时，油气流强烈地横吹和纵吹电弧，同时由于导电杆向下运动，在灭弧室形成附加油流射向电弧。由于油气流的横吹和纵吹以及机械运动引起的油吹等综合作用，使电弧迅速熄灭。而且这种断路器分闸时，导电杆是向下运动的，导电杆端部的弧根部总与下面新鲜的冷油接触，进一步改善了灭弧条件，因此它具有较大的断流容量。

这种少油断路器，在油箱上部设有油气分离室，使灭弧过程中产生的油气混合物旋转分离，气体从油箱顶部的排气孔排出，而油则附着油箱内壁流回灭弧室。

SN10-10 等型少油断路器可配用 CD10 等型直流电磁操动机构或 CT7 等型交直流弹簧储能操动机构。以往断路器还有配用 CS2 型手力操动机构的，它能手动和电动分闸，但只能手动合闸，且因操作速度所限，其所操作的断路器开断的短路容量不宜大于 100MVA，因此这类手力操动机构现已不再用于断路器操作了。

（二）高压六氟化硫断路器

六氟化硫（SF_6）断路器是利用 SF_6 气体作灭弧介质及触头断开间隙绝缘介质的一种断

路器。

SF_6 断路器的结构，按其灭弧方式分，有双压式和单压式两类。双压式具有两个气压系统，压力低的作为绝缘，压力高的作为灭弧。单压式只有一个气压系统，灭弧时，SF_6 的气流靠压气活塞产生。单压式结构简单，我国现在生产的 LN1、LN2 型断路器均为单压式。图 2-34 是 LN2-10 型高压 SF_6 断路器的外形。

SF_6 断路器灭弧室工作示意图如图 2-35 所示。断路器分闸时，装有动触头和绝缘喷嘴的气缸由断路器操动机构通过连杆带动，离开静触头，造成气缸与活塞的相对运动，压缩 SF_6，使之通过喷嘴吹弧，从而使电弧迅速熄灭。

SF_6 断路器与油断路器比较，具有下列优点：断流能力强，灭弧速度快，绝缘性能好，检修周期长，适于频繁操作，而且没有燃烧爆炸危险。但是它要求加工精度高，对其密封性能要求更严，因此价格较贵。

SF_6 断路器主要用于需频繁操作及有易燃易爆危险的场所，特别适于作全封闭组合电器。

SF_6 断路器配用 CD10 等型电磁操动机构或 CT7 等型弹簧操动机构。

（三）高压真空断路器

高压真空断路器是利用"真空"（气压为 $10^{-2} \sim 10^{-6}$ Pa）灭弧的一种断路器，其触头装在真空灭弧室内。由于真空中不存在气体

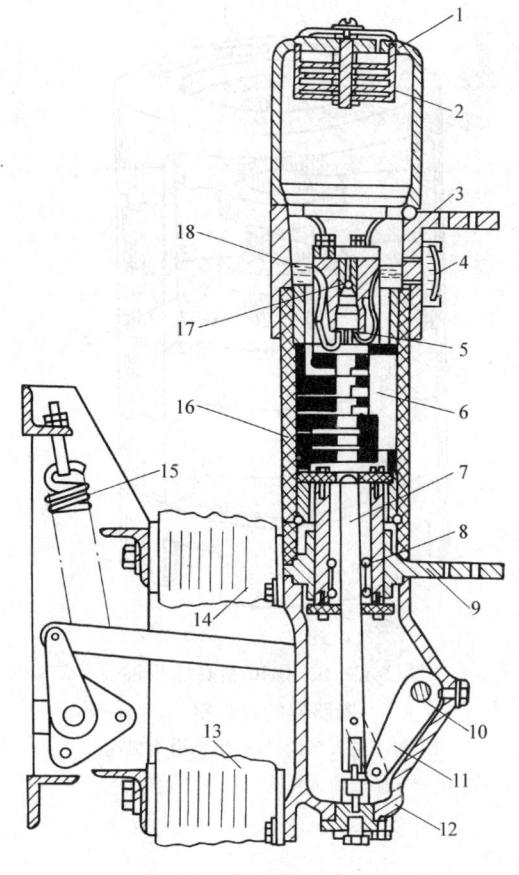

图 2-31　SN10-10 型高压少油断路器
一相油箱内部结构

1—铝帽　2—油气分离室　3—上接线端子　4—油标
5—插座式静触头　6—灭弧室　7—动触头（导电杆）
8—中间滚动触头　9—下接线端子　10—转轴　11—拐臂
12—基座　13—下支柱绝缘子　14—上支柱绝缘子
15—断路弹簧　16—绝缘筒　17—逆止阀　18—绝缘油

游离的问题，所以这种断路器的触头断开时很难出现大的电弧。但是在感性电路中，灭弧速度过快，瞬间切断电流 i 将使 di/dt 极大，从而使电路产生过电压（$u_L = L di/dt$），这对供电系统是很不利的。因此这"真空"不能是绝对的真空，实际上也不可能是绝对的真空，因此在触头带载断开时，因高电场发射和热电发射而产生一点电弧，该电弧通常称为"真空电弧"。真空电弧能使交流电流第一次过零时熄灭。这样，燃弧时间既短（至多半个周期 0.01s），又不致产生危险的过电压。

图 2-36 是 ZN12-12 型户内式高压真空断路器的外形。

真空断路器的灭弧室结构如图 2-37 所示。真空灭弧室的中部，有一对圆盘状的触头。在触头刚分离时，由于高电场发射和热电发射而使触头间发生真空电弧。当电流过零时，电弧暂时熄灭，触头周围的金属离子迅速扩散，以致在电流过零后几个微秒的极短时间内，触

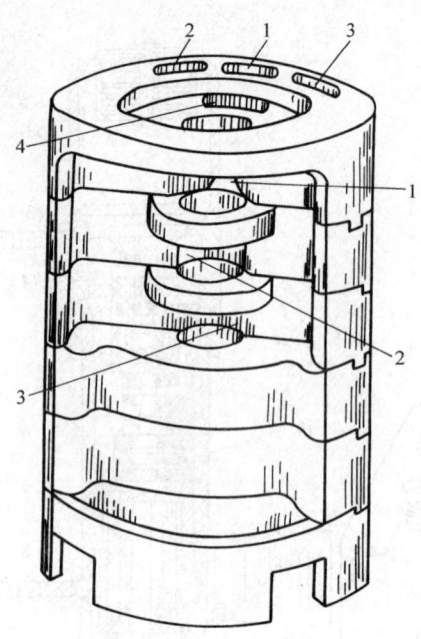

图 2-32 SN10-10 型高压少油
断路器的灭弧室

1—第一道灭弧沟 2—第二道灭弧沟
3—第三道灭弧沟 4—吸弧铁片

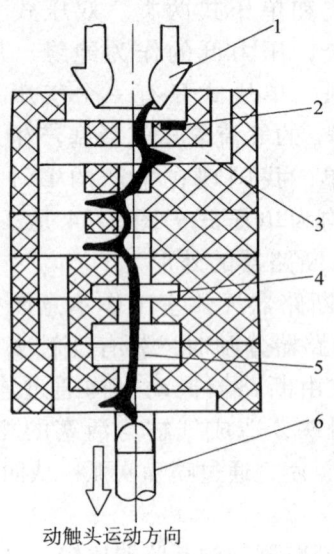

图 2-33 SN10-10 型高压少油断路器的
灭弧室工作示意图

1—静触头 2—吸弧铁片 3—横吹灭弧沟
4—纵吹油囊 5—电弧 6—动触头

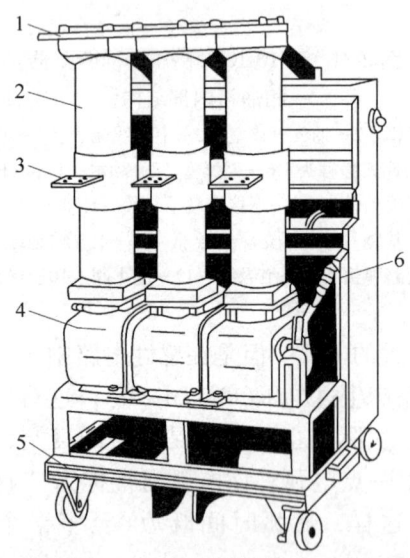

图 2-34 LN2-10 型高压 SF_6 断路器
1—上接线端子 2—绝缘筒(内为气缸及
触头灭弧系统) 3—下接线端子 4—操动机
构箱 5—小车 6—断路弹簧

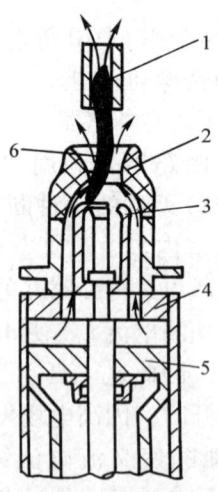

图 2-35 SF_6 断路器灭弧室工作示意图

1—静触头 2—绝缘喷嘴 3—动触头
4—气缸(连同动触头由操动机构传动)
5—压气活塞(固定) 6—电弧

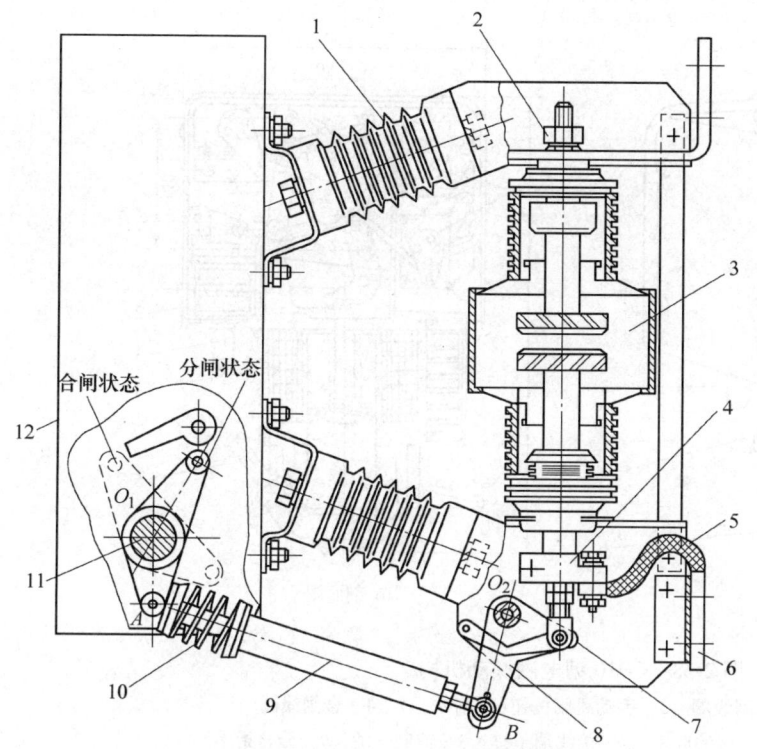
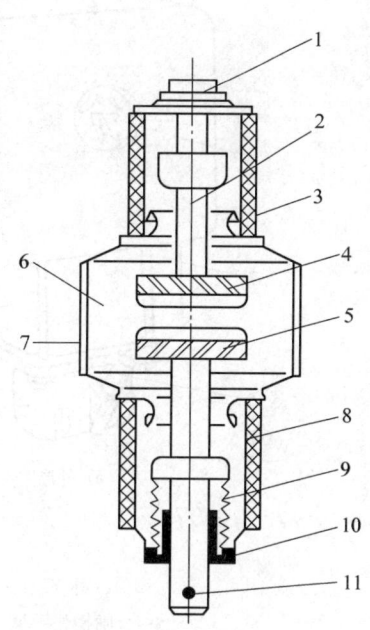

图 2-36 ZN12-12 型户内式高压真空断路器
1—绝缘子 2—上出线端 3—真空灭弧室
4—出线导电夹 5—出线软连接 6—下出线端
7—万向杆端轴承 8—转向杠杆 9—绝缘拉杆
10—触头压力弹簧 11—主轴 12—操动机构箱
注：虚线为合闸位置，实线为分闸位置。

图 2-37 真空断路器的灭弧室
1—导电盘 2—导电杆 3—陶瓷外壳
4—静触头 5—动触头
6—真空室 7—屏蔽罩 8—陶瓷外壳
9—金属波纹管 10—导向管
11—触头磨损指示标记

头间隙实际上又恢复了原有的高真空度，因此当电流过零后虽很快又加上高电压，触头间隙也不会再次击穿，即真空电弧在电流第一次过零时就能完全熄灭。

真空断路器具有体积小、重量轻、动作快、寿命长、安全可靠和便于维护检修等优点，但价格较贵，过去主要应用于频繁操作和安全要求较高的场所，而现在已开始取代少油断路器广泛应用在 35kV 及以下的高压配电装置中。

真空断路器也配用 CT7 等型弹簧操动机构或 CD10 等型电磁操动机构。

（四）高压断路器的操动机构

1. CD10 型电磁操动机构

CD10 型电磁操动机构能手动和远距离控制分闸和合闸，适于实现自动化，但它需直流操作电源。图 2-38 是 CD10 型电磁操动机构的外形和剖面图，图 2-39 是其传动原理示意图。

分闸时（参看图 2-39a），跳闸铁心上的撞头，因手动或因远距离控制使跳闸线圈通电而往上撞击连杆系统，使搭在 L 形搭钩上的连杆滚轴下落，于是主轴在断路弹簧作用下转动，使断路器跳闸，并带动辅助开关切换。断路器跳闸后，跳闸铁心下落，正对此铁心的两连杆也回复到跳闸前的状态。

合闸时（参看图 2-39b），合闸铁心因手动或因远距离控制使合闸线圈通电而上举，使连

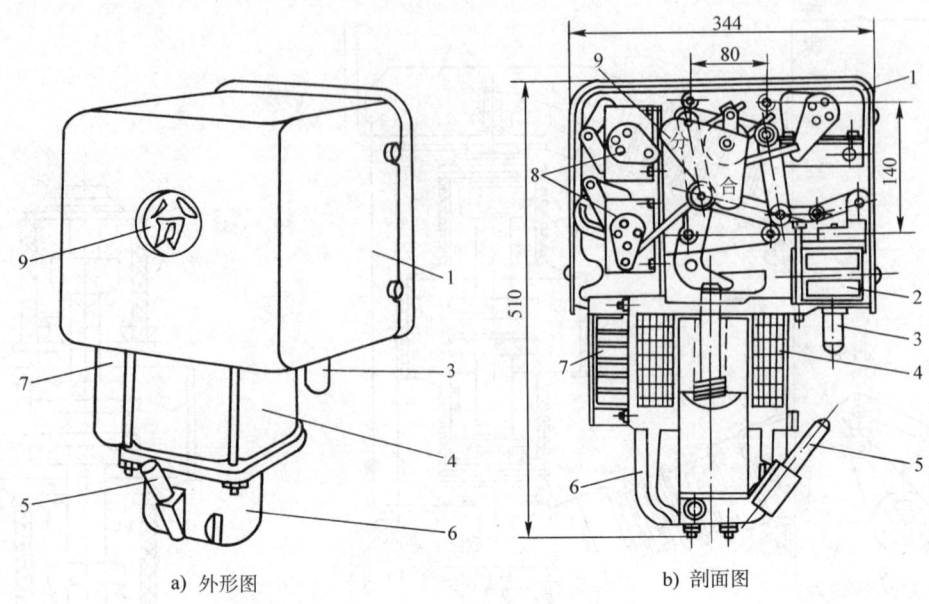

图 2-38 CD10 型电磁操动机构

1—外壳 2—跳闸线圈 3—手动跳闸按钮(跳闸铁心) 4—合闸线圈
5—合闸操作手柄 6—缓冲底座 7—接线端子排 8—辅助开关 9—分合指示

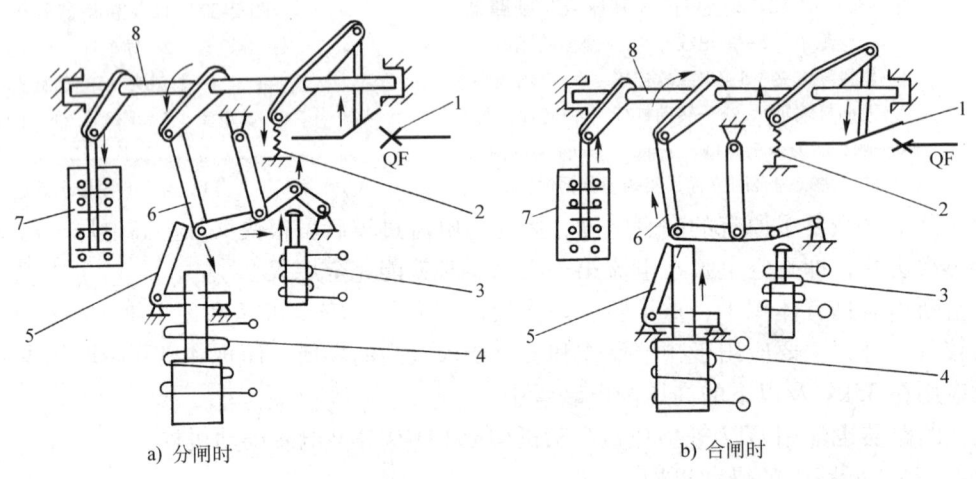

图 2-39 CD10 型电磁操动机构的传动原理示意图

1—高压断路器 2—断路弹簧 3—跳闸线圈 4—合闸线圈 5—L形搭钩
6—连杆 7—辅助开关 8—操动机构主轴

杆滚轴又搭在 L 形搭钩上，同时使主轴反抗断路弹簧的作用而转动，使断路器合闸，并带动辅助开关切换，整个连杆系统又处在稳定的合闸状态。

2. CT7 型弹簧操动机构

弹簧操动机构全称为弹簧储能式电动操动机构，由交直流两用串励电动机使合闸弹簧储能，在合闸弹簧释放能量的过程中将断路器合闸。

弹簧操动机构可手动和远距离分合闸,并可实现一次自动重合闸,而且由于可交流操作,使保护和控制装置简化,但其结构复杂,价格较贵。图 2-40 是 CT7 型弹簧操动机构的外形示意图,其传动原理示意图如图 2-41 所示。

由图 2-41 可了解其动作原理:

(1) 电动机储能　电动机 2 通电转动时,通过皮带 1、链条 3 和偏心轮 4,带动棘爪 7 和棘轮 8,棘轮 8 推动偏心凸轮 12 使合闸弹簧 6 拉伸。当凸轮 12 转过最高点一角度后,通过掣子 15 和杠杆 16 及凸轮上的小滚轮把拉伸的弹簧维持在储能状态。在储能结束瞬间,行程开关动作,电动机电源被切断。

(2) 手力储能　沿顺时针方向转动手柄 5,与

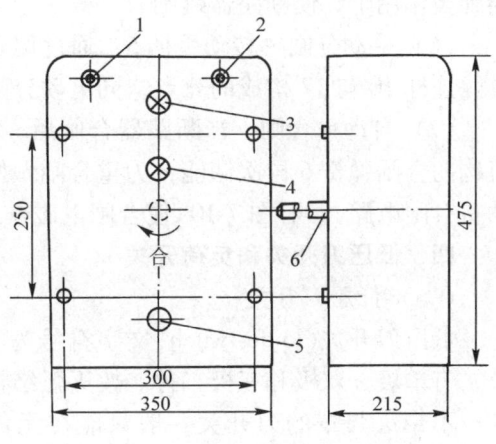

图 2-40　CT7 型弹簧操动机构外形示意图
1—合闸按钮　2—分闸按钮　3—储能指示灯
4—分合指示　5—手动储能转轴　6—输出轴

上述电动机储能动作过程相同,使合闸弹簧储能。手力储能一般只在调整或电源有故障时使用。

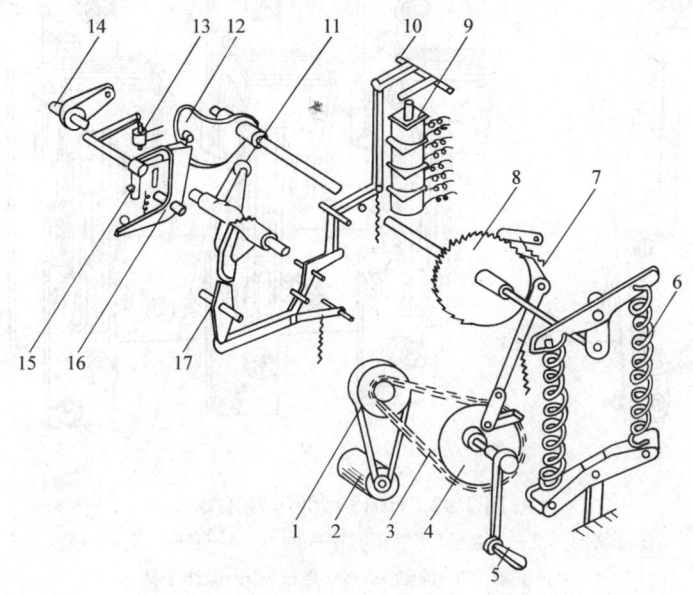

图 2-41　CT7 型弹簧操动机构传动原理示意图
1—传动皮带　2—储能电动机　3—链条　4—偏心轮　5—手柄　6—合闸弹簧
7—棘爪　8—棘轮　9—脱扣器　10、17—连杆　11—拐臂　12—凸轮
13—合闸电磁铁　14—输出轴　15—掣子　16—杠杆

(3) 电动合闸　合闸电磁铁 13 通电,掣子 15 动作。在合闸弹簧 6 作用下,凸轮 12 驱动拐臂 11 动作,通过输出轴 14 带动断路器合闸。连杆 10 与 17 构成死点维持断路器在合闸状态。

(4) 手动合闸　转动操作手柄 5,使拉杆向上移动,带动掣子 15 上移,与杠杆 16 脱离,解除自锁,同电动合闸一样,在合闸弹簧 6 作用下使断路器合闸。

(5) 电动分闸　脱扣器 9 通电,使连杆 10 动作,解除连杆 10 与 17 构成的死点,在断

路弹簧作用下，使断路器跳闸。

（6）手动分闸 转动手柄5，通过偏心轮4和棘爪7、棘轮8等，使连杆10向上转动，解除连杆10与17构成的死点，同电动分闸一样，在断路弹簧作用下，使断路器跳闸。

（7）自动重合闸 当断路器合闸后，行程开关动作，使电动机2的电源被接通，操动机构的合闸弹簧6再次储能，为重合闸做好准备。当一次电路出现故障使断路器跳闸时，自动重合闸电路（参看图7-10）使合闸电磁铁通电，借助已储能的合闸弹簧，使断路器重合闸。

四、低压刀开关和负荷开关

（一）低压刀开关

低压刀开关（knife-switch，文字符号为QK）按操作方式分，有单投和双投两种。按极数分，有单极、双极和三极三种。按灭弧结构分，有不带灭弧罩和带灭弧罩的两种。

不带灭弧罩的刀开关一般只能在无负荷下操作。由于刀开关断开后有明显可见的断开间隙，因此可作隔离开关使用，因此这种刀开关也称为低压隔离开关。

带有灭弧罩的刀开关（如图2-42所示），能通断一定的负荷电流，能使负荷电流产生的电弧有效地熄灭。

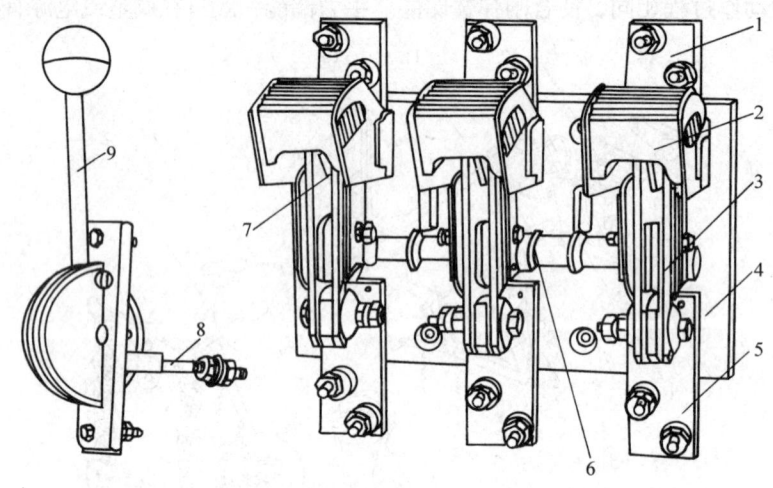

图2-42 HD13型低压刀开关

1—上接线端子 2—灭弧栅（灭弧罩） 3—闸刀 4—底座 5—下接线端子
6—主轴 7—静触头 8—连杆 9—操作手柄

低压刀开关全型号的表示和含义如下：

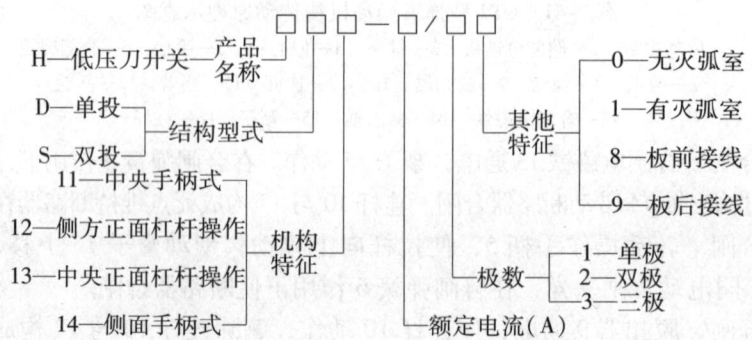

（二）低压熔断器式刀开关

低压熔断器式刀开关（Low-voltage fuse-switch，文字符号为 QFS）又称刀熔开关，是一种由低压刀开关与低压熔断器相组合的开关电器。常见的 HR3 型刀熔开关，就是将 HD 型刀开关的闸刀换以 RT0 型熔断器的具有刀形触头的熔断管，如图 2-43 所示。

刀熔开关具有刀开关和熔断器的双重功能。采用这种组合开关电器，可以简化低压配电装置的结构，经济实用，因此广泛应用在低压配电装置上。

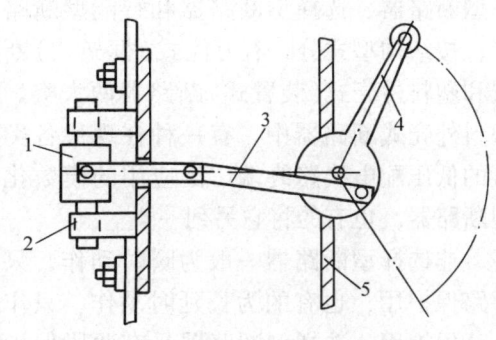

图 2-43 低压刀熔开关结构示意图
1—RT0 型熔断器的熔断管 2—弹性触座 3—连杆
4—操作手柄 5—配电屏面板

低压刀熔开关全型号的表示和含义如下：

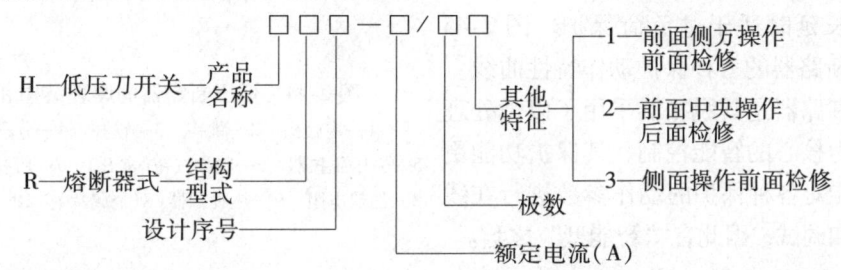

（三）低压负荷开关

低压负荷开关(Low-voltage load-switch，文字符号为 QSF)由低压刀开关与低压熔断器组合而成，外装封闭式铁壳或开启式胶盖。装铁壳的俗称铁壳开关；装胶盖的俗称胶壳开关。低压负荷开关具有带灭弧罩的刀开关和熔断器的双重功能，既可带负荷操作，又能进行短路保护，但是当熔断器熔断后，须更换熔体后方可恢复供电。

低压负荷开关全型号的表示和含义如下：

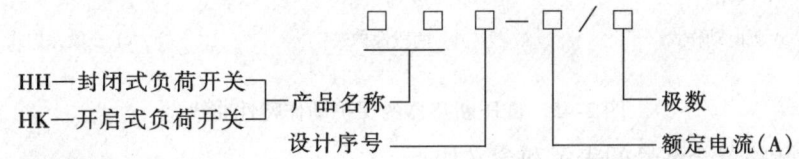

五、低压断路器

低压断路器（文字符号为 QF），俗称低压自动开关。它既能带负荷通断电路，又能在短路、过负荷和欠电压情况下自动跳闸，切断电路。

低压断路器的原理结构和接线如图 2-44 所示。当电路上出现短路故障时，其过电流脱扣器 10 动作，使断路器跳闸。如果出现过负荷时，串联在一次线路上的加热电阻 8 加热，使断路器中的双金属片 9 上弯，也使断路器跳闸。当线路电压严重下降或失压时，失压脱扣器 5 动作，同样使断路器跳闸。如果按下脱扣按钮 6 或 7，使分励脱扣器 4 通电或使失压脱扣器 5 失电，则可使断路器远距离跳闸。

低压断路器按其灭弧介质分，有空气断路器和真空断路器等；按其用途分，有配电用断路器、电动机保护用断路器、照明用断路器和漏电保护断路器等；按其保护性能分，有非选择型断路器、选择型断路器和智能型断路器等；按结构型式分，有万能式(框架式)断路器和塑料外壳式(装置式)断路器两大类。在塑料外壳式断路器中，有一种在现代各类建筑的低压配电线路终端广泛应用的模数化小型断路器，也有的将它另列一类。

非选择型断路器一般为瞬时动作，只作短路保护用；也有的为长延时动作，只作过负荷保护用。选择型断路器具有两段保护或三段保护。两段保护为瞬时(或短延时)和长延时特性两段。三段保护为瞬时、短延时和长延时特性三段，其中瞬时和短延时特性适于短路保护，而长延时适于过负荷保护。图 2-45 所示为低压断路器的三种保护动作特性曲线。

智能型断路器是其脱扣器采用了以微处理器或单片机为核心的智能控制，其保护功能更多更全，且能对各种保护的动作参数进行在线监测、调节和调试，因此有"智能型"之称。

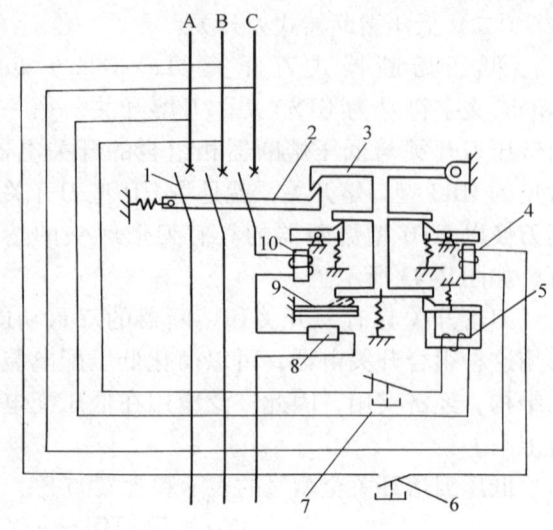

图 2-44 低压断路器的原理结构和接线
1—主触头 2—跳钩 3—锁扣 4—分励脱扣器
5—失压脱扣器 6—脱扣按钮(常开) 7—脱扣按钮(常闭)
8—加热电阻 9—热脱扣器(双金属片) 10—过流脱扣器

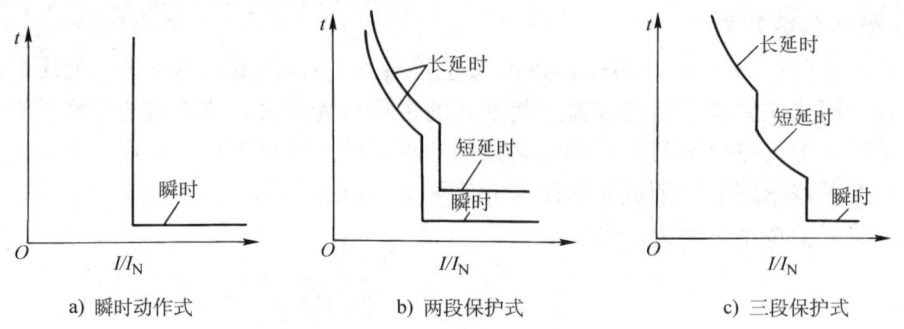

a) 瞬时动作式　　b) 两段保护式　　c) 三段保护式

图 2-45 低压断路器的保护动作特性曲线

国产低压断路器全型号的表示和含义如下：

```
         □□□-□□/□
D—低压断路器—产品名称 ┘ │ │ │ │  └ 脱扣器及辅助机构代号
                     │ │ │ └ 极数
W—万能式(框架式) ─┐   │ │ │         L—漏电保护
                  ├结构│ │ │         M—密封式
Z—塑料外壳式(装置式)┘型式│ │ └派生代号 P—电动操作
         设计序号 ──┘ │             X—限流式
         额定电流(A) ──┘             H—高性能型
```

注：上述型号中"派生代号"有的置于"结构型式"或"设计序号"之后。

（一）万能式低压断路器

万能式低压断路器，因其保护方案和操作方式较多，装设地点也较灵活，故有"万能式"之称。又由于它具有框架式结构，因此又称"框架式断路器"或"框架式自动开关"。

万能式有一般型、高性能型和智能型几种结构型式，又有固定式、抽屉式两种安装方式，有手动和电动两种操作方式，一般具有多段式保护特性，主要用于低压配电系统中作为总开关和保护电器。

比较典型的一般型万能式低压断路器有DW16型。它由底座、触头系统（含灭弧罩）、操作机构（含自由脱扣机构）、短路保护的瞬时过电流脱扣器、过负荷保护的长延时（反时限）过电流脱扣器、单相接地保护脱扣器及辅助触头等部分组成，其外形结构如图2-46所示。

DW16型断路器可采用图2-46所示手柄直接操作，也可通过杠杆手动操作，或者通过电磁铁或电动机进行电动操作。

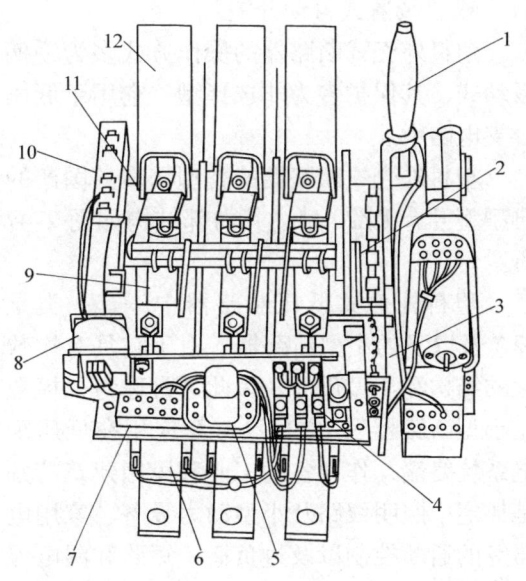

图2-46 DW16型万能式低压断路器
1—操作手柄（带电动操作机构） 2—自由脱扣机构 3—欠电压脱扣器 4—热继电器 5—接地保护用小型电流继电器 6—过负荷保护用过电流脱扣器 7—接线端子 8—分励脱扣器 9—短路保护用过电流脱扣器 10—辅助触头 11—底座 12—灭弧罩（内有主触头）

DW16型是我国过去普遍应用的DW10型的更新换代产品。为便于更换，DW16型的底座安装尺寸、相间距离及触头系统等，均与DW10型相同。

DW16型较之DW10型增加了单相接地保护脱扣器。它利用其本体上的过负荷保护脱扣器的电流互感器作为检测元件，接地保护用小型电流继电器和分励脱扣器作为执行元件，以驱动断路器的脱扣机构，实现其单相接地短路保护的功能。

DW16型的过负荷保护用的长延时（反时限）过电流脱扣器，由电流互感器和双金属片式热继电器组成，也通过上述单相接地保护脱扣器来动作于断路器的脱扣机构。

DW16型的短路保护用的瞬时过电流脱扣器，则利用弓形母线穿过铁心，当其衔铁吸合时，通过连杆传动机构动作于断路器的脱扣机构。

DW16型断路器可用于不要求有保护选择性的低压配电系统中作控制保护电器。

高性能型的万能式断路器有DW15（H）、DW17（即ME）等型，其保护功能更多，性能更好。

智能型万能式断路器有DW45、DW48（即CB11）和DW914（即AH）等型，由于它们采用微处理器或单片机为核心的智能控制，功能更多，性能更优异。

附表3列出了部分常用的万能式低压断路器的主要技术数据，供参考。

（二）塑料外壳式低压断路器

塑料外壳式低压断路器，因其全部机构和导电部分均装设在一个塑料外壳内，仅在壳盖中央露出操作手柄，故有"塑料外壳式"或"塑壳式"之名。又由于它通常装设在低压配电装置之内,因此又称"装置式低压断路器"或"装置式自动开关"。

塑料外壳式断路器的操作方式多为手柄扳动式,其保护多为非选择型。它用于低压分支电路中。

塑料外壳式断路器的类型繁多。国产的典型型号有 DZ20 型,其内部结构如图 2-47 所示。

塑料外壳式低压断路器中,有一类是 63A 及以下的小型断路器。由于它具有模数化的结构和小型尺寸,因此通常称为"模数化小型断路器"。它现已广泛应用在低压配电系统终端,作为各种工业和民用建筑特别是住宅中照明线路及小型动力设备、家用电器等的通断控制以及过负荷、短路和漏电保护等之用。

模数化小型断路器具有下列优点:体积小,分断能力高,机电寿命长,具有模数化的结构尺寸和通用型卡轨式安装结构,组装灵活方便,安全性能好。

由于模数化小型断路器是应用在"家用及类似场所",所以其产品执行的标准为 GB/T 10963—1999《家用及类似场所用过电流保护断路器》,该标准是等效采用的 IEC898 国际电工标准。其结构适用于未受过专门训练的人员使用,其安全性能好,且不能进行维修,即损坏后必须换新。

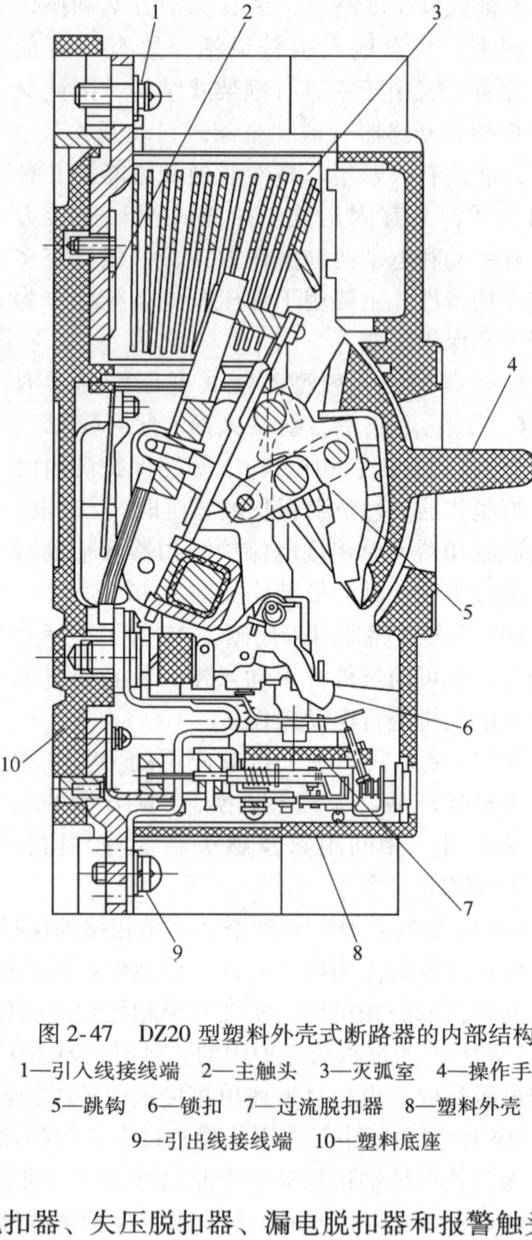

模数化小型断路器由操作机构、热脱扣器、电磁脱扣器、触头系统和灭弧室等部件组成,所有部件都装在一塑料外壳之内,如

图 2-47 DZ20 型塑料外壳式断路器的内部结构
1—引入线接线端 2—主触头 3—灭弧室 4—操作手柄
5—跳钩 6—锁扣 7—过流脱扣器 8—塑料外壳
9—引出线接线端 10—塑料底座

图 2-48 所示。有的小型断路器还备有分励脱扣器、失压脱扣器、漏电脱扣器和报警触头等附件,供需要时选用,以拓展断路器的功能。

模数化小型断路器的外形尺寸和安装导轨的尺寸,如图 2-49 所示。

模数化小型断路器常用的型号有 C45N、DZ23、DZ47、M、K、S、PX200C 等系列。

塑壳式断路器的操作机构通常采用四连杆机构,可自由脱扣。其操作手柄有三个位置:

(1) 合闸位置 如图 2-50a 所示,手柄扳向上边,跳钩被锁扣扣住,触头维持在闭合状态。

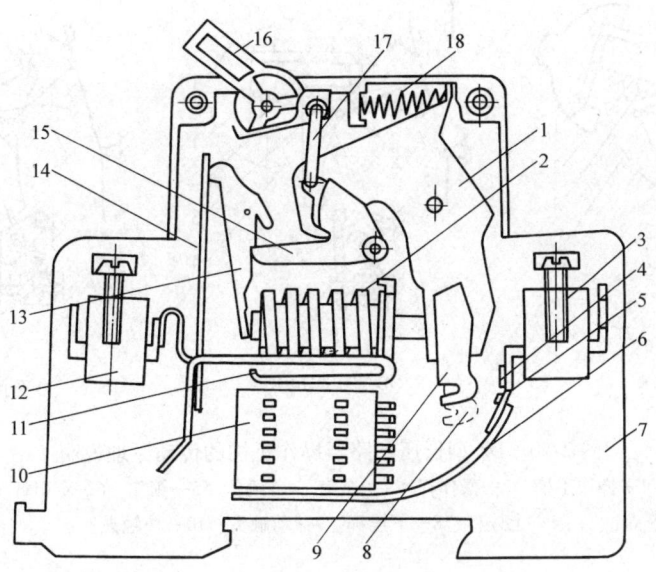

图 2-48 模数化小型断路器的原理结构

1—动触头杆 2—瞬动电磁铁(电磁脱扣器) 3—接线端子 4—主静触头
5—中线静触头 6—弧角 7—塑料外壳 8—中线动触头 9—主动触头
10—灭弧栅片(灭弧室) 11—弧角 12—接线端子 13—锁扣
14—双金属片(热脱扣器) 15—脱扣钩 16—操作手柄
17—连接杆 18—断路弹簧

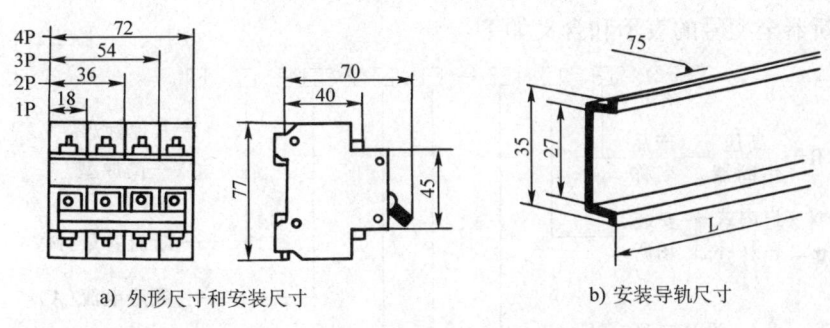

a) 外形尺寸和安装尺寸　　b) 安装导轨尺寸

图 2-49 模数化小型断路器的外形尺寸和安装导轨示意图

(2) 自由脱扣位置　如图 2-50b 所示,脱扣器动作,带动牵引杆,使锁扣释放跳钩,从而使触头断开,手柄移至中间位置。

(3) 分闸及再扣位置　如图 2-50c 所示,手柄扳向下边,跳钩又被锁扣扣住,从而完成"再扣"动作,为下次合闸做好准备。如果断路器自动跳闸后,不将手柄扳至再扣位置(即分闸位置),想要合闸也是合不上的。这不只是塑料外壳式低压断路器如此,前面所讲的万能式低压断路器也同样如此。

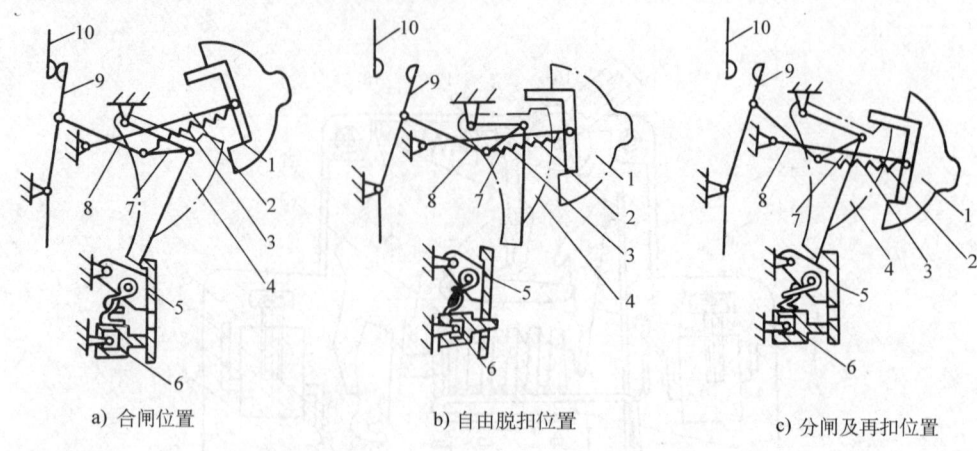

a) 合闸位置　　　b) 自由脱扣位置　　　c) 分闸及再扣位置

图 2-50　DZ 型低压断路器操作机构的传动原理说明
1—操作手柄　2—操作杆　3—弹簧　4—跳钩　5—锁扣　6—牵引杆
7—上连杆　8—下连杆　9—动触头　10—静触头

第四节　高低压熔断器和避雷器

一、高压熔断器

熔断器(Fuse,文字符号为 FU)是一种应用极广的过电流保护电器。其主要功能是对电路及电路设备进行短路保护,但有的也具有过负荷保护的功能。

用户供配电系统中,室内广泛采用 RN1、RN2 等型高压管式熔断器,室外广泛采用 RW4、RW10(F)等型高压跌开式熔断器。

高压熔断器全型号的表示和含义如下:

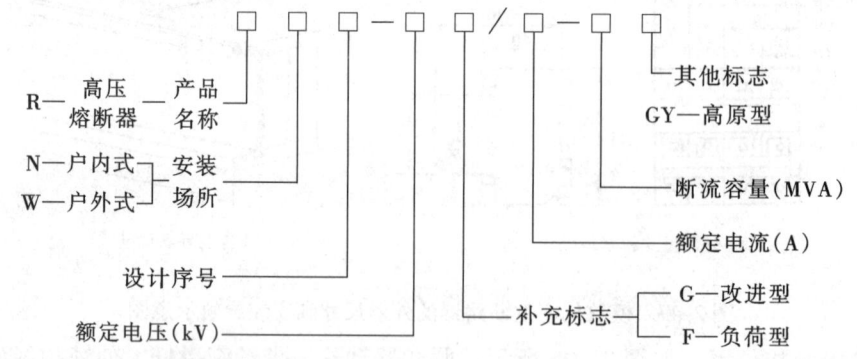

（一）RN1 和 RN2 型户内高压熔断器

RN1 型与 RN2 型的结构基本相同,都是瓷质熔管内充石英砂填料的密闭管式熔断器。RN1 型主要用作高压线路和设备的短路保护,并能起过负荷保护的作用,其熔体在正常情况下要通过主电路的负荷电流,因此其结构尺寸较大。RN2 型只用作电压互感器一次侧的短路保护,其熔体额定电流一般为 0.5A,因此其结构尺寸较小,瓷熔管较细。

图 2-51 是 RN1、RN2 型高压熔断器的外形结构；图 2-52 是其瓷熔管剖面图。

由图 2-52 可知,熔断器的工作熔体铜熔丝上焊有小锡球。锡是低熔点金属,过负荷时锡球受热首先熔化，包围铜熔丝，铜锡分子相互渗透而形成熔点较铜的熔点低的铜锡合金，使铜熔丝能在较低的温度下熔断，这就是所谓的"冶金效应"。它使得熔断器能在过负荷电流或较小的短路电流通过时也能动作，从而提高了保护灵敏度。又由该图可知，这种熔断器采用几根熔丝并联，以便它们熔断时产生几根并行的电弧，利用"粗弧分细灭弧法"来加速电弧的熄灭。而且这种熔断器的密封瓷熔管内充填有石英砂，熔丝熔断时产生的电弧在石英砂内燃烧，因此其灭弧能力很强，灭弧速度很快。通常这种熔断器能在短路后不到半个周期（0.01s）就能熄灭电弧，而短路过程中最大的短路瞬时电流即短

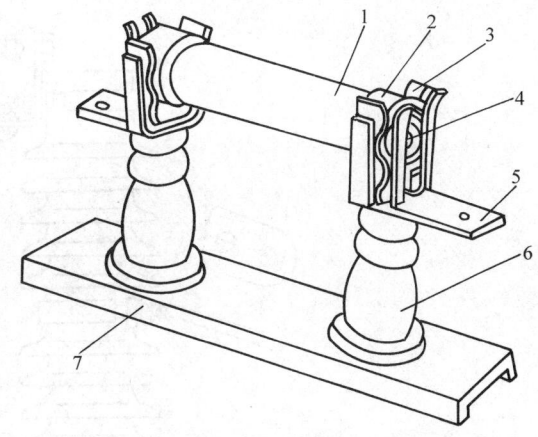

图 2-51　RN1、RN2 型高压熔断器
1—瓷熔管　2—金属管帽　3—弹性触座　4—熔断指示器
5—接线端子　6—瓷支柱绝缘子　7—底座

路冲击电流出现在短路后半个周期（参看第四章第二节），因此这种熔断器能在短路电流达到冲击值之前熔断，切除短路，从而使装有这种熔断器保护的电路和设备可不考虑短路冲击电流的影响。这种能躲过短路冲击电流的熔断器，称为"限流熔断器"。

当短路电流或过负荷电流通过熔体使熔断器的工作熔体熔断后，其指示熔体相继熔断，其红色的熔断指示器弹出，如图 2-52 中的虚线所示，给出熔断的指示信号。

（二）RW4 和 RW10(F) 型户外高压跌开式熔断器

跌开式熔断器（Drop-out Fuse，文字符号一般型用 FD，负荷型用 FDL），又称跌落式熔断器，广泛用于环境正常的室外场所，其功能是，既可作 6~10kV 线路和设备的短路保护，又可在一定条件下，直接用高压绝缘操作棒（参看图 2-26）来操作熔管的分合。一般型跌开式熔断器如 RW4-10(G) 型等，只能无负荷下操作，或通断小容量的空载变压器和空载线路等，其操作要求与高压隔离开关相同。而负荷型跌开式熔断器如 RW10-10(F) 型，则能带负荷操作，其操作要求与高压负荷开关相同。

图 2-53 是 RW4-10(G) 型跌开式熔断器的基本结构示意图。它串接在被保护线路的首端。正常运行时，其熔管上端的动触头借熔丝张力拉紧后，利用绝缘操作棒将熔管连同动触头推入上静触头内锁紧，同时下动触头与下静触头相互压紧，从而使电路接通。当线路上发生短路时，短路电流使熔丝熔断，形成电弧。纤维质消弧管内壁由于电弧燃烧而使之分解出大量气体，使管内压力剧增，并沿着管道形成强烈的气流纵向吹弧，使电弧迅速熄灭。熔丝熔断后，熔管的上动触头因失去熔

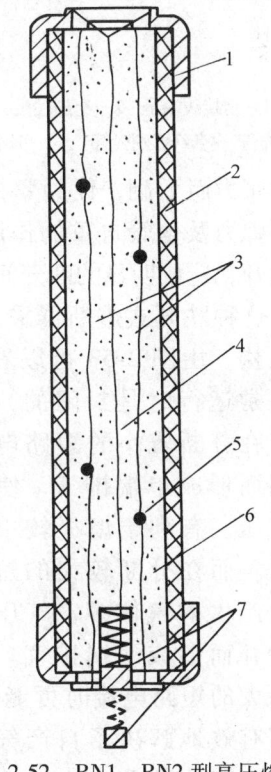

图 2-52　RN1、RN2 型高压熔断器瓷熔管剖面示意图
1—金属管帽　2—瓷管
3—工作熔体（铜丝，上焊锡球）
4—指示熔体（铜丝）　5—锡球
6—石英砂填料　7—熔断指示器（虚线表示熔体熔断后弹出）

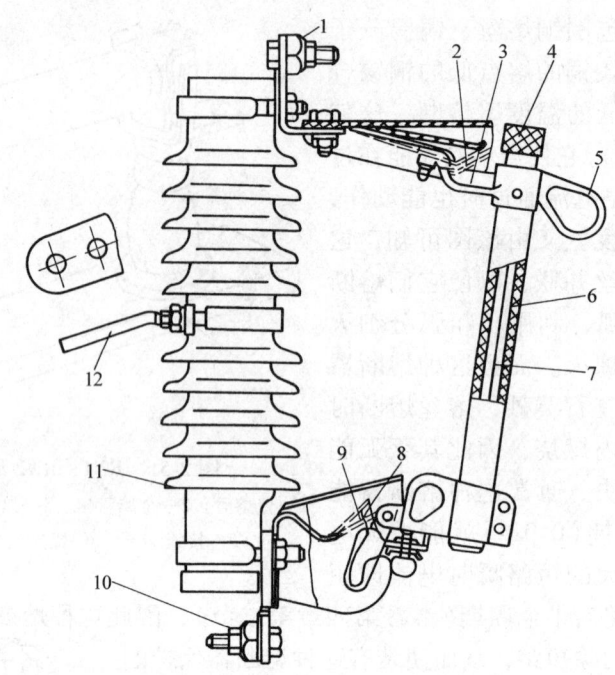

图 2-53 RW4-10(G)型跌开式熔断器

1—上接线端子 2—上静触头 3—上动触头 4—管帽(带薄膜) 5—操作环 6—熔管(外层为酚醛纸管或环氧玻璃布管,内套纤维消弧管) 7—铜熔丝 8—下动触头 9—下静触头 10—下接线端子 11—绝缘瓷瓶 12—固定安装板

丝的张力而下翻,使锁紧机构释放熔管。在触头弹力及熔管自重的作用下,熔管回转向下跌开,造成明显的断开间隙。

这种跌开式熔断器采用了"逐级排气"的结构。由图 2-53 可以看出,其熔管上端在正常运行时是封闭的,可以防止雨水浸入。在分断较小的短路电流时,由于上端封闭而形成单端排气,使管内保持足够大的气压,有利于熄灭较小短路电流产生的电弧。而在分断较大的短路电流时,由于管内产生的气体多,气压大,使上端的薄膜冲开而形成两端排气。这样有助于防止分断大的短路电流时可能造成的熔管爆裂,从而有效地解决了自产气熔断器分断大小故障电流的矛盾。

RW10-10(F)型跌开式熔断器,是在一般型跌开式熔断器的上静触头上加装了简单的灭弧装置和弧触头,如图 2-54 所示。因此它能带负荷操作。

跌开式熔断器是依靠电弧燃烧使熔管内

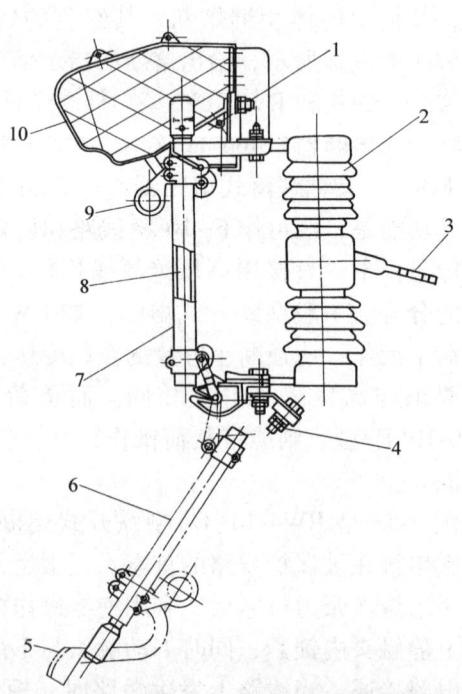

图 2-54 RW10-10(F)型跌开式熔断器

1—上接线端子 2—绝缘瓷瓶 3—固定安装板 4—下接线端子 5—动触头 6、7—熔管(内消弧管) 8—铜熔丝 9—操作环 10—灭弧室(内有静触头)

消弧管内壁分解产生气体吹弧来灭弧的,即使是负荷型跌开式熔断器加装有简单的灭弧装置,其灭弧能力都不强,灭弧速度不很快,不能在短路电流到达冲击值即半个周期(0.01s)内熄灭电弧,因此这种跌开式熔断器属于"非限流熔断器"。

二、低压熔断器(Fuse,文字符号为FU)

低压熔断器的功能,主要是串接在低压配电系统中用来进行短路保护,有的也能同时实现过负荷保护。

低压熔断器的类型繁多,如插入式、螺旋式、无填料密封管式、有填料密封管式以及引进国外技术生产的有填料管式gF、aM系列、高分断能力的NT型等。

国产低压熔断器全型号的表示和含义如下:

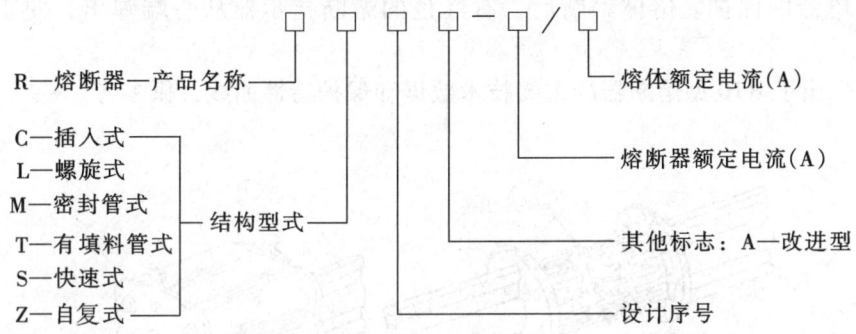

下面分别介绍供配电系统中应用较多的RM10型密封管式熔断器、RT0型有填料管式熔断器和RZ1型自复式熔断器。

(一) RM10型低压密封管式熔断器

RM10型熔断器由纤维熔管、变截面锌熔片和触头底座等部分组成。其熔管的结构如图2-55a所示,安装在熔管内的变截面锌熔片如图2-55b所示。锌熔片之所以冲制成宽窄不一的变截面,目的在于改善熔断器的保护性能。短路时,短路电流首先使熔片窄部(阻值较大)加热熔化,使熔管内形成几段串联短弧,同时由于中间各段熔片跌落,迅速拉长电弧,使短路电弧加速熄灭。在过负荷电流通过时,由于电流加热熔片的时间较长,而熔片窄部的散热较好,因此往往不在窄部熔断,而在宽窄之间的斜部熔断。由熔片熔断的部位,可以大致判断熔断器熔断的故障电流性质。

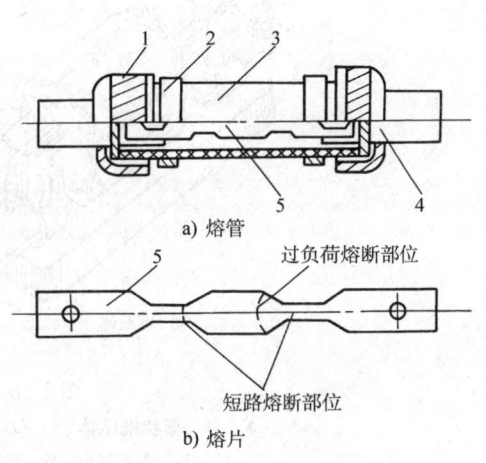

图 2-55 RM10 型低压熔断器
1—铜管帽 2—管夹 3—纤维质熔管
4—刀形触头 5—变截面锌熔片

当其熔片熔断时,纤维管的内壁将有极少部分纤维物质被电弧烧灼而分解,产生高压气体,压迫电弧,加强电弧中离子的复合,从而加速电弧的熄灭。但是其灭弧能力较差,不能在短路电流到达冲击值之前(0.01s前)完全灭弧,所以这类无填料密封管式熔断器属"非限流"熔断器。

附表4列出了RM10型熔断器的主要技术数据和保护特性曲线,供参考。所谓保护特性曲线，是指熔断器熔体的熔断时间（含灭弧时间）与熔体电流之间的关系曲线，通常绘在对数坐标平面上。

（二）RT0型低压有填料管式熔断器

RT0型熔断器主要由瓷熔管、栅状铜熔体和触头底座等几部分组成，如图2-56所示。其栅状铜熔体具有引燃栅。由于引燃栅的等电位作用，可使熔体在短路电流通过时形成多根并行电弧。同时熔体又具有变截面小孔，可使熔体在短路电流通过时又将每根长弧分割为多段短弧。加之所有电弧都在石英砂中燃烧，可使电弧中正负离子强烈复合。因此，这种有石英砂填料的熔断器灭弧能力特强，具有"限流"作用。此外，其栅状铜熔体的中段弯曲处点有焊锡（称之"锡桥"），可利用其"冶金效应"来实现其对较小短路电流和过负荷电流的保护。熔体熔断后，有红色的熔断指示器从一端弹出，便于运行人员检视。

附表5列出了RT0型熔断器的主要技术数据和保护特性曲线，供参考。

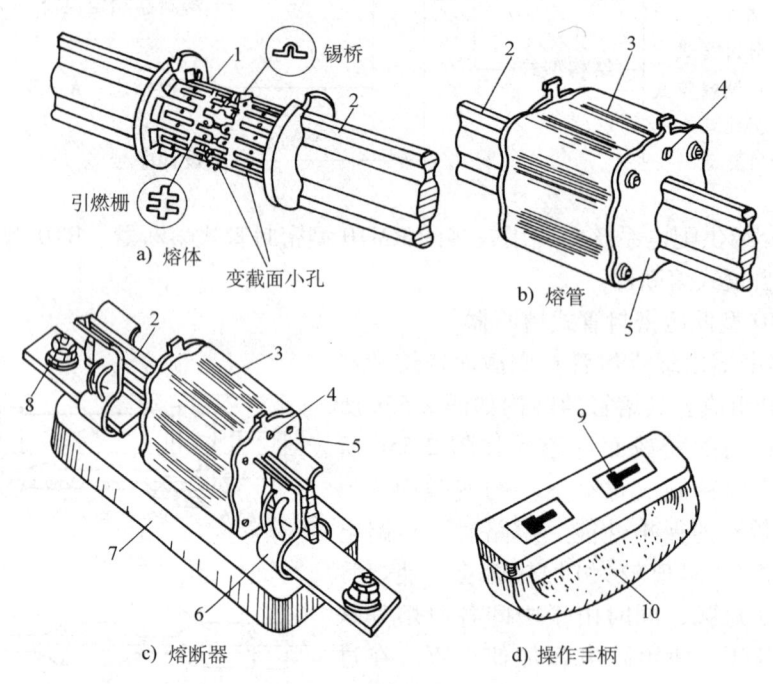

图2-56 RT0型低压熔断器
1—栅状铜熔体 2—刀形触头 3—瓷熔管 4—熔断指示器
5—端面盖板 6—弹性触座 7—瓷底座 8—接线端子
9—扣眼 10—绝缘拉手手柄

*（三）RZ1型低压自复式熔断器

上述RM型和RT型及其他一般的熔断器，都有一个共同缺点，就是熔体熔断后，必须更换熔体后方能恢复供电，从而使中断供电的时间延长，给供电系统和用电负荷造成一定的停电损失。这里介绍的自复式熔断器就弥补了这一缺点，它既能切断短路电流，又能在短路故障消除后自动恢复供电，无需更换熔体。

我国设计生产的 RZ1 型自复式熔断器的结构示意图如图 2-57 所示。它采用金属钠作熔体。在常温下，钠的电阻率很小，可以顺畅地通过正常的负荷电流。但在短路时，钠受热迅速气化，其电阻率变得很大，从而可限制短路电流。在金属钠气化限流的过程中，装在熔断器一端的活塞将压缩氩气而迅速后退，降低了由于钠气化而产生的压力，以免熔管因承受不了过大的气压而爆破。在短路限流动作完成后，钠蒸气冷却又恢复为固态钠。此时活塞在被压缩的氩气作用下，将金属钠推回原位，使之恢复正常工作状态。这就是自复式熔断器能自动限流又自动恢复正常工作的基本原理。

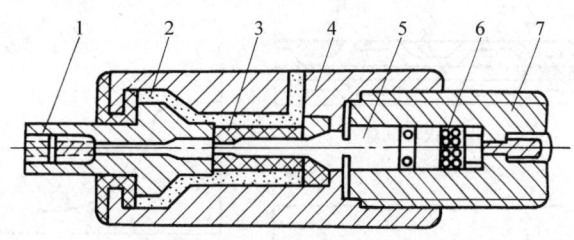

图 2-57 RZ1 型低压自复式熔断器
1—接线端子 2—云母玻璃 3—氧化铍瓷管 4—不锈钢外壳
5—钠熔体 6—氩气 7—接线端子

自复式熔断器通常与低压断路器配合使用，或者组合为一种带自复式熔断体的低压断路器。例如我国生产的 DZ10-100R 型低压断路器，就是 DZ10-100 型低压断路器与 RZ1-100 型自复式熔断器的组合，利用自复式熔断器来切断短路电流，而利用低压断路器来通断电路和实现过负荷保护。它既能有效地切断短路电流，又能减轻低压断路器的工作，提高供电可靠性。

三、高低压避雷器

避雷器（Arrestor,文字符号为 F）是用来防止雷电产生的过电压波沿线路侵入变配电所或其他建筑物内，以免危及被保护的电气设备的绝缘。避雷器应与被保护设备并联，装在被保护设备的电源侧，如图 2-58 所示。当线路上出现危及设备绝缘的雷电过电压时，避雷器的火花间隙被击穿，或由高阻变为低阻，使过电压对大地泄放，从而保护了设备的绝缘。

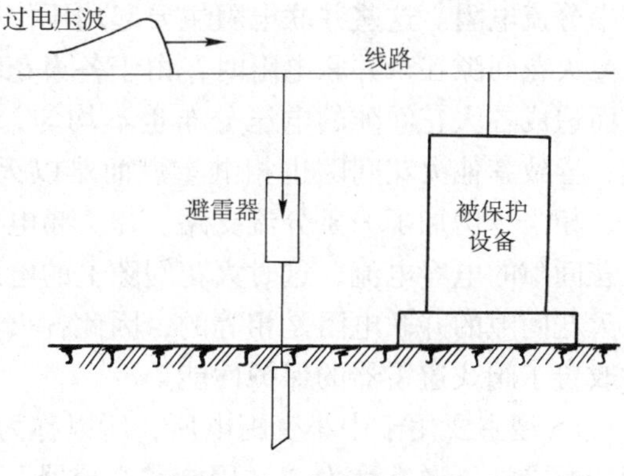

避雷器按结构型式分，有阀式避雷器、排气式避雷器、保护间隙和金属氧化物避雷器等。

图 2-58 避雷器的连接

（一）阀式避雷器

阀式（阀型）避雷器（Valve-type Arrester,文字符号为 FV），主要由火花间隙和阀片组成，装在密封的瓷套管内。火花间隙用铜片冲制而成。每对间隙用厚 0.5～1mm 的云母垫圈隔开，如图 2-59a 所示。正常情况下，火花间隙阻断工频电流通过；但在雷电过电压作用下，火花间隙被击穿放电。阀片是用陶料粘固的电工用金刚砂（碳化硅）颗粒制成的，如图2-59b所示。这种阀片具有非线性电阻特性，正常电压时，阀片电阻很大，而过电压时，阀片电阻则变得很小，如图2-59c所示。因此阀式避雷器在线路上出现雷电过电压时，其火花间隙被击穿，阀片电阻变得很小，能使雷电流顺畅地向大地泄放。当雷电过电压消失、线路上恢复工频电压时，阀片电阻又变得很大，使火花间隙的电弧熄灭，切断工频续流，从而恢复线路的正常运行。

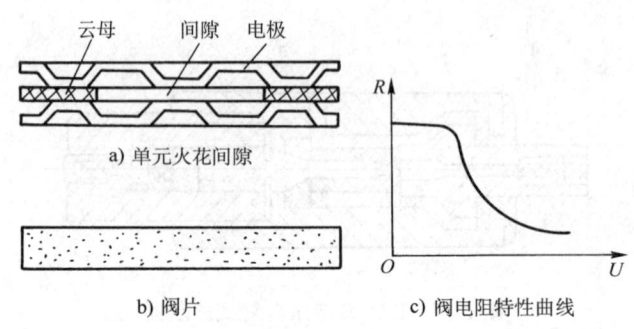

图2-59 阀式避雷器的组成部件和特性

阀式避雷器中火花间隙和阀片的多少，与其工作电压高低成比例。高压阀式避雷器串联的火花间隙多，目的是将长弧分割为多段短弧，以加速电弧的熄灭，而阀电阻的限流作用是加速灭弧的主要因素。

图2-60a、b分别是FS4-10型高压阀式避雷器和FS-0.38型低压阀式避雷器结构图。

普通阀式避雷器除上述FS型外，还有一种FZ型。FZ型避雷器内的火花间隙旁并联有一串分流电阻。这些并联电阻主要起均压作用，使与之并联的火花间隙上的电压分布比较均匀。火花间隙在未并联电阻时，由于各火花间隙对地和对高压端都存在着不同的杂散电容，从而造成各火花间隙的电压分布也不均匀，这就使得某些电压较高的火花间隙容易击穿重燃，导致其他火花间隙也相继重燃而难以灭弧，使工频放电电压降低。火花间隙并联电阻后，相当于增加了一条分流支路。在工频电压作用下，通过并联电阻的电导电流远大于通过火花间隙的电容电流，这时火花间隙上的电压分布主要取决于并联电阻上的电压分布。由于各火花间隙的并联电阻是相等的，因此各火花间隙上的电压分布也相应地比较均匀，从而大大改善了阀式避雷器的保护性能。

FS型主要用于中小变配电所，所以称为"所用阀式避雷器"。FZ型则用于发电厂和大型变配电站，通常称为"站用阀式避雷器"。

阀式避雷器除上述两种普通型外，还有一种磁吹型，即磁吹阀式避雷器，它内部附加有磁吹装置来加速火花间隙中电弧的熄灭，从而进一步改善其保护性能，降低残压，专用来保护重要的而绝缘又较薄弱的旋转电机等。例如FCD型就是专用来保护旋转电机用的阀式避雷器。

阀式避雷器全型号的表示和含义如下：

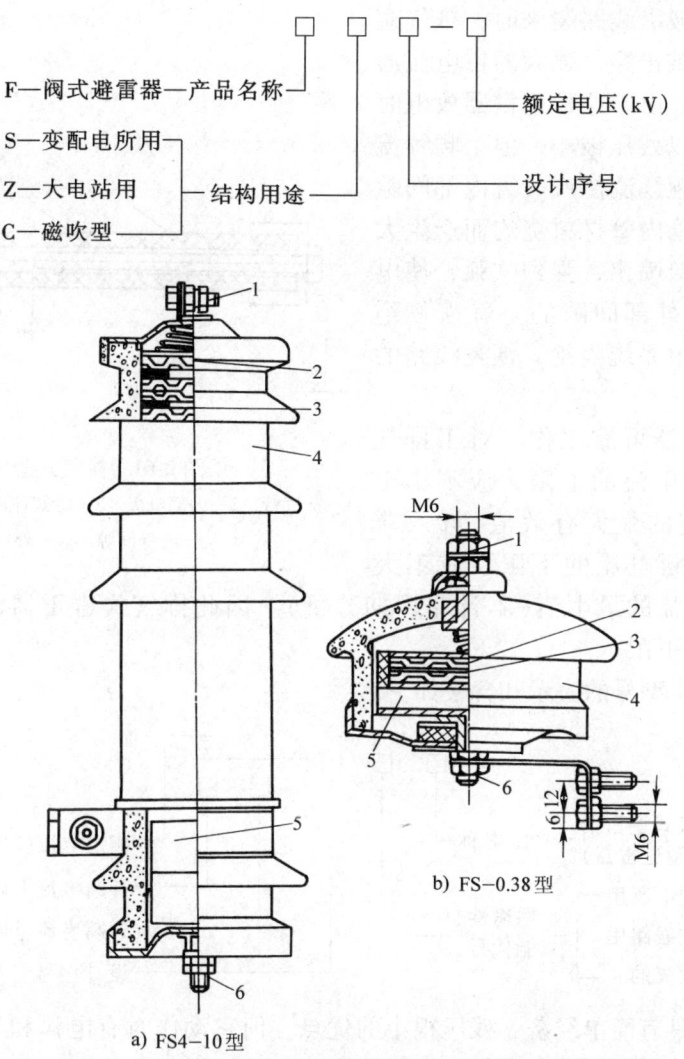

图 2-60 高低压阀式避雷器
1—上接线端子 2—火花间隙 3—云母垫圈
4—瓷套管 5—阀片 6—下接线端子

必须说明：上述型号中的"额定电压"，过去是用避雷器所工作的系统额定电压来标注的，例如 FS□-6 型，表示它适应于 6kV 系统上工作。而现在生产的避雷器，其额定电压多按其灭弧电压值来标注。例如上述 FS□-6 型，由于其灭弧电压为 7.6kV，故其型号现表示为 FS□-7.6 型。同样，原 FS□-10 型，现表示为 FS□-12.7 型；原 FS□-35 型，现表示为 FS□-41 型，等等。

（二）排气式避雷器

排气式避雷器（Expulsion-type Arrester，文字符号为 FE），又称管型避雷器，由产气管、内部间隙和外部间隙等三部分组成，如图 2-61 所示。产气管由纤维、有机玻璃或塑料制成。内部间隙装在产气管内，其一个电极为棒形，通过接地线接地；另一个电极为环形。外部间隙在产气管外部，其一个电极与产气管端部的环形电极相连，另一个电极则与线路相连。

当雷电过电压波沿线路袭来时,排气避雷器的内、外间隙被击穿,强大的雷电流通过接地线泄放入地。由于这种避雷器放电时内阻接近于零,所以残压极小,但工频续流极大。雷电流和工频续流使产气管内部间隙发生强烈电弧,使管内壁材料烧灼而产生大量灭弧气体,由管口喷出,强烈吹弧,使电弧迅速熄灭。这时外部间隙的空气恢复绝缘,使避雷器与供电系统隔绝,恢复线路的正常运行。

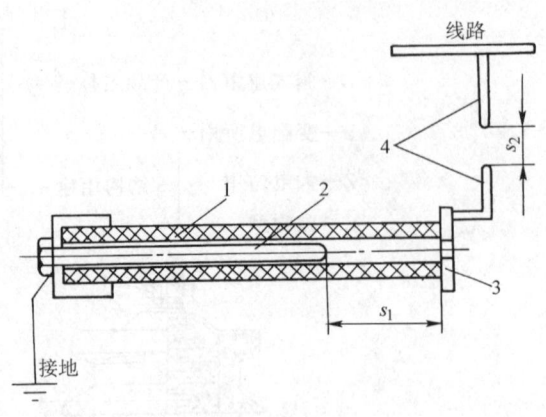

图 2-61 排气式避雷器
1—产气管 2—内部电极 3—端部环形电极 4—外部电极
s_1—内部间隙 s_2—外部间隙

为了保证避雷器可靠工作,对于排气式避雷器,其开断电流的上限,应不小于安装地点短路电流的最大有效值(计入非周期分量);而开断电流的下限,应不大于安装地点短路电流的最小值(不计非周期分量)。因此排气式避雷器的全型号中表示有开断电流的上、下限。

排气式避雷器全型号的表示和含义如下:

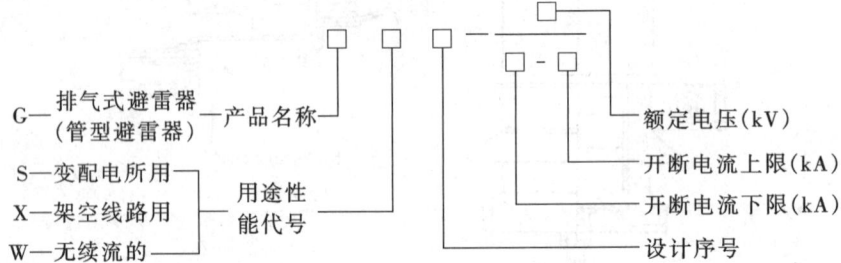

排气式避雷器具有简单经济、残压很小的优点,但它动作时有电弧和气体从管中喷出,因此它只能用在室外架空场所主要是架空线路上。

(三)保护间隙

保护间隙(Protective Gap,文字符号为FG)又称角型避雷器。其结构如图 2-62 所示。

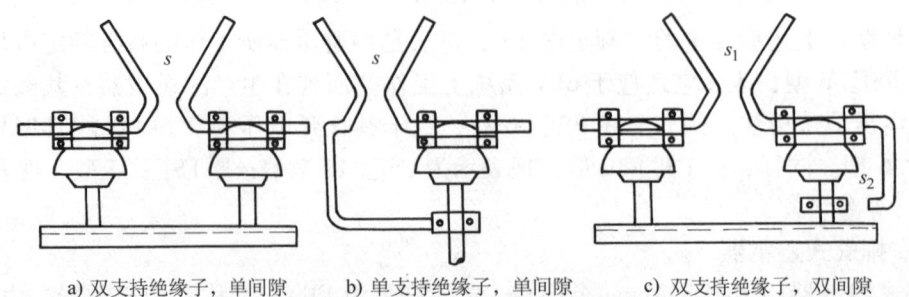

a) 双支持绝缘子,单间隙　　b) 单支持绝缘子,单间隙　　c) 双支持绝缘子,双间隙

图 2-62 保护间隙(角型避雷器)
s—保护间隙　s_1—主间隙　s_2—辅助间隙

保护间隙简单经济,维修方便,但灭弧能力小,保护性能差,容易造成系统接地或短路故障,引起线路开关跳闸或熔断器熔断,使线路停电。因此对于装有保护间隙的线路,一般要求装设自动重合闸装置(参看第七章第四节),以提高供电可靠性。

保护间隙的安装是一个电极接线路,另一个电极通过接地线接地。但为了防止间隙被外物(如鼠、鸟、树枝等)短接而造成接地或短路故障,只有一个间隙的保护间隙(如图2-62a、b所示),必须在其公共接地引下线中间串入一个辅助间隙,如图2-63所示。这样即使主间隙被外物短接,也不致造成线路接地或短路。

保护间隙只用于室外且负荷不重要的线路上。

(四)金属氧化物避雷器

金属氧化物避雷器(Metal-Oxide Arrester,文字符号为FMO),按其有无火花间隙而分为以下两种类型:

1. 无火花间隙的金属氧化物避雷器

其结构如图2-64所示。瓷套管内的阀电阻片是由氧化锌等金属氧化物烧结而成的多晶半导体陶瓷元件,具有理想的阀电阻特性。在雷电过电压作用下,其电阻变得很小,能顺畅地对地泄放雷电流。而在随后的工频电压下,其电阻又变得很大,从而能迅速有效地阻断工频续流。

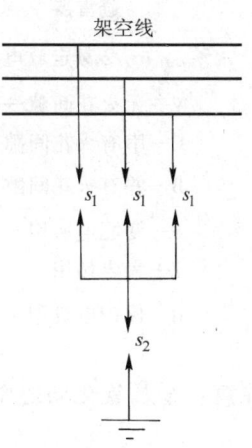

图2-63 三相线路上保护间隙的连接

s_1—主间隙 s_2—辅助间隙

2. 有火花间隙的金属氧化物避雷器(图2-65)

其结构与前述的普通阀式(FS型)避雷器类似,只是普通阀式避雷器采用的是碳化硅阀电阻片,而这种金属氧化物避雷器采用的是氧化锌阀电阻片,其非线性特性更优异,因此这种有火花间隙金属氧化物避雷器是取代普通碳化硅阀式避雷器的更新换代产品。

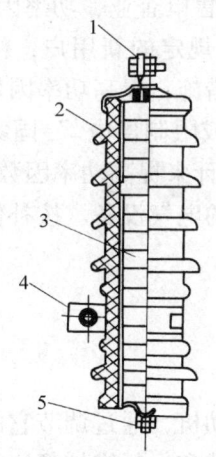

图2-64 Y5W型无火花间隙金属
氧化物避雷器

1—上接线端子 2—瓷套管
3—氧化锌阀电阻片 4—固定
抱箍 5—下接线端子

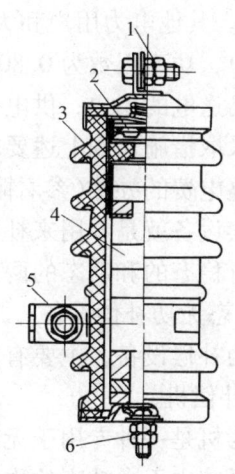

图2-65 Y5C型有火花间隙
金属氧化物避雷器

1—上接线端子 2—火花间隙
3—瓷套管 4—氧化锌阀电阻片
5—固定抱箍 6—下接线端子

金属氧化物避雷器全型号的表示和含义如下：

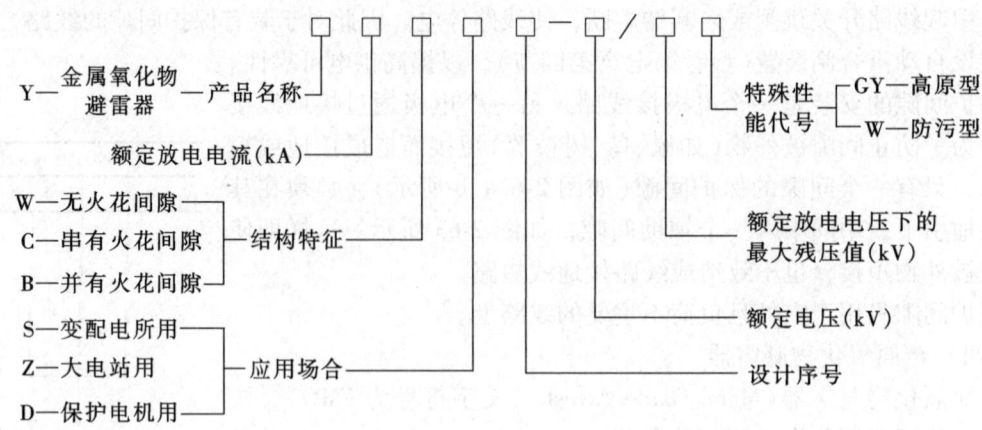

注意：金属氧化物避雷器的额定电压，现在也多用其灭弧电压值表示。

第五节 无功补偿设备和成套配电装置

一、无功补偿设备

无功补偿，就是无功功率人工补偿，以提高供配电系统（电网）的功率因数。

我国原电力工业部1996年颁布实施的《供电营业规则》规定："用户应在提高用电自然功率因数的基础上，按有关标准设计和安装无功补偿设备，并做到随其负荷和电压变动及时投入或切除，防止无功电力倒送。除电网有特殊要求的用户外，用户在当地供电企业规定的电网高峰负荷时的功率因数，应达到下列规定：100kVA及以上高压供电的用户，功率因数为0.90以上。其他电力用户和大、中型电力排灌站、趸购转售电企业，功率因数为0.85以上。农业用户，功率因数为0.80。凡功率因数不能达到上述规定的新用户，供电企业可拒绝接电。对已送电的用户，供电企业应督促和帮助用户采取措施，提高功率因数。对在规定期限内仍未采取措施达到上述要求的用户，供电企业可中止或限制供电。"国家还规定了按功率因数调整电费的办法（参看附表30），以激励用户千方百计来提高功率因数。

无功补偿设备就是专用来补偿供配电系统感性无功功率的电气设备。按补偿的无功功率性质来分，有稳态的和动态的两大类无功补偿设备。

（一）稳态无功补偿设备

稳态无功补偿设备，主要有同步补偿机和并联电容器。

1. 同步补偿机

同步补偿机是一种专用于无功补偿的空载运转的同步电动机，通过调节它的励磁电流可以起到补偿系统中无功功率的作用。由于它是旋转机械，安装和运行维护都比较麻烦，因此在一般用户供配电系统中很少应用。

2. 并联电容器

并联电容器是一种专用来进行无功补偿的电力电容器。它与同步补偿机相比，因无旋转部分，具有安装简单、运行维护方便、有功损耗小以及组装灵活、扩容方便等优点，因此并联电容器应用最为普遍。但是它有损坏后不便修复及从电网中切除后有危险的残余电压等缺点。不过，电容器从电网中切除后的残余电压可通过放电来消除。而且现在已生产一种金属化膜低压并联电容器，具有被击穿后能"自愈"的性能，即它的介质被电击穿时，击穿电流使击穿点周围的金属层蒸发，使介质迅速恢复绝缘性能。

部分并联电容器的主要技术数据如附表6所示。

3. 无功功率自动补偿装置

无功功率自动补偿装置采用并联电容器作无功补偿元件。通过自动控制装置，可根据电网的感性无功功率的变化情况，自动控制并联电容器的投切，使电网的无功功率保持在最小状态，从而提高电网的功率因数，保证电网的电压质量，降低供配电系统的电能损耗。

常用的低压无功自动补偿屏有PGJ1型㊀等。PGJ1型低压无功自动补偿屏可与PGL1型低压配电屏配套使用，也可单独使用，双面维护。屏内装有无功补偿自动控制器，按功率因数的高低来控制并联电容器组的投切。

PGJ1型补偿屏有1、2、3、4四种接线方案，如图2-66所示。其中1、2屏为主屏，3、4为辅屏。1、3屏各有6支路，采用6步控制。2、4屏各有8支路，采用8步控制。选择时，先根据控制步数(6步或8步)的要求，选择一台1号或2号主屏，然后根据所需无功补偿容量补充一台或数台3号或4号辅屏。

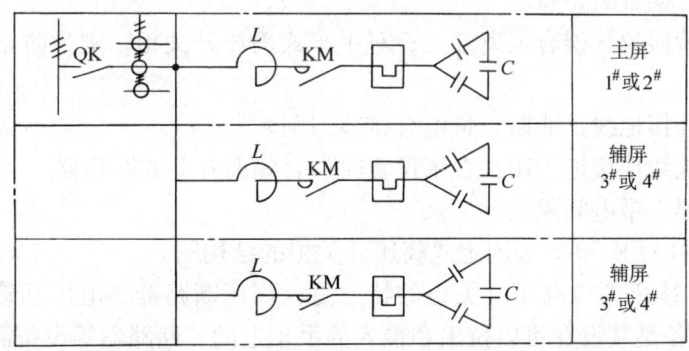

图 2-66　PGJ1 型低压无功自动补偿屏的接线方案

（二）动态无功补偿设备

动态无功补偿设备用于急剧变动的冲击负荷如炼钢电弧炉、轧钢机等的无功补偿。动态无功补偿设备通常采用静止型无功功率补偿装置(Static Var Compensator, SVC)，简称"静补装置"。

静补装置SVC有多种类型，其中以PC/TCR(固定电容器/晶闸管控制电抗器)型应用较多。但从我国的生产实际来说，如第一章第四节讲电压波动和闪变的抑制措施时所说，以发展自饱和电抗器SR型更好。现已有自饱和电抗器SR型用于轧钢机冲击负荷的无功补偿。

我国现在批量生产的低压静补装置有GRJ-4型㊁。GRJ-4型静补装置采用晶闸管无触点开关来控制并联电容器，实现精确的选相合闸，电容器在合闸瞬间没有冲击电流。它用于冲击负荷的无功补偿，其响应速度快，从电网无功波动到补偿容量改变仅需3~4周波(0.06~0.08s)。

㊀　型号含义：P—低压开启式配电屏；G—固定安装接线；J—静电电容器；1—设计序号。

㊁　型号含义：G—低压封闭式配电柜；R—用电容器作无功补偿元件；J—交流；4—设计序号(表示静补装置)。

GRJ-4 型静补装置分主柜和辅柜。主柜有 1、2、3 路，分别有电容器 25、50、100kvar。辅柜也有 1、2、3 路，每路均 100kvar。选择时，先选一台主柜，再根据所需补偿容量补选一台或几台辅柜。如果用户已装设了集中补偿装置，则静补装置的补偿容量建议按总补偿容量的 1/5～1/4 来考虑。

二、成套配电装置

成套配电装置是按一定的线路方案将有关一、二次设备组装为成套设备的产品，供供配电系统作控制、监测和保护之用，其中安装有开关电器、监测仪表、保护和自动装置以及母线、绝缘子等。

成套配电装置分高压配电装置(即高压开关柜)和低压配电装置(含低压配电屏、柜和配电箱)两大类。

（一）高压开关柜

高压开关柜按其结构型式分，有固定式和手车式(移开式)两大类型。在一般中小用户变配电所中，大多采用较为经济的固定式高压开关柜。我国现在广泛应用的固定式高压开关柜主要有 GG-1A(F)型。这种防误型开关柜装设了防止误操作和保障人身安全的闭锁装置，实现了"五防"：

1) 防止误跳、误合断路器。
2) 防止带负荷误拉、误合隔离开关；对手车式高压开关柜，则为防止带负荷将断路器手车拉出或推入。
3) 防止带电挂接地线，或防止带电合接地刀闸。
4) 防止带接地线或接地刀闸在合闸位置时误合隔离开关或断路器。
5) 防止人员误入带电间隔。

图 2-67 是 GG-1A(F)-07S 型固定式高压开关柜的结构图。

手车式(又称"移开式")高压开关柜的特点是，高压断路器、电压互感器、避雷器及所用变压器等电气设备是装设在可以拉出和推入的手车上的。断路器等设备需要检修时，可随时将其手车拉出，然后推入同类备用手车，即可恢复供电。因此采用手车式开关柜，较之采用固定式开关柜，具有检修安全、供电可靠性高等优点，但价格较贵。

图 2-68 是 GC□-10(F)型手车式高压开关柜的外形结构图。

从 20 世纪 80 年代以来，我国设计生产了一些符合 IEC 标准的新型高压开关柜，例如 KGN 型铠装式固定柜、XGN 型箱式固定柜、JYN 型间隔式手车柜、KYN 型铠装式手车柜及 HXGN 型环网柜等，另外还有一些引进国外技术生产的产品。其中环网柜适用于 10kV 环网供电、双电源供电和终端配电系统中作为电能控制和保护装置，也可用于箱式变电所。

环网柜中的主开关一般为高压负荷开关，而且现在多采用真空的或 SF_6 的。环网柜一般由三个间隔组成，即两个电缆进、出线间隔和一个变压器回路间隔，其中主要电器元件包括负荷开关、熔断器、隔离开关、接地开关及电流互感器、电压互感器、避雷器等。环网柜具有可靠的防误操作设施，达到前面所说的"五防"要求。环网柜在我国城市的环形电网和一些工矿企业、住宅小区、高层建筑的 10kV 配电系统中得到了广泛的应用。

图 2-69 是 HXGN1-10 型高压环网柜的结构图。

现在新设计生产的环网柜，大多将原来的负荷开关、隔离开关、接地开关的功能，合并为一个"三位置开关"，兼有导通、隔离、接地的三种功能。这样可减小环网柜的占用

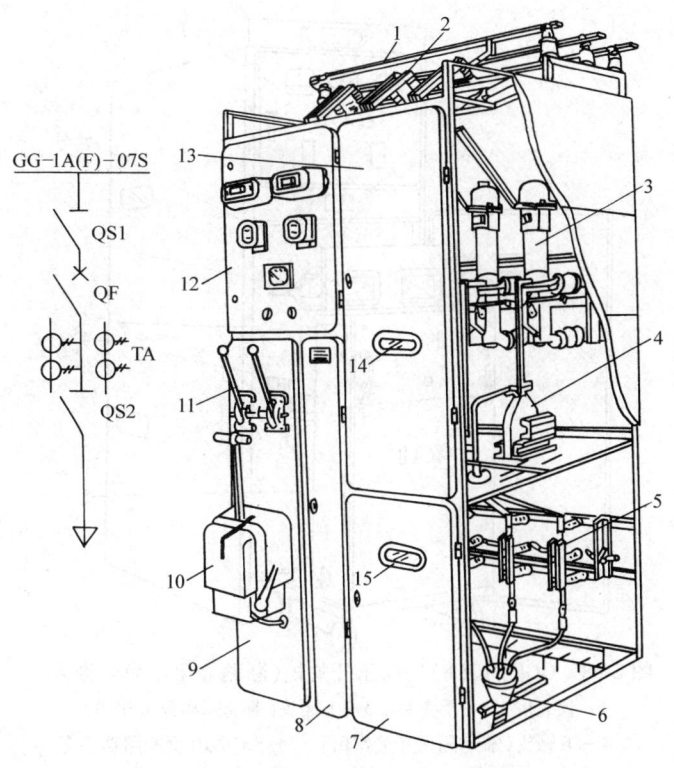

图 2-67　GG-1A(F)-07S 型高压开关柜
1—母线　2—母线侧隔离开关(QS1,GN8-10 型)　3—少油断路器(QF,SN10-10 型)
4—电流互感器(TA,LQJ-10 型)　5—线路侧隔离开关(QS2,GN6-10 型)
6—电缆头　7—下检修门　8—端子箱门　9—操作板
10—断路器的手力操动机构(CS2 型)　11—隔离开关操作手柄(CS6 型)
12—仪表继电器屏　13—上检修门　14、15—观察窗

空间。

图 2-70 是引进技术生产的 SM6 型高压环网柜的结构图。其中三位置开关被密封在一个充满 SF_6 气体的壳体内，利用 SF_6 气体来进行绝缘和灭弧，因此这三位置开关兼有负荷开关、隔离开关和接地开关的功能。三位置开关的接线、外形和触头位置图如图 2-71 所示。

SM6 型环网柜具有灵活的可扩展性，其一次接线方案相当完善。柜内三位置开关兼有负荷开关功能，能在正常负荷下进行通断操作。撞针式熔断器可以起保护和隔离的作用。当熔断器熔断时，能触发撞针，使三相的负荷开关(三位置开关)同时跳闸。对供电给较大容量变压器的环网柜，可不用熔断器而改用断路器，并加装继电保护和脱扣装置。

SM6 型环网柜由三位置开关间隔、母线间隔、电缆终端间隔、操动机构间隔及控制、保护与测量间隔等五个间隔组成，相互之间通过联锁系统实现既简单又安全的运行操作。整个操动机构集中于一个间隔内，可用操作杆、按钮或微机控制脱扣元件进行分合闸操作。此柜还可通过计算机来完成遥测、遥信、遥控和故障分析等功能。

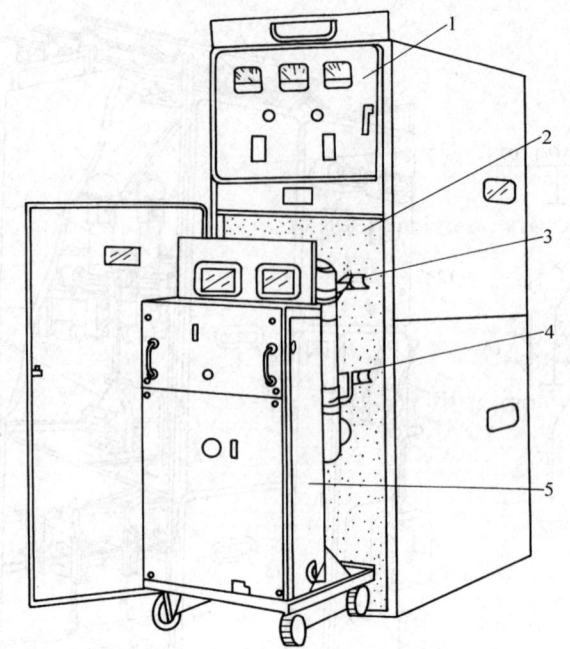

图 2-68 GC□-10(F)型高压开关柜(断路器手车尚未推入)
1—仪表屏 2—手车室 3—上插头(兼起隔离开关作用)
4—下触头(兼起隔离开关作用) 5—SN10-10 型断路器手车

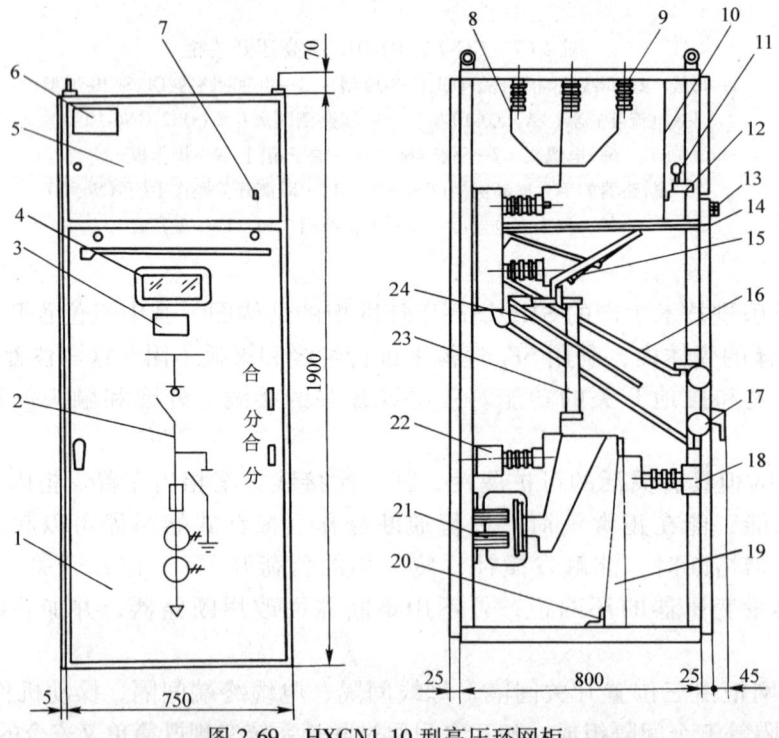

图 2-69 HXGN1-10 型高压环网柜
1—下门 2—模拟电路 3—显示器 4—观察窗 5—上门 6—铭牌 7—组合开关 8—母线 9—绝缘子
10—隔板 11—照明灯 12—端子板 13—旋钮 14—隔板 15—负荷开关(断开) 16—连杆 17—负
荷开关操动机构 18—支架 19—电缆(用户自备) 20—固定电缆用角钢 21—电流互感器
22—支架 23—高压熔断器 24—连杆

第二章 供配电系统的主要电气设备

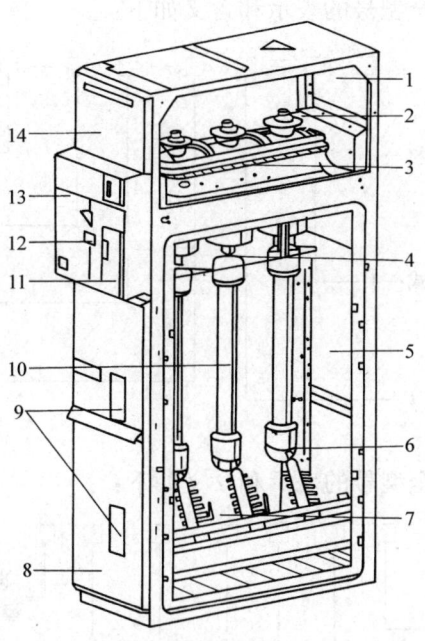

图 2-70 SM6 型高压环网柜

1—母线间隔 2—母线连接垫片 3—三位置开关间隔 4—熔断器熔断联跳开关装置
5—电缆连接与熔断器间隔 6—电缆连接间隔 7—下接地开关 8—面板
9—熔断器和下接地开关观察窗 10—高压熔断器 11—熔断器熔断指示
12—带电显示器 13—操动机构间隔 14—控制保护与测量间隔

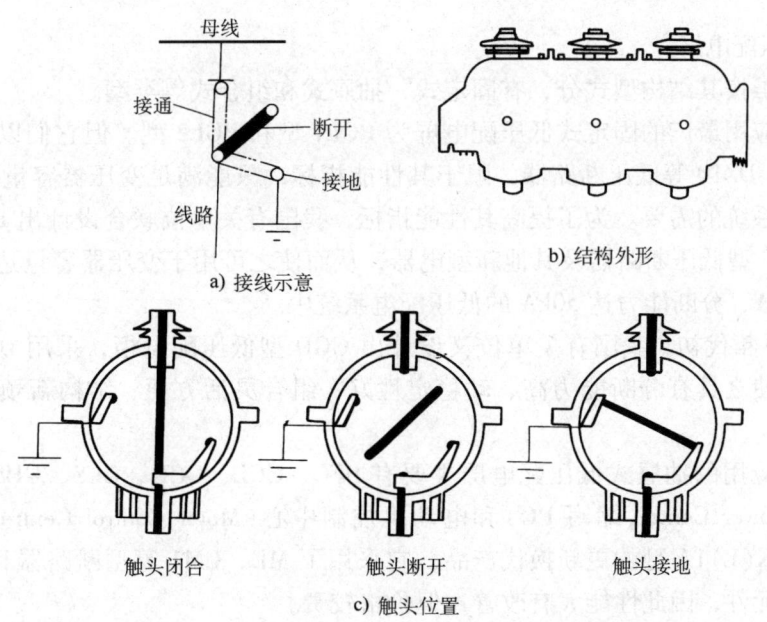

图 2-71 三位置开关的接线、外形和触头位置图

国产老系列高压开关柜全型号的表示和含义如下：

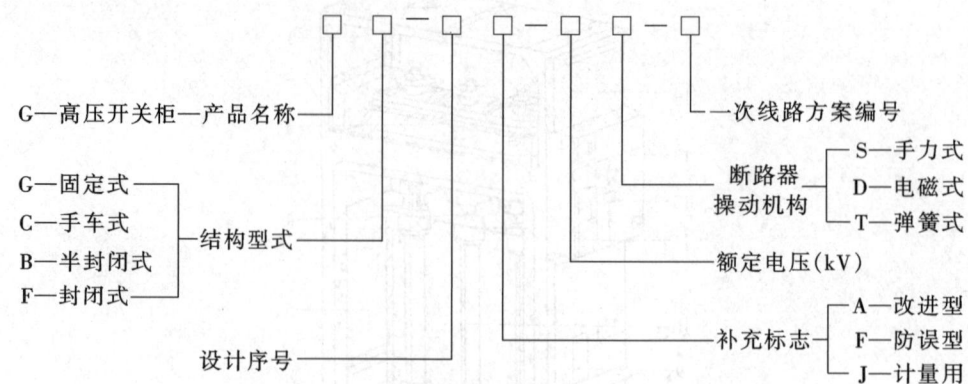

国产新系列高压开关柜全型号的表示和含义如下：

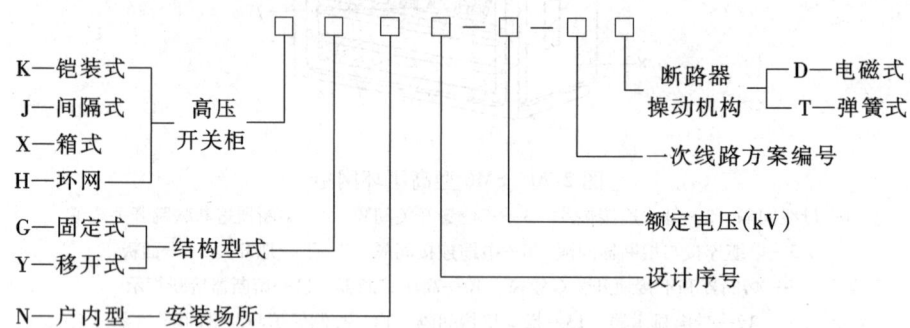

注意：新系列高压开关柜型号中的"额定电压"，现在一般用其最高工作电压(kV)表示。

（二）低压配电屏

低压配电屏按其结构型式分，有固定式、抽屉式和组合式等类型。

我国原来应用最广的固定式低压配电屏为 PGL1 型和 PGL2 型。但它们以往使用的电器元件如 DW10、DZ10 等低压断路器，限于其性能指标，只能满足变压器容量 1000kVA 及以下的低压配电系统的需要。为了提高其性能指标，我国有关单位联合设计出 PGL3 型低压配电屏，改用 ME 型低压断路器及其他新型电器，从而使之可用于变压器容量达 2000kVA、额定电流达 3150A、分断能力达 50kA 的低压配电系统中。

20 世纪 90 年代初，我国有关单位又设计出 GGD 型低压配电柜，采用 DW15 型断路器等先进电器，使之具有分断能力高、动稳定性好、组合灵活方便、结构新颖和安全可靠等特点。

目前我国应用的抽屉式低压配电屏主要有 BFC、GCL、GCK、GCS、GHT1 型等，可用作动力中心(Power Centre，缩写 PC)和电动机控制中心(Motor Control Centre，MCC)。其中 GHT1 型是 GCK(L)1A 型的更新换代产品，它采用了 ME、CM1 等型断路器和 NT 型熔断器等高性能新型元件，因此性能大有改善，但价格较贵。

目前我国应用的组合式低压配电屏有 GZL1、2、3 型及引进国外技术生产的多米诺(DOMINO)、科必可(CUBIC)等型低压配电柜，它们采用模数化组合结构，标准化程度高，通用性强，柜体外形美观，而且安装灵活方便。

低压配电屏（柜）的型号表示并不完全统一。大多数国产低压配电屏（柜）全型号的表示和含义如下：

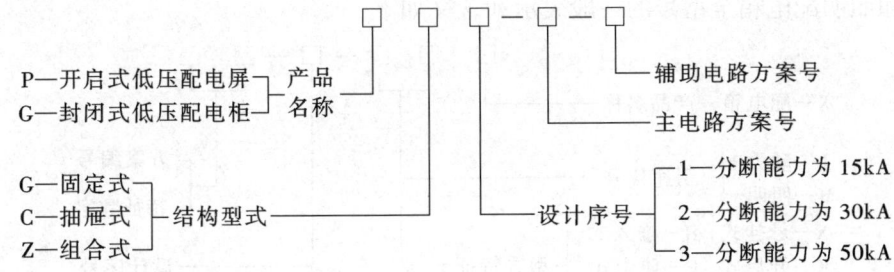

（三）动力和照明配电箱

动力和照明配电箱主要用于低压配电系统的终端，直接对用电设备配电、控制和保护。动力配电箱主要用于对动力设备配电，但也可向照明设备配电。照明配电箱主要用于照明配电，但也可用于对一些小容量的动力设备和家用电器配电。

动力和照明配电箱的类型很多。按其安装方式分，有靠墙式、挂墙（明装）式和嵌入式。靠墙式是靠墙落地安装；挂墙（明装）式是明装在墙面上；嵌入式是嵌入墙内安装。

现在应用的新型配电箱，一般都采用模数化小型断路器等元件进行组合。例如 DYX(R) 型多用途配电箱，可用于工业和民用建筑中作低压动力和照明配电之用，具有 XL-3、XL-10、XL-20 等型动力配电箱和 XM-4、XM-7 等型照明配电箱的功能。它有 Ⅰ、Ⅱ、Ⅲ 型。Ⅰ 型为插座箱，装有三相和单相的各种 86 型暗式插座，其箱面布置如图 2-72a 所示。Ⅱ 型为照明配电箱，箱内装有 DZ12、C45 等模数化小型断路器，其箱面布置如图 2-72b 所示。

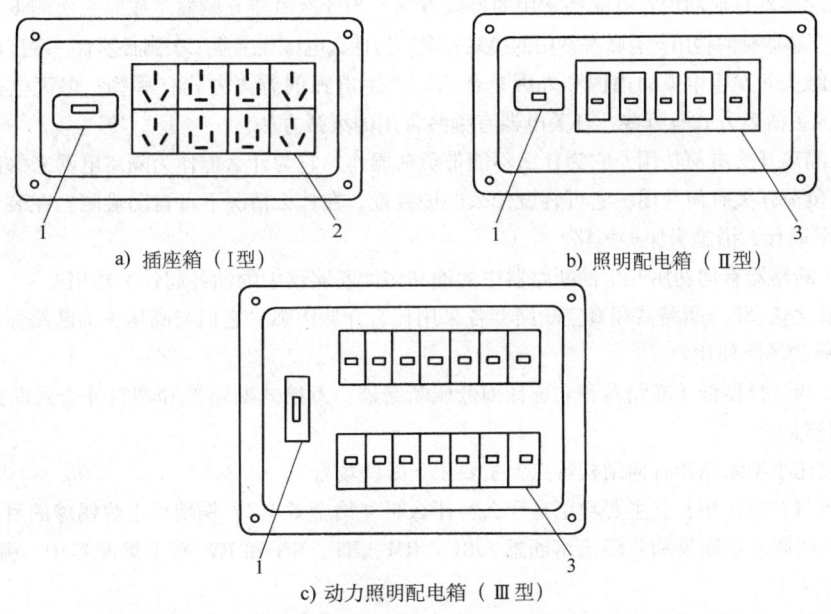

a) 插座箱（Ⅰ型）　　b) 照明配电箱（Ⅱ型）

c) 动力照明配电箱（Ⅲ型）

图 2-72　DYX(R) 型多用途低压配电箱箱面布置示意图

1—电源开关（小型断路器或漏电断路器）

2—插座　3—小型开关（模数化小型断路器）

Ⅲ型为动力照明多用配电箱,箱内安装的电器元件更多,应用范围更广,其箱面布置如图 2-72c 所示。该配电箱装设的电源开关采用 DZ20 型断路器或带漏电保护的 DZ15L 型漏电断路器。

动力和照明配电箱全型号的一般表示和含义如下：

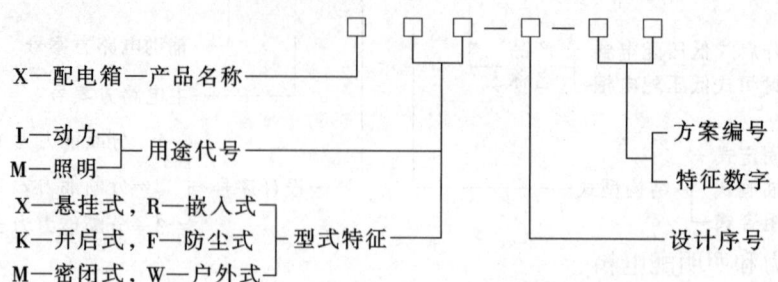

上述 DYX(R) 型中的 "DY" 指 "多用途","X" 指 "配电箱","R" 指 "嵌入式"。如未标 "R",则为 "明装式"。

复习思考题

2-1 什么叫一次电路?什么叫二次电路?一次电路设备按功能可分哪几类?

2-2 什么是电力变压器的联结组别?配电变压器在哪些情况下宜采用 Dyn11 联结?在哪些情况下可采用 Yyn0 联结?Yzn11 联结的变压器为什么有利于防雷?

2-3 什么是电力变压器的额定容量和实际容量?电力变压器的正常过负荷与哪些因素有关?

2-4 电力变压器并列运行必须满足哪些条件?不满足时有什么危害?

2-5 电流互感器有何功用?有哪些常用的接线方案?为什么电流互感器工作时二次侧不得开路?

2-6 电压互感器有何功用?有哪些常用的接线方案?为什么电压互感器二次侧必须有一端接地?

2-7 开关触头间发生电弧的内因和外因是什么?产生电弧的游离方式有哪些?熄灭电弧的条件是什么?熄灭电弧的去游离方式有哪些?开关电器有哪些常用的灭弧方法?

2-8 高压隔离开关有何功用?它为什么不能带负荷操作?它为什么能作为隔离电器来保证安全检修?

2-9 高压负荷开关有何功用?它可装设什么保护装置,在什么情况下可自动跳闸?在装设有高压负荷开关的线路上采取什么措施来保护短路?

2-10 高压断路器有何功用?少油断路器中的油和多油断路器中的油各起什么作用?

2-11 六氟化硫(SF$_6$)断路器和真空断路器各采用什么介质灭弧?它们与高压少油断路器比较,有哪些优点?各适合哪些场所使用?

2-12 什么叫选择型低压断路器和非选择型低压断路器?万能式断路器和塑料外壳式断路器各有何结构特点和动作特性?

2-13 模数化小型断路器有何结构特点?主要用于哪些场合?

2-14 熔断器有何功用?其主要功用是什么?什么叫 "冶金效应"?铜熔丝上焊锡球的目的是什么?

2-15 什么叫限流熔断器和非限流熔断器?RC、RM、RT、RN 和 RW 等型熔断器中,哪些属限流型,哪些属非限流型?

2-16 一般跌开式熔断器有何结构特点和功能?负荷型跌开式熔断器又有何结构特点和功能?

2-17 什么叫自复式熔断器?自复式熔断器与低压断路器组合使用时,各起什么作用?

2-18 避雷器有何功用?有哪些常见的结构类型?各有何结构特点和特性?各适用于哪些场合?FS□—12·7 型避雷器型号中的 "12·7" 表示什么?该避雷器可应用于额定电压为多少的线路上?

2-19　作为无功补偿的并联电容器与同步补偿机相比较，各有何特点？金属化膜并联电容器有何特殊性能？静止型无功补偿设备(SVC)主要用于什么情况？

2-20　什么是高压开关柜的"五防"？什么是"三位置开关"？

习　题

2-1　某 500kVA 的户外电力变压器，在夏季，平均日最大负荷为 360kVA，日负荷率为 0.8，日最大负荷持续时间为 6h，当地年平均气温为 10℃。试求该变压器的实际容量及其在冬季时的允许过负荷能力。

2-2　某 10/0.4kV 降压变电所，原装有一台 S9-1000/10 型变压器。现负荷发展，估计计算负荷近几年将增加到 1300kVA。问增加一台 S9-315/10 型变压器与原 S9-1000/10 型变压器并列运行，可以不可以？如果出现过负荷的话，将是哪一台变压器过负荷？将过负荷多少？已知两台变压器均为 Yyn0 联结。

第三章 电力负荷及其计算

本章首先介绍电力负荷的分级、类别及负荷曲线的有关概念，然后重点讲述用电设备组计算负荷的计算，企业及其他用户计算负荷和年耗电量的计算，最后讲述尖峰负荷的计算。本章内容是供配电系统运行分析和设计计算的基础。

第一节 电力负荷与负荷曲线

一、电力负荷的分级及其对供电电源的要求

电力负荷，既可指用电设备或用电单位(用户)，也可指用电设备或用电单位所耗用的电功率或电流。这里的电力负荷指用电单位(用户)或用电设备。

(一)电力负荷的分级

电力负荷根据其对供电可靠性的要求及中断供电在对人身安全、经济损失上所造成的影响程度，按 GB 50052—2009《供配电系统设计规范》规定，分为以下三级：

1. 一级负荷

符合下列情况之一时，应视为一级负荷：①中断供电⊖将造成人身伤害者。②中断供电将在经济上造成重大损失者，例如重大设备损坏、大量产品报废、用重要原料生产的产品大量报废、国民经济中重点企业的连续生产过程被打乱需要长时间才能恢复等。③中断供电将影响重要用电单位的正常工作，例如重要交通枢纽、重要通信枢纽、重要宾馆、大型体育场馆、经常用于国际活动的大量人员集中的公共场所等用电单位中的重要电力负荷。

在一级负荷中，当中断供电将造成人员伤亡或重大设备损坏或发生中毒、爆炸和火灾等情况的负荷，以及特别重要场所的不允许中断供电的负荷，应视为一级负荷中特别重要的负荷。

2. 二级负荷

符合下列情况之一时，应视为二级负荷：①中断供电将在经济上造成较大损失者，例如主要设备损坏、大量产品报废、连续生产过程被打乱需较长时间才能恢复、重点企业大量减产等。②中断供电将影响较重要用电单位的正常工作，例如交通枢纽、通信枢纽等用电单位中的重要电力负荷，以及中断供电将造成大型影剧院、大型商场等较多人员集中的重要的公共场所秩序混乱者。

3. 三级负荷

所有不属于一级和二级负荷者，应为三级负荷。

⊖ "中断供电"(停电)一般分计划检修停电和事故停电。由于计划检修停电，供电单位要事先通知用户，用户可采取措施避免或减少停电损失。这里确定负荷分级的"中断供电"是指事故停电。

（二）各级电力负荷对供电电源的要求

1. 一级负荷对供电电源的要求

一级负荷属重要负荷，应由"双重电源"[⊖]供电；当一个电源发生故障时，另一个电源不应同时受到损坏。

一级负荷中特别重要的负荷，除由双重电源供电外，还应增设应急电源，并严禁将其他负荷接入应急供电系统。而且设备供电电源的切换时间，应满足设备允许中断供电的要求。可作为应急电源的有：①独立于正常电源的发电机组；②供电网络中独立于正常电源的专用馈电线路；③蓄电池；④干电池。

2. 二级负荷对供电电源的要求

二级负荷也属重要负荷，但其重要程度次于一级负荷。二级负荷宜由两回线路供电。在负荷较小或地区供电条件困难时，二级负荷可由一回6kV及以上专用的架空线路供电。

3. 三级负荷对供电电源的要求

三级负荷属不重要负荷，对供电电源无特殊要求。

附表8列出了工业和民用建筑部分重要电力负荷的级别，其中工业负荷级别为JBJ 6—1996《机械工厂电力设计规范》所规定，民用建筑负荷级别为JGJ 16—2008《民用建筑电气设计规范》所规定。

二、电力负荷的类别

电力负荷按用途分，有照明负荷和动力负荷。照明负荷为单相负荷，在三相系统中很难做到三相平衡；而动力负荷一般可视为三相平衡负荷。电力负荷按行业分，有工业负荷、非工业负荷和居民生活负荷等。

电力负荷（设备）按工作制可分为以下三类：

（1）长期连续工作制　这类设备长期连续运行，负荷比较稳定，例如通风机、空气压缩机、电动发电机组、电炉和照明灯等。机床电动机的负荷虽然变动一般较大，但大多也是长期连续工作的。

（2）短时工作制　这类设备的工作时间较短，而停歇时间相对较长，例如机床上的某些辅助电动机（如进给电动机、升降电动机等）。

（3）断续周期工作制　这类设备周期性地工作—停歇—工作，如此反复运行，而工作周期一般不超过10min，例如电焊机和起重机械。

三、用电设备的额定容量、负荷持续率及负荷系数

1. 用电设备的额定容量

用电设备的额定容量，是指用电设备在额定电压下、在规定的使用寿命内能连续输出或耗用的最大功率。

对电动机，其额定容量是指其轴上正常输出的最大功率。因此其耗用的功率即从电网吸取的功率，应为其额定容量除以其本身的效率。

对电灯和电炉等，其额定容量是指其在额定电压下耗用的功率，而不是指其输出的功率。

[⊖] "双重电源"供电，是指一个负荷由在安全供电方面互相独立的两条电路来供电，过去也称为"两个独立电源"供电。

电动机、电炉和电灯等设备的额定容量,均用有功功率 P_N 表示,单位为瓦(W)或千瓦(kW)。

变压器、互感器和电焊机等设备的额定容量,一般用视在功率 S_N 表示,单位为伏安(VA)或千伏安(kVA)。

电容器类设备的额定容量,则用无功功率 Q_c 表示,单位为乏(var)或千乏(kvar)。

必须指出:对断续周期工作制的设备(如电焊机、起重机等)来说,其额定容量是对应于一定的负荷持续率(duty cycle)的。

2. 负荷持续率

负荷持续率,又称暂载率或相对工作时间,符号为 ε,其定义为一个工作周期 T 内工作时间 t 与 T 的百分比,即

$$\varepsilon \stackrel{\text{def}}{=\!=\!=} \frac{t}{T} \times 100\% = \frac{t}{t+t_0} \times 100\% \tag{3-1}$$

式中,t_0 为工作周期 T 内的停歇时间。T、t 和 t_0 的单位均为秒(s)。

同一设备,在不同负荷持续率下运行时,其输出的功率是不同的。例如某设备在 ε_1 下的设备容量为 P_1,那么该设备在 ε_2 下的设备容量 P_2 该是多少呢?这应该进行"等效"换算,即按在同一周期内不同负荷(P_1 或 P_2)下造成相同的热损耗条件来进行换算。

假设设备的内阻为 R,则电流 I 通过该设备在 t 时间内产生的热量为 I^2Rt,因此在 R 不变且产生的热量相同的条件下,$I \propto 1/\sqrt{t}$。又电压相同时,设备容量 $P \propto I$,因此 $P \propto 1/\sqrt{t}$。而由前面式(3-1)可知,同一周期的负荷持续率 $\varepsilon \propto t$。由此可得 $P \propto 1/\sqrt{\varepsilon}$,即设备容量与负荷持续率的二次方根成反比关系,因此

$$P_2 = P_1 \sqrt{\frac{\varepsilon_1}{\varepsilon_2}} \tag{3-2}$$

3. 用电设备的负荷系数

用电设备的负荷系数(或称负荷率)K_L,为设备在最大负荷时输出或耗用的功率 P 与设备额定容量 P_N 的比值,即

$$K_L \stackrel{\text{def}}{=\!=\!=} \frac{P}{P_N} \tag{3-3}$$

负荷系数表征了设备容量的利用程度。负荷系数的符号有时也用 β 表示。

四、负荷曲线的有关概念

(一)负荷曲线的绘制与类型

负荷曲线是表征电力负荷随时间变动情况的一种图形。它绘制在直角坐标上,纵坐标轴表示负荷功率(一般用有功功率),横坐标轴表示负荷变动所对应的时间。

负荷曲线按负荷对象分,有工厂(企业)的、车间的或某台设备的负荷曲线。按负荷的功率性质分,有有功和无功负荷曲线。按所表示的负荷变动时间分,有年的、月的、日的和工作班的负荷曲线。按绘制方式分,有依点连成的负荷曲线(如图 3-1a 所示)和梯形负荷曲线(如图 3-1b 所示)。

年负荷曲线,通常绘成负荷持续时间曲线,按负荷大小依次排列,如图 3-2c 所示。此年负荷持续时间曲线按所绘对象(负荷)的典型夏日负荷曲线和典型冬日负荷曲线来绘制,

如图 3-2a、b 所示。其夏日和冬日在全年中所占的天数，应视当地地理位置和气象情况而定。例如在我国南方，可近似地取夏日 200 天，冬日 165 天；而在我国北方，可近似地取夏日 165 天，冬日 200 天。假如绘制南方某企业的年负荷曲线（参看图 3-2c），其 P_1 在年负荷曲线上所占的时间为 $T_1 = 200(t_1 + t'_1)$，而 P_2 在年负荷曲线上所占的时间为 $T_2 = 200t_2 + 165t'_2$，……其余类推。

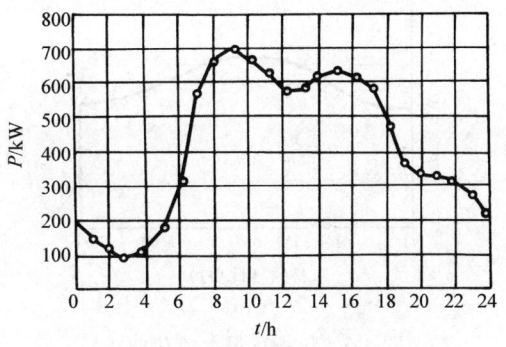

a) 依点连成的负荷曲线

另一种形式的年负荷曲线，是按全年每日的最大负荷（通常取每日最大负荷的半小时平均值）绘制的，称为年每日最大负荷曲线，如图 3-3 所示。横坐标依次以全年 12 个月份的日期来分格。这种年最大负荷曲线，可用来确定拥有多台电力变压器的变电所在一年的不同时期宜于投入几台运行，即所谓"经济运行方式"，以降低电能损耗，提高供配电系统运行的经济性。

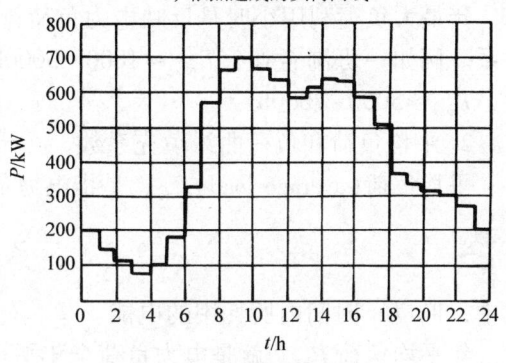

b) 梯形负荷曲线

图 3-1 日有功负荷曲线

（二）与负荷曲线有关的物理量

1. 年最大负荷和年最大负荷利用小时

年最大负荷（annual maximum load）P_{max}，是

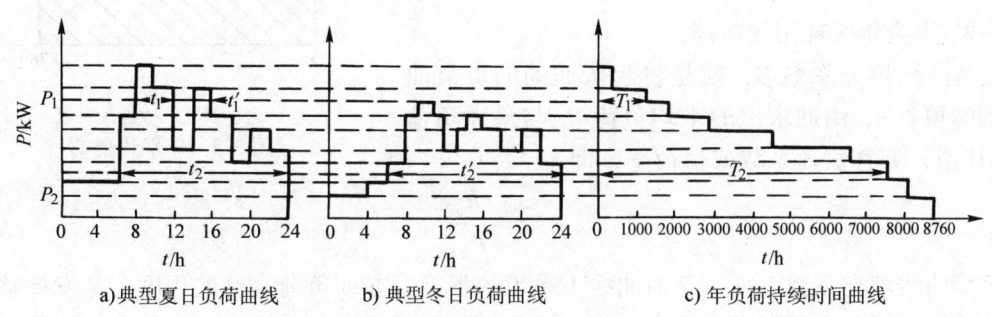

a) 典型夏日负荷曲线　　b) 典型冬日负荷曲线　　c) 年负荷持续时间曲线

图 3-2 年负荷持续时间曲线的绘制

指全年中负荷最大的工作班内（该工作班的最大负荷不是偶然出现的，而是在负荷最大的月份内至少出现过 2~3 次）消耗电能最多的半小时平均负荷 P_{30}。

年最大负荷利用小时 T_{max}，是假设电力负荷按年最大负荷 P_{max}（亦即 P_{30}）持续运行时，在此 T_{max} 时间内电力负荷所耗用的电能，恰与该电力负荷全年实际耗用的电能相等，如图 3-4 所示。因此年最大负荷利用小时是一个假想时间，按下式计算：

$$T_{max} \stackrel{\text{def}}{=\!=\!=} \frac{W_a}{P_{max}} \tag{3-4}$$

式中，W_a 为电力负荷全年实际耗用的电能。

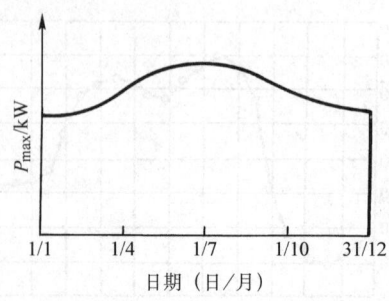

图 3-3 年每日最大负荷曲线　　　图 3-4 年最大负荷和年最大负荷利用小时

年最大负荷利用小时是反映电力负荷特征的一个重要参数,与企业的生产班制有明显的关系。例如一班制企业,$T_{max} \approx 1800 \sim 3000h$;两班制企业,$T_{max} \approx 3500 \sim 4800h$;三班制企业,$T_{max} \approx 5000 \sim 7000h$。

2. 平均负荷和负荷曲线填充系数

平均负荷(average load) P_{av},是指电力负荷在一定时间 t 内平均耗用的功率,即

$$P_{av} \xlongequal{def} \frac{W_t}{t} \tag{3-5}$$

式中,W_t 为 t 时间内所耗用的电能。

年平均负荷 P_{av},就是电力负荷全年平均耗用的功率,如图3-5所示,即

$$P_{av} \xlongequal{def} \frac{W_a}{8760} \tag{3-6}$$

式中,W_a 为全年所耗用的电能。

负荷曲线填充系数 β,就是将起伏波动的负荷曲线"削峰填谷",由此求出的平均负荷 P_{av} 与最大负荷 P_{max} 的比值,亦称负荷系数或负荷率,即

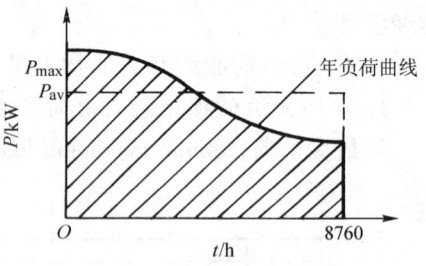

图 3-5 年平均负荷

$$\beta \xlongequal{def} \frac{P_{av}}{P_{max}} \tag{3-7}$$

负荷曲线填充系数表征了负荷曲线不平坦的程度,亦即负荷变动的程度。从发挥整个电力系统效能来说,应尽量设法提高 β 值,因此供配电系统在运行中必须实行负荷调整。

第二节　三相用电设备组计算负荷的确定

一、概述

计算负荷(calculated load),是指通过统计计算求出的、用来按发热条件选择供配电系统中各元件的负荷值。按照计算负荷选择的电气设备和导线电缆,如以计算负荷持续运行,其发热温度不致超出允许值,因而不会影响其使用寿命。

由于导体通过电流达到稳定温升的时间大约需$(3 \sim 4)\tau$,τ 为发热时间常数。而截面积在 $16mm^2$ 以上的导体的 τ 均在 10min 以上,也就是载流导体大约经 30min 后可达到稳定的

温升值。因此通常取半小时平均最大负荷 P_{30}（亦即年最大负荷 $P_{\max}$）作为"计算负荷"。

计算负荷是供配电设计计算的基本依据。如果计算负荷确定过大，将使设备和导线、电缆选择偏大，造成投资和有色金属的浪费。如果计算负荷确定过小，又将使设备和导线、电缆选择偏小，造成设备和导线、电缆运行时过热，增加电能损耗和电压损耗，甚至使设备和导线、电缆烧毁，造成事故。因此正确确定计算负荷具有重要的意义。但是也要指出，由于负荷情况复杂，影响计算负荷的因素很多，虽然各类负荷的变化有一定规律可循，但准确确定计算负荷却十分困难。实际上，负荷也不可能是一成不变的，它与设备的性能、生产的组织以及能源供应状况等诸多因素有关，因此负荷计算也只能力求接近实际。

我国目前普遍采用的确定用电设备组计算负荷的方法，有需要系数法和二项式法。需要系数法是世界各国普遍采用的确定计算负荷的基本方法，简单方便。二项式法应用的局限性较大，但在确定设备台数较少而设备容量差别悬殊的分支干线的计算负荷时，采用二项式法较之采用需要系数法更为合理，且计算也较简便。本书只介绍这两种确定计算负荷的方法。

二、按需要系数法确定三相用电设备组的计算负荷

（一）需要系数的概念

用电设备组的计算负荷，是指用电设备组从供电系统中取用的半小时最大负荷 P_{30}，如图 3-6 所示。用电设备组的设备容量（equipment capacity）P_e，是指用电设备组所有设备（不包括备用设备）的额定容量 P_N 之和，即 $P_e = \sum P_N$。而设备的额定容量，是设备在额定条件下的最大输出功率。但实际上，用电设备组的设备

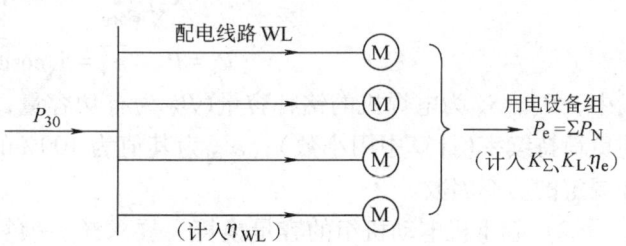

图 3-6 用电设备组的计算负荷

不一定都同时运行，运行的设备也不太可能都是满负荷，同时设备和线路在运行中都有功率损耗，因此用电设备组进线上的有功计算负荷应为

$$P_{30} = \frac{K_\Sigma K_L}{\eta_e \eta_{WL}} P_e \tag{3-8}$$

式中，K_Σ 为设备组的同时系数，即设备组在最大负荷时运行的设备容量与全部（不含备用）设备容量之比；K_L 为设备组的负荷系数，即设备组在最大负荷时的输出功率与运行的设备容量之比；η_e 为设备组的平均效率，即设备组在最大负荷时的输出功率与其取用功率之比；η_{WL} 为配电线路的平均效率，即配电线路在最大负荷时的末端功率（亦即设备组的取用功率）与其首端功率（亦即计算负荷 P_{30}）之比。

令式（3-8）中的 $K_\Sigma K_L / \eta_e \eta_{WL} = K_d$，这里的 K_d 即"需要系数"（demand coefficient）。由此可得需要系数的定义式为

$$K_d \stackrel{\text{def}}{=} \frac{P_{30}}{P_e} \tag{3-9}$$

即用电设备组的需要系数 K_d，是用电设备组在最大负荷时需要的有功功率与其设备容量的比值。

实际上，用电设备组的需要系数 K_d 不仅与其工作性质、设备台数、设备效率及线路损耗等因素有关，而且与其操作人员的技能水平和生产组织等多种因素有关，因此需要系数值宜尽可能实测分析确定，使之尽量接近实际。

附表 9 和附表 10 分别列出了工业和民用建筑用电设备组的需要系数值，供参考。

（二）需要系数法的基本计算公式及其应用

由式(3-9)可得按需要系数法确定三相用电设备组有功计算负荷 P_{30} 的基本公式为

$$P_{30} = K_d P_e \tag{3-10}$$

式中，P_e 为用电设备组所有设备（不含备用设备）的额定容量之和。

这里必须指出，对断续周期工作制的用电设备组，其设备容量应为各设备在不同负荷持续率下的铭牌容量换算到一个统一的负荷持续率下的容量之和。

断续周期工作制的用电设备常用的有电焊机和起重机电动机，它们的容量换算要求如下：

（1）电焊机组的容量换算　要求统一换算到 $\varepsilon = 100\%$，因此由式(3-2)可得换算后的设备容量为

$$P_e = P_N \sqrt{\frac{\varepsilon_N}{\varepsilon_{100}}} = S_N \cos\varphi \sqrt{\frac{\varepsilon_N}{\varepsilon_{100}}}$$

即

$$P_e = P_N \sqrt{\varepsilon_N} = S_N \cos\varphi \sqrt{\varepsilon_N} \tag{3-11}$$

式中，P_N、S_N 为电焊机的铭牌容量（P_N 为有功容量，S_N 为视在容量）；ε_N 为与 P_N、S_N 对应的负荷持续率（计算中用小数）；ε_{100} 为其值为 100% 的负荷持续率（计算中用 1）；$\cos\varphi$ 为铭牌规定的功率因数。

（2）起重机电动机组的容量换算　要求统一换算到 $\varepsilon = 25\%$，因此由式(3-2)可得换算后的设备容量为

$$P_e = P_N \sqrt{\frac{\varepsilon_N}{\varepsilon_{25}}} = 2 P_N \sqrt{\varepsilon_N} \tag{3-12}$$

式中，P_N 为起重机电动机的铭牌容量；ε_N 为与 P_N 对应的负荷持续率（计算中用小数）；ε_{25} 为其值为 25% 的负荷持续率（计算中用 0.25）。

在按式(3-10)求出有功计算负荷 P_{30} 之后，可按下列各式分别求其余的计算负荷：

无功计算负荷

$$Q_{30} = P_{30} \tan\varphi \tag{3-13}$$

视在计算负荷

$$S_{30} = \frac{P_{30}}{\cos\varphi} \tag{3-14}$$

计算电流

$$I_{30} = \frac{S_{30}}{\sqrt{3} U_N} \tag{3-15}$$

式中，$\cos\varphi$ 为用电设备组的平均功率因数；$\tan\varphi$ 为对应于 $\cos\varphi$ 的正切值；U_N 为用电设备组的额定电压。

必须注意：附表 9 所列的需要系数值是按车间范围设备台数较多的情况来确定的，所以需要系数值一般都比较低。例如冷加工机床组的需要系数值平均只有 0.2 左右。因此需要系数法比较适用于确定车间的计算负荷。如果采用需要系数法来计算分支干线上用电设备组的计算负荷，则附表 9 中所列需要系数值往往偏小，宜适当取大。只有 1~2 台设备时，宜取

$K_d = 1$,即 $P_{30} = P_e$。在 K_d 适当取大的同时,$\cos\varphi$ 值也宜适当取大。只有一台电动机时,其 $P_{30} = P_N/\eta$,式中 P_N 为电动机额定容量,η 为电动机效率。一台电动机的计算电流 $I_{30} = I_N = P_N/(\sqrt{3}U_N\cos\varphi \cdot \eta)$。

负荷计算中常用的单位:有功功率为"千瓦"(kW);无功功率为"千乏"(kvar);视在功率为"千伏安"(kVA);电流为"安"(A);电压为"千伏"(kV)。

最后必须指出:需要系数值与用电设备的类别和工作状态有很大关系,因此按需要系数法计算时,首先要正确判别用电设备的类别和工作状态,否则将造成错误。例如机修车间的金属切削机床电动机,应属小批生产的冷加工机床电动机,因为金属切削就是冷加工,而机修车间不可能是大批生产。又如压塑机、拉丝机和锻锤等,应属热加工机床。

例 3-1 已知某机修车间的金属切削机床组,拥有电压为 380V 的三相电动机 11kW 1 台,7.5kW 3 台,4kW 12 台,1.5kW 8 台,0.75kW 10 台。试求其计算负荷。

解 此机床组电动机的总容量为:

$$P_e = 11\text{kW} \times 1 + 7.5\text{kW} \times 3 + 4\text{kW} \times 12 + 1.5\text{kW} \times 8 + 0.75\text{kW} \times 10$$
$$= 101\text{kW}$$

查附表 9 中"小批生产的金属冷加工机床电动机"项,得 $K_d = 0.16 \sim 0.2$(取 0.2),$\cos\varphi = 0.5$,$\tan\varphi = 1.73$,因此可求得:

有功计算负荷 $P_{30} = 0.2 \times 101\text{kW} = 20.2\text{kW}$

无功计算负荷 $Q_{30} = 20.2\text{kW} \times 1.73 = 34.95\text{kvar}$

视在计算负荷 $S_{30} = \dfrac{20.2\text{kW}}{0.5} = 40.4\text{kVA}$

计算电流 $I_{30} = \dfrac{40.4\text{kVA}}{\sqrt{3} \times 0.38\text{kV}} = 61.4\text{A}$

例 3-2 某装配车间 380V 线路,供电给 3 台起重机电动机,其中 1 台 7.5kW($\varepsilon = 60\%$),2 台 3kW($\varepsilon = 15\%$)。试求该线路的计算负荷。

解 按规定,起重机电动机容量要统一换算到 $\varepsilon = 25\%$,因此题示 3 台起重机电动机总容量为:

$$P_e = 7.5\text{kW} \times 2\sqrt{0.6} + 3\text{kW} \times 2 \times 2\sqrt{0.15} = 16.3\text{kW}$$

查附表 9 得 $K_d = 0.1 \sim 0.15$(取 0.15),$\cos\varphi = 0.5$,$\tan\varphi = 1.73$,因此可得:

有功计算负荷 $P_{30} = 0.15 \times 16.3\text{kW} = 2.45\text{kW}$

无功计算负荷 $Q_{30} = 2.45\text{kW} \times 1.73 = 4.24\text{kvar}$

视在计算负荷 $S_{30} = \dfrac{2.45\text{kW}}{0.5} = 4.9\text{kVA}$

计算电流 $I_{30} = \dfrac{4.9\text{kVA}}{\sqrt{3} \times 0.38\text{kV}} = 7.44\text{A}$

(三)多组用电设备计算负荷的确定

确定拥有多组用电设备的干线上或车间变电所低压母线上的计算负荷时,应考虑各组用电设备的最大负荷不同时出现的因素。因此在确定多组用电设备的计算负荷时,应结合具体情况对其有功负荷和无功负荷分别计入一个综合系数(又称同时系数或参差系数)$K_{\Sigma p}$

和 $K_{\Sigma q}$：

对车间干线可取 $K_{\Sigma p} = 0.85 \sim 0.95$，$K_{\Sigma q} = 0.90 \sim 0.97$。

对低压母线，由用电设备组计算负荷直接相加来计算时可取 $K_{\Sigma p} = 0.80 \sim 0.90$，$K_{\Sigma q} = 0.85 \sim 0.95$。如果由车间干线计算负荷直接相加来计算时可取 $K_{\Sigma p} = 0.90 \sim 0.95$，$K_{\Sigma q} = 0.93 \sim 0.97$。

总的有功计算负荷为

$$P_{30} = K_{\Sigma p} \sum P_{30.i} \tag{3-16}$$

总的无功计算负荷为

$$Q_{30} = K_{\Sigma q} \sum Q_{30.i} \tag{3-17}$$

以上两式中 $\sum P_{30.i}$ 和 $\sum Q_{30.i}$ 分别为各组设备的有功和无功计算负荷之和。

总的视在计算负荷为

$$S_{30} = \sqrt{P_{30}^2 + Q_{30}^2} \tag{3-18}$$

总的计算电流为

$$I_{30} = \frac{S_{30}}{\sqrt{3}\, U_N} \tag{3-19}$$

注意：在计算多组设备总的计算负荷时，为了简化和统一，各组的设备台数不论多少，各组的计算负荷均按附表 9 所列的计算系数来计算，而不必考虑因设备台数少而适当增大 K_d 和 $\cos\varphi$ 值的问题。

例 3-3 某机工车间 380V 线路上，接有流水作业的金属切削机床电动机 30 台共 85kW，其中较大容量电动机有 11kW 1 台，7.5kW 3 台，4kW 6 台，其他为更小容量的电动机。另有通风机 3 台，共 5kW；电葫芦 1 个，3kW（$\varepsilon = 40\%$）。试确定各组的和总的计算负荷。

解 先求各组的计算负荷：

（1）机床组　查附表 9 得 $K_d = 0.18 \sim 0.25$（取 0.25），$\cos\varphi = 0.5$，$\tan\varphi = 1.73$，因此

$$P_{30(1)} = 0.25 \times 85\text{kW} = 21.3\text{kW}$$

$$Q_{30(1)} = 21.3\text{kW} \times 1.73 = 36.8\text{kvar}$$

$$S_{30(1)} = 21.3\text{kW}/0.5 = 42.6\text{kVA}$$

$$I_{30(1)} = \frac{42.6\text{kVA}}{\sqrt{3} \times 0.38\text{kV}} = 64.7\text{A}$$

（2）通风机组　查附表 9 得 $K_d = 0.7 \sim 0.8$（取 0.8），$\cos\varphi = 0.8$，$\tan\varphi = 0.75$，因此

$$P_{30(2)} = 0.8 \times 5\text{kW} = 4\text{kW}$$

$$Q_{30(2)} = 4\text{kW} \times 0.75 = 3\text{kvar}$$

$$S_{30(2)} = 4\text{kW}/0.8 = 5\text{kVA}$$

$$I_{30(2)} = \frac{5\text{kVA}}{\sqrt{3} \times 0.38\text{kV}} = 7.6\text{A}$$

（3）电葫芦　查附表 9 得 $K_d = 0.1 \sim 0.15$（取 0.15），$\cos\varphi = 0.5$，$\tan\varphi = 1.73$，而 $\varepsilon = 25\%$，故其设备容量为：

因此
$$P_e = 3\text{kW} \times 2\sqrt{0.4} = 3.79\text{kW}$$
$$P_{30(3)} = 0.15 \times 3.79\text{kW} = 0.569\text{kW}$$
$$Q_{30(3)} = 0.569\text{kW} \times 1.73 = 0.984\text{kvar}$$
$$S_{30(3)} = 0.569\text{kW}/0.5 = 1.138\text{kVA}$$
$$I_{30(3)} = \frac{1.138\text{kVA}}{\sqrt{3} \times 0.38\text{kV}} = 1.73\text{A}$$

以上三组设备总的计算负荷(取 $K_{\Sigma p} = 0.95, K_{\Sigma q} = 0.97$)为:
$$P_{30} = 0.95 \times (21.3 + 4 + 0.569)\text{kW} = 24.6\text{kW}$$
$$Q_{30} = 0.97 \times (36.8 + 3 + 0.984)\text{kvar} = 39.6\text{kvar}$$
$$S_{30} = \sqrt{24.6^2 + 39.6^2}\text{kVA} = 46.6\text{kVA}$$
$$I_{30} = \frac{46.6\text{kVA}}{\sqrt{3} \times 0.38\text{kV}} = 70.8\text{A}$$

为了使人一目了然,便于审核,实际工程设计中常采用计算表格形式,如表3-1所示。

表3-1 例3-3的电力负荷计算表(按需要系数法)

序号	用电设备组名称	台数	设备容量 P_e/kW	需要系数 K_d	$\cos\varphi$	$\tan\varphi$	计算负荷			
							P_{30}/kW	Q_{30}/kvar	S_{30}/kVA	I_{30}/A
1	机床组	30	85	0.25	0.5	1.73	21.3	36.8	42.6	64.7
2	通风机组	3	5	0.8	0.8	0.75	4	3	5	7.6
3	电葫芦	1	3($\varepsilon=40\%$) 3.79($\varepsilon=25\%$)	0.15 ($\varepsilon=25\%$)	0.5	1.73	0.569	0.984	1.138	1.73
负荷总计		34	—	—			25.9	40.8		
		取 $K_{\Sigma p}=0.95, K_{\Sigma q}=0.97$			0.53		24.6	39.6	46.6	70.8

注:总的 $\cos\varphi = P_{30}/S_{30} = 24.6/46.6 = 0.53$。

三、按二项式法确定三相用电设备组的计算负荷

(一) 二项式法的基本计算公式及其应用

二项式法确定有功计算负荷的基本公式为
$$P_{30} = bP_e + cP_x \tag{3-20}$$

式中,bP_e 为用电设备组的平均负荷,其中 P_e 为用电设备组的设备总容量,其计算方法与需要系数法相同;cP_x 为用电设备组中 x 台容量最大的设备投入运行时增加的附加负荷,其中 P_x 是 x 台最大设备的设备容量;b、c 为二项式系数。

其余的计算负荷 Q_{30}、S_{30} 和 I_{30} 的计算公式与前述需要系数法相同。

二项式系数 b、c 及最大容量的设备台数 x 和 $\cos\varphi$、$\tan\varphi$ 等值,可查附表9。

必须注意:按二项式法确定计算负荷时,如果设备总台数 $n<2x$ 时,则 x 宜相应地取小一些,建议取为 $x=n/2$,且按"四舍五入"的修约规则取为整数。例如某机床电动机组电动机只有7台,而附表9规定 $x=5$,但这里的 $n=7<2x=10$,因此建议取 $x=7/2\approx4$ 来计算,即取其中4台最大容量电动机的容量来计算 P_x。

如果用电设备组只有1~2台设备时,就可认为 $P_{30}=P_e$,即 $b=1$,$c=0$。对于单台电动

机，则 $P_{30}=P_N/\eta$，这里 η 为电动机效率。当设备台数较少时，$\cos\varphi$ 也宜适当取大。

由于二项式法确定的计算负荷，不仅考虑了用电设备组的平均最大负荷，而且考虑了少数大容量设备投入运行时对总计算负荷的附加影响。因此二项式法较之需要系数法更适于确定设备台数较少而容量差别较大的低压分支干线的计算负荷。

例 3-4 试用二项式法确定例 3-1 所述机修车间金属切削机床组的计算负荷。

解 由附表 9 查得 $b=0.14$，$c=0.4$，$x=5$，$\cos\varphi=0.5$，$\tan\varphi=1.73$。而设备总容量为：
$$P_e = 101\text{kW}（见例 3-1）$$

x 台最大容量设备的容量为：
$$P_x = P_5 = 11\text{kW}\times1 + 7.5\text{kW}\times3 + 4\text{kW}\times1 = 37.5\text{kW}$$

因此按式(3-20)可求得其有功计算负荷为：
$$P_{30} = 0.14\times101\text{kW} + 0.4\times37.5\text{kW} = 29.14\text{kW}$$

按式(3-13)可求得其无功计算负荷为：
$$Q_{30} = 29.14\text{kW}\times1.73 = 50.4\text{kvar}$$

按式(3-14)可求得其视在计算负荷为：
$$S_{30} = 29.14\text{kW}/0.5 = 58.3\text{kVA}$$

按式(3-15)可求得其计算电流为：
$$I_{30} = \frac{58.3\text{kVA}}{\sqrt{3}\times0.38\text{kV}} = 88.6\text{A}$$

比较例 3-1 和例 3-4 的计算结果可以看出，按二项式法计算的结果比按需要系数法计算的结果稍大，特别是在设备台数较少的情况下。供电设计的经验说明，选择低压分支干线或支线时，特别是用电设备台数少而各台设备容量相差悬殊时，宜采用二项式法计算。

（二）多组用电设备计算负荷的确定

采用二项式法确定多组用电设备总的计算负荷时，亦应考虑各组设备的最大负荷不同出现的因素。但不是计入一个小于 1 的综合系数 K_Σ，而是在各组设备中取其中一组最大的附加负荷$(cP_x)_{max}$，再加上各组的平均负荷 bP_e。由此可得总的有功计算负荷为
$$P_{30} = \sum(bP_e)_i + (cP_x)_{max} \tag{3-21}$$

总的无功计算负荷为
$$Q_{30} = \sum(bP_e\tan\varphi)_i + (cP_x)_{max}\tan\varphi_{max} \tag{3-22}$$

式中，$\tan\varphi_{max}$ 为最大附加负荷$(cP_x)_{max}$的设备组的平均功率因数角的正切值。

总的视在计算负荷 S_{30} 仍按式(3-18)计算。

总的计算电流 I_{30} 仍按式(3-19)计算。

为了简化和统一，按二项式法计算多组设备总的计算负荷时，与前述按需要系数法计算一样，也不论各组设备台数多少，各组的计算系数 b、c、x 和 $\cos\varphi$、$\tan\varphi$ 等均按附表 9 所列数值。

例 3-5 试用二项式法确定例 3-3 所述机工车间 380V 线路上各组设备的和总的计算负荷。

解 先求各组的平均负荷、附加负荷和计算负荷。

（1）机床组 查附表 9 得 $b=0.14$，$c=0.5$，$x=5$，$\cos\varphi=0.5$，$\tan\varphi=1.73$，因此
$$bP_{e(1)} = 0.14\times85\text{kW} = 11.9\text{kW}$$

$$cP_{x(1)} = 0.5\times(11\text{kW}\times1 + 7.5\text{kW}\times3 + 4\text{kW}\times1) = 18.8\text{kW}$$

故

$$P_{30(1)} = 11.9\text{kW} + 18.8\text{kW} = 30.7\text{kW}$$

$$Q_{30(1)} = 30.7\text{kW} \times 1.73 = 53.1\text{kvar}$$

$$S_{30(1)} = 30.7\text{kW}/0.5 = 61.4\text{kVA}$$

$$I_{30(1)} = \frac{61.4\text{kVA}}{\sqrt{3} \times 0.38\text{kV}} = 93.3\text{A}$$

(2) 通风机组　查附表9得 $b=0.65$，$c=0.25$，$x=5$，$\cos\varphi=0.8$，$\tan\varphi=0.75$，因此

$$bP_{e(2)} = 0.65 \times 5\text{kW} = 3.25\text{kW}$$

$$cP_{x(2)} = 0.25 \times 5\text{kW} = 1.25\text{kW}$$

故

$$P_{30(2)} = 3.25\text{kW} + 1.25\text{kW} = 4.5\text{kW}$$

$$Q_{30(2)} = 4.5\text{kW} \times 0.75 = 3.38\text{kvar}$$

$$S_{30(2)} = 4.5\text{kW}/0.8 = 5.63\text{kVA}$$

$$I_{30(2)} = \frac{5.63\text{kVA}}{\sqrt{3} \times 0.38\text{kV}} = 8.55\text{A}$$

(3) 电葫芦　查附表9得 $b=0.06$，$c=0.2$，$x=3$，$\cos\varphi=0.5$，$\tan\varphi=1.73$。电葫芦在 $\varepsilon=40\%$ 时 $P_N=3\text{kW}$，换算到 $\varepsilon=25\%$ 时 $P_e=3.79\text{kW}$（见例3-3）。因此

$$bP_{e(3)} = 0.06 \times 3.79\text{kW} = 0.227\text{kW}$$

$$cP_{x(3)} = 0.2 \times 3.79\text{kW} = 0.758\text{kW}$$

故

$$P_{30(3)} = 0.227\text{kW} + 0.758\text{kW} = 0.985\text{kW}$$

$$Q_{30(3)} = 0.985\text{kW} \times 1.73 = 1.70\text{kvar}$$

$$S_{30(3)} = 0.985\text{kW}/0.5 = 1.97\text{kVA}$$

$$I_{30(3)} = \frac{1.97\text{kVA}}{\sqrt{3} \times 0.38\text{kV}} = 2.99\text{A}$$

比较以上各组的附加负荷 cP_x 可知，机床组的 $cP_{x(1)} = 18.8\text{kW}$ 为最大。因此总计算负荷为：

有功计算负荷　　　$P_{30} = (11.9 + 3.25 + 0.227)\text{kW} + 18.8\text{kW} = 34.2\text{kW}$

无功计算负荷　　　$Q_{30} = (11.9 \times 1.73 + 3.25 \times 0.75 + 0.227 \times 1.73)\text{kvar}$
　　　　　　　　　　　$+ 18.8\text{kvar} \times 1.73 = 55.9\text{kvar}$

视在计算负荷　　　$S_{30} = \sqrt{34.2^2 + 55.9^2}\text{kVA} = 65.5\text{kVA}$

计算电流　　　　　$I_{30} = \dfrac{65.5\text{kVA}}{\sqrt{3} \times 0.38\text{kV}} = 99.5\text{A}$

以上计算亦可列成负荷计算表格，如表3-2所示。

表3-2　例3-5的电力负荷计算表（按二项式法）

序号	用电设备组名称	台数 n 或 n/x	容量		系数		$\cos\varphi$	$\tan\varphi$	计算负荷			
			P_e/kW	P_x/kW	b/c				P_{30}/kW	Q_{30}/kvar	S_{30}/kVA	I_{30}/A
1	机床组	30/5	85	37.5	0.14/0.5		0.5	1.73	11.9+18.8=30.7	53.1	61.4	93.3
2	通风机组	3	5		0.65/0.25		0.8	0.75	3.25+1.25=4.5	3.38	5.63	8.55

(续)

序号	用电设备组名称	台数 n 或 n/x	容量		系数		$\cos\varphi$	$\tan\varphi$	计算负荷			
			P_e/kW	P_x/kW	b/c				P_{30}/kW	Q_{30}/kvar	S_{30}/kVA	I_{30}/A
3	电葫芦	1	3(ε=40%) 3.79(ε=25%)	0.06/0.2 (ε=25%)		0.5	1.73	0.227+0.758 =0.985	1.70	1.97	2.99
	负荷总计	34	—	—		0.52	—	(11.9+3.25+ 0.227)+18.8 =34.2	55.9	65.5	99.5

注：总的 $\cos\varphi = P_{30}/S_{30} = 34.2/65.5 = 0.52$。

*第三节 单相用电设备组计算负荷的确定

一、概述

在工厂特别是在民用建筑中，除了广泛应用三相电气设备外，还普遍应用有诸如电灯、电炉、电焊机及家用电器等各种单相用电设备。

单相设备接在三相线路中，应尽可能地均衡分配，使三相负荷尽可能地平衡。如果三相线路中单相设备的总容量不超过三相设备总容量的15%时，则不论单相设备如何分配，单相设备可与三相设备综合按三相负荷平衡计算。如果单相设备容量超过三相设备容量15%时，则应将单相设备容量换算为等效三相设备容量，再与三相设备容量相加。

由于确定计算负荷的目的，主要是为了选择供配电系统中的设备和导线、电缆，使设备和导线、电缆在最大负荷电流通过时不致过热烧毁，因此在接有较多单相设备的三相线路中，不论单相设备接于相电压还是接于线电压，只要三相负荷不平衡，就应以最大负荷相的有功负荷的3倍作为等效三相有功负荷，以满足线路安全运行的要求。

二、单相设备组等效三相负荷的计算

(一) 单相设备接于相电压时的负荷计算

单相设备接于相电压时，其等效三相设备容量 P_e 应按最大负荷相所接单相设备容量 $P_{e.m\varphi}$ 的3倍计算，即

$$P_e = 3P_{e.m\varphi} \tag{3-23}$$

其等效三相计算负荷则按前述需要系数法计算。

(二) 单相设备接于线电压时的负荷计算

1. 单相设备接于同一线电压时

由于容量为 $P_{e.\varphi}$ 的单相设备接在线电压 U 上产生的电流 $I = P_{e.\varphi}/(U\cos\varphi)$，这一电流应与其等效三相设备容量 P_e 产生的电流 $I = P_e/(\sqrt{3}U\cos\varphi)$ 相等，因此其等效三相设备容量为

$$P_e = \sqrt{3}P_{e.\varphi} \tag{3-24}$$

2. 单相设备接于不同线电压时

如图3-7所示，设单相设备容量 $P_1 > P_2 > P_3$，且 $\cos\varphi_1 \neq \cos\varphi_2 \neq \cos\varphi_3$，$P_1$ 接于 U_{AB}，P_2 接于 U_{BC}，P_3 接于 U_{CA}。按等效发热原理，可等效为图示的三种接线的叠加：①U_{AB}、U_{BC}、U_{CA} 间各接 P_3，其等效三相容量为 $3P_3$；②U_{AB} 和 U_{BC} 间各接 P_2-P_3，其等效三相容量为

$3(P_2-P_3)$；③U_{AB} 间接 P_1-P_2，其等效三相容量为 $\sqrt{3}(P_1-P_2)$。

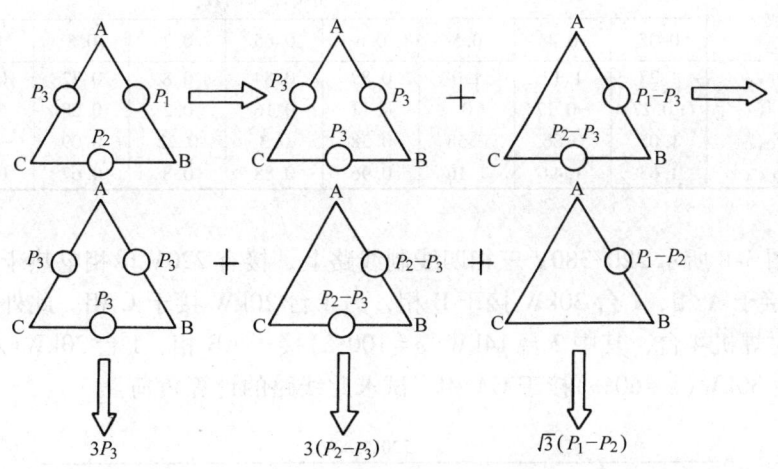

图 3-7 接于各线电压的单相负荷等效变换程序

因此 P_1、P_2、P_3 接于不同线电压时的等效三相设备容量为：

$$P_e = \sqrt{3}P_1 + (3-\sqrt{3})P_2 \tag{3-25}$$

$$Q_e = \sqrt{3}P_1\tan\varphi_1 + (3-\sqrt{3})P_2\tan\varphi_2 \tag{3-26}$$

其等效三相计算负荷同样按需要系数法计算。

（三）单相设备分别接于线电压和相电压时的负荷计算

首先应将接于线电压的单相设备容量换算为接于相电压的设备容量，然后分相计算各相的设备容量，并按需要系数法计算其各相的计算负荷，而总的等效三相有功计算负荷则为其最大有功负荷相的有功计算负荷 $P_{30.m\varphi}$ 的 3 倍，即

$$P_{30} = 3P_{30.m\varphi} \tag{3-27}$$

总的等效三相无功计算负荷则为其最大有功负荷相的无功计算负荷 $Q_{30.m\varphi}$ 的 3 倍，即

$$Q_{30} = 3Q_{30.m\varphi} \tag{3-28}$$

关于将接于线电压的单相设备容量换算为接于相电压的设备容量问题，可按下列换算公式进行换算：

A 相

$$P_A = p_{AB-A}P_{AB} + p_{CA-A}P_{CA} \tag{3-29}$$

$$Q_A = q_{AB-A}P_{AB} + q_{CA-A}P_{CA} \tag{3-30}$$

B 相

$$P_B = p_{BC-B}P_{BC} + p_{AB-B}P_{AB} \tag{3-31}$$

$$Q_B = q_{BC-B}P_{BC} + q_{AB-B}P_{AB} \tag{3-32}$$

C 相

$$P_C = p_{CA-C}P_{CA} + p_{BC-C}P_{BC} \tag{3-33}$$

$$Q_C = q_{CA-C}P_{CA} + q_{BC-C}P_{BC} \tag{3-34}$$

式中，P_{AB}、P_{BC}、P_{CA} 分别为接于 U_{AB}、U_{BC}、U_{CA} 的有功设备容量；P_A、P_B、P_C 分别为换算成接于 U_A、U_B、U_C 的有功设备容量；Q_A、Q_B、Q_C 分别为换算成接于 U_A、U_B、U_C 的无功设备容量；p_{AB-A}、q_{AB-A}…分别为接于 U_{AB}…的相间负荷换算成接于 U_A…的单相负荷的有功和无功换算系数，如表 3-3 所列。

表 3-3 相间负荷换算为单相负荷的功率换算系数

功率换算系数	负荷功率因数								
	0.35	0.4	0.5	0.6	0.65	0.7	0.8	0.9	1.0
p_{AB-A}、p_{BC-B}、p_{CA-C}	1.27	1.17	1.0	0.89	0.84	0.8	0.72	0.64	0.5
p_{AB-B}、p_{BC-C}、p_{CA-A}	-0.27	-0.17	0	0.11	0.16	0.2	0.28	0.36	0.5
q_{AB-A}、q_{BC-B}、q_{CA-C}	1.05	0.86	0.58	0.38	0.3	0.22	0.09	-0.05	-0.29
q_{AB-B}、q_{BC-C}、q_{CA-A}	1.63	1.44	1.16	0.96	0.88	0.8	0.67	0.53	0.29

例 3-6 图 3-8 所示 220/380V 三相四线制线路上，接有 220V 单相电热干燥箱 4 台，其中 2 台 10kW 接于 A 相，1 台 30kW 接于 B 相，另 1 台 20kW 接于 C 相。此外该线路上还接有 380V 单相对焊机 4 台，其中 2 台 14kW (ε=100%) 接于 AB 相，1 台 20kW (ε=100%) 接于 BC 相，另 1 台 30kW (ε=60%) 接于 CA 相。试求此线路的计算负荷。

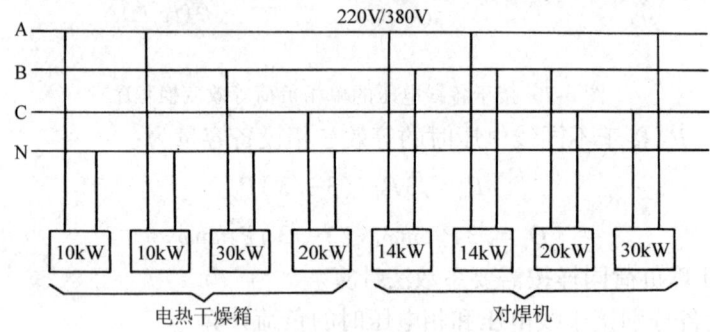

图 3-8 例 3-6 的电路

解 (1) 电热干燥箱的各相计算负荷 查附表 9 得 $K_d = 0.7$，$\cos\varphi = 1$，$\tan\varphi = 0$，因此只需计算其有功计算负荷：

A 相　　　　　　　$P_{30.A(1)} = K_d P_{e.A} = 0.7 \times 2 \times 10\text{kW} = 14\text{kW}$
B 相　　　　　　　$P_{30.B(1)} = K_d P_{e.B} = 0.7 \times 1 \times 30\text{kW} = 21\text{kW}$
C 相　　　　　　　$P_{30.C(1)} = K_d P_{e.C} = 0.7 \times 1 \times 20\text{kW} = 14\text{kW}$

(2) 对焊机的各相计算负荷 先将接于 CA 相间的 30kW (ε=60%) 换算至 ε=100% 时的容量，按式(3-11)可得：

$$P_{CA} = 30\text{kW} \times \sqrt{0.6} = 23\text{kW}$$

查附表 9 得 $K_d = 0.35$，$\cos\varphi = 0.7$，$\tan\varphi = 1.02$；再由表 3-3 查得 $\cos\varphi = 0.7$ 时的功率换算系数 $p_{AB-A} = p_{BC-B} = p_{CA-C} = 0.8$，$p_{AB-B} = p_{BC-C} = p_{CA-A} = 0.2$，$q_{AB-A} = q_{BC-B} = q_{CA-C} = 0.22$，$q_{AB-B} = q_{BC-C} = q_{CA-A} = 0.8$。因此换算至各相的有功和无功设备容量为：

A 相　　　　　　　$P_A = 0.8 \times 2 \times 14\text{kW} + 0.2 \times 23\text{kW} = 27\text{kW}$
　　　　　　　　　$Q_A = 0.22 \times 2 \times 14\text{kvar} + 0.8 \times 23\text{kvar} = 24.6\text{kvar}$
B 相　　　　　　　$P_B = 0.8 \times 20\text{kW} + 0.2 \times 2 \times 14\text{kW} = 21.6\text{kW}$
　　　　　　　　　$Q_B = 0.22 \times 20\text{kvar} + 0.8 \times 2 \times 14\text{kvar} = 26.8\text{kvar}$
C 相　　　　　　　$P_C = 0.8 \times 23\text{kW} + 0.2 \times 20\text{kW} = 22.4\text{kW}$
　　　　　　　　　$Q_C = 0.22 \times 23\text{kvar} + 0.8 \times 20\text{kvar} = 21.1\text{kvar}$

各相的有功和无功计算负荷为：

A 相
$$P_{30.A(2)} = 0.35 \times 27 \text{kW} = 9.45 \text{kW}$$
$$Q_{30.A(2)} = 0.35 \times 24.6 \text{kvar} = 8.61 \text{kvar}$$

B 相
$$P_{30.B(2)} = 0.35 \times 21.6 \text{kW} = 7.56 \text{kW}$$
$$Q_{30.B(2)} = 0.35 \times 26.8 \text{kvar} = 9.38 \text{kvar}$$

C 相
$$P_{30.C(2)} = 0.35 \times 22.4 \text{kW} = 7.84 \text{kW}$$
$$Q_{30.C(2)} = 0.35 \times 21.1 \text{kvar} = 7.39 \text{kvar}$$

（3）各相总的有功和无功计算负荷

A 相
$$P_{30.A} = P_{30.A(1)} + P_{30.A(2)} = 14 \text{kW} + 9.45 \text{kW} = 23.5 \text{kW}$$
$$Q_{30.A} = Q_{30.A(1)} + Q_{30.A(2)} = 0 + 8.61 \text{kvar} = 8.61 \text{kvar}$$

B 相
$$P_{30.B} = P_{30.B(1)} + P_{30.B(2)} = 21 \text{kW} + 7.56 \text{kW} = 28.6 \text{kW}$$
$$Q_{30.B} = Q_{30.B(1)} + Q_{30.B(2)} = 0 + 9.38 \text{kvar} = 9.38 \text{kvar}$$

C 相
$$P_{30.C} = P_{30.C(1)} + P_{30.C(2)} = 14 \text{kW} + 7.84 \text{kW} = 21.8 \text{kW}$$
$$Q_{30.C} = Q_{30.C(1)} + Q_{30.C(2)} = 0 + 7.39 \text{kvar} = 7.39 \text{kvar}$$

（4）总的等效三相计算负荷　由以上计算结果看出，B 相的有功计算负荷最大，因此取 B 相计算等效三相计算负荷：

$$P_{30} = 3 P_{30.B} = 3 \times 28.6 \text{kW} = 85.8 \text{kW}$$
$$Q_{30} = 3 Q_{30.B} = 3 \times 9.38 \text{kvar} = 28.1 \text{kvar}$$
$$S_{30} = \sqrt{P_{30}^2 + Q_{30}^2} = \sqrt{85.8^2 + 28.1^2} \text{kVA} = 90.3 \text{kVA}$$
$$I_{30} = \frac{90.3 \text{kVA}}{\sqrt{3} \times 0.38 \text{kV}} = 137 \text{A}$$

以上计算也可列成计算表格，限于篇幅，从略。

第四节　用户计算负荷及年耗电量的计算

一、供配电系统的功率损耗计算

在确定各用电设备组的计算负荷后，如果要确定整个用户如一个企业或一个车间的计算负荷，就需要逐级计入有关线路和变压器的功率损耗，如图 3-9 所示。例如要确定低压配电线 WL2 首端的有功计算负荷 $P_{30.4}$，就应将其末端有功计算负荷 $P_{30.5}$ 加上该线路的有功损耗 ΔP_{WL2}。如果要确定高压配电线 WL1 首端的有功计算负荷 $P_{30.2}$，就应将车间变电所低压侧的有功计算负荷 $P_{30.3}$ 加上变压器 T 的有功损耗 ΔP_T，再加上高压配电线 WL1 的有功损耗 ΔP_{WL1}。为此，下面先分别讲述线路和变压器功率损耗的计算。

（一）线路的功率损耗计算

线路的功率损耗包括有功和无功两部分。

1. 线路的有功功率损耗计算

有功功率损耗是电流通过线路电阻所产生的，按下式计算：

$$\Delta P_{WL} = 3 I_{30}^2 R_{WL} \tag{3-35}$$

式中，I_{30} 为线路的计算电流；R_{WL} 为线路每相的电阻。

电阻 $R_{WL}=R_0 l$，其中 l 为线路长度，R_0 为线路单位长度的电阻值，可查有关手册或产品样本。附表 12 列出部分裸导线的 R_0 值，附表 13 列出电力电缆的 R_0 值和室内明敷和穿管敷设的绝缘导线 R_0 值，供参考。

2. 线路的无功功率损耗计算

无功功率损耗是电流通过线路电抗所产生的，按下式计算：

$$\Delta Q_{WL} = 3 I_{30}^2 X_{WL} \quad (3-36)$$

式中，I_{30} 为线路的计算电流；X_{WL} 为线路每相的电抗。

电抗 $X_{WL}=X_0 l$，其中 l 为线路长度，X_0 为线路单位长度的电抗值，也可查有关手册或产品样本。附表 12～13 分别列出部分裸导线、电力电缆和绝缘导线的 X_0 值。但是查架空线路的 X_0 值，不仅要根据导线截面积，而且要根据导线之间的几何均距。所谓几何均距，是指三相线路各相导线之间距离的几何平均值。如图 3-10a 所示 A、B、C 三相线路，其线间几何均距为

$$a_{av} \stackrel{def}{=\!=\!=} \sqrt[3]{a_1 a_2 a_3} \quad (3-37)$$

如果导线为等边三角形排列（见图 3-10b），则 $a_{av}=a$；如果导线为水平等距排列（见图 3-10c），则 $a_{av}=\sqrt[3]{2}\,a=1.26a$。

（二）变压器的功率损耗计算

变压器的功率损耗也包括有功和无功两部分。

1. 变压器的有功功率损耗计算

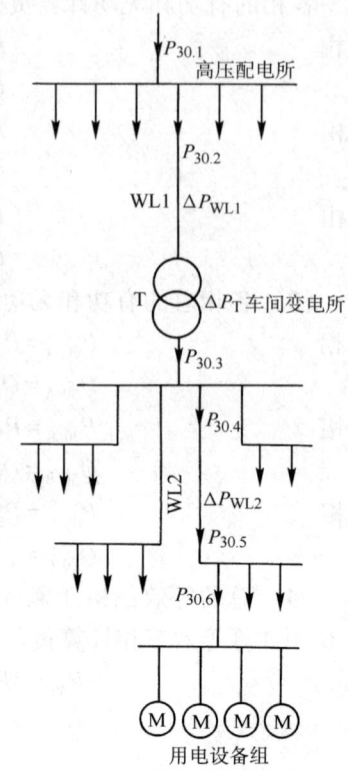

图 3-9 企业供电系统中各部分的计算负荷和功率损耗
（只示出其有功部分）

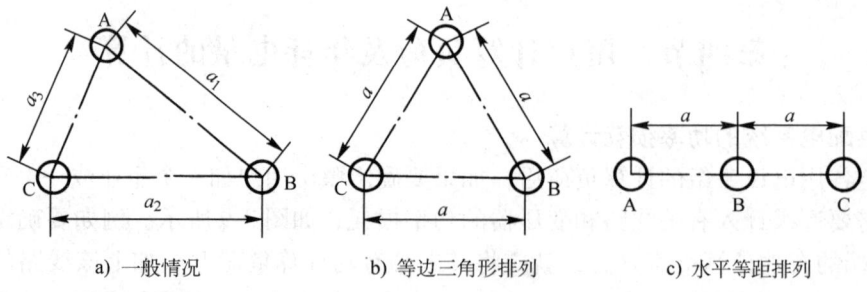

a) 一般情况　　b) 等边三角形排列　　c) 水平等距排列

图 3-10 三相架空线路的线间距离

变压器的有功功率损耗由两部分组成：

（1）铁心中的有功功率损耗 简称"铁损"。它在变压器一次绕组的外施电压和频率不变的条件下是固定不变的，与负荷无关。铁损可由变压器空载试验测定。变压器的空载损耗 ΔP_0 可认为就是铁损 ΔP_{Fe}，因为变压器的空载电流 I_0 很小，在一次绕组中产生的有功功率损耗很小，可略去不计。

（2）绕组中的功率损耗 通称"铜损"。它与负荷电流（或功率）的平方成正比。铜损可由变压器短路试验测定。变压器的短路损耗（亦称负荷损耗）ΔP_k 可认为就是铜损 ΔP_{Cu}，

因为变压器二次侧绕组短路时，一次绕组的短路电压(亦称阻抗电压)U_k很小，其在铁心中引起的有功功率损耗很小，可略去不计。

因此，变压器的有功功率损耗为：

$$\Delta P_T = \Delta P_{Fe} + \Delta P_{Cu}\left(\frac{S_{30}}{S_{N.T}}\right)^2 \approx \Delta P_0 + \Delta P_k\left(\frac{S_{30}}{S_{N.T}}\right)^2 \tag{3-38}$$

式中，$S_{N.T}$为变压器的额定容量；S_{30}为变压器的计算负荷。

2. 变压器的无功功率损耗计算

变压器的无功功率损耗也由两部分组成：

(1) 用来在铁心中产生磁通的无功功率　它只与一次绕组电压有关，与负荷无关。其值与励磁电流或近似地与空载电流成正比，即

$$\Delta Q_0 \approx \frac{I_0\%}{100}S_{N.T} \tag{3-39}$$

式中，$I_0\%$为变压器空载电流占额定一次电流的百分值。

(2) 消耗在变压器绕组电抗上的无功功率　额定负荷下的这部分无功损耗用ΔQ_N表示。由于变压器的电抗远大于电阻，因此ΔQ_N近似地与阻抗电压(即短路电压)成正比，即

$$\Delta Q_N \approx \frac{U_Z\%}{100}S_{N.T} \tag{3-40}$$

式中，$U_Z\%$为变压器阻抗电压占额定一次电压的百分值。

这部分无功损耗与负荷电流(或功率)的平方成正比。

因此，变压器的无功功率损耗为：

$$\Delta Q_T = \Delta Q_0 + \Delta Q_N\left(\frac{S_{30}}{S_{N.T}}\right)^2 \approx S_{N.T}\left[\frac{I_0\%}{100} + \frac{U_Z\%}{100}\left(\frac{S_{30}}{S_{N.T}}\right)^2\right] \tag{3-41}$$

以上式(3-38)~式(3-41)中的ΔP_0、ΔP_k、$I_0\%$和$U_Z\%$(即$U_k\%$)等均可从有关手册或产品样本中查得。S9系列和SC9系列变压器的主要技术数据见附表1。

在供电设计中，可采用下列简化公式来计算现在应用的各种低损耗电力变压器的功率损耗：

有功功率损耗　　　　　　　　$\Delta P_T \approx 0.01S_{30}$ (3-42)

无功功率损耗　　　　　　　　$\Delta Q_T \approx 0.05S_{30}$ (3-43)

式中，S_{30}为变压器的计算负荷。

二、用户计算负荷的确定

用户计算负荷是选择用户电源进线及其中一、二次设备的基本依据，也是计算用户功率因数和用户用电容量的基本依据。确定用户计算负荷的方法很多，可按具体情况选用。

(一) 按逐级计算法确定用户的计算负荷

如前面图3-9所示，用户的计算负荷(这里举有功负荷为例)$P_{30.1}$，应该是高压配电所母线上所有高压配电线计算负荷之和，再乘上一个综合系数(同时系数)K_Σ。而高压配电线的计算负荷$P_{30.2}$，则是该线路所供车间变电所低压侧的计算负荷$P_{30.3}$，加上变压器的功率损耗ΔP_T和高压配电线的功率损耗ΔP_{WL1}。其余依此类推。但是对一般中小用户的供配电系统来说，由于其高低压配电线路一般不长，因此在确定用户计算负荷时往往略去不计。

(二) 按需要系数法确定用户的计算负荷

将用户的用电设备总容量 P_e（不含备用设备容量）乘上一个需要系数 K_d，即得到用户的有功计算负荷，即

$$P_{30} = K_d P_e \tag{3-44}$$

附表 11 列出了部分企业的需要系数、功率因数及年最大有功负荷利用小时值，供参考。

用户的无功计算负荷 Q_{30}、视在计算负荷 S_{30} 和计算电流 I_{30}，分别按前式（3-13）、式（3-14）和式（3-15）计算。

（三）按负荷密度法估算用户的计算负荷

将用户的平均负荷密度 a（W/m²）乘以建筑面积 A（m²），即得到用户的有功计算负荷（W），即

$$P_{30} = aA \tag{3-45}$$

各类用户的平均负荷密度可由有关设计手册查得，或根据同类用户的实测资料分析确定。

按 GB/T 50293—2014《城市电力规划规范》规定：居住建筑用电指标为 30~70W/m²，或 4~16kW/户；公共建筑用电指标为 40~150W/m²；工业建筑用电指标为 40~120W/m²；仓储物流建筑用电指标为 15~50W/m²；市政设施建筑用电指标为 20~50W/m²。考虑到负荷的发展，因此有关负荷密度（用电指标）宜适当取大一些。

（四）按年产量估算用户的计算负荷

将用户年产量 B 乘以单位产品的耗电量 b，即得到用户全年的耗电量：

$$W_a = bB \tag{3-46}$$

各类生产企业的单位产品耗电量指标可由有关设计手册查得，也可根据类似用户的实测资料分析确定。

在求出年耗电量 W_a 后，除以该用户的年最大负荷利用小时 T_{max}，即得到用户的有功计算负荷

$$P_{30} = \frac{W_a}{T_{max}} \tag{3-47}$$

其他计算负荷 Q_{30}、S_{30} 和 I_{30} 的计算，与上述需要系数法相同。

（五）用户的无功补偿及补偿后的用户计算负荷

按《供电营业规则》规定：用户在当地供电企业规定的电网高峰负荷时的功率因数，100kVA 及以上高压供电的用户，不得低于 0.90；其他电力用户，不得低于 0.85。因此用户必须在充分发挥设备潜力，改善设备运行性能，提高自然功率因数的情况下，如尚达不到规定的功率因数要求时，必须考虑进行无功功率的人工补偿。

图 3-11 示出功率因数的提高与无功功率和视在功率变化的关系。假设功率因数由 $\cos\varphi$ 提高到 $\cos\varphi'$，这时在用户需用的有功功率 P_{30} 固定不变的条件下，无功功率将由 Q_{30} 减小到 Q'_{30}，视在功率将由 S_{30} 减小到 S'_{30}。相应地负荷电流 I_{30} 也得以减小，这将使系统的电能损耗和电压损耗均相应地降低，从而达到既节约电能又提高电压质量的效果，同时可使系统选

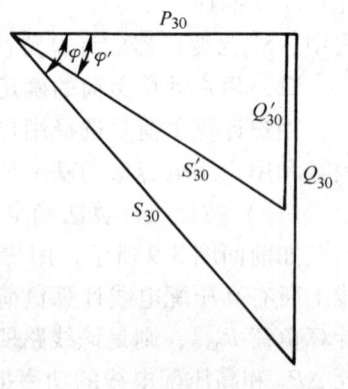

图 3-11 功率因数的提高与无功功率和视在功率的变化

用较小容量的供电设备和导线、电缆。由此可见，提高功率因数对电力系统是大有好处的。

由图 3-11 可以看出，要使功率因数由 $\cos\varphi$ 提高到 $\cos\varphi'$，必须装设的无功补偿装置容量为：

$$Q_C = Q_{30} - Q'_{30} = P_{30}(\tan\varphi - \tan\varphi') \tag{3-48}$$

或

$$Q_C = \Delta q_C P_{30} \tag{3-49}$$

式中，$\Delta q_C = \tan\varphi - \tan\varphi'$，称为无功补偿率，或比补偿容量。这 Δq_C 表示要使 1kW 的有功功率由 $\cos\varphi$ 提高到 $\cos\varphi'$ 所需要的无功补偿容量 kvar 值。

附表 7 列出并联电容器的无功补偿率，可利用补偿前后的功率因数直接查出。

在确定了总的补偿容量 Q_C 后，即可根据所选并联电容器的单个容量 q_C 来确定电容器的个数 n，即：

$$n = \frac{Q_C}{q_C} \tag{3-50}$$

由上式计算所得的电容器个数 n，对于单相电容器，应取为 3 的倍数，以便三相均衡分配。

用户装设了无功补偿装置以后，则在确定补偿装置装设地点以前的总计算负荷时，应扣除无功补偿容量 Q_C，即总的无功计算负荷

$$Q'_{30} = Q_{30} - Q_C \tag{3-51}$$

无功补偿后总的视在计算负荷

$$S'_{30} = \sqrt{P_{30}^2 + (Q_{30} - Q_C)^2} \tag{3-52}$$

由上式可以看出，在变电所低压侧装设无功补偿装置后，由于低压侧总的视在计算负荷减小，从而可使变电所主变压器的容量选得小一些。这不仅可降低变电所的初投资，而且可减少用户的电费开支。因为我国供电部门对工业用户一般实行"两部电费制"：一部分叫"基本电费"，按所装主变压器的容量来计费。主变压器容量的减小，使基本电费相应减少。另一部分叫"电能电费"，按每月实际耗电量来计费，且根据月平均功率因数的高低调整电费（参看附表 30）。凡月平均功率因数高于规定值的，可按一定比率减少电费。由此可见，提高功率因数不仅对整个电力系统大有好处，对用户本身也是有一定经济实惠的。

例 3-7 某用户拟建一降压变电所，装设一台主变压器。已知变电所低压侧有功计算负荷为 650kW，无功计算负荷为 800kvar。为了使用户（变电所高压侧）的功率因数不低于 0.90，拟在变电所低压侧装设并联电容器进行无功补偿。问需装设多少补偿容量？并问补偿前后用户变电所所选主变压器容量可有什么变化？

解 （1）补偿前的主变压器容量和功率因数

变电所在补偿前其低压侧的视在计算负荷为：

$$S_{30(2)} = \sqrt{650^2 + 800^2} \text{ kVA} = 1031 \text{ kVA}$$

主变压器容量选择的条件为 $S_{N.T} \geq S_{30(2)}$，因此未无功补偿时，主变压器容量应选 1250kVA（参看附表 1）。

这时变电所低压侧的功率因数为：

$$\cos\varphi_{(2)} = 650/1031 = 0.63$$

(2) 无功补偿容量

按规定,用户高压侧的 $\cos\varphi_{(1)} \geq 0.90$。考虑到变压器的无功功率损耗 ΔQ_T 远大于其有功功率损耗 ΔP_T,一般 $\Delta Q_T \approx (4 \sim 5)\Delta P_T$,因此在变电所低压侧进行无功补偿时,低压侧补偿后的功率因数应略高于 0.90,这里取 $\cos\varphi'_{(2)} = 0.92$。

要使变电所低压侧的功率因数由 0.63 提高到 0.92,由式(3-48)可求得低压侧需装设的并联电容器容量为:

$$Q_C = 650 \times [\tan(\arccos 0.63) - \tan(\arccos 0.92)] \text{kvar} = 525 \text{kvar}$$

取

$$Q_C = 530 \text{kvar}$$

(3) 无功补偿后的主变压器容量和功率因数

无功补偿后变电所低压侧的视在计算负荷为:

$$S'_{30(2)} = \sqrt{650^2 + (800-530)^2} \text{ kVA} = 704 \text{kVA}$$

因此无功补偿后,主变压器容量可改选为 800kVA(参看附表1)。

变电所变压器的功率损耗为:

$$\Delta P_T \approx 0.01 S'_{30(2)} = 0.01 \times 704 \text{kVA} = 7.04 \text{kW}$$

$$\Delta Q_T \approx 0.05 S'_{30(2)} = 0.05 \times 704 \text{kVA} = 35.2 \text{kvar}$$

变电所高压侧的计算负荷为:

$$P'_{30(1)} = 650 \text{kW} + 7.04 \text{kW} = 657 \text{kW}$$

$$Q'_{30(1)} = (800-530) \text{kvar} + 35.2 \text{kvar} = 305 \text{kvar}$$

$$S'_{30(1)} = \sqrt{657^2 + 305^2} \text{ kVA} = 724 \text{kVA}$$

由此可知,无功补偿后,用户高压侧的功率因数提高为:

$$\cos\varphi'_{(1)} = \frac{P'_{30(1)}}{S'_{30(1)}} = \frac{657}{724} = 0.907$$

这一功率因数满足规定的要求。

(4) 无功补偿前后主变压器容量的变化

无功补偿后主变压器容量减少 $(1250-800)\text{kVA} = 450 \text{kVA}$。

三、用户供配电系统的电能损耗计算

(一) 线路的电能损耗计算

线路上全年的电能损耗可按下式计算:

$$\Delta W_a = 3 I_{30}^2 R_{WL} \tau \tag{3-53}$$

式中,I_{30} 为线路的计算电流;R_{WL} 为线路每相的电阻;τ 为年最大负荷损耗小时。

上述年最大负荷损耗小时 τ,是假设供配电系统元件(包括线路、变压器)持续通过计算电流 I_{30} 时,在此时间 τ 内所产生的电能损耗,恰与实际负荷电流全年在此元件上产生的电能损耗相等。由此可见,年最大负荷损耗小时 τ 与年最大负荷利用小时 T_{max} 一样都是一个假想时间,而且两者有一定的关系。

由式(3-4)和式(3-6)可得下列关系:

$$W_a = P_{max} T_{max} = P_{av} \times 8760$$

在负荷 $\cos\varphi$ 和线路电压一定时,$P_{max} = P_{30} \propto I_{30}$,$P_{av} \propto I_{av}$,因此

$$I_{30} T_{max} = I_{av} \times 8760$$

故
$$I_{av} = \frac{I_{30} T_{max}}{8760}$$

因此线路全年的电能损耗为:
$$\Delta W_a = 3I_{av}^2 R_{WL} \times 8760 = 3I_{30}^2 T_{max}^2 R_{WL}/8760 \tag{3-54}$$

由式(3-53)和式(3-54)可得 τ 与 T_{max} 的关系
$$\tau = \frac{T_{max}^2}{8760} \tag{3-55}$$

不同 $\cos\varphi$ 的 τ—T_{max} 关系曲线如图 3-12 所示。已知 T_{max} 和 $\cos\varphi$ 时,即可由图中相应的曲线上查得 τ 值。

(二)变压器的电能损耗计算

变压器的电能损耗包括铁损和铜损两部分。

(1)全年铁损 ΔP_{Fe} 产生的电能损耗可近似地按其空载损耗 ΔP_0 计算,即
$$\Delta W_{a(1)} = \Delta P_{Fe} \times 8760 \approx \Delta P_0 \times 8760 \tag{3-56}$$

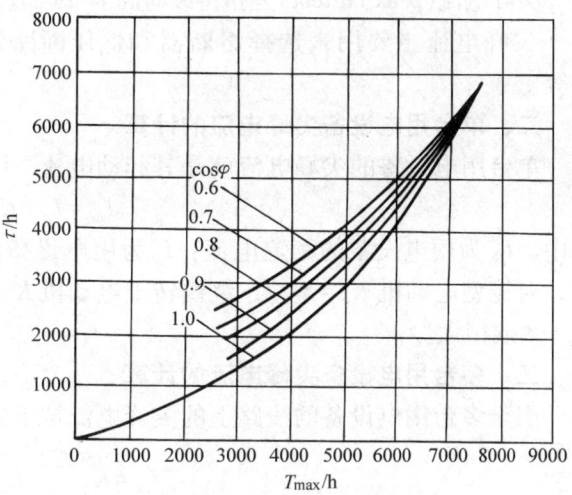

图 3-12 τ—T_{max} 关系曲线

(2)全年铜损 ΔP_{Cu} 产生的电能损耗 与负荷电流的二次方成正比,即与变压器负荷率 β(即 $S_{30}/S_{N.T}$)的二次方成正比,而铜损 ΔP_{Cu} 可近似地按其短路损耗 ΔP_k 计算,即
$$\Delta W_{a(2)} = \Delta P_{Cu} \beta^2 \tau \approx \Delta P_k \beta^2 \tau \tag{3-57}$$

由此可得变压器全年的电能损耗为:
$$\Delta W_a = \Delta W_{a(1)} + \Delta W_{a(2)} \approx \Delta P_0 \times 8760 + \Delta P_k \beta^2 \tau \tag{3-58}$$

式中,τ 为变压器的年损耗小时,亦可查图 3-12 的 τ—T_{max} 曲线。

四、用户年耗电量的计算

用户的年耗电量可用其年产量和单位产品耗电量进行估算,如前式(3-46)所示。

用户年耗电量的较精确的计算,可用用户的有功和无功计算负荷 P_{30} 和 Q_{30} 分别按下列公式计算:

年有功电能消耗量
$$W_{p.a} = \alpha P_{30} T_a \tag{3-59}$$

年无功电能消耗量
$$W_{q.a} = \beta Q_{30} T_a \tag{3-60}$$

式中,α 为年平均有功负荷系数,一般取 0.7~0.75;β 为年平均无功负荷系数,一般取 0.76~0.82;T_a 为年实际工作小时数,按每周 5 个工作日计,一班制可取 2000h,两班制可取 4000h,三班制可取 6000h。

例 3-8 假设例 3-7 所示用户为两班制生产,试计算其年耗电量。

解 按式(3-59)和式(3-60)计算。取 $\alpha = 0.7$,$\beta = 0.8$,$T_a = 4000h$,因此可得:

年有功电能消耗量
$$W_{p.a} = 0.7 \times 661 kW \times 4000h = 1.85 \times 10^6 kW \cdot h$$

年无功电能消耗量
$$W_{q.a} = 0.8 \times 312 kvar \times 4000h = 0.998 \times 10^6 kvar \cdot h$$

第五节 尖峰电流及其计算

一、尖峰电流的有关概念

尖峰电流(peak current)是指持续时间 1~2s 的短时最大负荷电流,例如电动机的起动电流等。尖峰电流主要用来选择熔断器和低压断路器、整定继电保护和检验电动机自起动条件等。

二、单台用电设备尖峰电流的计算

单台用电设备的尖峰电流就是其起动电流,因此尖峰电流为:

$$I_{pk} = I_{st} = K_{st} I_N \tag{3-61}$$

式中,I_N 为用电设备的额定电流;I_{st} 为用电设备的起动电流;K_{st} 为用电设备的起动电流倍数,对笼型电动机 $K_{st}=5~7$,绕线转子电动机 $K_{st}=2~3$,直流电动机 $K_{st}\approx 1.7$,电焊变压器 $K_{st}\approx 3$ 或稍大。

三、多台用电设备尖峰电流的计算

引至多台用电设备的线路上的尖峰电流按下式计算:

$$I_{pk} = K_\Sigma \sum_{i=1}^{n-1} I_{N.i} + I_{st.max} \tag{3-62}$$

或

$$I_{pk} = I_{30} + (I_{st} - I_N)_{max} \tag{3-63}$$

式中,$I_{st.max}$ 和 $(I_{st}-I_N)_{max}$ 分别为用电设备中起动电流与额定电流之差为最大的那台设备的起动电流和它的起动电流与额定电流之差;$\sum_{i=1}^{n-1} I_{N.i}$ 为将 $I_{st}-I_N$ 为最大的那台设备除外的其他 $n-1$ 台设备的额定电流之和;K_Σ 为上述 $n-1$ 台设备的综合系数(又称同时系数),按台数多少选取,一般为 0.7~1;I_{30} 为全部设备投入运行时线路的计算电流。

例 3-9 有一条 380V 三相线路,供电给表 3-4 所示 5 台电动机。该线路的计算电流为 50A。试求该线路的尖峰电流。

解 由表 3-4 可知,M4 的 $I_{st} - I_N = 58A - 10A = 48A$ 在所有电动机中为最大,因此按式(3-63)可得线路的尖峰电流为:

$$I_{pk} = 50A + (58-10)A = 98A$$

表 3-4 例 3-9 的负荷资料

参　　数	电　动　机				
	M1	M2	M3	M4	M5
额定电流 I_N/A	8	18	25	10	15
起动电流 I_{st}/A	40	65	46	58	36

复习思考题

3-1 电力负荷按重要程度分哪几级?各级负荷对供电电源有何要求?

3-2 用电设备按工作制分哪几类?各有何工作特点?

3-3 什么叫负荷持续率?它表征哪类用电设备的工作特性?它与设备容量有何换算关系?

3-4 什么叫年最大负荷和年最大负荷利用小时？什么叫平均负荷和负荷曲线填充系数？

3-5 什么叫计算负荷？为什么计算负荷采用半小时最大负荷？

3-6 确定用电设备组计算负荷的需要系数法和二项式法各有什么特点？各适用于哪些场合？

3-7 在确定多组用电设备的视在计算负荷和计算电流时，可否将各组的视在计算负荷和计算电流分别直接相加？为什么？应如何正确计算？

3-8 在接有单相用电设备的三相线路中，什么情况下可将单相设备与三相设备综合按三相负荷的计算方法确定计算负荷？而在什么情况下应进行单相负荷的等效换算计算？

3-9 线路的电阻和电抗各如何计算？什么叫线间几何均距？如何计算？

3-10 电力变压器的有功和无功功率损耗各如何计算？按简化公式如何计算？

3-11 电力变压器的有功和无功电能损耗（全年）如何计算？什么叫年最大负荷损耗小时？

3-12 变电所低压侧集中装设并联电容器对变电所负荷和主变压器容量有什么影响？如何确定并联电容器的容量？

3-13 什么叫尖峰电流？单台和多台设备的尖峰电流各如何计算？

习　题

3-1 有一大批量生产的机械加工车间，拥有金属切削机床电动机容量共800kW，通风机容量共56kW，线路电压为380V。试分别确定各组和车间的计算负荷P_{30}、Q_{30}、S_{30}和I_{30}。

3-2 有一机修车间，拥有冷加工机床52台，共200kW；行车1台，共5.1kW（$\varepsilon=15\%$）；通风机4台，共5kW；点焊机3台，共10.5kW（$\varepsilon=65\%$）。车间采用220/380V三相四线制供电。试确定该车间的计算负荷P_{30}、Q_{30}、S_{30}和I_{30}。

3-3 某220/380V的TN-C线路，供电给大批生产的冷加工机床电动机，总容量共105kW，其中大容量电动机有7.5kW 2台，5.5kW 1台，4kW 5台。试分别用需要系数法和二项式法计算该线路的计算负荷P_{30}、Q_{30}、S_{30}和I_{30}。

3-4 现有9台220V单相电阻炉，其中4台1kW，3台1.5kW，2台2kW。试合理分配上列各电阻炉于220/380V的TN-C线路上，并计算其计算负荷P_{30}、Q_{30}、S_{30}和I_{30}。

3-5 某220/380V的TN-C线路上，装有如表3-5所列的用电设备。试计算该线路的计算负荷P_{30}、Q_{30}、S_{30}和I_{30}。

表3-5　习题3-5的负荷资料

设备名称	380V 单头手动弧焊机			220V 电热箱		
接入相序	AB	BC	CA	A	B	C
设备台数	1	1	2	2	1	1
单台设备容量	21kVA ($\varepsilon=65\%$)	17kVA ($\varepsilon=100\%$)	10.3kVA ($\varepsilon=50\%$)	3kW	6kW	4.5kW

3-6 有一条长2km的10kV高压线路，供电给两台并列运行的电力变压器。高压线路采用LJ-70铝绞线，等距水平架设，线距1m。两台变压器均为S9-800/10型，Dyn11联结。总的计算负荷为900kW，$\cos\varphi=0.86$，$T_{max}=4500h$。试分别计算此高压线路和电力变压器的功率损耗和年电能损耗。

3-7 某降压变电所装有一台Yyn0联结的S9-630/10型电力变压器，其380V二次侧的有功计算负荷为420kW，无功计算负荷为350kvar。试求此变电所一次侧的计算负荷及其功率因数。如果功率因数未达到0.90，问此变电所低压母线上需装设多少并联电容器容量才能达到要求？

3-8 某电器开关厂（一班制生产）共有用电设备5840kW。试估算该厂的计算负荷P_{30}、Q_{30}、S_{30}及其年

有功电能消耗量 $W_{\text{p.a}}$。

3-9 某用户的有功计算负荷为 2400kW，功率因数为 0.65。现拟在用户变电所 10kV 母线上装设 BWF10.5—30—1 型并联电容器，使用户功率因数提高到 0.90。问需装设多少个电容器？装设电容器以后，该用户的视在计算负荷为多少？比未装设电容器时的视在计算负荷减少了多少？

3-10 某 380V 线路供电给表 3-6 所示的 4 台电动机。试计算该线路的尖峰电流(建议 $K_\Sigma = 0.9$)。

表 3-6 习题 3-10 的负荷资料

电动机参数	M1	M2	M3	M4
额定电流 I_N/A	35	14	56	20
起动电流 I_{st}/A	148	85	160	135

第四章 短路计算及电器的选择校验

本章首先简介短路的原因、后果及其形式，接着分析无限大容量系统三相短路时的物理过程及有关物理量，然后重点讲述供配电系统的短路电流计算，进而阐述短路电流的效应，最后讲述高低压电器的选择和校验条件。

第一节 短路的原因、后果及其形式

一、短路的原因

短路是指不同电位的导体之间的电气短接，这是电力系统中最常见的一种故障，也是最严重的一种故障。

电力系统出现短路故障，究其原因，主要有以下三个方面：

（1）电气绝缘损坏 这可能是由于电气设备长期运行，其绝缘材料自然老化而损坏；也可能是由于设备本身质量不好，绝缘强度不够而被正常电压击穿；也可能是设备绝缘层受到外力损伤而导致短路。

（2）误操作 例如带负荷误拉高压隔离开关，很可能导致三相弧光短路。又如误将较低电压的设备投入较高电压的电路中而造成设备的击穿短路。

（3）鸟兽害 例如鸟类及蛇鼠等小动物跨越在裸露的不同电位的导体之间，或者被鼠类咬坏设备或导体的绝缘层，都会引起短路故障。

二、短路的后果

电路短路后，其阻抗值比正常负荷时电路的阻抗值小得多，因此短路电流往往比正常负荷电流大许多倍。在大容量电力系统中，短路电流可高达几万安培或几十万安培。如此大的短路电流对电力系统可产生极大的危害：

（1）短路电流的电动效应和热效应 短路电流将产生很大电动力和很高的温度，可能造成电路及其中设备的损坏，甚至引发火灾事故。

（2）电压骤降 短路将造成系统电压骤降，越靠近短路点电压越低，这将严重影响电气设备的正常运行。

（3）造成停电事故 短路时，电力系统的保护装置动作，使开关跳闸或熔断器熔断，从而造成停电事故。越靠近电源短路，引起停电的范围越大，从而给国民经济造成的损失也越大。

（4）影响系统稳定 严重的短路可使并列运行的发电机组失去同步，造成电力系统解列，破坏电力系统的稳定运行。

（5）产生电磁干扰 单相接地短路电流，可对附近的通信线路、信号系统及电子设备等产生电磁干扰，使之无法正常运行，甚至引起误动作。

由此可见，短路的后果是非常严重的，因此供配电系统在设计、安装和运行中，都应尽力设法消除可能引起短路故障的一切因素。

三、短路的形式

在三相系统中，可有下列短路形式：

(1) 三相短路　如图4-1a所示。三相短路用$k^{(3)}$表示，三相短路电流则写作$i_k^{(3)}$。

(2) 两相短路　如图4-1b所示。两相短路用$k^{(2)}$表示，两相短路电流则写作$i_k^{(2)}$。

(3) 单相短路　如图4-1c、d所示。单相短路用$k^{(1)}$表示，单相短路电流则写作$i_k^{(1)}$。

(4) 两相接地短路　如图4-1e所示，为中性点不接地的电力系统中两不同相的单相接地所形成的两相短路；也指如图4-1f所示的两相短路又接地的情况。两相接地短路用$k^{(1.1)}$表示，其短路电流则写作$i_k^{(1.1)}$。两相接地短路实质上与两相短路相同。

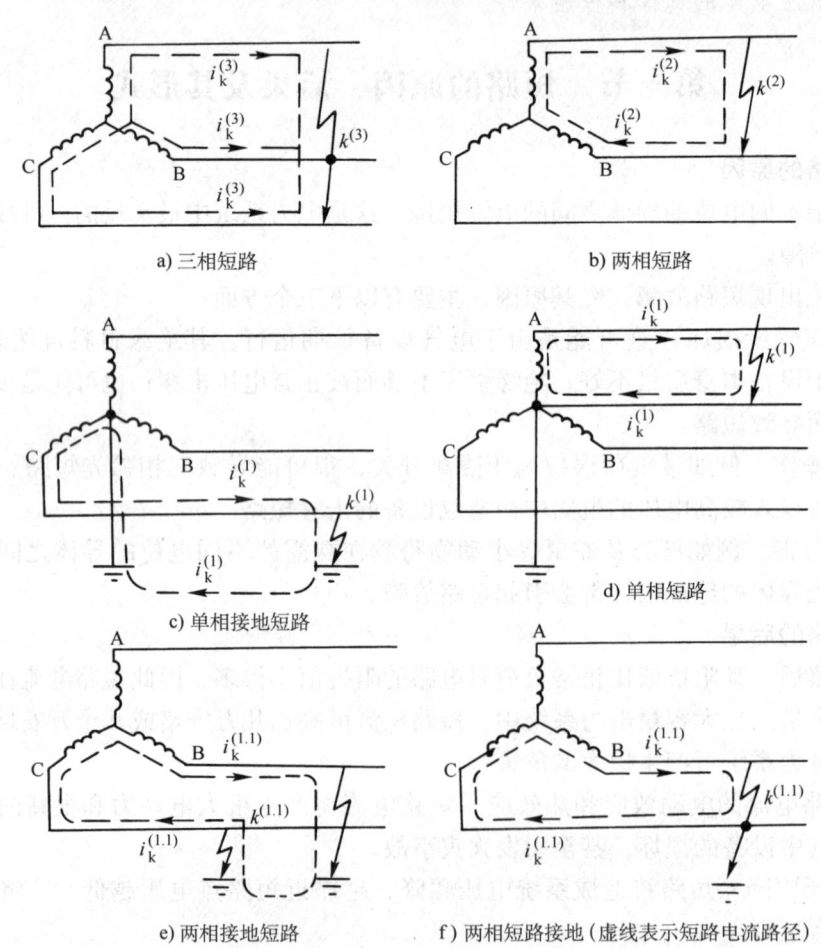

图 4-1　短路的形式

上述三相短路，属于"对称性短路"。其他形式的短路，均属"非对称性短路"。

电力系统中，发生单相短路的可能性最大，而发生三相短路的可能性最小。但一般是三相短路电流最大，造成的危害也最严重。为了使电力系统中的电气设备在最严重的短路状态下也能可靠地工作，因此作为选择校验电气设备用的短路计算中，以三相短路计算为主。实际上，非对称性短路也可按对称分量法分解为对称的正序、负序和零序分量来研究，所以对称性的三相短路分析也是分析非对称性短路的基础。

第二节　无限大容量电力系统发生三相短路时的物理过程和物理量

一、无限大容量电力系统及其三相短路的物理过程

无限大容量电力系统，就是其容量相对于用户内部供配电系统容量大得多的电力系统，以致用户的负荷不论如何变动甚至发生短路时，电力系统变电所馈电母线的电压能基本维持不变。在实际的用户供电设计中，当电力系统总阻抗不超过短路回路总阻抗的 5%~10%，或者电力系统容量超过用户供配电系统容量的 50 倍时，可将电力系统视为"无限大容量电力系统"。凡不满足上述条件的电力系统，则称为"有限容量电力系统"。

对一般用户（含工矿企业）供配电系统来说，由于其容量远比电力系统的总容量小，而其阻抗又远比电力系统大，因此用户供配电系统内发生短路时，电力系统变电所馈电母线上的电压几乎维持不变，也就是说，可将电力系统看作无限大容量的电源。

图 4-2a 是一个电源为无限大容量的供电系统中发生三相短路的电路图。由于三相对称，因此这个三相电路图可用图 4-2b 所示等效单相电路图来研究。

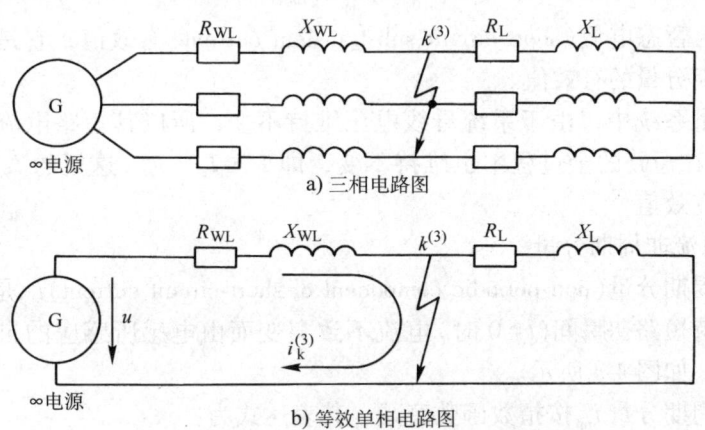

a) 三相电路图

b) 等效单相电路图

图 4-2　无限大容量系统中发生三相短路

R_{WL}、X_{WL}—线路阻抗　R_L、X_L—负荷阻抗

正常运行时，电路中的电流取决于电源电压和电路中所有元件包括负荷（用电设备）在内的总阻抗。当发生三相短路时，由于负荷阻抗和部分线路阻抗被短路，所以根据欧姆定律，电路中的电流（短路电流）要突然增大。但是，由于短路电路中存在着电感，根据楞次定律，电流又不能突变，因而引起一个过渡过程，即短路暂态过程，最后短路电流达到一个新的稳定状态。

图 4-3 表示无限大容量系统中发生三相短路前后的电压和电流变动曲线。

二、有关短路的物理量

（一）短路电流周期分量

假设短路发生在电压瞬时值 $u=0$ 时，这时的负荷电流为 i_0。由于短路时电路阻抗减小很多，电路中将要出现一个如图 4-3 所示的短路电流周期分量（periodic component of short-cir-

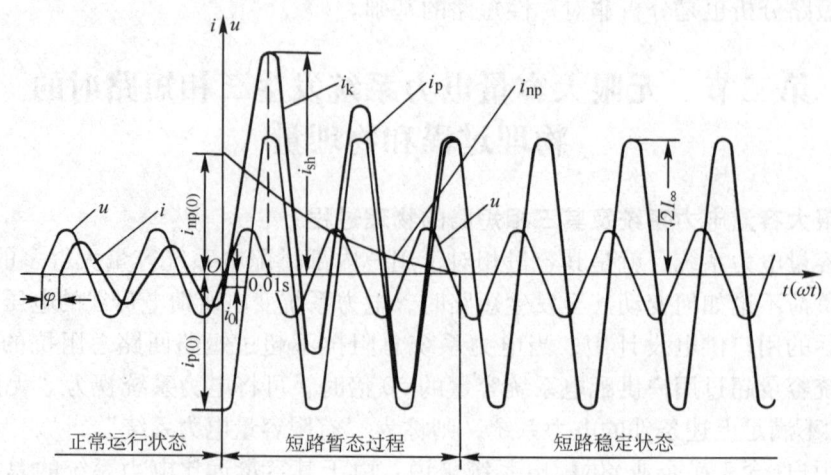

图 4-3 无限大容量系统中发生三相短路前后的电压电流曲线

cuit current)i_p。由于短路电路的电抗一般远大于电阻,所以这周期分量 i_p 差不多滞后电压 u 90°。因此,在 $u=0$ 时短路的瞬间($t=0$ 时),i_p 将突然增大到幅值,即

$$i_{p(0)} = I''_m = \sqrt{2}I'' \tag{4-1}$$

式中,I'' 为短路次暂态电流(short-circuit sub-transient current)有效值,它是短路后第一个周期的短路电流周期分量的有效值。

在无限大容量系统中,由于系统母线电压维持不变,所以其短路电流周期分量有效值(习惯用 I_k 表示)在短路的全过程中也维持不变,即 $I''=I_\infty=I_k$,这里的 I_∞ 为后面将要讲述的短路稳态电流有效值。

(二)短路电流非周期分量

短路电流非周期分量(non-periodic component of short-circuit current)i_{np} 是由于短路电路存在电感,用以维持短路初瞬间($t=0$ 时)电流不致突变而由电感所感应的自感电动势所产生的一个反向电流,如图 4-3 所示。

短路电流非周期分量 i_{np} 按指数函数衰减,其表达式为:

$$i_{np} = i_{np(0)} e^{-\frac{t}{\tau}} = (I''_m - i_0) e^{-\frac{t}{\tau}} \approx \sqrt{2} I'' e^{-\frac{t}{\tau}} \tag{4-2}$$

式中,τ 为短路电路的时间常数,$\tau = L_\Sigma / R_\Sigma = X_\Sigma / (314 R_\Sigma)$,这里的 R_Σ、L_Σ 和 X_Σ 分别为短路电路的总电阻、总电感和总电抗。

(三)短路全电流

任一瞬间的短路全电流(short-circuit whole-current)i_k 为其周期分量 i_p 与非周期分量 i_{np} 之和,即

$$i_k = i_p + i_{np} \tag{4-3}$$

某一瞬间 t 的短路全电流有效值 $I_{k(t)}$,是 t 为中点的一个周期内的周期分量有效值 $I_{p(t)}$ 与 t 瞬间非周期分量值 $i_{np(t)}$ 的方均根值,即

$$I_{k(t)} = \sqrt{I_{p(t)}^2 + i_{np(t)}^2} \tag{4-4}$$

如前所述,在无限大容量系统中,短路电流周期分量的有效值和幅值在短路全过程中是恒定不变的。

(四)短路冲击电流

由图 4-3 所示的短路全电流 i_k 曲线可以看出,短路后经过半个周期(即 $t=0.01$s),短路电流瞬时值达到最大值。短路过程中的这一最大短路电流瞬时值,称为短路冲击电流(short-circuit shock current),用 i_{sh} 表示。

短路冲击电流按下式计算:

$$i_{sh} = i_{p(0.01)} + i_{np(0.01)} \approx \sqrt{2}I''(1+e^{-\frac{0.01}{\tau}}) = K_{sh}\sqrt{2}I'' \qquad (4-5)$$

式中,K_{sh} 为短路电流冲击系数。

由上式可知,短路电流冲击系数为

$$K_{sh} = 1 + e^{-\frac{0.01}{\tau}} = 1 + e^{-\frac{0.01R_\Sigma}{L_\Sigma}} \qquad (4-6)$$

当 $R_\Sigma \to 0$ 时,$K_{sh} \to 2$;当 $L_\Sigma \to 0$ 时,$K_{sh} \to 1$。因此 $K_{sh} = 1 \sim 2$,或 $1 < K_{sh} < 2$。

短路全电流的最大有效值,是短路后第一个周期的短路全电流有效值,用 I_{sh} 表示,亦称短路冲击电流有效值,用下式计算:

$$I_{sh} = \sqrt{I_{p(0.01)}^2 + i_{np(0.01)}^2} \approx \sqrt{I''^2 + (\sqrt{2}I''e^{-\frac{0.01}{\tau}})^2}$$

或

$$I_{sh} \approx \sqrt{1 + 2(K_{sh}-1)^2}\, I'' \qquad (4-7)$$

在高压电路发生三相短路时,一般取 $K_{sh} = 1.8$,因此

$$i_{sh} = 2.55 I'' \qquad (4-8)$$

$$I_{sh} = 1.51 I'' \qquad (4-9)$$

在低压电路和 1000kVA 及以下变压器二次侧发生三相短路时,一般取 $K_{sh} = 1.3$,因此

$$i_{sh} = 1.84 I'' \qquad (4-10)$$

$$I_{sh} = 1.09 I'' \qquad (4-11)$$

(五)短路稳态电流

短路稳态电流(short-circuit static current)是短路电流非周期分量衰减完毕以后的短路全电流,其有效值用 I_∞ 表示。

在无限大容量系统中,$I'' = I_\infty = I_k$。

第三节 无限大容量电力系统中的短路电流计算

一、短路电流计算概述

供配电系统要求对用户安全可靠地供电,但是由于各种原因,也难免出现故障,其中最常见的故障就是短路,而短路的后果十分严重,直接影响供配电系统及电气设备的安全运行。为了正确选择电气设备,使设备具有足够的动稳定性和热稳定性,以保证在通过可能的最大的短路电流时也不致损坏,因此必须进行短路电流计算。同时为了选择切断短路故障的开关电器、整定短路保护的继电保护以及选择限制短路电流的元件(如电抗器等),也必须计算短路电流。

进行短路电流计算,首先要绘出计算电路图,如后面图 4-4 所示。在计算电路图上,将短路计算所需考虑的各元件的主要参数都表示出来,并将各元件依次编号,然后确定短路计算点。短路计算点要选择得使需要进行短路校验的电气元件有最大可能的短路电流通过。接

着，按所选择的短路计算点绘出等效电路图，如后面图 4-5 所示，并计算电路中各主要元件的阻抗。在等效电路图上，只需将所计算的短路电流所流经的一些主要元件表示出来，并标明其序号和阻抗值，一般是分子标序号，分母标阻抗值（既有电阻又有电抗时，用复数形式 $R+jX$ 表示）。然后将等效电路化简。对一般用户供配电系统来说，由于将电力系统当作无限大容量电源，而且短路电路也比较简单，因此一般只需采用阻抗串并联的方法即可将电路化简，求出其等效总阻抗。最后计算短路电流和短路容量。

计算短路电流的方法，常用的有欧姆法和标幺制法。

短路计算中有关物理量一般采用以下单位：电压——千伏（kV），电流——千安（kA），短路和断路容量（功率）——兆伏安（MVA），设备容量——千瓦（kW）或千伏安（kVA），阻抗——欧（Ω）。但必须说明，本书计算公式中各物理量的单位除特别标明的以外，一般均采用国际单位制（SI 制）的基本单位：伏（V），安（A），瓦（W），伏安（VA），欧（Ω）等。因此后面导出的公式一般不标注物理量的单位。如果采用工程中常用的单位计算，则必须注意所用公式中各物理量单位的换算系数。

二、采用欧姆法进行三相短路的计算

欧姆法（Ohm's Method）是因其短路计算中的阻抗都采用有名单位"欧姆"而得名，亦称有名单位制法。

在无限大容量系统中发生三相短路时，其三相短路电流周期分量有效值可用下式计算：

$$I_k^{(3)} = \frac{U_c}{\sqrt{3}|Z_\Sigma|} = \frac{U_c}{\sqrt{3}\sqrt{R_\Sigma^2 + X_\Sigma^2}} \tag{4-12}$$

式中，U_c 为短路计算点的短路计算电压，由于线路首端短路时其短路最为严重，因此按线路首端电压考虑，即短路计算电压取为比线路额定电压 U_N 高 5%，按我国电压标准，U_c 有 0.4kV、0.69kV、3.15kV、6.3kV、10.5kV、37kV…等；$|Z_\Sigma|$、R_Σ、X_Σ 分别为短路电路的总阻抗[模]、总电阻和总电抗。

在高压电路的短路计算中，通常 $R_\Sigma \ll X_\Sigma$，因此可只计 X_Σ，不计 R_Σ。在低压电路的短路计算中，也只有当 $R_\Sigma > X_\Sigma/3$ 时才需要计入电阻。

如果不计电阻，则三相短路电流周期分量有效值为：

$$I_k^{(3)} = \frac{U_c}{\sqrt{3}X_\Sigma} \tag{4-13}$$

三相短路容量按下式计算：

$$S_k^{(3)} = \sqrt{3}U_c I_k^{(3)} \tag{4-14}$$

关于短路电路的阻抗，一般可只计电力系统（电源）的阻抗、电力变压器阻抗和电力线路阻抗。而供配电系统中的母线、电流互感器的一次绕组、低压断路器的过电流脱扣线圈及开关触头等的阻抗，相对来说很小，在短路计算中一般可略去不计。在略去上述阻抗后，计算所得的短路电流自然稍有偏大，但用稍偏大的短路电流来校验电气设备，倒可以使所选电气设备的运行安全性更有保证。

1. 电力系统（电源）的阻抗计算

电力系统（电源）的电阻相对于它的电抗很小，一般不予考虑。电力系统的电抗，可由电力系统变电所高压馈电线出口断路器的断流容量 S_{oc} 来估算，这 S_{oc} 就看作是电力系统的极限短路容量。因此电力系统的电抗为

$$X_S = \frac{U_c^2}{S_{oc}} \tag{4-15}$$

式中，U_c 为高压馈电线的短路计算电压，但为了便于短路电路总阻抗的计算，免去阻抗换算的麻烦，此式的 U_c 可直接采用短路计算点的短路计算电压；S_{oc} 为电力系统出口断路器的断流容量，可查有关手册或断路器产品样本(参看附表 2)。如果只有开断电流 I_{oc} 数据，则其断流容量可按下式求得：

$$S_{oc} = \sqrt{3} U_N I_{oc} \tag{4-16}$$

式中，U_N 为断路器额定电压。

2. 电力变压器的阻抗计算

(1) 电力变压器的电阻 R_T　可由变压器的短路损耗 ΔP_k(即负载损耗 ΔP_L)近似地计算

因

$$\Delta P_k \approx 3 I_N^2 R_T = 3 \times \left(\frac{S_N}{\sqrt{3} U_N}\right)^2 R_T \approx \left(\frac{S_N}{U_c}\right)^2 R_T$$

故

$$R_T \approx \Delta P_k \left(\frac{U_c}{S_N}\right)^2 \tag{4-17}$$

式中，U_c 可取短路计算点的短路计算电压，以免阻抗换算；S_N 为变压器的额定容量；ΔP_k 为变压器的短路损耗，可查有关手册或产品样本(参看附表 1)。

(2) 电力变压器的电抗 X_T　可由变压器的阻抗电压 $U_Z\%$(即短路电压 $U_k\%$)近似地计算

因

$$U_Z\% \approx \frac{\sqrt{3} I_N X_T}{U_c} \times 100 \approx \frac{S_N X_T}{U_c^2} \times 100$$

故

$$X_T \approx \frac{U_Z\% U_c^2}{100 S_N} \tag{4-18}$$

式中，$U_Z\%$ 为变压器的阻抗电压百分值，可查有关手册或产品样本(参看附表 1)。

3. 电力线路的阻抗计算

(1) 电力线路的电阻 R_{WL}　可由导线电缆的单位长度电阻 R_0 值求得，即

$$R_{WL} = R_0 l \tag{4-19}$$

式中，R_0 为导线电缆单位长度的电阻，可查有关手册或产品样本(参看附表 12~13)；l 为线路长度。

(2) 电力线路的电抗 X_{WL}　可由导线电缆的单位长度电抗 X_0 值求得，即

$$X_{WL} = X_0 l \tag{4-20}$$

式中，X_0 为导线电缆单位长度的电抗，可查有关手册或产品样本(参看附表 12~13)；如果线路的结构数据不详，无法查找时，可按表 4-1 取其电抗平均值，因为同一电压的同类线路的电抗值变动的幅度一般不大，这从附表 12~13 也可看出；l 为线路长度。

表 4-1　电力线路每相的单位长度电抗平均值

线路结构	单位长度电抗平均值/(Ω/km)		
	220/380V	6~10kV	35kV 及以上
架空线路	0.32	0.35	0.4
电缆线路	0.066	0.08	0.12

求出短路电路中各主要元件的阻抗后,就化简电路,求出其等效总阻抗,然后按前面式(4-12)或式(4-13)计算其三相短路周期分量 $I_k^{(3)}$,再按有关公式计算其他短路电流 $I'''^{(3)}$、$I_\infty^{(3)}$、$i_{sh}^{(3)}$ 和 $I_{sh}^{(3)}$ 等,并按式(4-14)计算三相短路容量 $S_k^{(3)}$。

必须注意:在计算短路电路的阻抗时,假如电路内含有电力变压器,则电路内各元件的阻抗都应统一换算到短路计算点的短路计算电压去。阻抗等效换算的条件是元件的功率损耗不变。

由 $\Delta P=U^2/R$ 和 $\Delta Q=U^2/X$ 可知,元件的阻抗值与电压平方成正比,因此阻抗换算的公式为

$$R' = R\left(\frac{U'_c}{U_c}\right)^2 \tag{4-21}$$

$$X' = X\left(\frac{U'_c}{U_c}\right)^2 \tag{4-22}$$

式中,R、X 和 U_c 为换算前元件的电阻、电抗和元件所在处的短路计算电压;R'、X' 和 U'_c 为换算后元件的电阻、电抗和短路计算点的短路计算电压。

就短路计算中考虑的几个主要元件的阻抗来说,只有电力线路的阻抗有时需要换算。例如计算低压侧的短路电流时,高压侧线路的阻抗就需要换算到低压侧去。而电力系统和电力变压器的阻抗,由于其阻抗计算公式中均含有 U_c^2,因此在计算其阻抗时,公式中的 U_c 直接代以短路计算点的短路计算电压,就相当于阻抗已经换算到短路计算点一侧了。

例 4-1 某供配电系统如图 4-4 所示。已知电力系统出口断路器为 SN10-10 Ⅱ 型。试求该用户变电所高压 10kV 母线上 $k-1$ 点短路和低压 380V 母线上 $k-2$ 点短路的三相短路电流和短路容量。

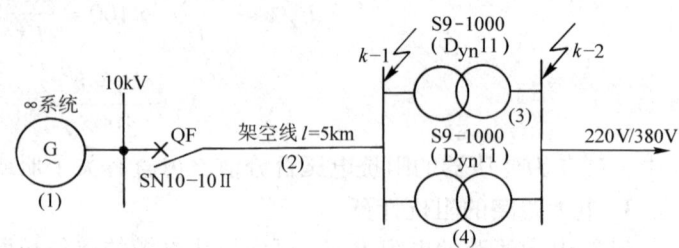

图 4-4 例 4-1 的短路计算电路图

解 1. 求 $k-1$ 点的三相短路电流和短路容量($U_{c1}=10.5\text{kV}$)

(1) 计算短路电路中各元件的电抗和总电抗

① 电力系统的电抗:由附表 2 可查得 SN10-10 Ⅱ 型断路器的断流容量 $S_{oc}=500\text{MVA}$,因此

$$X_1 = \frac{U_{c1}^2}{S_{oc}} = \frac{(10.5\text{kV})^2}{500\text{MVA}} = 0.22\Omega$$

② 架空线路的电抗:由表 4-1 查得 $X_0=0.35\Omega/\text{km}$,因此

$$X_2 = X_0 l = 0.35(\Omega/\text{km}) \times 5\text{km} = 1.75\Omega$$

③ 绘 $k-1$ 点短路的等效电路如图 4-5a 所示,并计算其总电抗如下:

$$X_{\Sigma(k-1)} = X_1 + X_2 = 0.22\Omega + 1.75\Omega = 1.97\Omega$$

(2) 计算三相短路电流和短路容量

① 三相短路电流周期分量有效值:

$$I_{k-1}^{(3)} = \frac{U_{c1}}{\sqrt{3}X_{\Sigma(k-1)}} = \frac{10.5\text{kV}}{\sqrt{3}\times 1.97\Omega} = 3.08\text{kA}$$

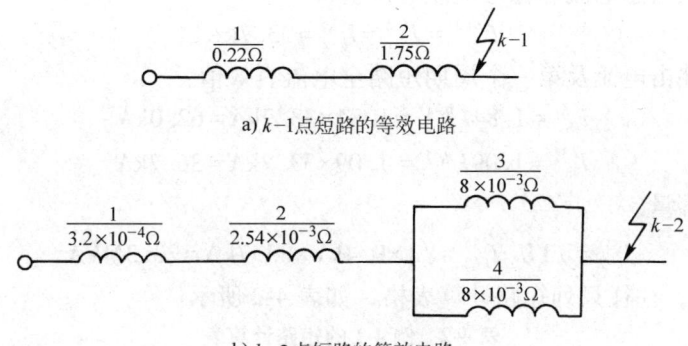

a) k-1点短路的等效电路

b) k-2点短路的等效电路

图 4-5　例 4-1 的短路等效电路图（欧姆法）

② 三相短路次暂态电流和稳态电流有效值：

$$I''^{(3)} = I_\infty^{(3)} = I_{k-1}^{(3)} = 3.08\text{kA}$$

③ 三相短路冲击电流及第一个周期短路全电流有效值：

$$i_{sh}^{(3)} = 2.55 I''^{(3)} = 2.55 \times 3.08\text{kA} = 7.85\text{kA}$$

$$I_{sh}^{(3)} = 1.51 I''^{(3)} = 1.51 \times 3.08\text{kA} = 4.65\text{kA}$$

④ 三相短路容量：

$$S_{k-1}^{(3)} = \sqrt{3} U_{c1} I_{k-1}^{(3)} = \sqrt{3} \times 10.5\text{kV} \times 3.08\text{kA} = 56.0\text{MVA}$$

2. 求 k-2 点的三相短路电流和短路容量（$U_{c2} = 0.4\text{kV}$）

（1）计算短路电路中各元件的电抗及总电抗

① 电力系统的电抗：

$$X'_1 = \frac{U_{c2}^2}{S_{oc}} = \frac{(0.4\text{kV})^2}{500\text{MVA}} = 3.2 \times 10^{-4}\Omega$$

② 架空线路的电抗：

$$X'_2 = X_0 l \left(\frac{U_{c2}}{U_{c1}}\right)^2 = 0.35(\Omega/\text{km}) \times 5\text{km} \times \left(\frac{0.4\text{kV}}{10.5\text{kV}}\right)^2$$

$$= 2.54 \times 10^{-3}\Omega$$

③ 电力变压器的电抗：由附表 1 得 $U_z\% = 5$，因此

$$X_3 = X_4 \approx \frac{U_z\% U_{c2}^2}{100 S_N} = \frac{5}{100} \times \frac{(0.4\text{kV})^2}{1000\text{kVA}} = 8 \times 10^{-6}\text{k}\Omega = 8 \times 10^{-3}\Omega$$

④ 绘 k-2 点短路的等效电路如图 4-5b 所示，并计算其总电抗如下：

$$X_{\Sigma(k-2)} = X'_1 + X'_2 + X_3 // X_4 = X'_1 + X'_2 + \frac{X_3 X_4}{X_3 + X_4}$$

$$= 3.2 \times 10^{-4}\Omega + 2.54 \times 10^{-3}\Omega + \frac{8 \times 10^{-3}\Omega}{2} = 6.86 \times 10^{-3}\Omega$$

（2）计算三相短路电流和短路容量

① 三相短路电流周期分量有效值：

$$I_{k-2}^{(3)} = \frac{U_{c2}}{\sqrt{3} X_{\Sigma(k-2)}} = \frac{0.4\text{kV}}{\sqrt{3} \times 6.86 \times 10^{-3}\Omega} = 33.7\text{kA}$$

② 三相短路次暂态电流和稳态电流有效值：
$$I''^{(3)} = I_\infty^{(3)} = I_{k-2}^{(3)} = 33.7\text{kA}$$

③ 三相短路冲击电流及第一个周期短路全电流有效值：
$$i_{sh}^{(3)} = 1.84 I''^{(3)} = 1.84 \times 33.7\text{kA} = 62.0\text{kA}$$
$$I_{sh}^{(3)} = 1.09 I''^{(3)} = 1.09 \times 33.7\text{kA} = 36.7\text{kA}$$

④ 三相短路容量：
$$S_{k-2}^{(3)} = \sqrt{3} U_{c2} I_{k-2}^{(3)} = \sqrt{3} \times 0.4\text{kV} \times 33.7\text{kA} = 23.3\text{MVA}$$

在工程设计中，往往只列短路计算表格，如表 4-2 所示。

表 4-2 例 4-1 的短路计算表

短路计算点	三相短路电流/kA					三相短路容量/MVA
	$I_k^{(3)}$	$I''^{(3)}$	$I_\infty^{(3)}$	$i_{sh}^{(3)}$	$I_{sh}^{(3)}$	$S_k^{(3)}$
$k-1$ 点	3.08	3.08	3.08	7.85	4.65	56.0
$k-2$ 点	33.7	33.7	33.7	62.0	36.7	23.3

三、采用标幺制法进行三相短路的计算

标幺制法（Method of per-unit system）因其短路计算中的有关物理量是采用标幺值（相对值）而得名，又称相对单位制法。

某一物理量的标幺值 A_d^* 为该物理量的实际值 A 与所选定的基准值 A_d 的比值，即

$$A_d^* \stackrel{\text{def}}{=\!=} \frac{A}{A_d} \tag{4-23}$$

按标幺制法进行短路计算时，须先选定基准容量 S_d 和基准电压 U_d。

基准容量，工程设计中通常取 $S_d = 100\text{MVA}$。

基准电压，通常取元件所在处的短路计算电压，即取 $U_d = U_c$。

选定了基准容量 S_d 和基准电压 U_d 以后，可按下式计算基准电流：

$$I_d = \frac{S_d}{\sqrt{3} U_d} = \frac{S_d}{\sqrt{3} U_c} \tag{4-24}$$

按下式计算基准电抗：

$$X_d = \frac{U_d}{\sqrt{3} I_d} = \frac{U_c^2}{S_d} \tag{4-25}$$

下面分别讲述供配电系统中各主要元件的电抗标幺值的计算（取 $S_d = 100\text{MVA}, U_d = U_c$）。

（1）电力系统的电抗标幺值

$$X_S^* = \frac{X_S}{X_d} = \frac{U_c^2}{S_{oc}} \bigg/ \frac{U_c^2}{S_d} = \frac{S_d}{S_{oc}} \tag{4-26}$$

（2）电力变压器的电抗标幺值

$$X_T^* = \frac{X_T}{X_d} = \frac{U_Z\% U_c^2}{100 S_N} \bigg/ \frac{U_c^2}{S_d} = \frac{U_Z\% S_d}{100 S_N} \tag{4-27}$$

（3）电力线路的电抗标幺值

$$X_{WL}^* = \frac{X_{WL}}{X_d} = \frac{X_0 l}{U_c^2 / S_d} = X_0 l \frac{S_d}{U_c^2} \tag{4-28}$$

求出短路电路中各主要元件的电抗标幺值后，即可利用其等效电路图（参看图 4-6）进行电路化简，计算其总电抗标幺值 X_Σ^*。由于各元件电抗都采用标幺值（相对值），与短路计算点电压无关，因此无须进行电压换算，这也是标幺制法较之欧姆法优越之处。

无限大容量系统三相短路电流周期分量有效值的标幺值按下式计算：

$$I_k^{(3)*} = \frac{I_k^{(3)}}{I_d} = \frac{U_c}{\sqrt{3} X_\Sigma} \bigg/ \frac{S_d}{\sqrt{3} U_c} = \frac{U_c^2}{S_d X_\Sigma} = \frac{1}{X_\Sigma^*} \tag{4-29}$$

由此可求得三相短路电流周期分量有效值

$$I_k^{(3)} = I_k^{(3)*} I_d = \frac{I_d}{X_\Sigma^*} \tag{4-30}$$

求出 $I_k^{(3)}$ 后，即可利用前面的有关公式计算 $I''^{(3)}$、$I_\infty^{(3)}$、$i_{sh}^{(3)}$ 和 $I_{sh}^{(3)}$ 等。

三相短路容量的计算公式为

$$S_k^{(3)} = \sqrt{3} U_c I_k^{(3)} = \sqrt{3} U_c \frac{I_d}{X_\Sigma^*} = \frac{S_d}{X_\Sigma^*} \tag{4-31}$$

例 4-2 试用标幺制法计算例 4-1 所示供配电系统中 k-1 点和 k-2 点的三相短路电流和短路容量。

解 （1）确定基准值

取 $S_d = 100\text{MVA}$，$U_{d1} = U_{c1} = 10.5\text{kV}$，$U_{d2} = U_{c2} = 0.4\text{kV}$

而

$$I_{d1} = \frac{S_d}{\sqrt{3} U_{c1}} = \frac{100\text{MVA}}{\sqrt{3} \times 10.5\text{kV}} = 5.50\text{kA}$$

$$I_{d2} = \frac{S_d}{\sqrt{3} U_{c2}} = \frac{100\text{MVA}}{\sqrt{3} \times 0.4\text{kV}} = 144\text{kA}$$

（2）计算短路电路中各主要元件的电抗标幺值

① 电力系统的电抗标幺值：由附表 2 查得 SN10-10Ⅱ型断路器的 $S_{oc} = 500\text{MVA}$，因此

$$X_1^* = \frac{S_d}{S_{oc}} = \frac{100\text{MVA}}{500\text{MVA}} = 0.2$$

② 架空线路的电抗标幺值：由表 4-1 查得 $X_0 = 0.35\Omega/\text{km}$，因此

$$X_2^* = X_0 l \frac{S_d}{U_{c1}^2} = 0.35(\Omega/\text{km}) \times 5\text{km} \times \frac{100\text{MVA}}{(10.5\text{kV})^2} = 1.59$$

③ 电力变压器的电抗标幺值：由附表 1 查得 $U_Z\% = 5$，因此

$$X_3^* = X_4^* = \frac{U_Z\% S_d}{100 S_N} = \frac{5 \times 100 \times 10^3 \text{kVA}}{100 \times 1000 \text{kVA}} = 5.0$$

绘短路等效电路如图 4-6 所示。图上标出各元件的序号（分子）和电抗标幺值（分母），并标出短路计算点 k-1 和 k-2。

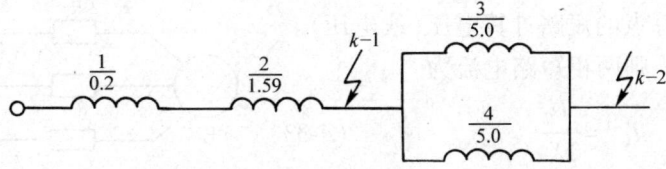

图 4-6 例 4-2 的短路等效电路图（标幺制法）

(3) 求 k-1 点的短路电路总电抗标幺值及三相短路电流和短路容量

① 总电抗标幺值
$$X^*_{\Sigma(k-1)} = X^*_1 + X^*_2 = 0.2 + 1.59 = 1.79$$

② 三相短路电流周期分量有效值
$$I^{(3)}_{k-1} = \frac{I_{d1}}{X^*_{\Sigma(k-1)}} = \frac{5.50\text{kA}}{1.79} = 3.07\text{kA}$$

③ 其他三相短路电流
$$I''^{(3)} = I^{(3)}_\infty = I^{(3)}_{k-1} = 3.07\text{kA}$$
$$i^{(3)}_{sh} = 2.55 I''^{(3)} = 2.55 \times 3.07\text{kA} = 7.83\text{kA}$$
$$I^{(3)}_{sh} = 1.51 I''^{(3)} = 1.51 \times 3.07\text{kA} = 4.64\text{kA}$$

④ 三相短路容量
$$S^{(3)}_{k-1} = \frac{S_d}{X^*_{\Sigma(k-1)}} = \frac{100\text{MVA}}{1.79} = 55.9\text{MVA}$$

(4) 求 k-2 点的短路电路总电抗标幺值及三相短路电流和短路容量

① 总电抗标幺值
$$X^*_{\Sigma(k-2)} = X^*_1 + X^*_2 + X^*_3 // X^*_4 = 0.2 + 1.59 + \frac{5.0}{2} = 4.29$$

② 三相短路电流周期分量有效值
$$I^{(3)}_{k-2} = \frac{I_{d2}}{X^*_{\Sigma(k-2)}} = \frac{144\text{kA}}{4.29} = 33.6\text{kA}$$

③ 其他三相短路电流
$$I''^{(3)} = I^{(3)}_\infty = I^{(3)}_{k-2} = 33.6\text{kA}$$
$$i^{(3)}_{sh} = 1.84 I''^{(3)} = 1.84 \times 33.6\text{kA} = 61.8\text{kA}$$
$$I^{(3)}_{sh} = 1.09 I''^{(3)} = 1.09 \times 33.6\text{kA} = 36.6\text{kA}$$

④ 三相短路容量
$$S^{(3)}_{k-2} = \frac{S_d}{X^*_{\Sigma(k-2)}} = \frac{100\text{MVA}}{4.29} = 23.3\text{MVA}$$

此例计算结果与例 4-1 基本相同(短路计算表略)。

四、两相短路电流的计算

在无限大容量系统中发生两相短路时(参看图 4-7),其两相短路电流周期分量有效值(简称两相短路电流)为

$$I^{(2)}_k = \frac{U_c}{2|Z_\Sigma|} \tag{4-32}$$

式中,U_c 为短路计算点的短路计算电压(线电压)。

如果只计电抗,则两相短路电流为

$$I^{(2)}_k = \frac{U_c}{2X_\Sigma} \tag{4-33}$$

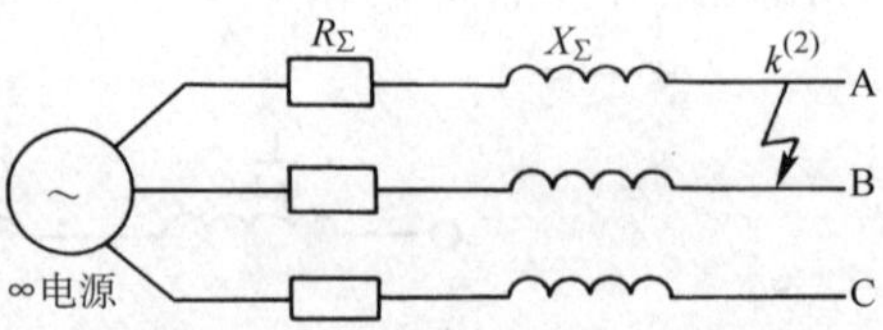

其他两相短路电流 $I''^{(2)}$、$I^{(2)}_\infty$、$i^{(2)}_{sh}$ 和 $I^{(2)}_{sh}$ 等,都

图 4-7 无限大容量系统中发生两相短路

可按前面三相短路的对应短路电流的公式计算。

关于两相短路电流与三相短路电流的关系，可由 $I_k^{(2)} = U_c/(2X_\Sigma)$ 及 $I_k^{(3)} = U_c/(\sqrt{3}X_\Sigma)$ 求得。

因

$$I_k^{(2)}/I_k^{(3)} = \sqrt{3}/2 = 0.866$$

故

$$I_k^{(2)} = \frac{\sqrt{3}}{2} I_k^{(3)} = 0.866 I_k^{(3)} \tag{4-34}$$

上式说明，在无限大容量系统中，同一地点的两相短路电流为三相短路电流的 0.866 倍㊀。

因此无限大容量系统中的两相短路电流，可在求出三相短路电流后利用式(4-34)直接求得。

五、单相短路电流的计算

在大接地电流系统和三相四线制配电系统中发生单相短路时(参看图 4-1c、d)，根据对称分量法可求得其单相短路电流为

$$\dot{I}_k^{(1)} = \frac{3\dot{U}_\varphi}{Z_{1\Sigma} + Z_{2\Sigma} + Z_{0\Sigma}} \tag{4-35}$$

式中，$\dot{U}_\varphi$ 为电源相电压；$Z_{1\Sigma}$、$Z_{2\Sigma}$、$Z_{0\Sigma}$ 分别为单相短路回路的正序、负序和零序阻抗。

在工程设计中，可利用下式计算单相短路电流：

$$I_k^{(1)} = \frac{U_\varphi}{|Z_{\varphi\text{-}0}|} \tag{4-36}$$

式中，U_φ 为电源相电压；$|Z_{\varphi\text{-}0}|$ 为单相短路回路的阻抗[模]，可查有关手册，或按下式计算：

$$|Z_{\varphi\text{-}0}| = \sqrt{(R_T + R_{\varphi\text{-}0})^2 + (X_T + X_{\varphi\text{-}0})^2} \tag{4-37}$$

式中，R_T、X_T 分别为变压器单相的等效电阻和电抗；$R_{\varphi\text{-}0}$、$X_{\varphi\text{-}0}$ 分别为相线与 N 线或 PEN 线的回路(短路回路)的电阻和电抗，包括回路中低压断路器过电流线圈的阻抗、开关触头的接触电阻及电流互感器一次绕组的阻抗等，可查有关手册或产品样本。

单相短路电流与三相短路电流的关系如下：

在远离发电机的用户变电所低压侧发生单相短路时，$Z_{1\Sigma} \approx Z_{2\Sigma}$，因此由式(4-35)得单相短路电流

$$\dot{I}_k^{(1)} = \frac{3\dot{U}_\varphi}{2Z_{1\Sigma} + Z_{0\Sigma}} \tag{4-38}$$

而三相短路时，三相短路电流为

$$\dot{I}_k^{(3)} = \frac{\dot{U}_\varphi}{Z_{1\Sigma}}$$

因此

$$\frac{\dot{I}_k^{(1)}}{\dot{I}_k^{(3)}} = \frac{3}{2 + \dfrac{Z_{0\Sigma}}{Z_{1\Sigma}}} \tag{4-39}$$

㊀ 式(4-34)仅限于无限大容量系统，即远离系统发电机的情况。如果在发电机出口短路时，则 $I_k^{(2)} = 1.5 I_k^{(3)}$。

由于远离发电机发生短路时，$Z_{0\Sigma} > Z_{1\Sigma}$，因此

$$I_k^{(1)} < I_k^{(3)} \tag{4-40}$$

由式(4-34)和式(4-40)可知，在无限大容量系统中或远离发电机处发生两相短路或单相短路时，它们的短路电流都比同一地方发生三相短路的短路电流小，因此用于选择一般供配电系统中电气设备和导体的短路电流，应该采用三相短路电流。两相短路电流主要用于相间短路保护灵敏度的校验，而单相短路电流除用于检验保护灵敏度外，主要用于单相短路保护的整定及单相短路热稳定度的校验。

第四节 短路电流的效应与校验

一、短路电流的电动效应与动稳定度校验

（一）短路电流的电动效应

由《电工基础》知，处于空气中的两平行直导体分别通以电流 i_1、i_2（单位为 A），而导体轴线间距离为 a，导体的两支持点距离（档距）为 l，则导体间所产生的电磁互作用力（电动力）F（单位为 N）为

$$F = \mu_0 i_1 i_2 \frac{l}{2\pi a} \tag{4-41}$$

式中，μ_0 为真空磁导率，$\mu_0 = 4\pi \times 10^{-7} \text{N}/\text{A}^2$（$1\text{N}/\text{A}^2 = 1\text{H/m}$）。

如果三相线路中发生两相短路，则两相短路冲击电流 $i_{sh}^{(2)}$（单位为 A）通过两相导线产生的电动力（单位为 N）为最大，其电动力为

$$F^{(2)} = \mu_0 i_{sh}^{(2)2} \frac{l}{2\pi a} \tag{4-42}$$

如果三相线路中发生三相短路，则三相短路冲击电流 $i_{sh}^{(3)}$（单位为 A）在中间相所产生的电动力（单位为 N）为最大，其电动力为

$$F^{(3)} = \frac{\sqrt{3}}{2} \mu_0 i_{sh}^{(3)2} \frac{l}{2\pi a} \tag{4-43}$$

上式代入 $\mu_0 = 4\pi \times 10^{-7} \text{N}/\text{A}^2$，即得

$$F^{(3)} = \sqrt{3} i_{sh}^{(3)2} \frac{l}{a} \times 10^{-7} \tag{4-44}$$

由于 $i_{sh}^{(2)} = \frac{\sqrt{3}}{2} i_{sh}^{(3)}$，因此代入式(4-42)得

$$F^{(2)} = \left(\frac{\sqrt{3}}{2}\right)^2 \mu_0 i_{sh}^{(3)2} \frac{l}{2\pi a} \tag{4-45}$$

将式(4-45)的 $F^{(2)}$ 与式(4-43)的 $F^{(3)}$ 相比即可看出两者的关系

$$\frac{F^{(2)}}{F^{(3)}} = \frac{\sqrt{3}}{2} \tag{4-46}$$

由上式可知，三相线路发生三相短路时中间相导体所受的电动力比两相短路时导体所受的电动力大。因此校验电器和导体的短路动稳定度时，一般应采用三相短路冲击电流 $i_{sh}^{(3)}$ 或 $I_{sh}^{(3)}$。

（二）短路动稳定度的校验

电器和导体的动稳定度校验，依校验的对象不同而采用不同的具体条件。

1）一般电器的动稳定度校验条件为

$$i_{max} \geq i_{sh}^{(3)} \qquad (4-47)$$

或

$$I_{max} \geq I_{sh}^{(3)} \qquad (4-48)$$

式中，i_{max} 和 I_{max} 分别为电器的极限通过电流（动稳定电流）峰值和有效值，可由有关手册或产品样本查得（参看附表2）。

2）绝缘子的动稳定度校验条件为

$$F_{al} \geq F_c^{(3)} \qquad (4-49)$$

式中，F_{al} 为绝缘子的最大允许载荷，可由有关手册或产品样本查得；如果手册或产品样本给出的是绝缘子的抗弯破坏载荷值，则应将抗弯破坏载荷值乘以 0.6 作为其 F_{al}。式中 $F_c^{(3)}$ 为三相短路时作用于绝缘子上的计算力，按通过 $i_{sh}^{(3)}$ 来计算；如果母线在绝缘子上平放（见图 4-8a），则 $F_c^{(3)}$ 按式（4-44）计算，即 $F_c^{(3)} = F^{(3)}$；如果母线在绝缘子上竖放（见图 4-8b），则 $F_c^{(3)} = 1.4F^{(3)}$。

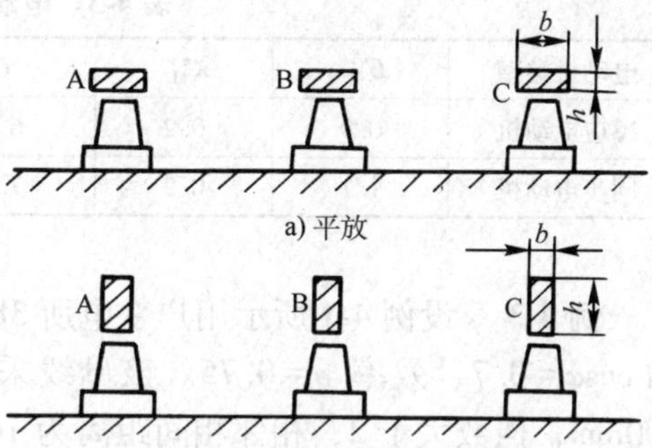

3）母线的动稳定度校验条件为

$$\sigma_{al} \geq \sigma_c \qquad (4-50)$$

图 4-8 母线在绝缘子上的放置方式

式中，σ_{al} 为母线的最大允许应力，按母线材质而定，硬铜母线（TMY 型），$\sigma_{al} = 140\text{MPa}$，硬铝母线（LMY 型），$\sigma_{al} = 70\text{MPa}$；$\sigma_c$ 为母线通过 $i_{sh}^{(3)}$ 时所受到的最大计算应力。

母线的最大计算应力 σ_c 按下式计算：

$$\sigma_c = \frac{M}{W} \qquad (4-51)$$

式中，M 为母线通过 $i_{sh}^{(3)}$ 时所受到的弯曲力矩，当母线的档距数为 1~2 时，$M = F^{(3)}l/8$，当其档距数多于 2 时，$M = F^{(3)}l/10$，这里的 $F^{(3)}$ 按式（4-44）计算，l 为母线档距；W 为母线的截面系数，当母线水平放置时（见图 4-8），$W = b^2h/6$，这里的 b 为母线截面的水平宽度，h 为母线截面的垂直厚度。

（三）对短路点附近交流电动机反馈冲击电流影响的考虑

当短路计算点附近所接交流电动机的额定电流之和超过供配电系统短路电流的 1% 时，或者短路点附近所接交流电动机总容量超过 100kW 时[23]，应计入电动机反馈冲击电流的影响。由于短路时电动机端电压骤降，致使电动机因定子电动势反高于外施电压而向短路点反馈电流，如图 4-9 所示，从而使短路计算点的短路冲击电流增大。

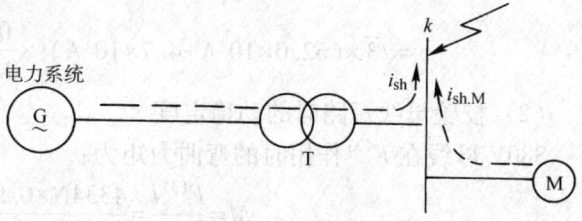

图 4-9 大容量电动机对短路点反馈冲击电流

当交流电动机进线端发生三相短路时，它反馈的最大短路电流瞬时值（即电动机反馈冲击电流)可按下式计算：

$$i_{\text{sh.M}} = \sqrt{2}\frac{E''^*_{\text{M}}}{X''^*_{\text{M}}}K_{\text{sh.M}}I_{\text{N.M}} = CK_{\text{sh.M}}I_{\text{N.M}} \tag{4-52}$$

式中，E''^*_{M} 为电动机次暂态电动势标幺值；X''^*_{M} 为电动机次暂态电抗标幺值；C 为电动机反馈冲击倍数，以上参数均见表4-3；$K_{\text{sh.M}}$ 为电动机短路电流冲击系数，对3~10kV电动机可取1.4~1.7，对380V电动机可取1；$I_{\text{N.M}}$ 为电动机额定电流。

由于交流电动机在外电路短路后很快受到制动，所以它产生的反馈电流衰减很快。因此只在考虑短路冲击电流的影响时才需计入电动机的反馈电流。

表4-3 电动机的 E''^*_{M}、X''^*_{M} 和 C 值

电动机类型	E''^*_{M}	X''^*_{M}	C	电动机类型	E''^*_{M}	X''^*_{M}	C
感应电动机	0.9	0.2	6.5	同步补偿机	1.2	0.16	10.6
同步电动机	1.1	0.2	7.8	综合性负荷	0.8	0.35	3.2

例4-3 设例4-1所示用户变电所380V侧母线上接有380V感应电动机组250kW，其平均 $\cos\varphi = 0.7$，效率 $\eta = 0.75$。该母线采用 LMY-100×10 的硬铝母线，水平平放，档距为900mm，档数大于2，相邻相间距离为160mm。试求该母线三相短路时所受的最大电动力，并校验其动稳定度。

解 (1) 计算母线三相短路时所受的最大电动力

由例4-1知，380V母线的短路电流 $I_k^{(3)} = 33.7\text{kA}$，$i_{\text{sh}}^{(3)} = 62.0\text{kA}$；而接于380V母线的感应电动机组的额定电流为：

$$I_{\text{N.M}} = \frac{250\text{kW}}{\sqrt{3}\times 380\text{V}\times 0.7\times 0.75} = 0.724\text{kA}$$

由于 $I_{\text{N.M}} > 0.01 I_k^{(3)} = 0.314\text{kA}$（或者由于 $P_{\text{N.M}} > 100\text{kW}$），故在计算380V母线短路冲击电流时需计入此电动机组反馈电流的影响。

此电动机组的反馈冲击电流值为：

$$i_{\text{sh.M}} = 6.5\times 1\times 0.724\text{kA} = 4.7\text{kA}$$

因此380V母线在三相短路时所受的最大电动力为：

$$F^{(3)} = \sqrt{3}\times(i_{\text{sh}}^{(3)} + i_{\text{sh.M}})^2\frac{l}{a}\times 10^{-7}$$

$$= \sqrt{3}\times(62.0\times 10^3\text{A} + 4.7\times 10^3\text{A})^2\times\frac{0.9\text{m}}{0.16\text{m}}\times 10^{-7}\text{N/A}^2 = 4334\text{N}$$

(2) 校验母线短路时的动稳定度

380V母线在 $F^{(3)}$ 作用时的弯曲力矩为：

$$M = \frac{F^{(3)}l}{10} = \frac{4334\text{N}\times 0.9\text{m}}{10} = 390\text{N}\cdot\text{m}$$

该母线的截面系数为：

$$W = \frac{b^2 h}{6} = \frac{(0.1\text{m})^2\times 0.01\text{m}}{6} = 1.667\times 10^{-5}\text{m}^3$$

因此该母线在三相短路时所受到的计算应力为：

$$\sigma_c = \frac{M}{W} = \frac{390 \text{N} \cdot \text{m}}{1.667 \times 10^{-5} \text{m}^3} = 23.4 \times 10^6 \text{Pa} = 23.4 \text{MPa}$$

而 LMY 型母线的允许应力为：

$$\sigma_{al} = 70 \text{MPa} > \sigma_c = 23.4 \text{MPa}$$

由此可见，该母线满足短路动稳定度的要求。

二、短路电流的热效应与热稳定度校验

（一）短路电流的热效应

导体通过正常负荷电流时，由于导体具有电阻，就要产生电能损耗，转换为热能，一方面使导体温度升高，另一方面向周围介质散热。当导体内产生的热量与导体向周围介质散发的热量相等时，导体就维持在一定的温度值。

当线路发生短路时，短路电流将使导体温度迅速升高。但短路后线路的保护装置会很快动作，切除短路故障，因此短路电流通过导体的时间很短，通常不会超过 2~3s。所以在短路过程中，可不考虑导体向周围介质的散热，也就是可近似地认为在短路时间内导体与周围介质是绝热的，短路电流在导体内产生的热量，完全用来使导体温度升高。

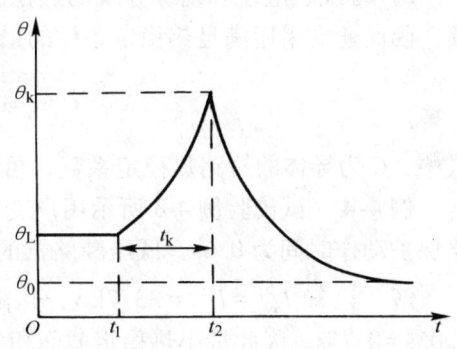

图 4-10 表示短路前后导体的温升变化情况。导体在短路前正常负荷时的温度为 θ_L。假设在 t_1 时发生短路，导体温度按指数函数规律迅速升高；而到达 t_2 时，线路保护装置动作，切除短路故障，这时导体温度已升至最高温度 θ_k。短路故障切除后，导体不再产生热量，只向周围介质按指数函数规律散热，直至导体温度等于周围介质温度 θ_0 为止。

图 4-10 短路前后导体的温升变化曲线

导体短路时的最高发热温度 θ_k 不得超过附表 14 所规定的允许值。

由于短路电流是一个变动的电流，而且含有非周期分量，因此要计算其短路期间在导体内产生的热量 Q_k 及导体达到的最高温度 θ_k 是相当困难的。为此引出一个"短路发热假想时间" t_{ima}，假设在此时间内以恒定的短路稳态电流 I_∞ 通过导体产生的热量，恰好与实际短路电流 i_k 或 $I_{k(t)}$ 在实际短路时间 t_k 内通过导体所产生的热量相等，如图 4-11 所示。t_{ima} 亦称"短路热效时间"。

短路发热假想时间可用下式近似计算：

$$t_{ima} = t_k + 0.05 \left(\frac{I''}{I_\infty} \right)^2 \text{s} \quad (4\text{-}53)$$

在无限大容量系统中发生短路，由于 $I'' = I_\infty$，因此

$$t_{ima} = t_k + 0.05 \text{s} \quad (4\text{-}54)$$

以上两式中的时间单位均为 s。

当 $t_k > 1$s 时，可认为：

$$t_{ima} = t_k \quad (4\text{-}55)$$

短路时间 t_k 为短路保护装置最长的动作时间

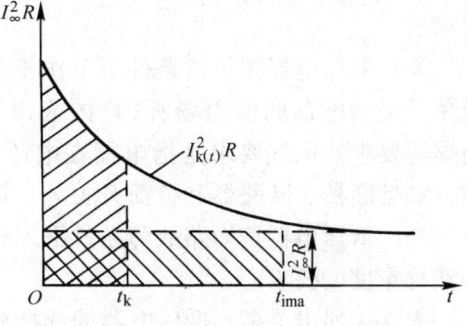

图 4-11 短路产生的热量与短路发热假想时间

t_{op} 与断路器的断路时间 t_{oc} 之和,即

$$t_k = t_{op} + t_{oc} \tag{4-56}$$

断路器的断路时间 t_{oc},包括断路器的固有分闸时间和灭弧时间两部分。对一般高压断路(如油断路器),可取 $t_{oc}=0.2s$;对高速断路器(如真空断路器),可取 $t_{oc}=0.1\sim0.15s$。

因此,实际短路电流 $I_{k(t)}$ 通过导体在短路时间 t_k 内产生的热量为

$$Q_k = \int_0^{t_k} I_{k(t)}^2 R\,dt = I_\infty^2 R t_{ima} \tag{4-57}$$

(二)短路热稳定度的校验

电器和导体的热稳定度校验,也依校验的对象不同而采用不同的条件。

1)一般电器的热稳定度校验条件为

$$I_t^2 t \geq I_\infty^2 t_{ima} \tag{4-58}$$

式中,I_t 为电器的热稳定试验电流有效值;t 为电器的热稳定试验时间。

2)母线、电缆和绝缘导线的热稳定度校验条件可按 $\theta_{k.max} \geq \theta_k$ 校验,但 θ_k 的确定比较麻烦,因此通常采用满足热稳定条件的最小截面积 A_{min} 来校验,其校验条件为:

$$A \geq A_{min} = \frac{I_\infty^{(3)}}{C}\sqrt{t_{ima}} \tag{4-59}$$

式中,C 为导体的短路热稳定系数,可查附表14。

例 4-4 试校验例 4-3 所示用户变电所 380V 侧母线的短路热稳定度。已知此母线的短路保护动作时间为 0.6s,低压断路器的断路时间为 0.1s。

解 已知 $I_\infty^{(3)} = I_k^{(3)} = 33.7\text{kA}$,并由附表14查得 $C=87\text{A}\sqrt{s}/\text{mm}^2$,而 $t_{ima}=0.6s+0.1s+0.05s=0.75s$。因此最小热稳定截面积为:

$$A_{min} = \frac{33.7 \times 10^3 \text{A}}{87\text{A}\sqrt{s}/\text{mm}^2} \times \sqrt{0.75s} = 335\text{mm}^2$$

由于此母线实际截面积 $A=100\text{mm}\times10\text{mm}=1000\text{mm}^2 > A_{min}=335\text{mm}^2$,因此该母线满足短路热稳定度的要求。

第五节 高低压电器的选择与校验

一、概述

高、低压电器的选择,必须满足其在一次电路正常条件下和短路故障情况下工作的要求。

高、低压电器按正常条件下工作要求选择,就是要考虑电器的环境条件和电气要求。环境条件是指电器的使用场所(户内或户外)、环境温度、海拔以及有无防尘、防腐、防火、防爆等要求。电气要求是指电器在电压、电流、频率等方面的要求;对一些开断电流的电器,如熔断器、断路器和负荷开关等,还有断流能力的要求。

高、低压电器按短路故障条件下工作要求选择,就是要校验其短路时能否满足动稳定度和热稳定度的要求。

表4-4列出了高、低压电器的选择校验项目和条件,供参考。

表 4-4　高、低压电器的选择校验项目和条件

电器名称	电压 /V	电流 /A	断流能力 /kA	短路电流校验 动稳定度	短路电流校验 热稳定度
熔断器	√	√	√	—	—
高压隔离开关	√	√	—	√	√
高压负荷开关	√	√	√	√	√
高压断路器	√	√	√	√	√
低压刀开关	√	√	—	⋋	⋋
低压负荷开关	√	√	√	—	—
低压断路器	√	√	√	⋋	√
电流互感器	√	√	—	√	√
电压互感器	√	—	—	—	—
并联电容器	√	—	—	—	—
电缆、绝缘导线	√	√	—	—	√
母线	—	√	—	√	√
支柱绝缘子	√	—	—	√	—
套管绝缘子	√	√	—	√	√
应满足的条件	电器的额定电压应不低于所在电路的额定电压或最高电压(如果电器额定电压按最高工作电压表示时)	电器的额定电流应不小于所在电路的计算电流	电器的最大开断电流应不小于它可能开断的最大电流	按 $i_{\text{sh}}^{(3)}$ 或 $I_{\text{sh}}^{(3)}$ 校验，分别满足式(4-47)~式(4-50)的要求，需计入 $i_{\text{sh.M}}$	按 $I_\infty^{(3)}$ 及 t_{ima} 校验，满足式(4-58)或式(4-59)的要求

注：1. 表中"√"表示必须校验；"—"表示不必校验；"⋋"表示一般可不校验。
　　2. 对"并联电容器"，尚须按容量(var 或 μF)选择；对"互感器"，尚须校验其准确度级要求。
　　3. 表中未列"频率"项目，电器的额定频率应与所在电路的频率一致。

二、熔断器的选择与校验

（一）熔断器熔体电流的选择

1. 保护电力线路的熔断器熔体电流的选择

保护电力线路的熔断器熔体电流，应满足下列条件：

1）熔体额定电流 $I_{\text{N.FE}}$ 应不小于线路的计算电流 I_{30}，以使熔体在线路正常最大负荷下运行时不致熔断，即

$$I_{\text{N.FE}} \geqslant I_{30} \tag{4-60}$$

式中的 I_{30} 对并联电容器线路熔断器来说，由于电容器的合闸涌流较大，应取为电容器额定电流的 1.43~1.55 倍（据 GB 50227—2008《并联电容器装置设计规范》规定）。

2）熔体额定电流 $I_{\text{N.FE}}$ 还应躲过线路的尖峰电流 I_{pk}，以使熔体在线路出现尖峰电流时也

不致熔断，即

$$I_{N.FE} \geq KI_{pk} \tag{4-61}$$

考虑到尖峰电流为短时大电流，而熔体加热熔断需经一定时间，因此式中的计算系数 K 一般取小于 1 的值：

① 对供单台电动机的线路，如起动时间 $t_{st}<3s$（轻载起动），宜取 $K=0.25\sim0.35$；$t_{st}=3\sim8s$（重载起动），宜取 $K=0.35\sim0.5$；$t_{st}>8s$ 及频繁起动或反接制动，宜取 $K=0.5\sim0.6$。

② 对供多台电动机的线路，K 值应视线路上最大一台电动机的起动情况、线路计算电流与尖峰电流的比值及熔断器的特性而定，取为 $K=0.5\sim1$；如果线路 $I_{30}/I_{pk}\approx1$，则可取 $K=1$。

3）熔断器保护还应与被保护的线路相配合，使之不致发生因线路过负荷或短路已导致绝缘导线或电缆过热甚至起燃而熔断器熔体不熔断的事故，因此还应满足以下条件：

$$I_{N.FE} \leq K_{OL} I_{al} \tag{4-62}$$

式中，I_{al} 为绝缘导线和电缆的允许载流量（参看附表 16 和附表 17）；K_{OL} 为绝缘导线和电缆的允许短时过负荷系数，其值为：

① 如果熔断器只作短路保护时，对电缆和穿管绝缘导线，可取 $K_{OL}=2.5$；对明敷绝缘导线，可取 $K_{OL}=1.5$。

② 如果熔断器不只作短路保护，而且要求同时作过负荷保护时，例如住宅建筑、重要仓库和公共建筑中的照明线路，有可能长时间过负荷的动力线路以及在可燃建筑物构架上明敷的有延燃性外皮的绝缘导线线路，则应取 $K_{OL}=1$。

如果按式（4-60）和式（4-61）两个条件选择的熔体电流不满足式（4-62）的配合要求，则应改选熔断器的型号规格，或适当增大绝缘导线和电缆的芯线截面积。

2. 保护电力变压器的熔断器熔体电流的选择

保护电力变压器的熔断器熔体电流，应满足下式要求：

$$I_{N.FE}=(1.5\sim2.0)I_{1N.T} \tag{4-63}$$

式中，$I_{1N.T}$ 为变压器的额定一次电流。

上式考虑了以下三个因素：

1）熔体电流要躲过变压器允许的正常过负荷电流。

2）熔体电流还要躲过来自变压器低压侧的电动机自起动引起的尖峰电流。

3）熔体电流还要躲过变压器自身的励磁涌流，这涌流是变压器空载投入时或者在外部故障切除后突然恢复电压所产生的一个类似涌浪的电流，可高达 $(8\sim10)I_{1N.T}$，与三相电路突然短路时的短路全电流相似，也要衰减，但较之短路全电流的衰减速度稍慢。

附表 15 列出 1000kVA 及以下电力变压器配用的 RN1 型和 RW4 型高压熔断器的熔体额定电流规格，供参考。

3. 保护电压互感器的熔断器熔体电流的选择

由于电压互感器二次侧的负荷很小，因此保护高压电压互感器的 RN2 型熔断器的熔体额定电流一般为 0.5A。

（二）熔断器规格的选择与校验

熔断器规格的选择与校验应满足下列条件：

1）熔断器的额定电压 $U_{N.FU}$ 应不低于所在线路的额定电压 U_N，即

$$U_{\text{N.FU}} \geq U_N \tag{4-64}$$

2）熔断器的额定电流 $I_{\text{N.FU}}$ 应不小于它所安装的熔体额定电流 $I_{\text{N.FE}}$，即

$$I_{\text{N.FU}} \geq I_{\text{N.FE}} \tag{4-65}$$

3）熔断器断流能力的校验

① 限流熔断器（如 RN1、RT0 等型） 由于它能在短路电流达到冲击值之前灭弧，因此应满足下列条件：

$$I_{\text{oc}} \geq I''^{(3)} \tag{4-66}$$

式中，I_{oc} 为熔断器的最大分断电流；$I''^{(3)}$ 为熔断器安装地点的三相次暂态短路电流有效值。

② 非限流熔断器（如 RW4、RM10 等型） 由于它不能在短路电流达到冲击值之前灭弧，因此应满足下列条件：

$$I_{\text{oc}} \geq I_{\text{sh}}^{(3)} \tag{4-67}$$

式中，$I_{\text{sh}}^{(3)}$ 为熔断器安装地点的三相短路冲击电流有效值。

③ 对具有断流能力上下限的熔断器（如 RW4 等跌开式熔断器） 其断流能力上限应满足式(4-67)的条件，而其断流能力下限应满足下列条件：

$$I_{\text{oc.min}} \leq I_k^{(2)} \tag{4-68}$$

式中，$I_{\text{oc.min}}$ 为熔断器的最小分断电流（下限）；$I_k^{(2)}$ 为熔断器所保护线路末端的两相短路电流。

（三）熔断器保护灵敏度的检验

为了保证熔断器在其保护区内发生最轻微的短路故障时能可靠地熔断，熔断器保护的灵敏度必须满足下列条件：

$$S_p \stackrel{\text{def}}{=\!=} \frac{I_{k.\min}}{I_{\text{N.FE}}} \geq K \tag{4-69}$$

式中，$I_{\text{N.FE}}$ 为熔断器熔体的额定电流；$I_{k.\min}$ 为熔断器所保护线路的末端在电力系统最小运行方式⊖下的最小短路电流，对 TN 系统和 TT 系统，则为单相短路电流或单相接地故障电流，对 IT 系统及中性点不接地的高压系统，则为两相短路电流，对于保护降压变压器的高压熔断器来说，则为低压侧母线的两相短路电流折算到高压侧之值；K 为满足保护灵敏度的最小比值，如表 4-5 所示。

表 4-5 检验熔断器保护灵敏度的最小比值 K

熔体额定电流/A	4~10	16~32	40~63	80~200	250~500
熔断时间/s	5	5	5	6	7
	4.5				
	0.4	8	9	10	11	—

注：本表所列 K 值适用于符合 IEC 标准的一些新型低压熔断器。对于老型熔断器，可取 $K=4\sim7$，即近似地按表中熔断时间为 5s 的熔体取值。

例 4-5 有一台异步电动机，额定电压为 380V，额定容量为 18.5kW，额定电流为 35.5A，起动电流倍数为 7。现拟采用 BLV-1000-1×10 型导线穿钢管（SC）敷设。该电动机采

⊖ 电力系统最小运行方式，是指电力系统处于短路总阻抗为最大、短路电流为最小的一种运行方式。例如两台并列运行的变压器有一台退出运行时，或者双回路线路只一回路运行时，都属于最小运行方式。

用 RT0 型熔断器作短路保护。已知三相短路电流 $I_k^{(3)}$ 最大可达 4kA，单相短路电流 $I_k^{(1)}$ 可达 1.5kA。试选择该熔断器及其熔体电流，并进行校验。

解 （1）选择熔体及熔断器额定电流

按满足 $I_{N.FE} \geq I_{30} = 35.5A$ 及 $I_{N.FE} \geq KI_{pk} = 0.3 \times 35.5A \times 7 = 74.55A$ 来选择，由附表 5，可选 RT0-100 型熔断器，其 $I_{N.FU} = 100A$，而熔体选 $I_{N.FE} = 80A$。

（2）校验熔断器的断流能力

查附表 5 得 RT0-100 型熔断器的分断电流 $I_{oc} = 50kA > I''^{(3)} = I_k^{(3)} = 4kA$，故该熔断器的断流能力完全满足要求。

（3）校验熔断器的保护灵敏度

$$S_p = \frac{I_{k.min}}{I_{N.FE}} = \frac{1500A}{80A} = 18.75 > K = 7$$

因此该熔断器熔体也满足保护灵敏度要求。

（4）校验熔断器保护与导线的配合

由附表 16-3 查得 $A = 10mm^2$、30℃ 的 BLV 导线穿钢管的允许载流量 $I_{al} = 41A$。

熔断器保护与导线配合的条件为 $I_{N.FE} \leq 2.5 I_{al}$。现 $I_{N.FE} = 80A \leq 2.5 \times 41A = 102.5A$，因此满足配合要求。

（四）前后熔断器之间的选择性配合

前后熔断器之间的选择性配合，就是在线路发生短路故障时，靠近故障点的熔断器最先熔断，切除短路故障，从而使系统的其他部分迅速恢复正常运行。

前后熔断器的选择性配合，宜按其保护特性曲线（又称安秒特性曲线）来进行检验。

在如图 4-12a 所示线路中，假设支线 WL2 的首端 k 点发生三相短路，则其三相短路电流 I_k 要通过 FU2 和 FU1。但根据保护选择性的要求，应该是 FU2 的熔体首先熔断，切除故障线路 WL2，而 FU1 不再熔断，干线 WL1 恢复正常运行。然而熔体实际熔断时间与其产品的标准保护特性曲线所查得的熔断时间可能有 ±30%～±50% 的偏差。从最不利的情况考虑，假设 k 点短路时，FU1 的实际熔断时间 t'_1 比标准保护特性曲线查得的熔断时间 t_1 小 50%（为负偏差），即 $t'_1 = 0.5 t_1$，而 FU2 的实际熔断时间 t'_2 又比标准保护特性曲线查得的熔断时间 t_2 大 50%（为正偏差），即 $t'_2 = 1.5 t_2$。这时由图 4-12b 可以看出，要保证前后两熔断器 FU1 和 FU2

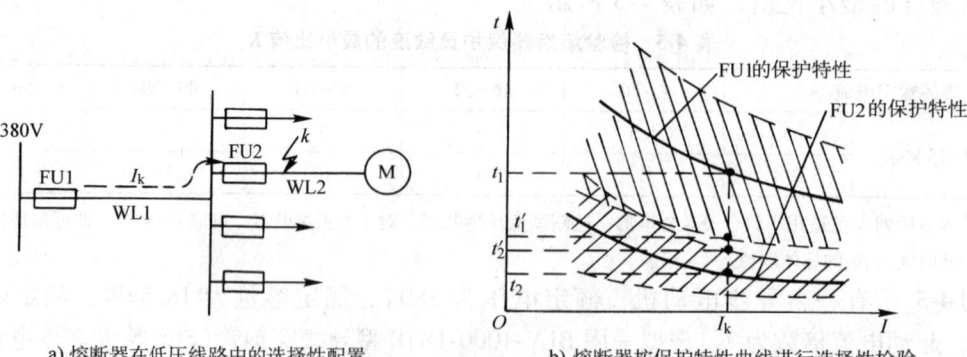

a) 熔断器在低压线路中的选择性配置　　b) 熔断器按保护特性曲线进行选择性检验

图 4-12　熔断器保护

（注：特性曲线上的斜线区表示特性曲线的偏差范围）

的保护选择性,必须满足的条件是 $t'_1 > t'_2$,或 $0.5t_1 > 1.5t_2$,也就是保证前后熔断器保护选择性的条件为

$$t_1 > 3t_2 \tag{4-70}$$

即前一熔断器(FU1)根据其保护特性曲线查得的熔断时间,至少应为后一熔断器(FU2)根据其保护特性曲线查得的熔断时间的 3 倍,才能确保前后熔断器动作的选择性。如果不能满足这一要求时,则应将前一熔断器的熔体电流提高 1~2 级再进行校验。

如果不用熔断器的保护特性曲线来检验选择性,则一般只有在前一熔断器的熔体电流大于后一熔断器的熔体电流 2~3 倍以上,才有可能保证其动作的选择性。

例 4-6 如图 4-12a 所示电路中,假设 FU1(RT0 型)的 $I_{\text{N.FE1}} = 100\text{A}$,FU2(RM10 型)的 $I_{\text{N.FE2}} = 60\text{A}$。k 点的三相短路电流为 1000A。试检验 FU1 与 FU2 是否能选择性配合。

解 用 $I_{\text{N.FE1}} = 100\text{A}$ 和 $I_k^{(3)} = 1000\text{A}$ 查附表 4-2 曲线得 $t_1 \approx 0.3\text{s}$。

用 $I_{\text{N.FE2}} = 60\text{A}$ 和 $I_k^{(3)} = 1000\text{A}$ 查附表 4-2 曲线得 $t_2 \approx 0.08\text{s}$。

$$t_1 \approx 0.3\text{s} > 3t_2 = 3 \times 0.08\text{s} = 0.24\text{s}$$

由此可见,FU1 与 FU2 能保证选择性动作。

三、低压断路器的选择与校验

(一)低压断路器过电流脱扣器的选择

过电流脱扣器的额定电流 $I_{\text{N.OR}}$ 应不小于线路的计算电流 I_{30},即

$$I_{\text{N.OR}} \geqslant I_{30} \tag{4-71}$$

(二)低压断路器过电流脱扣器的整定

1. 瞬时过电流脱扣器动作电流的整定

瞬时过电流脱扣器的动作电流 $I_{\text{op(o)}}$ 应躲过线路的尖峰电流 I_{pk},即

$$I_{\text{op(o)}} \geqslant K_{\text{rel}} I_{\text{pk}} \tag{4-72}$$

式中,K_{rel} 为可靠系数(reliability coefficient)。对动作时间在 0.02s 以上的万能式断路器,可取 1.35;对动作时间在 0.02s 及以下的塑壳式断路器,则宜取 2~2.5。

2. 短延时过电流脱扣器动作电流和动作时间的整定

短延时过电流脱扣器的动作电流 $I_{\text{op(s)}}$ 应躲过线路的尖峰电流 I_{pk},即

$$I_{\text{op(s)}} \geqslant K_{\text{rel}} I_{\text{pk}} \tag{4-73}$$

式中,K_{rel} 为可靠系数,一般取 1.2。

短延时过电流脱扣器的动作时间有 0.2s、0.4s 和 0.6s 等级,应按前后保护装置保护选择性要求来确定。前一级保护的动作时间应比后一级保护的动作时间长一个时间级差 0.2s。

3. 长延时过电流脱扣器动作电流和动作时间的整定

长延时过电流脱扣器主要用来作过负荷保护,因此其动作电流 $I_{\text{op}(l)}$,应按躲过线路的最大负荷电流即计算电流 I_{30} 来整定,即

$$I_{\text{op}(l)} \geqslant K_{\text{rel}} I_{30} \tag{4-74}$$

式中,K_{rel} 为可靠系数,一般取 1.1。

长延时过电流脱扣器的动作时间,应躲过允许过负荷持续时间。其动作特性通常为反时限,即过负荷越大,动作时间越短,一般动作时间可达 1~2h。

4. 过电流脱扣器与被保护线路的配合要求

为了不致发生因过负荷或短路已引起导线或电缆过热起燃而断路器的过电流脱扣器不动作的事故,因此低压断路器过电流脱扣器的动作电流 I_{op} 还必须满足下列条件:

$$I_{op} \leq K_{oL} I_{al} \tag{4-75}$$

式中,I_{al} 为绝缘导线和电缆的允许载流量(参看附表 16 和附表 17);K_{oL} 为绝缘导线和电缆的允许短时过负荷系数,对瞬时和短延时过电流脱扣器,可取 $K_{oL}=4.5$,对长延时过电流脱扣器,可取 $K_{oL}=1$,对保护有爆炸气体区域内线路的过电流脱扣器,应取 $K_{oL}=0.8$。

如果不满足以上配合要求,则应改选脱扣器的动作电流,或者适当加大绝缘导线和电缆的芯线截面积。

(三) 低压断路器热脱扣器的选择与整定

1. 热脱扣器的选择

热脱扣器的额定电流 $I_{N.HR}$ 应不小于线路的计算电流 I_{30},即

$$I_{N.HR} \geq I_{30} \tag{4-76}$$

2. 热脱扣器的整定

热脱扣器的动作电流 $I_{op.HR}$ 应不小于线路的计算电流 I_{30},以实现其对过负荷的保护,即

$$I_{op.HR} \geq K_{rel} I_{30} \tag{4-77}$$

式中,K_{rel} 为可靠系数,可取 1.1,但一般应通过实际运行试验来进行检验和调整。

(四) 低压断路器规格的选择与校验

低压断路器规格的选择与校验应满足下列条件:

1) 低压断路器的额定电压 $U_{N.QF}$ 应不低于所在线路的额定电压 U_N,即

$$U_{N.QF} \geq U_N \tag{4-78}$$

2) 低压断路器的额定电流 $I_{N.QF}$ 应不小于它所安装的脱扣器额定电流 $I_{N.OR}$ 或 $I_{N.HR}$,即

$$I_{N.QF} \geq I_{N.OR} \tag{4-79}$$

或

$$I_{N.QF} \geq I_{N.HR} \tag{4-80}$$

3) 低压断路器断流能力的校验

① 对动作时间在 0.02s 以上的万能式断路器,其极限分断电流 I_{oc} 应不小于通过它的最大三相短路电流周期分量有效值 $I_k^{(3)}$,即

$$I_{oc} \geq I_k^{(3)} \tag{4-81}$$

② 对动作时间在 0.02s 及以下的塑壳式断路器,其极限分断电流 I_{oc} 或 i_{oc} 应不小于通过它的最大三相短路冲击电流 $I_{sh}^{(3)}$ 或 $i_{sh}^{(3)}$,即

$$I_{oc} \geq I_{sh}^{(3)} \tag{4-82}$$

或

$$i_{oc} \geq i_{sh}^{(3)} \tag{4-83}$$

(五) 低压断路器过电流保护灵敏度的检验

为了保证低压断路器的瞬时或短延时过电流脱扣器在系统最小运行方式下在其保护区内发生最轻微的短路故障时能可靠地动作,低压断路器保护灵敏度必须满足条件

$$S_\mathrm{p} = \frac{I_\mathrm{k.min}}{I_\mathrm{op}} \geqslant K \tag{4-84}$$

式中，I_op 为低压断路器瞬时或短延时过电流脱扣器的动作电流；$I_\mathrm{k.min}$ 为低压断路器保护的线路末端在系统最小运行方式下的单相短路电流（对 TN 和 TT 系统）或两相短路电流（对 IT 系统）；K 为最小比值，可取 1.3。

例 4-7 有一条 380V 动力线路，$I_{30} = 120\mathrm{A}$，$I_\mathrm{pk} = 400\mathrm{A}$。此线路首端的 $I_\mathrm{k}^{(3)} = 5\mathrm{kA}$，末端的 $I_\mathrm{k}^{(1)} = 1.2\mathrm{kA}$。当地环境温度为 +30℃。该线路拟采用 BLV-1000-1×70 导线穿硬塑管（PC）敷设。试选择此线路上装设的 DW16 型低压断路器及其过电流脱扣器。

解 （1）选择低压断路器及其过电流脱扣器

由附表 3 知，DW16-630 型低压断路器的过电流脱扣器额定电流 $I_\mathrm{N.OR} = 160\mathrm{A} > I_{30} = 120\mathrm{A}$，故初步选 DW16-630 型低压断路器，其 $I_\mathrm{N.OR} = 160\mathrm{A}$。

设瞬时脱扣电流整定为 3 倍，即 $I_\mathrm{op} = 3I_\mathrm{N.OR} = 3 \times 160\mathrm{A} = 480\mathrm{A}$。而 $K_\mathrm{rel} I_\mathrm{pk} = 1.35 \times 400\mathrm{A} = 540\mathrm{A}$，不满足 $I_\mathrm{op(o)} \geqslant K_\mathrm{rel} I_\mathrm{pk}$ 的要求，因此需增大 $I_\mathrm{op(o)}$。现将瞬时脱扣电流整定为 4 倍，$I_\mathrm{op(o)} = 4I_\mathrm{N.OR} = 4 \times 160\mathrm{A} = 640\mathrm{A} > K_\mathrm{rel} I_\mathrm{pk} = 1.35 \times 400\mathrm{A} = 540\mathrm{A}$，满足躲过线路尖峰电流的要求。

（2）校验低压断路器的断流能力

由附表 3 知，所选 DW16-630 型断路器，其 $I_\mathrm{oc} = 30\mathrm{kA} > I_\mathrm{k}^{(3)} = 5\mathrm{kA}$，满足分断要求。

（3）检验低压断路器保护的灵敏度

$$S_\mathrm{p} = \frac{I_\mathrm{k.min}}{I_\mathrm{op.OR}} = \frac{1200\mathrm{A}}{4 \times 160\mathrm{A}} = 1.88 > K = 1.3$$

满足保护灵敏度的要求。

（4）校验低压断路器保护与导线的配合

由附表 16-5 知，BLV-1000-1×70 导线的 $I_\mathrm{al} = 121\mathrm{A}$（3 根穿 PC 管），而 $I_\mathrm{op(o)} = 640\mathrm{A}$，不满足 $I_\mathrm{op(o)} \leqslant 4.5 I_\mathrm{al} = 4.5 \times 121\mathrm{A} = 544.5\mathrm{A}$ 的配合要求，因此所用导线应增大截面积，改用 BLV-1000-1×95，其 $I_\mathrm{al} = 147\mathrm{A}$，$4.5 I_\mathrm{al} = 4.5 \times 147\mathrm{A} = 661.5\mathrm{A} > I_\mathrm{op(o)} = 640\mathrm{A}$，满足了两者配合的要求。

（六）前后低压断路器之间及低压断路器与熔断器之间的选择性配合

1. 前后低压断路器之间的选择性配合

前后两低压断路器之间是否符合选择性配合，宜按其保护特性曲线进行检验，并按产品样本给出的保护特性曲线考虑其偏差范围可为 ±20%～±30%。如果在后一断路器出口发生三相短路时，前一断路器的保护动作时间在计入负偏差（即提前动作）而后一断路器的保护动作时间在计入正偏差（即延后动作）的情况下，前一级断路器的动作时间仍大于后一级的动作时间，则说明能实现选择性配合的要求。对于非重要负荷，前后保护装置可允许无选择性动作。

一般来说，要保证前后两低压断路器之间能选择性动作，前一级低压断路器宜采用带短延时的过电流脱扣器，后一级低压断路器则采用瞬时脱扣器，而且动作电流也是前一级大于后一级，前一级的动作电流不小于后一级动作电流的 1.2 倍。

2. 低压断路器与熔断器之间的选择性配合

要检验低压断路器与熔断器之间是否符合选择性配合，也只有通过各自的保护特性曲线。前一级低压断路器可按产品样本给出的保护特性曲线考虑 −30%～−20% 的负偏差，而后一级熔断器可按产品样本给出的保护特性曲线考虑+30%～+50%的正偏差。在这种情况下，如果两条曲线不重叠也不交叉，且前一级的曲线总在后一级的曲线之上，则前后两级保护可实现选择性动作，而且两条曲线之间留有的裕量越大，则其动作的选择性越有保证。

四、高压隔离开关、负荷开关和断路器的选择与校验

（一）按电压和电流选择

高压隔离开关、负荷开关和断路器的额定电压，不得低于装设地点电路的额定电压或最高电压；它们的额定电流，则不得小于通过它们的计算电流。

（二）断流能力的校验

高压隔离开关不允许带负荷操作，只作隔离电源用，因此不校验断流能力。

高压负荷开关能带负荷操作，但不能切断短路电流，因此其断流能力应按切断最大可能的过负荷电流来校验，满足的条件为

$$I_{oc} \geq I_{oL.max} \tag{4-85}$$

式中，I_{oc}为负荷开关的最大分断电流；$I_{oL.max}$为负荷开关所在电路的最大可能的过负荷电流，可取为$(1.5\sim3)I_{30}$，这里I_{30}为电路计算电流。

高压断路器可分断短路电流，其断流能力应满足的条件为

$$I_{oc} \geq I_k^{(3)} \tag{4-86}$$

或

$$S_{oc} \geq S_k^{(3)} \tag{4-87}$$

式中，I_{oc}、S_{oc}分别为断路器的最大开断电流和断流容量；$I_k^{(3)}$、$S_k^{(3)}$分别为断路器安装地点的三相短路电流周期分量有效值和三相短路容量。

（三）短路稳定度的校验

高压隔离开关、负荷开关和断路器均需进行短路动、热稳定度的校验。

校验动稳定度的公式如前式(4-47)或式(4-48)所示。

校验热稳定度的公式如前式(4-58)所示。

例4-8　试选择某10kV高压配电所进线侧的ZN12-12型高压户内真空断路器的型号规格。已知该配电所10kV母线短路时的$I_k^{(3)}$=4.5kA，线路的计算电流为750A，继电保护动作时间为1.1s，断路器断路时间取0.1s。

解　根据线路计算电流I_{30}=750A，试选ZN12-12/1250型真空断路器来进行校验，如表4-6所示。校验结果，说明所选ZN12-12/1250型真空断路器是合格的。

表4-6　例4-8所述高压断路器的选择校验表

序号	装设地点的电气条件		ZN12-12/1250型真空断路器		结论
	项目	数据	项目	数据	
1	U_N/N_{max}	10kV/11.5kV	U_N	12kV	合格
2	I_{30}	750A	I_N	1250A	合格
3	$I_k^{(3)}$	4.5kA	I_{oc}	25kA	合格

(续)

序号	装设地点的电气条件		ZN12-12/1250 型真空断路器		结 论
	项 目	数 据	项 目	数 据	
4	$i_{sh}^{(3)}$	$2.55 \times 4.5\text{kA} = 11.5\text{kA}$	i_{max}	63kA	合格
5	$I_\infty^{(3)2} t_{ima}$	$4.5^2 \times (1.1+0.1) = 24.3$	$I_t^2 t$	$25^2 \times 4 = 2500$	合格

五、电流互感器和电压互感器的选择与校验

（一）电流互感器的选择与校验

1. 电压、电流的选择

电流互感器的额定电压应不低于装设地点电路的额定电压；其额定一次电流应不小于电路的计算电流，而其额定二次电流按其二次设备的电流负荷而定，一般为 5A。

2. 按准确度等级要求选择

电流互感器满足准确度等级要求的条件，是其二次负荷 S_2 不得大于额定准确度等级所要求的额定二次负荷 S_{2N}，即

$$S_{2N} \geq S_2 \tag{4-88}$$

S_2 由互感器二次侧的阻抗 $|Z_2|$ 来决定，而 $|Z_2|$ 为其二次回路所有串联的仪表、继电器线圈的阻抗 $\sum|Z_i|$、连接导线阻抗 $|Z_{WL}|$ 与二次回路接头的接触电阻 R_{XC} 等之和。由于 $\sum|Z_i|$ 和 $|Z_{WL}|$ 中的感抗远比其中的电阻小，因此可认为

$$|Z_2| \approx \sum|Z_i| + |Z_{WL}| + R_{XC} \tag{4-89}$$

式中，$|Z_i|$ 可由仪表、继电器的产品样本查得；$|Z_{WL}| \approx R_{WL} = l/(\gamma A)$，这里 γ 为二次导线的电导率，铜线 $\gamma_{Cu} = 53 \text{m}/(\Omega \cdot \text{mm}^2)$，铝线 $\gamma_{Al} = 32 \text{m}/(\Omega \cdot \text{mm}^2)$，$A$ 为导线截面积（mm^2），l 为二次回路的计算长度（m）；R_{XC} 很难准确测定，可近似地取为 0.1Ω。

电流互感器二次回路的计算长度 l，与其接线方式有关。设从互感器二次端子到仪表、继电器端子的单向长度为 l_1，则互感器二次为Y联结时，$l = l_1$；如互感器二次为 V 联结时，$l = \sqrt{3} l_1$；如互感器二次为一相式接线时，$l = 2 l_1$。

电流互感器的二次负荷 S_2，即按下式计算：

$$S_2 = I_{2N}^2 |Z_2| \approx I_{2N}^2 (\sum|Z_i| + R_{WL} + R_{XC})$$

或

$$S_2 \approx \sum S_i + I_{2N}^2 (R_{WL} + R_{XC}) \tag{4-90}$$

式中，S_i 为仪表、继电器在 I_{2N} 时的功率损耗，可查产品样本或有关手册。

如果电流互感器不满足式（4-88）的条件，则应改选较大二次容量或较大变流比的互感器，或者适当加大二次接线的导线截面积。按规定，电流互感器二次接线应采用电压不低于 500V、截面积不小于 2.5mm^2 的铜芯绝缘导线。

3. 短路动稳定度的校验

电流互感器的动稳定度校验，应满足的条件仍为前式（4-47）或式（4-48）。但有的电流互感器产品给出的是其动稳定倍数 K_{es}，因此其动稳定度校验公式为

$$K_{es}\sqrt{2}I_{1N} \geq i_{sh}^{(3)} \qquad (4\text{-}91)$$

式中，I_{1N} 为电流互感器的额定一次电流。

4. 短路热稳定度的校验

电流互感器的热稳定度校验，应满足的条件仍为前式(4-58)。但有的电流互感器产品给出的是热稳定倍数 K_t，因此其热稳定度校验公式为

$$(K_t I_{1N})^2 t \geq I_\infty^{(3)2} t_{ima}$$

即

$$K_t I_{1N} \geq I_\infty^{(3)} \sqrt{\frac{t_{ima}}{t}} \qquad (4\text{-}92)$$

大多数电流互感器产品的热稳定试验时间 t 为 1s，因此其热稳定度校验公式则为

$$K_t I_{1N} \geq I_\infty^{(3)} \sqrt{t_{ima}} \qquad (4\text{-}93)$$

附表 18 列出了 LQJ-10 型电流互感器的主要技术数据，供参考。

（二）电压互感器的选择与校验

1. 电压的选择

电压互感器的额定一次电压，应与安装地点的电路电压相适应；其额定二次电压一般为 100V。

2. 按准确度等级要求选择

电压互感器满足准确度等级要求的要求，也是其二次负荷 S_2 不大于规定准确度等级所要求的额定二次容量 S_{2N}，即

$$S_{2N} \geq S_2 \qquad (4\text{-}94)$$

电压互感器的二次负荷 S_2，只计其二次回路中所有仪表、继电器线圈所消耗的视在功率，即

$$S_2 = \sqrt{(\sum P_u)^2 + (\sum Q_u)^2} \qquad (4\text{-}95)$$

式中，$\sum P_u = \sum(S_u \cos\varphi_u)$ 和 $\sum Q_u = \sum(S_u \sin\varphi_u)$ 分别为仪表、继电器线圈所消耗的总的有功功率和无功功率。

电压互感器一、二次侧装有熔断器保护，因此不需进行短路动稳定度或热稳定度的校验。

复习思考题

4-1 电力系统中发生短路故障的原因有哪些？短路对电力系统有哪些影响？有哪些常见的短路形式？在供配电系统中，哪一种短路故障最常见？哪一种短路故障最严重？为什么我们通常以三相短路故障的分析研究为主？

4-2 什么叫无限大容量电力系统？无限大容量系统有什么主要特点？

4-3 短路电流周期分量和非周期分量各是如何产生的？各符合什么定律的规律变化？

4-4 什么叫短路冲击电流 i_{sh} 和 I_{sh}？i_{sh} 出现在什么时间？什么叫短路次暂态电流 I'' 和短路稳态电流 I_∞？

4-5 什么叫短路计算电压 U_c？它与电网额定电压 U_N 有什么关系？

4-6 什么叫短路电流的电动效应？应采用哪一个短路电流来校验电器和导体的短路动稳定度？什么情况下应计及短路点附近交流电动机反馈电流的影响？

4-7 什么叫短路电流的热效应？为什么短路热效应要采用短路稳态电流和短路发热假想时间来计算？什么叫短路发热假想时间？如何计算？

4-8 保护电力线路的熔断器及其熔体如何选择？为什么熔断器熔体电流还要与被保护线路的允许载流量相配合？

4-9 保护电力变压器的熔断器熔体电流如何选择？需考虑哪些因素？

4-10 限流熔断器和非限流熔断器的断流能力各按什么条件校验？跌开式熔断器的断流能力又如何校验？

4-11 前后熔断器之间如何选择才能实现选择性配合？

4-12 万能式低压断路器和塑料外壳式低压断路器的断流能力各按什么条件校验？

4-13 什么叫保护灵敏度？过电流保护灵敏度是如何定义的？

4-14 高压负荷开关和高压断路器的断流能力校验各应满足什么条件？

4-15 电流互感器和电压互感器各如何选择和校验？

习 题

4-1 有一地区变电站通过一条长 4km 的 10kV 架空线路供电给某用户装有两台并列运行的 Yyn0 联结的 S9-1000 型主变压器的变电所。地区变电站出口断路器为 SN10-10 Ⅱ 型。试用欧姆求该用户变电所 10kV 母线和 380V 母线的短路电流 $I_k^{(3)}$、$I''^{(3)}$、$I_\infty^{(3)}$、$i_{sh}^{(3)}$、$I_{sh}^{(3)}$ 及短路容量 $S_k^{(3)}$，并列出短路计算表。

4-2 试用标幺制法重作习题 4-1。

4-3 设某用户变电所 380V 母线的三相短路电流周期分量有效值 $I_k^{(3)}=36.5$kA，而母线采用 LMY—80×10，水平平放，两相邻母线轴线间距离为 200mm，档距为 0.9m，档数多于 2。该母线上装有一台 500kW 的同步电动机，$\cos\varphi=1$ 时，$\eta=94\%$。试校验此母线的动稳定度。

4-4 设习题 4-3 所述 380V 母线的短路保护动作时间为 0.5s，低压断路器的断路时间为 0.05s。试校验此母线的热稳定度。

4-5 某用户变电所 10kV 高压进线采用三相铝芯聚氯乙烯绝缘电缆，芯线截面积为 50mm²。已知该电缆首端装有高压少油断路器，其继电保护动作时间为 1.2s。电缆首端的三相短路电流 $I_k^{(3)}=2.1$kA。试校验此电缆的短路热稳定度。

4-6 某 220/380V 线路的计算电流为 56A，尖峰电流为 230A。该线路首端的三相短路电流 $I_k^{(3)}=13$kA。试选择该线路所装 RT0 型低压熔断器及其熔体的规格。

4-7 某 220/380V 线路前一熔断器为 RT0 型，其熔体电流为 200A；后一熔断器为 RM10 型，其熔体电流为 160A。在后一熔断器出口发生三相短路的 $I_k^{(3)}=800$A。试校验这两组熔断器能否实现保护选择性的要求。

4-8 习题 4-6 所述线路如改装 DW16 型低压断路器。试选择该断路器及其瞬时过电流脱扣器的电流规格，并整定脱扣器的动作电流。

4-9 某用户拥有有功负荷 $P_{30}=300$kW，$\cos\varphi=0.92$。该用户 6kV 进线上拟装设一台 SN10-10 型高压断路器，其主保护动作时间为 0.9s，断路器断路时间为 0.2s，6kV 母线上的 $I_k^{(3)}=20$kA。试选择此高压断路器的规格。

4-10 习题 4-9 所示 6kV 进线上装设有两个 LQJ-10 型电流互感器(A、C 相各一个)，其 0.5 级的二次绕组接测量仪表，其中 1T1—A 型电流表消耗功率 3VA，DS2 型有功电能表和 DX2 型无功电能表的每一电流线圈均消耗 0.7VA；其 3 级的二次绕组接 GL-15 型电流继电器，其线圈消耗功率 15VA。电流互感器二次回路接线采用 BV-500-1×2.5mm² 的铜心塑料线。互感器至仪表、继电器的连线单向长度为 2m。试校验此电流互感器是否符合准确级要求。

（注：电流互感器二次侧测量仪表的接线如图 7-6 所示；电流表接在 A、C 两相电流互感器的公共连线上，因此该电流表消耗的功率应由两互感器各负担一半。电流互感器二次侧电流继电器的接线如图 6-21 所示。）

第五章 供配电系统的接线、结构及安装图

本章首先讲述电力用户（包括工业和民用建筑）变配电所主接线的基本要求及一些典型的主接线方案，接着讲述变配电所的所址选择、总体布置及各部分结构要求，然后介绍变电所主变压器及应急柴油发电机组的选择原则，接着讲述供配电线路的基本接线方式和基本结构与敷设要求，讲述导线和电缆截面的选择计算方法，最后简介供配电系统电气安装图的基本知识及示例。

第一节 变配电所的主接线方案

一、概述

变配电所的接线图（电路图），按其功能可分为两种：一种是表示变配电所的电能输送和分配路线的接线图，称为主接线图（主结线图），或称主电路图或一次电路图。另一种是表示用来控制、指示、测量和保护主接线（主电路）及其设备运行的接线图，称为二次接线图（二次结线图），或称二次回路图（二次电路图）。

对变配电所的主接线方案有下列基本要求：

（1）安全　应符合国家标准和有关技术规范的要求，能充分保证人身和设备的安全。例如在高压断路器的电源侧及可能反馈电能的负荷侧，必须装设隔离开关；对低压断路器也一样，在其电源侧及可能反馈电能的负荷侧，也必须装设隔离开关（刀开关）。

（2）可靠　应满足各级电力负荷对供电可靠性的要求，也就是变配电所的主接线方案，应与其电力负荷的级别相适应。例如对一、二级重要负荷，其主接线方案应考虑两台主变压器，且一般应为双电源供电；对特别重要的一次负荷，尚应考虑增设应急电源。

（3）灵活　应能适应供电系统所需的各种运行方式，便于操作维护，并能适应负荷的发展，有扩充改建的可能性。

（4）经济　在满足上述要求的前提下，应尽量使主接线简单，投资少，运行费用低，并节约电能和有色金属消耗量，应尽可能选用技术先进又经济适用的节能产品。

二、高压配电所的主接线图

图5-1是前面图1-1所示企业供配电系统中高压配电所及其附设2号车间变电所的主接线图。

（一）电源进线

这个高压配电所有两路电源进线：一路电源来自公共10kV电网，作为正常电源；另一路电源则来自邻近单位的高压联络线，作为备用电源。这种双电源供电方式，在我国一些工业企业中比较常见，具有一定的代表性。

按规定，在电源进线上装设有专用的电能计量柜，如图5-1中的No.101柜和No.112柜，用

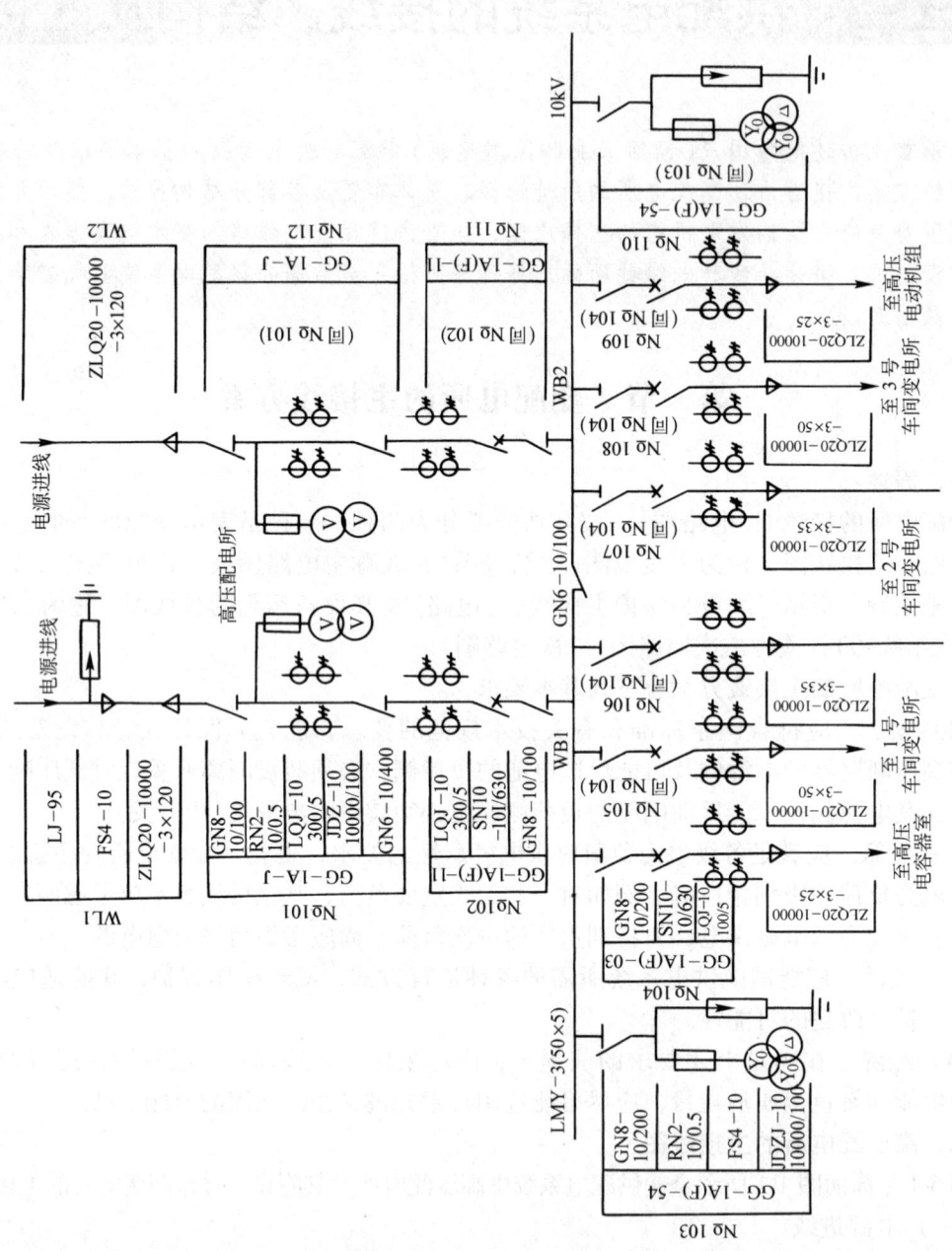

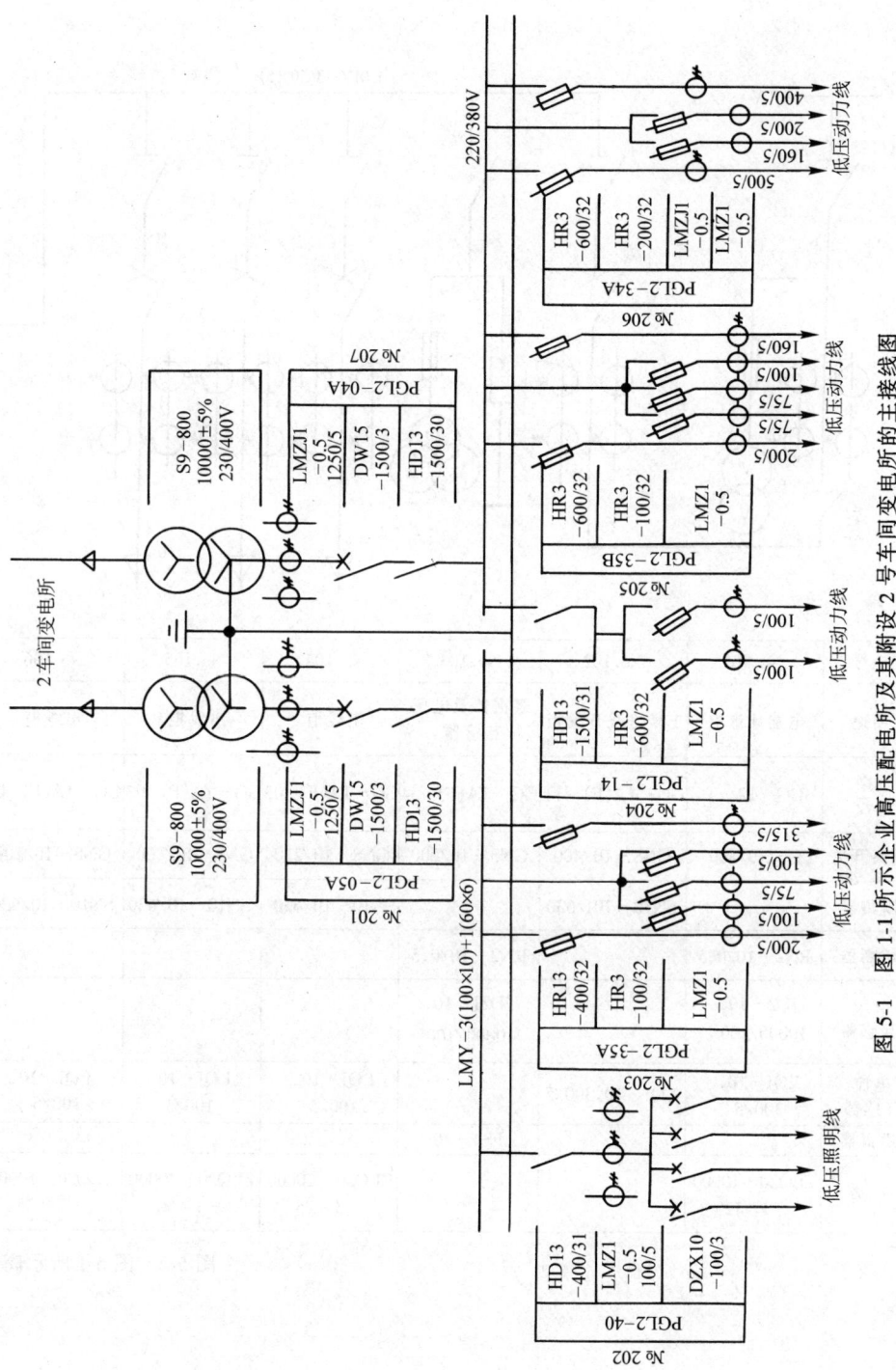

图 5-1　图 1-1 所示企业高压配电所及其附设 2 号车间变电所的主接线图

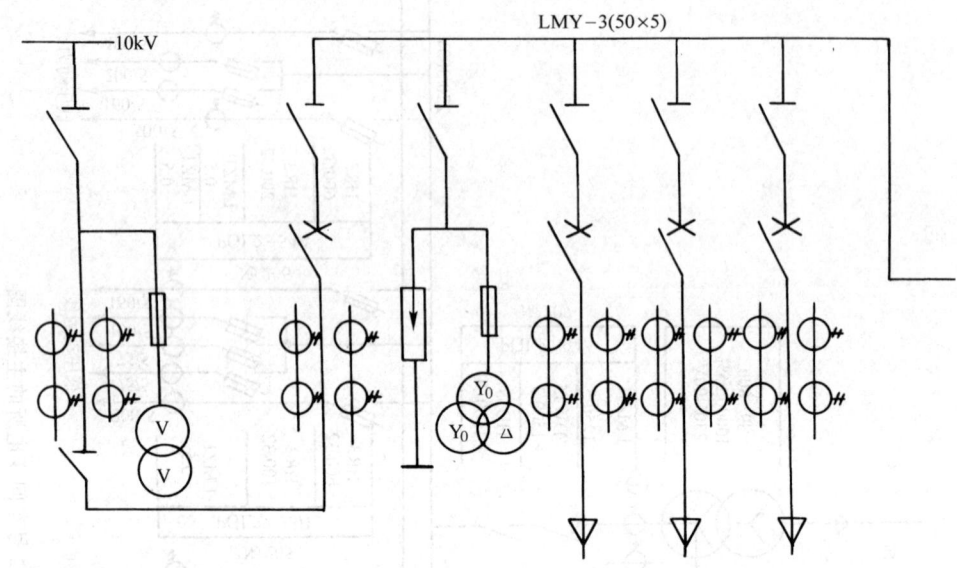

柜号	No.101	No.102	No.103	No.104	No.105	No.106
用途	电能计量柜	1号进线开关柜	避雷器及电压互感器	出线柜	出线柜	出线柜
方案编号	GG-1A-J	GG-1A(F)-11	GG-1A(F)-54	GG-1A(F)-03	GG-1A(F)-03	GG-1A(F)-03
隔离开关	$GN_6^8$10/400	GN8-10/400	GN8-10/200	GN8-10/230	GN8-10/200	GN8-10/200
断路器		SN10-10I/630		SN10-10/630	SN10-10/630	SN10-10/630
熔断器	RN2-10/0.5		RN2-10/0.5			
电压互感器	JDZ-10, 10000/100		JDZJ-10, 10000/100			
电流互感器	LQJ-10, 300/5	LQJ-10, 300/5		LQJ-10, 100/5	LQJ-10, 100/5	LQJ-10, 100/5
避雷器			FS4-10			
电缆	ZLQ20-10000 -3×120			ZLQ20-10000 -3×25	ZLQ20-10000 -3×50	ZLQ20-10000 -3×35

图 5-2 图 5-1 所示高压

第五章 供配电系统的接线、结构及安装图

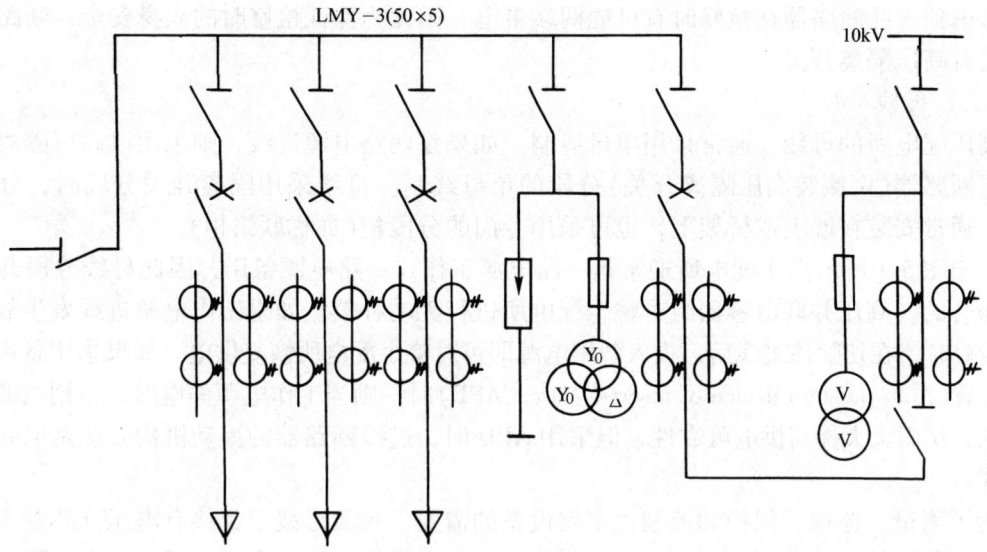

	No.107	No.108	No.109	No.110	No.111	No.112
	出线柜	出线柜	出线柜	避雷器及电压互感器	2号进线开关柜	电能计量柜
	GG-1A(F)-03	GG-1A(F)-03	GG-1A(F)-03	GG-1A(F)-54	GG-1A(F)-11	GG-1A-J
	GN8-10/200	GN8-10/200	GN8-10/200	GN8-10/200	GN8-10/400	GN_6^8-10/400
	SN10-10/630	SN10-10/630	SN10-10/630		SN10-10/630	
母线隔离开关 GN6-10/400				RN2-10/0.5		RN2-10/0.5
				JDZJ-10, 10000/100		JDZ-10, 10000/100
	LQJ-10,100/5	LQJ-10,100/5	LQJ-10,100/5		LQJ-10,300/5	LQJ-10,300/5
				FS4-10		
	ZLQ20-10000-3×35	ZLQ20-10000-3×50	ZLQ20-10000-3×35			ZLQ20-10000-3×120

配电所的装置式主接线图

以计量该企业所耗用的电能量，柜中的电流互感器和电压互感器只用来连接计费电能表。

装设进线断路器的高压开关柜 No. 102 和 No. 111，由于需与计量柜连接，因此采用 GG-1A(F)-11 型。由于进线采用了高压断路器控制，所以切换十分灵活方便，而且配以继电保护和自动装置，使供电可靠性大大提高。

考虑到进线断路器在检修时有可能两端带电，因此为保证检修时的人身安全，断路器两侧均装有高压隔离开关。

（二）母线

高压配电所的母线，通常采用单母线制。如果是两路电源进线，则采用以高压隔离开关或高压断路器（两侧装高压隔离开关）分段的单母线制。母线采用隔离开关分段时，分段隔离开关通常安装在墙上或桥架上，也可采用专门的分段柜（亦称联络柜）。

由于图 5-1 所示高压配电所通常是一路电源工作、一路电源备用，因此母线分段开关通常是闭合的，高压并联电容器组对整个配电所进行无功补偿。如果工作电源进线发生故障或进行检修时，在切除该进线后，投入备用电源即可对整个配电所恢复供电。如果采用备用电源投入装置（Auto-put-into device of reserve-source，APD）时，则当工作电源失电时，备用电源可自动投入，从而大大提高供电可靠性，但采用 APD 时，进线断路器的操动机构必须是电磁式或弹簧式。

为了测量、监视、保护和控制主电路设备的需要，每段母线上都接有电压互感器，进线和出线上都串接有电流互感器。图 5-1 中的电流互感器都有两个铁心、两个二次绕组，其中一个绕组准确度为 0.5 级，接测量仪表，另一个绕组准确度为 3 级，接继电保护装置。

为了防止雷电过电压侵入配电所击毁其中的电气设备，每段母线上都装有避雷器。避雷器与电压互感器同装在一个高压开关柜内，而且共用一组高压隔离开关。

（三）高压配电出线

这个高压配电所有六路高压出线。其中有两路分别从两段母线经隔离开关—断路器配电给 2 号车间变电所的两台主变压器。另一路供 1 号车间变电所，一路供 3 号车间变电所，还有一路供无功补偿的高压并联电容器组，一路供高压电动机组。由于这些高压配电线路都是由高压母线来电，因此其出线断路器只需在母线侧加装高压隔离开关，以保证断路器的安全检修。

图 5-1 所示变配电所主接线图，是按照电能输送的顺序来安排各种电气设备的相互连接关系的，而不反应其中各成套配电装置之间的相互排列位置，这种绘制方式的主接线图，可称为"系统式"主接线图。这种主接线图全面、系统，多在运行中使用，变配电所运行值班用的模拟电路盘中绘制的一般为这种接线图。

在供电工程设计中往往采用另一种绘制方式的主接线图，按高压或低压配电装置之间相互连接和排列位置而绘制的"装置式"主接线图，如图 5-2 所示。在装置式主接线图中，各成套配电装置的内部设备和接线以及各装置之间的相互连接和排列位置一目了然，与实际完全对应相符，因此这种图最适于安装施工使用。

三、车间及小型变电所的主接线图

车间变电所及用户的小型变电所，是将 6~10kV 高压降为一般用电设备所需的 220/380V 低压的终端变电所。它们的主接线通常相当简单。从变电所高压侧的主接线来看，可分两种情况：

1)变电所前面还有总降压变电所或高压配电所。这类变电所高压侧的开关电器、保护装置和监测仪表等,一般都装设在高压配电线路的首端,即装设在其前面的总变、配电所的高压配电室内,而本变电所一般只设变压器室(或室外变压器台)和低压配电室,其高压侧大多不装开关,或只装简单的隔离开关、熔断器(室外为跌开式熔断器)、避雷器等,如图5-3所示。图5-1中的三个车间变电所也是这样。由图5-3可以看出,凡是高压架空进线,无论变压器装在室内还是室外,都要装设避雷器来防止雷电过电压波沿架空线侵入变电所击毁电力变压器及其他电气设备的绝缘。而高压电缆进线时,避雷器是装在电缆首端的(图上未示出),而且避雷器的接地端需连同电缆的金属外皮一起接地。这时变压器高压侧可不再装设避雷器。但是,如果变压器高压侧为架空线加一段引入电缆的进线方式时,如图5-1中的进线WL1,则变压器的高压侧仍应装设避雷器。

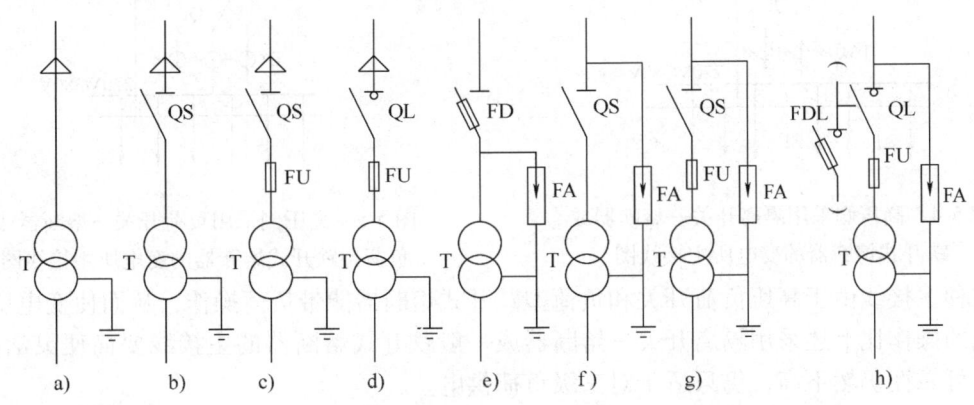

图5-3 车间变电所高压侧的主接线方案示例

a)高压电缆进线,无开关 b)高压电缆进线,装隔离开关 c)高压电缆进线,装隔离开关——熔断器
d)高压电缆进线,装负荷开关——熔断器 e)高压架空进线,装跌开式熔断器和避雷器
f)高压架空进线,装隔离开关和避雷器 g)高压架空进线,装隔离开关—熔断器和避雷器
h)高压架空进线,装负荷开关—熔断器(或负荷型跌开式熔断器)和避雷器

2)变电所前面无总变、配电所,是直接从公共电网受电。这类变电所高压侧的开关电器、保护装置和监测仪表等,都必须配备齐全,所以一般要设置高压配电室。在变压器容量较小、供电可靠性要求较低的情况下,也可不设高压配电室,其高压熔断器、隔离开关、负荷开关或跌开式熔断器等,就装设在变压器室(室外为变压器台)的墙上或室外杆上,而在低压侧计量电能;或者在高压开关柜不多于6台时,高、低压开关柜就装设在同一配电室内,在高压侧计量电能。

下面介绍高压侧设备较齐全的一些小型变电所常见的主接线方案(为简化电路,图中均未绘出计量柜部分)。

(一) 只有一台主变压器的小型变电所主接线图

只有一台主变压器的小型变电所,其高压侧一般采用无母线的接线。根据高压侧采用的开关不同,可有以下三种典型的主接线方案。

1. 高压侧采用隔离开关—熔断器或跌开式熔断器的变电所主接线图(见图5-4)

这种主接线,因受隔离开关和跌开式熔断器切断空载变压器容量的限制,一般只用于500kVA及以下容量的变电所。这种变电所相当简单经济,但供电可靠性不高,且隔离开关和跌开式熔断器不能带负荷操作，只适于对不重要的三级负荷供电。

2. 高压侧采用负荷开关—熔断器或负荷型跌开式熔断器的变电所主接线图（见图 5-5）

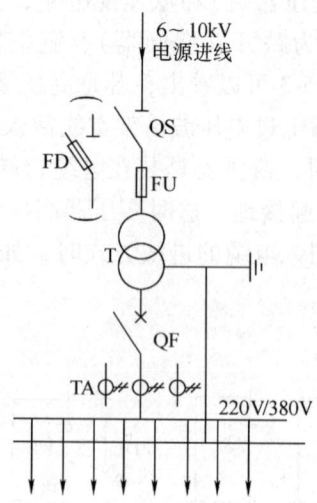

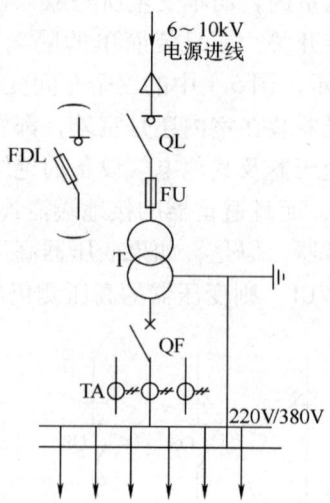

图 5-4 高压侧采用隔离开关—熔断器或跌开式熔断器的变电所主接线图

图 5-5 高压侧采用负荷开关—熔断器或负荷型跌开式熔断器的变电所主接线图

这种主接线由于高压负荷开关和负荷型跌开式熔断器能带负荷操作，从而使变电所停电和送电的操作比上述采用隔离开关—熔断器或一般跌开式熔断器的主接线要简便灵活得多，但供电可靠性仍然不高，仍只适于对三级负荷供电。

3. 高压侧采用隔离开关—断路器的变电所主接线图（见图 5-6）

这种主接线由于采用了高压断路器，因此变电所的停、送电操作十分灵活方便。同时由于高压断路器都配备有继电保护装置，在变电所发生短路和过负荷时均能自动跳闸，而且在短路故障和过负荷消除后，又可直接迅速合闸，从而使恢复供电的时间大大缩短。如果再配备自动重合闸装置（Auto reclosing device，ARD），则供电可靠性可进一步提高。但是如果变电所只此一路电源进线时，一般也只用于三级负荷。如果变电所低压侧有联络线与其他变电所相连或另有备用电源（如柴油发电机组）时，则可用于二级负荷。如果变电所有如图 5-7 所示的两路高压电源进线，且另有备用电源时，则供电可靠性相应提高，可供二级负荷及少量一级负荷。

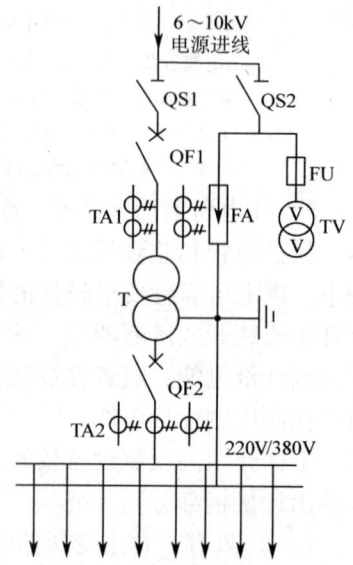

图 5-6 高压侧采用隔离开关—断路器的变电所主接线图

（二）装有两台主变压器的小型变电所主接线图

1. 高压无母线、低压单母线分段的变电所主接线图（见图 5-8）

这种主接线的供电可靠性较高。当任一电源进线或任一主变压器停电检修或发生故障时，可通过闭合低压母线分段开关，即可迅速恢复对整个变电所的供电。如果两台主变压器低压侧的主开关（采用电磁或电动机合闸操作的万能式低压断

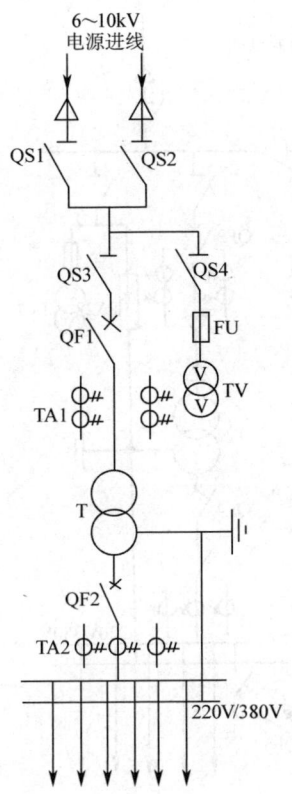
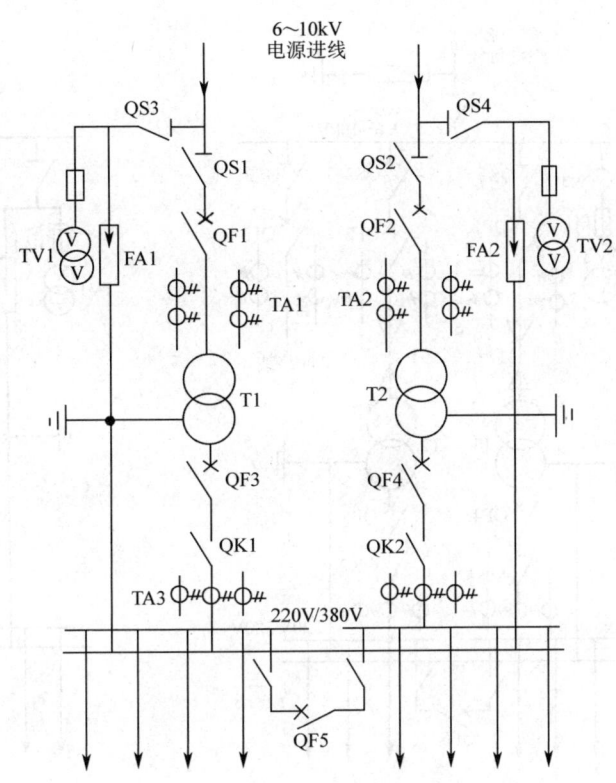

图 5-7 高压侧采用隔离开关—断路器且双电源进线的变电所主接线图

图 5-8 高压无母线、低压单母线分段的变电所主接线图

路器)都装设互为备用的备用电源自动投入装置(APD),则任一变压器低压主开关因电源断电(失压)而跳闸时,另一变压器低压侧的主开关和低压母线分段开关将在 APD 作用下自动合闸,恢复整个变电所的正常供电。这种主接线可供一、二级负荷。

2. 高压采用单母线、低压单母线分段的变电所主接线图(见图 5-9)

这种主接线适用于装有两台及以上主变压器或同时具有多路高压出线的变电所。其供电可靠性也较高。任一主变压器检修或发生故障时,可通过切换操作,很快恢复对整个变电所的供电。但在高压母线或电源进线检修或发生故障时,整个变电所将要停电。如果变电所有与其他变电所相连的低压或高压联络线时,则可通过投入联络线恢复供电,供电可靠性从而大大提高。无联络线时,可供二、三级负荷;有联络线时,则可供一、二级负荷。

3. 高低压侧均为单母线分段的变电所主接线图(见图 5-10)

这种主接线的两段高压母线在正常时可以接通运行,也可以分段运行。一台主变压器或一路电源进线停电检修或发生故障时,通过切换操作,即可迅速恢复整个变电所的供电,因此其供电可靠性相当高,可供一、二级负荷。

四、总降压变电所的主接线图

对于电源进线为 35kV 及以上的大中型企业,通常是先经总降压变电所降为 6~10kV 的高压配电电压,然后经车间变电所,降为一般低压用电设备所需的电压如 220/380V。

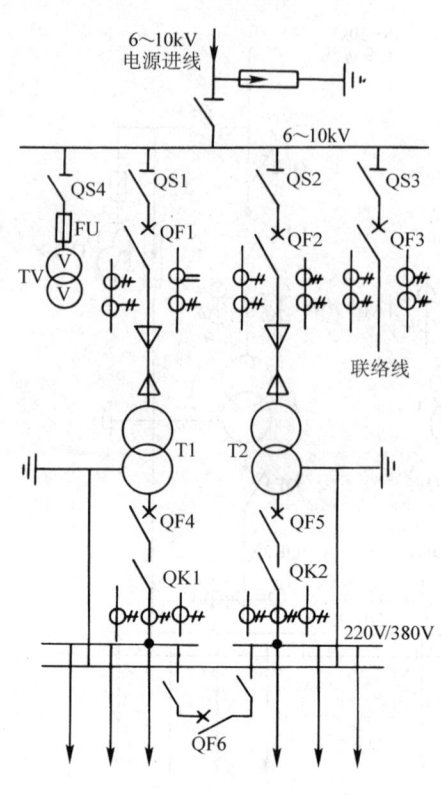

图 5-9　高压采用单母线、低压单母线
　　　　分段的变电所主接线图

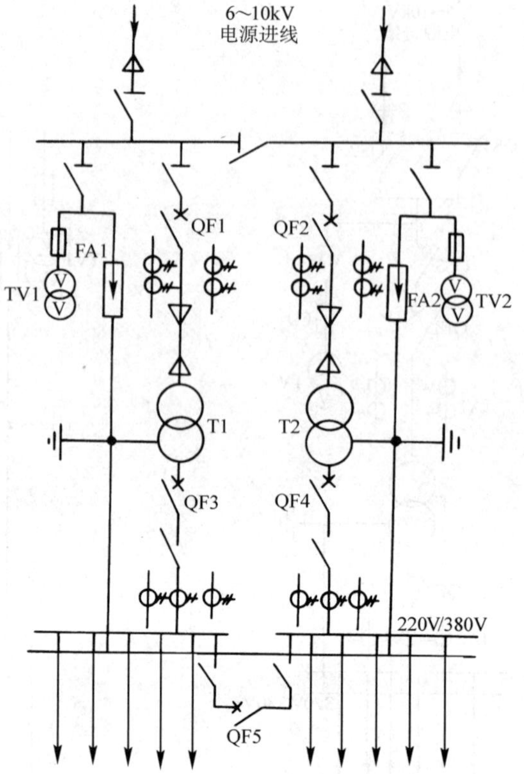

图 5-10　高低压侧均为单母线分段的
　　　　　变电所主接线图

下面介绍总降压变电所较常见的几种主接线方案。为了使主接线简明起见，图上省略了包括电能计量柜在内的所有电流互感器、电压互感器和避雷器等一次设备。

（一）只装有一台主变压器的总降压变电所主接线图

通常采用一次侧无母线、二次侧为单母线的主接线，如图 5-11 所示。一次侧通常采用高压断路器做主开关，其特点是简单经济，但供电可靠性不高，只适用于三级负荷的企业。

（二）装有两台主变压器的总降压变电所主接线图

1. 一次侧采用内桥式接线、二次侧采用单母线分段的总降压变电所主接线图（见图 5-12）

这种主接线，其一次侧的高压断路器 QF10 跨接在两路电源进线之间，犹如一座桥梁，而且处在线路断路器 QF11 和 QF12 的内侧，靠近主变压器，因此称为"内桥式接线"。这种主接线的运行灵活性较好，供电可靠性较高，适用于一、二级负荷的企业。如果某路电源例如线路 WL1 停电检修或发生故障时，则断开 QF11，投入 QF10（其两侧 QS 先合），即可由线路 WL2 恢复对变压器 T1 的供电。这种内桥式接线多用于电源进线较长因而发生故障和停电检修的几率较多、而主变压器不需经常切换的总降压变电所。

2. 一次侧采用外桥式接线、二次侧采用单母线分段的总降压变电所主接线图（见图 5-13）

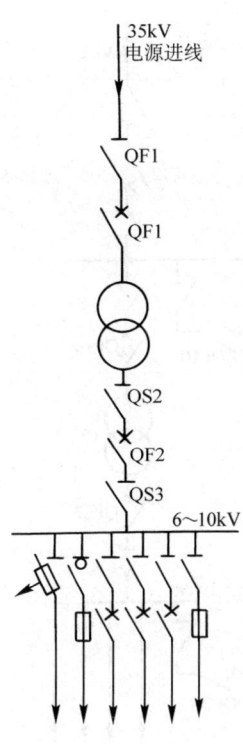
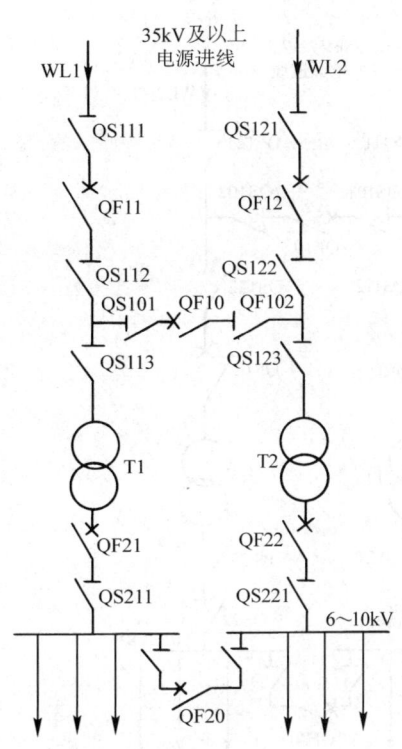

图 5-11　只装有一台主变压器的总降压变电所主接线图

图 5-12　采用内桥式接线的总降压变电所主接线图

这种主接线，其一次侧的高压断路器 QF10 也跨接在两路电源进线之间，但处在线路断路器 QF11 和 QF12 的外侧，靠近电源方向，因此称为"外桥式接线"。这种主接线的运行灵活性也较好，供电可靠性也较高，也适用一、二级负荷的企业。但与内桥式接线适用的场合有所不同。如果某台变压器例如 T1 停电检修或发生故障时，则断开 QF11，投入 QF10（其两侧 QS 先合），使两路电源进线又恢复并列运行。这种外桥式接线适用于电源进线较短而企业负荷变动较大适于经济运行需经常切换主变压器的总降压变电所。当一次电源电网采用环形接线时，也宜于采用这种外桥式接线，使环形电网的穿越功率不通过进线断路器 QF11 和 QF12，这对改善线路断路器的工作及其继电保护的整定都极为有利。

3. 一、二次侧均采用单母线分段的总降压变电所主接线图（见图 5-14）

这种主接线兼有上述内桥式和外桥式两种接线运行灵活的优点，但所用高压开关设备较多，投资较大。可供一、二级负荷，适于一、二次侧进出线较多的总降压变电所。

五、接有柴油发电机组的变电所主接线图

某些拥有重要负荷的工业和民用建筑，往往还安装有柴油发电机组作应急电源，以便在正常供电的公共电网停电时手动或自动投入，供电给不容停电的重要负荷。图 5-15 为接有柴油发电机组的变电所主接线图，其中图 5-15a 为单台主变压器变电所在公共电网停电时手动切换、投入柴油机组的主接线图，图 5-15b 为双台主变压器变电所接有自起动柴油机组的主接线图。

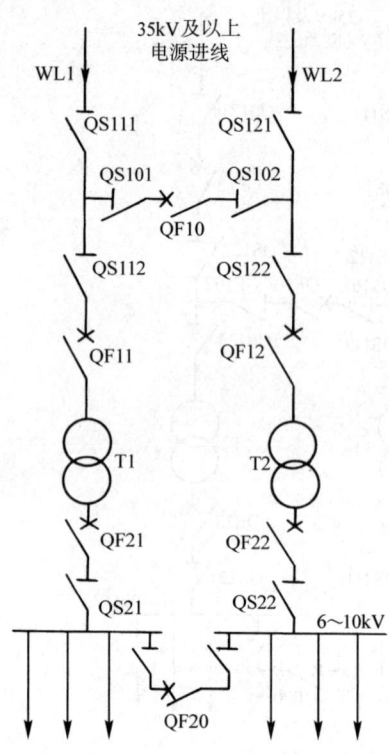

图 5-13 采用外桥式接线的总降压变电所主接线图

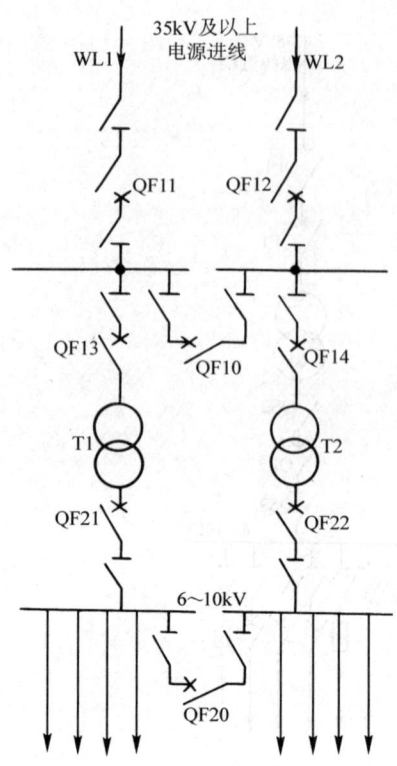

图 5-14 一、二次侧均采用单母线分段的总降压变电所主接线图

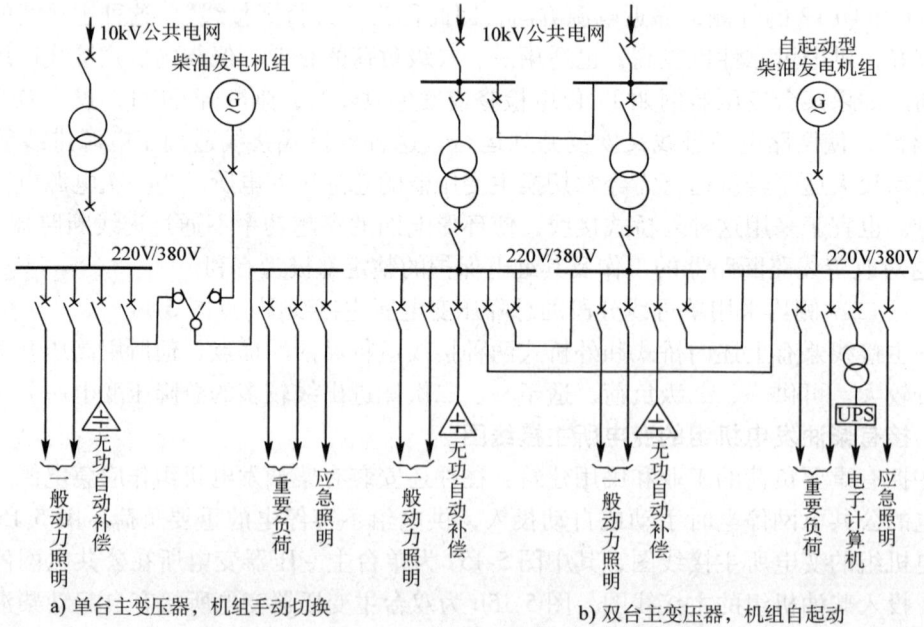

图 5-15 接有柴油发电机组的变电所主接线图

第二节　变配电所的类型、所址及其布置与结构

一、变配电所的类型及其适用范围

用户变电所分总降压变电所和车间变电所。一般中小用户不设总降压变电所。车间变电所(或小型用户变电所)按其主变压器的安装位置来分，有下列类型：

(1) 车间附设变电所　变压器室的一面墙或几面墙与车间的墙共用，变压器室的大门朝车间外开。附设变电所又分内附式和外附式。内附式的变压器室位于车间的外墙以内，如图5-16中的1、2；外附式的变压器室位于车间的外墙外面，如图5-16中的3、4。

(2) 车间内(室内)变电所　变压器室或整个变电所位于车间内(室内)，通常位于车间中部，变压器室的大门朝车间内开，如图5-16中的5。

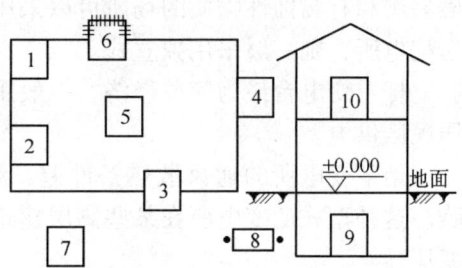

图 5-16　车间变电所的类型
1、2—内附式　3、4—外附式　5—车间内式
6—露天(或半露天)式　7—独立式
8—杆上式　9—地下式　10—楼上式

(3) 露天变电所　变压器安装在室外抬高的地面上，如图5-16中的6。如果变压器的上方设有顶板或挑檐的，则称为半露天变电所。

(4) 独立变电所　整个变电所设在与车间建筑物有一定距离的单独建筑物内，如图5-16中的7。

(5) 杆上变电台　变压器安装在室外的电杆上面，如图5-16中的8。

(6) 地下变电所　整个变电所设置在地面以下的建筑物内，如图5-16中的9。

(7) 楼上变电所　整个变电所设置在楼上建筑物内，如图5-16中的10。

(8) 成套变电所　由电器制造厂按一定接线方案成套制造、现场装配的变电所。

(9) 移动式变电所　整个变电所装设在一辆可移动的车上。

上述的车间附设变电所、车间内变电所、独立变电所、地下和楼上变电所，均属户内型变电所，而露天、半露天变电所和杆上变电台，则属户外型变电所。成套变电所和移动式变电所，则有户内型和户外型两种。

在负荷较大的大型厂房、负荷中心靠近厂房中部且环境条件许可时，可采用车间内变电所。这种变电所，位于车间的负荷中心，可以缩短低压配电的距离，降低电能损耗和电压损耗，减少有色金属消耗量，因此这种变电所的技术经济指标比较好。但是它建在车间内部，要占一定的生产面积，因此对一些生产面积比较紧凑和生产流程要经常调整、设备也要相应变动的生产车间不太适合；而且其变压器室门朝车间内开，对生产的安全有一定的威胁。这种变电所在大型冶金企业中较多。

生产面积比较紧凑和生产流程要经常调整、设备也要相应变动的生产车间，宜采用附设式变电所。至于是采用内附式还是外附式，要依具体情况而定。内附式变电所要占一定的生产面积，但离负荷中心较外附式变电所要近一些。而从建筑外观来看，内附式一般比外附式好。外附式变电所不占或少占生产面积，而且变压器室处在车间的墙外，比内附式变电所要安全一些。因此内附式与外附式各有所长。这两种型式的车间变电所在机械类工厂中比较

普遍。

露天或半露天变电所的型式比较简单经济，通风散热好，因此只要周围环境条件正常，无腐蚀性爆炸性气体和粉尘，可以采用。这种型式的变电所在小型工厂和居民区中较为常见。但这种变电所的安全可靠性较差，在靠近易燃易爆的厂房附近及大气中含有腐蚀性物质的场所，不能采用。

独立变电所的建设费用较高，因此除非各车间（或用户）相当小而分散，或者需远离易燃易爆和有腐蚀性物质的场所可以采用外，一般车间变电所不宜采用。而总降压变电所和高压配电所，则一般采用独立式。

杆上变电台最为简单经济，一般用于容量在315kVA及以下的变压器，多用于生活区和居民区供电。

地下变电所的通风散热条件差，湿度也较大，建筑费用也较高，但相当安全，不碍观瞻。这种型式的变电所在某些高层建筑、地下工程和矿井中采用，其主变压器一般采用干式变压器。

楼上变电所，适于高层建筑。这种变电所要求结构尽可能轻型、安全，其主变压器也采用干式变压器，也有不少采用成套变电所。

成套变电所既可用于室内，也适用于室外，它占地面积小，而且安全可靠性较高，是小型变电所的一种发展趋向，在民用建筑中应用较多。

移动变电所主要用于坑道作业及建筑施工现场的供电。

企业的高压配电所，应尽可能与邻近车间变电所合建，以节约建筑费用。

二、变配电所所址的选择

（一）所址选择的一般原则

用户变配电所所址的选择，应考虑以下原则：

1）尽量靠近负荷中心，以减少配电系统的电能损耗、电压损耗和有色金属消耗量。
2）进出线方便，特别是采用架空进出线时要考虑这一点。
3）接近电源侧，对总变、配电所特别要考虑这一点。
4）设备运输方便。
5）尽量避开剧烈震动和高温场所。
6）不宜设在多尘和有腐蚀性气体的场所；当无法远离时，则应设在污源的上风侧。
7）不应设在厕所、浴室或其他经常积水场所的正下方，且不宜与上述场所相贴邻。
8）不应设在有爆炸危险环境的正上方或正下方，且不宜设在有火灾危险环境的正上方或正下方。当与有爆炸或火灾危险环境的建筑物相毗连时，应符合现行国家标准GB 50058—2014《爆炸危险环境电力装置设计规范》的规定。
9）高压配电所应尽量与车间变电所或有大量高压用电设备的厂房合建。
10）不应妨碍企业或车间的发展，应与当地建设总体规划相协调，并适当考虑今后扩建的可能。

用户的负荷中心，可用下面所讲的负荷指示图或负荷功率矩的计算方法近似地确定。

（二）负荷指示图

负荷指示图是将电力负荷（计算负荷 P_{30}）按一定比例（例如以 $1mm^2$ 面积代表若干 kW）用负荷圆的形式标示在用户的平面图上。各建筑（或车间）的负荷圆的圆心应与建筑（或车间)的负荷中心大致相符。

负荷圆的半径 r，可由建筑(或车间)的计算负荷 $P_{30}=K\pi r^2$ 求得，即

$$r=\sqrt{\frac{P_{30}}{K\pi}} \tag{5-1}$$

式中，K 为负荷圆的比例(单位为 kW/mm^2)。

图 5-17 是图 1-1 所示企业的负荷指示图。由此负荷指示图可以直观和概略地确定企业和用户的负荷中心，再结合上述变配电所所址选择的其他条件全面考虑，分析比较几个方案，最后取其最佳方案来确定变配电所所址。

按负荷指示图确定负荷中心比较粗略。要比较精确地确定负荷中心，可用下述负荷功率矩法。

（三）按负荷功率矩法确定负荷中心

设有负荷 P_1、P_2 和 P_3(均表示有功计算负荷)，分布如图 5-18 所示。它们在任选的直角坐标系中的坐标分别为 $P_1(x_1,y_1)$，$P_2(x_2,y_2)$，$P_3(x_3,y_3)$。现假设总负荷 $P=\sum P_i=P_1+P_2+P_3$ 的负荷中心位于坐标 $P(x,y)$ 处。因此仿照《力学》求重心的力矩方程可得

$$x\sum P_i = P_1x_1+P_2x_2+P_3x_3$$
$$y\sum P_i = P_1y_1+P_2y_2+P_3y_3$$

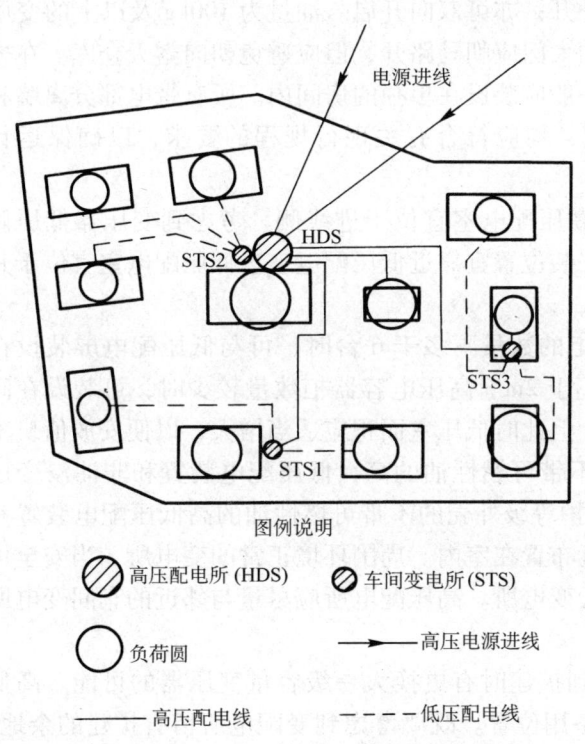

图 5-17 图 1-1 所示企业的负荷指示图

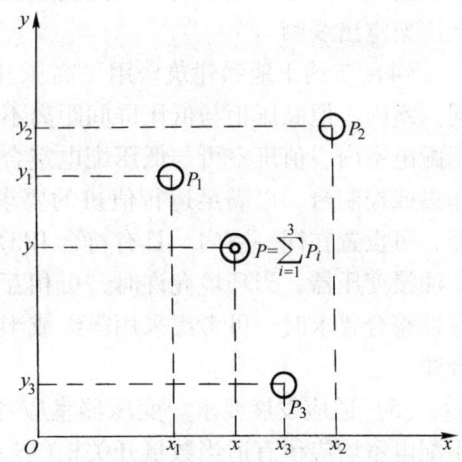

图 5-18 按负荷功率矩法确定负荷中心

写成一般式为

$$x\sum P_i = \sum(P_ix_i)$$
$$y\sum P_i = \sum(P_iy_i)$$

因此可求得负荷中心的坐标为

$$x = \frac{\sum (P_i x_i)}{\sum P_i} \quad (5\text{-}2)$$

$$y = \frac{\sum (P_i y_i)}{\sum P_i} \quad (5\text{-}3)$$

这里必须指出：负荷中心虽是选择变配电所的重要因素，但不是惟一因素，因此负荷中心的计算不必要求十分精确。实际上负荷中心也是经常变动的，精确计算也没有什么必要。

三、变配电所的总体布置

（一）变配电所总体布置的要求

变配电所的总体布置，应满足下列要求：

（1）便于运行维护和检修　有人值班的变配电所，一般应设单独的值班室。值班室应尽量靠近高低压配电室，且有门直通。如果值班室靠近高压配电室有困难时，则值班室可经走廊与高压配电室相通。值班室亦可与低压配电室合并，但在放置值班工作桌的一面或一端，低压配电装置到墙的距离不应小于3m。变压器室应靠运输方便的马路侧。条件许可时，可单设工具材料室或维修间。昼夜值班的变配电所，宜设休息室。

（2）保证运行安全　值班室内不得有高压电气设备。值班室的门应朝外开。高低压配电室和电容器室的门应朝值班室开或者朝外开；亦可双向开启。油量为100kg及以上的变压器应装设在单独的变压器室内。变压器室的大门应朝马路开，但应避免朝向露天仓库。在炎热地区，应避免朝西开门。高压电容器组一般应装设在单独的房间内。所有带电部分离墙和离地的尺寸以及各室维护操作通道的宽度，均应符合有关现行规程的要求，以确保运行安全。

（3）便于进出线　如果是架空进线，高压配电室宜位于进线侧。考虑到变压器低压侧出线通常采用矩形裸母线，因此变压器的安装位置宜靠近低压配电室。低压配电室宜位于其低压架空出线侧。

（4）节约土地和建筑费用　高压开关柜的数量不多于6台时，可与低压配电屏装设在同一室内，但高压柜与低压屏间距离不得小于2m。高压电容器柜数量较少时，可装设在高压配电室内。值班室可与低压配电室合并，但此时低压室面积应适当增大，以便安放值班工作桌或控制台，以满足运行值班的要求。不带可燃性油的高、低压配电装置和非油浸变压器，可设置在同一室内。具有符合IP3X防护等级外壳的不带可燃性油的高低压配电装置和非油浸变压器，当环境允许时，可相互靠近布置在室内。周围环境正常的变电所，当安全可靠性符合要求时，可考虑采用露天或半露天变电所。高压配电所应尽量与邻近的车间变电所合建。

（5）适应发展要求　变压器室应考虑到扩建时有更换大一级容量变压器的可能。高低压配电室均应留有适当数量开关柜（屏）的备用位置。既要考虑到变配电所留有扩建的余地，又要不妨碍企业今后的发展。

（二）变配电所总体布置的方案

变配电所总体布置的方案应因地制宜，合理设计。布置方案的最后确定，应通过几个方案的技术经济比较。

图5-19是图5-1所示企业高压配电所及其附设2号车间变电所的平面图和剖面图。高压

配电室内的高压开关柜为双列布置，按有关规程规定，操作通道的最小宽度为2m（参看表5-3），这里取为2.5m，使运行维护更为安全方便。这里变压器室的尺寸，按所装设变压器容量增大一级来考虑。高低压配电室也都留有一定的余地。

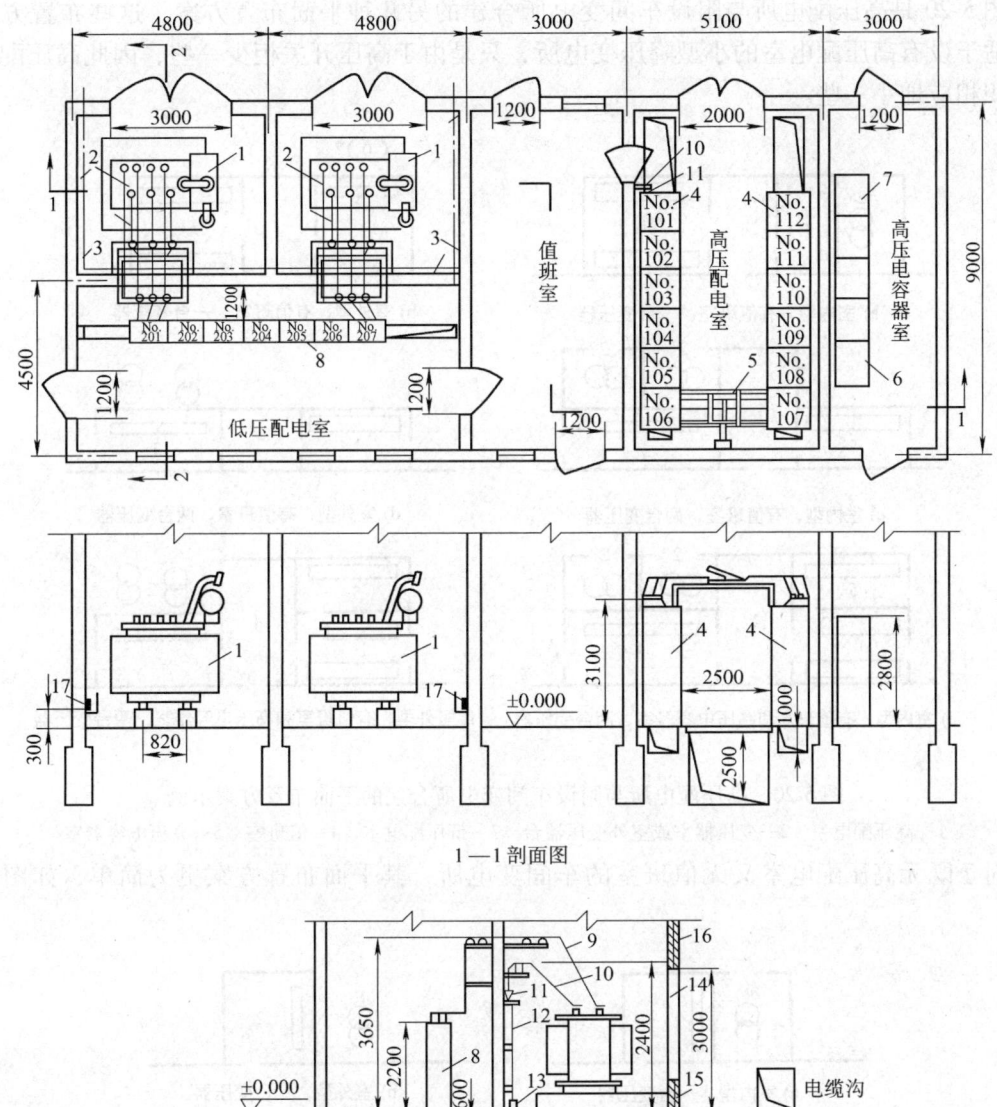

图5-19 图5-1所示企业高压配电所及其附设2号车间变电所的平面图和剖面图
1—S9-800/10型变压器 2—PEN线 3—接地线 4—GG-1A(F)型高压开关柜 5—GN6型高压隔离开关
6—GR-1型高压电容器柜 7—GR-1型高压电容器的放电互感器柜 8—PGL2型低压配电屏
9—低压母线及支架 10—高压母线及支架 11—电缆头 12—电缆 13—电缆保护管
14—大门 15—进风口（百叶窗） 16—出风口（百叶窗） 17—接地线及其固定钩

由图 5-19 可以看出：①值班室紧靠高低压配电室，且有门直通，因此运行维护方便。②高低压配电室和变压器室的进出线都较方便。③所有大门均按要求开设，保证运行方便安全。④高压电容器室与高压配电室相邻，既安全又配线方便。⑤各室均留有一定的余地，以适应发展的要求。

图 5-20 是高压配电所与附设车间变电所合建的另几种平面布置方案。这些布置方案也基本适于设有高压配电室的小型降压变电所，只是由于高压开关柜少一些，因此高压配电室的面积相应地小一些。

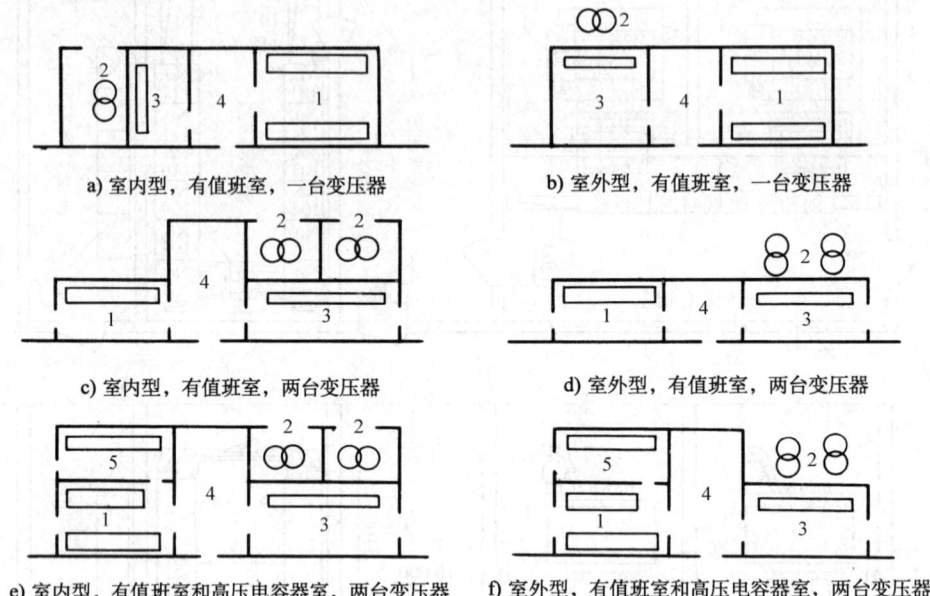

图 5-20　高压配电所与附设车间变电所合建的平面布置方案示例
1—高压配电室　2—变压器室或室外变压器台　3—低压配电室　4—值班室　5—高压电容器室

对于既无高压配电室又无值班室的车间变电所，其平面布置方案更为简单，如图 5-21 所示。

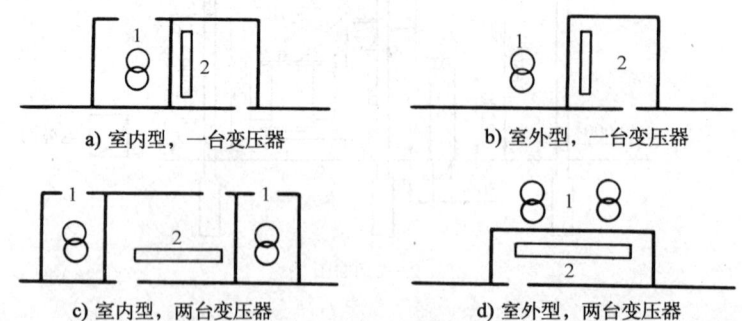

图 5-21　无高压配电室和值班室的车间变电所平面布置方案示例
1—变压器室或室外变压器台　2—低压配电室

四、变配电所的结构布置

（一）变压器室和室外变压器台的结构布置

1. 变压器室的结构布置

变压器室的结构型式，决定于变压器的型式、容量、放置方式、主接线方案及进出线的方式、方向等诸多因素，并应考虑运行维护的安全以及通风、防火等问题。考虑到发展，变压器室宜有更换大一级容量变压器的可能性。

为保证变压器安全运行，按 JGJ 16—2008《民用建筑电气设计规范》规定，电力变压器外廓（防护外壳）与变压器室墙壁和门的最小净距应如表 5-1 所示。

表 5-1 电力变压器外廓（防护外壳）与变压器室墙壁和门的最小净距（据 JGJ 16—2008）

电力变压器容量/kVA	100~1000	1250 及以上
油浸式变压器外廓与后壁、侧壁净距/mm	600	800
油浸式变压器外廓与门净距/mm	800	1000（1200）
干式变压器带有 IP2X 及以上防护等级金属外壳时与后壁、侧壁净距/mm	600	800
干式变压器带有 IP2X 及以上防护等级金属外壳时与门净距/mm	800	1000

注：1. 外壳防护等级的分类代号含义说明见附表 19。表 5-1 中各值不适用于制造厂生产的成套产品。
    2. 括号内数值适用于 35kV 变压器。

多台干式变压器布置在同一房间内时，变压器防护外壳间的最小净距应如表 5-2 所示。

表 5-2 干式变压器防护外壳间的最小净距（据 JGJ 16—2008）

电力变压器容量/kVA		100~1000	1250~2500
变压器侧面具有 IP2X 防护等级及以上的金属外壳时，相邻变压器间净距 A/mm		600	800
变压器侧面具有 IP3X 防护等级及以上的金属外壳时，相邻变压器间净距 A/mm		0	0
考虑变压器外壳之间有一台变压器拉出防护外壳时，相邻变压器间净距 B^*/mm		变压器宽度 $b+600$	变压器宽度 $b+600$
不考虑变压器外壳之间有一台变压器拉出防护外壳时，相邻变压器间净距 B/mm		1000	1200

* 当变压器外壳的门为不可拆卸式时，相邻变压器间净距 B 值应为门扇宽度加变压器宽度 b 之和再加 300mm。

可燃油油浸电力变压器室的耐火等级为一级，非燃或难燃介质的电力变压器室的耐火等级不应低于二级。

可燃油油浸变压器室若位于容易沉积可燃粉尘、可燃纤维的场所，或变压器室附近有粮、棉及其他易燃物大量集中的露天场所，或变压器室下面有地下室时，变压器室应设置容量为 100% 变压器油量的挡油设施，或设置容量为 20% 变压器油量的挡油池并设置能将油排到安全处所的设施。

变压器室的门要向外开。室内只设通风窗，不设采光窗。进风窗设在变压器室前门的下方，出风窗设在变压器室的上方，并应有防止雨、雪和蛇、鼠类小动物从门、窗及电缆沟等进入室内的设施。通风窗的面积，根据变压器的容量、进风温度及变压器中心标高至出风窗中心标高的距离等因素确定。变压器室一般采用自然通风。夏季的排风温度不宜高于45℃，进风与排风的温差不宜大于15℃。通风窗应采用非燃烧材料。

变压器室的布置方式，按变压器推进方向，分为宽面推进式和窄面推进式两种。

变压器室的地坪，按通风要求，分为地坪抬高和不抬高两种型式。变压器室的地坪抬高时，通风散热更好，但建筑费用较高。变压器容量在630kVA及以下的变压器室地坪，一般不抬高。

设计变压器室的结构布置时，除了依据GB 50053—2013《20kV及以下变电所设计规范》和GB 50059—2011《35~110kV变电所设计规范》外，还应参考建设部批准的《全国通用建筑标准设计·电气装置标准图集》中的88D264《电力变压器室布置》(6~10/0.4kV，200~1600kVA)和97D267《附设式电力变压器室布置》(35/0.4kV，200~1600kVA)，不过这两个图集只适于变压器为油浸式的变压器室。

对于非油浸式(即干式)电力变压器的安装及其变压器室的结构布置设计，则应参考建设部批准的99D268《干式变压器安装》标准图集。

图5-22是99D268图集中一干式变压器室的结构布置图。其高压侧装有6~10kV负荷开关或隔离开关。变压器室窄面布置，高压电缆由左侧下面进线，而低压母线由右侧上方出线。此干式变压器为无外壳式。

干式电力变压器也可不单独设置变压器室，而与高压配电装置同室布置，只是变压器应设不低于1.7m高的遮栏与周围隔离，以保证运行安全。

2. 室外变压器台的结构布置

露天或半露天变电所的变压器四周应设不低于1.7m高的固定围栏(墙)。变压器外廓与围栏(墙)的净距不应小于0.8m，变压器底部距地面不应小于0.3m，相邻变压器外廓之间的净距不应小于1.5m。

当露天或半露天变压器供给一级负荷用电时，相邻的可燃油油浸变压器的防火净距不应小于5m。若小于5m时，应设置防火墙，防火墙应高出变压器油枕顶部，且墙两端应大于挡油设施两侧各0.5m。

设计室外变电所时，除了应依据前述GB 50053—2013和GB 50059—2011两个设计规范外，还应参考建设部批准的86D266《落地式变压器台》标准图集。

图5-23是86D266图集中一露天变电所变压器台的结构图。该变电所有一路架空进线，高压侧装有RW10-10(F)负荷型跌开式熔断器和避雷器。避雷器与变压器400V侧中性点及变压器外壳共同接地，并将变压器的接地中性线(PEN线)引入低压配电室内。

当变压器容量在315kVA及以下、环境正常且符合用户供电可靠性要求时，可考虑采用杆上变压器台的型式。设计时可参考建设部批准的86D265《杆上变压器台》标准图集。

(二) 配电室、电容器室和值班室的结构布置

1. 高低压配电室的结构布置

高低压配电室的结构型式，主要决定于高低压开关柜(屏)的型式、尺寸和数量，同时

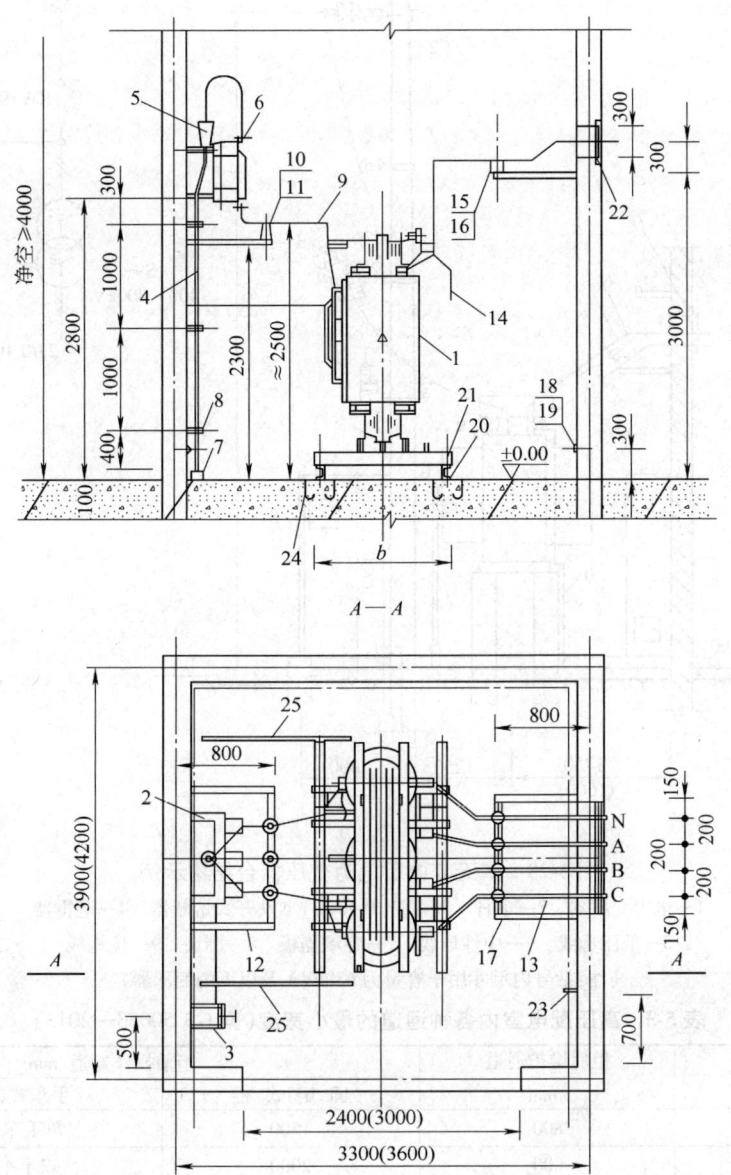

图 5-22 干式电力变压器室结构布置示例
1—干式变压器(6~10/0.4kV) 2—负荷开关或隔离开关 3—负荷开关或隔离开关操动机构
4—高压电缆 5—电缆头 6—电缆芯接头 7—电缆保护管 8—电缆支架 9—高压母线
10—高压母线夹具 11—高压支柱绝缘子 12—高压母线支架 13—低压母线 14—接地线
15—低压母线夹具 16—电车线路绝缘子 17—低压母线支架 18—PE 接地干线
19—固定钩 20—干式变压器安装底座(干式变压器也可落地安装) 21—固定螺栓
22—低压母线穿墙板 23—临时接地接线端子 24—预埋钢板 25—木栅栏

要考虑运行维护的方便和安全,留有足够的操作维护通道,并且要照顾今后的发展,留有适当数量的备用开关柜(屏)的位置,但占地面积不宜过大,建筑费用不宜过高。

高压配电室室内各种通道的最小宽度,按 GB 50053—2013 规定,如表 5-3 所示。

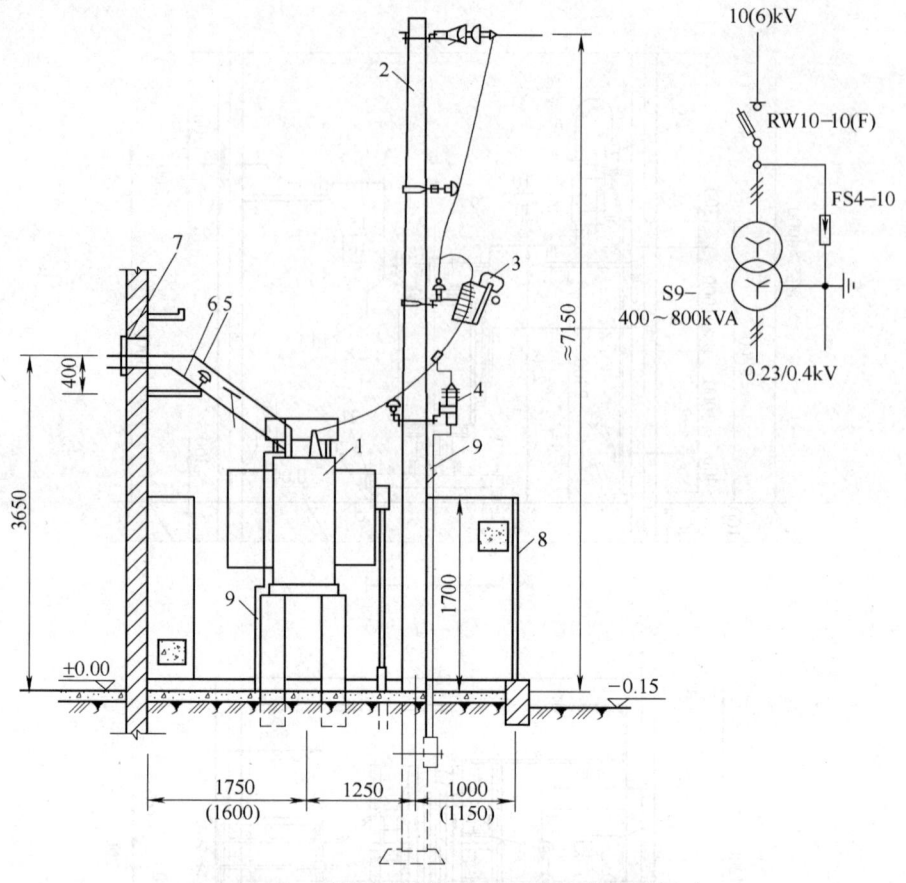

图 5-23 露天变电所电力变压器台结构示例

1—电力变压器 2—电杆 3—RW10-10(F)型跌开式熔断器 4—避雷器
5—低压母线 6—中性母线 7—穿墙隔板 8—围墙 9—接地线

(注:括号内尺寸用于容量为 630kVA 及以下的变压器)

表 5-3 高压配电室内各种通道的最小宽度(据 GB 50053—2013)

开关柜布置方式	柜后维护通道 /mm	柜前操作通道/mm	
		固定式柜	手车式(移开式)柜
单列布置	800	1500	单手车长度+1200
双列面对面布置	800	2000	双手车长度+900
双列背对背布置	1000	1500	单手车长度+1200

注:1. 固定式开关柜为靠墙布置时,柜后与墙净距应大于 50mm,侧面与墙净距宜大于 200mm。
2. 通道宽度在建筑物的墙面遇有柱类局部凸出时,凸出部位的通道宽度可减少 200mm。
3. 当开关柜侧面需设置通道时,通道宽度不应小于 800mm。
4. 对全绝缘密封式成套配电装置,可根据厂家安装使用说明书减少通道宽度。

图 5-24 是标准图集 88D263《变配电所常用设备构件安装》中装有 GG-1A(F)型高压开关柜、采用电缆进出线的高压配电室的两种布置方案剖面图。由图可知,采用电缆进出线时,装设 GG-1A(F)型开关柜(其柜高 3.1m)的高压配电室的高度为 4m。如果采用架空进出线时,则高压配电室高度应在 4.2m 以上。如果开关柜为手车式(一般高 2.2m),且为电缆进出线时,则高压配电室高度可降为 3.5m。为了布线和检修的需要,高压开关柜下面设有电缆沟。

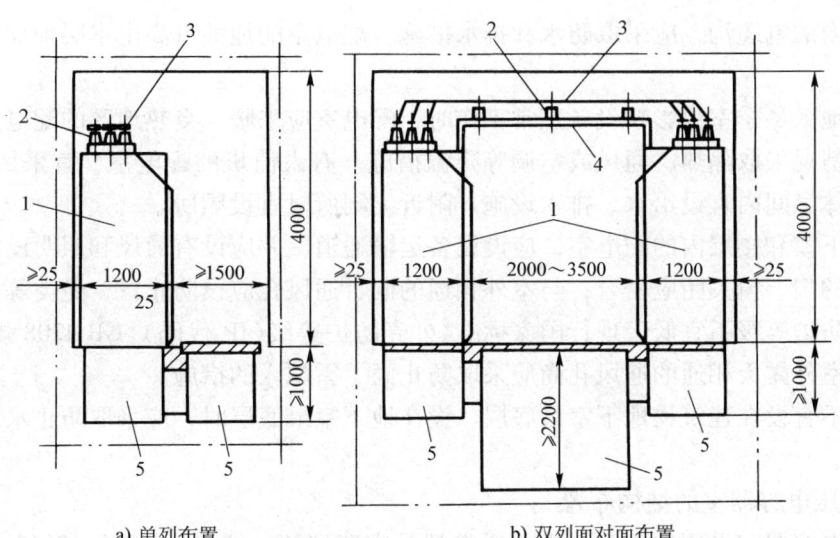

图 5-24 装有电缆进出线的 GG-1A(F) 型高压开关柜的高压配电室的两种布置方案
1—GG-1A(F)型高压开关柜 2—母线支柱瓷瓶 3—高压母线 4—母线桥架 5—电缆沟

低压配电室内成列布置的配电屏,其屏前和屏后的通道最小宽度,按 GB 50053—2013 规定,应符合 GB 50054—2011《低压配电设计规范》的规定,如表 5-4 所示。

表 5-4 成排布置的配电屏通道最小宽度(据 GB 50054—2011)

配电屏种类		单排布置/m			双排面对面布置/m			双排背对背布置/m			多排同向布置/m			屏侧通道/m
		屏前	屏后		屏前	屏后		屏前	屏后		屏间	前、后排屏距墙		
			维护	操作		维护	操作		维护	操作		前排屏前	后排屏后	
固定式	不受限制时	1.5	1.0	1.2	2.0	1.0	1.2	1.5	1.5	2.0	2.0	1.5	1.0	1.0
	受限制时	1.3	0.8	1.2	1.8	0.8	1.2	1.3	1.3	1.5	1.8	1.3	0.8	0.8
抽屉式	不受限制时	1.8	1.0	1.2	2.3	1.0	1.2	1.8	1.0	2.0	2.3	1.8	1.0	1.0
	受限制时	1.6	0.8	1.2	2.1	0.8	1.2	1.6	0.8	2.0	2.1	1.6	0.8	0.8

注:1. 受限制时是指受到建筑平面的限制、通道内有柱等局部突出物的限制。
2. 屏后操作通道是指需在屏后操作运行中的开关设备的通道。
3. 背靠背布置时屏前通道宽度可按本表中双排背对背布置的屏前尺寸确定。
4. 控制屏、控制柜、落地式动力配电箱前后的通道最小宽度可按本表确定。
5. 挂墙式配电箱的箱前操作通道宽度,不宜小于1m。

配电室通道上方裸带电体距地面的高度不应低于 2.5m;当低于 2.5m 时,应设置不低于现行国家标准《外壳防护等级(IP 代码)》GB 4208 规定的 IP××B 级或 IP2×级的遮栏或外护物,遮栏或外护物底部距地面的高度不应低于 2.2m。

配电室屋顶承重构件的耐火等级不应低于二级,其他部分不应低于三级。当配电室与其他场所毗邻时,门的耐火等级应按两者中耐火等级高的确定。

配电室长度超过 7m 时,应设 2 个出口,并宜布置在配电室两端。当配电室双层布置时,楼上配电室的出口应至少设一个通向该层走廊或室外的安全出口。配电室的门均应向外开启,但通向高压配电室的门应为双向开启门。

配电室的顶棚、墙面及地面的建筑装修,应使用不易积灰和不易起灰的材料;顶棚不应抹灰。

配电室内的电缆沟，应采取防水和排水措施。配电室的地面宜高出本层地面 50mm 或设置防水门槛。

当严寒地区冬季室温影响设备正常工作时，配电室应采暖。夏热地区的配电室，还应根据地区气候情况采取隔热、通风或空调等降温措施。有人值班的配电室，宜采用自然采光。在值班人员休息间内宜设给水、排水设施。附近无厕所时宜设厕所。

位于地下室和楼层内的配电室，应设设备运输通道，并应设有通风和照明设施。

配电室的门、窗关闭应密合；与室外相通的洞、通风孔应设防止鼠、蛇类等小动物进入的网罩，其防护等级不宜低于现行国家标准《外壳防护等级（IP 代码）》GB 4208 规定的 IP3X 级。直接与室外露天相通的通风孔尚应采取防止雨、雪飘入的措施。

配电室不宜设在建筑物地下室最底层。设在地下室最底层时，应采取防止水进入配电室内的措施。

2. 高低压电容器室的结构布置

高低压电容器室采用的电容器柜，通常都是成套型的。按 GB 50053—2013 规定，成套电容器柜单列布置时，柜正面与墙面距离不应小于 1.3m；当双列布置时，柜面之间距离不应小于 1.5m。

高压电容器室的耐火等级不应低于二级；低压电容器室的耐火等级不应低于三级。

电容器室应有良好的自然通风。当自然通风不能满足排热要求时，可增设机械排风装置。电容器室应设温度指示装置。

电容器室的门也应向外开。电容器室也应设置防止雨、雪和蛇、鼠类小动物从采光窗、通风窗、门、电缆沟等处进入室内的设施。

电容器室的顶棚、墙面及地面的建筑要求与以上配电室要求相同。

3. 值班室的结构布置

值班室的结构型式，要结合变配电所的总体布置和值班工作要求全盘考虑，以利于运行值班。

值班室要有良好的自然采光。

在采暖地区，值班室应采暖，采暖计算温度为 18℃。采暖装置宜采用排管焊接。

在蚊子和其他昆虫较多的地区，值班室应装纱窗、纱门。

值班室通往外边的门，应向外开，或双向开启。

（三）箱式变电站的结构布置

组合式或预装式成套变电所通称箱式变电站，其各个单元都由生产厂家成套供应，现场组合安装即成。箱式变电站不必另外建造变压器室和高低压配电室，从而可大大减少土建投资，而且便于深入负荷中心，简化配电系统。它全部采用无油或少油电器，因此运行更加安全，维护工作量小。这种箱式变电站已在城镇工业和民用建筑特别是高层建筑中广泛应用。

箱式变电站分户内式和户外式两大类。户内式主要用于高层建筑和民用建筑群的供电，户外式则主要用于工矿企业、公共建筑和居民小区供电。

箱式变电站的电气设备一般分为高压室、变压器室和低压室三部分。这三部分的布置形式有"目"字形、"品"字形等多种形式。图 5-25 所示为常见的户外箱式变电站的结构示意图。

图 5-26 所示为某 XZN-1 型[⊖]户内箱式变电站的平面布置图和高、低压接线系统图，其

⊖ XZN-1 型号的含义：X——箱式；Z——组合式；N——户内式；1——设计序号。

结构型式如下:

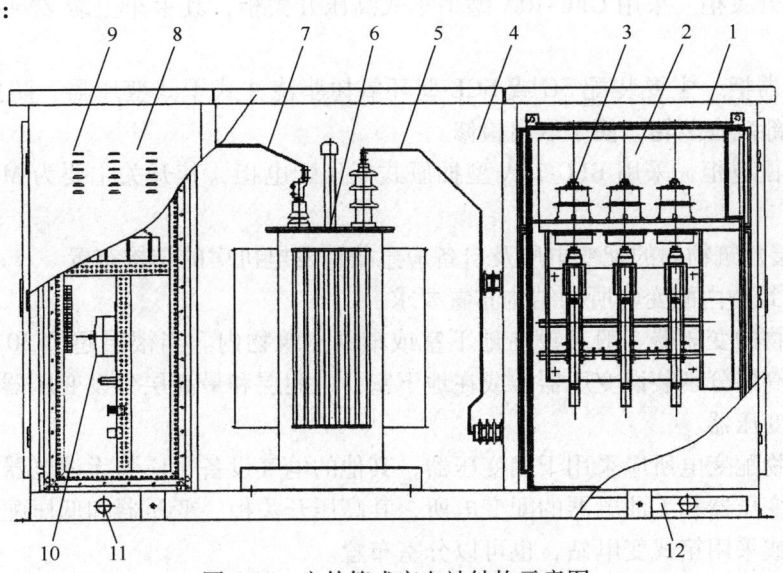

图 5-25 户外箱式变电站结构示意图
1—高压室 2—高压环网柜 3—负荷开关-熔断器-接地开关组合电器 4—变压器室 5—高压母线
6—电力变压器 7—低压母线 8—低压室 9—低压开关柜 10—低压馈线断路器 11—起吊装置 12—接地母线

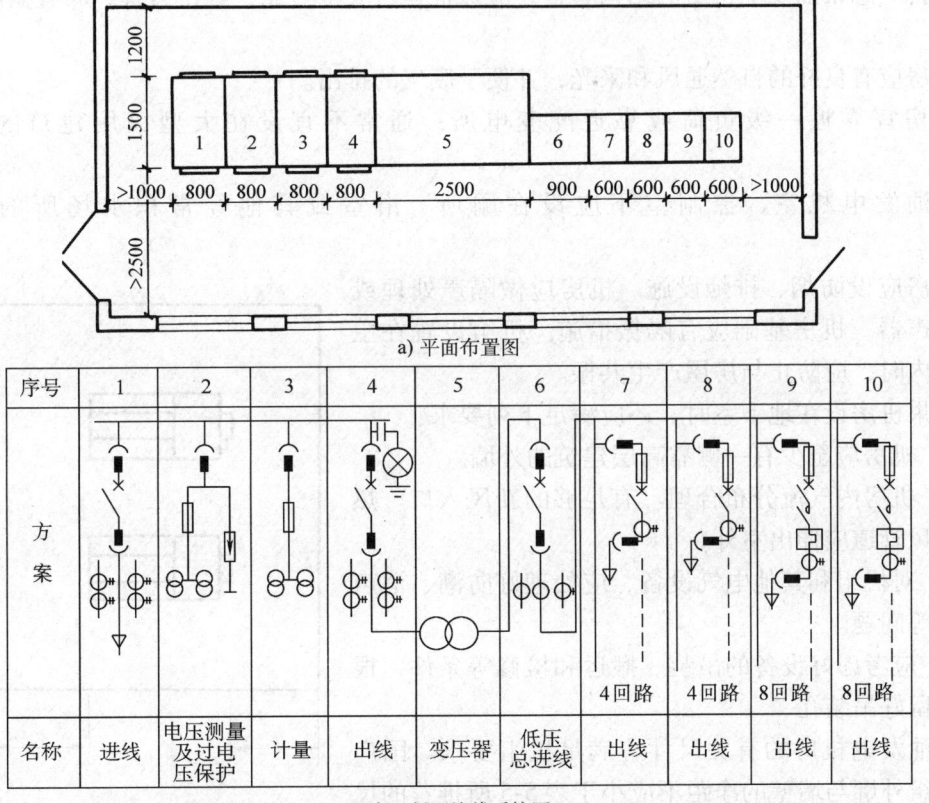

图 5-26 某 XZN-1 型户内箱式变电站的平面布置图和高低压接线系统图
1~4—GFC-10A 型手车式高压开关柜 5—SC(或 SCL)型环氧树脂浇注式干式变压器
6—低压总进线柜 7~10—BFC-10A 型抽屉式低压配电屏

（1）高压开关柜　采用 GFC-10A 型手车式高压开关柜，其手车上装 ZN4-10C 型真空断路器。

（2）变压器柜　主要装配 SC 或 SCL 型环氧树脂浇注式干式变压器，防护式可拆装结构。变压器底部装有滚轮，便于取出检修。

（3）低压配电柜　采用 BFC-10A 型抽屉式低压配电柜，其开关主要为 ME 型低压断路器等。

（四）高层建筑物内的配变电所及自备应急柴油发电机房的结构布置

1. 高层建筑物内配变电所的结构布置要求

高层建筑物的变压器一般装设在地下室或辅助建筑物内。当楼层超过 30~50 层时，则在地下室和最高层分别装设变压器，或在地下室、中间层和最高层分设变压器，也有的集中在中间层装设变压器。

高层建筑物配变电所应采用干式变压器，其他的电气设备也应为无油电器。

采用干式变压器和无油电器的配变电所，其高压开关柜、变压器和低压配电屏，可装设在同一房间内或采用箱式变电站，也可以分室布置。

重要配变电所的值班室和柴油发电机房、控制室，则应各有单独的房间。

2. 自备应急柴油发电机房的结构布置要求

自备应急柴油发电机房的结构布置，应保证运行安全可靠，经济合理，布置紧凑，便于维护。

机房应有良好的自然通风和采光，并便于废气的排出。

机房宜靠近一级负荷或靠近配变电所；通常不宜设在大型民用建筑的主体建筑内。

柴油发电机室、控制室不应设在厕所、浴室或其他经常积水场所的正下方或贴邻。

机房应设防烟、排烟设施。机房应做隔声处理或装设消声器。机房基础应有隔振措施。机组设置在主体建筑内时，应防止与房屋产生共振。

如果机房设在地下室时，还应满足下列要求：

1）机房应至少有一侧靠高层建筑的外墙。

2）机房内气流分布合理。有足够的新风入口。热风和排风管道应伸出室外。

3）对机组和其他电气设备，应处理好防潮、消声和散热等问题。

4）应考虑好设备的吊装、搬运和检修等条件，根据需要留好吊装孔。

柴油发电机房的有关尺寸应满足机组要求。国产柴油机组外廓与墙壁的净距不应小于表 5-5 所推荐的尺寸，其对照的机组布置图如图 5-27 所示。

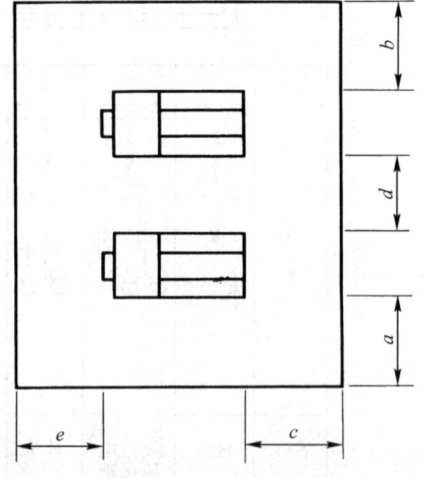

图 5-27　柴油发电机组布置图

图 5-28 是 200GF40 型 200kW 自起动柴油发电机组机房布置示例。

表 5-5　国产柴油发电机组布置的推荐尺寸　　　　　　　　　　　　　　　　（m）

机组外壳部位	机组容量/kW		40~75	120~160	200~400
	机组操作面	a	1.5~1.6	1.7~1.8	1.8~2.0
	机组背面	b	1.2~1.5	1.5~1.8	1.5~1.8
	柴油机端①	c	1.5~1.8	1.5~1.8	2.0~2.2
	机组间距	d	1.7~1.8	1.9~2.0	2.0~2.2
	发电机端	e	1.5~1.8	1.8~2.0	1.8~2.0
	机房净高	—	3.4~3.7	3.5~3.8	3.9~4.2

① 当机组选用封闭式自循环水冷式且机组在第一层时，其发电机端散热器应对着排风口百叶窗，其 c 值可减为 0.8~1.0m。

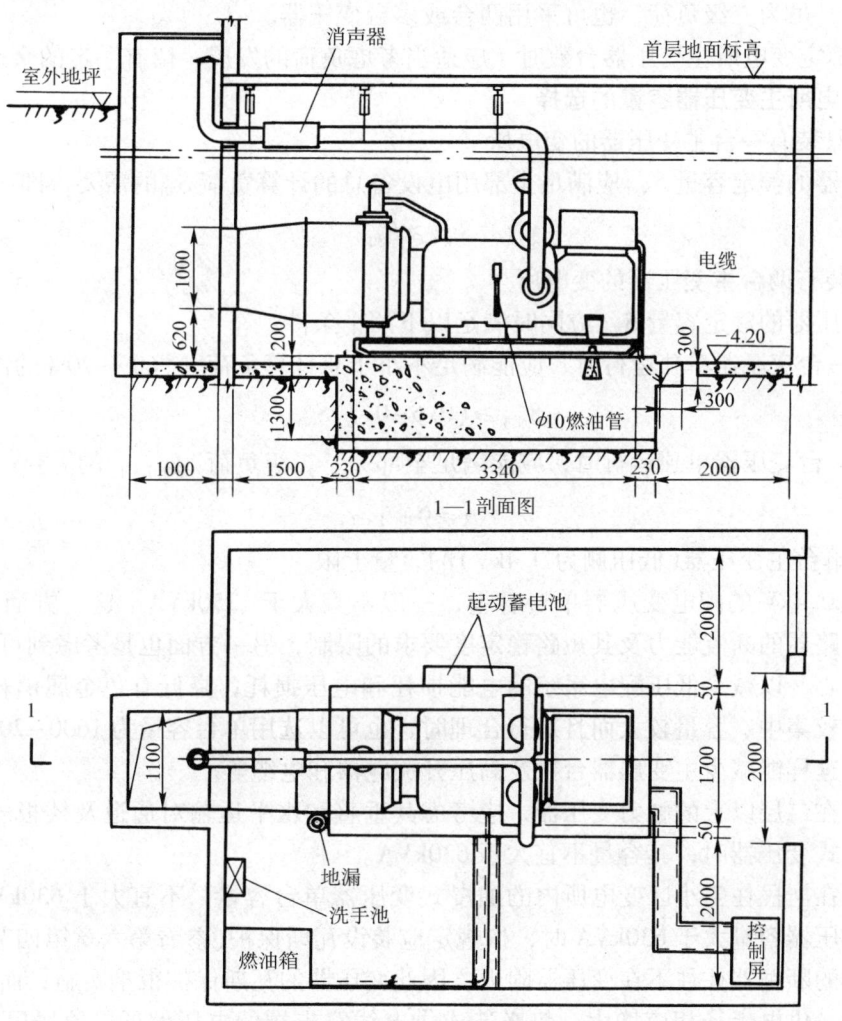

图 5-28　200GF40 型 200kW 自起动柴油发电机组机房布置示例

第三节　变电所主变压器及应急柴油发电机组的选择

一、变电所主变压器台数的选择

变电所主变压器台数的选择应遵循下列原则：

1) 应满足用电负荷对供电可靠性的要求。对供有大量一、二级负荷的变电所，应采用两台主变压器，以便其中一台变压器发生故障或检修时，另一台变压器能对一、二级负荷继续供电。对只有二级负荷而无一级负荷的变电所，也可以只采用一台变压器，但必须在低压侧敷设与其他变电所相联的联络线作为备用电源。

2) 对季节性负荷或昼夜负荷变动较大而宜于采用经济运行方式的变电所，也可考虑采用两台变压器，以便高峰负荷期间两台运行，而低谷负荷期间切除一台，以减少电能损耗。

3) 除上述情况外，一般三级负荷变电所可采用一台变压器。但是负荷集中而容量相当大的变电所，虽为三级负荷，也可采用两台或多台变压器。

4) 在确定变电所主变压器台数时，应适当考虑负荷的发展，留有一定的余地。

二、变电所主变压器容量的选择

(一) 只装有一台主变压器的变电所

主变压器的额定容量 $S_{N.T}$ 应满足全部用电设备总的计算负荷 S_{30} 的需要，即

$$S_{N.T} \geq S_{30} \tag{5-4}$$

(二) 装有两台主变压器的变电所

每台变压器的额定容量 $S_{N.T}$ 应同时满足以下两个条件：

1) 任一台变压器单独运行时，应能满足不小于总计算负荷 S_{30} 60%~70% 的需要，即

$$S_{N.T} \geq (0.6 \sim 0.7) S_{30} \tag{5-5}$$

2) 任一台变压器单独运行时，应能满足全部一、二级负荷 $S_{30(I+II)}$ 的需要，即

$$S_{N.T} \geq S_{30(I+II)} \tag{5-6}$$

(三) 单台主变压器（低压侧为 0.4kV）的容量上限

低压为 0.4kV 的配电变压器单台容量，一般不宜大于 1250kVA。这一方面是受目前通用的低压断路器的断流能力及其短路稳定度要求的限制，另一方面也是考虑到可使变压器更接近负荷中心，以减少低压配电系统的电能损耗和电压损耗，降低有色金属消耗量。但是，如果负荷比较集中、容量较大而且运行合理时，也可以选用单台容量为 1600~2000kVA 的配电变压器，这样能减少主变压器台数及高压开关电器和电缆等。

对装设在二层以上的电力变压器，应考虑其垂直和水平运输对通道及楼板载荷的影响。如果采用干式变压器时，其容量不宜大于 630kVA。

对装设在居民住宅小区变电所内的油浸式变压器单台容量，不宜大于 630kVA。这是因为油浸式变压器容量大于 630kVA 时，按规定应装设瓦斯保护（参看第六章第四节），而该变压器电源侧的断路器往往不在变压器附近，因此变压器的瓦斯保护很难实施；而且如果变压器容量增大，供电半径相应增大，势必造成供电线路末端的电压偏低，给居民生活带来不便，例如荧光灯启燃困难、电冰箱不能起动等。

必须注意： 在确定变电所主变压器容量时，应适当考虑负荷的发展。主变压器台数和容量的最后确定，应结合变电所主接线方案的选择，经 2~3 个方案的技术经济比较，择优而定。

例 5-1 某 10/0.4kV 变电所，总计算负荷 S_{30} = 1400kVA，其中一、二级负荷 760kVA。试初步选择其主变压器的台数和容量。

解 根据变电所有一、二级负荷的情况,确定选两台主变压器。

每台变压器容量应满足以下两个条件:
$$S_{N.T} \geq (0.6 \sim 0.7)S_{30} = (0.6 \sim 0.7) \times 1400\text{kVA} = (840 \sim 980)\text{kVA}$$

且 $S_{N.T} \geq 760\text{kVA}$

因此初步确定选择两台 1000kVA 的主变压器。

三、应急柴油发电机组的选择

应急柴油发电机组的容量选择,应满足下列条件:

1) 应急柴油发电机组的额定功率 P_N,应不小于所供全部应急负荷的最大计算负荷 P_{30},即

$$P_N \geq P_{30} \tag{5-7}$$

在初步设计中,应急柴油发电机组的容量(视在功率)S_N,可按用户变电所主变压器总容量 $S_{N.T}$ 的 10%~20% 考虑,通常取为 $S_{N.T}$ 的 15%。

2) 在应急柴油发电机组所供电的应急负荷中,最大的笼型电动机的容量 $P_{N.M}$ 与柴油发电机组容量 P_N 之比不宜大于 25%,以免电动机起动时使变电所母线电压下降过甚,影响其他负荷的正常工作,即

$$P_N \geq 4P_{N.M} \tag{5-8}$$

应急柴油发电机组的单台容量不宜大于 1000kW。如果应急负荷总计算负荷 $P_{30} >$ 1000kW,宜选用两台或多台机组。

第四节 供配电线路的接线与结构

一、高压配电线路的接线方式

高压配电线路有放射式、树干式和环形等基本接线方式。

(一) 放射式接线

图 5-29 是高压放射式线路的电路图。放射式线路之间互不影响,因此供电可靠性较高,而且便于装设自动装置;但是高压开关设备用得较多,而且每台高压断路器或负荷开关须装设一个高压开关柜,从而使投资增加。而且这种放射式线路发生故障或检修时,该线路所供负荷均中断供电。为了提高其供电可靠性,可在各车间变电所的高压或低压之间敷设联络线。要进一步提高其供电可靠性,还可采用来自两个电源的两路高压进线,然后经分段母线,由两段母线用双回路对重要负荷交叉供电,如图 1-1 中的 2 号车间变电所的供电方式。

(二) 树干式接线

图 5-30 是高压树干式线路的电路图。树干式接线的特点正好与上述放射式接线相反。一般情况下,树干式接线采用的开关设备较少,有色金属消耗量也较少;但在干线发生故障或检修时,停电范围大,因此供电可靠性较低。要提高其供电可靠性,可采用双干线供电或两端供电的接线方式,如图 5-31a、b 所示。

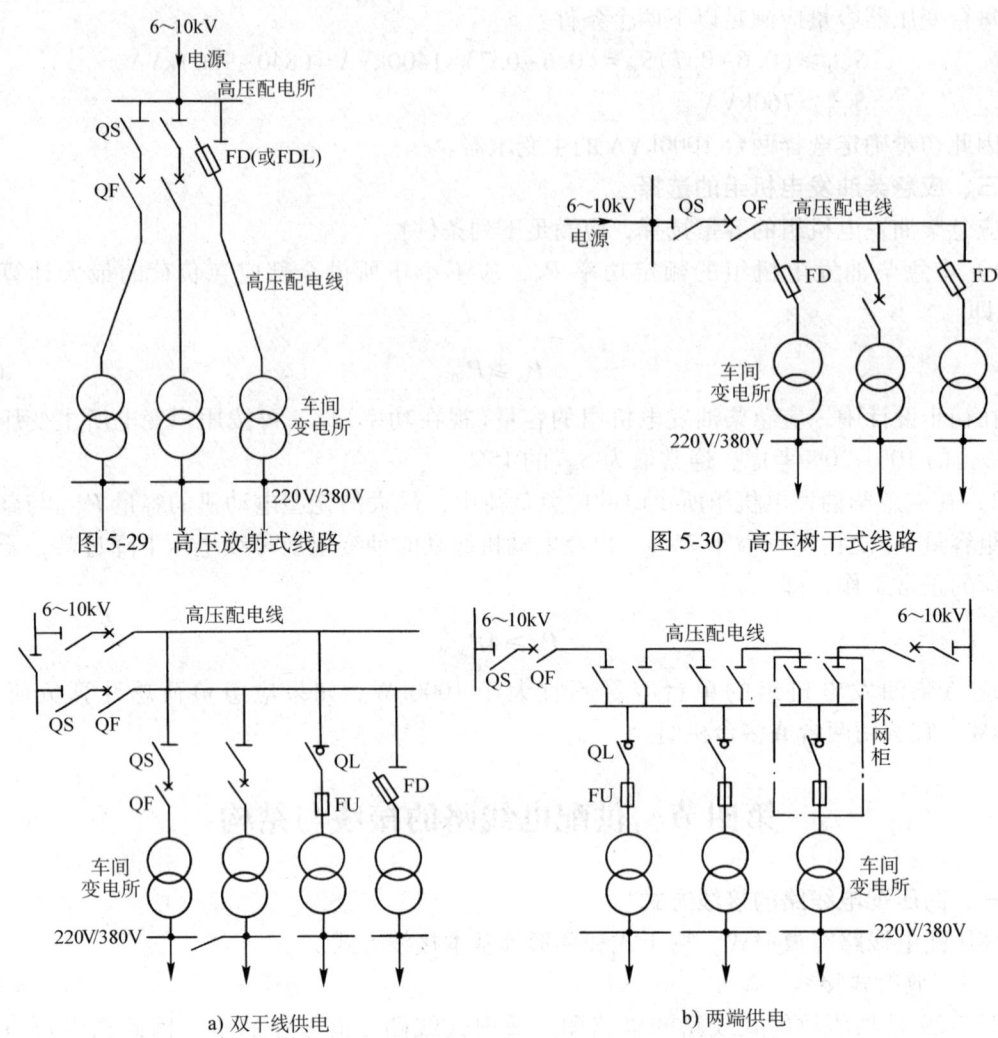

图 5-29 高压放射式线路

图 5-30 高压树干式线路

a) 双干线供电

b) 两端供电

图 5-31 双干线供电或两端供电的接线方式

（三）环形接线

图 5-32 是高压环形接线的电路图。环形接线，实质上是两端供电的树干式接线。为了避免环形线路上发生故障时影响整个电网的正常运行，也为了便于实现线路保护的选择性，因此绝大多数环形线路采取"开口"运行方式，即环形线路中有一处的开关正常时是断开的。这种环形接线在现代城市电网中应用很广。通常采用以负荷开关取代隔离开关为联络主开关的环形接线。现在生产的高压环网柜就专用在这种环形电网中，既简单经济，操作灵活，且能保证较高的供电可靠性。

二、低压配电线路的接线方式

低压配电线路也有放射式、树干式和环形等基本接线方式。

（一）放射式接线

图 5-33 是低压放射式接线示意图。放射式接线的特点是：其配电出线发生故障时，不致影响其他配电出线的运行，因此供电可靠性较高。但是一般情况下，其有色金属消耗量较多，

采用的开关电器也较多。放射式接线多用于设备容量大或对供电可靠性要求高的设备配电。

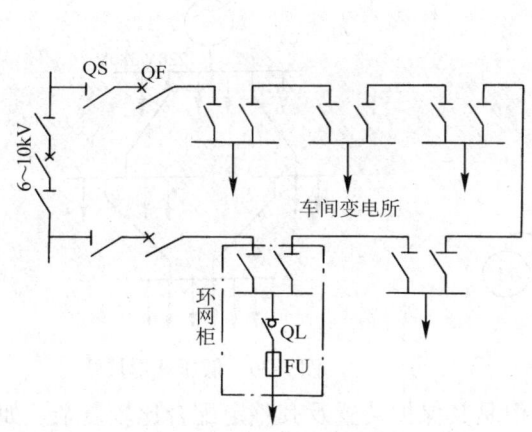

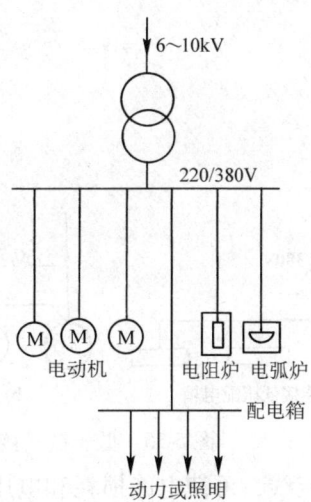

图 5-32　高压环形接线
（注：现多用高压负荷开关取代高压隔离开关）

图 5-33　低压放射式接线

（二）树干式接线

图 5-34a、b 是两种常见的低压树干式接线。树干式接线与放射式相比，它采用的开关电器较少，有色金属消耗量也较少，但在线路发生故障时，影响范围大，故其供电可靠性较低。树干式接线在机械加工车间、工具车间和机修车间中应用比较普遍，且多采用封闭式母线，灵活方便，也较安全，适于对容量小而分布较均匀的用电设备配电。

图 5-34b 所示"变压器—干线组"接线，还省去了变压器低压侧整套低压配电装置，从而使变电所接线大为简化，投资大大降低。

图 5-35 是变形的树干式接线，称为链式接线。链式接线的特点与树干式基本相同，适于用电设备彼此相距很近而容量都较小的次要用电设备。链式相连的配电箱（见图 5-35a）不宜超过 3 台，总容量不宜超过 10kW。链式相连的电动机等用电设备（见图 5-35b）不宜超过 5 台，设备容量也不宜超过 10kW。

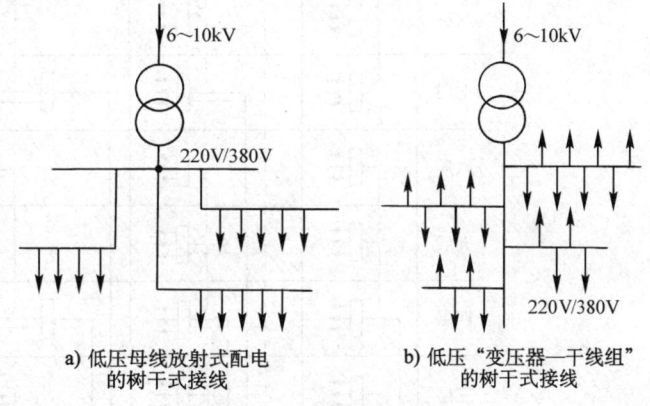

图 5-34　低压树干式接线

（三）环形接线

图 5-36 是由一台变压器供电的低压环形接线。

一个企业内的一些车间变电所低压侧，也可以通过低压联络线相互连接为环形接线。

环形接线，供电可靠性较高。任一段线路发生故障或检修时，都不致造成供电中断，或只短暂停电，一旦切换电源的操作完成，即可恢复供电。

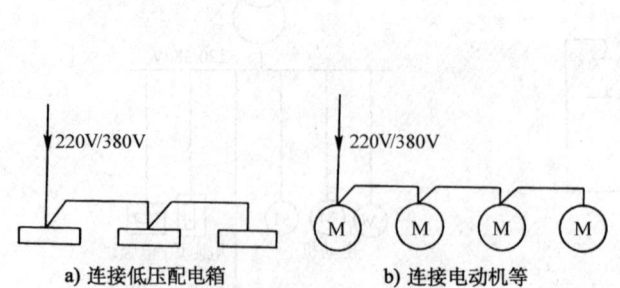

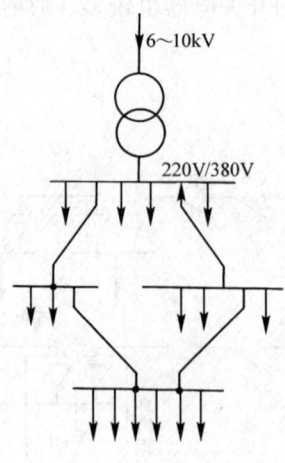

图 5-35　低压链式接线　　　　　　　图 5-36　低压环形接线

环形接线，可使电能损耗和电压损耗减少，但是其保护装置及其整定配合比较复杂。如果配合不当，容易发生误动作，反而扩大停电范围。

低压环形接线通常也采用"开口"运行方式。

实际的低压配电系统，往往是几种接线方式的综合应用。

图 5-37 是高层建筑中低压配电的几种典型接线方案。其中图 5-37a 是分区树干式（链式）

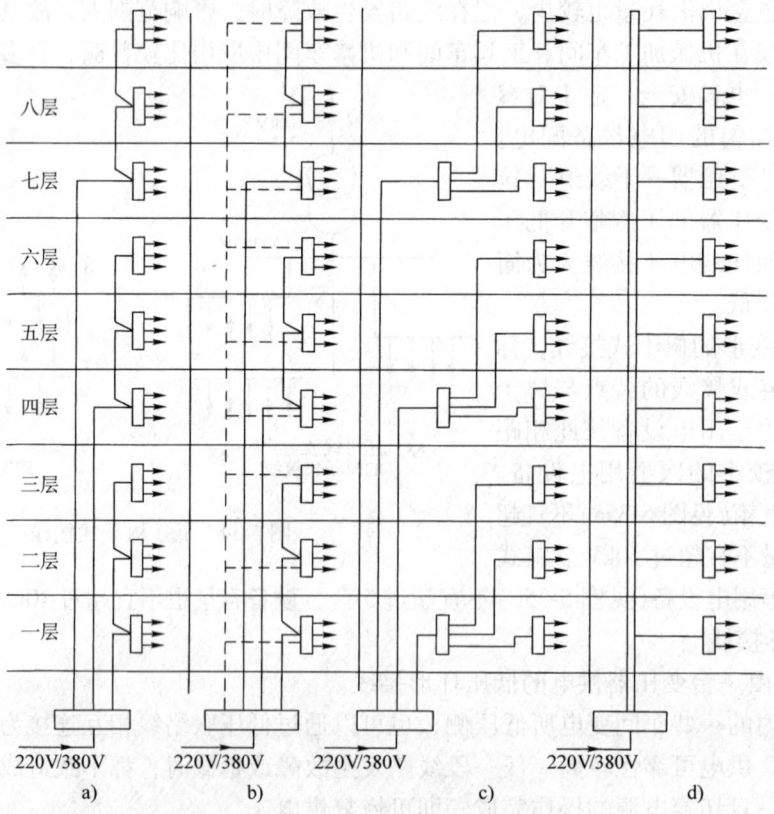

图 5-37　高层建筑低压配电的典型接线方案

接线，每回干线配电给几层楼。图 5-37b 是在图 5-37a 的基础上增加了一回备用干线，以提高供电可靠性。图 5-37c 是图 5-37a 的每回干线末端各增设了一配电箱。图 5-37d 则是采用电气竖井内的母线配电，各层配电箱均装在竖井内，适于楼层多、负荷大的大型商务楼。

总的来说，用户的供配电线路接线应力求简单。如果接线过于复杂，层次过多，不仅浪费投资，维护不便，而且由于电路中连接的元件过多，因操作错误或元件故障而发生事故的几率随之增多，处理事故和恢复供电的操作也比较麻烦，从而延长了停电时间。同时由于配电级数多，继电保护的级数也相应增多，动作时间也相应延长，对供电系统的故障保护十分不利。因此，GB 50052—2009《供配电系统设计规范》规定："供配电系统应简单可靠，同一电压供电系统的配电级数高压不宜多于两级，低压不宜多于三级。"

三、供配电线路的结构与敷设

（一）供配电线路的结构类型与特点

供配电线路按结构型式分，有架空线路、电缆线路和室内线路等三类。

（1）架空线路　它是利用电杆架空敷设导线的露天线路。其特点是敷设比较容易，成本较低，投资较少，维修方便，易于发现和排除故障；但它要占用一定的地面位置，有碍交通和观瞻，且易受环境影响，安全可靠性较差。

（2）电缆线路　它是利用电力电缆敷设的线路。一般敷设于地下，大多直接埋设于土壤中，也有的敷设于地下的电缆沟道中，也有的采用电缆桥架明敷或架空敷设。电缆线路与架空线路相比，虽然具有成本高、投资大、维修不便、不易发现和排除故障等缺点，但是电缆线路具有运行可靠、不易受外界影响、不需架设电杆、不占地面、不碍交通和观瞻等优点。因此在现代城市和企业中，电缆线路得到越来越广泛的应用，但农村电网不宜采用电缆线路。

（3）室内线路　它指建筑物内部敷设的各种配电线路，包括用绝缘导线沿墙、沿屋架或沿天棚明敷的线路，用绝缘导线穿管沿墙、沿屋架或埋墙、埋天棚或埋地板敷设的线路，也包括用裸导线或电缆在室内敷设的线路。由于室内一般为人员频繁活动的空间，线路容易被人员触及，因此安全要求特别高；而且由于线路故障易引起建筑失火，因此室内线路导线的选择和敷设要特别注意其安全可靠性。

（二）架空线路的结构和敷设

架空线路由导线、电杆、绝缘子和线路金具等主要元件组成，如图 5-38 所示。为了防雷，有的架空线路上还在电杆顶端架设避雷线（又称架空地线）。为了加强电杆的稳固性，有的电杆还安装有拉线或扳桩。

1. 架空线路的导线

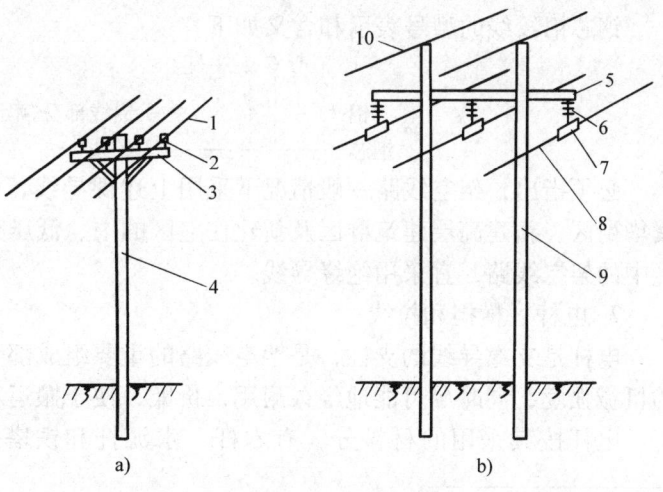

图 5-38　架空线路的结构
1—低压导线　2—针式绝缘子　3、5—横担　4—低压电杆
6—高压悬式绝缘子串　7—线夹　8—高压导线　9—高压电杆　10—避雷线

导线是线路的主体,承担着输送电能(电力)的功能。导线架设在电杆上面,要经受自重和各种外力的作用,并要承受大气中各种有害物质的侵蚀。因此导线必须具有良好的导电性,同时要具有一定的机械强度和耐腐蚀性,而且要尽可能地质轻和价廉。

导线材质有铜、铝和钢。铜线的导电性能最好(电导率为 53MS/m[⊖]),机械强度也相当高(抗拉强度约为 380MPa),且不易氧化和腐蚀;然而铜是贵重的有色金属,应尽量节约。铝线的导电性能也较好(电导率为 32MS/m),稍次于铜,且具有质轻、价廉的优点,虽然其机械强度较差(抗拉强度约为 160MPa),且防腐蚀性能也不太好,但根据我国资源情况,在环境正常的架空线路上,宜优先选用铝线。不过在有腐蚀性物质及防火防爆要求较高的环境中,不宜采用铝线。钢线的机械强度很高(钢绞线的抗拉强度达 1200MPa),而且价廉,但其导电性能差(电导率为 7.52MS/m),功率损耗大,对交流电流还有铁磁损耗,而且容易锈蚀,因此钢线除作为避雷线(架空地线)外,架空电力线路上一般不用。

架空线路的导线,一般采用多股绞线。绞线按材质分,有铜绞线(TJ)、铝绞线(LJ)和钢芯铝绞线(LGJ)。通常采用铝绞线。在机械强度要求较高和 35kV 及以上的架空线路上,则多采用钢芯铝绞线。钢芯铝绞线简称钢芯铝线,其横截面结构如图 5-39 所示。钢芯铝绞线的线芯为钢线,用以增强导线的机械强度,弥补铝线机械强度较差的缺点,而其外围用铝线,取其导电性较好的优点。由于交流电流通过导线时具有集肤效应,交流电流实际上只从铝线通过,从而弥补了钢线导电性能不好而且会产生铁磁损耗的缺点。

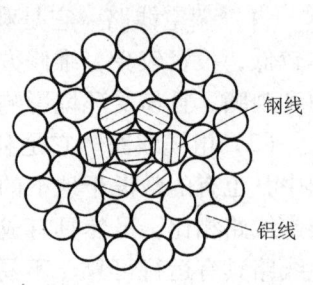

图 5-39 钢芯铝绞线截面

铜(铝)绞线的型号表示和含义如下:

T(L)J — □
铜(铝)绞线 —— 额定截面积(mm²)

钢芯铝绞线的型号表示和含义如下:

L G J — □
铝 —— 铝线部分额定截面积(mm²)
钢芯 —— 绞线

必须指出,架空线路一般情况下采用上述裸导线,但敷设在大、中城市市区主次干道、繁华街区、新建高层建筑群区及新建住宅区的中、低压架空配电线路以及有腐蚀性物质的环境中的架空线路,宜采用绝缘导线。

2. 电杆、横担和拉线

电杆是支撑导线的支柱,是架空线路的重要组成部分。对电杆的要求,主要是要有足够的机械强度,同时尽可能地经久耐用,价廉,便于搬运和安装。

电杆按其采用的材料分,有木杆、水泥杆和铁塔等三种,一般以水泥杆应用最为普

⊖ 电导率又称导电系数,符号为 γ,常用单位为 MS/m,即 m/(Ω·mm²)。纯铜的 γ=57MS/m,纯铝的 γ=35MS/m。但考虑到多股绞线的实际截面比额定截面略小,而每股导线的实际长度又比整根导线略长,因此其实际电阻比计算电阻略大。为此,这里的铜、铝电导率均比纯铜、纯铝的电导率取得略小一些。

遍，因为采用水泥杆，可节约大量木材和钢材，而且经久耐用，维护简单，也比较经济。

电杆按其在架空线路中的地位和功能分，有直线杆、分段杆、转角杆、终端杆、跨越杆和分支杆等型式。图5-40是上述杆型在低压架空线路中应用的示意图。

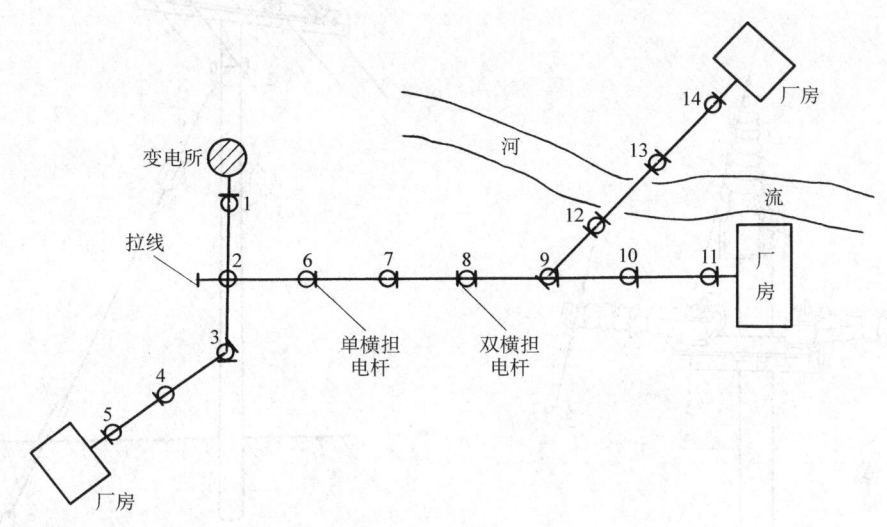

图5-40 各种杆型在低压架空线路中的应用

1、5、11、14—终端杆 2、9—分支杆 3—转角杆
4、6、7、10—直线杆（中间杆） 8—分段杆（耐张杆） 12、13—跨越杆

横担安装在电杆的上部，用来安装绝缘子以架设导线。常用的横担有木横担、铁横担和瓷横担。现在普遍采用铁横担和瓷横担。瓷横担用于高压架空线路，兼有绝缘子和横担的双重功能，能节约大量木材和钢材，减少线路造价。它结构简单，安装方便，但它比较脆，安装和使用中必须注意。图5-41是6~10kV高压电杆上安装的瓷横担示意图。

拉线是为了平衡电杆各方面的作用力，并抵抗风压以防电杆倾倒用的，例如终端杆、转角杆、分段杆等往往都安装有拉线。拉线的结构如图5-42所示。

3. 线路绝缘子和金具

绝缘子又称瓷瓶。线路绝缘子用来将导线固定在电杆上，并使导线与电杆绝缘。因此对绝缘子既要求具有一定的电气绝缘强度，又要求具有足够的机械强度。线路绝缘子按电压分低压绝缘子和高压绝缘子两大类。图5-43是高压线路绝缘子的外形结构。

线路金具是用来连接导线、安装横担和绝缘子、固定和紧固拉线等的金属附件，包括安装针式绝缘子的直脚（见图5-44a）和弯脚（见图5-44b），安装蝴蝶式绝缘子的穿芯螺钉（见图5-44c），将横担或拉线固定在电杆上的U形抱箍（见图5-44d），调节拉线松紧的花篮螺钉（见图5-44e）以及悬式绝缘子串的挂环、挂板、线夹等（见图5-44f）。

4. 架空线路的敷设

敷设架空线路，要严格执行有关技术规程的规定。施工中要重视安全教育，采取有效的安全措施，特别在立杆、组装和架线时，更要注意人身安全，防止发生事故。竣工以后，要按照规定的程序和要求进行检查和验收，确保工程质量。

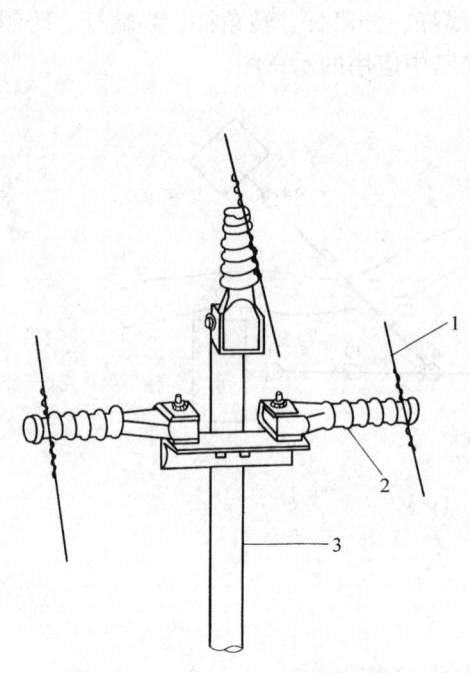

图 5-41 高压电杆上安装的瓷横担
1—高压导线 2—瓷横担 3—电杆

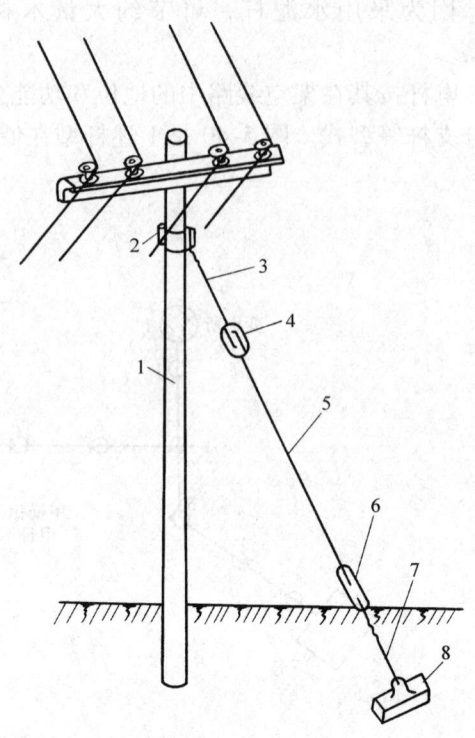

图 5-42 拉线的结构
1—电杆 2—拉线的抱箍 3—上把 4—拉线绝缘子
5—腰把 6—花篮螺钉 7—底把 8—拉线底盘

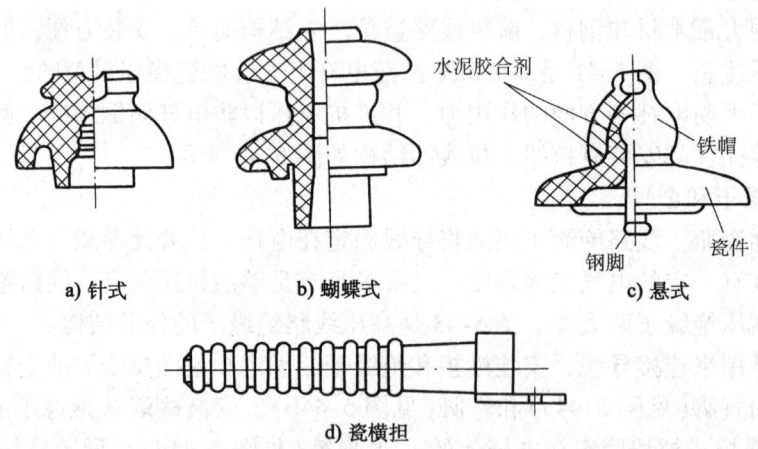

a) 针式　　b) 蝴蝶式　　c) 悬式

d) 瓷横担

图 5-43 高压线路绝缘子

架空线路的路径选择，应考虑下列原则：①路径要短，转角要少。②交通运输方便，便于施工架设和维护。③尽量避开河洼和雨水冲刷地带及易撞、易燃、易爆等危险场所。④不应引起人行、交通及机耕等困难。⑤应与建筑物保持一定的安全距离。⑥应与城镇和企业的建设规划协调配合，并适当考虑今后的发展。

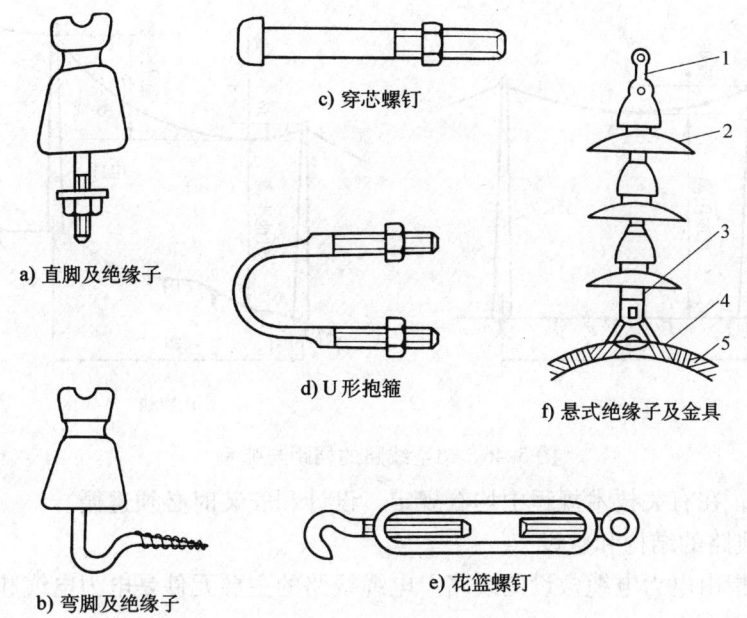

图 5-44 架空线路用金具
1—球头挂环 2—悬式绝缘子 3—碗头挂板 4—悬垂线夹 5—架空导线

导线在电杆上的排列方式,如图 5-45 所示。三相四线制低压架空线路的导线,一般采用水平排列,而且中性线一般架设在靠近电杆的位置。电压不同的线路同杆架设时,电压高的线路应架设在上面。

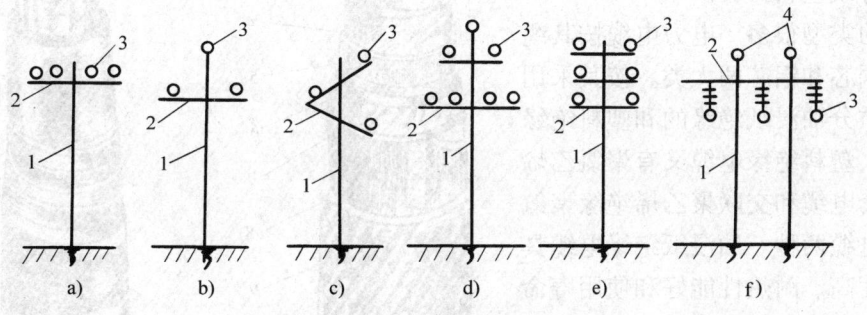

图 5-45 导线在电杆上的排列方式
1—电杆 2—横担 3—导线 4—避雷线

架空线路的档距(又称跨距),是指同一条线路两相邻电杆之间的水平距离,如图 5-46 所示。厂区架空线路的档距,低压为 25~40m,高压(10kV 及以下)为 35~50m。

导线的弧垂(又称弛垂),是指架空线路一个档距内导线最低点与两端电杆上导线固定点间的垂直距离,亦如图 5-46 所示。弧垂是由于导线自重及其他荷重(如导线外围的结冰)所形成的。弧垂不宜过大,也不宜过小。过大则在导线摆动时容易引起相间短路,而且可造成导线对地或对其他物体的安全距离不够;过小则使导线的内应力增大,在天冷时可能收缩绷断。

架空线路的线间距离、导线对地面和对水面的最小距离、架空线路与各种设施接近和交

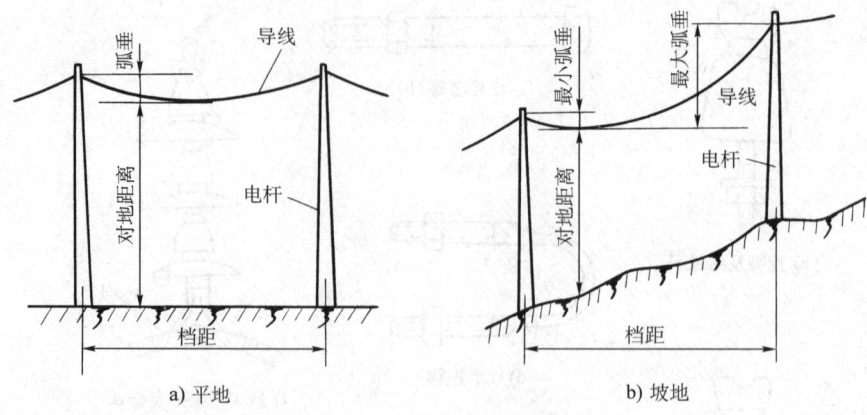

图 5-46　架空线路的档距与弧垂

叉的最小距离等,在有关技术规程中均有规定,设计和安装时必须遵循。

(三) 电缆线路的结构和敷设

电缆线路是指由电力电缆敷设的线路。电缆线路的主要元件是电力电缆和电缆头。

1. 电力电缆的结构

电缆是一种特殊导线,在其几根或单根绞绕的绝缘导电芯线外面,绕包有绝缘层和保护层。保护层又分内护层和外护层。内护层用来直接保护绝缘层,而外护层用来防止内护层免受机械损伤和腐蚀。外护层通常为钢丝或钢带构成的钢铠,外覆麻被、沥青或塑料护套。

电缆的类型很多。电力电缆按其缆芯材质分铜芯和铝芯两大类。按其采用的绝缘介质分油浸纸绝缘的和塑料绝缘的两大类。塑料绝缘电缆又有聚氯乙烯绝缘及护套电缆和交联聚乙烯绝缘聚氯乙烯护套电缆两种。油浸纸绝缘电缆具有耐压强度高、耐热性能好和使用寿命较长等优点,但它工作时其中的浸渍油会流动,不适用于两端安装高度差大的场所。塑料绝缘电缆具有结构较简单、制造成本较低、敷设方便、不受高度差限制及耐酸碱腐蚀等优点,特别是交联聚乙烯绝缘电缆,其电气性能更优异,因此应用越来越广。图 5-47a 和图 5-47b 分别是油浸纸绝缘电力电缆和交联聚乙烯绝缘电力电缆的结构图。

电力电缆全型号的表示和含义

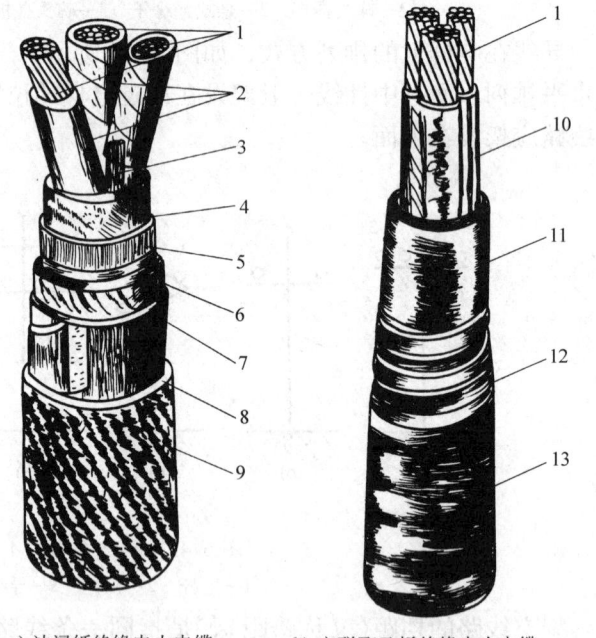

a) 油浸纸绝缘电力电缆　　b) 交联聚乙烯绝缘电力电缆

图 5-47　电力电缆的结构

1—缆芯(铜芯或铝芯)　2—油浸纸绝缘层　3—填料(麻筋)
4—油浸纸绕包绝缘　5—铅包　6—涂沥青的纸带(内护层)
7—浸沥青的麻被(内护层)　8—钢铠(外护层)　9—麻被(外护层)
10—交联聚乙烯绝缘层　11—聚氯乙烯护套(内护层)
12—钢铠或铝铠(外护层)　13—聚氯乙烯外套(外护层)

如下：

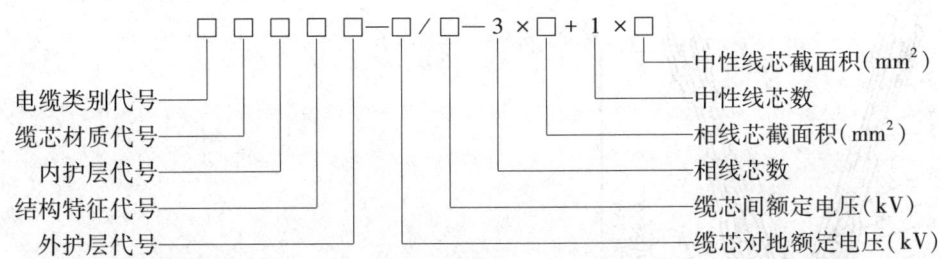

1) 电缆类别代号含义：Z——油浸纸绝缘电力电缆；V——聚氯乙烯绝缘电力电缆；YJ——交联聚乙烯绝缘电力电缆；X——橡皮绝缘电力电缆；JK——架空电力电缆（加在上列代号之前）；ZR 或 Z——阻燃型电力电缆（加在上列代号之前）。

2) 缆芯材质代号含义：L——铝芯；LH——铝合金芯；T——铜芯（一般不标）；TR——软铜芯。

3) 内护层代号含义：Q——铅包；L——铝包；V——聚氯乙烯护套。

4) 结构特征代号含义：P——滴干式；D——不滴流式；F——分相铅包式。

5) 外护层代号含义：02——聚氯乙烯套；03——聚乙烯套；20——裸钢带铠装；22——钢带铠装聚氯乙烯套；23——钢带铠装聚乙烯套；30——裸细钢丝铠装；32——细钢丝铠装聚氯乙烯套；33——细钢丝铠装聚乙烯套；40——裸粗钢丝铠装；41——粗钢丝铠装纤维外被；42——粗钢丝铠装聚氯乙烯套；43——粗钢丝铠装聚乙烯套；441——双粗钢丝铠装纤维外被；241——钢带-粗钢丝铠装纤维外被。

2. 电缆头的结构

电缆头包括电缆中间接头和电缆终端头。电缆头按使用的绝缘材料或充填材料分，有充填电缆胶的、环氧树脂浇注的、缠包式的和热缩材料的等。由于热缩材料的电缆头具有施工简便、价廉和性能良好等优点而近年来在电缆工程中得到了推广应用。图 5-48 和图 5-49 分别是户内式环氧树脂电缆终端头和热缩电缆终端头的结构示意图。热缩终端头用于户外时，每相应套入热缩伞裙，然后加热固定。

运行经验说明，电缆头是电缆线路中的薄弱环节，电缆线路的多数故障都发生在电缆接头处。由于电缆头本身的缺陷或者安装质量方面的问题，往往造成短路故障，引起电缆头击穿或爆炸。因此电缆头的安装质量十分重要，密封要好，其耐压强度不应低于电缆本身的耐压强度，要有足够的机械强度，且其体积要尽可能小，结构简单，安装方便。

3. 电缆的敷设方式

用户供配电系统中电缆的敷设方式主要有直接埋地敷设（见图 5-50）、利用电缆沟（见图 5-51）和电缆桥架

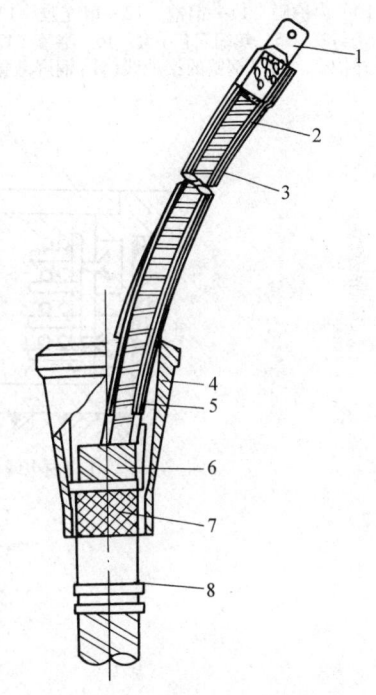

图 5-48 户内式环氧树脂终端头
1—缆芯端子　2—缆芯绝缘
3—缆芯（外包绝缘层）
4—预制环氧外壳　5—环氧树脂胶
6—绕包绝缘　7—铅包　8—接地线卡子

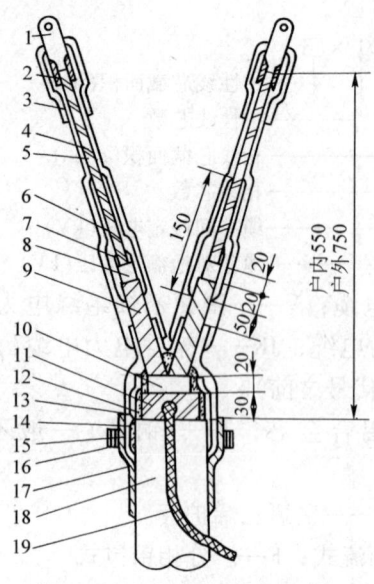
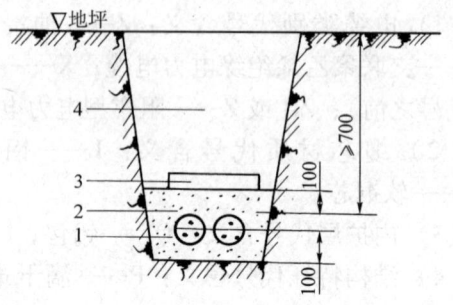

图 5-49 交联电缆热缩终端头
1—缆芯端子 2—密封胶 3—热缩密封管
4—热缩绝缘管 5—缆芯绝缘 6—热缩应力控制管
7—应力疏散胶 8—半导体层 9—铜屏蔽层
10—内护层 11—钢铠 12—填充胶 13—热缩环
14—密封胶 15—热缩三芯手套 16—喉箍 17—热缩密封套
18—外护套 19—钢铠的接地线(注:铜屏蔽接地线在后侧)

图 5-50 电缆直接埋地敷设
1—电力电缆 2—砂 3—保护盖板 4—填土

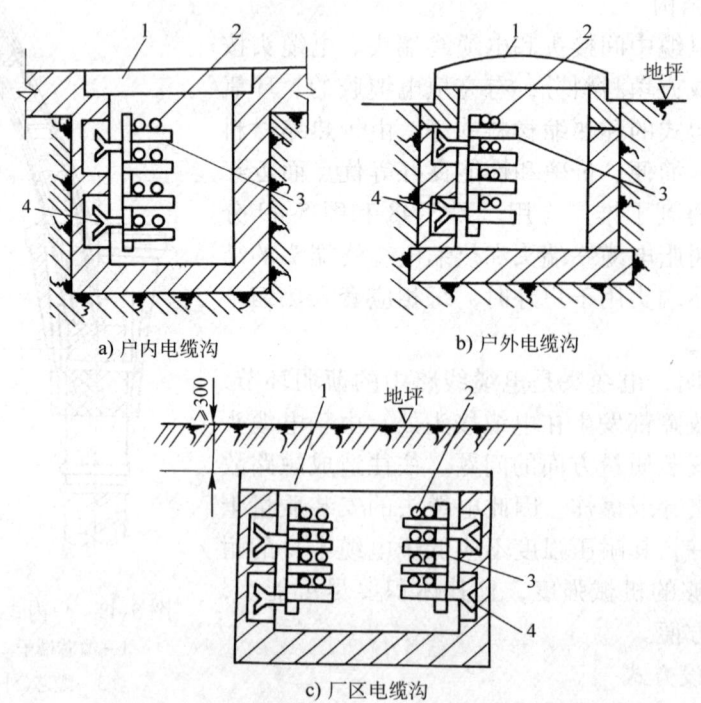

图 5-51 电缆在电缆沟内敷设
1—盖板 2—电力电缆 3—电缆支架 4—预埋铁件

(见图5-52)等几种，而电缆排管(见图5-53)和电缆隧道(见图5-54)等敷设方式较少采用。电缆排管主要在城市电网中使用，而电缆隧道主要用于电站。

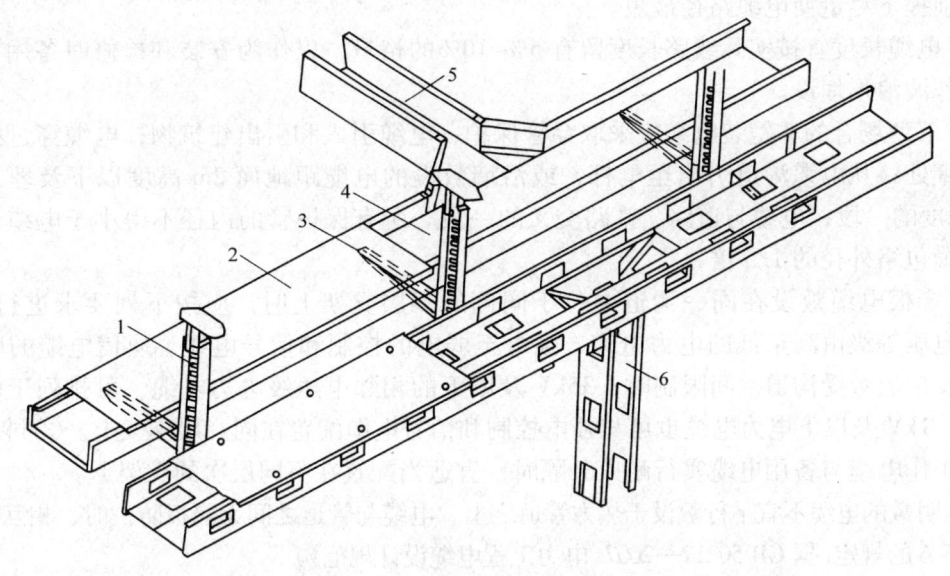

图 5-52　电缆桥架
1—支架　2—盖板　3—支臂　4—线槽　5—水平分支线槽　6—垂直分支线槽

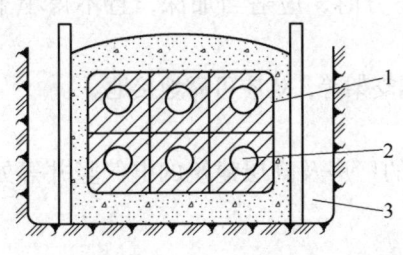

图 5-53　电缆排管
1—水泥排管　2—电缆穿孔　3—电缆沟

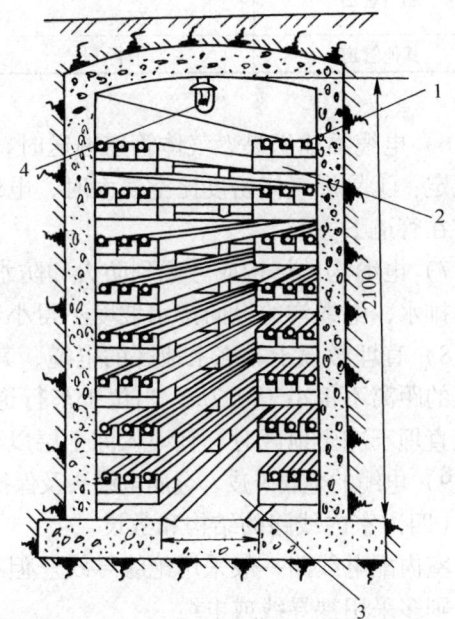

图 5-54　电缆隧道
1—电缆　2—支架　3—维护走廊　4—照明灯具

4. 电缆敷设的一般要求

敷设电缆，一定要严格遵循有关技术规程的规定和设计的要求。竣工以后，要按规定程

序进行检查和验收,确保线路质量。部分重要的技术要求如下:

1) 电缆路径应避开可能遭受机械性外力损坏和过热、腐蚀等危害的场所;在满足安全要求的前提下尽量使电缆路径最短。

2) 电缆长度宜按实际线路长度留有5%~10%的裕量,以作为安装和检修时备用;直埋电缆宜作波浪形埋设。

3) 下列场合的非铠装电缆应采取穿管保护:电缆引入和引出建筑物;电缆穿过楼板及主要墙壁处;从电缆沟道引出至电杆,或沿墙敷设的电缆距地面2m高度以下及埋入地下0.3m深度的一段;电缆与道路、铁路交叉的一段。所有保护管的内径不得小于电缆外径或多根电缆包络外径的1.5倍。

4) 多根电缆敷设在同一沟道中位于同侧的多层支架上时,应按下列要求进行配置:①应按电压等级由高至低的电力电缆、强电至弱电的控制和信号电缆、通信电缆的顺序排列。②支架层数受沟道空间限制时,35kV及以下的相邻电压级电力电缆,可排列于同一层支架上,1kV及以下电力电缆也可与强电控制和信号电缆配置在同一层支架上。③同一重要回路的工作电缆与备用电缆实行耐火分隔时,宜适当配置在不同层次的支架上。

5) 明敷的电缆不宜平行敷设于热力管道之上。电缆与管道之间无隔板防护时,相互间距应符合表5-6的规定(据GB 50217—2007《电力工程电缆设计规范》)。

表5-6 电缆与管道相互间允许距离 (单位:mm)

电缆与管道之间走向		电力电缆	控制和信号电缆
热力管道	平行	1000	500
	交叉	500	250
其他管道	平行	150	100

6) 电缆沿输送易燃气体管道输送时,应配置在危险程度较低的管道一侧,且应符合下列规定:①易燃气体密度比空气大时,电缆宜在管道上方。②易燃气体密度比空气小时,电缆宜在管道下方。

7) 电缆沟的结构应考虑到防火和防水。电缆沟从厂区进入厂房处应设防火隔板。为了顺畅排水,电缆沟的纵向排水坡度不得小于0.5%,而且不得排向厂房内侧。

8) 直埋敷设于非冻土地区的电缆,其外皮至地下构筑物基础的距离不得小于0.3m;至地面的距离不得小于0.7m;当位于车行道或耕地的下方时,应适当加深,且不得小于1m。电缆直埋于冻土地区时,宜埋入冻土层以下。

9) 电缆的金属外皮、金属电缆头及保护钢管和金属支架等,均应可靠地接地。

(四) 室内线路的结构和敷设

室内配电线路一般采用绝缘导线。但在工业企业的厂房及高层建筑的电气竖井等处的干线,则多采用裸导线或电缆。

1. 绝缘导线的结构和敷设

绝缘导线按其芯线材质分,有铜芯和铝芯两种。重要线路例如办公楼、实验室、图书馆和住宅建筑等的配电线路以及高温、振动场所和对铝有腐蚀的场所线路,均应采用铜芯绝缘导线。而其他情况下可采用铝芯绝缘导线。

绝缘导线按其绝缘材料分,有橡皮绝缘的和塑料绝缘的两种。塑料绝缘导线的绝缘性能好、耐油和抗酸碱腐蚀，价格较低，且可节约大量橡胶和棉纱，因此在室内明敷和穿管暗敷中应优先采用塑料绝缘导线。但塑料绝缘导线在高温时绝缘易软化老化、低温时绝缘又要变硬发脆，因此在高温场所及室外不宜选用，而应选用橡皮绝缘导线。

绝缘导线全型号的表示和含义如下：

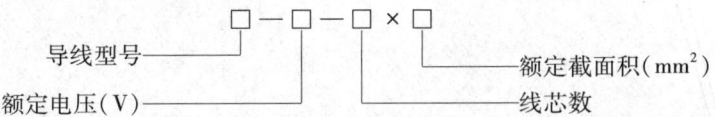

1）橡皮绝缘导线型号含义：BX（BLX）——铜（铝）芯橡皮绝缘棉纱或其他纤维编织导线；BXR——铜芯橡皮绝缘棉纱或其他纤维编织软导线；BXS——铜芯橡皮绝缘双股软导线。

2）聚氯乙烯绝缘导线型号含义：BV（BLV）——铜（铝）芯聚氯乙烯绝缘导线；BVV（BLVV）——铜（铝）芯聚氯乙烯绝缘聚氯乙烯护套圆形导线；BVVB（BLVVB）——铜（铝）芯聚氯乙烯绝缘聚氯乙烯护套扁平型导线；BVR——铜芯聚氯乙烯绝缘软导线。

绝缘导线的敷设方式，分明敷和暗敷两种。明敷时，导线应横平竖直，排列整齐，而且宜尽可能沿建筑物平顶、横梁、墙角等隐蔽处敷设。暗敷时，应尽量沿最短的路径敷线，但要避开可能挖掘或凿洞的地方。

绝缘导线明敷和暗敷各有优缺点。从安全和美观来说，暗敷优于明敷。但从便于检修和经济来说，则明敷较好。暗敷通常是在建筑物基建时采用预埋管线的办法，或者在装修时掏槽埋设的办法。对于旧房中配电线路的改建，如拟将明敷改为暗敷，应不得损伤建筑的结构强度。

绝缘导线的敷设，应符合有关规程的规定，有几点要求要特别提出：

1）线槽布线和穿管布线的导线，在线槽和管子中间不许直接接头，接头必须经接线盒。

2）穿金属管和金属线槽的交流线路，应将同一回路的相线和中性线穿于同一管、槽内。如果只穿同一回路中的部分导线或分开布线，则由于管、槽内线路电流不平衡而产生交变磁场作用于金属管、槽，在管、槽内产生涡流损耗，对钢质管、槽，还要产生磁滞损耗，从而使管、槽发热，导致其中绝缘导线过热甚至烧毁短路。

3）穿线的管、槽与热水管、蒸汽管同侧敷设时，应敷设在水、汽管的下方。如果有困难时，可敷设于上方，但相互间距应适当加大，或采取隔热措施。

2. 裸导线的结构和敷设

工业企业的车间内及高层建筑的电气竖井内，大多采用裸母线配电，而且通常采用封闭式母线（即母线槽）布线。母线材料大多采用 LMY 型硬铝母线。封闭式母线安全、灵活、美观，但耗用的钢材较多，投资较大。

图 5-55 是封闭式母线在车间内布置的示意图。

封闭式母线水平敷设时，至地面距离不应小于 2.2m。垂直敷设时，距地面 1.8m 以下部分应采取防机械损伤措施，但敷设在电气专用房间内如配电室、电机室、电气竖井等场所除外。

为了识别裸导线（含母线）的相序，以利于运行维护和检修，按 GB/T 2681—1981《电工成套装置中的导线颜色》规定，交流三相系统中的裸导线应按表 5-7 所示涂色。裸导线涂色，不仅用来辨别相序和用途，而且有利于导线的防蚀和改善散热条件。表 5-7 对需识别相序的

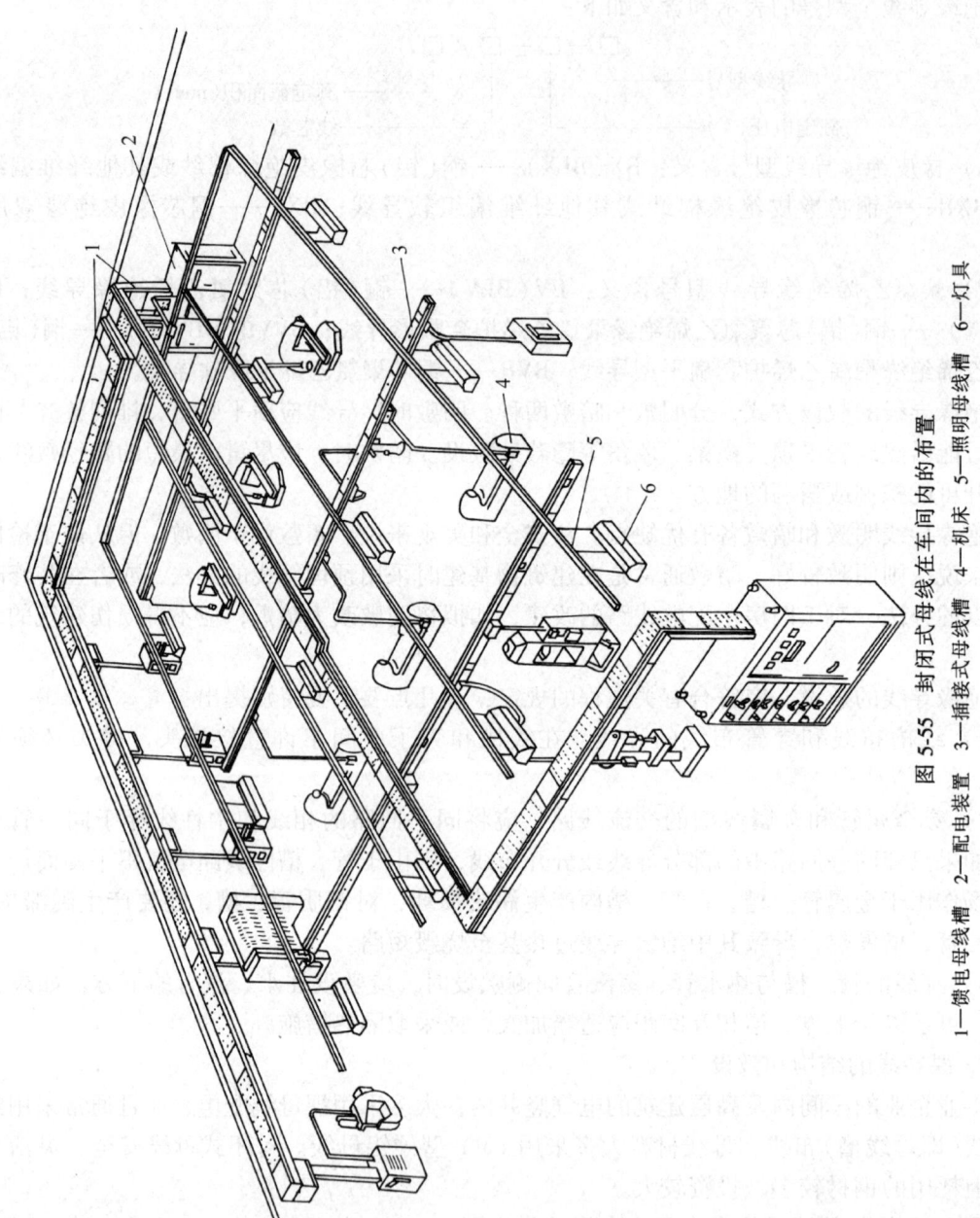

图 5-55 封闭式母线在车间内的布置
1—馈电母线槽 2—配电装置 3—插接式母线槽 4—机床 5—照明母线槽 6—灯具

绝缘导线线路也是适用的。

表5-7 交流三相系统中裸导线的涂色

裸导线类别	A相	B相	C相	N线和PEN线	PE线
涂漆颜色	黄	绿	红	淡蓝	黄绿双色

第五节 供配电线路导线和电缆的选择计算

一、导线和电缆型式的选择

10kV及以下的架空线路，一般采用铝绞线。35kV及以上的架空线路及35kV以下线路在档距较大、电杆较高时，则宜采用钢芯铝绞线。沿海地区及有腐蚀性介质的场所，宜采用铜绞线或绝缘导线。

对于敷设在城市繁华街区、高层建筑群区及旅游区和绿化区的10kV及以下的架空线路，以及架空线路与建筑物间的距离不能满足安全要求的地段及建筑施工现场，宜采用绝缘导线。

电缆线路，在一般环境和场所，可采用铝芯电缆。在重要场所及有剧烈振动、强烈腐蚀和有爆炸危险场所，宜采用铜芯电缆。在低压TN系统中，应采用三相四芯或五芯电缆。埋地敷设的电缆，应采用有外护层的铠装电缆。在可能发生位移的土壤中埋地敷设的电缆，应采用钢丝铠装电缆。敷设在电缆沟、桥架和水泥排管中的电缆，一般采用裸铠装电缆或塑料护套电缆，宜优先选用交联电缆。凡两端有较大高度差的电缆线路，不能采用油浸纸绝缘电缆。

住宅内的绝缘线路，只允许采用铜芯绝缘线，一般采用铜芯塑料线。

二、导线和电缆截面选择的条件

为了保证供配电线路安全、可靠、优质、经济地运行，其导线和电缆的截面积选择必须满足下列条件：

(1) 发热条件　导线和电缆在通过正常最大负荷电流(即线路计算电流)时产生的发热温度，不应超过其正常运行时的最高允许温度(参看附表14)。

(2) 电压损耗条件　导线和电缆在通过正常最大负荷电流(即线路计算电流)时产生的电压损耗，不应超过正常运行时允许的电压损耗。对于中小企业和用户的高压线路，因为一般比较短，可不进行电压损耗校验。

(3) 经济电流密度　35kV及以上线路及35kV以下但电流很大的线路，其导线和电缆截面积宜按经济电流密度选择，以使线路的年费用支出最小。按经济电流密度选择的截面积，称为经济截面积。用户的10kV及以下的线路，通常不按经济电流密度选择。

(4) 机械强度　导线(包括裸导线和绝缘导线)的截面积不得小于其最小允许截面积。架空裸导线的最小允许截面积见附表20，绝缘导线的最小允许截面积见附表21。对于电缆，由于它有内外护套，机械强度一般满足要求，不需校验，但需校验其短路热稳定度。

对于绝缘导线和电缆，还应满足工作电压的要求，不得低于线路额定电压。

根据设计经验，一般10kV及以下的高压线路和低压动力线路，通常先按发热条件选择导线(含母线)和电缆截面积，再校验电压损耗和机械强度(电缆不校验机械强度)。低压照明线路，由于照明对电压水平要求较高，因此通常先按允许电压损耗进行选择，再校验发热条件和机械强度。对 35kV 及以上的高压线路及 35kV 以下长距离大电流线路，可先按经济密度确定经济截面，再校验其他条件。按以上程序分别选择和校验，比较容易满足要求，较少返工。

下面分别介绍按发热条件、经济电流密度及电压损耗选择计算导线和电缆截面积的问题。关于机械强度，对于工业和民用建筑用户的供配电线路，只需按其最小允许截面积（见附表 20、21）进行校验就行了，因此不再赘述。

三、按发热条件选择导线和电缆的截面

电流通过导线（含电缆，下同）时，要产生电能损耗，使导线发热。裸导线温度过高时，会使接头处氧化加剧，增大接触电阻，使之进一步加热和氧化，如此恶性循环，最后可能发展到断线。而绝缘导线和电缆，如发热温度过高，可使绝缘加速老化甚至热击穿或烧毁，甚至引发火灾。因此，导线的正常发热温度不得超过附表 14 所列的允许温度。

（一）三相系统中相线截面积的选择

按发热条件选择三相系统中的相线截面积时，应使其允许载流量 I_{al} 不小于通过相线的计算电流 I_{30}，即

$$I_{al} \geq I_{30} \tag{5-9}$$

所谓导线的允许载流量（allowable current-carrying-capacity），就是在规定的环境温度条件下，导线能够连续承受而不致使其稳定温度超过允许值的最大持续电流。

如果导线敷设地点的环境温度与导线允许载流量所采用的环境温度不同时，则导线的允许载流量应乘以温度校正系数：

$$K_\theta = \sqrt{\frac{\theta_{al} - \theta_0'}{\theta_{al} - \theta_0}} \tag{5-10}$$

式中，θ_{al} 为导线额定负荷时的最高允许温度；θ_0 为导线允许载流量所采用的环境温度；θ_0' 为导线敷设地点实际的环境温度。

这里所说的"环境温度"，是按发热条件选择导线所采用的特定温度。在室外，环境温度一般取当地最热月的每日最高温度的月平均值（即最热月平均最高气温）。在室内（包括电缆沟、隧道和高楼竖井内），可取当地最热月平均最高气温加 5℃。对土中直埋的电缆，则取当地最热月地下 0.8~1m 的土壤平均温度，或近似地取当地最热月平均气温。

附表 12 列出 LJ 型铝绞线、LGJ 型钢芯铝绞线和 LMY 型硬铝母线的允许载流量。附表 16 列出绝缘导线明敷、穿钢管（SC）和穿硬塑料管（PC）的允许载流量。附表 17 列出 10kV 常用三芯电缆的允许载流量及其校正系数。其他导线和电缆的允许载流量可查有关手册。当只给出铜线或铝线的允许载流量时，可按相同截面和长度的铜、铝导线在通过不同电流时产生相同的发热量或功率损耗来进行等效换算，即 $I_{Cu}^2 R_{Cu} = I_{Al}^2 R_{Al}$，或 $I_{Cu}^2 l/(\gamma_{Cu} A) = I_{Al}^2 l/(\gamma_{Al} A)$，因此

$$I_{Cu}/I_{Al} = \sqrt{\gamma_{Cu}}/\sqrt{\gamma_{Al}} = \sqrt{53/32} \approx 1.29$$

即

$$I_{Cu} \approx 1.29 I_{Al} \tag{5-11}$$

或

$$I_{Al} \approx 0.78 I_{Cu} \tag{5-12}$$

这说明，如果已知铝线（包括铝芯电缆，下同）的允许载流量 I_{Al}，则同截面铜线（包括铜

芯电缆,下同)的允许载流量 I_{Cu} 为 I_{Al} 乘以 1.29 即是;反之,如果已知铜线的允许载流量 I_{Cu},则同截面铝线的允许载流量 I_{Al} 为 I_{Cu} 乘以 0.78 即是。

按发热条件式(5-9)选择导线和电缆截面所用的计算电流 I_{30},对电力变压器一次侧的导线和电缆来说,应取变压器的额定一次电流 $I_{1N.T}$。对并联电容器的引入线来说,由于电容器充电时有较大的涌流,因此其 I_{30} 应取为电容器额定电流 $I_{N.C}$ 的 1.35 倍。

注意:按发热条件选择的导线和电缆截面积,还必须按式(4-62)或式(4-75)来校验导线和电缆截面是否与其保护装置(熔断器或低压断路器保护)配合得当。如果配合不当,则应适当增大导线和电缆的截面积。

(二) 三相系统中性线、保护线和保护中性线截面积的选择

1. 中性线(N 线)截面积的选择

三相四线制中的 N 线,要通过不平衡电流或零序电流,因此 N 线的允许载流量不应小于三相系统中的最大不平衡电流,同时应考虑谐波电流的影响。

1) 一般三相四线制的中性线截面积 A_0,应不小于相线截面积 A_φ 的 50%,即

$$A_0 \geq 0.5 A_\varphi \tag{5-13}$$

2) 由三相四线制线路分支的两相三线线路和单相线路,由于其中性线电流与相线电流相等,因此其中性线截面积 A_0 应与相线截面积 A_φ 相同,即

$$A_0 = A_\varphi \tag{5-14}$$

3) 三次谐波电流相当突出的三相四线制线路(例如气体放电灯配电线路等),由于各相的三次谐波电流都要通过中性线,使得中性线电流可能接近甚至超过相电流,因此中性线截面积 A_0 宜不小于相线截面积 A_φ,即

$$A_0 \geq A_\varphi \tag{5-15}$$

2. 保护线(PE 线)截面积的选择

PE 线要考虑三相线路发生单相短路故障时的单相短路热稳定度。根据短路热稳定度的要求,如 PE 线与相线同材质时,GB 50054—2011《低压配电设计规范》规定:

1) 当 $A_\varphi \leq 16\text{mm}^2$ 时

$$A_{PE} \geq A_\varphi \tag{5-16}$$

2) 当 $16\text{mm}^2 \leq A_\varphi \leq 35\text{mm}^2$ 时

$$A_{PE} \geq 16\text{mm}^2 \tag{5-17}$$

3) 当 $A_\varphi > 35\text{mm}^2$ 时

$$A_{PE} \geq 0.5 A_\varphi \tag{5-18}$$

GB 50054—2011 同时规定:当 PE 线采用单芯绝缘导线时,按机械强度要求,有机械保护时,铜导体不应小于 2.5mm²,铝导体不应小于 16mm²;无机械保护时,铜导体不应小于 4mm²,铝导体不应小于 16mm²。

3. 保护中性线(PEN 线)截面积的选择

PEN 线兼有 N 线和 PE 线的功能,因此其截面积选择应同时满足上述 N 线和 PE 线选择的条件,取其中的最大值。

例 5-2 有一条采用 BV-500 型铜芯塑料线穿硬塑料管(PC)暗敷的 220/380V TN-S 线路,其计算电流为 140A,当地最热月平均气温为+25℃。试按发热条件选择此线路的导线截面积。

解 （1）相线截面积的选择

查附表16-5得25℃时5根BV-500型铜芯塑料线穿PC管，导线截面积为70mm² 时的 I_{al} = 148A>I_{30} = 140A。因此按发热条件，相线截面积选为70mm²，穿线的PC管内径选为75mm。

（2）N线截面积的选择

按 $A_0 \geq 0.5A_\varphi$ 选择，N线截面积选为35mm²。

（3）PE线截面积的选择

按 $A_{PE} \geq 0.5A_\varphi$ 选择，PE线截面积也选为35mm²。

选择结果可表示为：

BV-500-(3×70+1×35+PE35)-PC75。

四、按经济电流密度选择导线和电缆的截面积

导线（含电缆，下同）的截面积越大，电能损耗越小，但线路投资、维修费用和有色金属消耗量要增加。因此从经济方面考虑，导线应选择一个比较经济合理的截面积，既能降低电能损耗，又不致过分增加线路投资、维修管理费用和有色金属消耗量。

图5-56是线路年费用 C 与导线截面积 A 的关系曲线。其中曲线1表示线路的年折旧费（即线路投资除以折旧年限之值）和线路的年维修管理费之和与导线截面的关系曲线；曲线2表示线路的年电能损耗费与导线截面积的关系曲线；曲线3为曲线1与曲线2的叠加，表示线路的年运行费用（含线路的折旧费、维修费、管理费和电能损耗费）与导线截面的关系曲线。

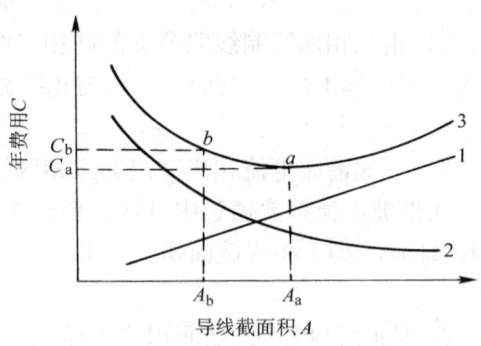

图5-56 线路年费用与导线截面积的关系曲线

由图5-56的曲线3可以看出，与年运行费最小值 C_a（a点）相对应的导线截面积 A_a 不一定是很经济合理的导线截面积，因为 a 点附近，曲线3比较平坦。如果将导线截面积再选小一些，例如选为 A_b（b点），年运行费用 C_b 增加不多，而导线截面积即有色金属消耗量却显著减少。因此从全面的经济效益来考虑，导线截面积选为 A_b 看来比选 A_a 更为经济合理。这种从全面的经济效益考虑，即使线路的年运行费用接近于最小而又适当考虑有色金属节约的导线截面积，称为"经济截面积"，用符号 A_{ec} 表示。

我国现行的经济电流密度规定如表5-8所示。

表5-8 导线和电缆的经济电流密度 （单位：A/mm²）

线路类别	导线材质	年最大负荷利用小时		
		3000h以下	3000~5000h	5000h以上
架空线路	铜	3.00	2.25	1.75
	铝	1.65	1.15	0.90
电缆线路	铜	2.50	2.25	2.00
	铝	1.92	1.73	1.54

按经济电流密度 j_{ec} 计算经济截面积 A_{ec} 的公式为

$$A_{ec} = \frac{I_{30}}{j_{ec}} \quad (5\text{-}19)$$

式中，I_{30} 为线路的计算电流。

计算出 A_{ec} 后，选择最接近的标准截面积（可取较小截面积），然后校验其他条件。

例 5-3 有一条用 LGJ 型钢芯铝绞线架设的 35kV 架空线路，计算负荷为 4500kW，$\cos\varphi = 0.8$，$T_{max} = 5600$h。试选择其经济截面，并校验发热条件和机械强度（当地最热月平均最高气温为 35℃）。

解 (1) 按经济电流密度选择

$$I_{30} = \frac{P_{30}}{\sqrt{3}\,U_N \cos\varphi} = \frac{4500\text{kW}}{\sqrt{3} \times 35\text{kV} \times 0.8} = 92.8\text{A}$$

由表 5-8 查得 $j_{ec} = 0.90\text{A}/\text{mm}^2$，因此可得

$$A_{ec} = \frac{92.8\text{A}}{0.90(\text{A}/\text{mm}^2)} = 103\text{mm}^2$$

选相近的标准截面积 95mm²，即 LGJ-95 的钢芯铝绞线。

(2) 校验发热条件

查附表 12-2 得 LGJ-95 的 $I_{al} = 295$A（35℃时）$> I_{30} = 92.8$A，故满足发热条件。

(3) 校验机械强度

查附表 20 得 35kV 架空 LGJ 线路的 $A_{min} = 35$mm²。由于 $A = 95$mm² $> A_{min}$，故 LGJ-95 也满足机械强度要求。

五、线路电压损耗的计算

由于线路存在阻抗，所以线路通过负荷电流时就要产生电压损耗。一般规定，高压配电线路的电压损耗，一般不得超过线路额定电压的 5%；从变电所低压母线到用电设备受电端的低压配电线路的电压损耗，一般不得超过用电设备额定电压的 5%；对视觉要求较高的照明线路，电压损耗则不得超过线路额定电压的 2%~3%。如果线路的电压损耗超过了允许值，则应适当加大导线截面积。

(一) 集中负荷的三相线路电压损耗的计算

以带有两个集中负荷的三相线路为例（见图 5-57a）。线路中的负荷电流都用小写 i 表示，各线段电流都用大写 I 表示。各线段的长度及每相的电阻和电抗，分别用小写 l、r 和 x 表示；各负荷点至线路首端的线路长度及每相的电阻和电抗，分别用大写 L、R 和 X 表示。

以线路末端的相电压 $U_{\varphi 2}$㊀作参考轴，绘制线路的电压电流相量图（见图 5-57b）。由于线路上的电压降相对于线路电压来说是相当小的，$U_{\varphi 1}$ 与 $U_{\varphi 2}$ 间的相位差 θ 实际上很小，因此负荷电流 i_1 与电压 $U_{\varphi 1}$ 间的电位差 φ_1 可近似地绘成 i_1 与电压 $U_{\varphi 2}$ 间的电位差。

作图 5-57b 所示相量图的步骤如下：

1) 在水平方向作矢量 $\overrightarrow{Oa} = U_{\varphi 2}$；
2) 由 O 点绘负荷电流 i_1 和 i_2，分别滞后 $U_{\varphi 2}$ 一个相位角 φ_1 和 φ_2；

㊀ 为简化起见，图 5-57b 所示的电压相量符号 $\dot{U}$ 均简写作 U，省去了其上面的"·"，电流相量亦如此简写。

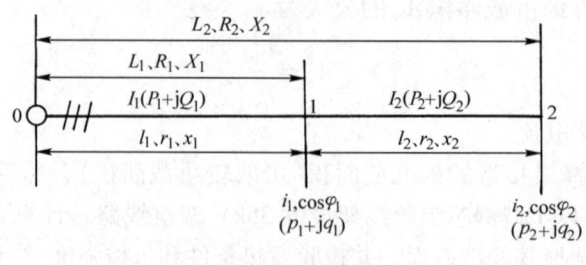

a) 单线电路图

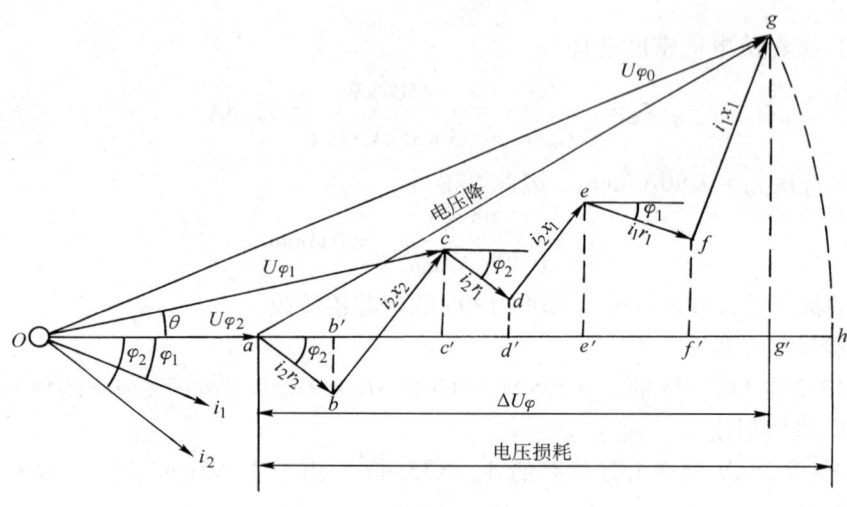

b) 电压电流相量图

图 5-57 带有两个集中负荷的三相线路

3) 由 a 点作矢量 $\overrightarrow{ab}=i_2r_2$，平行于 i_2；

4) 由 b 点作矢量 $\overrightarrow{bc}=i_2x_2$，超前于 i_2 90°；

5) 连 $\overrightarrow{Oc}$，即得 $U_{\varphi 1}$；

6) 由 c 点作矢量 $\overrightarrow{cd}=i_2r_1$，平行于 i_2；

7) 由 d 点作矢量 $\overrightarrow{de}=i_2x_1$，超前于 i_2 90°；

8) 由 e 点作矢量 $\overrightarrow{ef}=i_1r_1$，平行于 i_1；

9) 由 f 点作矢量 $\overrightarrow{fg}=i_1x_1$，超前于 i_1 90°；

10) 连 $\overrightarrow{Og}$，即得首端电压 $U_{\varphi 0}$；

11) 以 O 为圆心，Og 为半径作圆弧，交参考轴（Oa 延线）于 h；

12) 连 $\overrightarrow{ag}$，此即线路的电压降，而 $\overline{ah}$ 即为线路的电压损耗。

线路电压降的定义是：线路首端电压与末端电压的相量差。

线路电压损耗的定义是：线路首端电压与末端电压的代数差。

电压降在参考轴（纵向）上的投影（图 5-57b 上的 $\overline{ag'}$），称为电压降的纵分量 ΔU_φ。

在地方电网和用户供配电系统中，由于线路的电压降相对于线路电压来说很小（图 5-57b 上的电压降是大大放大了的），因此可近似地将电压降纵分量 ΔU_φ 就当作电压损耗。

图 5-57a 所示线路的相电压损耗可按下式近似地计算：

$$\Delta U_\varphi = \overline{ab'} + \overline{b'c'} + \overline{c'd'} + \overline{d'e'} + \overline{e'f'} + \overline{f'g'}$$
$$= i_2 r_2 \cos\varphi_2 + i_2 x_2 \sin\varphi_2 + i_2 r_1 \cos\varphi_2 + i_2 x_1 \sin\varphi_2$$
$$+ i_1 r_1 \cos\varphi_1 + i_1 x_1 \sin\varphi_1$$
$$= i_2 (r_1 + r_2) \cos\varphi_2 + i_2 (x_1 + x_2) \sin\varphi_2$$
$$+ i_1 r_1 \cos\varphi_1 + i_1 x_1 \sin\varphi_1$$
$$= i_2 R_2 \cos\varphi_2 + i_2 X_2 \sin\varphi_2 + i_1 R_1 \cos\varphi_1 + i_1 X_1 \sin\varphi_1$$

将上式中的 ΔU_φ 换算为 ΔU，并以带任意个集中负荷的一般公式表示，即得线路电压损耗的计算公式为

$$\Delta U = \sqrt{3} \sum (iR\cos\varphi + iX\sin\varphi) = \sqrt{3} \sum (i_a R + i_r X) \tag{5-20}$$

式中，$i_a = i\cos\varphi$，为负荷电流 i 的有功分量；$i_r = i\sin\varphi$，为负荷电流 i 的无功分量。

如果用各线段的负荷电流来计算，则电压损耗的计算公式为

$$\Delta U = \sqrt{3} \sum (Ir\cos\varphi + Ix\sin\varphi) = \sqrt{3} \sum (I_a r + I_r x) \tag{5-21}$$

式中，$I_a = I\cos\varphi$，为线段电流 I 的有功分量；$I_r = I\sin\varphi$，为线段电流的无功分量。

如果用负荷功率 $p+jq$（感性负荷）来计算，则利用 $i = p/(\sqrt{3} U_N \cos\varphi) = q/(\sqrt{3} U_N \sin\varphi)$ 代入式 (5-20)，即可得电压损耗计算公式

$$\Delta U = \frac{\sum (pR + qX)}{U_N} \tag{5-22}$$

如果用线段功率 $P+jQ$（感性负荷）来计算，则利用 $I = P/(\sqrt{3} U_N \cos\varphi) = Q/(\sqrt{3} U_N \sin\varphi)$ 代入式 (5-21)，即可得电压损耗计算公式

$$\Delta U = \frac{\sum (Pr + Qx)}{U_N} \tag{5-23}$$

对于"无感"线路，即线路感抗可略去不计或负荷 $\cos\varphi \approx 1$ 的线路，则电压损耗计算公式为

$$\Delta U = \sqrt{3} \sum (iR) = \sqrt{3} \sum (Ir) = \frac{\sum (pR)}{U_N} = \frac{\sum (Pr)}{U_N} \tag{5-24}$$

对于"均一无感"线路，即全线的导线型号规格一致且可不计感抗或负荷 $\cos\varphi \approx 1$ 的线路，则电压损耗计算公式为

$$\Delta U = \frac{\sum (pL)}{\gamma A U_N} = \frac{\sum (Pl)}{\gamma A U_N} = \frac{\sum M}{\gamma A U_N} \tag{5-25}$$

式中，γ 为导线的电导率（$\gamma_{Cu} = 53 \text{MS/m}$，$\gamma_{Al} = 32 \text{MS/m}$）；$A$ 为导线截面积（mm^2）；$\sum M$ 为线路的所有功率矩 pL 或 Pl 之和；U_N 为线路额定电压。

线路电压损耗的百分值为：

$$\Delta U\% = \frac{\Delta U}{U_N} \times 100\% \tag{5-26}$$

"均一无感"的三相线路电压损耗的百分值为：

$$\Delta U\% = \frac{\sum M}{\gamma A U_N^2} \times 100\% = \frac{\sum M}{CA} \tag{5-27}$$

式中，C 为计算系数，如表 5-9 所示。

表 5-9　公式 $\Delta U\% = \sum M/(CA)$ 中的计算系数 C 值

线路额定电压 /V	线路类别	C 的计算式	计算系数 $C/(\mathrm{kW \cdot m/mm^2})$	
			铜　线	铝　线
220/380	三相四线	$\gamma U_\mathrm{N}^2/100$	76.5	46.2
220/380	两相三线	$\gamma U_\mathrm{N}^2/225$	34.0	20.5
220	单相及直流	$\gamma U_\mathrm{N}^2/200$	12.8	7.74
110	单相及直流	$\gamma U_\mathrm{N}^2/200$	3.21	1.94

注：表中 C 值是导线工作温度为 50℃、功率矩 M 的单位为 kW·m、导线截面积 A 的单位为 mm^2 时的数值。

由上式知，均一无感线路按允许电压损耗值 $\Delta U_\mathrm{al}\%$ 选择其导线截面积的公式为

$$A = \frac{\sum M}{C \Delta U_\mathrm{al}\%} \tag{5-28}$$

此式通常用于照明线路导线截面积的选择。

例 5-4　已知例 5-3 所示 35kV LGJ 的架空线路长 5km，导线为水平等距排列，线距 1.5m。试验算所选 LGJ-95 的导线是否满足允许电压损耗 5% 的要求。

解　由 $P_{30} = 4500\mathrm{kW}$、$\cos\varphi = 0.8$ 得：

$$Q_{30} = P_{30}\tan\varphi = 4500 \times 0.75\mathrm{kvar} = 3375\mathrm{kvar}$$

又由 $a = 1.5\mathrm{m}$ 和水平等距排列得：

$$a_\mathrm{av} = 1.26a = 1.26 \times 1.5\mathrm{m} = 1.89\mathrm{m}$$

根据 $A = 95\mathrm{mm}^2$ 及 $a_\mathrm{aV} = 1.89\mathrm{m}(1.5 \sim 2.0\mathrm{m}\text{ 间})$，查附表 12-2 得 $R_0 = 0.35\Omega/\mathrm{km}$，$X_0 \approx 0.36\Omega/\mathrm{km}$。因此该线路的电压损耗为：

$$\Delta U = \frac{pR + qX}{U_\mathrm{N}} = \frac{4500\mathrm{kW} \times (5 \times 0.35)\Omega + 3375\mathrm{kvar} \times (5 \times 0.36)\Omega}{35\mathrm{kV}}$$

$$= 399\mathrm{V}$$

线路电压损耗百分值为

$$\Delta U\% = \frac{\Delta U}{U_\mathrm{N}} \times 100\% = \frac{399\mathrm{V}}{35000\mathrm{V}} \times 100\% = 1.14\%$$

远小于允许电压损耗 5%，完全满足要求。

例 5-5　某 220/380V 线路，采用 BV-500-$(3 \times 35 + 1 \times 16)\mathrm{mm}^2$ 的四根导线明敷，在距线路首端处 50m 处，接有一 20kW 的电阻性负荷，在线路末端(线路全长 85m)接有一 30kW 的电阻性负荷。试计算该线路的电压损耗百分值。

解　查表 5-9 得 $C = 76.5\mathrm{kW \cdot m/mm^2}$

而 $\sum M = 20\mathrm{kW} \times 50\mathrm{m} + 30\mathrm{kW} \times 85\mathrm{m} = 3550\mathrm{kW \cdot m}$

故 $\Delta U\% = \dfrac{\sum M}{CA} = \dfrac{3550\mathrm{kW \cdot m}}{76.5\mathrm{kW \cdot m/mm^2} \times 35\mathrm{mm}^2} = 1.33\%$

（二）均匀分布负荷的三相线路电压损耗的计算

设线路带有一段均匀分布负荷，如图 5-58

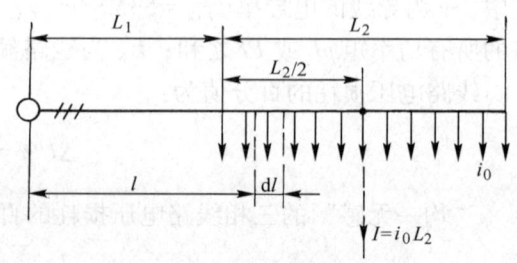

图 5-58　负荷均匀分布线路

所示。单位长度线路上的负荷电流为 i_0,则微小线段 $\mathrm{d}l$ 上的负荷电流为 $i_0 \mathrm{d}l$。这一负荷电流 $i_0 \mathrm{d}l$ 通过线路(长度为 l,电阻为 $R_0 l$,设无感抗)产生的电压损耗为

$$\mathrm{d}(\Delta U) = \sqrt{3} i_0 \mathrm{d}l R_0 l$$

因此整条线路由分布负荷产生的电压损耗为

$$\Delta U = \int_{L_1}^{L_1+L_2} \mathrm{d}(\Delta U) = \int_{L_1}^{L_1+L_2} \sqrt{3} i_0 R_0 l \mathrm{d}l = \sqrt{3} i_0 R_0 \int_{L_1}^{L_1+L_2} l \mathrm{d}l$$

$$= \sqrt{3} i_0 R_0 \left[\frac{l^2}{2}\right]_{L_1}^{L_1+L_2} = \sqrt{3} i_0 R_0 \frac{L_2(2L_1+L_2)}{2} = \sqrt{3} i_0 L_2 R_0 \left(L_1+\frac{L_2}{2}\right)$$

令 $i_0 L_2 = I$ 为与均匀分布负荷等效的集中负荷,则得

$$\Delta U = \sqrt{3} I R_0 \left(L_1+\frac{L_2}{2}\right) \tag{5-29}$$

上式说明,带有均匀分布负荷的线路,在计算其电压损耗时,可将分布负荷集中于分布线段的中点,按集中负荷来计算。

注意:两相同的集中负荷,也可看作均匀分布负荷,将此两负荷集中于它们之间的中点,按一个集中负荷来计算其电压损耗。

例 5-6 某 220/380V 的 TN-C 线路,如图 5-59a 所示。线路拟采用 BV-500 型铜芯塑料线室内明敷,环境温度为 30℃,允许电压损耗为 5%。试选择其导线截面。

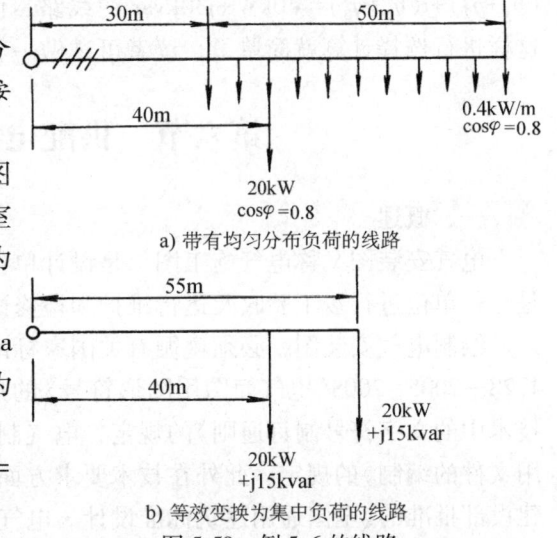

图 5-59 例 5-6 的线路

解法一 (1)线路的等效变换 将图 5-59a 所示带有均匀分布负荷的线路,等效变换为图 5-59b 所示集中负荷的线路。

原集中负荷 $p_1 = 20$kW,$\cos\varphi = 0.8$,$\tan\varphi = 0.75$,故 $q_1 = 20$kW×0.75 = 15kvar。

原分布负荷 $p_2 = 0.4 \times 50$kW = 20kW,$\cos\varphi = 0.8$,$\tan\varphi = 0.75$,故 $q_2 = 20$kW×0.75 = 15kvar。

(2)按发热条件选择导线截面积 线路中的最大负荷(计算负荷)为:

$$P = p_1 + p_2 = 20\text{kW} + 20\text{kW} = 40\text{kW}$$

$$Q = q_1 + q_2 = 15\text{kvar} + 15\text{kvar} = 30\text{kvar}$$

$$S = \sqrt{P^2 + Q^2} = \sqrt{40^2 + 30^2} \text{ kVA} = 50\text{kVA}$$

$$I = \frac{S}{\sqrt{3} U_N} = \frac{50\text{kVA}}{\sqrt{3} \times 0.38\text{kV}} = 76\text{A}$$

查附表 16-1,知 BV 型导线截面积为 16mm²(环境温度 30℃时)的 $I_{al} = 95\text{A} > I_{30} = 76\text{A}$。因此选 3 根 BV-500-1×16 型导线作相线,另选 1 根相同的导线作 PEN 线,即选 BV-500-(3×16+1×16)明敷。

(3)校验机械强度 查附表 21,得室内明敷的铜芯绝缘线的芯线最小截面积为 1.0mm²。现所选导线 $A = 16$mm²,完全满足机械强度要求。

(4) 校验电压损耗　查附表 13-1 得 $R_0 = 1.25\Omega/\text{km}$(50℃时)，$X_0 = 0.29\Omega/\text{km}$(线距 150mm)。因此线路的电压损耗为：

$$\Delta U = \frac{(p_1 L_1 + p_2 L_2) R_0 + (q_1 L_1 + q_2 L_2) X_0}{U_N}$$

$$= [(20\text{kW} \times 0.04\text{km} + 20\text{kW} \times 0.055\text{km}) \times 1.25\Omega/\text{km}$$
$$+ (15\text{kvar} \times 0.04\text{km} + 15\text{kvar} \times 0.055\text{km}) \times 0.29\Omega/\text{km}] \div 0.38\text{kV} = 7.34\text{V}$$

$$\Delta U\% = \frac{\Delta U}{U_N} \times 100\% = \frac{7.34}{380} \times 100\% = 1.93\%$$

由于 $\Delta U\% = 1.93\% < \Delta U_{al}\% = 5\%$，因此所选导线 BV-500-1×16 是满足电压损耗要求的。

解法二　图 5-59a 所示带有均匀分布负荷的线路，等效变换为图 5-59b 所示的带两个集中负荷的线路。正巧这两个集中负荷完全相同(是一个特例)，因此又可看作是均匀分布负荷线路，将这两个负荷等效集中于两负荷之间的中点，即等效为只有一个集中负荷 $p+jq = (p_1+p_2)+j(q_1+q_2) = 40\text{kW}+j30\text{kvar}$ 的线路，而等效线路长度 $L = 40\text{m}+(55-40)\text{m}/2 = 47.5\text{m}$。这样进行选择计算就简单了，读者可试做一下，结果应与上一解法完全相同。

第六节　供配电系统的电气安装图

一、概述

电气安装图又称电气施工图，是设计单位提供给施工单位进行电气安装的技术图纸，也是运行单位进行竣工验收及运行维护和检修试验的重要依据。

绘制电气安装图，必须遵循有关国家标准的规定。例如，电气图形符号必须按照 GB/T 4728—2005~2008《电气简图用图形符号》的规定，文字符号必须按照 GB 7159—1987《电气技术中的文字符号制订通则》的规定，电气制图必须按照 GB/T 6988—1997~2008《电气技术用文件的编制》的规定。此外在技术要求方面，应符合有关设计规范的规定，并尽可能参照建设部批准的《全国通用建筑标准设计·电气装置标准图集》及 00DX001《建筑电气工程设计常用图形和文字符号》等。

二、变配电所的电气安装图

变配电所的电气安装图，包括：

(1) 变配电所一次系统接线图　又称主接线图。它有两种绘制方式：一种是按全系统绘制的"系统式"主接线图，见图 5-1；另一种是按高低压配电装置排列方式分别绘制的"装置式"主接线图，见图 5-2。

(2) 变配电所平、剖面图　用适当的比例(参看表 5-10)绘制，见图 5-19。

表 5-10　供配电设计制图常用的比例

比　例	适　用　范　围
1:2000, 1:1000, 1:500	用户总平面图
1:200, 1:100, 1:50	建筑物的平、剖面图；采用 A2 图纸时，用户总变配电所多采用比例 1:100，车间变电所多采用 1:50
1:50, 1:20, 1:10	建筑物的局部放大图
1:20, 1:10, 1:5	装置的零部件及其构造详图

绘制变配电所平面图时必须注意：①平面图一般在建筑物的门窗洞口处水平剖切俯视，图内应包括剖切面及投影方向可见的建（构）筑、设备的大体轮廓及必要的尺寸等。②对电力变压器及所有柜、屏、构架及穿墙绝缘子等，均应按在其上面俯视绘制。③平面图上剖切符号的剖视方向宜向左和向上。

绘制变配电所剖面图时必须注意：①剖面图的剖切部位，应选择最能反映主要结构特征和最有代表性的部位进行剖切。②剖面图内应包括剖切面及投射方向可见的建（构）筑、设备的大体轮廓及必要的尺寸、标高等。③剖面图无论如何剖视，整个建筑物和设备均应绘为直立状态，不能如绘制机械图样那样按剖视方向倒置。

关于平、剖面图的图面布置，一般是平面图置于左上（或左下），而剖面图则对应地置于其下（或其上）和右侧；也可灵活布置，但都必须标出剖面图代号。此外，在平、剖面图上应附列设备一览表，依平、剖面图上的编号顺序在标题栏上方或其他空白处用表格列出设备名称、型号、规格、数量及备注等。

(3) 无标准图样的构件安装大样图　对于在制作和安装上有特殊要求而无标准图样的构件，应绘制专门的大样图，注明尺寸、比例及有关材料和技术要求，以便按图制作和安装。

(4) 变配电所二次回路的原理电路图和安装接线图　将在后面第七章第六节介绍，此略。

(5) 变配电所接地装置平面布置图　将在后面第六章第六节介绍，此略。

(6) 变配电所电气照明系统图和平面图　将在后面第八章第四节介绍，此略。

三、配电线路的电气安装图

(一) 电气安装图上设备的标注与文字符号

配电线路的电气安装图，主要包括电气系统图和电气平面布置图。在电气安装图上，应按规定对电气设备和线路进行必要的标注。

表 5-11 是建设部批准的 00DX001《建筑电气工程设计常用图形和文字符号》规定的部分电力设备的文字符号，表 5-12 是 00DX001 规定的部分安装方式的文字符号，表 5-13 是 00DX001 规定的部分电力设备在电气安装图上的标注方法。

关于电力设备标注中的"设备种类代号"，应按照上述 00DX001 的规定标注。表 5-11 中所列设备的文字符号也就是其种类代号。例如第 5 号动力配电箱，就表示为"-AP5"，其中"-"为种类代号的前缀符号，在不致引起混淆时可略去。

表 5-11　部分电力设备的文字符号（据 00DX001）

设备名称	英文名称	文字符号	设备名称	英文名称	文字符号
交流（低压）配电屏	AC(Low-voltage)switchgear	AA	高压开关柜	High-voltage switchgear	AH
控制箱（柜）	Control box	AC	照明配电箱	Lighting distribution board	AL
并联电容器屏	Shunt capacitor cubicle	ACC	动力配电箱	Power distribution board	AP
直流配电屏、直流电源柜	DC switchgear、DC power supply cabinet	AD	电度表箱	Watt-hour meter box	AW
			插座箱	Socket box	AX

(续)

设备名称	英 文 名 称	文字符号	设备名称	英 文 名 称	文字符号
空气调节器	Ventilator	EV	电压表	Voltmeter	PV
蓄电池	Battery	GB	电力变压器	Power transformer	T，TM
柴油发电机	Diesel-engine generator	GD	插头	Plug	XP
电流表	Ammeter	PA	插座	Socket	XS
有功电能表	Watt-hour meter	PJ	信息插座	Telecommunication outlet	XTO
无功电能表	Var-hour meter	PJR			

表 5-12 部分安装方式的文字符号（据 00DX001）

1. 线路敷设方式的标注

敷 设 方 式	英文含义	文字符号
穿焊接钢管敷设	Run in welded steel conduit	SC
穿电线管敷设	Run in electrical metallic tubing	MT
穿硬塑料管敷设	Run in rigid PVC conduit	PC
穿阻燃半硬聚氯乙烯管敷设	Run in flame retardant semiflexible PVC conduit	FPC
电缆桥架敷设	Installed in cable tray	CT
金属线槽敷设	Installed in metallic raceway	MR
塑料线槽敷设	Installed in PVC raceway	PR
钢索敷设	Supported by messenger wire	M
直接埋设	Direct burying	DB
电缆沟敷设	Installed in cable trough	TC

2. 导线敷设部位的标注

敷 设 部 位	英文含义	文字符号
沿或跨梁（屋架）敷设	Along or across beam	AB
暗敷在梁内	Concealed in beam	BC
沿或跨柱敷设	Along or across column	AC
暗敷在柱内	Concealed in column	CLC
沿墙面敷设	On wall surface	WS
暗敷在墙内	Concealed in wall	WC
沿天棚或顶板面敷设	Along ceiling or slab surface	CE
暗敷在屋面或顶板内	Concealed in ceiling or slab	CC
吊顶内敷设	Recessed in ceiling	SCE
地板或地面下敷设	In floor or ground	F

表 5-13　部分电力设备的标注方法（据 00DX001）

标注对象	标注方式	说　明
用电设备	$\dfrac{a}{b}$	a—设备编号或设备位号 b—额定容量（kW 或 kVA）
概略图（系统图）电气箱（柜、屏）	-a+b/c	a—设备种类代号 b—设备安装位置的位置代号 c—设备型号
平面图（布置图）电气箱（柜、屏）	-a	a—设备种类代号 （不致引起混淆时，前缀"-"可略）
照明、安全、控制变压器	a-b/c-d	a—设备种类代号 b/c——次电压/二次电压 d—额定容量
照明灯具	$a-b\dfrac{c\times d\times L}{e}f$	a—灯数 b—型号或编号（无则省略） c—每盏灯具的灯泡数 d—灯泡安装容量 e—灯泡安装高度（m），"-"表示吸顶安装 f—安装方式 L—光源种类
线路	a　b-c(d×e+f×g)i-jh	a—线缆编号 b—型号（不需要可省略） c—线缆根数 d—电缆线芯数 e—线芯截面积（mm²） f—PE、N 线芯数（编者注：建议此处表示 N 线或 PEN 线芯数，而 PE 线的线芯截面另项表示，参见例 5-2） g—线芯截面积（mm²） i—线缆敷设方式 j—线缆敷设部位 h—线缆敷设安装高度（m） （上述字母无内容则省略）
电缆桥架	$\dfrac{a\times b}{c}$	a—电缆桥架宽度（mm） b—电缆桥架高度（mm） c—电缆桥架安装高度（m）
断路器整定值	$\dfrac{a}{b}c$	a—脱扣器额定电流 b—脱扣器整定电流（脱扣器额定电流×整定倍数） c—短延时整定时间（瞬时不标注）

（二）低压配电系统电气安装图的绘制

1. 低压配电系统图的绘制

系统图是用规定的电气简图用图形符号概略地表示一个系统的基本组成、相互关系及其主要特征的一种简图。

绘制低压配电系统图，必须注意以下两点：

1）线路一般用单线图表示。为表示线路的导线根数，可在线路上加短斜线，短斜线数等于导线根数，也可在线路上画一条短斜线再加注数字表示导线根数。有的系统图，用一根粗实线表示三相的相线，而用一根与之平行的细实线或虚线表示 N 线或 PEN 线，另用一根与之平行的点划线加短斜线表示 PE 线（假设有 PE 线时）。也有的照明系统图，用多线图表示，并标明每根导线的相序。

2）配电线路绘制应排列整齐，并应按规定对设备和线路进行必要的标注，例如标注配电箱的编号、型号规格等，标注线路的编号、型号规格、敷设方式部位及线路去向或用途等。

2. 低压配电平面图的绘制

配电平面图是表示配电系统在某一配电区域内的平面布置和电气布线的一种简图，也称电气平面图或电气平面布置图。

绘制低压配电平面图，必须注意以下几点：

1）有关配电装置（箱、柜、屏）和用电设备及开关、插座等，应采用规定的图形符号绘在平面图的相应位置上，例如配电箱用扁框符号表示，电机用圆圈符号表示。大型设备如机床等，则可按其外形的大体轮廓绘制。

2）配电线路一般用单线图表示，且按其实际敷设的大体路径或方向绘制。

3）平面图上的配电装置、电器和线路，应按规定进行标注。当图上的某些线路采用的导线型号规格完全相同时，可统一在图上加注说明，不必在有关线路上一一标注。

4）保护电器的标注，主要要标注其熔体电流（对熔断器）或脱扣电流（对低压断路器）。

5）平面图上应标注其主要尺寸，特别是建筑外墙定位轴线之间的距离（单位 mm）应予标注。

6）平面图上宜附上"图例"，特别是平面图上使用的非标准图形符号应在图例中说明。

（三）低压配电系统电气安装图示例

1. 某机械加工车间的动力配电系统图和平面布置图（示例）

图 5-60 是某机械加工车间的动力配电系统图。该车间采用铝芯塑料电缆 VLV-1000-（3×185+1×95）直埋（DB）由车间变电所来电，其总配电箱 AP1 采用 XL(F)-31 型。它通过铝芯塑料绝缘线 BLV-500-（3×70+1×35）沿墙明敷向分配电箱 AP2 配电。分配电箱 AP2 又

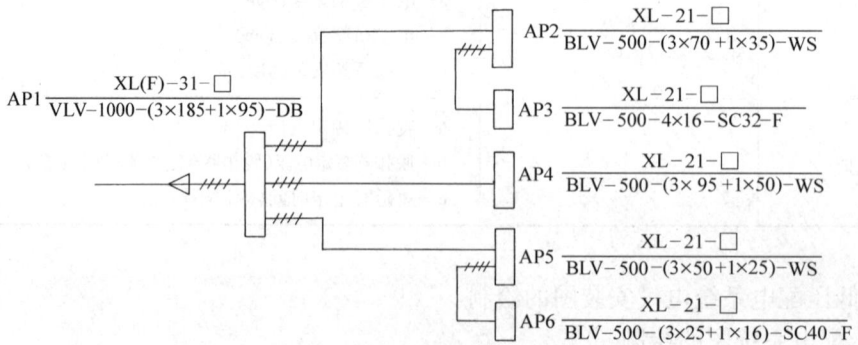

图 5-60 某机械加工车间动力配电系统图

引出一路 BLV-500-4×16 穿钢管(SC)埋地(F)向另一分配电箱 AP3 配电。总配电箱 AP1 又通过一路 BLV-500-(3×95-1×50)沿墙明敷 WS 向分配电箱 AP4 配电。另通过一路 BLV-500-(3×50+1×25)沿墙明敷 WS 向分配电箱 AP5 配电。分配电箱 AP5 又通过一路 BLV-500-(3×25+1×16)穿钢管(SC)埋地(F)向另一分配电箱 AP6 配电。所有分配电箱(AP2~AP6)均为 XL-21 型。

图 5-61 是图 5-60 所示机械加工车间(一角)的动力配电平面图。这里仅示出分配电箱 AP6 采用 BLV-500-3×6 的铝芯塑料线穿钢管(SC)埋地(F)分别向 35#~42# 机床设备配电。由于各配电支线型号规格和敷设方式相同,故在图上统一加注说明。

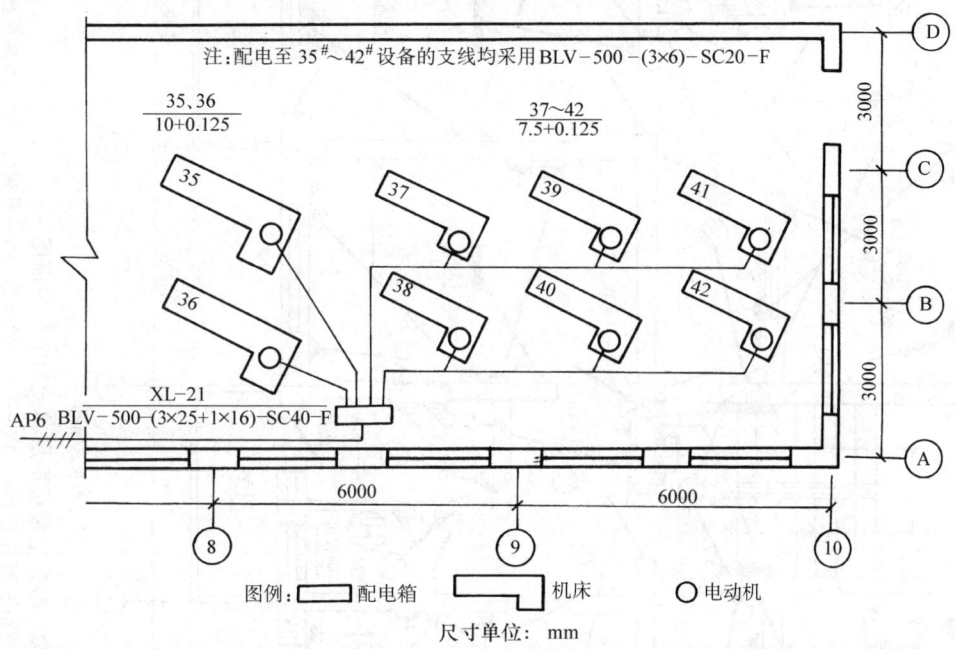

图 5-61 某机械加工车间(一角)动力配电平面图

2. 某住宅楼标准层的配电系统图和平面图(示例)

某六层住宅楼,为砖混结构,地上六层,共有三个单元,每层三户。各单元每层的结构与布置都雷同,因此电气平面图只需绘出其一个单元标准层,如图 5-62 所示。该住宅楼的配电系统图如图 5-63 所示。其低压电源为 220/380V 的 TN-S 制系统。进户线采用 BX-500 型铜芯橡皮绝缘线架空引入,再穿钢管(SC)沿墙暗敷(WC)引进各楼层带有控制开关的电度表箱(AW)。各住户均采用 BV-500 型铜芯塑料绝缘线穿硬塑料管(PC)暗敷。各住户的分配电箱(AL)均采用小型断路器及其附件组装,分五路配电,除照明和空调(EV)外,均配备有漏电保护(RCD,详见第六章第七节)。

3. 某高级宾馆客房的电气平面图(示例)

现代高级宾馆客房的电气平面布置如图 5-64 所示。客房内的照明、电视、空调等一般由客房进门处墙壁上安装的节能钥匙开关盒的开关控制,而且室内的各种照明灯和电视机等还由床头控制柜上的开关控制,以方便住宿的旅客。但客房内的常有电插座及不宜经常停电的电子钟和冰箱等,则不经钥匙开关盒和床头控制柜而由公共电源直接配电。图 5-65 是客房电气集中控制接线图,图 5-66 是一种节能钥匙开关盒和全塑钥匙插牌外形图。

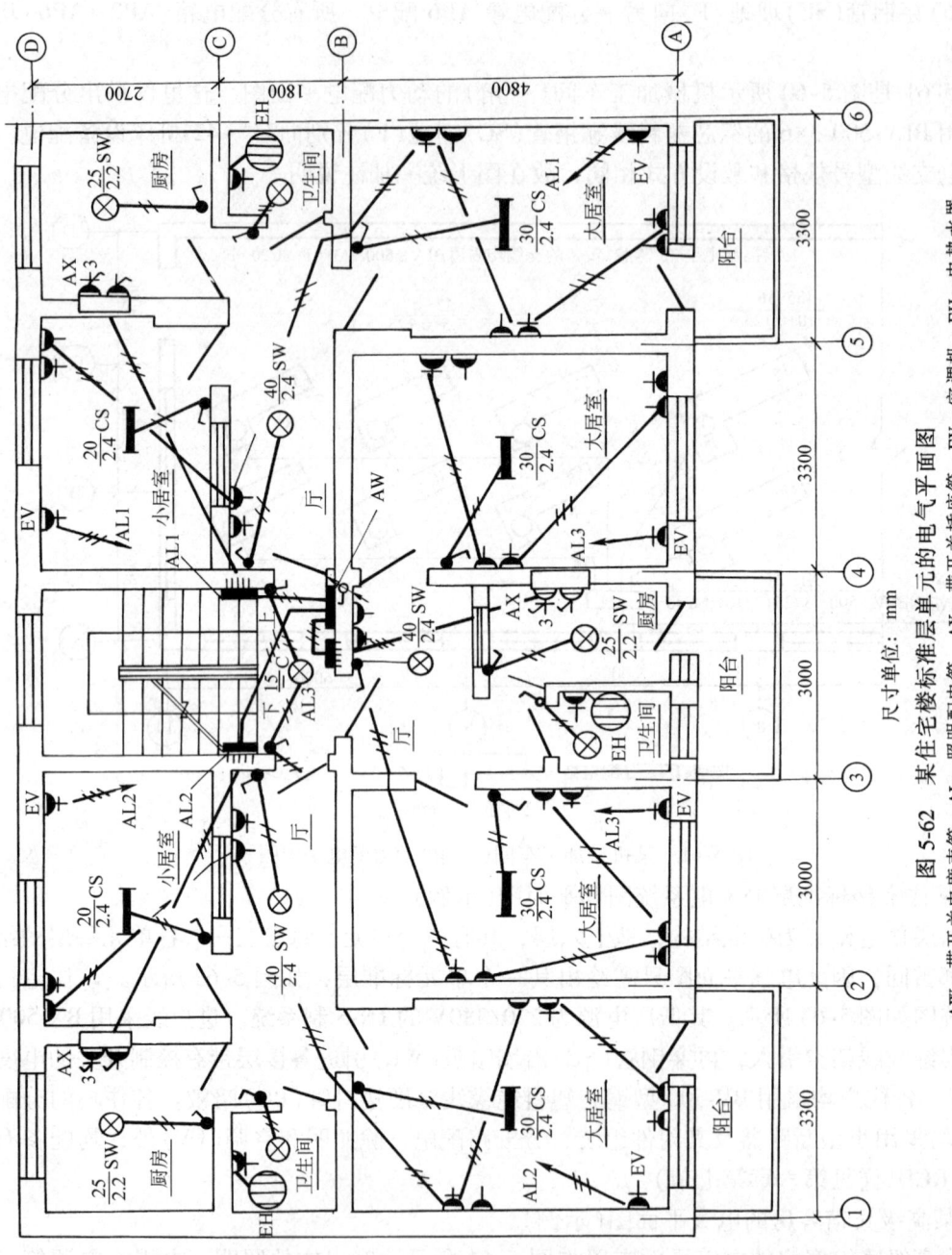

图 5-62 某住宅楼标准层单元的电气平面图

AW—带开关电度表箱　AL—照明配电箱　AX—带开关插座箱　EV—空调机　EH—电热水器

注：照明灯具安装方式的标注 C—吸顶式，CS—链吊式，SW—线吊式，参看表 8-14。

第五章 供配电系统的接线、结构及安装图

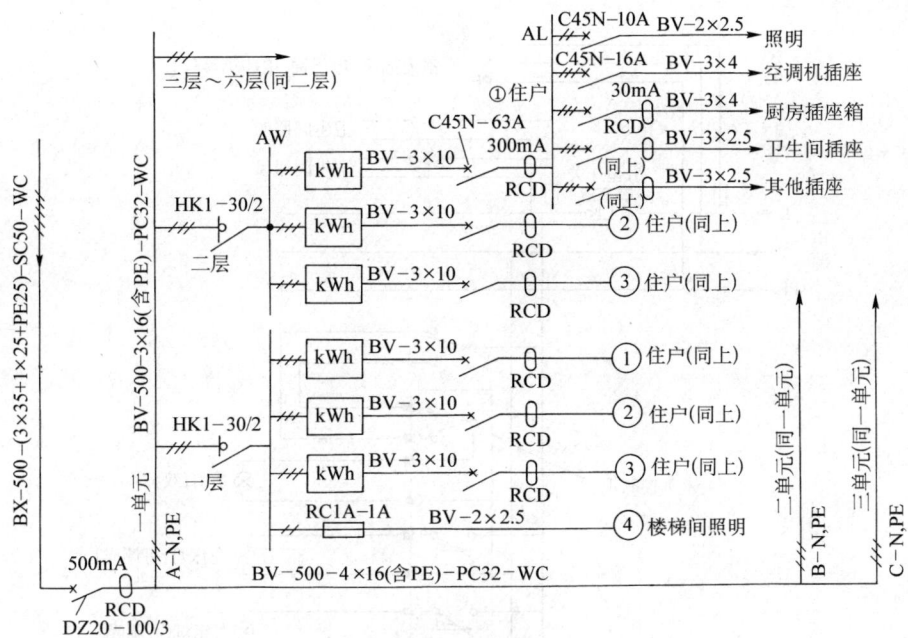

图 5-63 某住宅楼的配电系统图

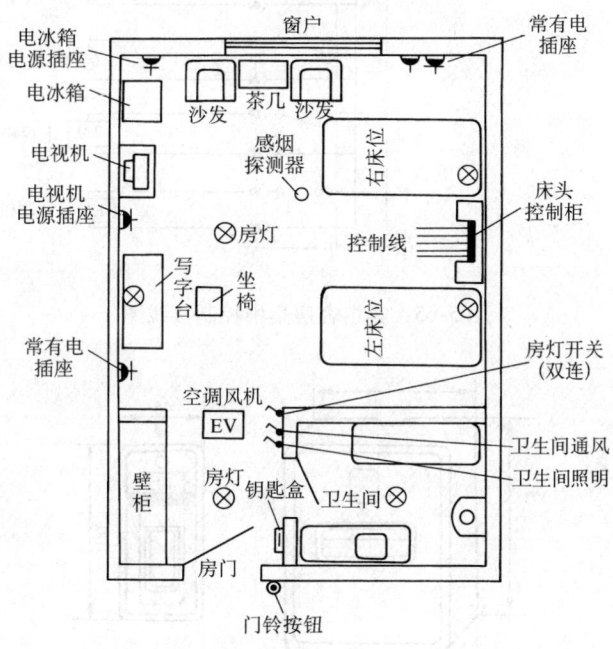

图 5-64 宾馆客房电气平面布置图

4. 某企业室外电力线路平面布置图(示例)

图 5-67 是某企业室外电力线路平面布置图。该企业电源进线为 10kV 架空线路，采用 LJ-70 型铝绞线。10kV 降压变电所安装有 2 台 S9-500kVA 变压器。从降压变电所 400V 侧用架空线路配电给各建筑物。

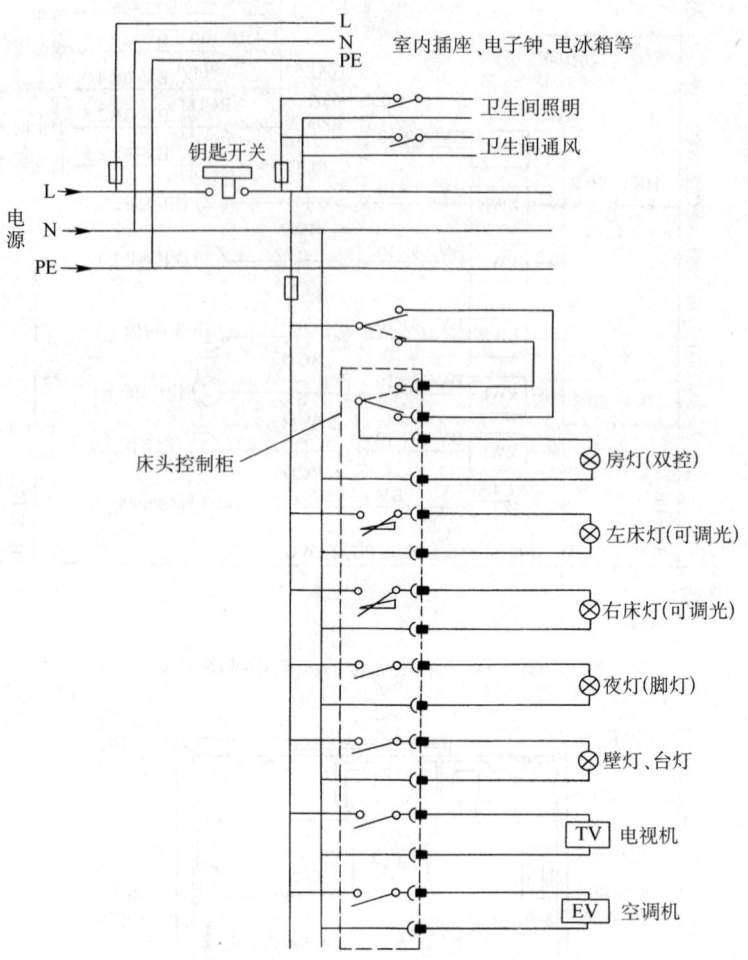

图 5-65 宾馆客房集中控制接线图

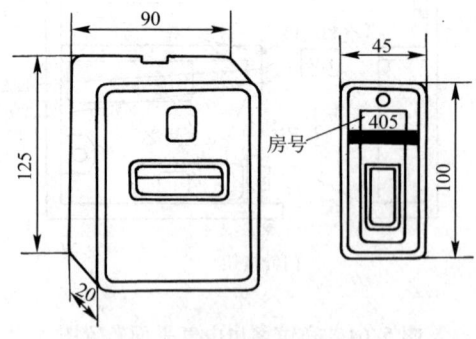

图 5-66 节能钥匙开关盒和全塑
钥匙插牌外形图

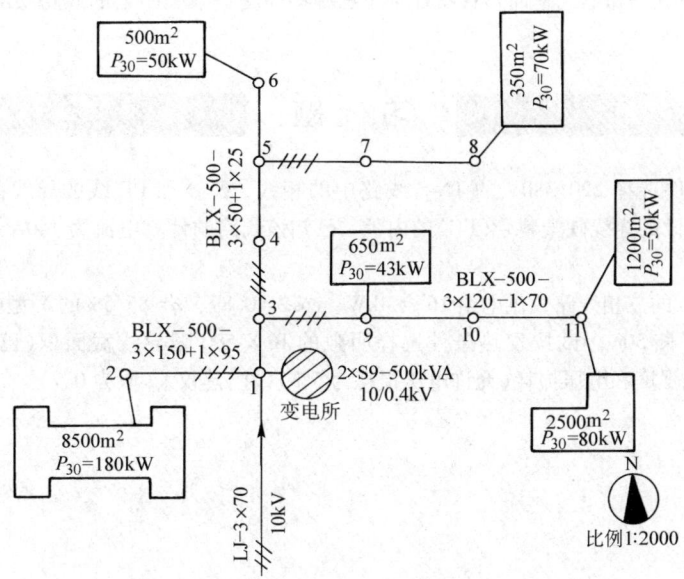

图 5-67　某企业室外电力线路平面布置图

复习思考题

5-1　对变配电所的主接线方案有哪些基本要求？

5-2　在什么情况下断路器两侧需装设隔离开关？在什么情况下断路器可只在一侧装设隔离开关？

5-3　试分析比较图 5-4、图 5-5、图 5-6 所示三种主接线的优缺点及适用范围。

5-4　变电所的内桥式和外桥式接线各有何特点？各适用于什么情况？

5-5　变配电所所址选择应遵循哪些原则？如何确定负荷中心？

5-6　变配电所的总体布置应考虑哪些基本要求？

5-7　变电所主变压器台数应如何选择？其容量又应如何选择？

5-8　放射式线路和树干式线路各有何优缺点？各适用于什么情况？

5-9　架空线路和电缆线路各有何优缺点？

5-10　铜、铝、钢三种材质的导线各有何优缺点？各适用于哪些场合？

5-11　LJ-95 和 LGJ-95 各表示什么导线？其中两个"95"各表示什么？

5-12　什么叫架空线路的档距？什么叫弧垂？为什么弧垂不宜过大和过小？

5-13　敷设电力电缆应注意哪些事项？

5-14　橡皮绝缘导线和塑料绝缘导线各有什么特点？各适用于哪些场合？

5-15　选择导线和电缆截面积一般应满足哪些条件？一般动力线路导线截面积宜先按什么条件选择？而照明线路导线截面积宜先按什么条件选择？什么情况下的线路导线截面积宜先按经济电流密度选择？

5-16　三相四线制低压系统中的 N 线、PE 线和 PEN 线各如何选择？

5-17　线路的电压降和电压损耗是不是同一概念？公式 $\Delta U = \sum(pR+qX)/U_N$ 中各物理量符号的含义是什么？

5-18　计算带有均匀分布负荷的线路电压损耗时，可将分布负荷集中于线路的什么地方来进行等效计算？

5-19　某低压线路表示为 BV-500-(3×95+1×50+PE50)-SC70，其中各符号各代表什么？

5-20 绘制配电系统图和电气平面布置图各应注意哪些问题？系统图上的线路绘制与平面图上的线路绘制有什么不同之处吗？

习 题

5-1 试按发热条件选择 220/380V 的 TN-S 线路中的相线、N 线和 PE 线的导线截面积（导线均采用 BLV-500 型）和埋地敷设的穿线硬塑料管（PC）的内径。已知该线路的计算电流为 140A，敷设地点环境温度为 30℃。

5-2 有一条 380V 的三相线路，供电给 16 台 4kW、$\cos\varphi=0.87$、$\eta=85.5\%$ 的 Y 型电动机，各台电动机之间相距 2m，线路全长 50m。试按发热条件选择明敷的 BLX-500 型导线截面积（已知当地环境温度为 30℃），并校验其机械强度和电压损耗（允许电压损耗为 5%）（注：建议 k_Σ 取为 0.7）。

第六章　供配电系统的保护

本章讲述供配电系统的各种保护装置。首先简述继电保护的任务与要求，然后介绍常用的保护继电器及继电保护的接线方式和操作方式，接着分别讲述电力线路和电力变压器的各种继电保护接线、原理和整定计算等，最后讲述供配电系统和建筑物的防雷、接地及漏电保护与等电位联结等问题。熔断器和低压断路器保护也属供配电系统的保护装置，因已在前面介绍，本章不再赘述。

第一节　继电保护的任务与要求

一、继电保护装置的任务

继电保护装置是按照保护的要求，将各种继电器按一定的方式进行连接和组合而成的电气装置，其任务是：

（1）故障时动作于跳闸　在供配电系统出现故障时，反应故障的继电保护装置动作，使最近的断路器跳闸，切除故障部分，使系统的其他部分恢复正常运行，同时发出信号，提醒运行值班人员及时处理。

（2）异常状态时发出报警信号　在供配电系统出现不正常工作状态时，如过负荷或出现故障苗头时，有关继电保护装置发出报警信号，提醒运行值班人员及时处理，消除异常工作状态，以免发展为故障。

二、对继电保护的基本要求

（1）选择性　当供配电系统发生故障时，离故障点最近的保护装置动作，切除故障，而系统的其他部分仍正常运行。满足这一要求的动作，称为"选择性动作"。如果系统发生故障时，靠近故障点的保护装置不动作（拒动作），而离故障点远的前一级保护装置动作（越级动作），就叫做"失去选择性"。

（2）可靠性　保护装置在应该动作时，就应该动作，不应该拒动作。而在不应该动作时，就不应该误动作。保护装置的可靠程度，与保护装置的元件质量、接线方案以及安装、整定和运行维护等多种因素有关。

（3）速动性　为了防止故障扩大，减小故障的危害程度，并提高电力系统的稳定性，因此在系统发生故障时，继电保护装置应尽快地动作，切除故障。

（4）灵敏度　这是表征保护装置对其保护区内故障和不正常工作状态反应能力的一个参数。如果保护装置对其保护区内极其轻微的故障都能及时地反应动作，则说明保护装置的灵敏度高。灵敏度用"灵敏系数"（sensitive coefficient）来衡量。

对过电流保护，其灵敏系数的定义为

$$S_p \stackrel{\text{def}}{=\!=} \frac{I_{k.\min}}{I_{op.1}} \tag{6-1}$$

式中，$I_{k.\min}$为保护装置的保护区末端在系统最小运行方式时的最小短路电流；$I_{op.1}$为保护装置的一次侧动作电流，即保护装置动作电流I_{op}换算到一次电路侧的值。

对低电压保护，其灵敏系数的定义为

$$S_p \stackrel{\text{def}}{=\!=} \frac{U_{op.1}}{U_{k.\max}} \tag{6-2}$$

式中，$U_{k.\max}$为保护装置的保护区末端短路时，在保护装置安装处母线上的最大残余电压；$U_{op.1}$为保护装置的一次侧动作电压，即保护装置动作电压换算到一次电路侧的值。

在GB/T 50062—2008《电力装置的继电保护和自动装置设计规范》中，对各种继电保护的灵敏系数均有一个最小值的规定，应以此作为各种继电保护灵敏度检验的依据。

以上四项要求对于一个具体的保护装置来说，不一定都是同等重要的，而是往往有所侧重。例如对电力变压器，由于它是供配电系统中最关键的设备，因此对它的保护装置的灵敏度要求较高；而对一般电力线路的保护装置，其灵敏度要求可低一些，但其选择性要求较高。又例如，在无法兼顾保护选择性和速动性的情况下，为了快速切除故障以保护某些关键设备，或者为了尽快恢复系统的正常运行，有时甚至牺牲选择性来保证速动性。

继电保护装置除了满足上述四项基本要求外，还应便于调试和维修，且尽可能满足系统运行所要求的灵活性。

第二节 常用的保护继电器及其接线和操作方式

一、继电器的分类

继电器是一种在其输入的物理量（包括电气量和非电气量）达到规定值时，其电气量输出电路被接通或分断的自动电器。

继电器按其输入量的性质分，有电气继电器和非电气继电器两大类。按其用途分，有控制继电器和保护继电器两大类。前者用于自动控制电路，后者用于继电保护电路。

保护继电器按其在继电保护电路中的功能分，有"测量继电器"和"有或无继电器"两大类。

测量继电器装设在继电保护装置电路的第一级，用来反应被保护元件（电气设备或线路）的特性量变化情况，当其特性量达到预先整定的动作值时即行动作。它在保护装置中属于主继电器（基本继电器），或称起动继电器。

有或无继电器是一种只按电气量是否在其工作范围内或者有无电气量而动作的电气继电器，包括时间继电器、中间继电器、信号继电器等。它在继电保护装置中用来实现特定的逻辑功能，属于辅助继电器，或称逻辑继电器。

保护继电器按其组成元件分，有机电型、晶体管型和微机型三大类。由于机电型继电器具有简单可靠、便于维修和调试等优点，因此我国用户（含工业和民用建筑）供配电系统目前仍以传统的机电型继电器为主。

机电型继电器按其结构原理分，有电磁式和感应式等继电器。

保护继电器按其反应的物理量分，有电流继电器、电压继电器、功率继电器、气体继电器等。

保护继电器按其反应的数量变化分,有过量继电器和欠量继电器,例如过电流继电器和欠电压(低电压)继电器等。

保护继电器按其在保护装置中的用途分,有起动继电器、时间继电器、信号继电器、中间(出口)继电器等。图6-1是过电流保护的框图。当线路上发生短路时,起动用的电流继电器KA瞬时动作,使时间继电器KT起动。KT经整定的一定延时后,接通信号继电器KS和中间继电器KM。KM就接通断路器QF的跳闸线圈回路,使断路器跳闸,从而切除短路故障。

保护继电器按其动作于断路器的方式分,有直接动作式(直动式)和间接动作式两大类。断路器操动机构内的脱扣器(跳闸线圈)实际上就是一种直动式继电器,而一般的保护继电器均为间接动作式,需通过接通断路器的跳闸线圈才能使断路器跳闸。

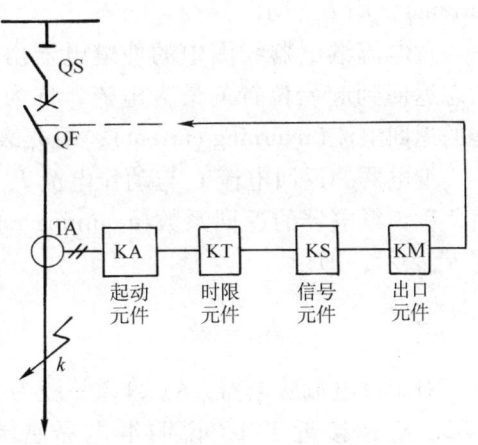

图6-1 过电流继电保护框图
KA—电流继电器 KT—时间继电器
KS—信号继电器 KM—中间(出口)继电器

保护继电器按其与一次电路连接的方式分,有一次式继电器和二次式继电器。一次式继电器的线圈是与一次电路直接相连的,例如低压断路器的过电流脱扣器和低电压(失电压)脱扣器(参看图2-44),实际上就是一次式继电器(也是直动式继电器)。二次式继电器的动作线圈都连接在电流互感器或电压互感器的二次侧,经过互感器与一次电路相联系。高压系统中的保护继电器都属二次式继电器。

保护继电器型号的表示和含义如下:

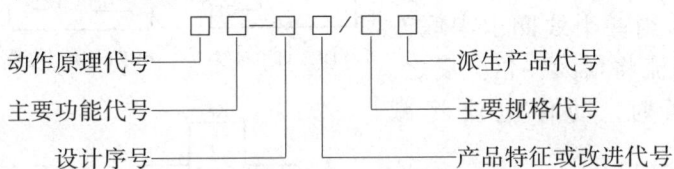

1) 动作原理代号:D——电磁式;G——感应式;L——整流式;B——半导体式;W——微机式。

2) 主要功能代号:L——电流;Y——电压;S——时间;X——信号;Z——中间;C——冲击;CD——差动。

3) 产品特征或改进代号:用阿拉伯数字或字母A、B、C等表示。

4) 派生产品代号:C——可长期通电;X——带信号牌;Z——带指针;TH——湿热带用。

5) 设计序号和主要规格代号:用阿拉伯数字表示。

二、常用的机电型保护继电器

(一) 电磁式电流继电器和电压继电器

电磁式电流继电器和电压继电器在继电保护装置中均为起动元件,属测量继电器。

常用的DL-10系列电磁式电流继电器的基本结构如图6-2所示。

当继电器线圈中通过的电流达到动作值时,使固定在转轴上的Z形钢舌片被铁心吸引而偏转,导致继电器触点切换,使动合(常开)触点闭合,动断(常闭)触点断开,这就称为继电器动作。当线圈断电时,Z形钢舌片被释放,继电器返回。

过电流继电器线圈中的使继电器动作的最小电流，称为继电器的动作电流(operating current)，用 I_{op} 表示。

过电流继电器线圈中的使继电器由动作状态返回到起始位置的最大电流，称为继电器的返回电流(returning current)，用 I_{re} 表示。

继电器的返回电流 I_{re} 与动作电流 I_{op} 的比值，称为继电器的返回系数(returning ratio)，用 K_{re} 表示，即

$$K_{re} \overset{\text{def}}{=\!=} \frac{I_{re}}{I_{op}} \quad (6-3)$$

对于过电流继电器，$K_{re}<1$，一般为 0.8~0.85。K_{re} 越接近于 1，说明继电器越灵敏。如果过电流继电器的 K_{re} 过低时，还可能使保护装置发生误动作，这将在后面讲过电流保护动作电流整定时加以说明。

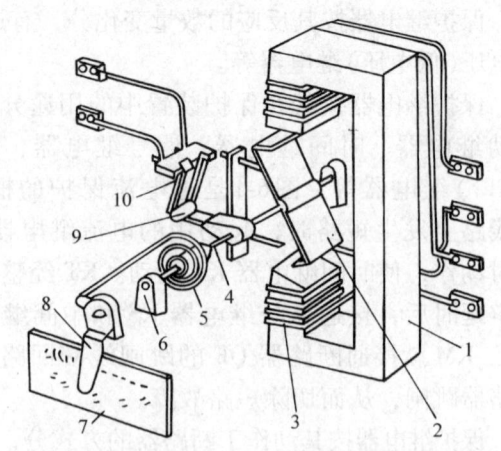

图 6-2 DL-10 系列电磁式电流继电器的基本结构
1—铁心 2—钢舌片 3—线圈 4—转轴 5—反作用弹簧 6—轴承 7—标度盘(铭牌) 8—起动电流调节转杆 9—动触点 10—静触点

电磁式电流继电器的动作电流有两种调节方法：

(1) 平滑调节 拨动调节转杆来改变弹簧的反作用力矩，可平滑地调节动作电流值。

(2) 级进调节 利用两个线圈的串联和并联来调节。当两个线圈由串联改为并联时，动作电流将增大一倍。反之，由并联改为串联时，动作电流将减小一半。

这种电流继电器的动作很快，可认为是"瞬时"动作的，因此它是一种瞬时继电器。

DL-10 系列电磁式电流继电器的内部接线及其图形符号和文字符号，如图 6-3 所示[○]。

供配电系统中常用的电磁式电压继电器的结构和原理，与上述电磁式电流继电器类似，只是电压继电器的线圈为电压线圈，导线细而匝数多、阻抗大。它多作成低电压(欠电压)继电器。

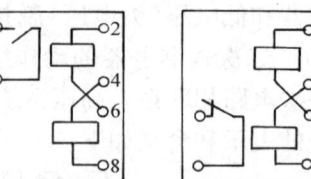

a) DL-11 型接线　　b) DL-12 型接线　　c) DL-13 型接线

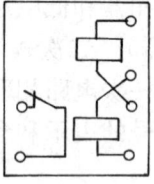 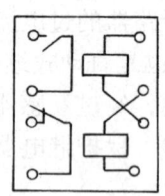

d) 集中表示的电流　　e) 分开表示的电流
继电器图形符号　　继电器图形符号
和文字符号　　和文字符号

图 6-3 DL-10 系列电磁式电流继电器的内部接线及其图形符号和文字符号

○ "电流继电器"的文字符号有的采用"KC"，但按 GB 7159—1987《电气技术中的文字符合制订通则》规定，"电流"的文字符号用"A"，"电流表"表示为"PA"，"电流互感器"表示为"TA"，依此类推，"电流继电器"宜表示为"KA"，而字母"C"为"控制"的文字符号。[25]

低电压继电器的动作电压 U_{op}，为其线圈上的使继电器动作的最高电压；而其返回电压 U_{re}，为其线圈上的使继电器由动作状态返回到起始位置的最低电压。

低电压继电器的返回系数 $K_{re} = U_{re}/U_{op} > 1$，一般为 1.25。$K_{re}$ 越接近于 1，说明继电器越灵敏。

（二）电磁式时间继电器

电磁式时间继电器在继电保护装置中，用来获得所需要的延时（时限）。它属于机电式有或无继电器。

常用的 DS-110、120 系列电磁式时间继电器的基本结构如图 6-4 所示。DS-110 系列用于直流，DS-120 系列用于交流。

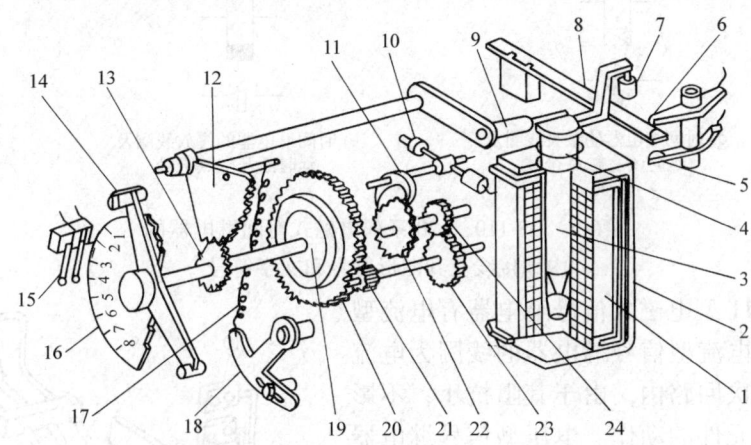

图 6-4 DS-110、120 系列电磁式时间继电器的内部结构

1—线圈 2—铁心 3—可动铁心 4—返回弹簧 5、6—瞬时静触点 7—绝缘件 8—瞬时动触点
9—压杆 10—平衡锤 11—摆动卡板 12—扇形齿轮 13—传动齿轮 14—主动触点
15—主静触点 16—标度盘 17—拉引弹簧 18—弹簧拉力调节器 19—摩擦离合器
20—主齿轮 21—小齿轮 22—掣轮 23、24—钟表机构传动齿轮

当继电器线圈接上工作电压时，铁心被吸入，使被卡住的一套钟表机构被释放，同时切换瞬时触点。在拉引弹簧作用下，经过整定的时间，使主触点闭合。

继电器的时限，可借改变主静触点与主动触点的相对位置来调整。调整的时间范围，标明在标度盘上。

当继电器的线圈断电时，继电器在返回弹簧的作用下返回。

为了缩小继电器的尺寸和节约材料，时间继电器的线圈通常不按长时间接上额定电压来设计。因此凡需长时间接上电压工作的时间继电器，应在它动作后，利用其常闭的瞬时触点的断开，使其线圈串入限流电阻，以限制线圈电流，免使线圈过热烧毁，同时又能维持继电器的动作状态。

DS-110、120 系列电磁式时间继电器的内部接线及其图形符号和文字符号，如图 6-5 所示。其中图 6-5b 所示 DS-111C 等型为长期工作型。

（三）电磁式信号继电器

电磁式信号继电器在继电保护装置中用来发出指示信号，以提醒运行值班人员注意。它也属机电式有或无继电器。

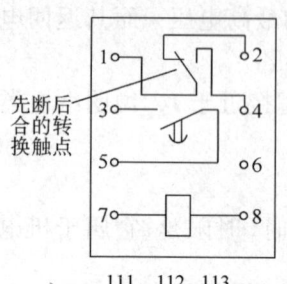 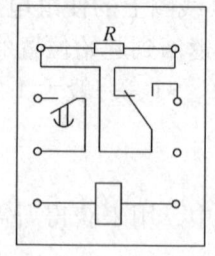 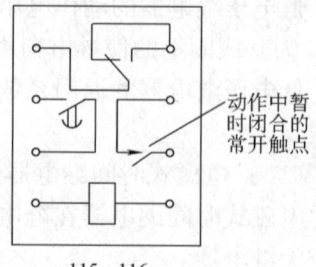

a) DS-111、112、113/121、122、123型接线　　b) DS-111C、112C、113C型接线　　c) DS-115、116/125、126型接线

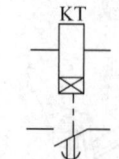 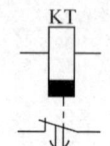

d) 时间继电器的缓吸线圈及延时闭合触点符号　　e) 时间继电器的缓放线圈及延时断开触点符号

图 6-5　DS-110、120 系列电磁式时间继电器的内部接线及其图形符号和文字符号

常用的 DX-11 型电磁式信号继电器有电流型和电压型两种。电流型信号继电器的线圈为电流线圈，串联在二次回路内，由于其阻抗小，不影响其他二次回路元件的动作。电压型信号继电器的线圈为电压线圈，阻抗大，只能并联在二次回路中。

DX-11 型电磁式信号继电器的内部结构如图 6-6 所示。

信号继电器在不通电的正常状态下，其信号牌是支持在衔铁上面的。当继电器线圈通电时，衔铁被吸向铁心而使信号牌掉下，显示动作信号，同时带动转轴旋转 90°，使固定在转轴上的动触点（导电条）与静触点（导电片）接通，从而接通信号回路，发出音响或灯光信号。要使信号停止，可旋动外壳上的复位旋钮，断开信号回路，同时使信号牌复位。

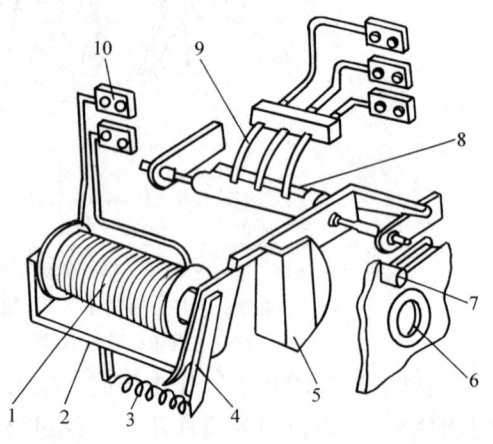

图 6-6　DX-11 型电磁式信号继电器的内部结构

1—线圈　2—铁心　3—弹簧　4—衔铁
5—信号牌　6—玻璃窗孔　7—复位旋钮
8—动触点　9—静触点　10—接线端子

DX-11 型电磁式信号继电器的内部接线及其图形符号和文字符号，如图 6-7 所示。信号继电器的图形符号在 GB/T 4728 中未直接给出，这里的图形符号是编者根据 GB/T 4728 规定的原则派生的，且已得到广泛认同。其中信号继电器线圈图形采用 GB/T 4728 中机电式有或无继电器类的"机械保持继电器"的线圈符号，而其触点则在一般触点符号上面附加一个 GB/T 4728 规定的"非自动复位"的限定符号[24]。

（四）电磁式中间继电器

电磁式中间继电器在继电保护装置中用作辅助继电器，以弥补主继电器触点数量或触点容量的不足。它通常接在保护装置的出口回路中，用以接通断路器的跳闸线圈，所以它又称出口继电器。中间继电器也属机电式有或无继电器。

常用的 DZ-10 系列电磁式中间继电器的基本结构如图 6-8 所示。当其线圈通电时，衔铁被快速吸向铁心，使其触点切换。当其线圈断电时，衔铁被快速释放，触点返回起始状态。

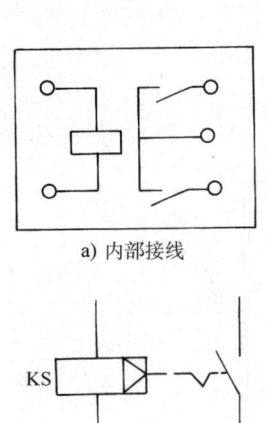

图 6-7　DX-11 型电磁式
信号继电器的内部接线及
其图形符号和文字符号

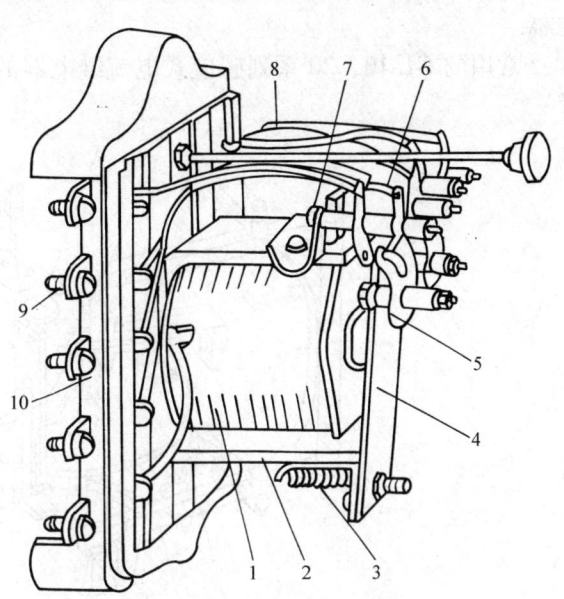

图 6-8　DZ-10 系列电磁式中间继电器的基本结构
1—线圈　2—铁心　3—弹簧　4—衔铁　5—动触点
6、7—静触点　8—连线　9—接线端子　10—底座

这种快吸快放的 DZ-10 系列电磁式中间继电器的内部接线及其图形符号和文字符号，如图 6-9 所示。中间继电器的图形符号在 GB/T 4728 中也未直接给出，这里的图形符号也是编者根据 GB/T 4728 规定的原则派生的，也已得到广泛认同。其线圈图形采用 GB/T 4728 中机电式有或无继电器类的"快速（快吸和快放）继电器"的线圈符号[24]。其文字符号采用 KM⊖。

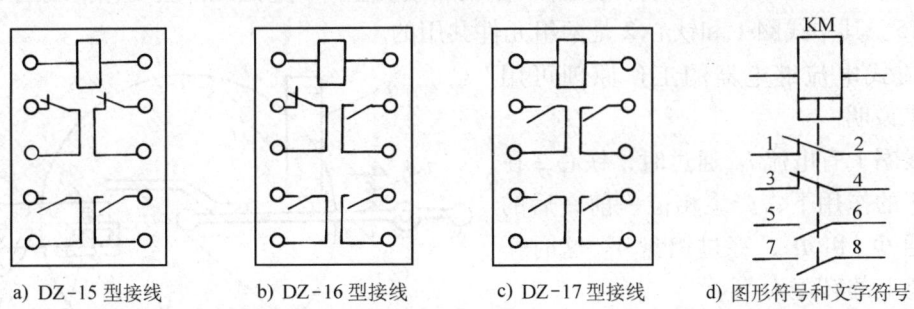

a) DZ-15 型接线　　b) DZ-16 型接线　　c) DZ-17 型接线　　d) 图形符号和文字符号

图 6-9　DZ-10 系列电磁式中间继电器的内部接线及其图形符号和文字符号

⊖　"中间继电器"（Medium relay）也有的称为"辅助继电器"（Auxiliary relay），因此其文字符号也有的采用 KA。但 KA 已作为"电流继电器"文字符号，故"中间继电器"文字符号采用 KM。在 GB 7159—1987 中，字母"M"就表示"中间"。但 KM 又是"接触器"的文字符号。为避免混淆，在同时出现有中间继电器和接触器的保护电路图中，中间继电器符号仍用"KM"，而接触器符号可改用其大类代号"K"[25]。

(五）感应式电流继电器

感应式电流继电器兼有上述电磁式电流继电器、时间继电器、信号继电器和中间继电器的功能，而且可用来同时实现过电流保护和电流速断保护，从而可使继电保护装置大大简化，减少投资，因此在用户的中小型变配电所中应用极为广泛。感应式电流继电器属测量继电器。

常用的 GL-10、20 系列感应式电流继电器的内部结构如图 6-10 所示。

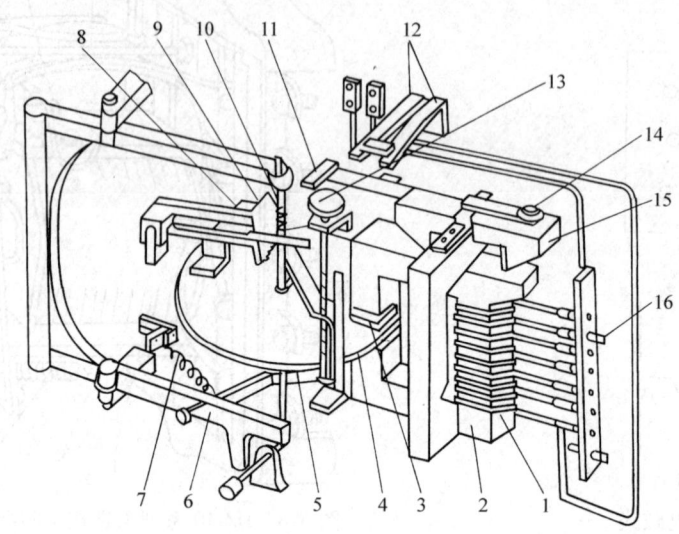

图 6-10　GL-10、20 系列感应式电流继电器的内部结构
1—线圈　2—铁心　3—短路环　4—可转铝盘　5—钢片　6—可偏转铝框架　7—调节弹簧
8—制动永久磁铁　9—扇形齿轮　10—蜗杆　11—扇杆　12—继电器触点　13—时限调节螺杆
14—速断电流调节螺钉　15—衔铁　16—动作电流调节插销

感应式电流继电器由感应元件和电磁元件两大部分组成。感应元件主要包括线圈 1、带短路环 3 的铁心 2 及装在可偏转的框架 6 上的转动铝盘 4。电磁元件主要包括线圈 1、铁心 2 和衔铁 15。其中线圈 1 和铁心 2 是两组元件共用的。

感应式电流继电器的工作原理可用图 6-11 来说明。

当线圈 1 有电流 I_{KA} 通过时，铁心 2 在短路环 3 的作用下，产生相位一前一后的两个磁通 Φ_1 和 Φ_2，穿过铝盘 4。这时作用于铝盘上的转矩为

$$M_1 \propto \Phi_1 \Phi_2 \sin\psi \tag{6-4}$$

式中，ψ 为 Φ_1 与 Φ_2 间的相位差。此式通常称为感应式机构的基本转矩方程。

由于 $\Phi_1 \propto I_{KA}$，$\Phi_2 \propto I_{KA}$，而 ψ 为常数，因此

$$M_1 \propto I_{KA}^2 \tag{6-5}$$

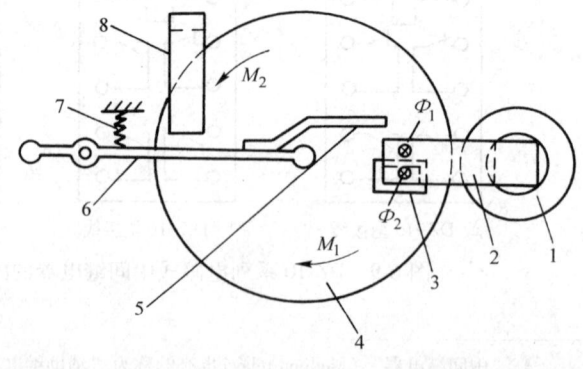

图 6-11　感应式电流继电器的转矩 M_1 和制动力矩 M_2
1—线圈　2—铁心　3—短路环　4—铝盘　5—钢片
6—可偏转铝框架　7—调节弹簧　8—制动永久磁铁

铝盘在转矩 M_1 的作用下转动后，铝盘切割永久磁铁 8 极间的磁通而在铝盘内感生涡流，这涡流又与永久磁铁极间的磁通作用，产生一个与 M_1 反向的制动力矩 M_2。它与铝盘转速 n 成正比，即

$$M_2 \propto n \tag{6-6}$$

当铝盘转速 n 增大到某一定值时，$M_1 = M_2$，这时铝盘匀速转动。

继电器的铝盘在上述 M_1 和 M_2 的同时作用下，铝盘受力有使框架 5 绕轴顺时针方向偏转的趋势，但受到弹簧 7 的阻力。

当继电器线圈电流增大到继电器的动作电流 I_{op} 时，铝盘受到的推力增大到克服弹簧阻力，使铝盘带动框架前偏（参看图 6-10），使蜗杆 10 与扇形齿轮 9 啮合，这就叫做"继电器动作"。由于铝盘继续转动，使扇形齿轮沿着蜗杆上升，最后使触点 12 切换，同时使信号牌（图 6-10 上未示出）掉下，从继电器外壳上的观察孔可看到信号牌的红色或白色信号指示，由此可知继电器已经动作。

继电器线圈中的电流越大，铝盘转动越快，扇形齿轮沿蜗杆上升的速度也越快，因此动作时间越短。这就是感应式电流继电器的"反时限特性"，如图 6-12 所示曲线 abc，这一动作特性是其感应元件产生的。

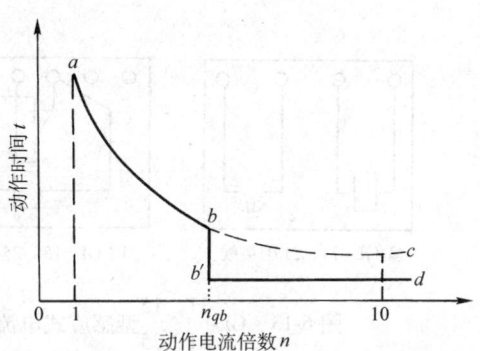

图 6-12 感应式电流继电器的动作特性曲线
abc—感应元件的反时限特性
$bb'd$—电磁元件的电流速断特性

当继电器线圈电流进一步增大到所整定的速断电流（quick-break current）I_{qb} 时，铁心瞬时吸下衔铁，使触点切换，同时使信号牌掉下。这就是感应式电流继电器所表现的"电流速断特性"，如图6-12所示的折线 $bb'd$。这一动作特性是其电磁元件产生的。因此电磁元件也称为电流速断元件。

图 6-12 所示动作特性曲线上对应于开始速断时间的动作电流倍数，称为速断电流倍数，即

$$n_{qb} \overset{\text{def}}{=\!=\!=} \frac{I_{qb}}{I_{op}} \tag{6-7}$$

速断电流 I_{qb} 是指继电器线圈中的使电流速断元件动作的最小电流。

GL-10、20 系列电流继电器的速断电流倍数 $n_{qb} = 2 \sim 8$。

感应式电流继电器的这种有一定限度的反时限动作特性，称为"有限反时限特性"。

继电器的动作电流（整定电流）I_{op}，可利用插销 16（参看图 6-10）以改变线圈匝数来进行动作电流的级进调节，也可利用调节弹簧 7 的拉力来进行平滑的微调。

继电器的速断电流倍数 n_{qb}，可利用螺钉 14（亦参看图 6-10）以改变衔铁 15 与铁心 2 之间的气隙大小来调节；气隙越大，n_{qb} 越大。

继电器感应元件的动作时间（亦称动作时限），是利用螺杆 13 来改变扇形齿轮沿蜗杆上升的起点，以使动作特性曲线上下移动。不过要注意：继电器动作时限调节螺杆的标度尺，是以"10 倍动作电流的动作时限"来标度的，也就是标度尺上所标示的动作时间，是继电

器线圈通过的电流为其整定的动作电流的 10 倍时的动作时间。因此继电器实际的动作时间,与实际通过继电器线圈的电流大小有关,需从继电器的动作特性曲线上去查得。

附表 22 列出 GL-$\frac{11、15}{21、25}$ 型感应式电流继电器的主要技术数据和动作特性曲线,供参考。

GL-$\frac{11、15}{21、25}$ 型感应式电流继电器的内部接线及其图形符号和文字符号,如图 6-13 所示。

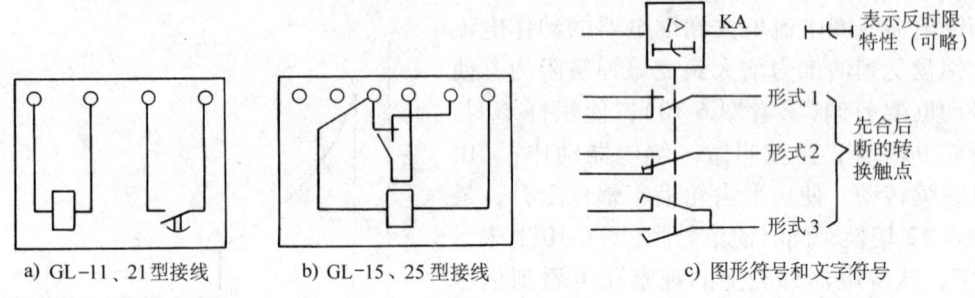

a) GL-11、21 型接线　　b) GL-15、25 型接线　　c) 图形符号和文字符号

图 6-13　GL-$\frac{11、15}{21、25}$ 型感应式电流继电器的内部接线及其图形符号和文字符号

三、继电保护装置的接线方式

过电流的继电保护装置中,起动继电器与电流互感器之间的连接,主要有两相两继电器式和两相一继电器式两种接线方式。

1. 两相两继电器式接线(图 6-14)

这种接线,如果一次电路发生三相短路或任意两相短路,都至少有一个继电器要动作,从而使一次电路的断路器跳闸。

为了表述继电器电流 I_{KA} 与电流互感器二次电流 I_2 的关系,特引入一个接线系数(wiring coefficient)K_w,其定义式为

$$K_w \xmapsto{\text{def}} \frac{I_{KA}}{I_2} \tag{6-8}$$

两相两继电器式接线在一次电路发生任何形式的相间短路,其 $K_w = 1$,即保护装置的灵敏度都相同。

2. 两相一继电器式接线(图 6-15)

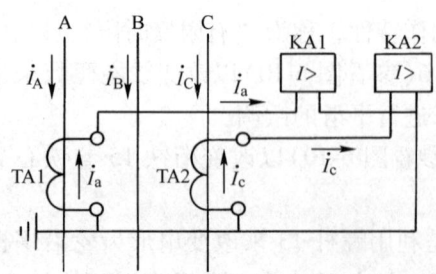

图 6-14　两相两继电器式接线

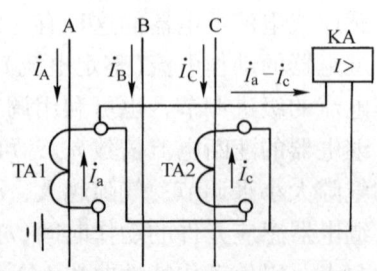

图 6-15　两相一继电器式接线

这种接线，正常工作时流入继电器的电流为两相电流互感器二次电流之差，因此又称两相电流差接线。

在其一次电路发生三相短路时，流入继电器的电流为互感器二次电流的$\sqrt{3}$倍（参看图6-16a相量图），即$K_w^{(3)}=\sqrt{3}$。

在其一次电路的A、C两相发生短路时，流入继电器的电流为互感器二次电流的2倍（参看图6-16b相量图），即$K_w^{(A,C)}=2$。

在其一次电路的A、B两相或B、C两相发生短路时，流入继电器的电流只有一相互感器的二次电流（参看图6-16c、d相量图），即$K_w^{(A,B)}=K_w^{(B,C)}=1$。

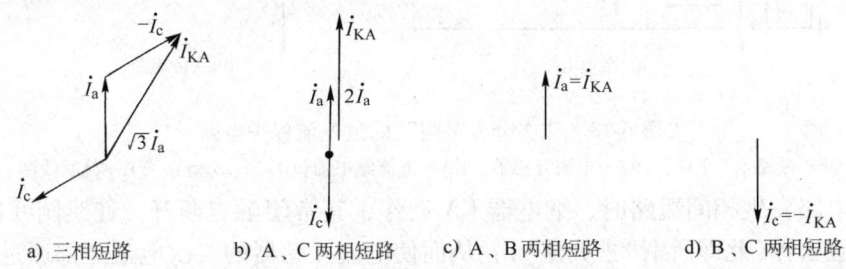

a）三相短路　　　　b）A、C两相短路　　　c）A、B两相短路　　　d）B、C两相短路

图6-16　两相一继电器式接线在不同相间短路时的电流相量分析

由以上分析可知，两相一继电器式接线能反应各种相间短路故障，但不同相间短路的保护灵敏度不同，有的相差一倍，因此不如两相两继电器式接线。但这种接线少用一个继电器，较为简单经济。它主要用于高压电动机保护。

四、继电保护装置的操作方式

继电保护装置的操作电源（详见第七章第一节），有直流操作电源和交流操作电源两大类。直流操作电源有蓄电池组和整流电源两种。但交流操作电源具有投资少、运行维护方便及二次回路简单可靠等优点，因此它在用户供配电系统中应用极为广泛。

交流操作电源供电的继电保护装置主要有以下两种操作方式：

1. 直接动作式（参看图6-17）

利用断路器操动机构内的过电流脱扣器（跳闸线圈）YR作为过电流继电器，接成两相两继电器式或两相一继电器式。正常运行时，YR流过的电流远小于其动作电流（脱扣电流），因此不动作。而在一次电路发生相间短路时，短路电流反应到电流互感器二次侧，流过YR，达到或超过YR的动作电流，从而使断路器QF跳闸。这种操作方式简单经济，但保护灵敏度低，实际上较少采用。

2. "去分流跳闸"的操作方式（参看图6-18）

（1）"去分流跳闸"的原理电路（图6-18a）　正常运行时，电流继电器KA不动作，其常闭触点将跳闸线圈YR短路，YR中无电流通过，断路器QF不会跳闸。

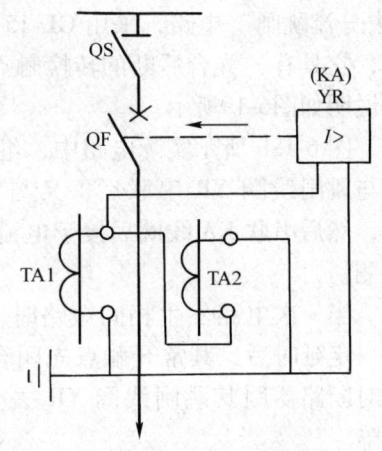

图6-17　直接动作式过电流保护电路
QF—断路器
TA1、TA2—电流互感器
YR—断路器跳闸线圈
（即直动式继电器KA）

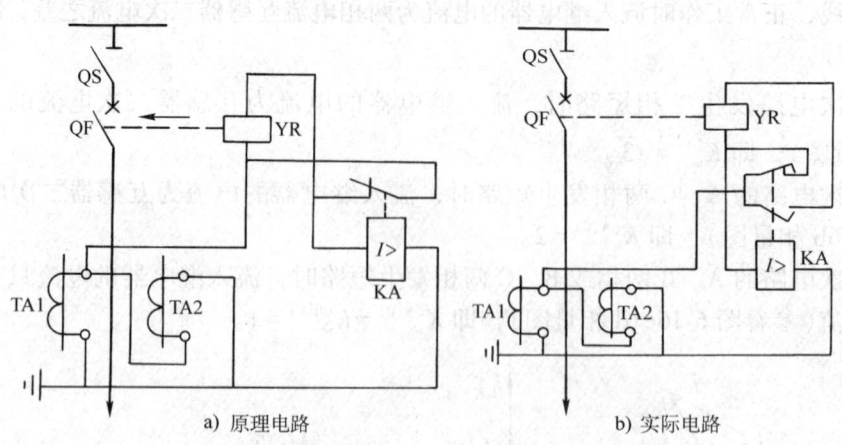

图 6-18 "去分流跳闸"的过电流保护电路

QF—断路器 TA1、TA2—电流互感器 KA—电流继电器（GL-15、25 型） YR—跳闸线圈

在一次电路发生相间短路时，继电器 KA 动作，其常闭触点断开，使跳闸线圈 YR 的短路分流支路被去掉（此即所谓"去分流"），从而使电流互感器的二次电流全部通过 YR，致使断路器 QF 跳闸，即所谓"去分流跳闸"。这种交流操作方式接线简单，也较灵敏可靠，但要求继电器触点的分断能力足够大才行。现生产的 GL-$\frac{15、16}{25、26}$ 等型感应式电流继电器，其触点的短时分断电流可达 150A，完全满足去分流跳闸的要求。

但需指出，这一去分流跳闸电路有一个致命缺点，就是由于外界振动引起电流继电器 KA 的常闭触点偶然断开时，有可能造成断路器误跳闸。因此这一电路只是说明"去分流跳闸"的基本原理电路，实际电路必须弥补这一缺点。

（2）"去分流跳闸"的实际电路（图 6-18b） 实际的"去分流跳闸"电路，采用 GL-15、25 型感应式电流继电器，它具有"先合后断的转换触点"，此触点的结构和动作说明如图6-19所示。

图 6-18b 所示实际电路中，继电器 KA 的一对常开触点与跳闸线圈 YR 串联后，又与 KA 的一对常闭触点并联，然后串联 KA 线圈后接于电流互感器 TA1、TA2 的二次侧。

当一次电路发生相间短路时，电流继电器 KA 动作，经一定延时后，其常开触点先闭合，随后常闭触点断开，这时断路器因其跳闸线圈 YR 去分流而跳闸，切除短路故障。

由于跳闸线圈 YR 与继电器常开触点串联，因此在继电器常闭触点因外界振动偶然断开时也不致造成误跳闸。但是，继电器的这两对触点的动作程序必须是常开触点先闭合，常闭触点后断开，即必须采用图 6-19 所示的"先合后断的转换触点"；否则，如果常闭触点先断开，

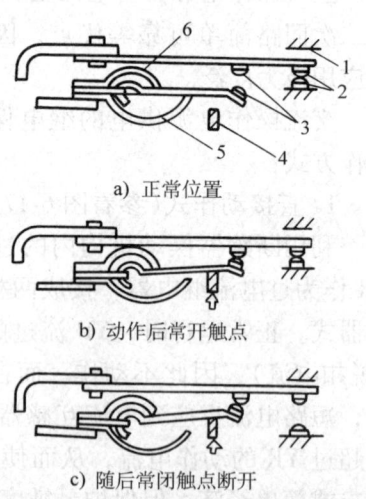

图 6-19 GL-15、25 型电流继电器中"先合后断转换触点"的动作说明

1—上止档 2—常闭触点 3—常开触点
4—衔铁 5—下止档 6—簧片

将造成电流互感器二次侧带负荷开路,这是安全运行所不允许的(参看前面第二章第二节),同时也将使继电器失电返回,不起保护作用。

第三节　高压电力线路的继电保护

一、电力线路继电保护概述

按 GB/T 50062—2008《电力装置的继电保护和自动装置设计规范》规定:对 3~66kV 电力线路,应装设相间短路保护、单相接地保护和过负荷保护。

作为线路的相间短路保护,主要采用带时限的过电流保护和瞬时动作的电流速断保护。如过电流保护的时限不大于 0.5~0.7s 时,可不装设电流速断保护。相间短路保护应动作于跳闸,以切除短路故障。

作为线路的单相接地保护,有两种方式:①绝缘监视装置,装设在变配电所的高压母线上,动作于信号(将在第七章第三节讲述)。②有选择性的单相接地保护(亦称零序电流保护),一般动作于信号,但当单相接地危及人身和设备安全时,则应动作于跳闸。

二、带时限的过电流保护

带时限的过电流保护,按其动作时限特性分,有定时限过电流保护和反时限过电流保护两种。定时限过电流保护的动作时间是固定不变的(一经整定以后),与短路电流大小无关。反时限过电流保护的动作时间则与短路电流大小有反比关系,短路电流越大,动作时间越短,所以反时限特性也称为反比延时特性。

(一) 定时限过电流保护装置的组成和原理

线路定时限过电流保护装置的原理电路如图 6-20 所示。其中图 6-20a 是集中表示的原理电路图,通常称为接线图(或结线图)。这种电路图的所有电器的组成部件是各自归总在一起的,因此过去也称归总式电路图。图 6-20b 是分开表示的原理电路图,通常称为展开图。这种电路图的所有电器的组成部件按各部件所属回路来分开表示,全称是展开式原理电路图。从原理分析的角度来说,展开图简明清晰,在二次回路(包括继电保护电路)中应用最为普遍。

下面分析图 6-20 所示定时限过电流保护的工作原理。

当一次电路发生相间短路时,电流继

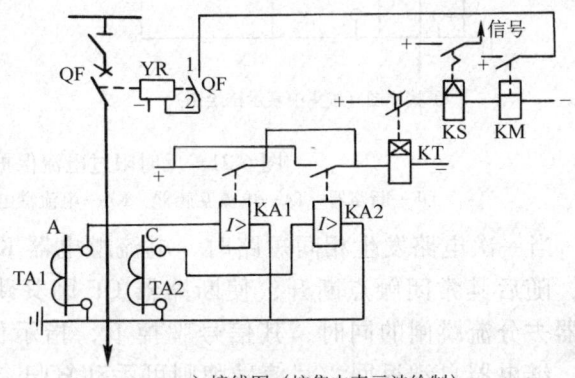

a) 接线图(按集中表示法绘制)

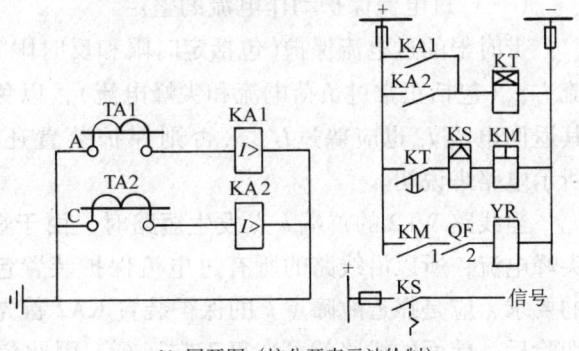

b) 展开图(按分开表示法绘制)

图 6-20　定时限过电流保护的原理电路
QF—断路器　KA—电流继电器(DL 型)
KT—时间继电器(DS 型)　KS—信号继电器(DX 型)
KM—中间继电器(DZ 型)　YR—跳闸线圈

电器 KA 瞬时动作，其常开触点闭合，使时间继电器 KT 起动。KT 经过整定的时限后，其延时触点闭合，使串联的信号继电器（电流型）KS 和出口的中间继电器 KM 同时动作。KS 动作后，其指示牌掉下，同时接通信号回路，给出灯光信号和音响信号。KM 动作后，接通跳闸线圈 YR 回路，使断路器 QF 跳闸，切除短路故障。QF 跳闸后，其辅助触点 QF1—2 随之切断跳闸回路，以减轻 KM 触点的工作。在短路故障被切除后，继电保护装置除 KS 外的其他所有继电器均自动返回起始状态，而 KS 可手动复位。

（二）反时限过电流保护装置的组成和原理

线路反时限过电流保护装置的原理电路如图 6-21 所示。

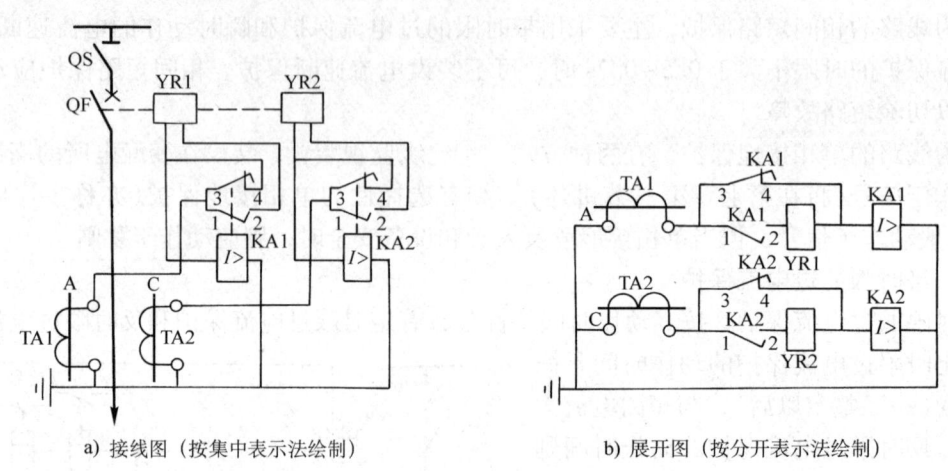

图 6-21　反时限过电流保护装置的原理电路

QF—断路器　TA—电流互感器　KA—电流继电器（GL—15、25 型）　YR—跳闸线圈

当一次电路发生相间短路时，电流继电器 KA 动作，经一定延时后，其常开触点闭合，随后其常闭触点断开，使断路器 QF 因其跳闸线圈 YR 去分流而跳闸。在 GL 型继电器去分流跳闸的同时，其信号牌掉下，指示保护装置已经动作。在短路故障被切除后，继电器自动返回，其信号牌则可手动复归。

（三）过电流保护动作电流的整定

带时限的过电流保护（包括定时限和反时限）的动作电流 I_{op}，应躲过线路的最大负荷电流 $I_{L.max}$（包括正常过负荷电流和尖峰电流），以免在 $I_{L.max}$ 通过线路时保护装置误动作，而且其返回电流 I_{re} 也应躲过 $I_{L.max}$，否则保护装置还可能误动作。为了说明这一点，以图 6-22a 所示电路来说明。

当线路 WL2 的首端 k 点发生短路时，由于短路电流远远大于线路上的所有负荷电流和尖峰电流，所以沿线路的所有过电流保护装置包括 KA1、KA2 都要起动。按照保护选择性的要求，应是靠近故障点 k 的保护装置 KA2 首先断开 QF2，切除故障线路 WL2。当 WL2 被切除后，前面的线路就可恢复正常运行。因此包括 KA1 在内的前面所有过电流保护装置应立即返回，不致断开 QF1 及前面的断路器。假设 KA1 的返回电流未躲过线路 WL1 的最大负荷电流，即 KA1 的返回系数过低时，则在 KA2 断开 QF2 以后，KA1 可能不返回而继续保持动作状态，因此经过 KA1 所整定的动作时限后，错误地又断开 QF1，造成 WL1 停电，从而使故障停电范围扩大，这是不能允许的，所以保护装置的返回电流也必须躲过线路的最大负

荷电流 $I_{L.\max}$。

设电流互感器的电流比为 K_i，保护装置的接线系数为 K_w，保护装置的返回系数为 K_{re}，则最大负荷电流换算到继电器中去的电流为 $K_w I_{L.\max}/K_i$。现在要求返回电流 I_{re} 也要躲过最大负荷电流，即 $I_{re} > K_w I_{L.\max}/K_i$。而 $I_{re} = K_{re} I_{op}$，因此 $K_{re} I_{op} > K_w I_{L.\max}/K_i$。将此式改写为等式，并计入一个可靠系数 K_{rel}，由此得到过电流保护装置动作电流的整定计算公式为

$$I_{op} = \frac{K_{rel} K_w}{K_{re} K_i} I_{L.\max} \tag{6-9}$$

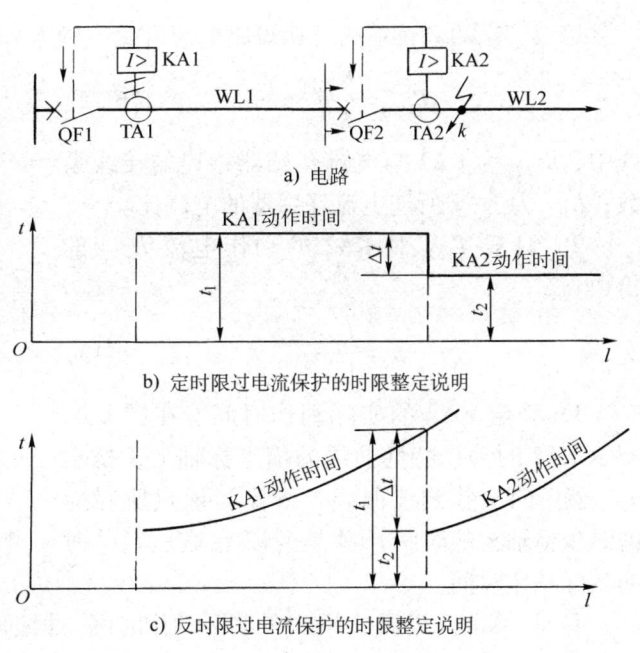

图 6-22 线路过电流保护整定说明图

式中，K_{rel} 为保护装置的可靠系数，对 DL 型电流继电器取 1.2，对 GL 型电流继电器取 1.3；K_w 为保护装置的接线系数，对两相两继电器式接线为 1，对两相一继电器式接线为 $\sqrt{3}$；$I_{L.\max}$ 为线路的最大负荷电流，可取为 $(1.5 \sim 3) I_{30}$，I_{30} 为线路的计算电流。

如果采用断路器操作机构中的电流脱扣器 YR 作直动式过电流保护，则脱扣器的动作电流（脱扣电流）应按下式整定：

$$I_{op(YR)} = \frac{K_{rel} K_w}{K_i} I_{L.\max} \tag{6-10}$$

式中，K_{rel} 为脱扣器的可靠系数，可取 2~2.5，其中已计入脱扣器的返回系数。

（四）过电流保护动作时间的整定

过电流保护的动作时间，应按"阶梯原则"进行整定，以保证前后两级保护装置动作的选择性。这就是在后一级保护装置所保护的线路首端（如图 6-22a 中的 k 点）发生三相短路时，前一级保护的动作时间 t_1 应比后一级保护中最长的动作时间 t_2 都要大一个时间级差 Δt，如图 6-22b 和 c 所示，即

$$t_1 \geq t_2 + \Delta t \tag{6-11}$$

对定时限过电流保护，因采用 DL 型电流继电器，其可动部分惯性小，可取 $\Delta t = 0.5s$；对反时限过电流保护，因采用 GL 型电流继电器，其可动部分惯性大，可取 $\Delta t = 0.7s$。

定时限过电流保护的动作时间，利用时间继电器来整定。

反时限过电流保护的动作时间，由于 GL 型电流继电器的时限调节机构是按 10 倍动作电流的动作时间来标度的，因此须根据前后两级保护的 GL 型电流继电器的动作特性曲线来整定。

假设图 6-22a 所示线路中，后一级保护 KA2 的 10 倍动作电流的动作时间已经整定为 t_2，现要整定前一级保护 KA1 的 10 倍动作电流的动作时间 t_1，整定计算的方法步骤如下（参看图 6-23）：

1)计算 WL2 首端的三相短路电流 I_k 反应到 KA2 中去的电流

$$I'_{k(2)} = \frac{K_{w(2)}}{K_{i(2)}} I_k \qquad (6\text{-}12)$$

式中,$K_{w(2)}$ 为 KA2 与电流互感器相连的接线系数;$K_{i(2)}$ 为 KA2 所连电流互感器的电流比。

2)计算 $I'_{k(2)}$ 对 KA2 的动作电流 $I_{op(2)}$ 的倍数

$$n_2 = \frac{I'_{k(2)}}{I_{op(2)}} \qquad (6\text{-}13)$$

3)确定 KA2 的实际动作时间。在图 6-23 所示 KA2 的动作特性曲线的横坐标轴上,找出 n_2,然后向上找到该曲线上 a 点,该点所对应的纵坐标轴上的时间 t'_2 就是 KA2 在通过 $I'_{k(2)}$ 时的实际动作时间。

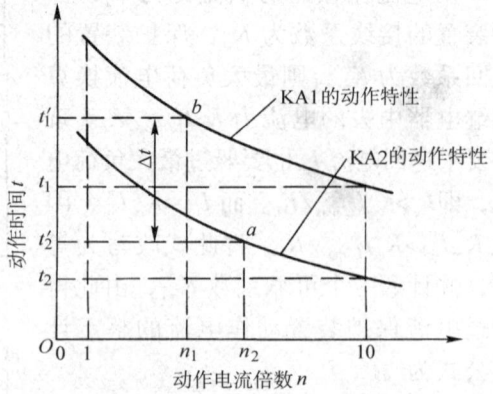

图 6-23 反时限过电流保护动作时间的整定

4)计算前一级保护 KA1 的实际动作时间。根据保护选择性的要求,KA1 的实际动作时间应为 $t'_1 = t'_2 + \Delta t$,取 $\Delta t = 0.7\text{s}$,故 $t'_1 = t'_2 + 0.7\text{s}$。

5)计算 WL2 首端的三相短路电流 I_k 反应到 KA1 中去的电流值为

$$I'_{k(1)} = \frac{K_{w(1)}}{K_{i(1)}} I_k \qquad (6\text{-}14)$$

式中,$K_{w(1)}$ 为 KA1 与电流互感器相连的接线系数;$K_{i(1)}$ 为 KA1 所连电流互感器的电流比。

6)计算 $I'_{k(1)}$ 对 KA1 的动作电流 $I_{op(1)}$ 的倍数:

$$n_1 = \frac{I'_{k(1)}}{I_{op(1)}} \qquad (6\text{-}15)$$

7)确定 KA1 应整定的 10 倍动作电流的动作时间。先从图 6-23 所示 KA1 的动作特性曲线的横坐标轴上找出 n_1,再从纵坐标轴上找出 t'_1,然后找到 n_1 与 t'_1 相交的坐标 b 点。这 b 点所在曲线所对应的 10 倍动作电流的动作时间 t_2,即为所求。

如果 n_1 与 t'_1 相交的坐标点不在给出的曲线上,而在两条曲线之间,这只有从两条曲线来粗略计算其 10 倍动作电流的动作时间。

(五)过电流保护的灵敏度及提高灵敏度的措施

1. 过电流保护灵敏度的检验条件

根据式(6-1),保护灵敏度 $S_p = I_{k.\min}/I_{op.1}$。对于线路过电流保护,$I_{k.\min}$ 应取被保护线路末端在电力系统最小运行方式下的两相短路电流 $I^{(2)}_{k.\min}$。而 $I_{op.1} = I_{op} K_i/K_w$。因此过电流保护灵敏度的检验条件按 GB/T 50062—2008 规定为

$$S_p = \frac{K_w I^{(2)}_{k.\min}}{K_i I_{op}} \geq 2 \qquad (6\text{-}16)$$

如果过电流保护作为后备保护时,则 $S_p \geq 1.2$ 即可。

当过电流保护灵敏度达不到上述要求时,可采用下述的低电压闭锁保护来提高灵敏度。

2. 提高灵敏度的措施——低电压闭锁的过电流保护

如图 6-24 所示保护电路,在线路过电流保护的过电流继电器 KA 的常开触点回路中,

串入低电压继电器 KV 的常闭触点，而 KV 线圈经电压互感器 TV 接在被保护线路的母线上。

当电力系统正常运行时，母线电压接近于系统额定电压，因此电压继电器 KV 的常闭触点是断开的。由于 KV 的常闭触点与 KA 的常开触点串联，所以这时的 KA 即使由于线路过负荷而误动作，KA 的触点闭合，也不致造成断路器 QF 误跳闸。正因为如此，凡装有低电压闭锁的过电流保护装置的动作电流，不必按躲过线路的最大负荷电流 $I_{L.\max}$ 来整定，而只需按躲过线路的计算电流 I_{30} 来整定。当然保护装置的返回电流也应躲过 I_{30}。因此装有低电压闭锁的过电流保护的动作电流整定计算公式为

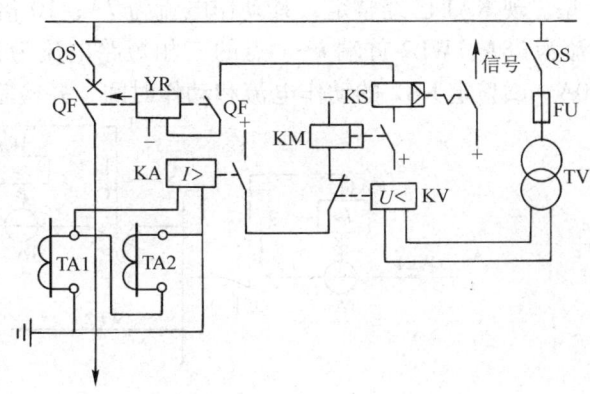

图 6-24 低电压闭锁的过电流保护电路
QF—高压断路器　TA—电流互感器　TV—电压互感器
KA—电流继电器　KS—信号继电器
KM—中间继电器　KV—电压继电器

$$I_{op} = \frac{K_{rel}K_w}{K_{re}K_i}I_{30} \tag{6-17}$$

式中，各系数的含义和取值与前面式(6-9)相同。

由于其 I_{op} 的减小，故从式(6-16)可知，能有效地提高其保护灵敏度。

上述低电压继电器 KV 的动作电压 U_{op} 应按躲过母线正常最低工作电压 $U_{\min}$ 来整定，当然其返回电压也应躲过 $U_{\min}$。因此低电压继电器动作电压的整定计算公式为

$$U_{op} = \frac{U_{\min}}{K_{rel}K_{re}K_u} \approx 0.6\frac{U_N}{K_u} \tag{6-18}$$

式中，$U_{\min}$ 为母线最低工作电压，取 $(0.85\sim0.95)U_N$；U_N 为线路额定电压；K_{rel} 为低电压保护装置的可靠系数，可取 1.2；K_{re} 为低电压继电器的返回系数，一般取 1.25；K_u 为电压互感器的电压比。

（六）定时限过电流保护与反时限过电流保护的比较

定时限过电流保护的**优点**是：动作时间比较精确，整定简便，而且不论短路电流大小，动作时间都是一定的，不会出现因短路电流小动作时间长而使故障时间延长和事故扩大的问题。但**缺点**是：所需继电器多，接线复杂，且需直流操作电源，投资较大。此外，靠近电源处的保护装置，其动作时间较长，这是带时限过电流保护共有的缺点。

反时限过电流保护的**优点**是：继电器数量大为减少，而且可同时实现电流速断保护，加之可采用交流操作，因此简单经济，投资大大减少，因此它在中小用户供配电系统中得到广泛应用。但缺点是：动作时间的整定比较麻烦，而且误差较大。当短路电流较小时，其动作时间可能相当长，从而延长了故障持续时间。

例 6-1　某 10kV 电力线路，如图 6-25 所示。已知 TA1 的电流比为 100/5A，TA2 的电流比为 50/5A。WL1 和 WL2 的过电流保护均采用两相两继电器式接线，继电器均为 GL-15/

10 型。现 KA1 已经整定，其动作电流为 7A，10 倍动作电流的动作时间为 1s。WL2 的计算电流为 28A，WL2 首端 k-1 点的三相短路电流为 800A，其末端 k-2 点的三相短路电流为 250A。试整定 KA2 的动作电流和动作时间，并检验其灵敏度。

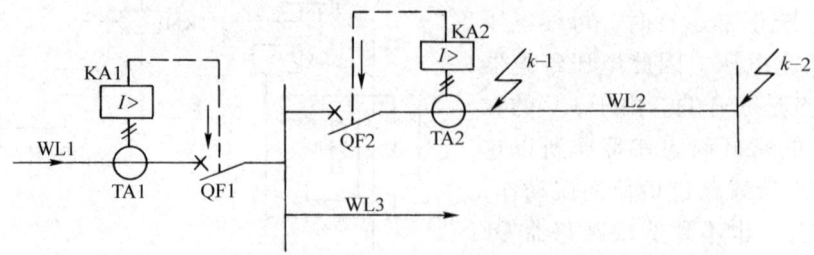

图 6-25 例 6-1 的电力线路

解 （1）整定 KA2 的动作电流

取 $I_{L.\max} = 2I_{30} = 2 \times 28A = 56A$，$K_{rel} = 1.3$，$K_{re} = 0.8$，$K_i = 50/5 = 10$，故

$$I_{op(2)} = \frac{K_{rel}K_w}{K_{re}K_i}I_{L.\max} = \frac{1.3 \times 1}{0.8 \times 10} \times 56A = 9.1A$$

根据 GL—15/10 型电流继电器的规格，动作电流整定为 9A。

（2）整定 KA2 的动作时间 先确定 KA1 的实际动作时间。由于 k-1 点发生三相短路时 KA1 中的电流为

$$I'_{k-1(1)} = \frac{K_{w(1)}}{K_{i(1)}}I_{k-1} = \frac{1}{20} \times 800A = 40A$$

$I'_{k-1(1)}$ 对 KA1 的动作电流倍数为

$$n_1 = \frac{I'_{k-1(1)}}{I_{op(1)}} = \frac{40A}{7A} = 5.7$$

利用 $n_1 = 5.7$ 和 KA1 整定的时限 $t_1 = 1s$，去查附表 22-2 的 GL-15 型继电器的动作特性曲线，得 KA1 的实际动作时间 $t'_1 \approx 1.3s$。

由此可知，KA2 的实际动作时间应为

$$t'_2 = t'_1 - \Delta t = 1.3s - 0.7s = 0.6s$$

下面确定 KA2 的 10 倍动作电流的动作时间 t_2。由于 k-1 点发生三相短路时 KA2 中的电流为

$$I'_{k-1(2)} = \frac{K_{w(2)}}{K_{i(2)}}I_{k-1} = \frac{1}{10} \times 800A = 80A$$

$I'_{k-1(2)}$ 对 KA2 的动作电流倍数为

$$n_2 = \frac{I'_{k-1(2)}}{I_{op(2)}} = \frac{80A}{9A} = 8.9$$

利用 $n_2 = 8.9$ 和 KA2 的实际动作时间 $t'_2 = 0.6s$，去查附表 22-2 的 GL-15 型继电器的动作特性曲线，得 KA2 的 10 倍动作电流的动作时间 $t_2 \approx 0.7s$。

（3）检验 KA2 的保护灵敏度 KA2 保护的线路 WL2 末端 k-2 点的两相短路电流为其保护区内的最小短路电流，即

$$I^{(2)}_{k.\min} = 0.866I^{(3)}_{k-2} = 0.866 \times 250A = 217A$$

因此 KA2 的保护灵敏度为

$$S_{p(2)} = \frac{K_w I_{k.\min}^{(2)}}{K_i I_{op(2)}} = \frac{1 \times 217\text{A}}{10 \times 9\text{A}} = 2.4 > 2$$

由此可见，KA2 整定的动作电流(9A)完全满足保护灵敏度的要求。

三、电流速断保护

上述带时限的过电流保护有一个明显的缺点，就是它越靠近电源，其动作时间越长，而且短路电流也是越靠近电源也越大，因此危害也就更加严重。所以 GB/T 50062—2008 规定，在过电流保护动作时间超过 0.5~0.7s 时，应装设瞬时动作的电流速断保护装置。

（一）电流速断保护的组成及速断电流的整定

电流速断保护是指一种瞬时动作的过电流保护。对于采用 DL 型电流继电器的速断保护来说，就相当于定时限过电流保护中抽去时间继电器，即在起动用的 DL 型电流继电器之后，直接接信号继电器和中间继电器，最后由中间继电器接通断路器的跳闸回路。图 6-26 是电力线路上同时装设有定时限过电流保护和电流速断保护的电路图。图中 KA1、KA2、KT、KS1 和 KM 属定时限过电流保护，KA3、KA4、KS2 和 KM 属电流速断保护，其中 KM 是两种保护共用的。

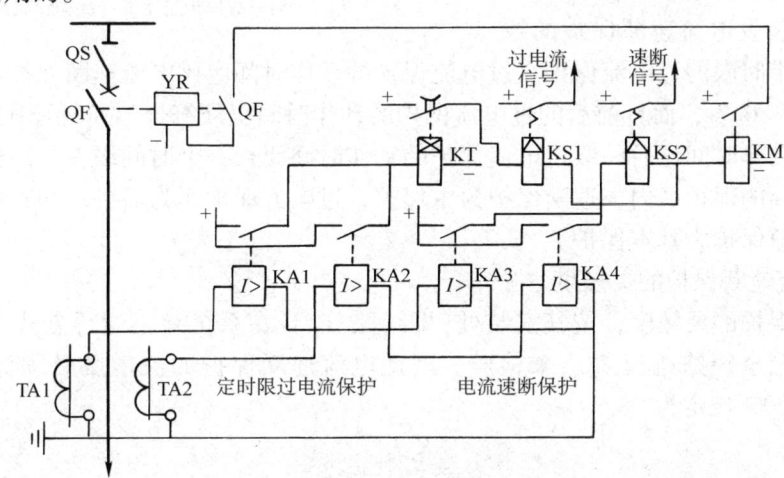

图 6-26　线路的定时限过电流保护和电流速断保护电路图

如果采用 GL 型电流继电器，则利用该继电器的电磁元件来实现电流速断保护，而其感应元件则用来实现反时限过电流保护，因此非常简单经济。

为了保证前后两级瞬动的电流速断保护的选择性，因此电流速断保护的动作电流即速断电流(quick-break current)I_{qb}，应按躲过它所保护线路末端的最大短路电流(即末端三相短路电流)$I_{k.\max}$ 来整定。因为只有如此整定，才能避免在后一级速断保护所保护的线路首端发生三相短路时前一级速断保护误动作的可能性，以保证选择性。如图 6-27 所示线路中，前一段线路 WL1 末端 $k-1$ 点的三相短路电流，实际上与后一段线路 WL2 首端 $k-2$ 点的三相短路电流是几乎相等的，因为 $k-1$ 点与 $k-2$ 点之间距离很近。所以电流速断保护的动作电流(速断电流)的整定计算公式为

$$I_{qb} = \frac{K_{rel} K_w}{K_i} I_{k.\max}$$

(6-19)

式中，K_{rel} 为可靠系数，对 DL 型电流继电器，取 $1.2 \sim 1.3$；对 GL 型电流继电器，取 $1.4 \sim 1.5$；对过流脱扣器，取 $1.8 \sim 2$。

（二）电流速断保护的"死区"及其弥补

由于电流速断保护的动作电流躲过了线路末端的最大短路电流，因此靠近末端的一段线路上发生的不一定是最大的短路电流（例如两相短路电流）时，电流速断保护不会动作。这说明，电流速断保护不能保护线路的全长。这种保护装置不能保护的区域，称为"死区"，如图 6-27 所示。

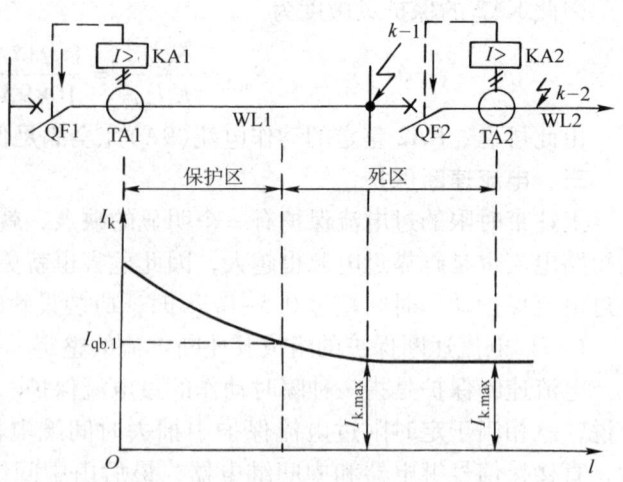

图 6-27　线路电流速断保护的保护区和死区
$I_{k.max}$—前一级保护躲过的最大短路电流
$I_{qb.1}$—前一级保护整定的一次动作电流

为了弥补死区得不到保护的缺陷，所以凡是装设电流速断保护的线路，必须配备带时限的过电流保护。过电流保护的动作时间应比电流速断保护至少长一个时间级差 $\Delta t = 0.5 \sim 0.7$s，而且前后的过电流保护的动作时间仍须符合"阶梯原则"，即前一级过电流保护的动作时间比后一级过电流保护的动作时间要长一个时间级差，以保证选择性。

在电流速断的保护区内，速断保护为主保护，过电流保护作为后备；而在电流速断的死区内，则过电流保护为基本保护。

（三）电流速断保护的灵敏度

电流速断保护的灵敏度，按其安装处（即线路首端）在系统最小运行方式下的两相短路电流 $I_k^{(2)}$ 作为最小短路电流 $I_{k.min}$ 来检验。因此电流速断保护的灵敏度必须满足的条件按 GB/T 50062—2008 规定为

$$S_p = \frac{K_w I_k^{(2)}}{K_i I_{qb}} \geq 2 \tag{6-20}$$

例 6-2　试整定例 6-1 所示线路中 KA2 继电器的速断电流倍数，并检验其灵敏度。

解　（1）整定 KA2 的速断电流倍数

由例 6-1 知，WL2 末端的 $I_{k.max} = 250$A；又 $K_w = 1$，$K_i = 10$，取 $K_{rel} = 1.4$。因此速断电流应整定为

$$I_{qb} = \frac{K_{rel} K_w}{K_i} I_{k.max} = \frac{1.4 \times 1}{10} \times 250\text{A} = 35\text{A}$$

已知 KA2 的 $I_{op} = 9$A，故其速断电流倍数应整定为

$$n_{qb} = \frac{I_{qb}}{I_{op}} = \frac{35\text{A}}{9\text{A}} = 3.9$$

（2）检验 KA2 速断保护的灵敏度

$I_{k.min}$ 取 WL2 首端 $k-1$ 点的两相短路电流，即

$$I_{k.min} = I_{k-1}^{(2)} = 0.866 I_{k-1}^{(3)} = 0.866 \times 800\text{A} = 693\text{A}$$

故 KA2 的速断保护灵敏度为

$$S_\mathrm{p} = \frac{K_w I_{k-1}^{(2)}}{K_i I_\mathrm{qb}} = \frac{1 \times 693\mathrm{A}}{10 \times 35\mathrm{A}} = 1.98 \approx 2$$

由此可见，KA2 整定的速断电流倍数基本满足保护灵敏度的要求。

四、单相接地保护*

在小接地电流的电力系统中，发生单相接地故障时，只有很小的接地电容电流，而相间电压仍是对称的，其值也未变，因此该系统仍可暂时继续运行。但这毕竟是一种故障，而且由于非故障相的对地电压要升高为线电压，即为正常对地电压（相电压）的 $\sqrt{3}$ 倍。这对线路绝缘是一种威胁，如果长此下去，可能引起非故障相的对地绝缘击穿而导致两相接地短路，引起线路开关跳闸，造成停电事故。为此，这种小接地电流系统（即中性点不接地或中性点经阻抗接地的系统）中，必须装设无选择性的绝缘监视装置（参看第七章第三节）或有选择性的单相接地保护装置，以便在系统发生单相接地故障时，发出报警信号，以便运行值班人员及时发现和处理。

（一）有选择性的单相接地保护的基本原理

单相接地保护，又称零序电流保护，它利用单相接地所产生的零序电流使保护装置动作，发出信号。当单相接地有可能危及人身和设备安全时，则动作于跳闸。

图 6-28 是电缆线路用零序电流互感器进行单相接地保护的接线。在电力系统正常运行及发生相间短路时，由于穿过零序电流互感器的电缆线路中的电流相量和为零，因此零序电流互感器铁心中没有磁通，其二次侧也不会感应出电流，电流继电器 KA 也不会动作。当系统发生单相接地时，就有接地电容电流在接地线中通过，从而在零序电流互感器铁心中产生磁通，互感器二次侧相应地感应出零序电流，使电流继电器动作，接通信号回路，发出报警信号。

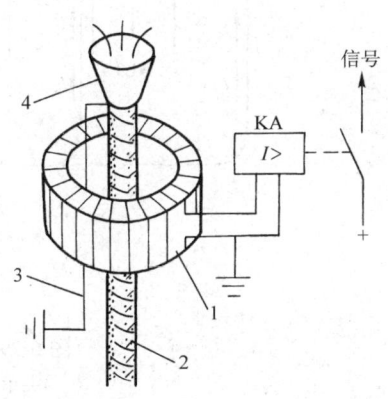

图 6-28 单相接地保护的零序电流
互感器的结构和接线
1—零序电流互感器（其环形铁心
上绕二次线圈，环氧浇注）
2—电缆 3—接地线 4—电缆头
KA—电流继电器（DL 型）

小接地电流系统发生单相接地时的接地电容电流的分布如图 6-29 所示。设 WL1 的 A 相发生接地故障，这时整个系统的 A 相均处于"地"电位，因此所有线路的 A 相均无对地电容电流。非故障线路 WL2、WL3 的 B、C 两相对地电容电流 $I_3 \sim I_6$ 均经过接地故障点，而在故障电缆 WL1 中相线和外皮内穿过零序电流互感器的电容电流 $I_1 \sim I_6$ 进出相等，相互抵销，因此只有通过接地线的电容电流 $I_3 \sim I_6$ 使零序电流互感器二次侧感生电流，使电流继电器 KA 动作。由此可见，电缆头的接地线必须穿过零序电流互感器的铁心后接地才能实现单相接地保护，我们务必注意这一点。

架空线路的单相接地保护，采用由三个电流互感器同极性并联组成的零序电流过滤器，但用户的高压架空线路不长，很少采用。架空线路的单相接地故障容易检查，在高压母线上装设无选择性的绝缘监视装置就可满足安全运行要求了。

（二）单相接地保护动作电流的整定

由图 6-29 所示电路可知，当系统中某一线路发生单相接地故障时，其他线路上都会出

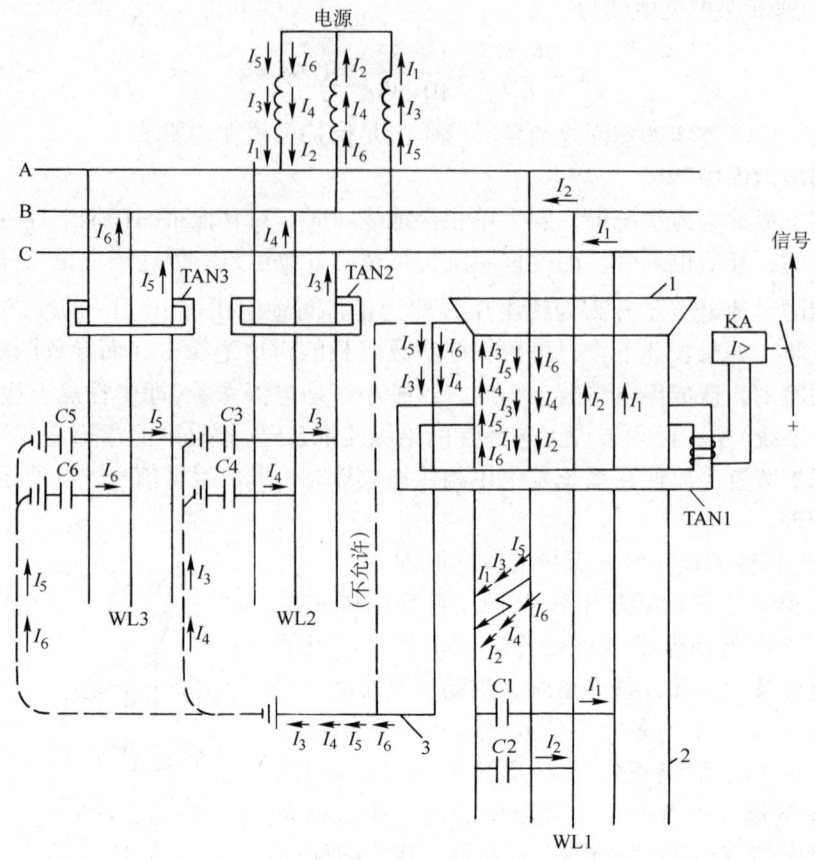

图 6-29 单相接地时接地电容电流的分布
1—电缆头 2—电缆金属外皮 3—接地线
TAN—零序电流互感器 KA—电流继电器
$I_1 \sim I_6$—通过线路对地分布电容 $C1 \sim C6$ 的接地电容电流

现不平衡的电容电流,而这些非故障线路上的接地保护装置不应动作,因此单相接地保护的动作电流 $I_{op(E)}$ 应躲过在其他线路上发生单相接地故障时在本线路上引起的电容电流 I_C,即单相接地保护动作电流的整定计算公式为

$$I_{op(E)} = \frac{K_{rel}}{K_i} I_C \tag{6-21}$$

式中,I_C 为其他线路发生单相接地时,在被保护的线路上产生的电容电流,此电流按式(1-3)计算,只是式中的 l_{oh} 和 l_{cab} 按被保护线路的总长度计(除被保护的电缆外,还包括其后面有电气联系的架空和电缆线路);K_i 为零序电流互感器的电流比;K_{rel} 为保护装置的可靠系数,保护装置不带时限时,宜取 4~5,以躲过被保护线路发生两相短路时所出现的不平衡电流;保护装置带时限时,可取 1.5~2,这时接地保护的动作时间应比相间短路的过电流保护动作时间长一个时间级差 Δt,以保证选择性。

(三)单相接地保护的灵敏度

单相接地保护的灵敏度,应按被保护线路末端发生单相接地故障时流过接地线的不平衡电流作为最小故障电流来检验,而这一不平衡电流为被保护线路有电气联系的总电网电容电

流 $I_{C.\Sigma}$ 与被保护线路本身电容电流 I_C 之差。因此单相接地保护的灵敏度必须满足的条件为

$$S_p = \frac{I_{C.\Sigma} - I_C}{K_i I_{op(E)}} \geq 1.5 \qquad (6\text{-}22)$$

式中，K_i 为零序电流互感器的电流比。

五、线路的过负荷保护

线路的过负荷保护只对有可能经常出现过负荷的电缆线路才予以装设。它一般是延时动作于信号。其接线图如图 6-30 所示。

过负荷保护的动作电流按躲过线路的计算电流 I_{30} 来整定，其整定计算公式为

$$I_{op(OL)} = \frac{1.2 \sim 1.3}{K_i} I_{30} \qquad (6\text{-}23)$$

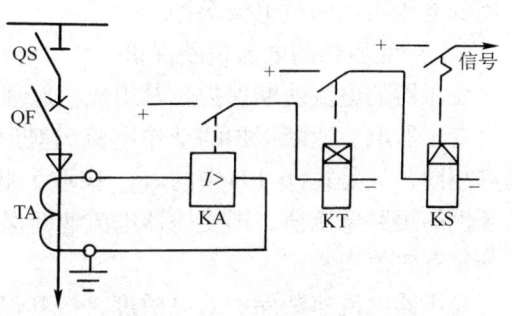

图 6-30　线路过负荷保护电路图
TA—电流互感器　　KA—电流继电器
KT—时间继电器　　KS—信号继电器

式中，K_i 为电流互感器的电流比。

动作时间一般取 10~15s。

第四节　电力变压器的继电保护

一、电力变压器继电保护概述

高压为 6~10kV 的配电变电所主变压器，通常装设有带时限的过电流保护。如果过电流保护的动作时间大于 0.5~0.7s，则应补充装设电流速断保护。容量在 800kVA 及以上的油浸式变压器和 400kVA 及以上的车间内（室内）油浸式变压器，按 GB/T 50062—2008《电力装置的继电保护和自动装置设计规范》规定，应装设瓦斯保护（又称气体继电保护）。容量在 400kVA 及以上的变压器，当数台并列运行或单台运行并作为其他负荷的备用电源时，应根据可能过负荷的情况装设过负荷保护。过负荷保护及瓦斯保护在变压器内部有轻微故障产生轻微瓦斯（通称"轻瓦斯"）时，动作于信号，而其他保护包括瓦斯保护在变压器内部有严重故障产生大量瓦斯（通称"重瓦斯"）时，一般均动作于跳闸。

对于高压侧为 35kV 及以上的总降压变电所主变压器来说，也应装设过电流保护、电流速断保护和瓦斯保护；在有可能过负荷时，也需装设过负荷保护。如果单台运行的变压器容量在 10000kVA 及以上或并列运行的变压器每台容量在 6300kVA 及以上时，则要求装设纵联差动保护来取代电流速断保护。

二、变压器的过电流保护、电流速断保护和过负荷保护

（一）变压器的过电流保护

无论是采用电流继电器还是脱扣器，也无论是定时限还是反时限，变压器过电流保护的组成、原理与前面所讲电力线路过电流保护的组成、原理完全相同。

变压器过电流保护动作电流的整定，也与电力线路过电流保护的整定基本相同，只是式(6-9)和式(6-10)中的 $I_{L.\max}$ 应取为 $(1.5 \sim 3) I_{1N.T}$，这 $I_{1N.T}$ 为变压器的额定一次电流。

变压器过电流保护动作时间的整定，也与电力线路过电流保护的整定相同，也按"阶梯原则"整定。但对电力系统的终端（用户）变电所，其动作时间可整定为最小值(0.5s)。

变压器过电流保护的灵敏度，按变压器低压侧母线在系统最小运行方式下发生两相短路

时换算到高压侧的短路电流值 $I'_{k.min}$ 来检验，要求灵敏系数 $S_p \geqslant 2$。如果 S_p 达不到要求，可采用低电压闭锁的过电流保护。

（二）变压器的电流速断保护

变压器的电流速断保护，其组成、原理也与电力线路的电流速断保护完全相同。

变压器电流速断保护的动作电流（速断电流）的整定计算公式也与线路电流速断保护的基本相同，只是式(6-19)中的 $I_{k.max}$ 应取为低压母线的三相短路电流周期分量有效值换算到高压侧的短路电流值，即变压器电流速断保护的速断电流应按躲过低压母线三相短路电流周期分量有效值来整定。

变压器电流速断保护的灵敏度，按其保护装置安装处（即高压侧）在系统最小运行方式下发生两相短路的短路电流 $I_k^{(2)}$ 来检验。要求其灵敏系数 $S_p \geqslant 2$。

变压器的电流速断保护也有保护不到的"死区"。弥补死区的措施，也是配备带时限的过电流保护。

考虑到电力变压器在空载投入或者突然恢复电压时将出现一个冲击性的可高达 $(8\sim10)I_{1N.T}$ 的励磁涌流，为防止此冲击性电流引起电流速断保护误动作，可在速断保护整定后，将变压器空载试投几次，以检查速断保护是否误动作。

（三）变压器的过负荷保护

变压器的过负荷保护，其组成、原理也与电力线路的过负荷保护完全相同。

变压器过负荷保护的动作电流整定计算公式，也与电力线路过负荷保护的基本相同，只是式(6-23)中的 I_{30} 应取为变压器的额定一次电流 $I_{1N.T}$。其动作时间也取为 $10\sim15s$。

图6-31 是电力变压器的定时限过电流保护、电流速断保护和过负荷保护的综合电路图。

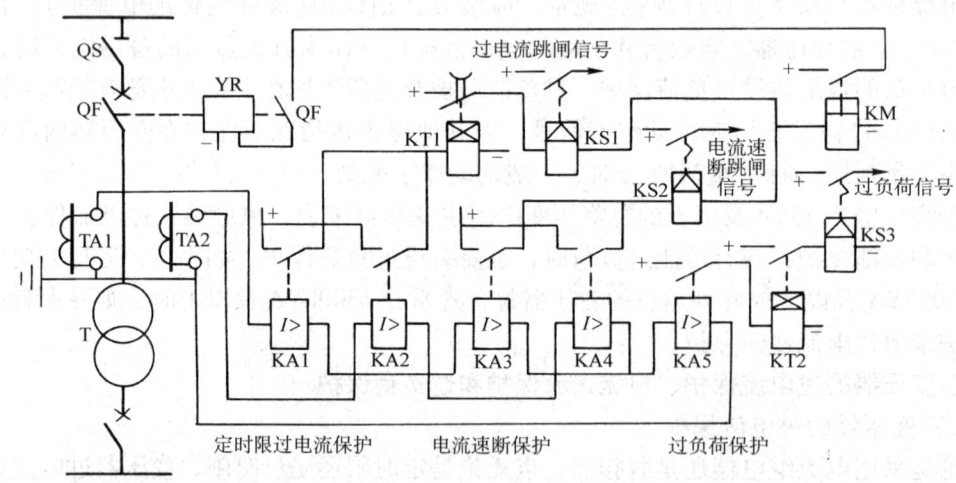

图6-31　变压器的定时限过电流保护、电流速断保护和过负荷保护的综合电路

例6-3　某配电变电所装有一台 10/0.4kV、1000kVA 的配电变压器。已知变压器低压侧母线的三相短路电流 $I_k^{(3)} = 16$kA，高压侧继电保护用电流互感器电流比为 100/5，继电器采用 GL-15/10 型，接成两相两继电器式。试整定该过电流继电器的动作电流、动作时间及速断电流倍数。

解 （1）过电流保护动作电流的整定　取 $K_{rel}=1.3$，而 $K_w=1$，$K_{re}=0.8$，$K_i=100/5=20$，$I_{L.max}=2I_{1N.T}=2\times1000\text{kVA}/(\sqrt{3}\times10\text{kV})=115.5\text{A}$，故

$$I_{op}=\frac{1.3\times1}{0.8\times20}\times115.5\text{A}=9.4\text{A}$$

动作电流整定为9A。

（2）过电流保护动作时间的整定　考虑到配电变电所为系统的终端变电所，因此过电流保护的10倍动作电流的动作时间整定为0.5s。

（3）电流速断保护速断电流的整定　取 $K_{rel}=1.5$，而 $I_{k.max}=16\text{kA}\times0.4\text{kV}/10\text{kV}=0.64\text{kA}=640\text{A}$，故

$$I_{qb}=\frac{1.5\times1}{20}\times640\text{A}=48\text{A}$$

因此速断电流倍数应整定为

$$n_{qb}=\frac{I_{qb}}{I_{op}}=\frac{48\text{A}}{9\text{A}}=5.3$$

三、变压器低压侧的单相短路保护

变压器低压侧的单相短路保护，可采取下列措施之一：

（1）低压侧装设三相均带过电流脱扣器的低压断路器保护　这种低压断路器，既作为低压侧的主开关，操作方便，便于自动投入，提高供电可靠性，又可用来保护低压侧的相间短路和单相短路。这种措施在各类用户配电变电所中得到广泛应用。

（2）低压侧三相装设熔断器保护　这种措施既可保护变压器低压侧的相间短路，也可保护其单相短路。但由于熔断器熔断后更换熔体需一定时间，影响连续供电，所以这种措施主要用在供不重要负荷的较小容量的变压器。

（3）在变压器低压侧中性点引出线上装设零序电流保护（见图6-32）　这种零序电流保护的动作电流 $I_{op(o)}$ 按躲过变压器低压侧的最大不平衡电流来整定，其整定计算公式为

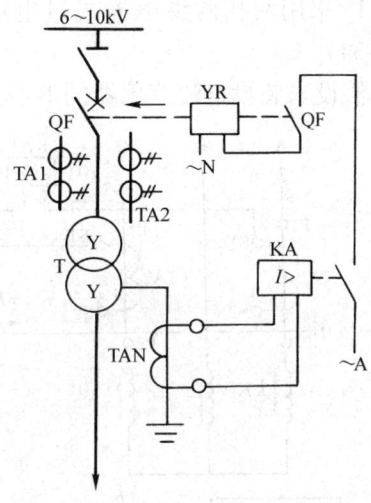

图6-32　变压器的零序电流保护
QF—高压断路器　TAN—零序电流互感器
KA—电流互感器（GL型）　YR—跳闸线圈

$$I_{op(o)}=\frac{K_{rel}K_{dsq}}{K_i}I_{2N.T} \qquad (6-24)$$

式中，$I_{2N.T}$ 为变压器的额定二次电流；K_{dsq} 为不平衡（disequilibrium）系数，一般取0.25；K_{rel} 为可靠系数，可取1.3；K_i 为零序电流互感器的电流比。

零序电流保护的动作时间一般取0.5~0.7s。

零序电流保护的灵敏度，按低压干线末端发生单相短路来检验。对架空线，$S_p\geq1.5$；对电缆线，$S_p\geq1.25$。

这种零序电流保护灵敏度较高，但投资较大，故一般用户中较少采用。

（4）采用两相三继电器接线或三相三继电器接线的过电流保护（见图6-33a、b）　这两种

接线的过电流保护既能实现相间短路保护,又能实现对变压器低压侧的单相短路保护,且保护灵敏度也较高。

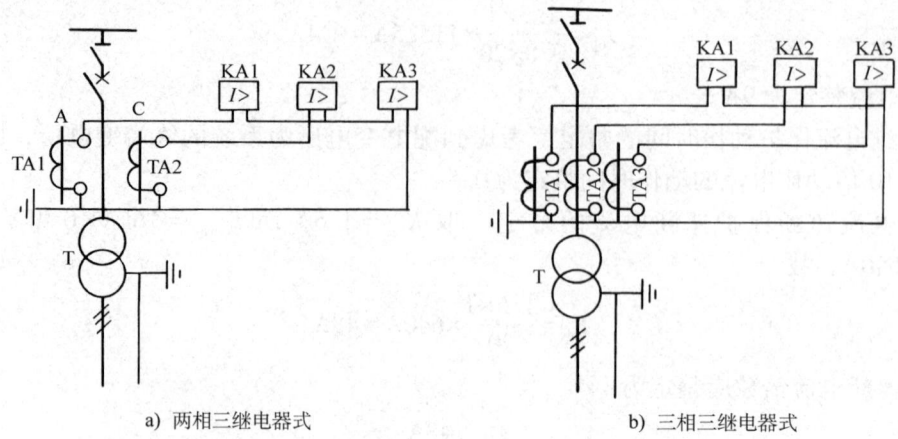

a) 两相三继电器式　　　　　　　b) 三相三继电器式

图 6-33　适于变压器低压侧单相短路保护的两种过电流保护接线方式

这里必须指出:**通常作为变压器过电流保护的两相两继电器接线和两相一继电器接线,均不宜作为低压单相短路保护**。下面分别进行简单的分析。

1. 采用两相两继电器式过电流保护的变压器在低压侧单相短路时的电流分析(参看图 6-34)

假设未装设电流互感器的 B 相所对应的低压侧 b 相发生单相短路(见图 6-34a),则低压

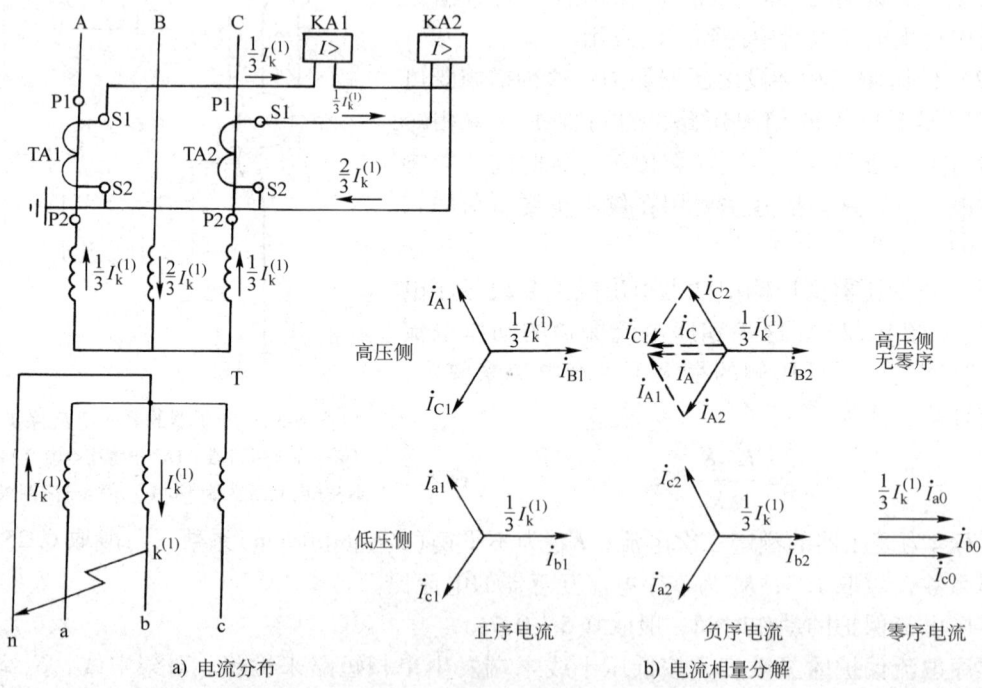

a) 电流分布　　　　　　　　　　　　b) 电流相量分解

图 6-34　采用两相两继电器式过电流保护的变压器(Yyn0 联结)在低压侧单相短路时
(假设变压器的变压比和电流互感器的电流比均为 1)

单相短路电流 $i_k^{(1)} = i_b$，按照对称分量法可分解为正序分量 $i_{b1} = i_b/3$，负序分量 $i_{b2} = i_b/3$，零序分量 $i_{b0} = i_b/3$。由此可绘出变压器低压侧各相电流的正序、负序和零序的相量图（见图6-34b）。对于三相三心柱的电力变压器，低压侧互差120°的正序分量和负序分量能感应到高压侧去；但低压侧的零序分量 i_{a0}、i_{b0}、i_{c0} 是同相的，它们产生的零序磁通不可能在三相三心柱的变压器铁心内闭合，这些磁通不可能与高压绕组交链，高压侧就不可能感应出零序电流。因此变压器高压侧各相电流只有正序分量与负序分量的叠加。

由以上分析可知，当变压器低压侧 b 相发生单相短路时，在变压器高压侧两相两继电器接线的继电器中只能反应 1/3 的单相短路电流，灵敏度很低，所以这种接线不适于作低压侧的单相短路保护。

2. 采用两相一继电器式过电流保护的变压器在低压侧单相短路时的电流分析（参看图6-35）

同样假设未装电流互感器的 B 相所对应的低压侧 b 相发生单相短路，根据上述分析可得电流分布如图，高压侧的继电器中根本无电流通过，即它根本不能反映低压侧的单相短路电流，因此这种接线不能作低压侧的单相短路保护。

*四、变压器的纵联差动保护

差动保护分纵联差动保护和横联差动保护两种，纵联差动保护用于单回路，横联差动保护用于双回路。差动保护利用故障时产生的不平衡电流来动作，保护灵敏度很高，而且动作迅速。按 GB/T 50062—2008 规定，10000kVA 及以上的单独运行变压器和 6300kVA 及以上的并列运行变压器，应装设纵联差动保护；6300kVA 及以下单独运行的重要变压器，也可装设纵联差动保护。当电流速断保护灵敏度不符合要求时，亦宜装设纵联差动保护。

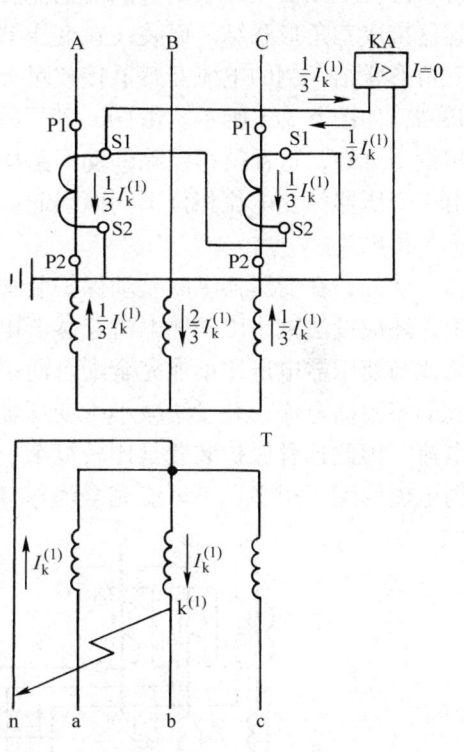

图6-35 采用两相一继电器式过电流保护的变压器（Yyn0 联结）在低压侧单相短路时的电流分布

（一）变压器纵联差动保护的基本原理

变压器纵联差动保护，主要用来保护变压器内部以及引出线和绝缘套管的相间短路，也可用来保护变压器内部的匝间短路，其保护区在变压器一、二次侧所装电流互感器之间。

图6-36 是变压器纵联差动保护的单相原理电路。在变压器正常运行或在变压器差动保护的保护区外 $k-1$ 点发生短路时，如果电流互感器 TA1 的二次电流 I'_1 与 TA2 的二次电流 I'_2 相等或相差很小时，则流入继电器 KA（或差动继电器 KD）的电流 $I_{KA} = I'_1 - I'_2 \approx 0$，继电器 KA（或 KD）不会动作。而在差动保护的保护区内 $k-2$ 点发生短路时，对于单端供电的变压器来说，$I'_2 = 0$，$I_{KA} = I'_1$，超过 KA（或 KD）所整定的动作电流 $I_{op(d)}$，使 KA（或 KD）瞬时动作，然后通过出口继电器 KM 使断路器 QF 跳闸，切除短路故障，同时由信号继电器 KS 发出信号。

（二）Yd11 联结变压器的纵联差动保护接线

总降压变电所的主变压器通常采用 Yd11 联结组，这就造成该变压器两侧电流有 30°的相位差。为了消除它在差动回路中产生的不平衡电流 I_{dsq}，因此将装设在变压器星形联结一侧的电流互感器接成三角形联结，而装设在变压器三角形联结一侧的电流互感器接成星形联结，如图 6-37a 所示。由图 6-37b 的相量图可知，这样就可消除差动回路中由于变压器两侧电流相位不同而引起的不平衡电流。

此外，在变压器纵联差动保护装置中，还应设法减小由两侧电流互感器电流比与变压器电压比不能完全配合而引

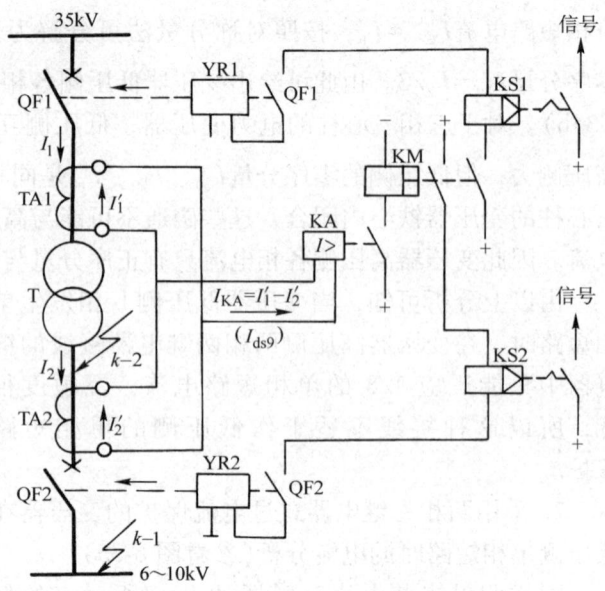

图 6-36 变压器纵联差动保护的单相原理电路

起的不平衡电流，并设法减小由变压器励磁涌流（只通过变压器一次绕组）而引起的不平衡电流，因此这种保护装置是比较复杂、成本也是比较高的。实际上，在差动回路中产生不平衡电流的因素很多，不可能完全消除，而只能使之减小到最小值。

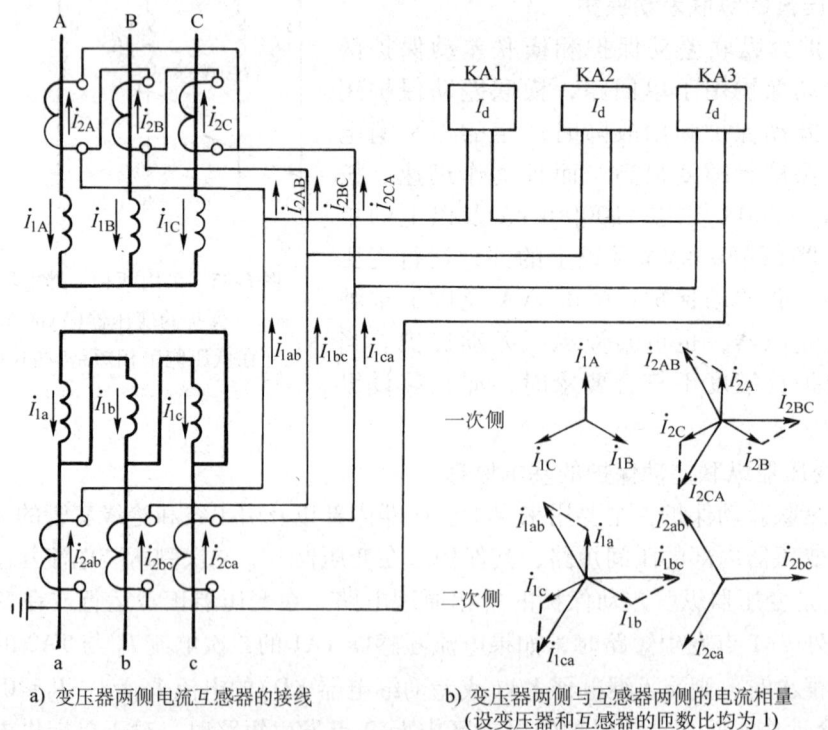

a) 变压器两侧电流互感器的接线　　b) 变压器两侧与互感器两侧的电流相量
（设变压器和互感器的匝数比均为 1）

图 6-37　Yd11 联结变压器的纵联差动保护接线

（三）变压器纵联差动保护动作电流的整定

变压器纵联差动保护的动作电流 $I_{op(d)}$，应满足以下三个条件：

1）应躲过变压器差动保护区外短路时出现的最大不平衡电流 $I_{dsq.max}$，即

$$I_{op(d)} = K_{rel} I_{dsq.max} \tag{6-25}$$

式中，K_{rel} 为可靠系数，可取 1.3。

2）应躲过变压器的励磁涌流，即

$$I_{op(d)} = K_{rel} I_{1N.T} \tag{6-26}$$

式中，$I_{1N.T}$ 为变压器的额定一次电流；K_{rel} 为可靠系数，可取 1.3~1.5。

3）在电流互感器二次回路断线且变压器处于最大负荷时，差动保护不应误动作，因此需满足下式要求：

$$I_{op(d)} = K_{rel} I_{L.max} \tag{6-27}$$

式中，$I_{L.max}$ 为最大负荷电流，取 $(1.2~1.3) I_{1N.T}$；K_{rel} 为可靠系数，取 1.3。

五、变压器的瓦斯保护

瓦斯保护（Gas protection）亦称气体继电保护，是保护油浸式电力变压器内部故障的一种基本的继电保护装置。按 GB/T 50062—2008 规定，800kVA 及以上的一般场所的油浸式变压器和 400kVA 及以上的车间内油浸式变压器，均应装设瓦斯保护。

瓦斯继电器（Gas relay）又称气体继电器，是瓦斯保护的基本元件，装设在变压器的油箱与油枕之间的联通管上，如图 6-38 所示。为了使油箱内产生的气体（瓦斯）能够顺畅地通过瓦斯继电器排往油枕，变压器安装应取 1%~1.5% 的倾斜度；而变压器在制造时，连通管对油箱顶盖也有 2%~4% 的倾斜度。

（一）瓦斯继电器的结构和工作原理

瓦斯继电器主要有浮筒式和开口杯式两种类型。现在广泛应用的是开口杯式瓦斯继电器，其内部结构如图 6-39 所示。

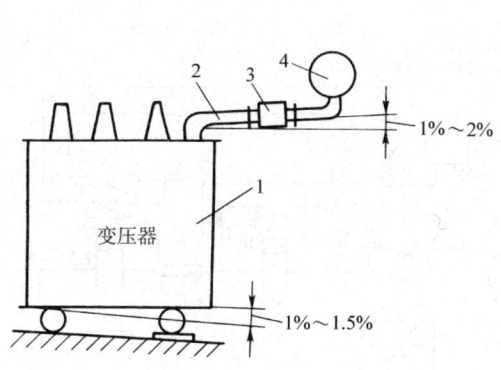

图 6-38 瓦斯继电器在变压器上的安装
1—变压器油箱 2—连通管
3—瓦斯继电器 4—油枕

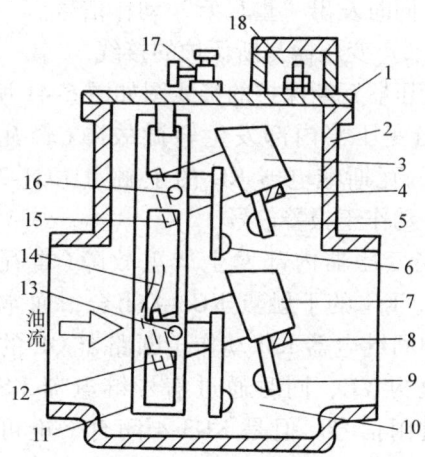

图 6-39 开口杯式瓦斯继电器的内部结构
1—盖 2—容器 3—上油杯 4—永久磁铁 5—上动触点
6—上静触点 7—下油杯 8—永久磁铁 9—下动触点
10—下静触点 11—支架 12—下油杯平衡锤 13—下油杯转轴 14—挡板 15—上油杯平衡锤 16—上油杯转轴
17—放气阀 18—接线盒

在变压器正常运行时，瓦斯继电器的容器内包括其中的上、下开口油杯都是充满油的；而上、下油杯因各自平衡锤的作用而升起，如图6-40a所示。此时上、下两对触点都是断开的。

当变压器油箱内部发生轻微故障时，由故障产生的少量气体慢慢升起，进入瓦斯继电器的容器，并由上而下地排除其中的油，使油面下降，上油杯因其中盛有残余的油而使其力矩大于另一端平衡锤的力矩而降落，如图6-40b所示。此时上触点接通信号回路，发出音响和灯光信号，这称之为"轻瓦斯动作"。

当变压器油箱内部发生严重故障时，由故障产生的气体很多，带动油流迅猛地由油箱通过连通管进入油枕。这大量的油气混合体在经过瓦斯继电器时，冲击挡板，使下油杯下降，如图6-40c所示。此时下触点接通跳闸回路（通过中间继电器），使

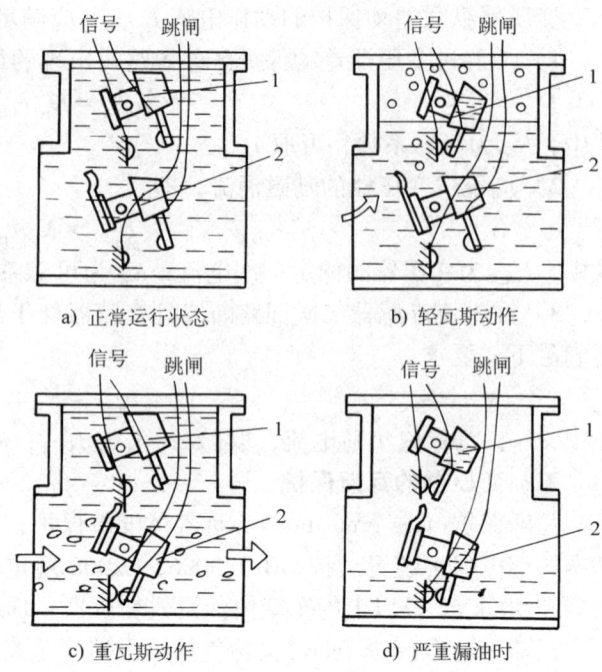

a) 正常运行状态　　b) 轻瓦斯动作

c) 重瓦斯动作　　d) 严重漏油时

图6-40　瓦斯继电器动作说明
1—上开口油杯　2—下开口油杯

断路器跳闸，同时发出音响和灯光信号（通过信号继电器），这称之为"重瓦斯动作"。

如果变压器油箱漏油，使得瓦斯继电器内的油也慢慢流尽，如图6-40d所示。先是瓦斯继电器的上油杯下降，发出"轻瓦斯"报警信号；随后下油杯下降，动作于跳闸，切除变压器，同时发出"重瓦斯"动作信号。

（二）变压器瓦斯保护的接线

变压器瓦斯保护的接线图如图6-41所示。

当变压器内部发生轻微故障（轻瓦斯）时，瓦斯继电器KG的上触点KG1-2闭合，动作于报警信号。

当变压器内部发生严重故障（重瓦斯）时，KG的下触点KG3-4闭合，通常是经中间继电器KM动作于断路器QF的跳闸机构YR，同时通过信号继电器KS发出跳闸信号。但是KG3-4闭合，也可以利用切换片XB切换位置，串入限流电阻R，只动作于报警信号。

考虑到瓦斯继电器KG的下触点KG3-4由于严重故障时产生的强烈油气流冲击挡板，可能有接触不稳定（"抖动"）的情况，因此利用中间继电器KM的上触

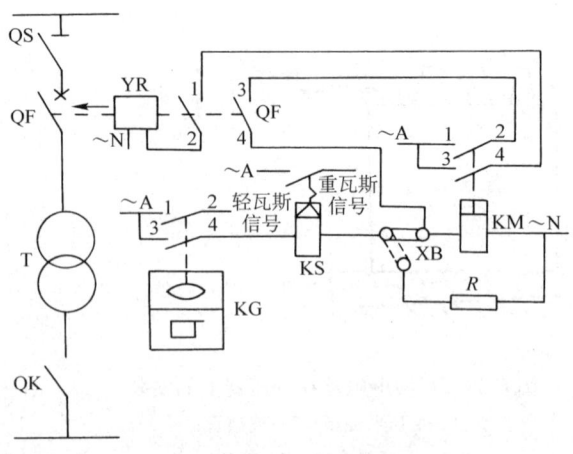

图6-41　变压器瓦斯保护的接线
T—电力变压器　KG—瓦斯继电器　KS—信号继电器
QF—断路器　YR—跳闸线圈　XB—切换片

点 KM1-2 来"自保持",只要 KG3-4 触点因重瓦斯动作一闭合,就使中间继电器 KA 稳定地接通,确保 QF 的跳闸回路可靠地接通,使 QF 跳闸。QF 跳闸后,其辅助触点 QF1-2 断开跳闸回路,以减轻中间继电器触点的工作,而 QF 的另一对辅助触点 QF3-4 则切断中间继电器的自保持回路,使中间继电器返回。

(三)变压器瓦斯保护动作后的故障分析

瓦斯保护动作后,可由蓄积在瓦斯继电器内的气体性质来分析故障原因和进行处理,如表 6-1 所示。

表 6-1 瓦斯继电器动作后的气体分析和处理要求

气 体 性 质	故 障 原 因	处 理 要 求
无色、无臭、不可燃	变压器内含有空气	允许继续运行
灰白色、有剧臭、可燃	纸质绝缘烧毁	应立即停电检修
黄色、难燃	木质绝缘烧毁	应停电检修
深灰色或黑色、易燃	油内闪络,油质碳化	应分析油样,必要时停电检修

第五节 供配电系统和建筑物的防雷保护

一、过电压及雷电的有关概念

(一)过电压的形式

过电压是指在电气线路或电气设备上出现的超过正常工作要求的电压。

在电力系统中,按过电压产生的原因不同,可分为内部过电压和外部过电压(雷电过电压)两大类。

1. 内部过电压

内部过电压是由于电力系统本身的开关操作、发生故障或其他原因,使系统的工作状态突然改变,从而在系统内部出现电磁振荡而引起的过电压。

内部过电压又分操作过电压和谐振过电压等形式。操作过电压是由于系统的开关操作、负荷骤变或由于故障而出现断续性电弧而引起的过电压。谐振过电压是由于系统中的电路参数(R、L、C)在不利组合时发生谐振而引起的过电压,包括电力变压器铁心饱和而引起的铁磁谐振过电压。

运行经验证明,内部过电压一般不会超过系统正常运行时相电压的 3~4 倍,因此对电力线路和电气设备绝缘的威胁不是很大。

2. 雷电过电压

雷电过电压又称外部过电压或大气过电压,是由于电力系统的设备或建(构)筑物遭受来自大气中的雷击或雷电感应而引起的过电压。

雷电过电压有两种基本形式:

(1)直接雷击 它是雷电直接击中电气设备、线路或建(构)筑物,其过电压引起强大的雷电流通过这些物体放电入地,从而产生破坏性极大的热效应和机械效应,相伴的还有电磁效应和闪络放电。这种雷电过电压又称"直击雷"。

(2)间接雷击 它是由雷电对设备、线路或其他物体产生静电感应或电磁感应而引起的过电压。这种雷击过电压又称"感应过电压"或"感应雷",亦称"闪电感应"。

雷电过电压除上述两种形式外,还有一种是由于架空线路遭受直接雷击或间接雷击而引起的过电压波,沿线路侵入变配电所或其他建筑物,这称为"雷电波侵入"或"闪电电涌侵入"。据统计,电力系统中由于雷电波侵入而造成的雷害事故,占整个雷害事故的50%~70%,比例很大,因此对雷电波侵入的防护应予以足够的重视。

(二)雷电的形成及有关概念

雷电是带有电荷的"雷云"之间或"雷云"对大地或物体之间产生急剧放电的一种自然现象。关于雷云形成的理论较多,但比较普遍的看法是:在闷热的天气里,地面的水汽蒸发升空,在高空低温影响下,水汽凝结成冰晶。冰晶受到上升气流的冲击而破碎分裂,气流夹带一部分带正电的小冰晶上升,形成"正雷云",而另一部分带负电的较大冰晶则下降,形成"负雷云"。由于高空气流的流动,所以正、负雷云均在空中飘浮不定。据观测,在地面上产生雷击的雷云多为负雷云。

当空中的雷云靠近大地时,雷云与大地之间形成一个很大的雷电场。由于静电感应作用,使地面出现与雷云的电荷极性相反的电荷,如图6-42a所示。

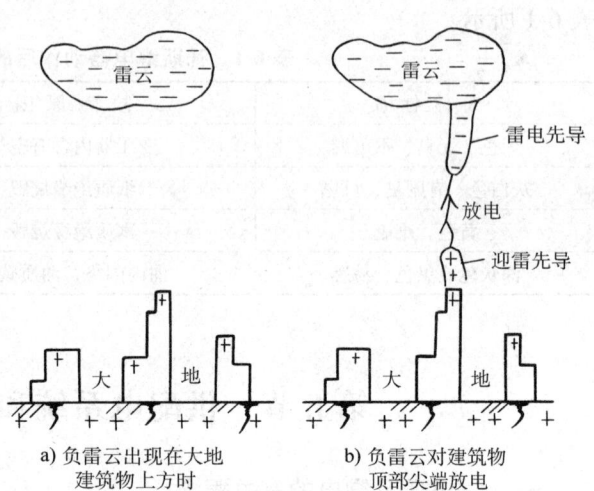

a) 负雷云出现在大地建筑物上方时 b) 负雷云对建筑物顶部尖端放电

图6-42 雷云对大地放电(直击雷)示意图

当雷云与大地之间在某一方位的电场强度达到25~30kV/cm时,雷云就会开始向这一方位放电,形成一个导电的空气通道,称为"雷电先导"。大地的异性电荷集中的上述方位尖端上方,在雷电先导下行到离地面100~300m时,也形成一个上行的"迎雷先导",如图6-42b所示。当雷电先导和迎雷先导相互接近,正负电荷强烈吸引中和而产生强大的"雷电流",并相伴雷鸣电闪,这就是直击雷的"主放电阶段"。这时间极短,一般只有50~100μs。主放电阶段之后,雷云中的剩余电荷继续沿主放电通道向大地放电,形成断续的隆隆雷声,这就是直击雷的"余辉放电阶段"。这时间约为0.03~0.15s,电流较小,约几百安。

雷电先导在主放电阶段前与地面上雷击对象之间的最小空间距离,称为"闪击距离",简称"击距"。雷电的击距,与雷电流的幅值和陡度有关。

架空线路在附近出现对地雷击时极易产生感应过电压。当雷云出现在架空线路上方时,线路上由于静电感应而积聚大量异性的束缚电荷,如图6-43a所示。当雷云对其他地方放电后,线路上的束缚电荷被释放而形成自由电荷,向线路两端泄放,形成电位很高的过电压,如图6-43b

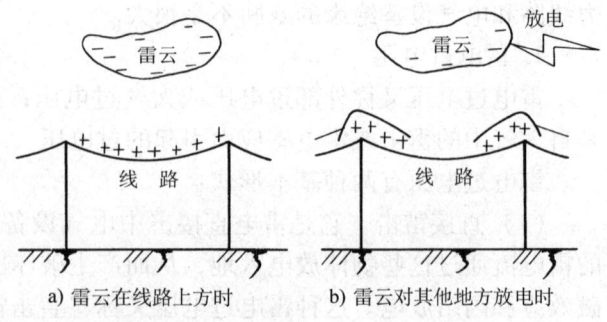

a) 雷云在线路上方时 b) 雷云对其他地方放电时

图6-43 架空线路上的感应过电压

所示。高压线路上的感应过电压，可高达几十万伏，低压线路上的感应过电压，也可达几万伏，对供配电系统和建筑物的危害很大，特别是严重威胁着人身安全。

当强大的雷电流沿导体(如引下线)泄放入地时，由于雷电流具有很大的幅值和陡度，因此可在其周围产生强大的电磁场。如果附近有一开口的金属环，则此电磁场将在该金属环的开口(间隙)处感生相当大的电动势而产生火花放电，如图6-44所示。这对于易燃易爆场所是十分危险的。为了防止雷电流电磁感应引起的危险过电压，应采用跨接导体或者焊接将开口金属环(包括包装箱上的铁皮箍)连成闭合回路后接地。

下面介绍雷电的几个名词概念：

(1) 雷电流的幅值和陡度　雷电流是一个幅值很大、陡度很高的冲击波电流，其波形示意图如图6-45所示。雷电流的幅值 I_m，与雷云中的电荷量及雷电放电通道的阻抗有关。雷电流一般在 1~4μs 内增大到幅值 I_m。雷电流在幅值以前的一段波形称为"波头"。而从幅值 I_m 起到雷电流衰减到 $I_m/2$ 的一段波形称为"波尾"。雷电流波的陡度 α，用雷电流 i 波头部分增长的速率来表示，即 $\alpha = di/dt$。据测定，雷电流波的陡度可达 50kA/μs 以上。对电气设备绝缘来说，由 $u_L = L di/dt$ 可知，雷电流波的陡度越大，产生的过电压越高，对绝缘的破坏性也越严重，因此研究如何降低雷电流波的幅值和陡度是防雷保护的一个重要课题。

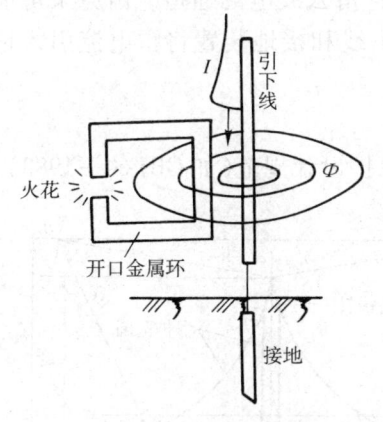
图6-44　开口金属环上的雷电感应过电压

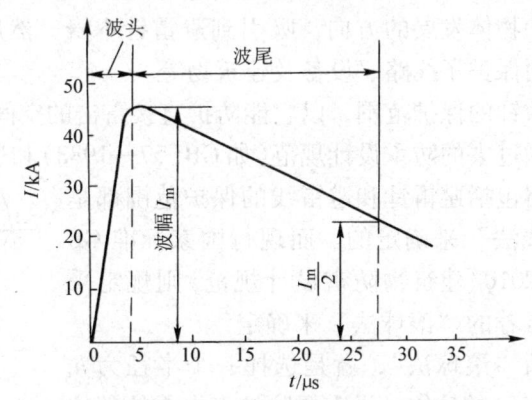
图6-45　雷电流的波形示意图

(2) 年平均雷暴日数　凡有雷电活动的日子，包括看到雷闪和听到雷声，都称为"雷暴日"。由当地气象台站统计多年雷暴日数的年平均值，称为"年平均雷暴日数"。年平均雷暴日数不超过15天的地区，称为"少雷区"。年平均雷暴日数超过40天的地区，称为"多雷区"。年平均雷暴日数越多，说明该地区雷电活动越频繁，因此防雷要求也越高，防雷措施更需加强。

(3) 年预计雷击次数　这是表征建筑物可能遭受雷击的一个频率参数。按 GB 50057—2010《建筑物防雷设计规范》规定，建筑物年预计雷击次数按下式计算

$$N = 0.1 k T_a A_e \tag{6-28}$$

式中，A_e 为与建筑物截收雷击次数相同的等效面积(km^2)，按 GB 50057—2010 规定的方法计算，此略；T_a 为年平均雷暴日数，按当地气象台站资料确定；k 为校正系数，在一般情况下取1，在下列情况下取相应数值，如位于山顶上或旷野孤立的建筑物取2，金属屋面没有接

地的砖木结构建筑物取 1.7，位于河边、湖边、山坡下或山地中土壤电阻率较小处、地下水露头处、土山顶部、山谷风口等处的建筑物以及特别潮湿的建筑物取 1.5。年预计雷击次数 N 的单位为"次/a"，这里的 a 为"年"（annual）的单位符号。

二、接闪器及其保护范围

接闪器（Receive lightning device），是指专门用来接受直接雷击（雷电闪击）的金属物体。接闪的金属杆，称为接闪杆或避雷针。接闪的金属线，称为接闪线或避雷线，又称架空地线。接闪的金属带，称为接闪带或避雷带。接闪的金属网，称为接闪网或避雷网。

（一）避雷针及其保护范围

避雷针（接闪杆）一般采用热镀锌圆钢（针长 1m 以下时直径不小于 12mm，针长 1~2m 时直径不小于 16mm）或热镀锌钢管（针长 1m 以下时内径不小于 20mm，针长 1~2m 时内径不小于 25mm）制成。它通常安装在电杆（支柱）或构架、建筑物上。独立烟囱顶上的避雷针，圆钢直径不应小于 20mm，钢管内径不应小于 40mm。避雷针的接闪端（上端）宜做成半球状，其最小弯曲半径宜为 4.8mm，最大宜为 12.7mm。它的下端要经金属引下线与接地装置连接。

避雷针的功能实质上是引雷作用，它能对雷电场产生一个附加电场（这附加电场是由于雷云对避雷针产生静电感应引起的），使雷电场畸变，从而将雷云放电的通道，由原来可能向被保护物体发展的方向，吸引到避雷针本身，然后经引下线和接地装置将雷电流引入地下，从而保护了线路、设备及建筑物等。

避雷针的保护范围，以它能防护直接雷击的空间来表示。

我国过去的防雷设计规范（如 GBJ 57—1983）和过电压保护设计规范（如 GBJ 64—1983），对接闪器包括避雷针和避雷线的保护范围都是按"折线法"来确定的。而现行国家标准 GB 50057—2010《建筑物防雷设计规范》则规定采用 IEC 推荐的"滚球法"来确定[一]。

所谓"滚球法"，就是选择一个半径为 h_r（滚球半径）的球体，沿需要防护直击雷的部位滚动。如果球体只接触到避雷针（线）或避雷针（线）与地面，而不触及需要保护的部位，则该部位就在避雷针（线）的保护范围之内。

单支避雷针的保护范围，按 GB 50057—2010 规定，应按下列方法确定（参看图 6-46）：

（1）当避雷针高度 $h \leq h_r$ 时

① 距地面 h_r 处作一平行于地面的平行线。

② 以避雷针的针尖为圆心，h_r 为半径，作弧线交于平行线的 A、B 两点。

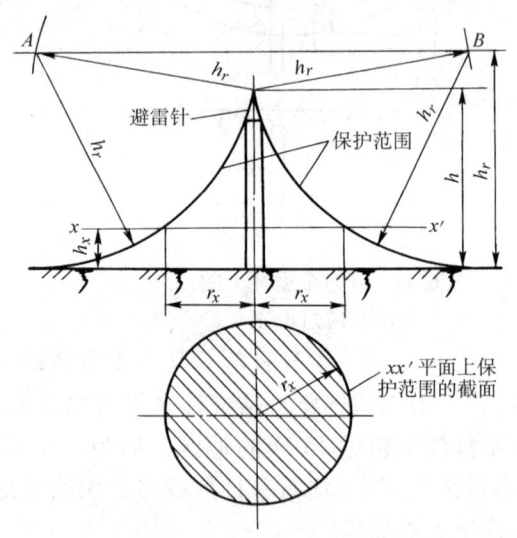

图 6-46 单支避雷针的保护范围

[一] 前国家标准 GB 50057—1994 即已规定采用"滚球法"，但现行电力行业标准 DL/T 620—1997《交流电气装置的过电压保护和绝缘配合》规定的避雷针和避雷线的保护范围仍沿用 GBJ 64—1983 旧国标的"折线法"。

③ 以 A、B 为圆心，h_r 为半径作弧线，该弧线与针尖相交，并与地面相切。从该弧线起到地面上的整个锥形空间，就是避雷针的保护范围。

避雷针在被保护物高度 h_x 的 xx' 平面上的保护半径，按下式计算

$$r_x = \sqrt{h(2h_r-h)} - \sqrt{h_x(2h_r-h_x)} \tag{6-29}$$

式中，h_r 为滚球半径，按表 6-2 确定（据 GB 50057—2010）。

表 6-2 按建筑物的防雷类别布置接闪器及其滚球半径（据 GB 50057—2010）

建筑物的防雷类别	避雷网网格尺寸（不大于）/m	滚球半径 h_r/m
第一类防雷建筑物	≤5×5 或 ≤6×4	30
第二类防雷建筑物	≤10×10 或 ≤12×8	45
第三类防雷建筑物	≤20×20 或 ≤24×16	60

注：建筑物防雷类别的划分将在后面介绍。

避雷针在地面上的保护半径，按下式计算

$$r_0 = \sqrt{h(2h_r-h)} \tag{6-30}$$

（2）当避雷针高度 $h > h_r$ 时

在避雷针上取高度为 h_r 的一点代替上述单支避雷针的针尖作圆心，其余的作法与上述 $h \leq h_r$ 时的做法相同。

关于两支或多支避雷针的保护范围，可参看 GB 50057—2010 或有关设计手册，此略。

例 6-4 某单位一座高 30m 的水塔旁边，建有一水泵房（属第三类防雷建筑物），尺寸如图 6-47 所示。水塔上面安装有一支高 2m 的避雷针。试问此避雷针能否保护这一水泵房。

解 查表 6-2 得滚球半径 $h_r = 60$m，而 $h = 30$m + 2m = 32m，$h_x = 6$m。故由式（6-29）可求得水泵房屋顶水平面上的保护半径为

$$r_x = \sqrt{32 \times (2 \times 60 - 32)} \text{ m} - \sqrt{6 \times (2 \times 60 - 6)} \text{ m} = 26.9 \text{ m}$$

而水泵房在 $h_x = 6$m 高度（屋顶）上最远一角距离避雷针的水平距离为：

$$r = \sqrt{(12+6)^2 + 5^2} \text{ m} = 18.7 \text{ m} < r_x$$

由此可见，水塔上的这一避雷针完全能保护该水泵房。

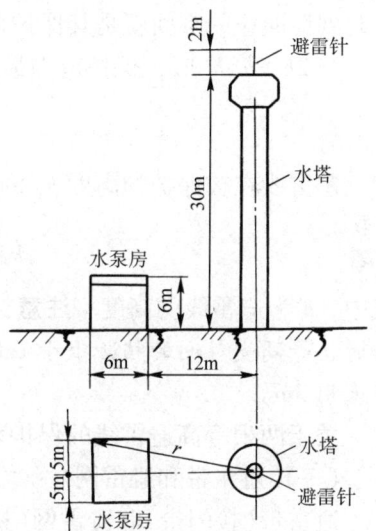

图 6-47 例 6-4 所示避雷针的保护范围

（二）避雷线及其保护范围

避雷线（接闪线）一般采用截面不小于 50mm² 的热镀锌钢绞线或铜绞线，架设在架空线路的上边，以保护架空线路或建（构）筑物等免遭直接雷击。由于避雷线既是架空又是接地，因此又称架空地线。

避雷线的功能与避雷针基本相同，本质上也是引雷作用。

单根避雷线的保护范围，按 GB 50057—2010 规定，当避雷线的高度 $h \geqslant 2h_r$ 时，无保护范围；当 $h<2h_r$ 时，应按下列方法确定（参看图6-48）：

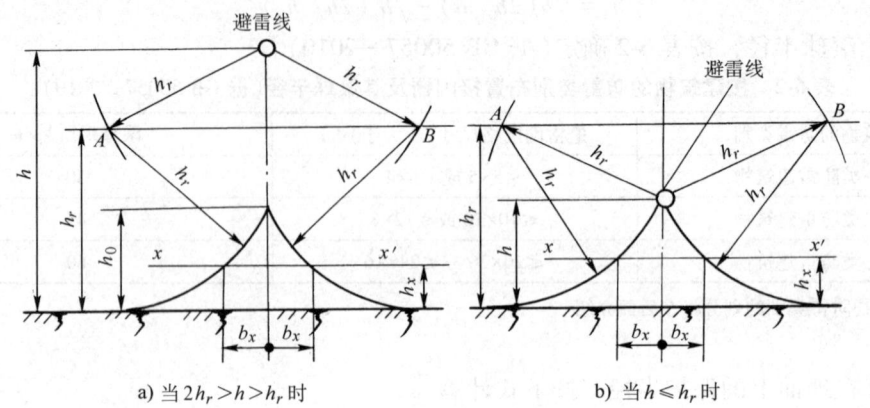

图 6-48　单根避雷线的保护范围

1) 距地面 h_r 处画一平行于地面的平行线。

2) 以避雷线为圆心，h_r 为半径，作弧线交于平行线的 A、B 两点。

3) 以 A、B 为圆心，h_r 为半径作弧线，该两弧线相交或相切，并与地面相切。从该弧线起到地面止的空间就是其保护范围。

当 $2h_r>h>h_r$ 时，保护范围最高点的高度 h_0 按下式计算：

$$h_0 = 2h_r - h \tag{6-31}$$

避雷线在被保护物高度 h_x 的 xx' 平面上的保护宽度 b_x 按下式计算：

$$b_x = \sqrt{h(2h_r-h)} - \sqrt{h_x(2h_r-h_x)} \tag{6-32}$$

式中，h 为避雷线的高度。**注意**：确定避雷线的高度时，应计及弧垂的影响；在无法确定弧垂时，等高支柱间的档距小于120m时，避雷线中点的弧垂宜采用2m，档距为120~150m时宜采用3m。

关于两根等高避雷线的保护范围，可参看 GB 50057—2010 或有关设计手册，此略。

(三) 避雷带和避雷网

避雷带(接闪带)和避雷网(接闪网)主要用来保护高层建筑物免遭直击雷和感应雷。

避雷带和避雷网宜采用圆钢和扁钢，优先采用圆钢。圆钢直径应不小于8mm；扁钢截面应不小于 $50mm^2$，其厚度应不小于4mm。当烟囱上采用避雷环时，其圆钢直径应不小于12mm；扁钢截面应不小于 $100mm^2$，其厚度应不小于4mm。避雷网的网格尺寸如前面表6-2所示。

避雷带一般沿屋顶屋脊或屋檐装设，用预埋角钢作支柱，高出屋脊或屋檐 100~150mm，支柱间距 1000~1500mm。

以上各接闪器包括避雷针、避雷线和避雷带(网)，均应经引下线与接地装置连接。引下线宜采用热镀锌圆钢或扁钢，优先采用圆钢，其尺寸要求与避雷带(网)采用的相同。引下线应沿建筑物外墙明敷，并经最短路径接地。建筑外观要求较高的引下线可暗敷，但其圆钢直径应不小于 10mm，扁钢截面应不小于 80mm²。

三、供配电系统的防雷保护

（一）架空线路的防雷措施

（1）架设避雷线　这是架空线路防雷的有效措施，但造价高，因此只在 66kV 及以上的架空线路上才沿全线装设。35kV 的架空线路上，一般只在进出变配电所的一段线路上装设。而 10kV 及以下的架空线路上一般不装设避雷线。

（2）提高线路本身的绝缘水平　在架空线路上，可采用瓷横担、木横担或高一电压级的绝缘子，以提高线路本身的防雷水平。这是 10kV 及以下架空线路防雷的基本措施。

（3）利用三角形排列的顶线兼作防雷保护线　由于 3～10kV 的线路一般是中性点不接地的系统，因此可在其三角形排列的顶线绝缘子上装设保护间隙，如图 6-49 所示。在出现雷电过电压时，顶线绝缘子上的保护间隙被击穿，通过接地引下线对地泄放雷电流，从而保护了下面的两根导线，也不会引起线路断路器跳闸。

（4）装设自动重合闸装置（ARD）　线路上因雷击放电而产生的短路是由电弧引起的。在断路器跳闸后，电弧即自行熄灭。如果线路装设 ARD，使断路器经 0.5s 或稍长一点时间自动重合闸，电弧一般不会复燃，从而能恢复供电，这对一般用户不会有什么影响。

（5）个别绝缘薄弱地点加装避雷器　对架空线路上个别绝缘薄弱地点，如跨越杆、转角杆、分支杆、带拉线杆以及木杆线路中个别金属杆等处，可装设排气式避雷器或保护间隙。

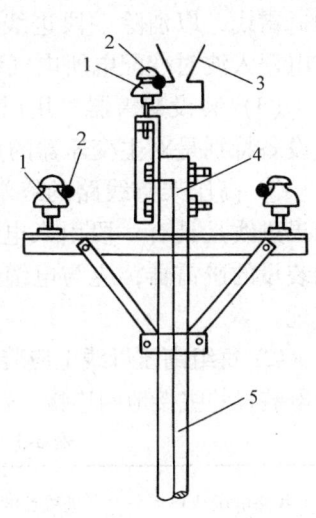

图 6-49　架空线路顶线绝缘子
上附加保护间隙
1—绝缘子　2—架空导线
3—保护间隙　4—接地引下线
5—支柱（电杆）

（二）变配电所的防雷措施

（1）装设避雷针或避雷带（网）　变配电所及其室外配电装置，应装设避雷针以防护直击雷。如无室外配电装置，可于变配电所屋顶装设避雷针或避雷带（网）。如果变配电所及其室外配电装置处于相邻的建（构）筑物防雷保护范围以内时，可不再装设避雷针或避雷带（网）。

独立避雷针宜设独立的接地装置。在非高土壤电阻率地区，其工频接地电阻 $R_E \leqslant 10\Omega$。如有困难时，可将接地装置与变配电所的主接地网连接，但避雷针与主接地网的地下连接点之间，沿接地线的长度不得小于 15m。

为了防止雷击时雷电流在接地装置上产生的高电位对被保护的配电装置及其接地装置"反击闪络"，危及配电装置及有关人员的安全，防直击雷的避雷针的接地装置与配电装置及其接地装置之间应有一定的安全距离（参看图 6-50）：

① 独立避雷针及其引下线与配电装置在空气中的水平间距 s_0（m）应满足下列两式要求：

$$s_0 \geqslant 0.2R_{sh} + 0.1h \tag{6-33}$$

且

$$s_0 \geqslant 5m \tag{6-34}$$

式中，R_{sh} 为避雷针的冲击接地电阻（Ω）；h 为避雷针检验点的高度（m）。

② 独立避雷针的接地装置与变配电所主接地网在地下的水平间距 s_E(m) 应满足下列两式要求：

$$s_E \geq 0.3 R_{sh} \quad (6-35)$$

且

$$s_E \geq 3m \quad (6-36)$$

（2）装设避雷线　处于峡谷地区的变配电所，可利用避雷线来防护直击雷。

在35kV及以上的变配电所架空进线上，架设1~2km的避雷线，以消除一段进线上的雷击闪络，防止其引起的雷电侵入波对变配电所电气装置的危害。

（3）装设避雷器　用以防止雷电侵入波对变配电所电气设备特别是对主变压器的危害。

① 高压架空线路的终端杆装设阀式或排气式避雷器。如果进线是具有一段引入电缆的架空线路，则架空线路终端装设的避雷器，应与电缆头处的金属外皮相连接并一同接地。

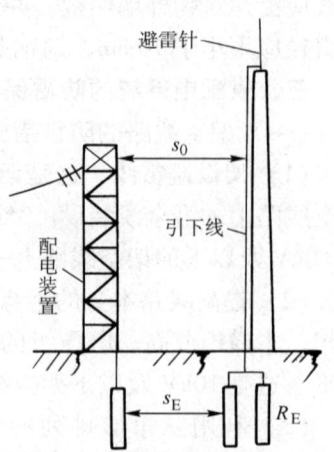

图 6-50　防直击雷的接地装置对配电装置及其接地装置的安全距离
s_0—空气中间距　s_E—地下间距

② 每组高压母线上应装设阀式避雷器。变配电所内所有阀式避雷器应以最短的接地线与配电装置的主接地网连接。普通阀式避雷器与主变压器间的最大电气距离(m)如表6-3所示。

表 6-3　普通阀式避雷器与主变压器的最大电气距离(m)

线路电压/kV	进线长度/km	进线路数			
		1	2	3	4
3~10	—	15	23	27	30
35	1	25	40	50	55
	1.5	40	55	65	75
	2	50	75	90	105

图 6-51a 是35kV架空和电缆进线的变电所对雷电侵入波过电压保护的接线图；图 6-51b 是3~10kV架空和电缆进线的变电所对雷电侵入波过电压保护的接线图。

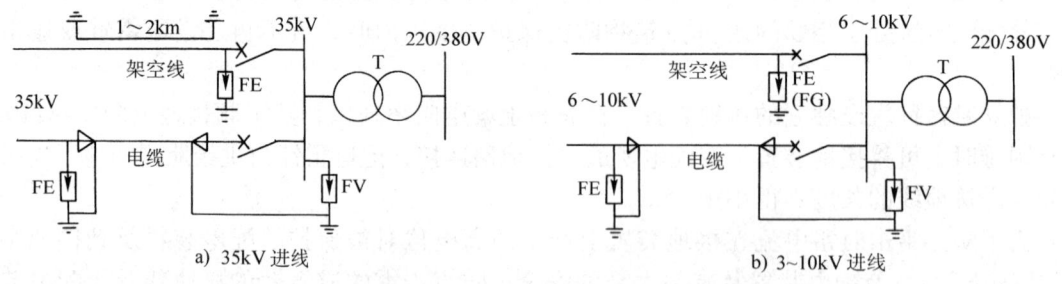

a) 35kV进线　　　　　　　　　　b) 3~10kV进线

图 6-51　变配电所的雷电侵入波过电压保护接线
FV—阀式避雷器　FE—排气式避雷器　FG—保护间隙

③ 3~10kV配电变压器低压侧中性点不接地时(IT系统中)，应在中性点装设击穿保险器。35/0.4kV配电变压器的高低压侧均应装设阀式避雷器。变压器两侧的避雷器应与变压器的中性点和外壳一同接地。

四、建筑物的防雷保护

（一）建筑物的防雷分类

据 GB 50057—2010 规定，建筑物根据其重要性、使用性质、发生雷电事故的可能性和后果，按防雷要求分以下三类：

（1）第一类防雷建筑物　①凡制造、使用或贮存火炸药及其制品的危险的建筑物，因电火花而引起爆炸，会造成巨大破坏和人身伤亡者；②具有 0 区或 20 区爆炸危险环境[⊖]的建筑物；③具有 1 区或 21 区爆炸危险环境的建筑物，因电火花而引起爆炸，会造成巨大破坏和人员伤亡者。

（2）第二类防雷建筑物　①国家级重点文物保护的建筑物；②国家级的会堂、办公建筑物、大型展览和博览建筑物、大型火车站和飞机场（不含停放飞机的露天场所和跑道）、国宾馆、国家级档案馆、大型城市的重要给水水泵房等特别重要的建筑物；③国家级计算中心、国际通信枢纽等对国民经济有重要意义且装有大量电子设备的建筑物；④国家特级和甲级大型体育馆；⑤制造、使用或储存爆炸物质的建筑物，且电火花不易引起爆炸或不致造成巨大破坏和人身伤亡者；⑥具有 1 区或 21 区爆炸危险环境的建筑物，且电火花不易引起爆炸或不致造成巨大破坏和人身伤亡者；⑦具有 2 区或 22 区爆炸危险环境的建筑物；⑧有爆炸危险的露天钢质封闭气罐；⑨预计雷击次数大于 0.05 次/a 的部、省级办公建筑物和其他重要或人员密集的公共建筑物以及火灾危险场所；⑩预计雷击次数大于 0.25 次/a 的住宅、办公楼等一般性民用或工业建筑物。

（3）第三类防雷建筑物　①省级重点文物保护的建筑物及省级档案馆；②预计雷击次数大于或等于 0.01 次/a、且小于或等于 0.05 次/a 的部、省级办公建筑物和其他重要或人员密集的公共建筑物以及火灾危险场所；③预计雷击次数大于或等于 0.05 次/a、且小于或等于 0.25 次/a 的住宅、办公楼等一般性民用建筑物；④在平均雷暴日大于 15d/a（即 15 天/年）的地区，高度在 15m 及以上的烟囱、水塔等孤立的高耸建筑物；在平均雷暴日小于或等于 15d/a 的地区，高度在 20m 及以上的烟囱、水塔等孤立的高耸建筑物。

（二）各类防雷建筑物的防雷措施

1. 建筑物易受雷击的部位

按 GB 50057—2010 规定，各类防雷建筑物均应在建筑物上装设防直击雷的接闪器，避雷带（网）应沿表 6-4 所示的屋角、屋脊、屋檐和檐角等易受雷击的部位敷设。

表 6-4　建筑物易受雷击的部位（据 GB 50057—2010）

序　号	屋面情况	易受雷击部位示意图	备　注
1	平屋面		① 图上圆圈"○"表示雷击率最高的部位；实线"——"表示易受雷击部位；虚线"------"表示不易受雷击部位 ② 对序号 3、4 所示屋面，在屋脊有避雷带的情况下，当屋檐处于屋脊避雷带的保护范围内时，屋檐上可不再装设避雷带
2	坡度不大于 1/10 的屋面		

⊖　关于爆炸危险环境的分区（据 GB 50058—2014），参看附表 23。

（续）

序号	屋面情况	易受雷击部位示意图	备注
3	坡度大于 1/10 且小于 1/2 的屋面		① 图上圆圈"〇"表示雷击率最高的部位；实线"——"表示易受雷击部位；虚线"------"表示不易受雷击部位 ② 对序号 3、4 所示屋面，在屋脊有避雷带的情况下，当屋檐处于屋脊避雷带的保护范围内时，屋檐上可不再装设避雷带
4	坡度不小于 1/2 的屋面		

2. 各类防雷建筑物的避雷网格尺寸

按 GB 50057—2010 规定，各类防雷建筑物的避雷网格的尺寸要求，如前表 6-2 所示。

3. 各类防雷建筑物的防雷要求

（1）第一类防雷建筑物的防雷要求

1）防直击雷 装设独立避雷针或架空避雷线（网），使被保护的建筑物及突出屋面的排放爆炸危险气体、蒸气或粉尘的放射管、呼吸阀、排风管等均处于接闪器的保护范围内。独立避雷针和架空避雷线（网）的支柱及其接地装置至被保护建筑物及与其有联系的管道、电缆等金属物之间的距离，架空避雷线（网）至被保护建筑物屋面和各种突出屋面物体之间的距离，均不得小于 3m。接闪器接地引下线的冲击接地电阻 $R_{sh} \leqslant 10\Omega$。当建筑物高于 30m 时，尚应采取防侧击雷的措施。

2）防雷电感应 建筑物内外的所有可产生雷电感应的金属物件均应接到防雷电感应的接地装置上。金属屋面及钢筋混凝土屋面周边每隔 18~24m 应采用引下线接地一次。防雷电感应的接地装置应与电气和电子系统的接地装置共用，其工频接地电阻 $R_E \leqslant 10\Omega$。

3）防雷电波侵入 室外低压线路应全线采用电缆直接埋地敷设。在入户处，应将电缆的金属外皮、钢管接到防雷电感应的接地装置上。当全线采用电缆有困难时，可采用钢筋混凝土电杆和铁横担的架空线，并应使用一段电缆穿钢管直接埋地引入，其埋地长度不应小于 15m。在电缆与架空线连接处，还应装设避雷器。避雷器、电缆金属外皮、钢管及绝缘子铁脚、金具等均应连在一起接地，其冲击接地电阻 $R_{sh} \leqslant 10\Omega$。

（2）第二类防雷建筑物的防雷要求

1）防直击雷 宜采取在建筑物上装设避雷网（带）或避雷针或由其混合组成的接闪器，使被保护的建筑物及突出屋面的放散管、风管、烟囱等均处于接闪器的保护范围内。接闪器接地引下线的冲击接地电阻 $R_{sh} \leqslant 10\Omega$。当建筑物高于 45m 时，尚应采取防侧击雷的措施。

2）防雷电感应 建筑物内的设备、管道、构架等主要金属物，应就近接至防直击雷接地装置或电气设备的保护接地装置上，可不另设接地装置。

3）防雷电波侵入 当低压线路全长采用埋地电缆或敷设在架空金属线槽内的电缆引入时，在入户端应将电缆金属外皮和金属线槽接地。低压架空线改换一段埋地电缆引入时，埋地长度也不应小于 15m。平均雷暴日小于 30d/a 地区的建筑物，可采用低压架空线直接引入建筑物内，但在入户处应装设避雷器或设 2~3mm 的空气间隙，并与绝缘子铁脚、金具连在一起接到防雷接地装置上，其冲击接地电阻 $R_{sh} \leqslant 10\Omega$。

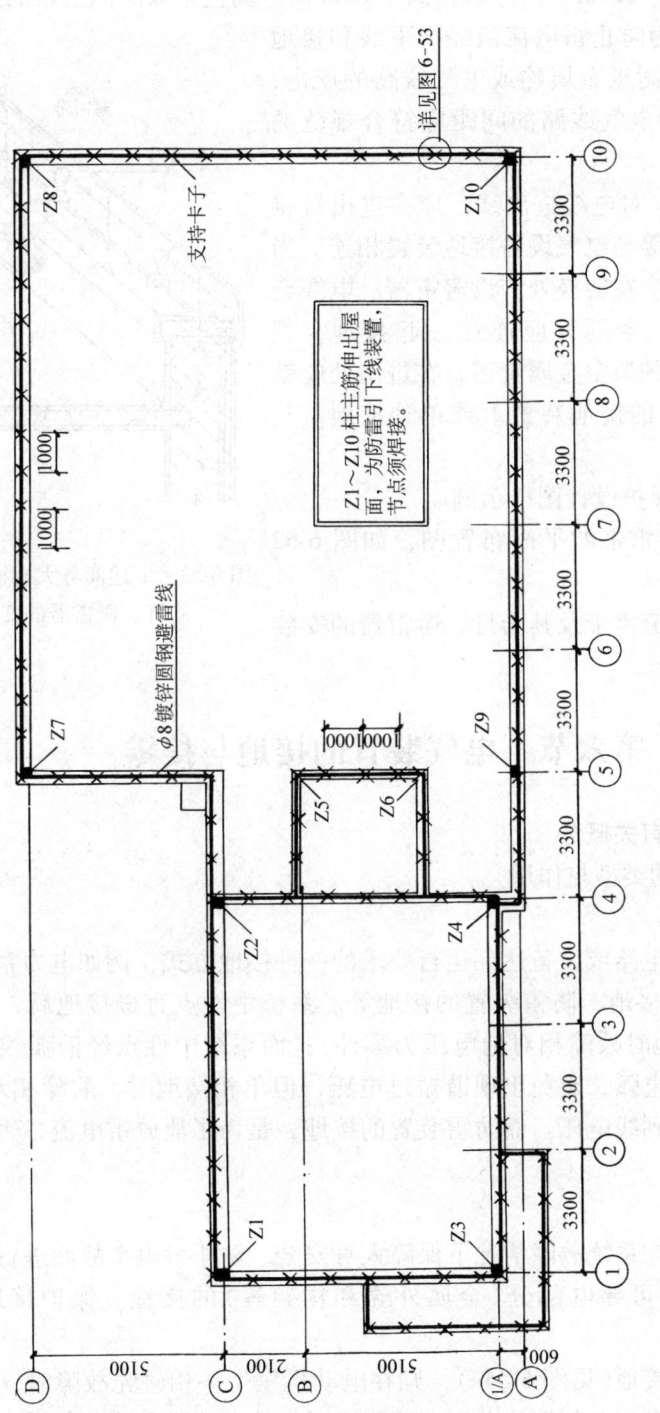

图 6-52 某商务大楼楼顶避雷带的平面布置图

(3) 第三类防雷建筑物的防雷要求

1) 防直击雷 也宜采取在建筑物上装设避雷网(带)或避雷针或由其混合组成的接闪器。接闪器引下线的 $R_{sh} \leqslant 30\Omega$。当建筑物高于 60m 时,尚应采取防侧击雷的措施。

2) 防雷电感应 为防止雷电流流经引下线和接地装置时产生的高电位对附近金属物或电气线路的反击,引下线与附近金属物和电气线路的间距应符合规范的要求。

3) 防雷电波侵入 对电缆进出线,应在进出端将电缆的金属外皮、钢管等与电气设备接地装置相连。当电缆转换为架空线时,应在转换处装设避雷器。电缆金属外皮与绝缘子铁脚、金具等应连在一起接地,其 $R_{sh} \leqslant 30\Omega$。进出建筑物的架空金属管道,在进出处应就近接到防雷或电气设备的接地装置上或单独接地,其 $R_{sh} \leqslant 30\Omega$。

(三) 建筑物防雷保护设计图样示例

某商务大楼楼顶避雷带的平面布置图,如图 6-52 所示。

上述商务大楼楼顶避雷带及其彩灯、避雷器的安装大样图,如图 6-53 所示。

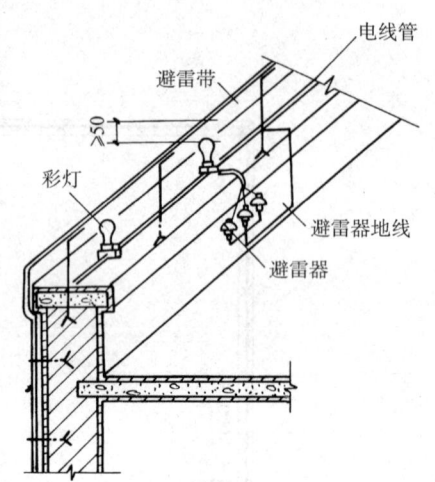

图 6-53 上述商务大楼楼顶避雷带及其彩灯、避雷器的安装大样图

第六节 电气装置的接地与接零

一、接地与接零的有关概念

(一) 接地与接零的类型与作用

1. 工作接地

工作接地是指为了电路或设备达到运行要求的一种接地方式,例如电力系统中性点直接或经阻抗(消弧线圈)的接地、防雷装置的接地等。系统中性点直接接地后,能维持相线对地电压不变(除单相接地时故障相对地电压为零外);而系统中性点经消弧线圈接地后,能在单相接地时消除接地电弧,避免出现谐振过电压,但单相接地时,故障相对地电压为零、另两相对地电压要升高到线电压。而防雷装置的接地,是为了泄放雷电流,否则无法实现其防雷的功能。

2. 保护接地

保护接地是指为了在系统故障情况下保障人身安全、防止触电事故而进行的一种接地方式,例如电气设备外露可导电部分(金属外壳和构架等)的接地。保护接地的作用可用图 6-54 来说明。

如果电动机外壳未接地(见图 6-54a),则在电动机发生一相碰壳故障时,其外壳将带有相电压,如人体触及外壳,全部接地电容电流将通过人体,非常危险。如果电动机外壳进行保护接地(见图 6-54b),则由于人体电阻远远大于保护接地电阻,因此人体触及外壳也无多大危险,因为接地电容电流主要由保护接地装置分担了,流经人体的电流就很小了。

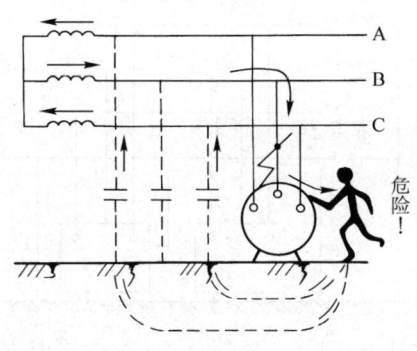
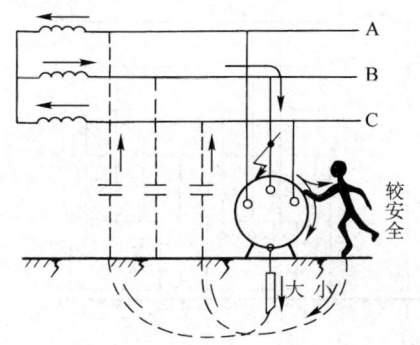

a) 没有保护接地的电动机在一相碰壳时　　b) 装有保护接地的电动机在一相碰壳时

图 6-54　保护接地作用的说明

3. 保护接零

保护接零是指为了达到保护接地要求而采取的将电气设备外露可导电部分接 PEN 线(通称"零线")或 PE 线(保护线,或称"地线")的方式。在接零的系统中,发生一相碰壳短路,即形成单相短路故障,电流很大,能使线路上的保护装置动作,切除故障,恢复系统其他部分正常运行。

必须注意:在同一系统中,只能采取一种保护方式,或者全部采取接地保护,或者采取接零保护,而不应对一部分设备外壳采取接地,对另一部分设备外壳又采取接零。如图 6-55 所示,有的设备外壳接地,有的设备外壳接零,则当外壳接地的设备发生一相碰壳时,零线 PEN 线的电位将升高,从而使所有接零的设备外壳均带上危险的电位,这是不允许的。

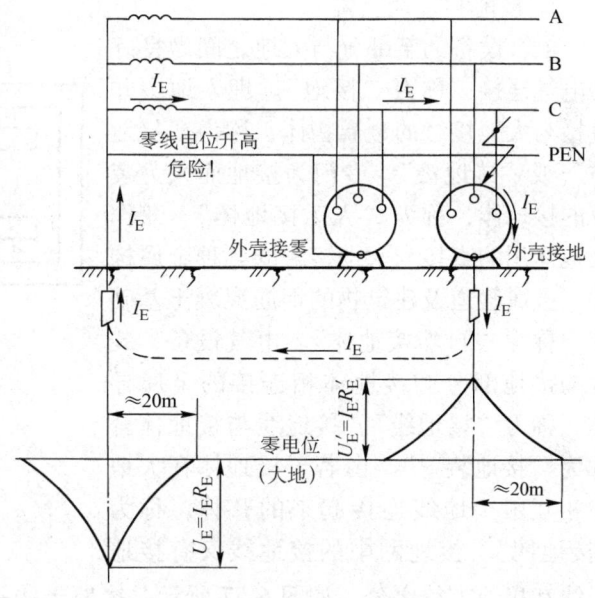

图 6-55　同一系统中有的接地、有的接零在接地的设备一相碰壳时的情形

4. 重复接地

在 TN 系统中,为确保 PEN 线或 PE 线安全可靠,除在系统中性点进行工作接地外,还必须在 PEN 线或 PE 线的下列地点重复接地:①在架空线路末端及沿线每隔 1km 处;②电缆和架空线引入大型建筑物或车间处。如果不重复接地,则在 PEN 线或 PE 线断线且有设备发生一相碰壳时,接在断线后面的所有设备外壳上将呈现接近于相电压的对地电压,如图 6-56a 所示,对人非常危险!如果进行了重复接地,则在发生同样故障时,断线后面的设备外壳对地电压很小,如图 6-56b 所示,危险程度大大降低。

(二) 接地接零有关的名词概念

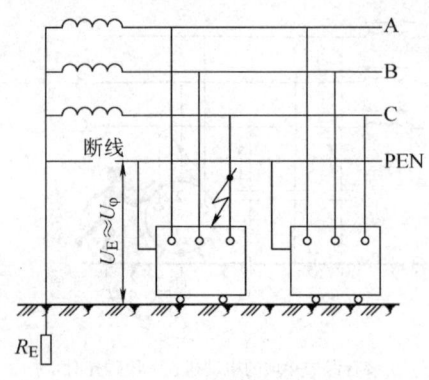
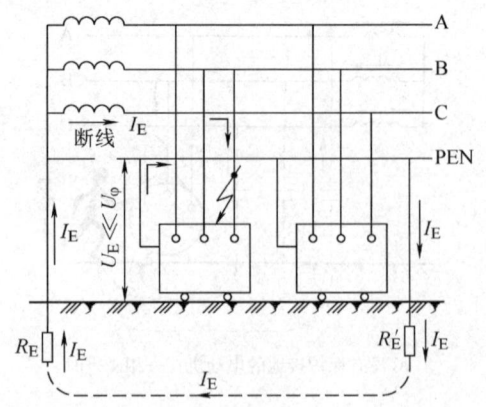

a) 没有重复接地的系统中，PEN 线或 PE 线断线时　　b) 采取重复接地的系统中，PEN 线或 PE 线断线时

图 6-56　重复接地作用的说明

1. 接地和接地装置

电气设备的某部分与大地之间做良好的电气连接，称为"接地"。埋入地中并直接与大地接触的金属物体，称为"接地体"或"接地极"。专门为接地而人为装设的接地体，称为"人工接地体"。兼作接地体用的直接与大地接触的各种金属构件、金属管道及建筑物的钢筋混凝土基础等，称为"自然接地体"。电气设备、装置的接地部分与接地体相连接的金属导体，称为"接地线"。接地线与接地体合称为"接地装置"。由若干接地体在大地中相互用接地线连接起来的整体，称为"接地网"。接地网中的接地线又有接地

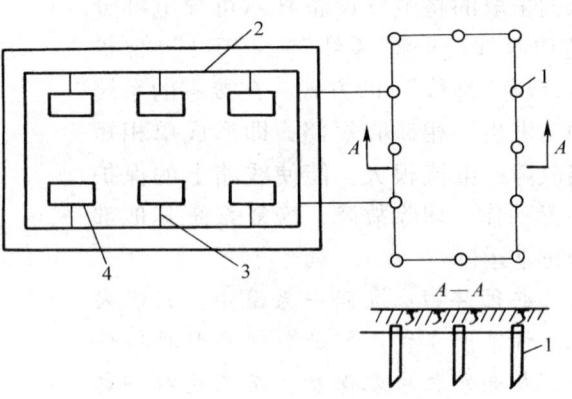

图 6-57　接地网示意图
1—接地体　2—接地干线　3—接地支线　4—电气设备

干线和接地支线之分，如图 6-57 所示。接地干线一般应采用不少于两根导体在不同地点与接地网连接。

2. 接地电流与对地电压

当电气设备发生接地故障时，电流就通过接地体向大地作半球形散开，如图 6-58 所示。这一电流 I_E 称为"接地电流"（Earthing current）。由于这半球形的球面，在距接地体越远的地方，球面越大，其散流电阻也越小，因此其电位分布曲线如图 6-58 所示。

在距接地体或接地故障点约 20m 的地方，散流电阻已趋近于零。这电位为零的地方，称为电气上的"地"或"大地"，可用符号"⏚"表示。

电气设备的接地部分（如接地的外壳或接地体等），与零电位的"大地"之间的电位差，称为接地部分的"对地电压"，如图 6-58 中的 U_E。

3. 接触电压与跨步电压

（1）接触电压（touch voltage）　指电气设备的绝缘损坏时，在身体可同时触及的两部分

之间出现的电位差。例如人站在发生接地故障的电气设备旁边,手触及设备的金属外壳,则人手与脚之间所呈现的电位差,即为接触电压,如图6-59中的U_{tou}。

（2）跨步电压(step voltage) 指在接地故障点附近行走时,两脚之间所感受的电位差,如图6-59中的U_{step}。在带电的断线落地点附近及雷击时防雷装置泄放雷电流的接地体附近行走时,同样也会出现跨步电压。跨步电压大小,与离接地故障点的远近及跨步的长短有关。越靠近接地故障点及跨步越长,跨步电压就越大。通常离接地故障点20m以上时,跨步电压为零。

4. 接地电阻

接地电阻(Earthing resistance)是接地线和接地体的电阻与接地体的流散电阻之和。由于接地线和接地体的电阻相对于接地体流散电阻来说,小到可以略去不计,因此接地电阻通常就认为是接地体的流散电阻。

工频(50Hz)接地电流流经接地装置所呈现的接地电阻,称为"工频接地电阻",用R_E(或$R_\sim$)表示。

雷电流流经接地装置所呈现的接地电阻,称为"冲击接地电阻",用R_{sh}(或R_i)表示。

我国有关现行规程规定的部分电力装置所要求的接地电阻值,如附表24所列,供参考。

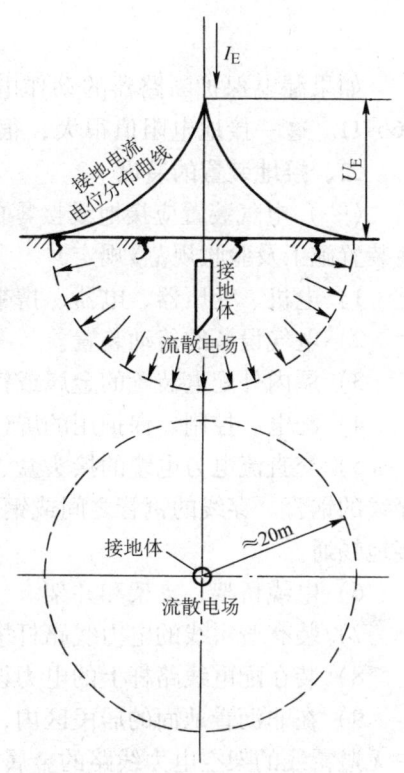

图6-58 接地电流、对地电压及接地电流电位分布曲线

关于低压TT系统和IT系统中电气设备外露可导电部分的保护接地电阻R_E,按规定应满足这样的条件,即在接地电流I_E通过R_E产生的U_E,不应高于安全特低电压50V。因此保护接地电阻应为

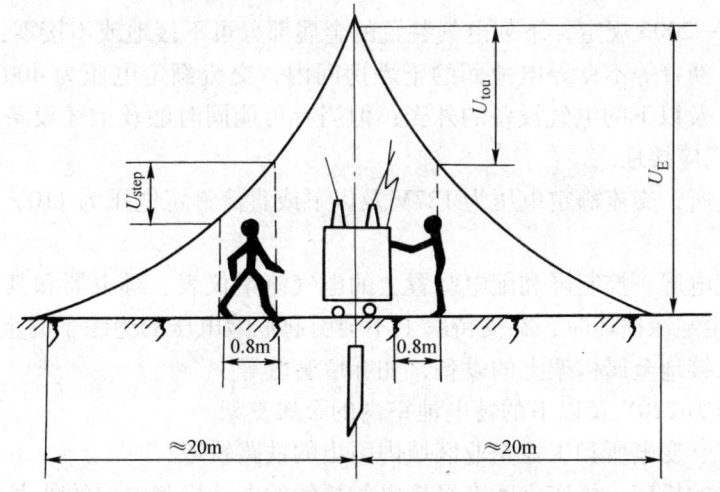

图6-59 接触电压与跨步电压

$$R_E \leqslant \frac{50\text{V}}{I_E} \qquad (6\text{-}37)$$

如果漏电保护断路器的动作电流 $I_{op(E)}$ 取为 30mA（安全电流值），则 $R_E \leqslant 50\text{V}/0.03\text{A} = 1667\Omega$。这一接地电阻值很大，很容易满足要求，一般取 $R_E \leqslant 100\Omega$，以确保安全。

二、接地装置的装设

（一）电气装置应接地或接零的金属部分（据 GB 50169—2006《电气装置安装工程·接地装置施工及验收规范》规定）

1）电机、变压器、电器、携带式或移动式用电器具等的金属底座和外壳。

2）电气设备的传动装置。

3）屋内外配电装置的金属或钢筋混凝土构架以及靠近带电部分的金属遮栏和金属门。

4）配电、控制、保护用的屏（柜、箱）及操作台等的金属框架和底座。

5）交直流电力电缆的接头盒、终端头和膨胀器的金属外壳、可触及的电缆金属护层和穿线的钢管。穿线的钢管之间或钢管与电气设备之间有金属软管过渡的，应保证金属软管段接地畅通。

6）电缆桥架、支架和井架。

7）装有避雷线的电力线路杆塔。

8）装在配电线路杆上的电力设备。

9）在非沥青地面的居民区内，中性点不接地、消弧线圈接地或高电阻接地的电力系统中无避雷线的架空电力线路的金属杆塔和钢筋混凝土杆塔。

10）承载电气设备的构架和金属外壳。

11）发电机中性点柜外壳、发电机出线柜、封闭母线的外壳及其他裸露的金属部分。

12）气体绝缘全封闭组合电器（GIS）的外壳接地端子和箱式变电站的金属箱体。

13）电热设备的金属外壳。

14）铠装控制电缆的金属护层。

15）互感器的二次绕组。

按 GB 50169—2006 规定，下列电气装置的金属部分可不接地或不接零：

1）在木质、沥青等不良导电地面的干燥房间内，交流额定电压为 400V 及以下或直流额定电压为 440V 及以下的电气设备的外壳；但当有可能同时触及上述设备外壳和已接地的其他物体时，则仍应接地。

2）在干燥场所，交流额定电压为 127V 及以下或直流额定电压为 110V 及以下的电气设备的外壳。

3）安装在配电屏、控制屏和配电装置上的电气测量仪表、继电器和其他低压电器等的外壳，以及当发生绝缘损坏时，在支持物上不会引起危险电压的绝缘子的金属底座等。

4）安装在已接地金属构架上的设备，如穿墙套管等。

5）额定电压为 220V 及以下的蓄电池室内的金属支架。

6）由发电厂、变电所和工业企业区域内引出的铁路轨道。

7）与已接地的机床、机座之间有可靠电气接触的电动机和电器的外壳。

（二）自然接地体的利用

在设计和装设接地装置时，首先应充分利用自然接地体，以节约投资，节约钢材。如果实地测量所利用的自然接地体的接地电阻满足要求,而且这些自然接地体又满足热稳定条件时,除变配电所外,可不必另设人工接地装置。

可作为自然接地体的有:①与大地有可靠接触的金属结构和钢筋混凝土基础、水工构筑物及其他类似构筑物;②埋设在地下的金属管道,但不包括可燃和有爆炸物质的管道;③直接埋地敷设的不少于两根的电缆金属外皮等。对于变配电所,可利用其本身建筑物的钢筋混凝土基础作为自然接地体。

利用自然接地体,一定要保证良好的电气连接。在建筑物结构的结合处,除已焊接者外,凡用螺栓连接或其他连接的,都要采用跨接焊接,而且跨接线尺寸不得小于规定要求。

(三) 人工接地体的装设

人工接地体有垂直埋设的和水平埋设的两种基本结构型式,如图 6-60 所示。

最常用的垂直接地体为直径 50mm、长 2.5m 的钢管。如果采用的钢管直径小于 50mm,则因钢管的机械强度较小,易弯曲,不适于采用机械方法打入土中;如果钢管直径大于 50mm,则钢材耗用增多,而流散电阻减少甚微,很不合算(例如钢管直径由 50mm 增大到 125mm 时,流散电阻仅减小 15%)。如果采用的钢管长度小于 2.5m 时,流散电阻显著增大;而钢管长度大于 2.5m 时,则既难以打入土中,且流散电阻减小也不显著。由此

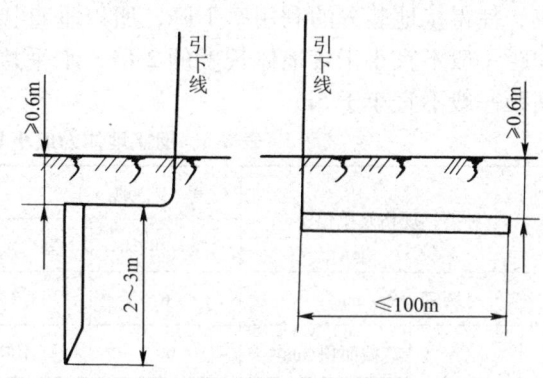

a) 垂直埋设的棒形接地体　　b) 水平埋设的带形接地体

图 6-60　人工接地体的型式

可见,作为垂直接地体的钢管,以采用直径为 50mm、长为 2.5m 的最为经济合理。

不得采用铝导体作接地体或接地线。

为了减少外界温度变化对流散电阻的影响,埋入地下的接地体,其顶面埋设深度不宜小于 0.6m。

当土壤电阻率(参看附表 25)偏高时,例如土壤电阻率 $\rho \geqslant 300\Omega \cdot m$ 时,为降低接地装置的接地电阻,可采取以下措施:

1) 采用多支线外引接地装置,其外引线长度不宜大于 $2\sqrt{\rho}$,这里的 ρ 为埋设外引线处的土壤电阻率。

2) 如果地下深处的土壤电阻率较低时,采用深埋式接地体。

3) 局部进行土壤置换处理,换以土壤电阻率较低的粘土或黑土等,如图 6-61 所示。

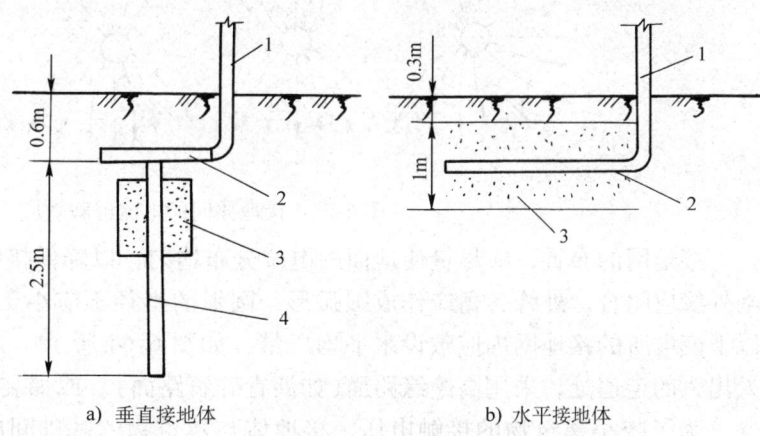

a) 垂直接地体　　b) 水平接地体

图 6-61　土壤置换处理

1—引下线　2—连接扁钢　3—粘土或黑土　4—钢管

4）局部进行土壤化学处理，填充降阻剂，如图6-62所示。

按 GB 50169—2006 规定，钢接地体的截面积不应小于表6-5所列规格。大中型发电厂和110kV及以上变电所或腐蚀性较强场所的接地装置还应采用热镀锌钢材，或适当加大截面积。

当多根接地体相互接近时，入地电流的流散将相互排挤，其电流分布如图6-63所示。这种影响入地电流流散的作用，称为"屏蔽效应"。由于这种屏蔽效应，使得接地装置的利用率下降，所以垂直接地体的间距一般不宜小于接地体长度的2倍，水平接地体的间距一般不宜小于5m。

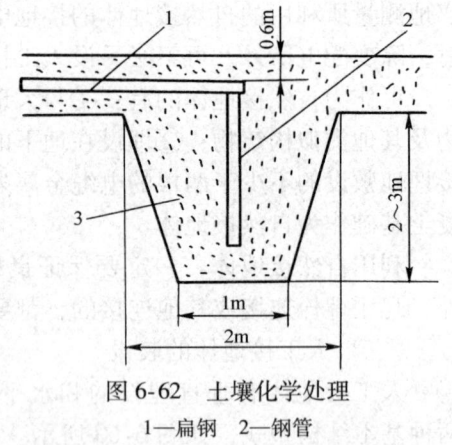

图6-62 土壤化学处理
1—扁钢 2—钢管
3—降阻剂（如炉渣、木炭、石灰、食盐、废电池等）

表6-5 钢接地体的最小规格（据 GB 50169—2006）

种类、规格及单位		地 上		地 下	
		室 内	室 外	交流电流回路	直流电流回路
圆钢直径/mm		6	8	10	12
扁 钢	截面积/mm²	60	100	100	100
	厚度/mm	3	4	4	6
角钢厚度/mm		2	2.5	4	6
钢管管壁厚度/mm		2.5	2.5	3.5	4.5

注：电力线路杆塔的接地体引出线截面不应小于50mm²，引出线应热镀锌。

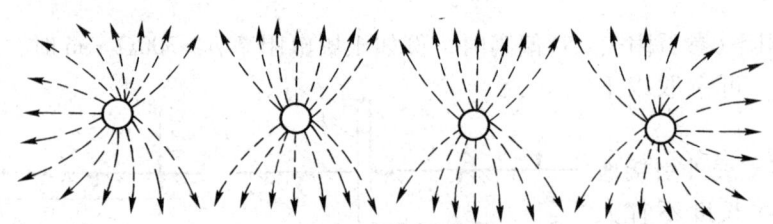

图6-63 接地体间的电流屏蔽效应

接地网的布置，应尽量使地面的电位分布均匀，以降低接触电压和跨步电压。人工接地网外缘应闭合。外缘各角应作成圆弧形，圆弧的半径不应小于均压带间距的一半。35kV及以上变电所的接地网内应敷设水平均压带，如图6-64所示。为保障人身安全，应在经常有人出入的走道处，采用高绝缘路面（如沥青碎石路面），或加装帽檐式均压带。

为了减小建筑物的接触电压，接地体与建筑物的基础间应保持不小于1.5m的水平距离，通常取2~3m。

（四）防雷装置的接地要求

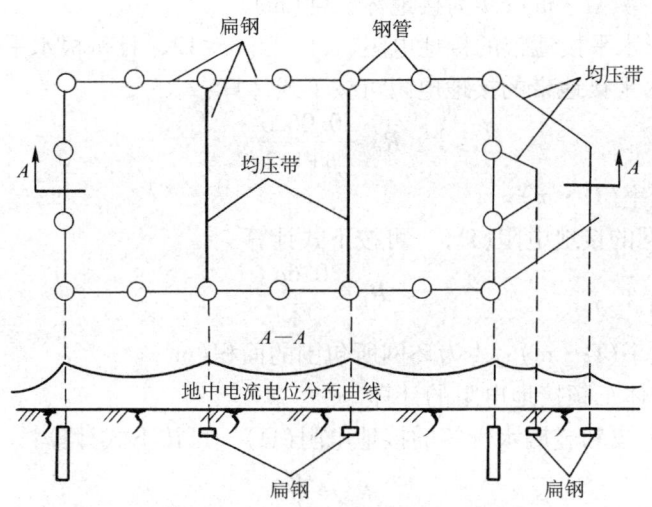

图 6-64 加装均压带的接地网

避雷针宜装设独立的接地装置。防雷的接地装置及避雷针(线、网)引下线的结构尺寸，应符合 GB 50057—2010 的规定。

防直击雷的接地装置与被保护的建筑物、配电装置及其接地装置应保持一定的安全距离，如前式(6-33)~式(6-36)所示。

为了降低跨步电压，保障人身安全，按 GB 50057—2010 规定，防直击雷的人工接地体距建筑物出入口或人行道边沿的距离不应小于 3m。当距离小于 3m 时，应采取下列措施之一：①水平接地体局部深埋不应小于 1m；②水平接地体局部包以绝缘物，或敷以 50~80mm 厚的沥青层，其宽度应超过接地体 2m。

三、接地装置的计算

(一) 人工接地体工频接地电阻的计算

在工程设计中，人工接地体的工频接地电阻可按下列简化公式计算[23]。

(1) 单根垂直管形接地体的接地电阻(Ω) 可按下式计算：

$$R_E \approx \frac{\rho}{l} \tag{6-38}$$

式中，ρ 为土壤电阻率($\Omega \cdot m$)；l 为接地体长度(m)。

(2) 多根垂直管形接地体的接地电阻(Ω) n 根垂直接地体并联时，由于接地体间的屏蔽效应影响，使得总的接地电阻 $R_E > R_{E(1)}/n$，这里 $R_{E(1)}$ 为单根的接地电阻。实际总的接地电阻按下式计算：

$$R_E = \frac{R_{E(1)}}{n\eta_E} \tag{6-39}$$

式中，η_E 为接地体利用系数，利用管间距离 a 与管长 l 之比的比值和管子数 n 去查附表 26，可得垂直管形接地体利用系数。由于该表所列 η_E 未计及连接扁钢的影响，所以实际的 η_E 比表列数值略高。

(3) 单根水平带形接地体的接地电阻(Ω) 可按下式计算(接地体长度为 60m 左右)：

$$R_E \approx \frac{2\rho}{l} \tag{6-40}$$

式中，ρ 为土壤电阻率($\Omega \cdot m$)；l 为接地体长度(m)。

(4) n 根放射形水平接地带的接地电阻(Ω)　当 $n \leqslant 12$，且每根水平接地带长度 $l \approx 60m$ 时，其 n 根放射形水平接地带的接地电阻可按下式计算：

$$R_E \approx \frac{0.062\rho}{n+1.2} \tag{6-41}$$

式中，ρ 为土壤电阻率($\Omega \cdot m$)。

(5) 环形接地网的接地电阻(Ω)　可按下式计算：

$$R_E \approx \frac{0.6\rho}{\sqrt{A}} \tag{6-42}$$

式中，ρ 为土壤电阻率($\Omega \cdot m$)；A 为环网所包围的面积(m^2)。

（二）自然接地体工频接地电阻的计算

(1) 电缆金属外皮和金属水管等的接地电阻(Ω)　可按下式计算：

$$R_E \approx \frac{2\rho}{l} \tag{6-43}$$

式中，ρ 为土壤电阻率($\Omega \cdot m$)；l 为电缆和水管等的埋地长度(m)。

(2) 钢筋混凝土基础的接地电阻(Ω)　可按下式计算：

$$R_E \approx \frac{0.2\rho}{\sqrt[3]{V}} \tag{6-44}$$

式中，ρ 为土壤电阻率($\Omega \cdot m$)；V 为钢筋混凝土基础的体积(m^3)。

（三）冲击接地电阻的计算

冲击接地电阻是指雷电流经接地装置泄放入地时的接地电阻，包括接地线、接地体电阻和地中散流电阻。由于强大的雷电流泄放入地时，入地点的土壤被雷电波击穿并产生火花，使散流电阻显著降低。当然，雷电波陡度很大，具有高频特性，同时会使接地线的感抗增大，但接地线阻抗较之散流电阻小得多，因此冲击接地电阻一般小于工频接地电阻。按 GB 50057—2010 规定，冲击接地电阻 $R_{sh}(\Omega)$ 按下式计算：

$$R_{sh} = \frac{R_E}{\alpha} \tag{6-45}$$

式中，R_E 为工频接地电阻(Ω)；α 为换算系数，是 R_E 与 R_{sh} 的比值，由图 6-65 确定。

图 6-65 中的 l_e 为接地体的有效长度(m)。按 GB 50057—2010 规定，l_e 应按下式计算：

$$l_e = 2\sqrt{\rho} \tag{6-46}$$

式中，ρ 为土壤电阻率($\Omega \cdot m$)。

图 6-65 中的 l：对单根接地体，l 为其实际长度；对有分支线的接地体，l 为其最长分支线的长度(参看图 6-66)；对环形接地体，l 为其周长的一半。当 $l_e < l$ 时，则取 $l_e = l$，即 $\alpha = 1$，亦即 $R_{sh} = R_E$。

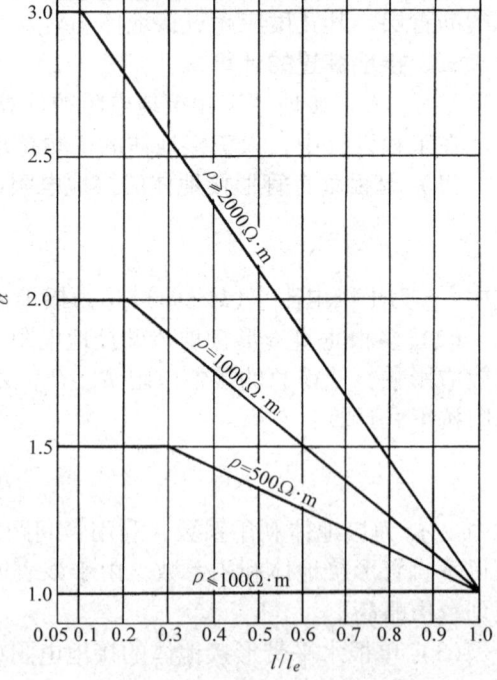

图 6-65　确定换算系数 $\alpha = R_E / R_{sh}$ 的曲线

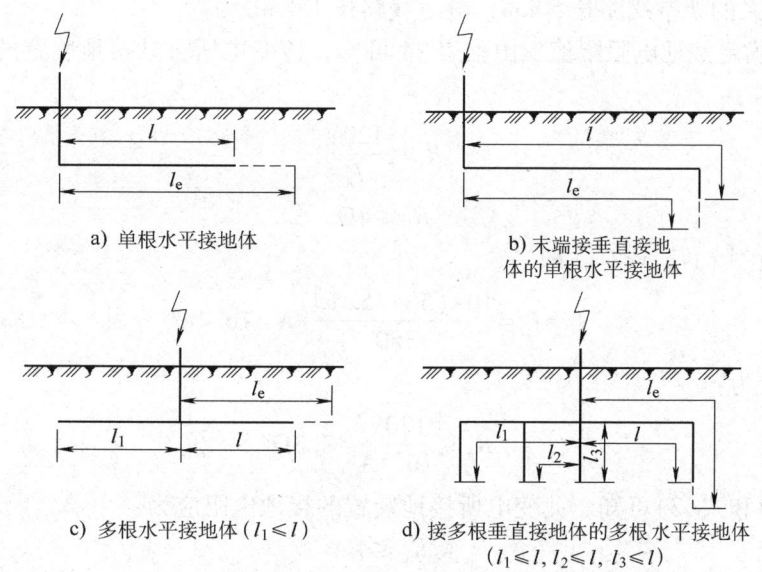

a) 单根水平接地体　　b) 末端接垂直接地体的单根水平接地体
c) 多根水平接地体($l_1 \leqslant l$)　　d) 接多根垂直接地体的多根水平接地体 ($l_1 \leqslant l$, $l_2 \leqslant l$, $l_3 \leqslant l$)

图 6-66　接地体长度 l 与有效长度 l_e

（四）接地装置的计算程序及示例

接地装置的计算程序如下：

1) 按设计规范要求确定允许的接地电阻值 R_E（参看附表 24）。
2) 实测或估算可以利用的自然接地体的接地电阻 $R_{E(nat)}$。
3) 计算需要补充的人工接地体的接地电阻：

$$R_{E(man)} = \frac{R_{E(nat)} R_E}{R_{E(nat)} - R_E} \tag{6-47}$$

如果不考虑自然接地体，则 $R_{E(man)} = R_E$。

4) 在需装设接地体的区域内初步安排接地体的布置方案，并按一般经验试选，初步确定接地体和连接导线的尺寸。
5) 计算单根接地体的接地电阻 $R_{E(1)}$。
6) 用逐步渐近法计算接地体的数量：

$$n = \frac{R_{E(1)}}{\eta_E R_{E(man)}} \tag{6-48}$$

式中，η_E 为接地体的利用系数。

7) 校验短路热稳定度。对于大接地电流系统中的接地装置，可按式（4-59）进行单相短路热稳定度校验，式中 $I_\infty^{(3)}$ 改用单相短路电流 $I_k^{(1)}$。由于钢线的热稳定系数 $C=70$，因此计算满足单相短路热稳定度的钢接地线的最小允许截面积（mm^2）为：

$$A_{min} = \frac{I_k^{(1)} \sqrt{t_k}}{70} \tag{6-49}$$

式中，$I_k^{(1)}$ 为单相接地短路电流（A）；t_k 为短路电流持续时间（s）。

例 6-5　某降压变电所的主变压器容量为 800kVA，电压为 10/0.4kV，Dyn11 联结。试确定此变电所公共接地装置的垂直接地钢管和连接扁钢尺寸。已知装设地点的土质为黄土，

10kV侧有电联系的架空线路长50km,电缆线路长15km。

解 (1) 确定接地电阻限值 由附表24可知,该变电所公共接地装置的接地电阻应满足以下两个条件:

$$R_E \leq \frac{120\text{V}}{I_E} \tag{1}$$

$$R_E \leq 4\Omega \tag{2}$$

式(1)中的 I_E 由式(1-3)计算,即

$$I_E = I_C = \frac{10 \times (50 + 35 \times 15)}{350}\text{A} = 16.4\text{A}$$

故式(1)应为:

$$R_E \leq \frac{120\text{V}}{16.4\text{A}} = 7.3\Omega \tag{3}$$

比较式(2)和式(3)可知,此变电所接地装置的接地电阻应为:

$$R_E \leq 4\Omega \tag{4}$$

(2) 变电所接地装置的初步方案 初步考虑围绕变电所建筑四周,距变电所外墙2~3m,打入地下一圈直径50mm、长2.5m的钢管接地体,每隔5m打入一根,管间用40mm×4mm的扁钢焊接相连。

(3) 计算单根钢管接地电阻 查附表25,得黄土的 $\rho = 200\Omega \cdot \text{m}$
按式(6-38)得单根钢管接地电阻:

$$R_{E(1)} \approx \frac{200\Omega \cdot \text{m}}{2.5\text{m}} = 80\Omega$$

(4) 确定接地钢管数和最后的接地方案 根据 $R_{E(1)}/R_E = 80\Omega/4\Omega = 20$,但考虑到管间的屏蔽效应,故试选30根直径50mm、长2.5m的钢管作接地体。

以 $n=30$ 和 $a/l=2$ 去查附表26-2,取 $\eta_E = 0.6$。因此由式(6-48)得:

$$n = \frac{R_{E(1)}}{\eta_E R_E} = \frac{80}{0.6 \times 4} = 33$$

考虑到接地体的均匀对称布置,决定选34根直径50mm、长2.5m的钢管作接地体,用40mm×4mm的扁钢连接,环形布置。

(五) 接地装置平面布置图示例

接地装置平面布置图,是表示接地体和接地线具体布置与安装要求的一种安装图。

图6-67是图5-1和图5-19所示高压配电所及附设2号车间变电所的接地装置平面布置图。

由图6-67可以看出,距变配电所建筑3m左右,埋设10根管形垂直接地体(直径50mm、长2.5m的钢管)。接地钢管之间约为5m,采用40mm×4mm的扁钢焊接成一个外缘闭合的环形接地网。变压器下面的钢轨以及安装高压开关柜、高压电容器柜和低压配电屏的地沟上的槽钢或角钢,均用25mm×4mm的扁钢焊接成网,并与室外接地网多处连接。

为便于测量接地电阻,并为了移动式电气设备临时接地的需要,故在适当地点安装有临时接地端子。

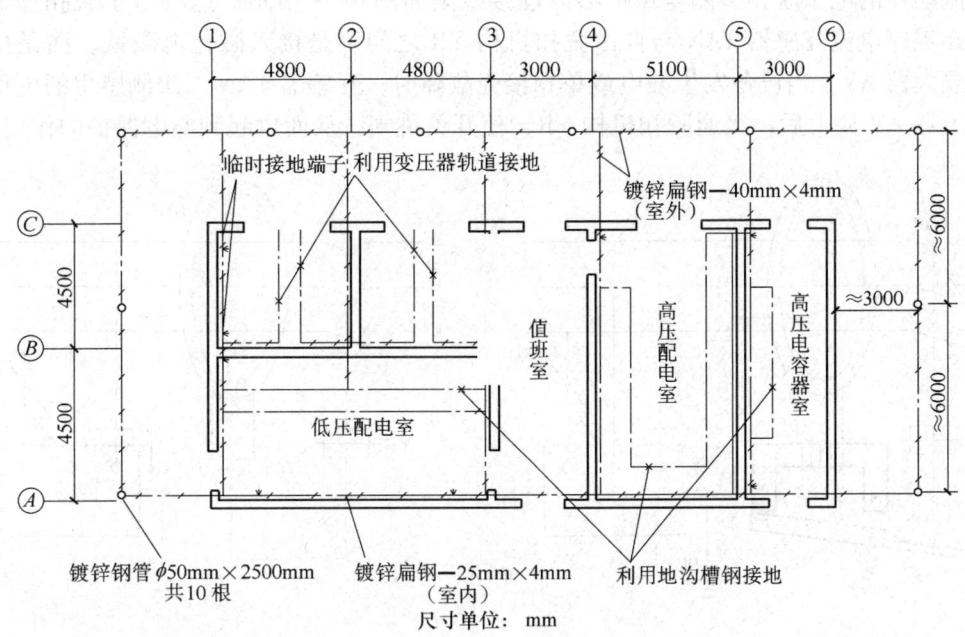

图 6-67 图 5-1 和图 5-19 所示高压配电所及附设 2 号车间变电所的接地装置平面布置图

第七节 低压配电系统的漏电保护与等电位联结

一、低压配电系统的漏电保护

(一) 漏电保护器的功能与原理

漏电保护器又称"剩余电流保护器"（IEC 标准名称，英文为 Residual current protective device，简称"RCD"），它是在规定条件下，当漏电电流（剩余电流）达到或超过规定值时能自动断开电路的一种保护电器。它用来对低压配电系统中的漏电和接地故障进行安全防护，防止发生人身触电事故及接地电弧引发的火灾。

漏电保护器按其反应动作的信号分，有电压动作型和电流动作型两类。电压动作型漏电保护器技术上存在一些难以克服的问题，所以现在生产的漏电保护器差不多均为电流动作型。

电流动作型漏电保护器利用零序电流互感器来反应接地故障电流以动作于脱扣机构。它按脱扣机构的结构分，又有电磁脱扣型和电子脱扣型两类。

电磁脱扣型漏电保护器的原理接线图如图 6-68 所示。设备正常运行时，穿过零序电流互感器 TAN 的三相电流相量和为零，零序电流互感器 TAN 二次侧不产生感应电动势，因此磁化电磁铁 YA 的线圈中没有电流，其衔铁靠永久磁铁的磁力保持在吸合位置，使开关维持在合闸状态。当设备发生漏电或单相接壳故障时，就有零序电流穿过互感器 TAN 的铁心，使其二次侧感生电动势，于是电磁铁 YA 线圈中有交流电流通过，从而电磁铁 YA 铁心中产生交变磁通，与原有的永久磁通叠加，产生去磁作用，使其电磁吸力减小，衔铁被弹簧拉开，使自由脱扣机构 YR 动作，开关跳闸，断开故障电路，从而起到漏电保护的作用。

电流动作的电子脱扣型漏电保护器原理接线图如图 6-69 所示。这种电子脱扣型漏电保护器是在零序电流互感器 TAN 与自由脱扣机构 YR 之间不是接入磁化电磁铁,而是接入一个电子放大器 AV。当设备发生漏电或单相接壳故障时,互感器 TAN 二次侧感生的电信号经电子放大器 AV 放大后,接通脱扣机构 YR,使开关跳闸,从而也起到漏电保护的作用。

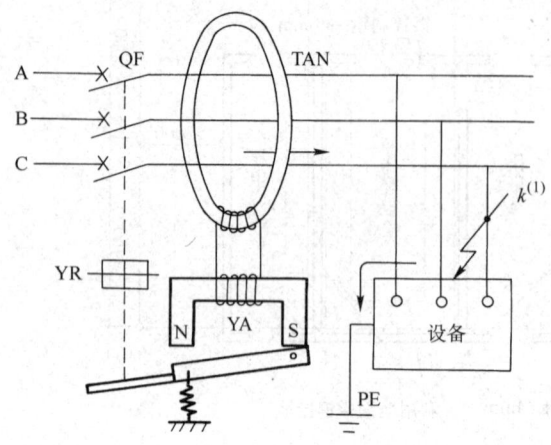

图 6-68　电流动作的电磁脱扣型
漏电保护器原理接线图
TAN—零序电流互感器　YA—极化电磁铁
QF—断路器　YR—自由脱扣机构

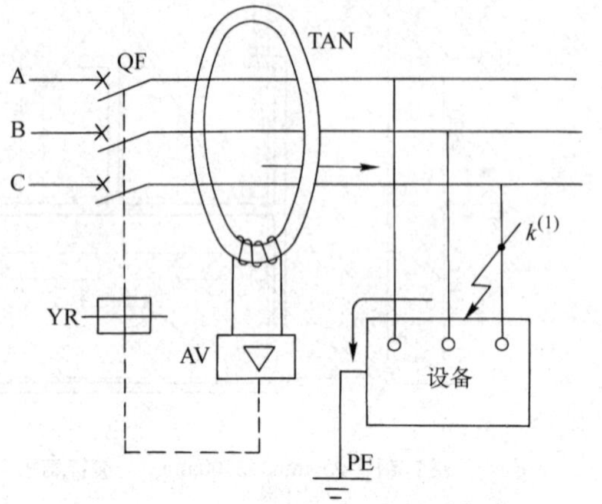

图 6-69　电流动作的电子脱扣型
漏电保护器原理接线图
TAN—零序电流互感器　AV—电子放大器
QF—断路器　YR—自由脱扣机构

(二) 漏电保护器的分类

漏电保护器按其保护功能和结构特征,可分以下四类:

(1) 漏电保护开关(剩余电流保护开关)　它由零序电流互感器、漏电脱扣器和主开关组装在一绝缘外壳之中,具有漏电保护及手动通断电路的功能,但不具过负荷和短路保护的功能。这类产品主要应用于住宅,通称漏电开关。

(2) 漏电断路器(剩余电流断路器)　它是在低压断路器的基础上加装漏电保护部件所组成,因此具有漏电、过负荷和短路保护的功能。它的有些产品就是在低压断路器之外拼装漏电保护附件而成。例如 C45 系列小型断路器拼装漏电脱扣器后,就成了家用及类似场所广泛应用的漏电断路器。

(3) 漏电继电器(剩余电流继电器)　它由零序电流互感器和继电器组成,具有检测和判断漏电和接地故障的功能,由继电器发出信号,并控制断路器或接触器切断电路。

(4) 漏电保护插座(剩余电流保护插座)　它由漏电开关或漏电断路器与插座组合而成,使插座回路连接的设备具有漏电保护功能。

漏电保护器按极数分,有单极 2 线、双极 2 线、3 极 3 线、3 极 4 线和 4 极 4 线等多种型式,其在低压配电线路中的接线如图 6-70 所示。

(三) 漏电保护器的装设

1. 漏电保护器(RCD)的装设场所

由于人手握住手持式(或移动式)电器时,如果该电器漏电,则人手因触电痉挛而很难摆脱,触电时间一长就会导致死亡。而固定式电器漏电,如人体触及会因电击刺痛而弹离,

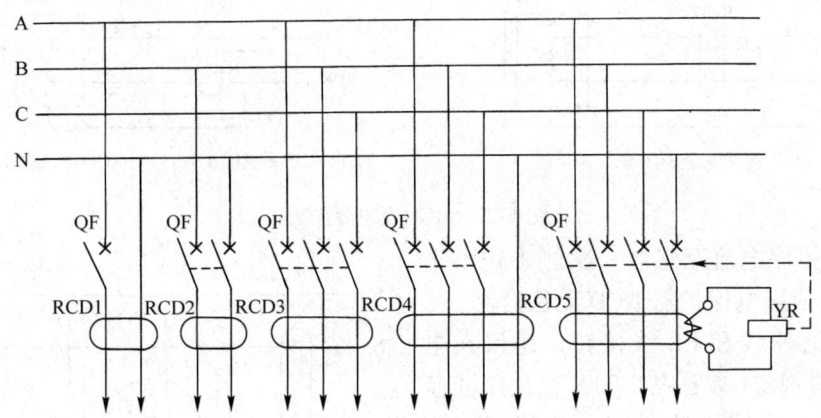

图 6-70 各种 RCD 在低压配电线路中的接线示意图
RCD1—单极 2 线　RCD2—2 极 2 线　RCD3—3 极 3 线　RCD4—3 极 4 线
RCD5—4 极 4 线　QF—断路器　YR—漏电脱扣器

一般不会持续触电。由此可见，手持式(移动式)电器触电的危险性远远大于固定式电器触电。因此一般规定，安装手持式(移动式)电器的回路上应装设 RCD。由于插座主要是用来连接手持式(含移动式)电器的，因此插座回路上一般也应装设 RCD。GB 50096—2011《住宅设计规范》规定，除壁挂式分体空调电源插座外，其他电源插座回路均应装设 RCD。

2. PE 线和 PEN 线不得穿过 RCD 的零序电流互感器铁心

在 TN-S 系统中(或 TN-C-S 系统中的 TN-S 段)装设 RCD 时，PE 线不得穿过零序电流互感器铁心。否则在发生单相接地故障时，由于进出互感器铁心的故障电流相互抵消，RCD 不会动作，如图 6-71a 所示。而在 TN-C 系统中(或 TN-C-S 系统中的 TN-C 段)装设 RCD 时，PEN 线不得穿过零序电流互感器铁心。否则在发生单相接地故障时，RCD 同样不会动作，如图 6-71b 所示。

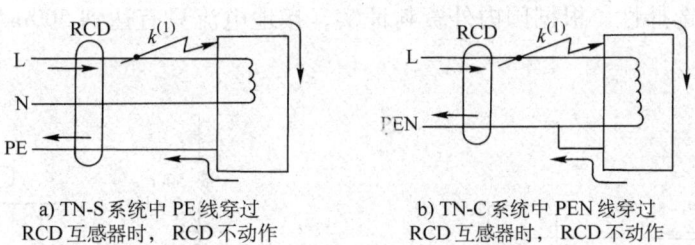

a) TN-S 系统中 PE 线穿过　　　　b) TN-C 系统中 PEN 线穿过
RCD 互感器时，RCD 不动作　　　RCD 互感器时，RCD 不动作

图 6-71　PE 线和 PEN 线不得穿过 RCD 的互感器铁心说明

TN-S 系统中和 TN-C-S 系统的 TN-S 段中 RCD 的正确接线应如图 6-72a、b 所示。

对于 TN-C 系统，如果系统发生单相接地故障，就形成单相短路，其单相短路保护装置应该动作，切除故障，其保护装置已在第六章第四节中讲述，不再赘述。由图 6-71b 可知，TN-C 系统中不能装设 RCD。

3. RCD 负荷侧的 N 线和 PE 线不能接反

如图 6-73 所示低压配电线路中，假设其中插座 XS2 的 N 线端子误接于 PE 线上，而其 PE 线端子误接于 N 线上，则插座 XS2 的负荷电流 I 不是经 N 线而是经 PE 线返回电源，从

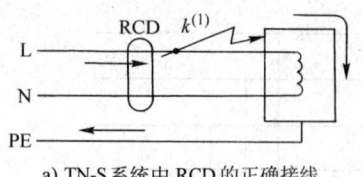 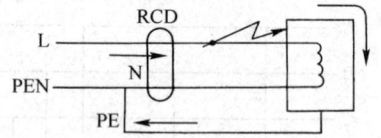

a) TN-S 系统中 RCD 的正确接线　　b) TN-C-S 系统的 TN-S 段中 RCD 的正确接线

图 6-72　RCD 的正确接线

而使 RCD 的零序电流互感器一次侧出现不平衡电流 I，造成漏电保护器 RCD 无法合闸。

为了避免 N 线和 PE 线接错，建议在电气安装中，按规定（参看表 5-7）N 线使用淡蓝色绝缘线，PE 线使用黄绿双色绝缘线，而 A、B、C 三相则分别使用黄、绿、红色绝缘线。

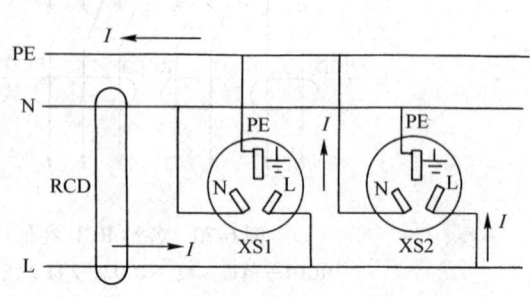

图 6-73　低压配电线路中如插座 XS2 的 N 线和 PE 线接反时，RCD 无法合闸

4. 装设 RCD 时，不同回路不应共用一根 N 线

在电气施工中，为节约线路投资，往往将几个回路配电线路共用一根 N 线。如图 6-74 所示，将装有 RCD 的回路与其他回路共用一根 N 线。这将使 RCD 的零序电流互感器一次侧出现不平衡电流而引起 RCD 误动，因此这种作法是不允许的。

5. 低压配电系统中多级 RCD 的装设要求

为了有效地防止因接地故障引起人身触电事故及因接地电弧引发的火灾，通常在建筑物的低压配电系统中装设两级或三级 RCD，如图 6-75 所示。

线路末端装设的 RCD，通常为瞬动型，动作电流通常取为 30mA，个别可达 100mA。其前一级 RCD 则采用选择型，其最长动作时间为 0.15s，动作电流则为 300～500mA，以保证前后 RCD 动作的选择性。根据国内外资料证实，接地电流只有达到 500mA 以上时其电弧能

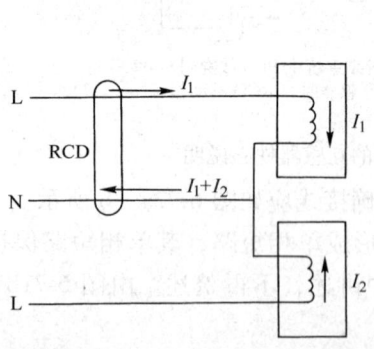 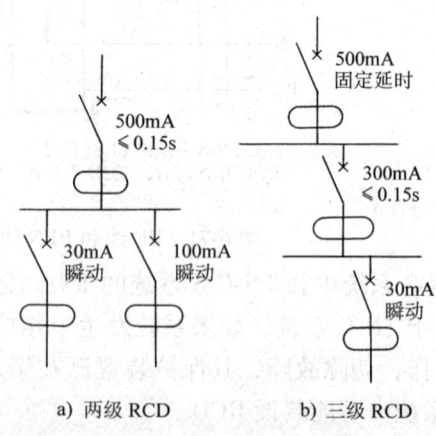

　　　　　　　　　　　　　　　　　　　　a) 两级 RCD　　b) 三级 RCD

图 6-74　不同回路共用一根 N 线　　　图 6-75　低压配电系统中的多级 RCD
　　　　可引起 RCD 误动

量才有可能引燃起火。因此从防火安全来说，RCD 的动作电流最大可达 500mA。

二、低压配电系统的等电位联结

（一）等电位联结的功能与类别

等电位联结（Equipotential Bonding）是使电气装置各外露可导电部分和装置外可导电部分电位基本相等的一种电气联结。等电位联结的功能在于降低接触电压，以保障人身安全。

按 GB 50054—2011《低压配电设计规范》规定：采用接地故障保护时，在建筑物内应作总等电位联结（Main Equipotential Bonding，缩写 MEB）。当电气装置或其某一部分的接地故障保护不能满足要求时，尚应在局部范围内进行局部等电位联结（Localized Equipotential Bonding，缩写 LEB）。

1. 总等电位联结（MEB）

总等电位联结是在建筑物进线处，将 PE 线或 PEN 线与电气装置接地干线、建筑物内的各种金属管道（如水管、燃气管、采暖和空调管道等）以及建筑物的金属构件等，都接向总等电位联结端子，使它们都具有基本相等的电位，如图 6-76 中的 MEB。

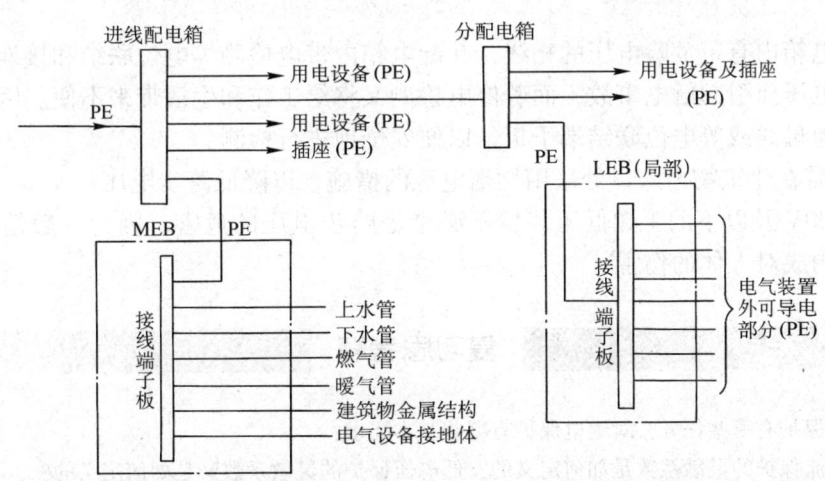

图 6-76　总等电位联结（MEB）和局部等电位联结（LEB）

2. 局部等电位联结（LEB）

局部等电位联结又称辅助等电位联结，是在远离总等电位联结处、非常潮湿、触电危险性大的局部地区内进行的等电位联结，作为总等电位联结的一种补充，如图 6-76 中的 LEB。通常在容易触电的浴室及安全要求极高的胸腔手术室等处，宜作局部等电位联结。

（二）等电位联结的联接线要求

等电位联结主母线的截面积，规定不应小于装置中最大 PE 线或 PEN 线的一半，但采用铜线时截面积不应小于 6mm^2，采用铝线时截面积不应小于 16mm^2。采用铝线时，必须采取机械保护，且应保证铝线连接处的持久导通性。如果采用铜导线作联结线，其截面积可不超过 25mm^2。如采用其他材质导线时，其截面积应能承受与之相当的载流量。

连接装置外露可导电部分与装置外可导电部分的局部等电位联结线，其截面积不应小于相应 PE 线的一半。而连接两个外露可导电部分的局部等电位联结线，其截面积不应小于接至该两个外露可导电部分的较小 PE 线的截面积。

（三）等电位联结中的几个具体问题

1. 两金属管道连接处缠有黄麻或聚乙烯薄膜，是否需要做跨接线？

由于两管道在做丝扣连接时，上述包缠材料实际上已被损伤而失去了绝缘作用，因此管道连接处在电气上依然是导通的。所以除了自来水管的水表两端需做跨接线外，金属管道连接处一般不需跨接。

2. 现在有些管道系统以塑料管取代金属管，塑料管道系统要不要做等电位联结？

做等电位联结的目的在于使人体可同时触及的导电部分的电位相等或相近，以防人身触电。而塑料管是不导电物质，不可能传导或呈现电位，因此不需对塑料管道做等电位联结。但对金属管道系统内的小段塑料管需做跨接。

3. 在等电位联结系统内是否需对一管道系统做多次重复联结？

只要金属管道全长导通良好，原则上只需做一次等电位联结。例如在水管进入建筑物的主管上做一次总等电位联结，再在浴室内的水道主管上做一次局部等电位联结就行了。

4. 是否可用配电箱内的 PE 母线来代替接地母线和等电位联结端子板来连接等电位联结线？

由于配电箱内有带危险电压的相线，在配电箱内带电检测等电位联结和接地时，容易不慎触及危险电压而引起触电事故，而若停电检测又将给工作和生活带来不便。因此应在配电箱外另设接地母线或等电位联结端子板，以便安全地进行检测。

5. 是否需在建筑物出入口处采用均衡电位的措施，以降低跨步电压？

对于 1000V 及以下的工频低压装置不必考虑跨步电压的危害，因为一般情况下其跨步电压不足以构成对人体的伤害。

复习思考题

6-1 继电保护有哪些任务？对继电保护有哪些基本要求？

6-2 过电流保护的灵敏系数是如何定义的？低电压保护的灵敏系数又是如何定义的？

6-3 电磁式电流继电器、时间继电器、信号继电器和中间继电器在继电保护装置中各起什么作用？各自的图形符号和文字符号如何表示？感应式电流继电器又有哪些功能？其图形符号和文字符号又如何表示？

6-4 什么叫过电流继电器的动作电流、返回电流和返回系数？如果过电流继电器的返回系数过低，会出现什么问题？

6-5 两相两继电器接线和两相一继电器接线作为相间短路保护，各有什么优缺点？什么叫接线系数？接线系数的大小说明什么问题？

6-6 什么叫"去分流跳闸"的操作方式？去分流跳闸的操作回路中为什么要采用"先合后断"转换触点？

6-7 过电流保护装置的动作电流应如何整定？其整定计算的公式是怎样的？

6-8 过电流保护装置的动作时间应如何整定？定时限过电流保护的动作时间整定是调节什么地方？反时限过电流保护的动作时间整定又是调节什么地方？什么叫"10 倍动作电流的动作时间"？

6-9 采用低电压闭锁的过电流保护为什么能提高过电流保护的灵敏度？

6-10 电流速断保护的动作电流（速断电流）应如何整定？其整定计算公式是怎样的？电流速断保护为什么会出现"死区"？如何弥补？

6-11　单相接地保护的动作电流如何整定？其整定计算公式是怎样的？在单相接地保护中，电缆头的接地线为什么一定要穿过零序电流互感器的铁心后接地？

6-12　电力变压器的过电流保护和电流速断保护的动作电流又如何整定？其过负荷保护的动作电流和动作时间又如何整定？

6-13　配电变压器低压侧的单相短路可有哪些保护方式？最常用的是哪种保护方式？

6-14　电力变压器在哪些情况下宜装设纵联差动保护？其工作原理是怎样的？其动作电流如何整定？

6-15　电力变压器在哪些情况下应装设瓦斯保护？什么情况下"轻瓦斯"动作？什么情况下"重瓦斯"动作？

6-16　什么叫过电压？雷电过电压有哪些形式？各是如何产生的？

6-17　什么叫年平均雷暴日数？什么叫多雷区和少雷区？

6-18　什么叫接闪器？避雷针真能避雷吗？避雷针是如何防护雷击的？避雷针、避雷线和避雷带（网）各主要用在哪些场所？

6-19　确定接闪器防雷范围的"滚球法"是如何确定防雷范围的？

6-20　变配电所有哪些防雷措施？架空线路又有哪些防雷措施？

6-21　建筑物按防雷要求分哪几类？各类建筑物应采取哪些防雷措施？

6-22　什么叫工作接地和保护接地？什么叫保护接零？为什么同一系统中不允许有的设备采取接地保护而另一些设备又采取接零保护？

6-23　什么叫接地和接地装置？什么叫自然接地体和人工接地体？

6-24　什么叫接触电压和跨步电压？一般离接地故障点多远的范围外对人身比较安全？

6-25　什么叫接地电阻？什么叫工频接地电阻和冲击接地电阻？为什么冲击接地电阻通常比工频接地电阻小？

6-26　最常用的垂直接地体为什么多采用直径 50mm、长 2.5m 的钢管？

6-27　什么叫接地体的屏蔽效应？对接地装置有什么影响？

6-28　装设漏电保护器（RCD）的目的是什么？试分别说明两种电流动作型（电磁脱扣型和电子脱扣型）RCD 的工作原理。

6-29　为什么低压配电系统中装设 RCD 时 PE 线或 PEN 线不得穿过零序电流互感器的铁心？

6-30　什么叫总等电位联结（MEB）和局部等电位联结（LEB）？它们的功能是什么？各应用在哪些场合？

习　题

6-1　某 10kV 线路，采用两相两继电器接线的去分流跳闸方式的反时限过电流保护装置，电流互感器的变流比为 200/5A，线路的最大负荷电流（含尖峰电流）为 180A，线路首端的三相短路电流周期分量有效值为 2.8kA，末端为 1kA。试整定该线路采用的 GL-15/10 型电流继电器的动作电流和速断电流倍数，并检验其保护灵敏度。

6-2　现有前后两级反时限过电流保护，都采用 GL-15 型过电流继电器，前一级按两相两继电器接线，后一级按两相电流差接线。后一级继电器的 10 倍动作电流的动作时间已整定为 0.5s，动作电流已整定为 9A，而前一级继电器的动作电流已整定为 5A。前一级电流互感器的变流比为 100/5A，后一级电流互感器的变流比为 75/5A。后一级线路首端的 $I_k^{(3)} = 400A$。试整定前一级继电器的 10 倍动作电流的动作时间（取 $\Delta t = 0.7s$）。

6-3　某企业 10kV 高压配电所有一回高压配电线供电给一车间变电所。该高压配电线首端拟装设由 GL—15 型电流继电器组成的反时限过电流保护和电流速断保护，两相两继电器接线。已知安装的电流互感器变流比为 160/5A，高压配电所的电源进线上装设的定时限过电流保护的动作时间已整定为 1.5s。高压配电所母线的三相短路电流 $I_{k-1}^{(3)} = 2.86kA$，车间变电所的 380V 母线的三相短路电流 $I_{k-2}^{(3)} = 22.3kA$，车间变电所的一台主变压器为 S9-1000 型。试整定供电给该车间变电所的高压配电线首端装设的 GL-15 型电流继电器的动作电流和动作时间及其速断电流倍数，并检验其灵敏度（建议变压器的 $I_{L.\max}=2I_{1N.T}$）。

6-4　某用户有一座二类防雷建筑物，高 10m，其屋顶最远的一角距离高 50m 的烟囱有 15m 远。烟囱上安装有一根 2.5m 高的避雷针。试检验此避雷针能否保护这座建筑物。

6-5　有一台 50kVA 的配电变压器低压侧中性点需进行接地。已知可利用的自然接地体电阻为 25Ω，而接地电阻要求不大于 10Ω。试确定垂直接地体的钢管和连接扁钢的尺寸。已知该地的土壤电阻率为 150Ω·m，单相短路电流可达 2.5kA，短路电流持续时间可达 1.1s。

第七章 供配电系统的二次回路及其自动装置与自动化

本章首先介绍二次回路的基本概念及其操作电源,然后讲述高压断路器的控制和信号回路、电测量仪表和绝缘监视装置,接着简介供配电系统的自动装置和高层建筑的自动化,最后讲述二次回路的安装接线及其接线图知识。

第一节 供配电系统的二次回路及其操作电源

一、二次回路及其分类

供配电系统的二次回路,是指用来控制、指示、监测和保护一次电路运行的电路,亦称二次电路或二次系统,包括控制(操纵)系统、信号系统、监测系统及继电保护和自动装置等。

二次回路按电源性质分,有直流回路和交流回路。交流回路又分交流电流回路和交流电压回路。交流电流回路由电流互感器供电,交流电压回路由电压互感器供电。

二次回路按其用途分,有断路器控制(操纵)回路、信号回路、测量和监视回路、继电保护回路和自动装置回路等。

二次回路的操作电源是供给高压断路器分、合闸回路和继电保护装置、信号回路、监测系统及其他二次设备所需的电源。因此对二次回路操作电源的供电可靠性要求很高,也要求具有足够大的容量,且要求尽可能不受供配电系统运行的影响。

二次回路的操作电源,分直流和交流两大类。直流操作电源有由蓄电池组供电的电源和由整流装置供电的电源两种。

二、直流操作电源

(一) 由蓄电池组供电的直流操作电源

蓄电池主要有铅酸蓄电池和镉镍蓄电池两种。

1. 铅酸蓄电池

铅酸蓄电池由二氧化铅(PbO_2)的正极板、铅(Pb)的负极板和密度为 $1.2 \sim 1.3 \text{g/cm}^3$ 的稀硫酸(H_2SO_4)电解液构成,容器多为玻璃。铅酸蓄电池充、放电的化学反应式为:

$$PbO_2 + 2H_2SO_4 + Pb \underset{充电}{\overset{放电}{\rightleftharpoons}} 2PbSO_4 + 2H_2O$$

铅酸蓄电池单个的额定端电压为2V。充电终了时,端电压可达2.7V;而放电后,端电压可降至1.95V。为获得220V的直流操作电压,且计及线路的电压降,应按230V来考虑蓄电池的个数。因此所需蓄电池的个数 $n=230/1.95 \approx 118$ 个。但考虑到充电终了时端电压的升高,因此长期接入操作电源母线的蓄电池个数 $n_1=230/2.7 \approx 88$ 个。而其他用于调节电

压的蓄电池个数 $n_2 = n - n_1 = 118 - 88 = 30$ 个，均接在专门的调压开关上。

采用铅酸蓄电池组做操作电源，不受供电系统运行情况的影响，工作可靠；但它充电时要排出氢和氧的混合气体（水的电解所致），而有爆炸危险，且随着排气还带出硫酸蒸气，有强腐蚀性，对人身健康和设备安全都有很大危害。因此铅酸蓄电池组必须装设在专用的蓄电池室内，其结构需考虑防腐、防爆，从而投资很大，一般用户供配电系统中不予采用。

2. 镉镍蓄电池

镉镍蓄电池的正极板为氢氧化镍 $[Ni(OH)_3]$ 或三氧化二镍（Ni_2O_3）的活性物，负极板为镉（Cd），而电解液为氢氧化钾（KOH）或氢氧化钠（NaOH）等碱溶液（也可采用氢氧化镉或氢氧化镍等碱溶液）。镉镍蓄电池充、放电的化学反应式为：

$$Cd + 2Ni(OH)_3 \xrightleftharpoons[充电]{放电} Cd(OH)_2 + 2Ni(OH)_2$$

由以上反应式可知，电解液并未参与反应，它只是起传导电流的作用，因此在充、放电过程中，电解液密度不会改变。

镉镍蓄电池单个的额定端电压为 1.2V。充电终了时，端电压可达 1.75V；而放电后，端电压可降压 1V。

采用镉镍蓄电池组作操作电源，除不受供电系统运行情况的影响、工作可靠外，还有其大电流放电性能好，比功率大，机械强度高，使用寿命长，腐蚀性小，无须专用房间等优点，从而大大降低了投资，在用户供配电系统中应用比较普遍。

（二）由整流装置供电的直流操作电源

整流电源主要有硅整流电容储能式和复式整流两种。

1. 硅整流电容储能式直流电源

为了避免交流供电系统运行的影响，因此不单独采用硅整流器来做直流操作电源，而配合以电容器储能。在交流供电系统正常运行时，通过硅整流器供给直流操作电源，同时通过电容器储能。当交流供电系统电压降低或消失时，由储能电容器对继电器和跳闸回路供电，使之能正常动作，切除故障。

图 7-1 是一种硅整流电容储能式直流操作电源系统的接线图。为了保证直流操作电源的可靠性，采用两个交流电源和两台硅整流器。硅整流器 U1 主要用作断路器合闸电源，并可向控制、信号和保护回路供电。硅整流器 U2 的容量较小，则仅向控制、信号和保护回路供电。逆止元件 V1 和 V2 的主要作用：一是当直流电源电压因交流供电系统电压降低而降低时，使储能电容 $C1$、$C2$ 所储电能仅用于补偿自身所在的保护回路，而不向其他元件放电；二是限制 $C1$、$C2$ 向各断路器控制回路中的信号灯和重合闸继电器等放电，以保证其所供电的继电保护和跳闸线圈可靠动作。逆止元件 V3 和限流电阻 R 接在两组直流母线 WO(+) 和 WC(+) 之间，使直流合闸母线 WO 只向控制小母线 WC 供电，防止断路器合闸时，硅整流器 U2 又向合闸母线供电。R 用来限制控制回路短路时通过 V3 的电流，以免 V3 烧毁。储能电容器 $C1$ 用于对高压线路的继电保护和跳闸回路供电，而储能电容器 $C2$ 用于对其他元件的继电保护和跳闸回路供电。储能电容器多采用大容量的电解电容器，其容量应能保证继电保护和跳闸回路可靠地动作。

2. 复式整流的直流操作电源

复式整流是指提供直流操作电压的整流电源有以下两种：

（1）电压源　由变配电所的所用变压器或电压互感器供电，经铁磁谐振稳压器（当稳压要求较高时装设)和硅整流器供电给控制、信号和保护等二次回路。

(2) 电流源 由电流互感器供电,同样经铁磁谐振稳压器(亦当稳压要求较高时装设)和硅整流器供电给控制、信号和保护等二次回路。

图 7-2 是复式整流装置接线示意图。

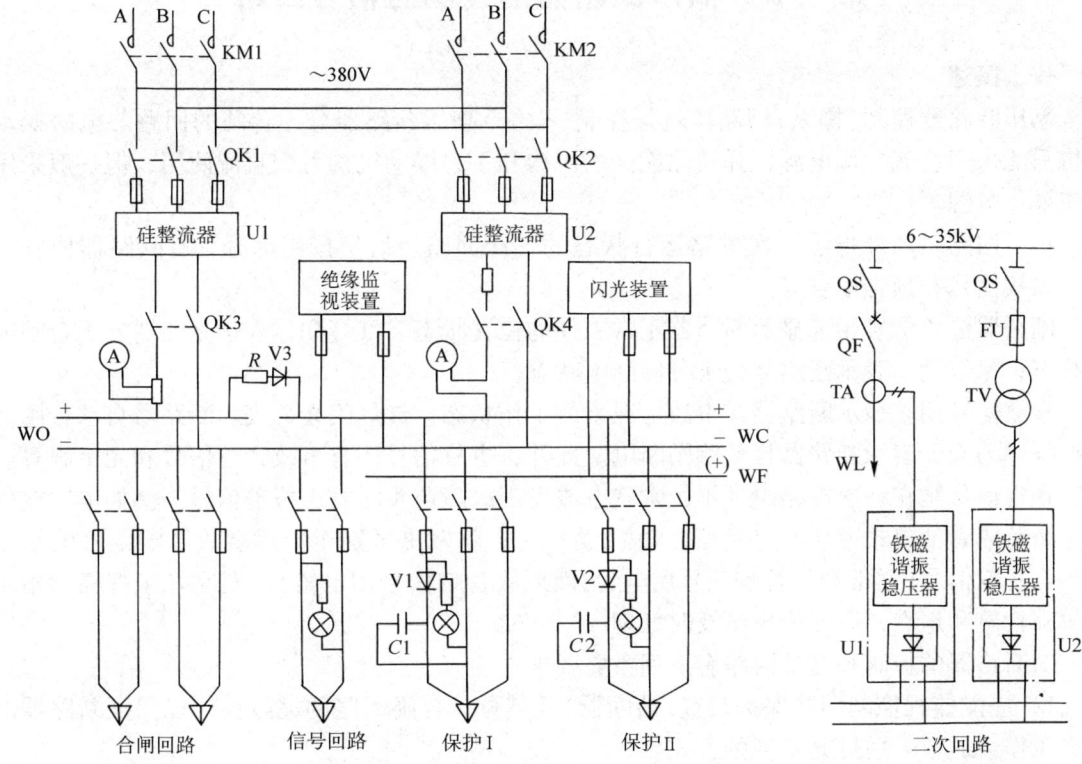

图 7-1 硅整流电容储能式直流操作电源系统接线图
C_1、C_2—储能电容器 WC—控制小母线
WF—闪光信号小母线 WO—合闸小母线

图 7-2 复式整流装置
接线示意图
TA—电流互感器
TV—电压互感器
U_1、U_2—硅整流器

由于复式整流装置既有电压源又有电流源,因此能保证交流供电系统在正常或故障情况下,直流系统均能可靠地供电。与上述电容储能式相比,复式整流装置能输出较大功率,电压的稳定性也更好。

三、交流操作电源

对采用交流操作的断路器,应采用交流操作电源。相应地,所有保护继电器、控制设备、信号装置及其他二次元件均采用交流型式。

交流操作电源分电流源和电压源两种。电流源取自电流互感器,主要供电给继电保护和跳闸回路。电压源取自变配电所的所用变压器或电压互感器,通常所用变压器作为正常工作电源,而电压互感器容量小,一般只作为油浸式变压器瓦斯保护的交流操作电源。

高压断路器跳闸回路的操作电源,已在第六章第二节中讲到,常见的有直接动作式(见图 6-17)和去分流跳闸式(见图 6-18)两种。

采用交流操作电源，可以使二次回路大大简化，投资大大减少，而且工作可靠，维护方便，但是不适用于比较复杂的继电保护、自动装置及其他二次回路。交流操作电源广泛用于中小变配电所中断路器采用手动操作或弹簧储能操作以及继电保护采用交流操作的场合。

第二节 高压断路器的控制与信号回路

一、概述

高压断路器控制（操纵）回路，就是控制（操纵）高压断路器分、合闸的回路。电磁操动机构只能采用直流操作电源，弹簧储能操动机构和手力操动机构可交直流两用，但一般采用交流操作电源。

信号回路是用来指示一次电路运行状态的二次回路。信号按用途分，有断路器位置信号、事故信号和预告信号等。

断路器位置信号用来显示断路器正常工作的位置状态。红灯亮，表示断路器处于合闸通电状态；绿灯亮，表示断路器处于分闸断电状态。

事故信号用来显示断路器在事故情况下的工作状态。红灯闪光，表示断路器自动合闸通电；绿灯闪光，表示断路器自动跳闸断电。此外，事故信号还有事故音响信号和光字牌等。

预告信号是在一次电路出现不正常状态或发现故障苗头时发出报警信号。例如电力变压器过负荷或者油浸式变压器轻瓦斯（气体）动作时，就发出区别于上述事故音响信号的另一种预告音响信号（通常预告音响信号用电铃，而事故音响信号用电笛），同时光字牌亮，指示出故障性质和地点，以便值班员及时处理。

对断路器的控制和信号回路有下列主要要求：

1）应能监视控制回路保护装置（熔断器）及其分、合闸回路的完好性，以保证断路器的正常工作，通常采用灯光监视的方式。

2）分、合闸操作完成后，应能使命令脉冲解除，即能断开分、合闸的电源。

3）应能指示断路器正常分、合闸的位置状态，并在自动合闸和自动跳闸时有明显的指示信号。如前所述，通常用红、绿灯的平光来指示断路器的合闸和分闸的正常位置，而用红、绿灯的闪光来指示断路器的自动合闸和跳闸。

4）断路器的事故跳闸回路，应按"不对应原理"接线。当断路器采用手力操动机构时，利用手力操动机构的辅助触头与断路器的辅助触头构成"不对应"关系，即操作机构（手柄）在合闸位置而断路器已跳闸时，发出事故跳闸信号。当断路器采用电磁操动机构或弹簧操动机构时，则利用控制开关的触头与断路器的辅助触头构成"不对应"关系，即控制开关（手柄）在合闸位置而断路器已跳闸时，发出事故跳闸信号。

5）对有可能出现不正常工作状态或故障的设备，应装设预告信号。预告信号应能使控制室或值班室的中央信号装置发出音响和灯光信号，并能指示故障地点和性质。通常用电铃作预告音响信号，用电笛作事故音响信号。

二、采用手动操作的断路器控制和信号回路

图 7-3 是手动操作的断路器控制和信号回路原理图。

合闸时，推上操作手柄使断路器合闸。这时断路器的辅助触头 QF3-4 闭合，红灯 HLR 亮，指示断路器已经合闸通电。由于有限流电阻 R_2，跳闸线圈 YR 虽有电流通过，但电流

很小，不会跳闸。红灯 HLR 亮，还表示跳闸回路及控制回路电源的熔断器 FU1 和 FU2 是完好的，即红灯 HLR 同时起着监视跳闸回路完好性的作用。

分闸时，扳下操作手柄使断路器分闸。这时断路器的辅助触头 QF3-4 断开，切断跳闸回路，同时辅助触头 QF1-2 闭合，绿灯 HLG 亮，指示断路器已经分闸断电。绿灯 HLG 亮，还表示控制回路电源的熔断器 FU1 和 FU2 是完好的，即绿灯 HLG 同时起着监视控制回路完好性的作用。

在正常操作断路器分、合闸时，由于操动机构辅助触头 QM 与断路器辅助触头 QF5-6 是同时切换的，所以事故信号回路（信号小母线 WS 所供的回路）总是断路的，不会错误地发出灯光、音响信号。

当一次电路发生短路故障时，继电保护装置动作，其出口继电器触头 KM 闭合，接通跳闸回路（QF3-4 原已闭合），使断路器跳闸。随后 QF3-4 断开，红灯 HLR 灭，并切断 YR 的电源；同时 QF1-2 闭合，绿灯 HLG 亮。这时操动机构的操作手柄虽然

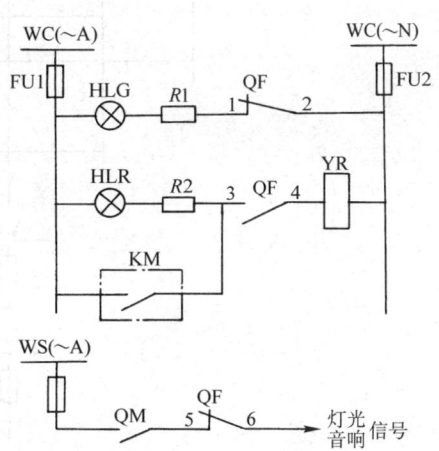

图 7-3 手动操作的断路器控制和信号回路
WC—控制小母线　WS—信号小母线
HLG—绿色指示灯　HLR—红色指示灯
R—限流电阻　YR—跳闸线圈（脱扣器）
KM—出口继电器触头
QF1~6—断路器 QF 的辅助触头
QM—手动操作机构的辅助触头

仍在合闸位置，但其黄色指示牌下掉，表示断路器自动跳闸。在信号回路中，由于操作手柄仍在合闸位置，其辅助触头 QM 闭合，而断路器已事故跳闸，QF5-6 返回闭合，因此事故信号接通，发出灯光和音响信号。当值班员得知事故跳闸信号后，可将断路器操作手柄扳下至分闸位置，这时黄色指示牌随之返回，事故灯光、音响信号也随之解除。

控制回路中分别与指示灯 HLG 和 HLR 串联的电阻 $R1$ 和 $R2$，除了具有限流作用外，还有防止指示灯灯座短路时造成控制回路短路或断路器误跳闸的作用。

三、采用电磁操动机构的断路器控制和信号回路

图 7-4 是采用电磁操动机构的断路器控制和信号回路原理图。其操作电源采用图 7-1 所示的硅整流电容储能的直流系统，控制开关采用双向自复式并具有保持触头的 LW5 型万能转换开关，其手柄正常为垂直位置(0°)。顺时针扳转 45°为合闸操作(ON)，手松开即自动返回（复位），保持合闸状态。反时针扳转 45°为分闸操作(OFF)，手松开也自动返回，保持分闸状态。图中控制开关 SA 两侧虚线上打黑点（·）的触头，表示该触头在此位置接通。SA 两侧的箭头(→)，指示 SA 手柄自动返回的方向。表 7-1 是图 7-4 所示控制开关 SA 的触头图表，可供读图参考。

表 7-1　图 7-4 所示控制开关 SA 的触头图表

SA 触头编号		1—2	3—4	5—6	7—8	9—10
手柄位置	分闸后	↑		×		
	合闸操作	↗	×		×	
	合闸后	↑		×		×
	分闸操作	↖			×		×

注："×"表示触头接通。

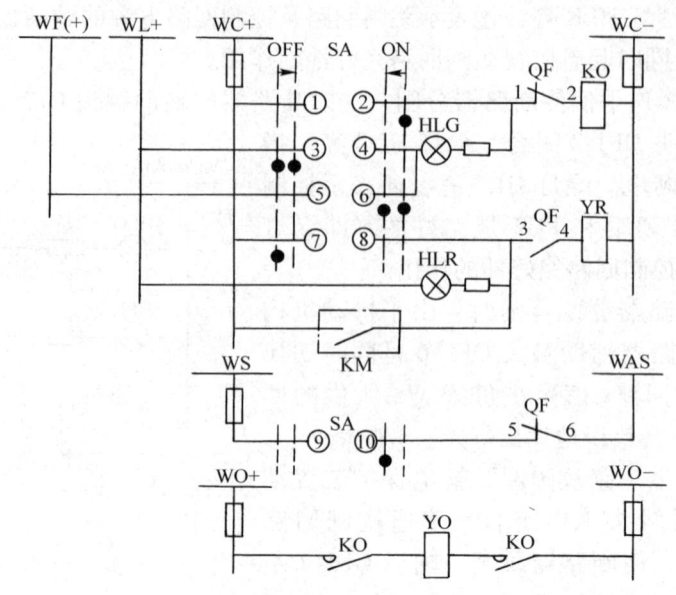

图 7-4 采用电磁操动机构的断路器控制和信号回路
WC—控制小母线 WL—灯光指示小母线 WF—闪光信号小母线
WS—信号小母线 WAS—事故音响信号小母线 WO—合闸小母线
SA—控制开关 KO—合闸接触器 YO—电磁合闸线圈 YR—跳闸线圈
KM—出口继电器触头 QF1~6—断路器 QF 的辅助触头
HLG—绿色指示灯 HLR—红色指示灯
ON—合闸操作方向 OFF—分闸操作方向

合闸时，将控制开关 SA 的手柄顺时针扳转 45°。这时触头 SA1-2 接通，合闸接触器 KO 通电（其中 QF1-2 原已闭合），其主触头闭合，使电磁合闸线圈 YO 通电动作，使断路器合闸。合闸完成后，控制开关 SA 自动返回，其触头 SA1-2 断开，QF1-2 也断开，切断合闸回路；同时 QF3-4 闭合，红灯 HLR 亮，指示断路器已经合闸，并监视着跳闸线圈 YR 回路的完好性。

分闸时，将控制开关 SA 的手柄反时针扳转 45°，这时其触头 SA7-8 接通，跳闸线圈 YR 通电（其中 QF3-4 原已闭合），使断路器分闸。分闸完成后，控制开关 SA 自动返回，其触头 SA7-8 断开，断路器辅助触头 QF3-4 这时也断开，切断跳闸回路；同时触头 SA3-4 闭合，QF1-2 也闭合，绿灯 HLG 亮，指示断路器已经分闸，并监视着合闸接触器 KO 回路的完好性。

由于红绿指示灯兼有监视分、合闸回路完好性的作用，长时间运行，耗能较多。因此为减少操作电源中储能电容器能量的过多消耗，故另设灯光指示小母线 WL(+)，专用来接入红绿指示灯。储能电容器的能量只用来供电给控制小母线 WC。

当一次电路发生短路故障时，继电保护动作，其出口继电器触头 KM 闭合，接通跳闸线圈 YR 回路（其中 QF3-4 原已闭合），使断路器跳闸。随后 QF3-4 断开，使红灯 HLR 灭，并切断跳闸回路。同时 QF1-2 闭合，而 SA 尚在合闸后位置，其触头 SA5-6 闭合，从而接通闪光电源小母线 WF(+)，使绿灯 HLG 闪光，表示断路器已自动跳闸。由于断路器自动跳闸，SA 仍在合闸位置，其触头 SA9-10 闭合，而断路器却已跳闸，其触头 QF5-6 返回闭合，因此事故音响信号回路接通，在绿灯 GN 闪光的同时，并发出音响信号（电笛响）。当值班员得知事故跳闸信号后，可将控制开关 SA 的手柄扳向分闸位置，即反时针扳转 45°后松开让其自动返回，使 SA 的触头与 QF 的触头恢复对应关系，这时全部事故信号立即解除。

四、采用弹簧操动机构的断路器控制和信号回路

弹簧操动机构是利用预先储能的合闸弹簧释放能量，使断路器合闸。合闸弹簧由交直流两用电动机拖动储能，也可手动储能。

图 7-5 是采用 CT7 型弹簧操动机构的断路器控制和信号回路原理图，其控制开关采用 LW2 或 LW5 型万能转换开关。

合闸前，先按下按钮 SB，使储能电动机 M 通电（位置开关 SQ3 原已闭合），从而使合闸弹簧储能。储能完成后，SQ3 自动断开，切断 M 的回路，同时位置开关 SQ1 和 SQ2 闭合，为分合闸做好准备。

合闸时，将控制开关 SA 手柄扳向合闸（ON）位置，其触头 SA3-4 接通，合闸线圈 YO 通电，使弹簧释放，通过传动机构使断路器 QF 合闸。合闸后，其辅助触头 QF1-2 断开，绿灯 HLG 灭，并切断合闸电源；同时 QF3-4 闭合，红灯 HLR 亮，指示断路器在合闸位置，并监视着跳闸回路的完好性。

分闸时，将控制开关 SA 手柄扳向分闸（OFF）位置，其触头 SA1-2 接通，跳闸线圈 YR 通电（其中 QF3-4 原已闭合），使断路器 QF 分闸。分闸后，QF3-4 断开，红灯 HLR 灭，并切断跳闸回路；同时 QF1-2 闭合，绿灯 HLG 亮，指示断路器在分闸位置，并监视着合闸回路的完好性。

当一次电路发生短路故障时，保护装置动作，其出口继电器 KM 触头闭合，接通跳闸线圈 YR 回路（其中 QF3-4 原已闭合），使断路器 QF 跳闸。随后 QF3-4 断开，红灯 HLR 灭，并切断跳闸回路；同

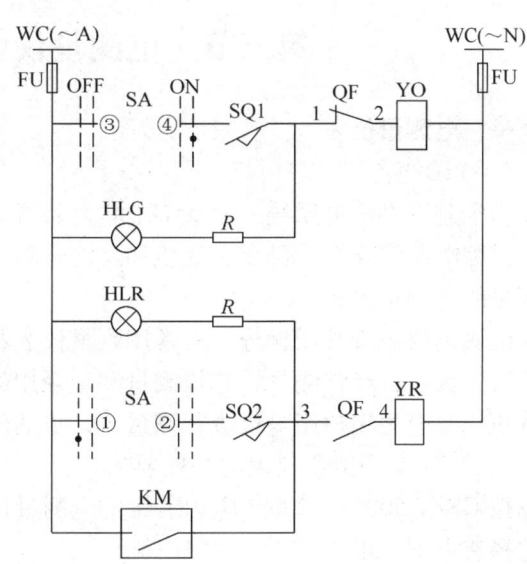

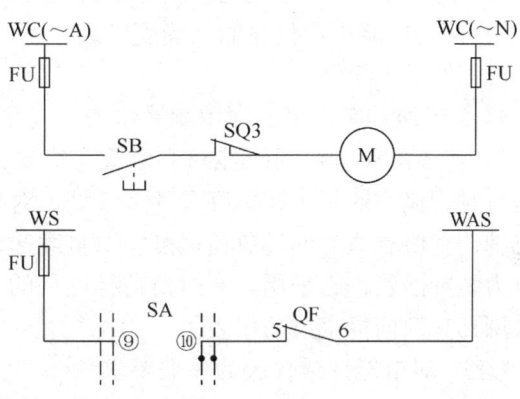

图 7-5　采用弹簧操动机构的断路器控制和信号回路
WC—控制小母线　WS—信号小母线
WAS—事故音响信号小母线　SA—控制开关　SB—按钮
SQ—储能位置开关　YO—电磁合闸线圈　YR—跳闸线圈
QF1~6—断路器辅助触头　M—储能电动机
HLG—绿色指示灯　HLR—红色指示灯
KM—继电保护出口触头

时，由于断路器是自动跳闸，SA 手柄仍在合闸位置，其触头 SA9-10 闭合，而断路器 QF 已经跳闸，QF5-6 闭合，因此事故音响信号回路接通，发出事故跳闸音响信号。值班员得知此信号后，可将 SA 手柄扳向分闸位置（OFF），使 SA 触头与 QF 的辅助触头恢复对应关系，从而使事故跳闸信号解除。

储能电动机 M 由按钮 SB 控制，从而保证断路器合在发生持续短路故障的一次电路上时，断路器自动跳闸后不会重复地误合闸，因而不需另设电气"防跳"（防止反复跳、合闸）的装置。

第三节　电测量仪表与绝缘监视装置

一、电测量仪表

（一）概述

为了监视供配电系统一次设备（电力装置）的运行状态和计量供配电系统消耗的电能，保证供配电系统安全、可靠、优质和经济合理地运行，供配电系统的电力装置中必须装设一定数量的电测量仪表。

电测量仪表按其用途分，有常用测量仪表和电能计量仪表两类。前者是对一次电路的电力运行参数进行经常测量、选择测量和记录用的仪表，后者是对供配电系统进行技术经济考核分析和对电力用户用电量进行测量、计量的仪表，即各种类型的电能表（又称电度表）。

（二）对常用测量仪表的一般要求

按 GB/T 50063—2008《电力装置的电测量仪表装置设计规范》规定，对常用测量仪表及其选择有下列要求：

1）常用测量仪表应能正确反映电力装置的运行参数和绝缘状况。

2）交流回路指示仪表的准确度等级，不应低于 2.5 级；直流回路指示仪表的准确度等级，不应低于 1.5 级。

3）1.5 级和 2.5 级的常用测量仪表，应配用准确度不低于 1.0 级的电流、电压互感器。

4）仪表的测量范围（量限）和电流互感器变流比的选择，宜满足当电力装置回路以额定值运行时，仪表的指示在标度尺的 2/3 处。对有可能过负荷运行的电力装置回路，仪表的测量范围，宜留有适当的过负荷裕度。对重载起动的电动机和运行中有可能出现短时冲击电流的电力装置回路，宜采用具有过负荷标度尺的电流表。对有可能双向运行的电力装置回路，应采用具有双向标度尺的仪表。

（三）对电能计量仪表的一般要求

按 GB/T 50063—2008 规定，对电能计量仪表（电能表）及其选择有下列要求：

1）月平均用电量在 100MW·h 及以上的电力用户电能计量点，应采用 0.5 级的有功电能表。月平均用电量小于 100MW·h、在 315kVA 及以上的变压器高压侧计费的电力用户电能计量点，应采用 1.0 级的有功电能表。在 315kVA 以下的变压器低压侧计费的电力用户电能计量点以及仅作为企业内部经济技术考核而不计费的线路和电力装置，均可采用 2.0 级有功电能表。

2）在 315kVA 及以上的变压器高压侧计费的电力用户电能计量点和并联电力电容器组，均应采用 2.0 级的无功电能表。在 315kVA 以下的变压器低压侧计费的电力用户电能计量点及仅作为企业内部经济技术考核而不计费的电力用户电能计量点，可采用 3.0 级无功电能表。

3）0.5 级的有功电能表，应配用 0.2 级的互感器。1.0 级的有功电能表、1.0 级的专用电能计量仪表、2.0 级计费用的有功电能表及 2.0 级的无功电能表，应配用不低于 0.5 级的互感器。仅作为企业内部经济技术考核而不计费的2.0级有功电能表及3.0级无功电能表，宜配用不低于1.0级的互感器。

（四）变配电装置中各部分仪表的配置要求

供配电系统变配电装置中各部分仪表的配置要求如下：

1）在电力用户的电源进线上，或经供电部门同意的电能计量点，必须装设计费的有功电能表和无功电能表，而且宜采用全国统一标准的电能计量柜。为了解负荷电流，进线上还应装设一只电流表。

2）变配电所的每段母线上，必须装设电压表测量电压。在中性点非有效接地系统（即小接地电流系统）中，各段母线上还应装设绝缘监视装置。如果出线很少时，绝缘监视装置可不装设。

3）35~110kV/6~10kV的电力变压器，应装设电流表、有功功率表、无功功率表、有功电能表和无功电能表各一只，装在哪一侧视具体情况而定。6~10kV/3~6kV的电力变压器，在其一侧装设电流表、有功和无功电能表各一只。6~10kV/0.4kV的电力变压器，在高压侧装设电流表和有功电能表各一只；如为单独经济核算单位的电力变压器，还应装设一只无功电能表。

4）3~10kV的配电线路，应装设电流表、有功和无功电能表各一只。如不是送往单独经济核算单位时，可不装无功电能表。当线路负荷在5000kVA及以上时，可再装设一只有功功率表。

5）380V的电源进线或变压器低压侧，各相应装一只电流表。如果变压器高压侧未装电能表时，低压侧还应装设有功电能表一只。

6）低压动力线路上，应装设一只电流表。低压照明线路及三相负荷不平衡率大于15%的线路上，应装设三只电流表以分别测量各相电流。如需计量电能，一般应装设一只三相四线有功电能表。对三相负荷平衡的动力线路，可只装设一只单相有功电能表，实际电能按其计度的3倍计。

7）并联电力电容器组的总回路上，应装设三只电流表，分别测量各相电流，并应装设一只无功电能表。

图7-6是6~10kV高压线路上装设的电测量仪表电路图。

图7-7是低压220V/380V照明线路上装设的电测量仪表电路图。

关于电测量仪表的结构原理等，已在《电工测量与仪表》课程中讲述，这里从略。

二、绝缘监视装置

绝缘监视装置用于小接地电流的系统中，以便及时发现单相接地故障，设法处理，以免故障发展为两相接地短路，造成停电事故。

绝缘监视装置可采用三个单相双绕组电压互感器和三只电压表，接成图2-15c所示接线，也可采用三个单相三绕组电压互感器或一个三相五芯柱三绕组电压互感器，接成图2-15d所示的接线，亦即图7-8所示的接线。接成Y_0的二次绕组，其中三只电压表均接各相的相电压。当一次电路的某一相发生接地故障时，电压互感器二次侧的对应相的电压表指零，而其他两相的电压表读数则升高到线电压。由指零的电压表所在相即可得知该相发生了单相接地故障，但不能判明是哪一条线路发生了故障，因此这种绝缘监视装置是无选择性的，只适用于高压出线不多的系统，或作为有选择性的单相接地保护（见第六章第三节）的

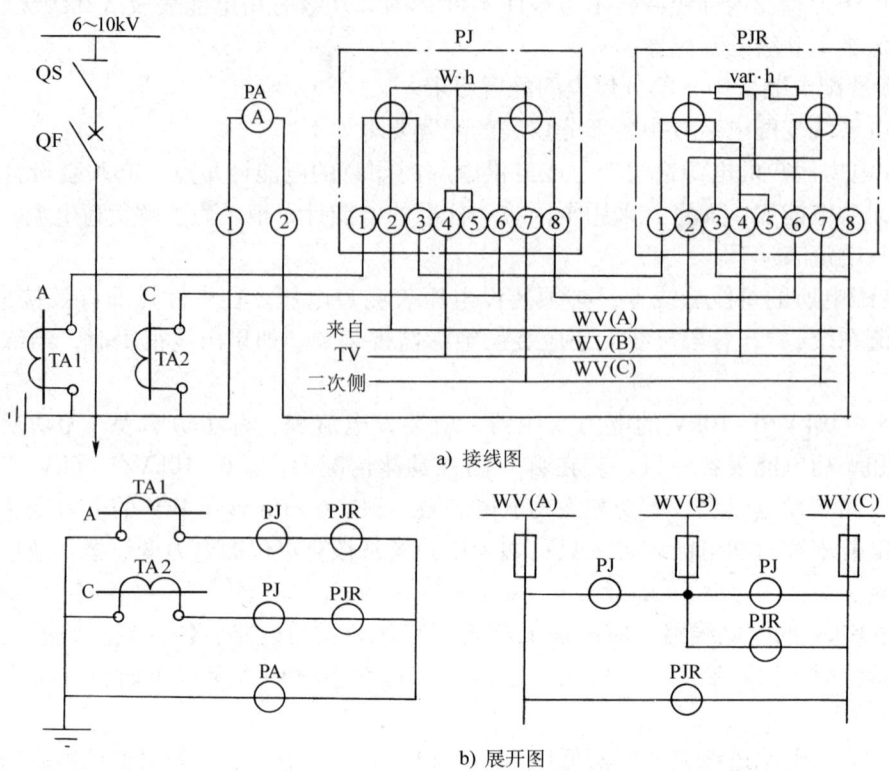

图 7-6 6~10kV 高压线路电测量仪表电路图

TA1、TA2—电流互感器 TV—电压互感器 PA—电流表
PJ—三相有功电能表 PJR—三相无功电能表 WV—电压小母线

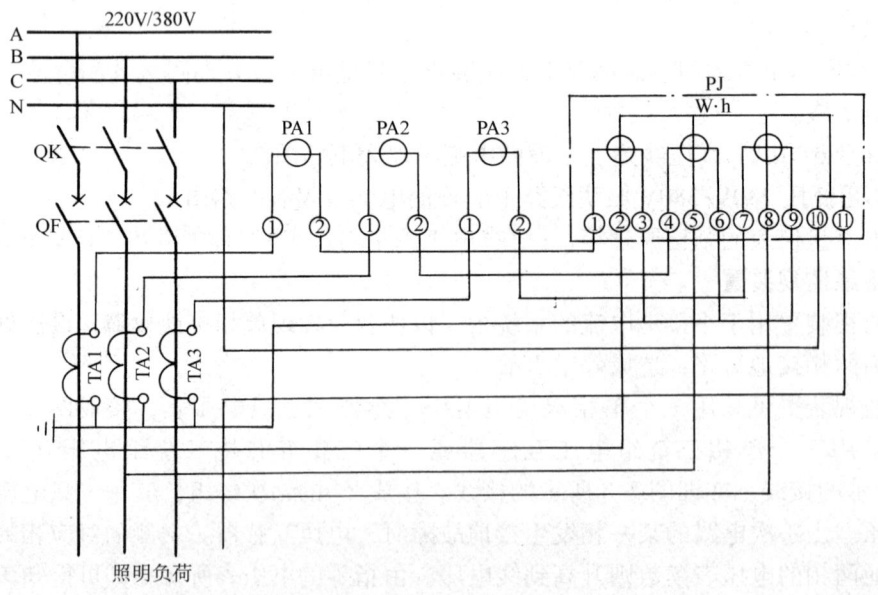

图 7-7 220V/380V 照明线路电测量仪表电路图

TA1~TA3—电流互感器 PA1~PA3—电流表 PJ—三相四线有功电能表

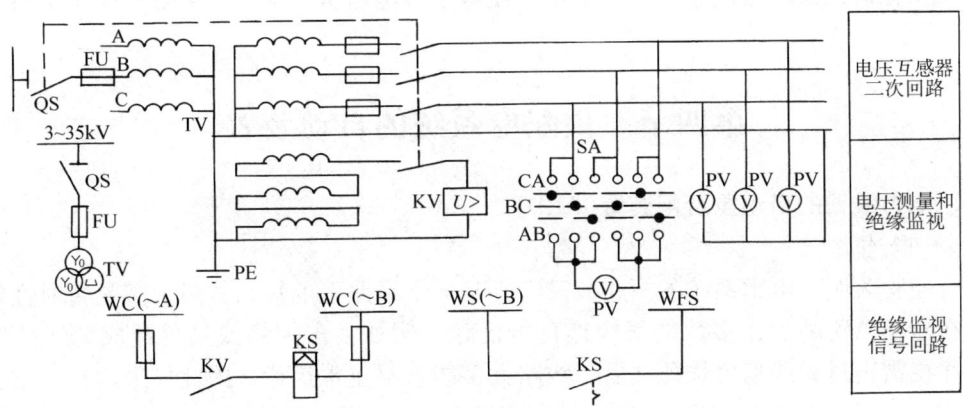

图 7-8　6~35kV 小电流接地系统的绝缘监视装置电路图
TV—电压互感器　QS—高压隔离开关及其辅助触头　SA—电压转换开关
PV—电压表　KV—电压继电器　KS—信号继电器
WC—控制小母线　WS—信号小母线　WFS—预告信号小母线

一种辅助装置。电压互感器接成开口三角(⊿)的辅助二次绕组,构成零序电压过滤器,供电给一个过电压继电器。在系统正常运行时,开口三角(⊿)的开口处电压接近于零,继电器不会动作。但当一次电路发生单相接地故障时,开口三角(⊿)的开口处将出现近 100V 的零序电压,使电压继电器动作,发出报警的灯光信号和音响信号。

图 7-8 所示电路,还可通过电压转换开关 SA,测量一次电路的三个线电压。

必须指出: 作为绝缘监视用的三相电压互感器不能是三芯柱的,而必须是五芯柱的。由于单相接地而在电压互感器铁心中引起的三相零序磁通是同相的,不可能在三芯柱的铁心内形成闭合回路,零序磁通只能经铁心附近的气隙闭合,如图 7-9a 所示。这零序磁通也就不可能与互感器的二次绕组及辅助二次绕组交链,因此在二次绕组及辅助二次绕组内不会感生零序电压,从而无法反应一次侧的单相接地故障。而五芯柱的电压互感器,由于单相接地而在其铁心中引起的三相零序磁通,可通过互感器的两个边柱形成闭合回路,如图 7-9b 所示。

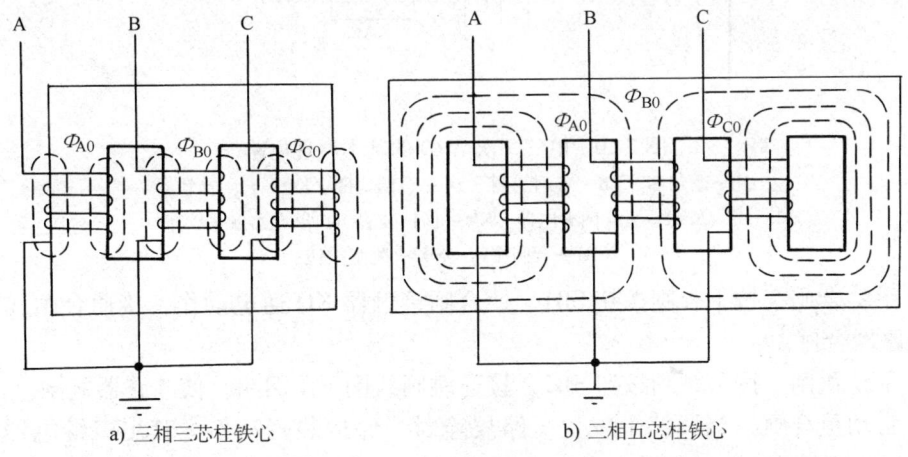

a) 三相三芯柱铁心　　　　　　　　b) 三相五芯柱铁心

图 7-9　电压互感器中的零序磁通

因此可在互感器二次绕组内感生零序电压，使电压继电器 KV 动作，从而实现一次系统的绝缘监视。

第四节　供配电系统的自动装置

一、电力线路的自动重合闸装置（ARD）

（一）概述

运行经验表明，电力系统的短路故障特别是架空线路上的短路故障大多是暂时性的，这些故障在断路器跳闸后，多数能很快地自行消除。例如雷击闪络或鸟兽造成的线路短路故障，往往在雷击过后或鸟兽烧死之后，线路大多能恢复正常运行。因此如采用自动重合闸装置（Auto-Reclosing Device，ARD），使断路器在跳闸后，经很短时间又自动重新合闸送电，从而可大大提高供电可靠性，避免因停电而给国民经济带来的巨大损失。

自动重合闸装置按其操作方式分，有机械式和电气式；按组成元件分，有机电型、晶体管型和微机型；按重合次数分，有一次重合式、二次重合式和三次重合式。

供配电系统中采用的 ARD，一般是一次重合式，因为一次重合式比较简单经济，而且基本上能满足供电可靠性的要求。运行经验证明，ARD 的重合成功率随着重合次数的增加而显著降低。对架空线路来说，一次重合成功率可达 60%～90%，而二次重合成功率只有 15%左右，三次重合成功率仅 3%左右。因此一般用户的供配电系统中只采用一次重合闸。

（二）电气一次自动重合闸的基本原理电路

一次自动重合闸装置的基本原理电路图如图 7-10 所示。

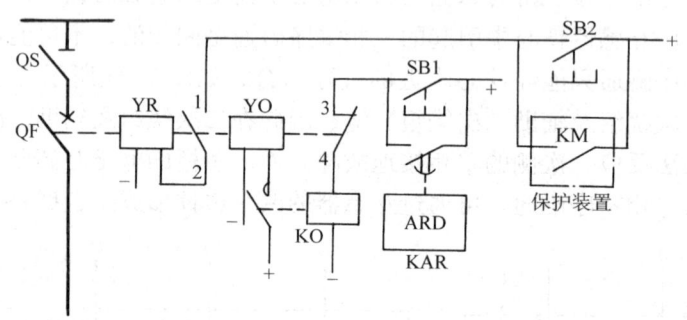

图 7-10　电气一次 ARD 的基本原理电路
QF—断路器　YR—跳闸线圈　YO—合闸线圈　KO—合闸接触器
KAR—重合闸继电器　KM—保护装置出口继电器触头
SB1—合闸按钮　SB2—跳闸按钮

（1）手动合闸　按下合闸按钮 SB1，使合闸接触器 KO 通电动作，接通合闸线圈 YO 回路，使断路器合闸。

（2）手动跳闸　按下跳闸按钮 SB2，接通跳闸线圈 YR 回路，使断路器跳闸。

（3）自动重合闸　当线路上发生短路故障时，保护装置动作，其出口继电器触头 KM 闭合，接通跳闸线圈 YR 的回路，使断路器跳闸。断路器跳闸后，其辅助触头 QF3-4 闭合，同时重合闸继电器 KAR 起动，经短延时（一般为 0.5s）接通合闸接触器 KO 回路，接触器 KO

又接通合闸线圈 YO 回路，使断路器重新合闸，恢复供电。

（三）电气一次自动重合闸装置示例

图 7-11 是采用 DH-2 型重合闸继电器的电气一次自动重合闸装置（ARD）的展开式原理电路图（图中仅绘出与 ARD 有关的部分）。该电路的控制开关 SA1 采用 LW2 型万能转换开关，其合闸（ON）和分闸（OFF）操作各有三个位置：预备分、合闸，正在分、合闸，分、合闸后。SA1 两侧的箭头"→"指向就是这种操作程序。选择开关 SA2 采用 LW2-1.1/F4-X 型，只有合闸（ON）和分闸（OFF）两个位置，用来投入和解除 ARD。

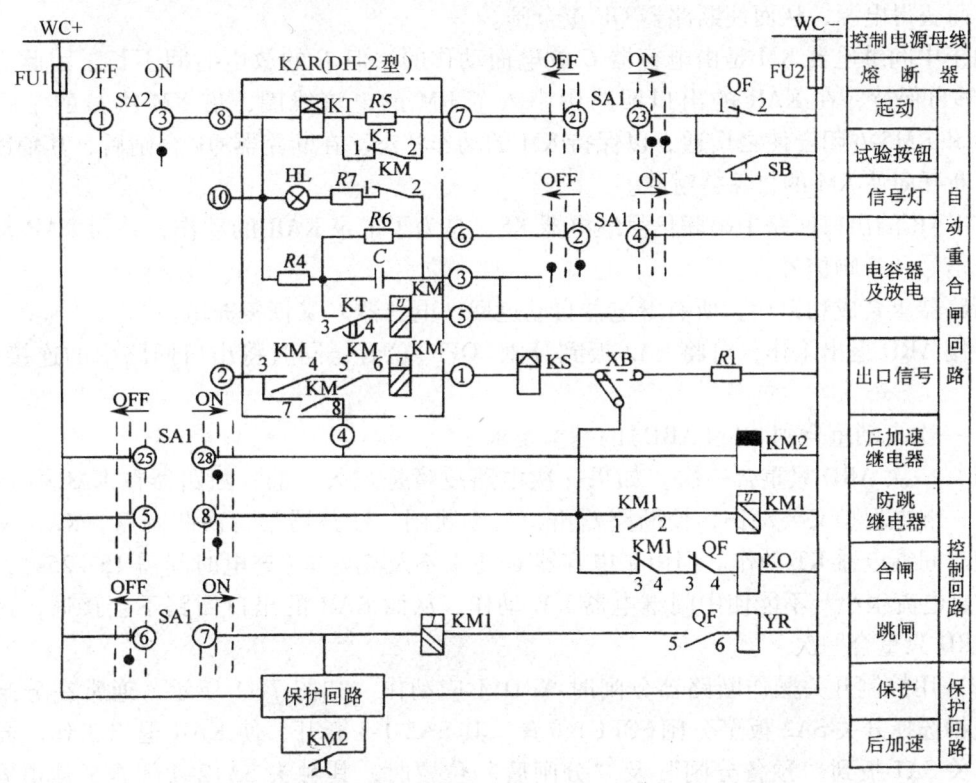

图 7-11 电气一次自动重合闸装置（ARD）展开式原理电路图
WC—控制小母线　SA1—控制开关　SA2—选择开关
KAR—DH-2 型重合闸继电器（内含时间继电器 KT、中间继电器 KM、指示灯 HL 及电阻 R、电容器 C 等）
KM1—防跳继电器（DZB-115 型中间继电器）　KM2—后加速继电器（DZS-145 型中间继电器）
KS-DX-11 型信号继电器　KO—合闸接触器　YR—跳闸线圈
XB—连接片　QF—断路器辅助触头

1. 一次自动重合闸装置（ARD）的工作原理

系统正常运行时，控制开关 SA1 和选择开关 SA2 都扳到合闸（ON）位置，ARD 投入工作。这时重合闸继电器 KAR 中的电容器 C 经 $R4$ 充电，同时指示灯 HL 亮，表示控制小母线 WC 的电压正常，电容器 C 处于充电状态。

当一次电路发生短路故障而使断路器 QF 自动跳闸时，断路器辅助触头 QF1-2 闭合，而控制开关 SA1 仍处在合闸位置，从而接通 KAR 的起动回路，使 KAR 中的时间继电器 KT 经它本身的常闭触头 KT1-2 而动作。KT 动作后，其常闭触头 KT1-2 断开，串入电阻 $R5$，使

KT 保持动作状态。串入 R_5 的目的，是限制通过 KT 线圈的电流，防止线圈过热烧毁，因为 KT 线圈不是按长期接上额定电压设计的。

时间继电器 KT 动作后，经一定延时，其延时闭合的常开触头 KT3-4 闭合。这时电容器 C 对 KAR 中的中间继电器 KM 的电压线圈放电，使 KM 动作。

中间继电器 KM 动作后，其常闭触头 KM1-2 断开，使指示灯 HL 熄灭，表示 KAR 已经动作，其出口回路已经接通。合闸接触器 KO 由控制小母线 WC 经 SA2、KAR 中的 KM3-4、KM5-6 两对触头及 KM 的电流线圈、KS 线圈、连接片 XB、触头 KM1 3-4 和断路器辅助触头 QF3-4 而获得电源，从而使断路器 QF 重合闸。

由于中间继电器 KM 是由电容器 C 放电而动作的，但 C 的放电时间不长，因此为了使 KM 能够自保持，在 KAR 的出口回路中串入了 KM 的电流线圈，借 KM 本身的常开触头 KM3-4 和 KM5-6 闭合使之接通，以保持 KM 的动作状态。在断路器 QF 合闸后，其辅助触头 QF3-4 断开而使 KM 的自保持解除。

在 KAR 的出口回路中串联信号继电器 KS，是为了记录 KAR 的动作，并为 KAR 动作发出灯光信号和音响信号。

断路器重合成功以后，所有继电器自动返回，电容器 C 又恢复充电。

要使 ARD 退出工作，可将 SA2 扳到分闸（OFF）位置，同时将出口回路中的连接片 XB 断开。

2. 一次自动重合闸装置（ARD）的基本要求

（1）一次 ARD 只重合一次　如果一次电路故障是永久性的，断路器在 KAR 作用下重合闸后，继电保护又要动作，使断路器再次自动跳闸。断路器第二次跳闸后，KAR 又要起动，使时间继电器 KT 动作。但由于电容器 C 还来不及充好电（充电时间需 15~25s），所以 C 的放电电流很小，不能使中间继电器 KM 动作，从而 KAR 的出口回路不会接通，这就保证了 ARD 只重合一次。

（2）用控制开关操作断路器分闸时 ARD 不应动作　如图 7-11 所示，通常在分闸操作时，先将选择开关 SA2 扳至分闸（OFF）位置，其 SA2 1-3 断开，使 KAR 退出工作。同时将控制开关 SA1 扳到"预备分闸"及"分闸后"位置时，其触头 SA12-4 闭合，使电容器 C 先对 R_6 放电，从而使中间继电器 KM 失去动作电源。因此即使 SA2 没有扳到分闸位置（使 KAR 退出的位置），在采用 SA1 操作分闸时，断路器也不会自行重合闸。

（3）ARD 的"防跳"措施　当 KAR 出口回路中的中间继电器 KM 的触头被粘住时，应防止断路器多次重合于发生永久性短路故障的一次电路上。

图 7-11 所示 ARD 电路中，采用了两项"防跳"措施：①在 KAR 的中间继电器 KM 的电流线圈回路（即其自保持回路）中，串联了它自身的两对常开触头 KM 3-4 和 KM 5-6。这样，万一其中一对常开触头被粘住，另一对常开触头仍能正常工作，不致发生断路器"跳动"即反复跳、合闸现象。②为了防止万一 KM 的两对触头 KM 3-4 和 KM5-6 同时被粘住时断路器仍可能"跳动"，故在断路器的跳闸线圈 YR 回路中，又串联了防跳继电器 KM1 的电流线圈。在断路器分闸时，KM1 的电流线圈同时通电，使 KM1 动作。当 KM 3-4 和 KM 5-6 同时被粘住时，KM1 的电压线圈经它自身的常开触头 KM1 1-2、XB、KS 线圈、KM 电流线圈及其两对触头 KM3-4、KM5-6 而带电自保持，使 KM1 在合闸接触器 KO 回路中的常闭触头 KM1 3-4 也同时保持断开，使合闸接触器 KO 不致接通，从而达到"防跳"的目的。因

此这防跳继电器 KM1 实际是一种分闸保持继电器。

采用了防跳继电器 KM1 以后，即使用控制开关 SA1 操作断路器合闸，只要一次电路存在着故障，继电保护使断路器跳闸后，断路器也不会再次合闸。当 SA1 的手柄扳到"合闸"位置时，其触头 SA1 5-8 闭合，合闸接触器 KO 通电，使断路器合闸。如果一次电路存在着故障，继电保护将使断路器自动跳闸。在跳闸回路接通时，防跳继电器 KM1 起动。这时即使 SA1 手柄扳在"合闸"位置，但由于 KO 回路中 KM1 的常闭触头 KM1 3-4 断开，SA1 的触头 SA1 5-8 闭合，也不会再次接通 KO，而是接通 KM1 的电压线圈使 KM1 自保持，从而避免断路器再次合闸，达到"防跳"的要求。当 SA1 回到"合闸后"位置时，其触头 SA1 5-8 断开，使 KM1 的自保持随之解除。

3. ARD 与继电保护装置的配合

假设线路上装有带时限的过电流保护和电流速断保护，则在线路末端发生短路时，电流速断保护不动作，只有过电流保护动作，使断路器跳闸。断路器跳闸后，由于 KAR 动作，将使断路器重新合闸。如果短路故障是永久性的，则过电流保护又要动作，使断路器再次跳闸。但由于过电流保护带有时限，因而将使故障延续时间延长，危害加剧。为了减小危害，缩短故障时间，因此一般采取重合闸后加速保护装置动作的措施。

由图 7-11 可知，在 KAR 动作后，KM 的常开触头 KM7-8 闭合，使加速继电器 KM2 动作，其延时断开的常开触头立即闭合。如果一次电路的短路故障是永久性的，则由于 KM2 触头的闭合，使保护装置起动后，不经时限元件，而只经 KM2 触头直接接通保护装置出口元件，使断路器快速跳闸。ARD 与保护装置的这种配合方式，称为 ARD"后加速"。

由图 7-11 还可看出，控制开关 SA1 还有一对触头 SA1 25-28，它在 SA1 手柄在"合闸"位置时接通。因此当一次电路存在着故障而 SA1 手柄在"合闸"位置时，直接接通加速继电器 KM2，也能加速故障电路的切除。

二、备用电源自动投入装置（APD）

（一）概述

在要求供电可靠性较高的变配电所中，通常设有两路或以上的电源进线，或者设有自备电源。在企业的车间变电所低压侧，大多设有与相邻车间变电所相连的低压联络线。如果在作为备用电源的线路上装设备用电源自动投入装置（Auto-put-into device of reserve-source，缩写为 APD），则在工作电源线路突然断电时，利用失电压保护装置使该线路的断路器跳闸，而备用电源线路的断路器则在 APD 作用下迅速合闸，使备用电源投入运行，从而大大提高供电可靠性，保证对用户的不间断供电。

（二）备用电源自动投入装置的基本原理电路

备用电源自动投入装置的基本原理电路图如图 7-12 所示。

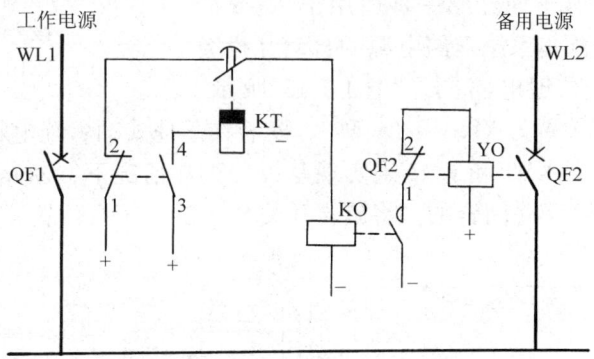

图 7-12 备用电源自动投入装置（APD）的基本原理电路
QF1—工作电源进线 WL1 上的断路器
QF2—备用电源进线 WL2 上的断路器
KT—时间继电器 KO—合闸接触器 YO—QF2 的合闸线圈

（1）正常工作状态　断路器 QF1 合闸，电源 WL1 供电；而断路器 QF2 断开，电源 WL2 备用。QF1 的辅助触头 QF1 3-4 闭合，时间继电器 KT 动作，其触头是闭合的，但由于断路器 QF1 的另一对辅助触头 QF1 1-2 处于断开状态，因此合闸接触器 KO 不会通电动作。

（2）备用电源自动投入　当工作电源 WL1 断电引起失压保护动作使断路器 QF1 跳闸时，其辅助触头 QF1 3-4 断开，使时间继电器 KT 断电。在其延时断开触头尚未断开前，由于断路器 QF1 的辅助触头 QF1 1-2 闭合，接通合闸接触器 KO 回路，使之动作，接通断路器 QF2 的合闸线圈 YO 回路，使 QF2 合闸，从而使备用电源 WL2 投入运行。在 KT 的延时断开触头经延时（约 0.5s）断开时，切断 KO 合闸回路。QF2 合闸后，其辅助触头 QF2 1-2 断开，切断 YO 合闸回路。

（三）备用电源自动投入装置示例

下面介绍一种适用于 TN-S 低压配电系统双路电源的自动互投装置原理电路图，如图 7-13 所示。

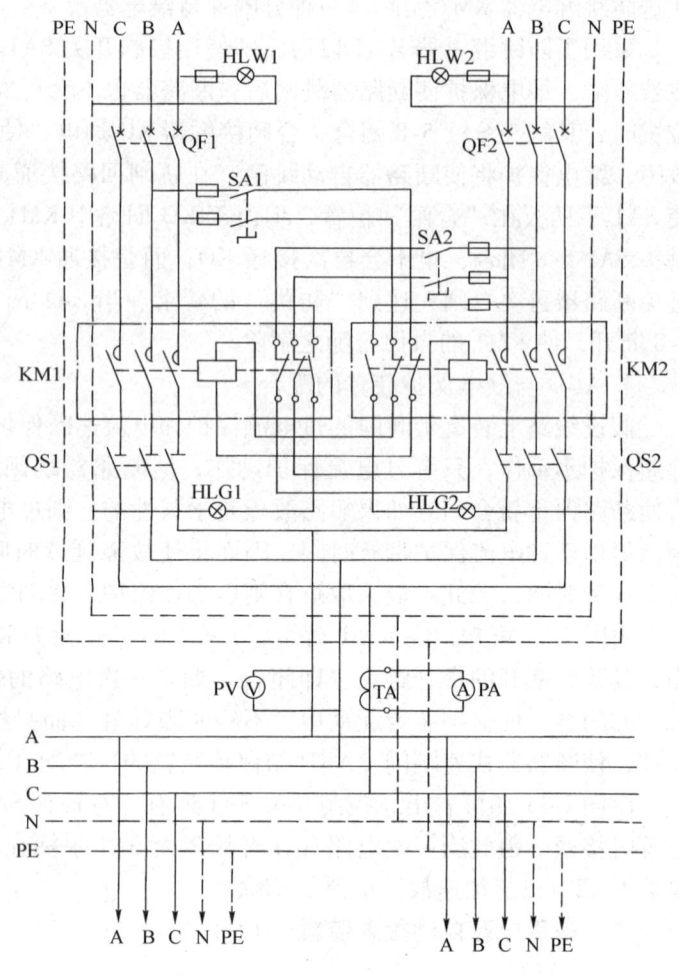

图 7-13　XLS-(200、400、600)-1A 型双路电源自动互投装置的原理电路

QF—断路器　QS—刀开关　KM—接触器　SA—旋转开关
TA—电流互感器　PA—电流表　PV—电压表
HLW—白色指示灯　HLG—绿色指示灯

该装置为 XLS-□-1A 型[○]，安装在落地式动力配电箱内，它利用装设在电源进线上的两台接触器 KM1 和 KM2 来实现互投。正常情况下，断路器 QF1、QF2 和隔离开关（刀开关）QS1、QS2 都是闭合的。将旋转开关 SA1 旋至闭合位置，则接触器 KM1 通电动作，其主触头闭合，

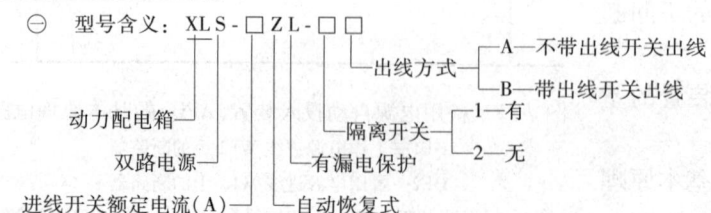

○ 型号含义：XLS-□ZL-□□
　出线方式——A—不带出线开关出线
　　　　　　　B—带出线开关出线
　隔离开关——1—有
　　　　　　　2—无
　有漏电保护
　自动恢复式
　动力配电箱
　双路电源
　进线开关额定电流（A）

工作电源投入运行。为使备用电源处于备用状态，应将旋转开关 SA2 也旋至闭合位置。但由于接触器 KM2 的线圈回路串有 KM1 的常闭辅助触头，在 KM1 吸合状态下这常闭触头是断开的，因此 KM2 不会通电动作，其主触头不会闭合，备用电源仍是断开的。当工作电源断电时，接触器 KM1 失电返回，断开工作电源；同时其常闭触头返回闭合，使接触器 KM2 通电动作，其主触头闭合，使备用电源自动投入。反之，如果备用电源又发生断电，则接触器 KM2 又失电返回，并使 KM1 通电动作，又投入工作电源。

此装置中两只白色指示灯 HLW1、HLW2，作为电源有电指示；两只绿色指示灯 HLG1、HLG2，作为工作电源指示。

此装置一般用于 TN-S 系统。当用于 TN-C 系统中，可将 N 线母线与 PE 线母线短接。

关于高压系统和其他低压系统的 APD 电路示例，限于篇幅，从略。

三、供配电系统的远动装置*

随着工业生产的发展和科学技术的进步，有些企业特别是大型企业供配电系统的控制、信号和监测工作，已开始由人工管理、就地监控发展为远动化，实现遥控、遥信、遥测，即所谓"三遥"；如果加上遥调，即所谓"四遥"。

供配电系统实现远动化以后，不仅可提高供配电系统管理的自动化水平，还可在一定程度上实现供配电系统的优化运行，能够及时处理事故，减少事故停电时间，更好地保证供配电系统的安全经济运行。

供配电系统的远动装置，一般采用微机（微型计算机）来实现。

微机控制的供配电系统远动装置，由调度端、执行端及联系两端的信号通道三部分组成，如图 7-14 所示。

1. 调度端

调度端由操纵台和数据处理用微机组成。

操纵台包括：①供配电系统模拟盘，其上绘有供配电系统主接线图，主接线图上每台断路器都安装有分、合闸指示灯。在事故跳闸时，分闸指示灯还要闪光，并有光字牌

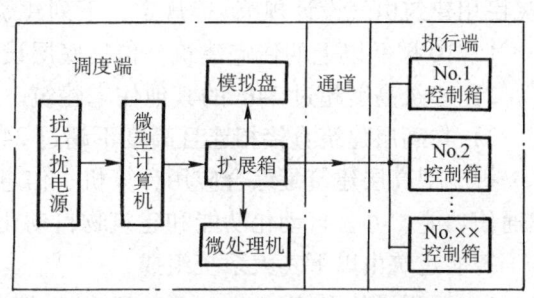

图 7-14 微机控制的供电系统远动装置框图

指出跳闸的具体部位，同时发出音响信号。②数据采集和监控用计算机系统一套，包括：主机一台，用来直接发出各种指令进行操作；打印机一台，可根据指令随时打印出所需的数据资料；彩色显示器一台，用来显示系统全部或局部的工作状态和有关数据以及各种操作命令和事故状态等。③若干路就地常测入口，通过数字表，将信号输入计算机，并用以随时显示企业电源进线的电压和功率等。④通信接口，用来完成与数据处理用微机之间的通信联络。

数据处理用微机的功能主要有：①根据所记录的全天半小时平均负荷绘出企业用电负荷曲线；②按企业有功电能、功率因数及最大需电量等计算其每月总电费；③统计企业高峰负荷时间的用电量；④根据需要，统计各配电线路的用电情况；⑤统计和分析系统的运行情况及事故情况等。

2. 信号通道

信号通道是用来传递调度端操纵台与执行端控制箱之间往返的信号用的通道，一般采用带屏蔽的电话电缆。控制距离小于 1km 时，也可采用控制电缆或塑料绝缘导线。通道的敷

设一般采用树干式，各车间变电所通过分线盒与之相连，如图 7-15 所示。

3. 执行端

执行端是采用逻辑电路和继电保护装置组装而成的成套控制箱。每一个被控点至少要装设一台。终端控制箱的主要功能是：

（1）遥控　对断路器进行远距离分、合闸操作。

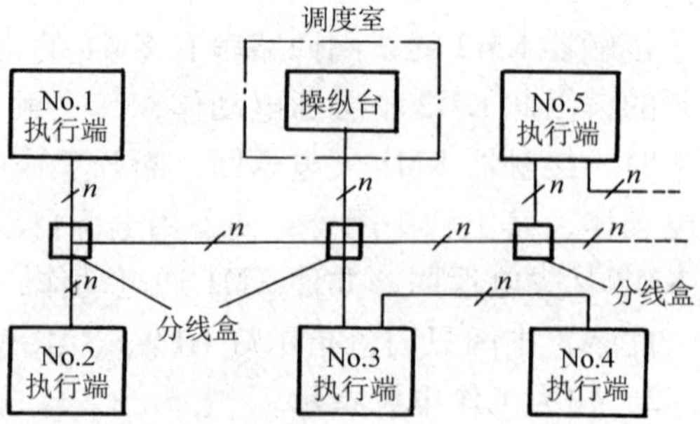

（2）遥信　一部分反应被控断路器的分、合闸状态以及事故跳闸的报警，另一部分反应事故预告信号，可实现过负荷、过电压、油浸变压器瓦斯保护及超温等的报警等。

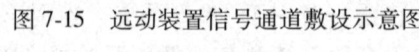

图 7-15　远动装置信号通道敷设示意图

（3）遥测　包括电流电压等的常测或选测以及有功和无功电能的遥测等。

（4）遥调　例如电力变压器的带负荷调压，调节变压器的分接头位置。

*第五节　高层建筑自动化系统

一、高层建筑与智能型高层建筑的含义

按我国国家标准 GB 50045—2005《高层民用建筑设计防火规范》及 JGJ 16—2008 行业标准《民用建筑电气设计规范》等规定，下列建筑属于高层建筑：

1）10 层及以上的住宅建筑，包括底层设置商业服务网点的住宅建筑。

2）建筑高度超过 24m 的其他住宅建筑。

3）与高层建筑直接相连且高度不超过 24m 的裙房。

智能型高层建筑是综合应用计算机、信息通信等方面的先进技术，使建筑物成为具有远程通信功能、办公自动化功能和建筑物自动化功能的一种高层建筑，简称智能建筑。

智能建筑由以下三大系统组成：

1）远程通信系统（Long-range Communication System），简称 LCS 或 LC 系统。

2）办公自动化系统（Office Automation System），简称 OAS 或 OA 系统。

3）建筑自动化系统（Building Automation System），简称 BAS 或 BA 系统，又称楼宇自动化系统。

二、建筑自动化系统的应用功能与组成

建筑自动化系统的应用功能（或服务功能）主要是：

1）确保建筑物或建筑群内环境舒适。

2）提高建筑物自身以及人员与设备的整体安全水平和防灾能力。

3）通过最佳控制节省消耗。

4）提供可靠的、经济的最佳能源供应方案，进行节能管理。

5）使设备高效运行，减轻人员劳动强度。

6）不断地、及时地提供有关设备运行状况的资料，集中收集、整理，作为设备管理决策的依据，实现设备维护工作的自动化。

依据以上的应用功能，BA 系统可划分为两个子系统，每个子系统内包括若干受监控设

备(或称对象系统)。这两个子系统是：
1) 防火与保安子系统，包括：
① 火灾报警与消防控制系统。
② 人员出入监视系统。
③ 保安巡逻系统。
④ 防盗报警系统。
⑤ 其他需要实现安全监控的系统，如地震监视与报警、煤气泄漏报警等。
2) 设备运行管理与控制子系统，包括：
① 采暖、通风与空气调节系统。
② 给水(含冷水、热水、饮用水)与排水系统。
③ 变配电与自备电源系统。
④ 电力供应与照明控制系统。
⑤ 其他需要监控的系统，如电梯、广播、有线电视等。

从技术实现的角度分析，上述子系统的划分无疑是合理的，因为这样可使硬设备资源的共享性好，便于一体化的维护管理，可以统筹在正常与异常情况下的设备控制方案，能够实现全面的集中监控。

三、建筑自动化系统的网络结构

(一) 建筑自动化系统网络结构的规划原则

(1) 满足集中监控的需要　集中监控是建筑自动化系统的核心目的之一。只有实现集中监控才能达到建筑自动化的要求。

(2) 与系统规模相适应　建筑自动化系统(BAS)的规模区分如表 7-2 所示。BAS 规模小、监控点少时，采用一台计算机就能胜任集中监控的任务；如果 BAS 大、设备复杂而分散时，只用一台计算机就不合理了。

表 7-2　建筑自动化系统规模区分

系 统 规 模	监控点数(个)	系 统 规 模	监控点数(个)
小型系统	40 以下	较大型系统	651~2500
较小型系统	41~160	大型系统	2500 以上
中型系统	161~650		

(3) 尽量减小故障波及面，实现"危险分散"原则　这是特指采用分布式结构的大、中型 BAS。一个分站的故障仅限定在有限的范围之内。

(4) 减少初投资　这是所有规划设计项目应遵循的一条原则，BAS 网络结构的规划也不能例外。

(5) 系统扩展易于实现　不论 BAS 的规模大小，均应考虑到系统的扩展问题。规模小的系统，需要扩展的是监控点；而规模大时，需要扩展的是分站，当然也有分站中的监控点。

(二) 建筑自动化系统网络结构的选择要求

建筑自动化系统从计算机网络技术方面来说，属于局域网系统。BAS 作为局域网，其网络拓扑结构(线路和节点的几何排列)可以选用的形式是多种多样的，但是总线型结构对于 BAS 更突出的优越性表现在下列方面：

1）随着建筑设备日益增多，分散配置，采用集散系统的型式是十分合适的。这种集散系统具有集中管理、危险分散和资源共享的特点；而对于这种系统采用总线型拓扑结构是一种能够把 BAS 的中央站与分站连接在同一通信通道、最能简化线路敷设的方案。

2）这种总线型拓扑结构的增加和拆除分站都十分方便。当增设设备或者建筑使用意图改变时，分站的增减都很容易，而且分期建造 BAS 也是可能的、方便的。

3）在某些特定软件的支持下，可以为某些特殊的监控对象或系统（如消防系统）设置专用的二级操作站和远程操作终端。

因此，建筑自动化系统作为局域网，宜优先选用总线型的网络拓扑结构。

但是环形结构和多总线结构也有许多特点适用于建筑自动化系统。环形结构更适于选用光缆作为传输介质，能够在通信中实现自动应答功能。多总线结构可以允许设置更多的分站。当单一总线挂接的分站数受限时，采用多总线结构是一种较好的解决办法。**必须注意**：环形和多总线结构虽为 BAS 的可选结构，但都要符合上述网络结构规划的有关原则。

（三）建筑自动化系统的监控系统结构

建筑自动化系统（BAS）的监控系统主要有分级分布式和集中式两种结构型式。

（1）BAS 的分级分布式监控系统 其结构框图如图 7-16 所示。这种分级分布式监控系统适用于大、中型 BA 系统，分站设置在所属受控对象系统的附近，使之成为现场工作站。分站与中央站之间，以及分站与分站之间，均实现数据通信。

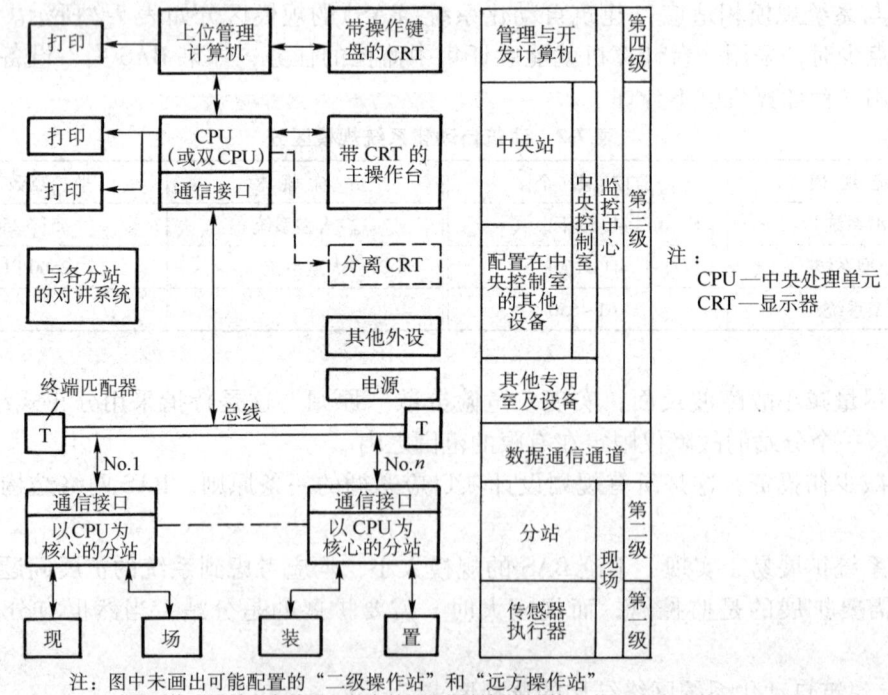

图 7-16 BAS 的分级分布式监控系统结构框图

对于统一管理的建筑群或特大建筑物,当其设备数量极多,而配置又极为分散时,宜采用多个微型中央站,并通过网桥(或网关)进行互连,组成多域网。

对于设备布置分散的较小型 BA 系统,也宜采用这种分级分布式监控系统。

(2) BAS 的集中式监控系统　其结构框图如图 7-17 所示。这种集中式监控系统适用于小型 BA 系统及设备布置比较集中的较小型 BA 系统,即只采用一台微机(不设分站)对现场的多种装置实施监控,组成单机多回路系统。当受到投资、使用及维护水平等限制时,某些中型 BA 系统亦可考虑采用集中式监控系统。

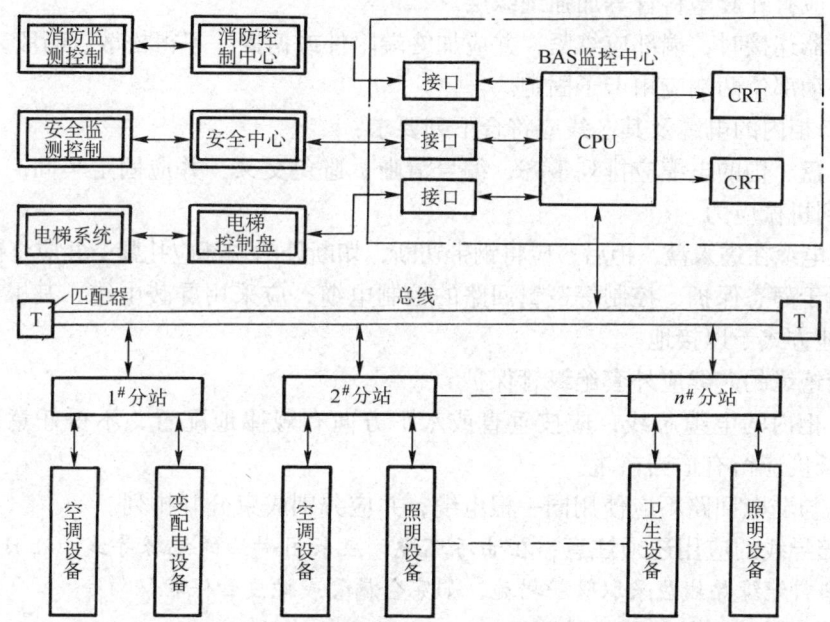

注:双线框内的系统表示独立的设备系统,它们各自设有本系统的控制盘或中心。

图 7-17　BAS 的集中式监控系统结构框图

第六节　供配电系统二次回路的接线和接线图

一、二次回路的接线要求

按 GB 50171—2012《电气装置安装工程·盘、柜及二次回路结线施工及验收规范》规定,二次回路的接线应符合下列要求:

1) 按图施工,接线正确。
2) 导线与电气元件间采用螺栓连接、插接、焊接或压接等,均应牢固可靠。
3) 盘、柜内的导线不应有接头,导线芯线应无损伤。
4) 电缆芯线和所配导线的端部均应标明其回路编号,编号应正确,字迹清晰且不易脱色。
5) 配线应整齐、清晰、美观,导线绝缘应良好,无损伤。
6) 每个接线端子的每侧接线宜为 1 根,不得超过 2 根。对于插接式端子,不同截面的两根导线不得接在同一端子上;对于螺栓连接端子,当接两根导线时,中间应加平垫片。

7) 二次回路接地应设专用螺栓。

8) 盘、柜内的配线,电流回路应采用电压不低于 500V 的铜芯绝缘导线,其截面不应小于 2.5mm^2;其他回路的导线截面积不应小于 1.5mm^2;对电子元件回路、弱电回路采用锡焊连接时,在满足载流量和电压降及有足够机械强度的情况下,可采用截面积不小于 0.5mm^2 的铜芯绝缘导线。

用于连接盘、柜门上的电器、控制台板等可动部位的导线,还应符合下列要求:

1) 应采用多股软导线,敷设长度应有适当裕度。
2) 线束应有外套塑料管等加强绝缘层。
3) 与电器连接时,端部应绞紧,并应加终端附件或搪锡,不得松散、断股。
4) 在可动部位两端应用卡子固定。

引入盘、柜内的电缆及其芯线应符合下列要求:

1) 引入盘、柜的电缆应排列整齐,编号清晰,避免交叉,并应固定牢固,不得使所接的端子排受到机械应力。
2) 铠装电缆在进入盘、柜后,应将钢带切断,切断处的端部应扎紧,并应将钢带接地。
3) 使用于静态保护、控制等逻辑回路的控制电缆,应采用屏蔽电缆,其屏蔽层应按设计要求的接地方式予以接地。
4) 橡胶绝缘的芯线应外套绝缘管保护。
5) 盘、柜内的电缆芯线,应按垂直或水平方向有规律地配置,不得任意歪斜交叉连接。备用芯长度应留有适当裕量。
6) 强电与弱电回路不应使用同一根电缆,并应分别成束分开排列。

二次回路导线的应用还须**注意**:在油污环境,应采用耐油的绝缘导线。在日光直射的环境,橡胶或塑料绝缘导线应采取防护措施,如穿金属管或蛇皮管保护。

二、二次回路安装接线图的绘制

(一) 安装接线图的绘制要求

安装接线图(以下简称"接线图")是用来表示成套装置或设备中各元器件之间连接关系的一种图形。

绘制接线图应遵循 GB 6988.3—1997《电气技术用文件的编制 第三部分:接线图和接线表》的规定,其图形符号应符合 GB/T 4728—2005~2008《电气简图用图形符号》的有关规定,其文字符号包括项目代号应符合 GB/T 5094.2—2003《工业系统、装置与设备以及工业产品——结构原则与参照代号 第2部分:项目的分类与分类码》和 00DX001《建筑电气工程设计常用图形符号和文字符号》等的有关规定。

二次回路的接线图主要用于二次回路的安装接线、线路检查、维修和故障处理。在实际应用中,接线图通常与电路图和位置图配合使用。

接线图有时也与接线表配合使用。接线表的功用与接线图相同,只是绘制形式不同。

接线图和接线表一般都应表示出各个项目即元件、器件、部件、组件和成套设备等的相对位置、项目代号、端子号、导线号、导线型号和截面等内容。

(二) 安装接线图的绘制方法

1. 二次设备的表示方法

由于二次设备都是从属于某一次设备或一次电路的,而一次设备或一次电路又从属于某一成套装置,因此为避免混淆,所有二次设备都必须按 GB/T 5094.2—2003 和 00Dx001 的规定标明其项目种类代号。

项目代号是用来识别项目种类及其层次关系与位置的一种代号。一个完整的项目代号包含四个代号段,每一代号段前面还有一个前缀符号作为代号段的特征标记,如表 7-3 所示。

表 7-3　项目代号的层次与符号

项目层次(段)	项目代号名称	前缀符号	示　　例
第一段	高层代号	=	=A3
第二段	位置代号	+	+W5
第三段	种类代号	-	-P2
第四段	端子代号	:	:7

例如前面图 7-6 所示高压线路的测量仪表,仪表的种类代号为 P,其中的有功电能表、无功电能表和电流表分别表示为 P1、P2 和 P3,或表示为 PJ、PJR 和 PA。而这些仪表从属于某一高压线路,线路的种类代号为 W 或 WL。因此不同的线路要分别表示为 W1、W2、W3,或 WL1、WL2、WL3 等。假设某线路 W5 又是 3 号高压开关柜内的线路,而开关柜的种类代号为 A。因此无功电能表 P2 的项目种类代号,详细的表示应为"=A3+W5—P2"。而该无功电能表上端子 7 的完整的项目种类代号应为"=A3+W5-P2:7"。当然,在不致引起混淆的情况下,项目种类代号的表示可以简化。例如上述无功电能表端子 7 的项目种类代号可以简化为"-P2:7"或"P2:7"。

2. 接线端子及其表示方法

盘(柜)外的导线或设备与盘上的二次设备相连时,必须经过端子排。端子排由专门的接线端子板组装而成。

接线端子板分为普通端子、连接端子、试验端子和终端端子等型式。

(1) 普通端子板　它用来连接由盘外引至盘上或由盘上引至盘外的导线。

(2) 连接端子板　它装有横向连接片,可与邻近端子板相连,用来连接有分支的二次回路导线。

(3) 试验端子板　它用来在不断开二次回路的情况下,对仪表、继电器进行试验,如图 7-18 所示的两个试验端子,将工作电流表 PA1 与电流互感器 TA 连接起来。

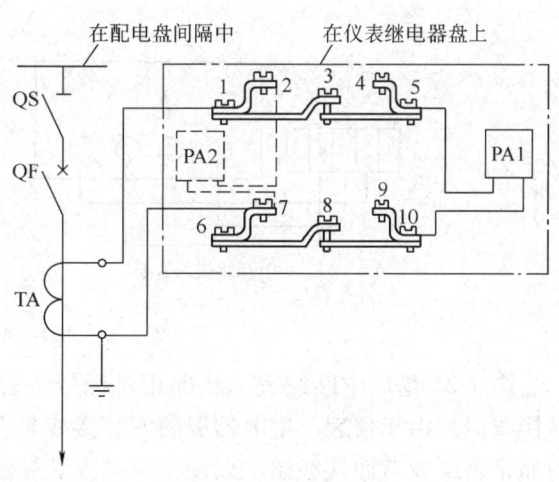

图 7-18　试验端子板的结构与应用

当需要换下工作电流表 PA1 进行校验时,可用另一只备用电流表 PA2 分别接在试验端子的接线螺钉 2 和 7 上,如图上虚线所示。然后拧开螺钉 3 和 8,拆下电流表 PA1 进行校验。

PA1 校验完毕后，再接入螺钉 3 和 8，然后拆下 PA2，整个电路又恢复原状运行。

（4）终端端子板　它是用来固定或分隔不同安装项目的端子排。

在二次回路接线图中，端子排中各种形式端子板的符号标志如图 7-19 所示。端子（板）的项目代号为 X，其前缀符号为"："。

实际上，所有电气设备上都有接线端子，其端子代号应与设备上端子标记相一致。如果设备的端子没有标记时，应在图上设定设备的端子代号。

3. 连接导线的表示方法

二次回路接线图上端子之间的连接导线有下列两种表示方法：

（1）连续线表示法　端子之间的连接导线用连续线表示，如图 7-20a 所示。

（2）中断线表示法　端子之间的连接关系，不直接连接线条，而只在需相连的两个端子处分别标注对面端子的代号，以表示这两个端子之间有连接导线相连。这种标号的方法，称为"相对标号法"或"对面标号法"，如图 7-20b 所示。

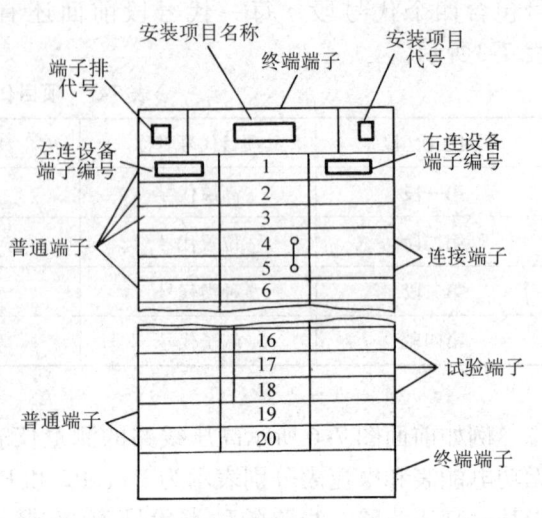

图 7-19　端子排标志图例

用连续线表示法来绘制端子之间的连接线，有时显得过于繁复，因此在不致引起误解的情况下，也可将导线组、电缆等用加粗的线条来表示。不过现在在配电装置二次回路接线图上大多采用中断线表示法即相对标号法来表示连接导线，因为这种表示法显得简明清晰，对安装接线和维护检修都很方便。

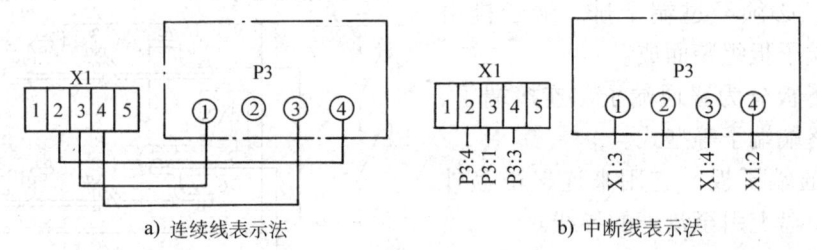

a) 连续线表示法　　　b) 中断线表示法

图 7-20　连接导线的表示方法

图 7-21 是用中断线表示法即相对标号法表示二次回路连接导线的一条高压线路二次回路接线图。由于仪表、继电器屏的安装接线是在其背面进行的，所以仪表、继电器屏的接线图通常是绘成背面接线图，以便于按图安装接线。

为了阅读图 7-21 所示接线图的方便，另绘出该高压线路二次回路的展开式原理电路图，如图 7-22 所示，供对照参考。

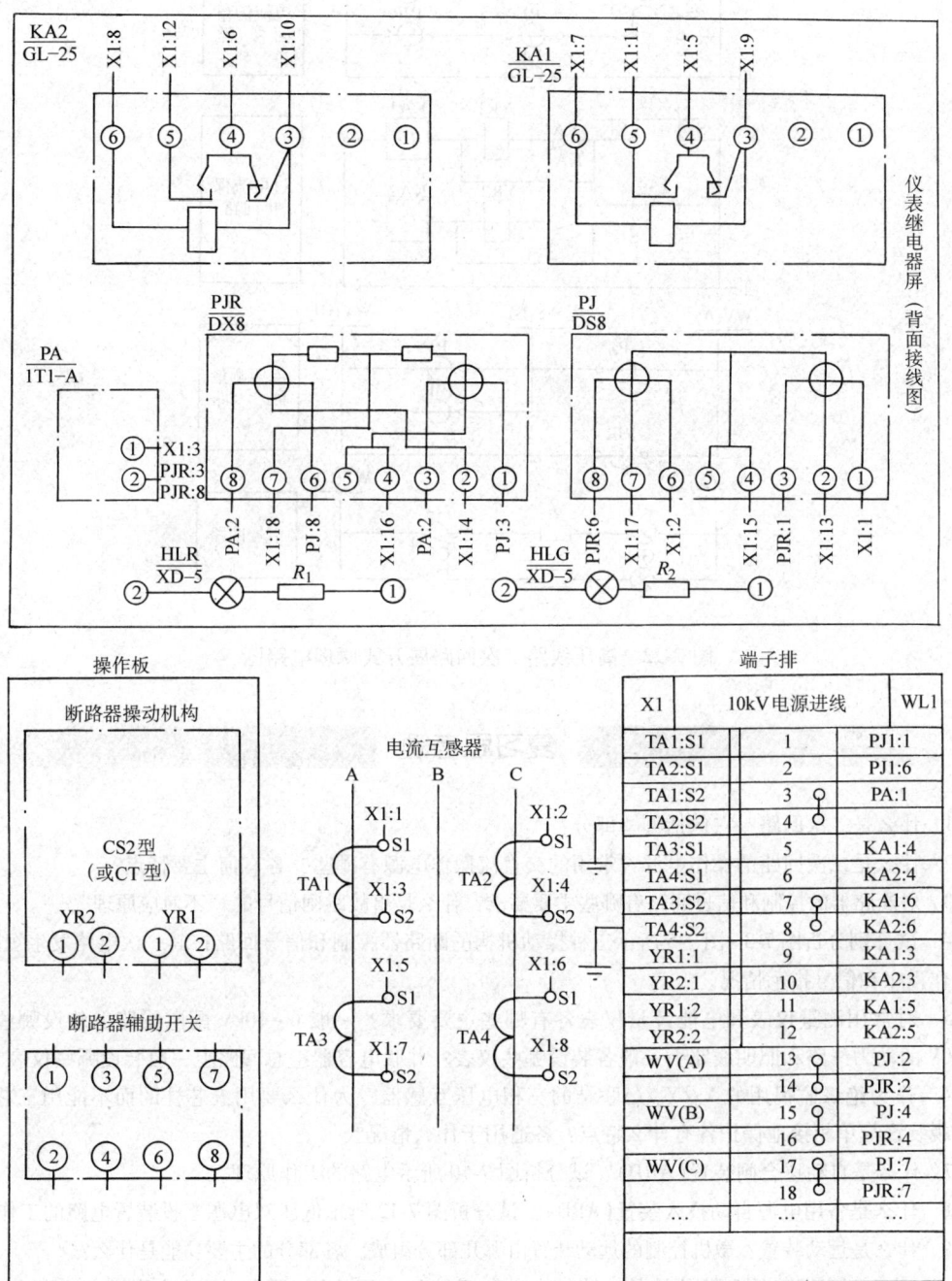

图 7-21 高压线路二次回路安装接线图

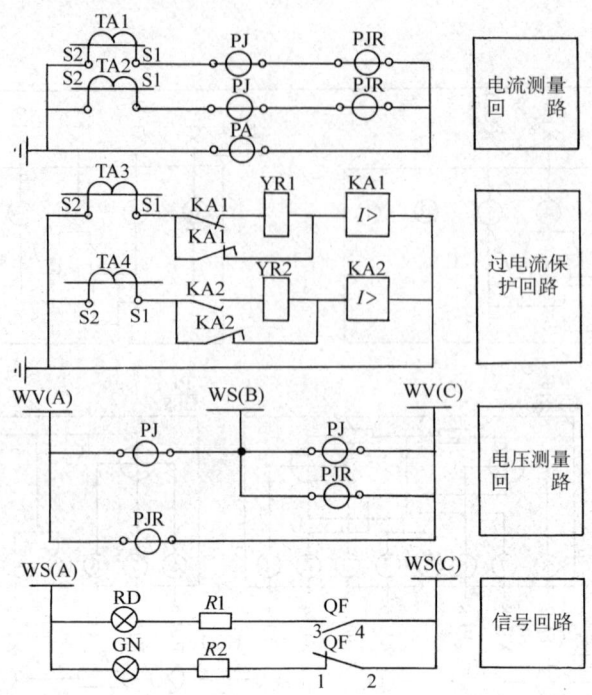

图 7-22 高压线路二次回路展开式原理电路图

复习思考题

7-1 什么是二次回路？它包括哪些部分？

7-2 什么是二次回路的操作电源？常用的交直流操作电源有哪些？各有何主要特点？

7-3 对断路器的控制和信号回路有哪些主要要求？什么是事故跳闸信号的"不对应原理"？

7-4 试分别分析图 7-3~图 7-5 所示三种操动机构的断路器控制和信号回路在其一次电路发生短路故障时的动作程序和信号指示情况。

7-5 对常用测量仪表和电能计量仪表各有哪些主要要求？一般 6~10kV 配电线路上装设哪些仪表？220/380V 的动力线路和照明线路上一般各装设哪些仪表？并联电容器组总回路上一般装设哪些仪表？

7-6 作为绝缘监视用的 $Y_0/Y_0/\triangle$ 联结的三相电压互感器，为什么要用五芯柱的而不能用三芯柱的？绝缘监视装置与单相接地保护各有什么特点？各适用于什么情况？

7-7 什么是自动重合闸装置（ARD）？试分析图 7-10 所示电路的工作原理。

7-8 什么是备用电源自动投入装置（APD）？试分析图 7-12 所示低压双电源互投装置电路的工作原理。

7-9 什么是远动装置？微机控制的远动装置由哪几部分组成？各部分的主要功能是什么？

7-10 什么叫高层建筑和智能建筑？建筑自动化系统的应用功能（服务功能）有哪些？它可分哪些子系统？

7-11 建筑自动化系统（BAS）的网络结构规划应考虑哪些原则？BAS 的监控系统有哪些结构型式？各适用于哪类规模的 BAS？

7-12 二次回路的安装接线应符合哪些要求？什么是连接导线的"相对标号法"？二次回路接线图中的标号"=A3+W5-P2∶7"中各符号各代表什么含义？

习 题

某供电给高压并联电容器组的线路上，装有一只无功电能表和三只电流表，如图7-23所示。试按中断线表示法（即相对标号法）在图7-23b上标注出图7-23a所示的仪表和端子排的端子代号。

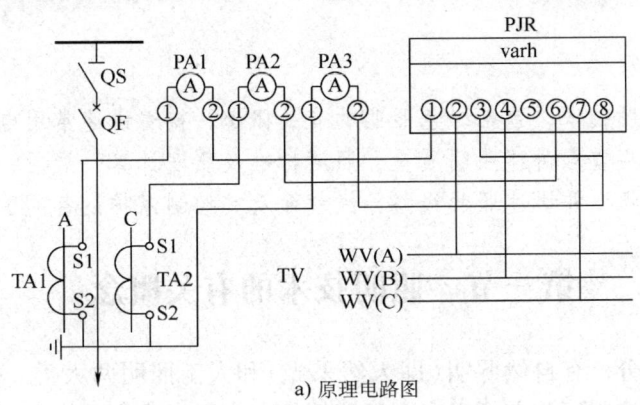

a) 原理电路图

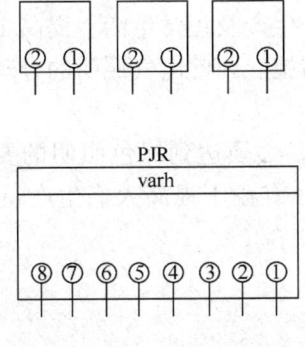

X	端子排	
TA1:S1	1	
TA2:S1	2	
TA1:S2	3	
TA2:S2	4	
WV(A)	5	
	6	
WV(B)	7	
	8	
WV(C)	9	
	10	

b) 安装接线图（待标号）

图 7-23　原理电路图和安装接线图

第八章 电气照明

本章首先介绍照明技术，包括绿色照明的有关概念，接着讲述常用电光源和灯具的类型及其选择与布置，然后重点讲述照明质量、照度标准及照度计算，最后讲述照明供配电系统及系统图、平面图知识，并讲述照明线路导线截面及其控制保护设备的选择。

第一节 照明技术的有关概念

照明按光源性质分，有自然照明（即天然采光）和人工照明两大类。电气照明由于其灯光稳定、光色多样、控制调节方便和安全经济等优点，因而成为现代人工照明中应用最为广泛的一种照明方式。

实践证明，良好的照明条件是保证安全生产及正常生活、提高工作和学习效率、提高产品质量和生活质量、保障人们健康的必要措施。因此电气照明的合理设计对整个人类社会具有十分重要的作用。

这里必须强调指出，合理的电气照明，必须达到绿色照明的要求。所谓"绿色照明"（Green Lights），是指节约能源，保护环境，有益于提高人们生产、工作、学习效率和生活质量，保护身心健康的照明。

下面介绍照明技术有关的几个概念。

1. 光与可见光

光，是物质的一种形态，是一种波长比毫米无线电波短而比 X 射线长的电磁波，而所有电磁波都具有辐射能。

在电磁波的辐射谱中，光谱的大致范围是：波长 1nm～1mm。其中红外线的波长为 780nm～1mm；可见光的波长为 380～780nm；紫外线的波长为 1～380nm。

可见光谱分 7 种单色光，光谱的大致范围为：

① 红——波长 640～780nm；
② 橙——波长 600～640nm；
③ 黄——波长 570～600nm；
④ 绿——波长 490～570nm；
⑤ 青——波长 450～490nm；
⑥ 蓝——波长 430～450nm；
⑦ 紫——波长 380～430nm。

人眼对各种波长的可见光，具有不同的敏感性。实验证明，正常人眼对于波长为 555nm 的黄绿色光最敏感，也就是这种黄绿色光的辐射能引起人眼的最大视觉。因此波长越偏离

555nm 的光辐射,可见度越小。

2. 光通量

光通量(luminous flux)简称"光通",是指光源在单位时间内向周围空间辐射出的使人产生光感的能量。光通的符号为 Φ,其单位为 lm(流明)。

3. 发光强度

发光强度(luminous intensity)简称"光强",是指光源在给定方向的辐射强度。光强的符号为 I,其单位为 cd(坎德拉)。

对于向各个方向均匀辐射光通的光源,其各个方向的光强相同,其光强为

$$I \stackrel{\text{def}}{=\!=\!=} \frac{\Phi}{\Omega} \tag{8-1}$$

式中,Φ 为光源在立体角 Ω 内所辐射的光通量;空间立体角 $\Omega = A/r^2$,这里的 A 为与立体角 Ω 相对应的球表面积,r 为球的半径。

配光曲线即发光强度分布曲线,是在通过光源对称轴的一个平面上绘出的灯具发光强度 I 与对称轴之间角度 α 的函数曲线。

对一般照明灯具,配光曲线通常绘在极坐标上,如图 8-1a 所示,其光源采用 1000lm 光通的假想光源。

对聚光很强的投光灯,由于其光通集中分布在一个很小的空间角内,因此其配光曲线通常绘在直角坐标上,如图 8-1b 所示。

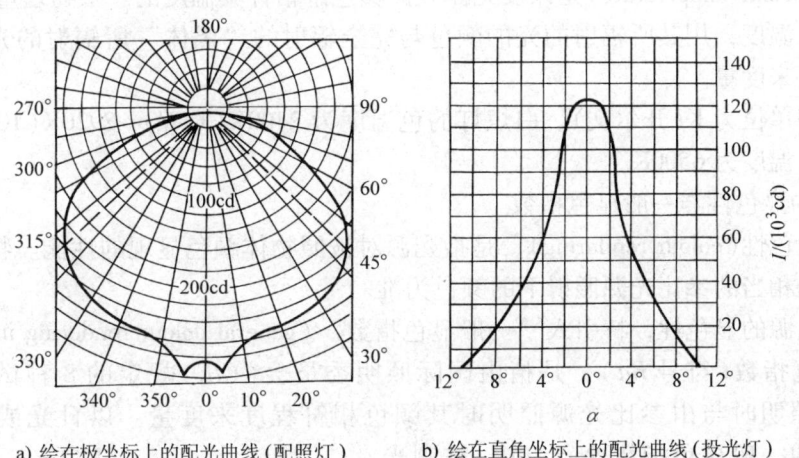

a) 绘在极坐标上的配光曲线(配照灯)　　b) 绘在直角坐标上的配光曲线(投光灯)

图 8-1　灯具的配光曲线

4. 照度

照度(illuminance)是指受照物体表面单位面积上投射的光通量。照度的符号为 E,其单位为 lx(勒克斯)。

如果光通量 Φ 均匀地投射在面积为 A 的表面上,则该表面上的照度值为

$$E \stackrel{\text{def}}{=\!=\!=} \frac{\Phi}{A} \tag{8-2}$$

5. 亮度

亮度(luminance)是表征发光体表面光亮程度的一个物理量。这发光体不仅指直接辐射光通的光源,受照物体表面由于它也要反射光通,故也可看作间接发光体。亮度的符号为 L,其单位为 cd/m^2。

亮度用发光体在视线方向单位投影面上的发光强度来量度。如图 8-2 所示，设发光体表面法线方向的发光强度为 I，而人眼视线与发光体表面法线成 α 角，因此视线方向的发光强度为 $I_\alpha = I\cos\alpha$，而视线方向的投影面积为 $A_\alpha = A\cos\alpha$。由此可得发光体表面在视线方向的亮度为

$$L \stackrel{\text{def}}{=\!=} \frac{I\cos\alpha}{A\cos\alpha} = \frac{I}{A} \tag{8-3}$$

由上式可知，发光体表面的亮度实际上与视线方向无关。而且由上式可以看出，在发光体光强一定的条件下，发光面越大，其亮度越小。因此为降低发光体亮度对人眼的刺激（眩光）作用，可设法增大发光体表面的面积。

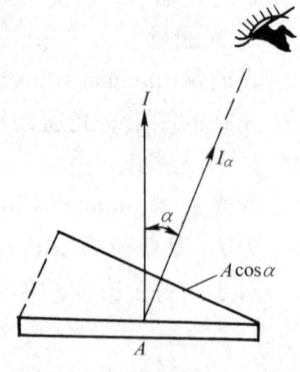

图 8-2 说明亮度的示意图

6. 眩光和统一眩光值

眩光（glare）是指由于视野中的亮度分布或亮度范围的不适宜，或者存在极端的对比，以致引起不舒适感觉或降低观察细部或目标的能力的一种视觉现象。

统一眩光值（Unified Glare Rating, UGR），是度量处于视觉环境中的灯具发出的光对人眼引起不舒适感觉主观反应的一个心理参量，其值按 GB 50034—2013《建筑照明设计标准》规定（亦即国际照明委员会 CIE 规定）的方法计算，此略。

7. 光源的色温度

色温度（colour temperature）是以发光体表面颜色来估计其温度的一个物理量。

光源的色温度，用其所辐射的光的颜色与完全辐射的"黑体"所辐射的光的颜色相同时的黑体温度来度量。

色温度的单位为 K（开尔文）。白炽灯的色温度为 2400K（15W）~2920K（1000W），日光色荧光灯的色温度为 6500K。

8. 光源的显色性与一般显色指数

光源的显色性（colour rendering），是指光源对被照物体颜色显现的性能。物体的颜色以日光或与日光相当的参比光源照射下的颜色为准。

为表征光源的显色性，特引入"一般显色指数"（general colour rendering index）。

一般显色指数（符号 Ra），是指由国际照明委员会（CIE）规定的 8 种试验色样，在由被测光源照明时与由参比光源照明时其颜色相符程度来度量。以日光或与日光相当的参比光源的一般显色指数 $Ra = 100$。被测光源的 Ra 越高，说明该光源的显色性越好，物体颜色在该光源照明下的失真度越小。白炽灯的 $Ra = 97 \sim 99$，荧光灯的 $Ra = 75 \sim 90$，这说明荧光灯的显色性比白炽灯稍差。

9. 物体的光照性能

当光通 Φ 投射到物体上时，一部分光通 Φ_ρ 从物体表面反射回去，一部分光通 Φ_α 被物体所吸收，而余下的一部分光通 Φ_τ 则透过物体，如图 8-3 所示。

为表征物体的光照性能，特引入以下三个

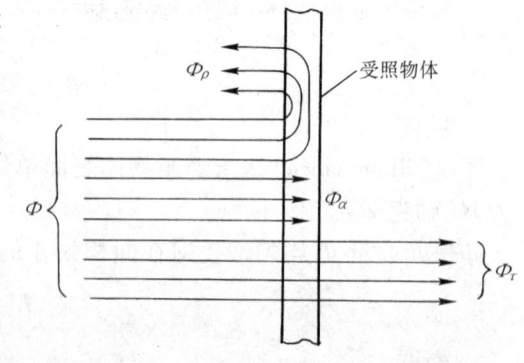

图 8-3 说明物体光照性能的示意图
Φ_ρ—反射光通　Φ_α—吸收光通　Φ_τ—透射光通

参数：

（1）反射比 又称"反射率"或"反射系数"，用反射光通 Φ_ρ 与总投射光通 Φ 之比来度量，即

$$\rho \stackrel{\text{def}}{=\!=} \frac{\Phi_\rho}{\Phi} \tag{8-4}$$

（2）吸收比 又称"吸收率"或"吸收系数"，用吸收光通 Φ_α 与总投射光通 Φ 之比来度量，即

$$\alpha \stackrel{\text{def}}{=\!=} \frac{\Phi_\alpha}{\Phi} \tag{8-5}$$

（3）透射比 又称"透射率"或"透射系数"，用透射光通 Φ_τ 与总投射光通 Φ 之比来度量，即

$$\tau \stackrel{\text{def}}{=\!=} \frac{\Phi_\tau}{\Phi} \tag{8-6}$$

以上3个参数之间存在下列关系：

$$\rho+\alpha+\tau=1 \tag{8-7}$$

在照明技术中，反射比 ρ 应用最为广泛，因为它直接影响工作面上的照度。

各种情况下，墙壁、顶棚和地面的反射比近似值如表8-1所示，供参考。

表8-1 墙壁、顶棚和地面的反射比近似值

反射物体表面情况	反射比
刷白的墙壁、顶棚，窗子装有白色窗帘	0.70
刷白的墙壁，但窗子未挂窗帘，或挂深色窗帘；刷白的顶棚，但房间潮湿；虽未刷白，但墙壁和顶棚干净光亮	0.50
有窗子的水泥墙壁、水泥顶棚；或木墙壁、木顶棚；糊有浅色纸的墙壁、顶棚；水泥地面	0.30
有大量深色灰尘的墙壁、顶棚；无窗帘遮蔽的玻璃窗；未刷白的砖墙；糊有深色纸的墙壁、顶棚；较脏污的水泥地面；广漆、沥青等地面	0.10

第二节 电光源和灯具

一、常用电光源的类型、特性及其选择

（一）常用电光源的类型和特性

电光源按其发光原理分，有热辐射光源和气体放电光源两大类。

1. 热辐射光源

热辐射光源是利用物体加热时辐射发光的原理所制成的光源，如白炽灯、卤钨灯。

（1）白炽灯 其结构如图8-4所示。它靠灯丝（钨丝）通过电流加热到白炽状态而引起热辐射发光。

白炽灯结构简单，价格低廉，使用方便，而且显色性好，因此应用极为普遍。但是它的发光效率（即单位电功率产生的光通量，简称"光效"）相当低，使用寿命比较短，且耐振性也较差。

普通照明白炽灯有单螺旋灯丝的 PZ 型和双螺旋灯丝的 PZS 型两种，后者的光效较前者高，宜优先选用。

（2）卤钨灯　其结构如图 8-5 所示。它实质是在白炽灯内充入含有少量卤素（碘、溴等）的气体，利用"卤钨循环"原理来提高灯的发光效率和使用寿命。

所谓"卤钨循环"原理是：当灯管工作时，灯丝温度很高，使钨丝表面的钨分子蒸发，向灯管内壁漂移。普通白炽灯泡之所以逐渐发黑，就是由于灯丝中的钨分子蒸发沉积在玻璃壳内壁所致。而卤钨灯由于灯管内充有卤素，所以钨分子在管内壁与卤素作用，生成气态的卤化钨，又由管壁向灯丝迁移。当卤化钨进入灯丝的高温区后，就分解为钨分子和卤素，而钨分子又沉积到灯丝上。当钨分子沉积的数量等于灯丝蒸发出去的钨分子数量时，就形成相对平衡状态。这一过程就称为"卤钨循环"。正因为如此，所以卤钨灯的玻璃管不易发黑，其光效比白炽灯高，使用寿命也大大延长。

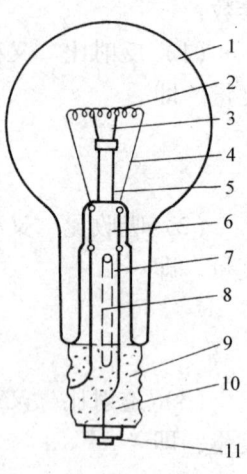

图 8-4　白炽灯
1—玻壳　2—灯丝（钨丝）
3—支架（钼丝）　4—电极（镍丝）　5—玻璃芯柱
6—杜美丝（铜铁镍合金丝）
7—引入线（铜丝）
8—抽气管　9—灯头
10—封端胶泥
11—锡焊接触端

为了使卤钨灯的卤钨循环顺利进行，安装时灯管必须保持水平，倾斜角不得大于 4°，且不允许采用人工冷却措施（如使用电风扇）。由于卤钨灯工作时管壁温度可高达 600℃，因此不可与易燃物靠近。卤钨灯的耐振性更差，须注意防振。卤钨灯的显色性好，使用也较方便，主要用于需高照度的场所。

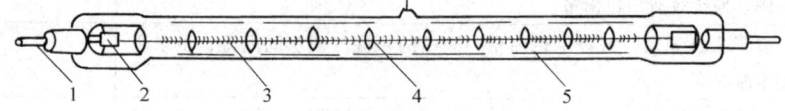

图 8-5　卤钨灯管
1—灯脚　2—钼箔　3—灯丝（钨丝）　4—支架
5—石英玻璃管（内充少量卤素）

卤钨灯除上述两端引入的管型卤钨灯外，还有单端引入的卤钨灯泡，它主要用作放映灯。

2. 气体放电光源

气体放电光源是利用气体放电时发光的原理所制成的光源，如荧光灯、高压汞灯、钠灯、金属卤化物灯和氙灯等。

（1）荧光灯　其结构如图 8-6 所示。它利用低压汞蒸气在外加电压作用下产生弧光放电，发出少量可见光和大量紫外线，而紫外线又激励管内壁涂覆的荧光粉，使之再发出大量的可见光。由此可见，荧光灯的发光效率比白炽灯高得多，使用寿命也比白炽灯长得多。

荧光灯的接线如图 8-7 所示。图中辉光启动器 S 有两个电极，其中一个弯成 U 形的电极是双金属片。当荧光灯接上电压后，辉光启动器首先产生辉光放电，致使双金属片加热伸开，造成两极短接，从而使电流通过灯丝。灯丝加热后发射电子，并使管内的少量汞气化。图中镇流器 L 实际上是一个铁心电感线圈。当辉光启动器两极短接使灯丝加热后，辉光启动器辉光放电终止，双金属片冷却收缩，从而突然断开灯丝加热回路，使镇流器两端感生很高

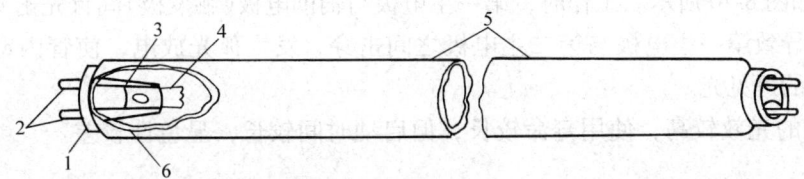

图 8-6 荧光灯管
1—灯头　2—灯脚　3—玻璃芯柱　4—灯丝(钨丝,电极)
5—玻璃管(内壁涂覆荧光粉,管内充惰性气体)　6—汞(少量)

的电动势，连同电源电压叠加在灯管两端灯丝(电极)之间，使充满汞蒸气的灯管击穿，产生弧光放电。灯管点燃后，管内电压降很小，因此又要借助镇流器来产生很大一部分电压降，以维持灯管一定的电流，不致因电流过大而烧毁。图中电容器 C 用来提高电路的功率因数。未接 C 时，功率因数只 0.5 左右；接上 C 后，功率因数可提高到 0.95 以上。

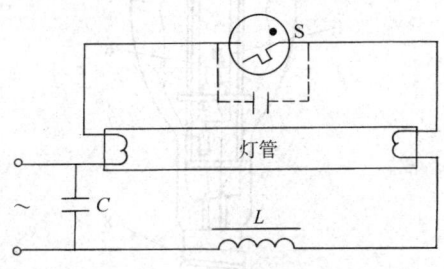

图 8-7 荧光灯的接线图
S—辉光启动器　L—镇流器　C—电容器

荧光灯工作时，其灯光将随着灯管两端电压的周期性交变而频繁闪烁，这就是"频闪效应"。频闪效应可使人眼发生错觉，可将一些由电动机驱动的旋转物体误认为静止物体，这当然是安全生产所不允许的。因此在有旋转机械的车间里不宜使用荧光灯。如果要使用荧光灯，则须设法消除其频闪效应。消除频闪的方法很多，最简便有效的方法，是在一个灯具内安装两根或三根荧光灯管，而各根灯管分别接在不同相的线路上。

荧光灯除有如图 8-6 所示的普通直管形荧光灯外，还有三基色直管形、环形和紧凑型荧光灯。紧凑型荧光灯有 U 形、2U 形、H 形和 2D 形等多种形式。常用的 2U 形紧凑型节能荧光灯的结构外形如图8-8所示。

紧凑型荧光灯具有光色好、光效高、能耗低和使用寿命长的特点。例如图8-8所示紧凑型节能荧光灯，其 8W 发出的光通量比普通白炽灯 40W 的光通量还多，而使用寿命比白炽灯长 10 倍以上，因此在一般照明中，它可以取代普通白炽灯，从而大大节约电能。

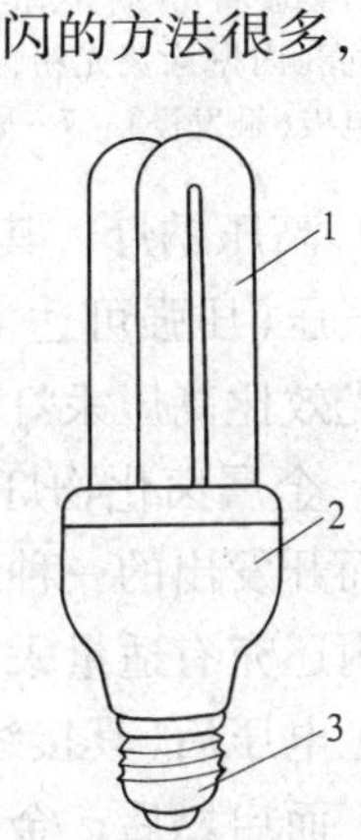

图 8-8 紧凑型节能荧光灯
1—放电管(内壁涂覆荧光粉,管端有灯丝,管内充少量汞)　2—底罩(内装镇流器、辉光启动器和电容器)
3—灯头(内接有引入线)

(2) 高压汞灯　又称"高压水银荧光灯"。它是在上述荧光灯基础上开发出的产品，属于高气压(压强达 10^5Pa 以上)的汞蒸气放电光源。其结构有三种类型：①GGY 型荧光高压汞灯，这是最常用的一种，如图 8-9 所示。②GYZ 型自镇流高压汞灯，它利用自身的灯丝兼作镇流器。③GYF 型反射高压汞灯，它采用部分玻壳内壁镀外射层的结构，使其光线集中均匀地定向反射。

高压汞灯不需辉光启动器来预热灯丝，但必须与相应功率的镇流器 L 串联使用(除 GYZ 型外），其接线如图 8-10 所示。工作时，第一主电极与辅助电极（触发极）间首先击穿放电，使管内的汞蒸发，导致第一主电极与第二主电极之间击穿，发生弧光放电，使管内壁的荧光质受激，产生大量的可见光。

高压汞灯的光效较高，使用寿命较长，但启动时间较长，显色性较差。

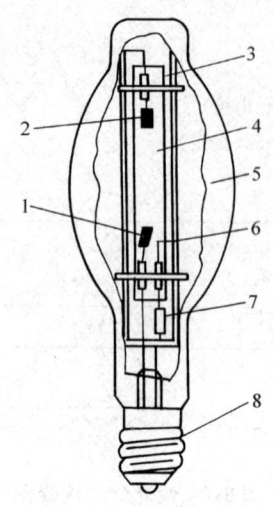 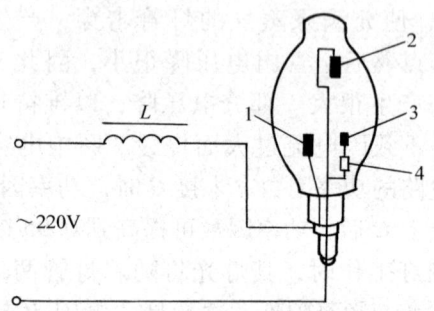

图 8-9　荧光高压汞灯（GGY 型）　　　　　图 8-10　高压汞灯的接线

1—第一主电极　2—第二主电极　3—金属支架　　1—第一主电极　2—第二主电极　3—辅助电极
4—内层石英玻璃壳（内充适当汞和氩）　5—外层　　　（触发极）　4—限流电阻
石英玻璃壳（内壁涂荧光粉，内外玻璃壳间充氮）
6—辅助电极（触发极）　7—限流电阻　8—灯头

（3）高压钠灯　其结构如图 8-11 所示。其接线与高压汞灯的接线（见图 8-10）相同。它利用高气压（压强可达 10^4Pa）的钠蒸气放电发光，其光谱集中在人眼视觉较为敏感的区间，因此其光效比高压汞灯还高约一倍，而且使用寿命更长，但显色性更差，启动时间也较长。

（4）金属卤化物灯　其结构如图 8-12 所示。它是在高压汞灯基础上为提高光效和改善显色性而开发出的一种新型光源。它主要依靠放电管内金属卤化物中金属原子的辐射发光。放电管内还充有适量汞，由于汞较金属卤化物易于蒸发，充汞可使灯易于启燃。当金属卤化物灯接上电压后（其接线也与图 8-10 所示高压汞灯接线大致相同），刚启燃时，其工作如高压汞灯；而启燃后，金属卤化物蒸发，这时转化为金属原子辐射为主，因此其光效和显色性比高压汞灯好得多。

目前我国应用的金属卤化物灯主要有三种：①充入钠、铊、铟碘化物的钠铊铟灯；②充入镝、铊、铟碘化物的镝灯；③充入钪、钠碘化物的钪钠灯。

金属卤化物灯的放电管中没有装辅助电极，不能自行启燃，因此其接线电路中需接入专用触发器，以便产生启燃的高压脉冲，通常使用电子触发器。为稳定工作电流，仍需接入镇流器。

（5）氙灯　它是一种充氙气的高功率（可高达 100kW）气体放电光源。它分长弧氙灯和短弧氙灯两种。长弧氙灯是圆柱形石英放电管，为防止爆炸，其工作气压约为 10^5Pa。短弧氙灯的石英放电管，中间为椭圆形，两端为圆柱形，其工作气压可达 10^6Pa 以上。

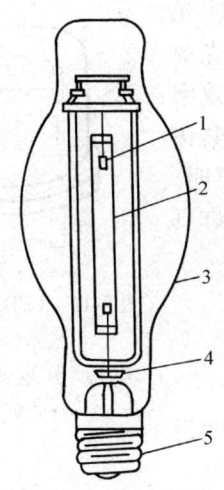 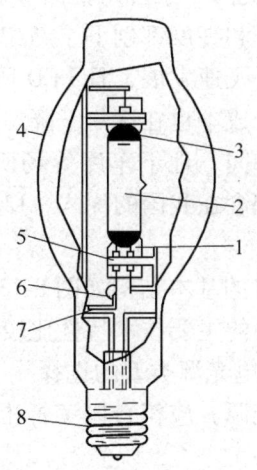

图 8-11　高压钠灯　　　　　　　　　图 8-12　金属卤化物灯

1—主电极　2—半透明陶瓷放电管(内充钠、汞及　　　1—主电极　2—放电管(内充汞和稀有气体及金属
氙或氖、氩混合气体)　3—外玻璃壳(内外壳间充氮)　　卤化物)　3—保温罩　4—石英玻璃壳　5—消气剂
　　　　　4—消气剂　5—灯头　　　　　　　　　　　6—启动电极　7—限流电阻　8—灯头

氙灯的光色接近天然日光，显色性好，适用于需正确辨色的场所作工作照明。又由于其功率大，故可用于广场、车站、码头、机场、大型车间等大面积场所的照明。它作为室内照明光源时，为防止紫外辐射对人体的伤害，应装设能隔紫的滤光玻璃。

(6)　单灯混光灯　这是近几年开发出来的一种高效节能型新光源，其外形与上述高压汞灯、钠灯和金属卤化物灯(统称"高强气体放电灯")相似。

单灯混光灯现有以下三个系列：

① HXJ 系列金卤钠灯　由一支金属卤化物灯管芯和一支中显钠灯管芯串联组成，吸取了中显钠灯和金属卤化物灯光效高、寿命长等优点，又克服了这两种灯光色差、特别是金属卤化物灯在使用后期光通量衰减和变色严重的缺点，是一种光色好、光线柔和、寿命长以及色温、显色指数等技术指标均优于中显钠灯和金属卤化物灯的新型混光光源。

② HXG 系列中显钠汞灯　由一支中显钠灯管芯和一支汞灯管芯串联组成，克服了汞灯、钠灯及金属卤化物灯的光色不太适应人的视觉习惯和光效偏低、显色性差、寿命较短等缺点，是一种光效高、光色好、显色指数高、寿命长的部分技术指标优于汞灯、钠灯和金属卤化物灯的新型混光光源。

③ HJJ 系列双管芯金属卤化物灯　它由两支金属卤化物灯管芯并联组成。当其中一支管芯失效时，另一支管芯自动投入运行，从而提高了灯的可靠性和使用寿命。这种光源特别适用于体育场馆、高大厂房等可靠性要求较高而维修更换比较困难的场所。

这里需要补充的是：电光源除上述常用的热辐射光源和气体放电光源外，还有一种近几年才兴起的 LED 照明光源。

LED 是"发光二极管"的英文 Light Emitting Diode 的缩写。早在 20 世纪初就发现了碳化硅的电致发光现象，但光线太暗，无法应用于照明。1965 年，世界上第一款发光二极管诞生。它是用锗材料制作的可发红光的 LED。其后又制作出可发橙光、黄光和白光的 LED。

至21世纪初，美国一家公司推出一款新的发冷白光的LED照明光源，其发光效率和亮度都创下了新纪录。近几年来，LED照明光源在我国也得到了飞速发展，且LED照明灯具逐渐多样化，发光效率不断提高，生产成本也在逐年下降。目前LED主要用于某些公共建筑的走廊、楼梯间、地下车库等场所特别是建筑装饰和信号照明。随着低碳生活理念在我国的深入，LED照明灯具有可能发展为灯具市场的主流。

LED照明灯的基本结构如图8-13所示。

常用电光源的主要技术特性比较如表8-2所示。

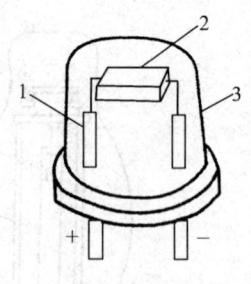

图8-13 LED照明灯的基本结构
1—电极 2—发光二极管芯片
3—封装树脂外壳

（二）常用电光源类型的选择

选用照明光源，应符合国家标准GB 50034—2013《建筑照明设计标准》的规定：

（1）选择光源时，应满足显色性、启动时间等要求，并应根据光源、灯具及镇流器等的效率、寿命等在进行综合技术经济分析比较后确定。

表8-2 常用电光源的主要技术特性比较

光源特性参数	普通白炽灯	普通卤钨灯	普通荧光灯	普通高压汞灯	普通高压钠灯	金属卤化物灯	氙灯	单灯混光灯
额定功率/W	10~1000	500~2000	6~125	50~1000	35~1000	125~3500	1500~100000	100~800
发光效率/(lm/W)	10~15	20~25	40~90	30~50	70~100	60~90	20~40	40~100
平均使用寿命/h	1000	1000~1500	1500~5000	2500~6000	12000~24000	500~3000	1000	10000
一般显色指数R_a	97~99	95~99	75~90	30~50	20~25	65~90	95~97	60~80
色温度/K	2400~2920	3000~3200	3000~6500	4400~5500	2000~3000	4500~7000	5700~6700	3100~3400
启动稳定时间	瞬时	瞬时	1~3s	4~8min	4~8min	4~8min	瞬时	4~8min
再启动稳定时间	瞬时	瞬时	瞬时	5~10min	10~15min	10~15min	瞬时	10~15min
功率因数	1.0	1.0	0.33~0.52	0.44~0.67	0.44	0.4~0.6	0.4~0.9	0.4~0.6
频闪效应	无	无	有	有	有	有	有	有
表面亮度	大	大	小	较大	较大	大	大	较大
电压变化对光通的影响	大	大	较大	大	大	较大	较大	较大
环境温度对光通的影响	小	小	大	较小	较小	较小	小	较小
耐震性能	较差	差	较好	好	较好	好	好	好
所需附件	无	无	镇流器辉光启动器	镇流器	镇流器	镇流器触发器	镇流器触发器	镇流器触发器

（2）照明设计时应按下列条件选择光源：

1）灯具安装高度较低的房间，如办公室、教室、会议室、诊室及仪表、电子等生产车间，宜采用细管径（≤26mm）的直管形荧光灯，因为这种荧光灯光效高，寿命长，显色性较好，比较适宜这些场合。

2) 商店营业厅的一般照明也宜使用细管径(≤26mm)的直管形荧光灯来取代较粗管径(>26mm)的直管形荧光灯；或者以紧凑型荧光灯来取代白炽灯，以节约电能。小功率的金属卤化物灯因其光效高、寿命长和显色性好，也可用于商店照明。发光二极管灯(LED灯)具有光线集中的特点，更适用于重点照明。

3) 高大的工业厂房应采用金属卤化物灯或高压钠灯。金属卤化物灯由于其光效高、寿命长而在高大厂房中得到普遍应用。而高压钠灯也具有光效高和寿命长的优点，且价格更低，但显色性差，因此可用于辨色要求不高的场所，如锻工车间、炼铁车间、材料库、成品库等。

4) 由于荧光高压汞灯与其他高强气体放电灯相比，其光效较低，寿命不长，显色指数也不太高，因此一般照明场所不宜采用。而自镇流荧光高压汞灯的光效更低，不应采用。

5) 由于普通照明白炽灯的光效低、寿命短，一般情况下不应采用；但对电磁干扰有严格要求、且其他光源无法满足的特殊场所除外。

(3) 应急照明灯应选用能快速点亮的光源，如白炽灯、荧光灯或发光二极管灯(LED灯)，因为在正常照明断电时，上述光源可在接入应急电源后迅速点亮，而采用高强气体放电灯就达不到上述要求。

(4) 应根据识别颜色的要求和照明场所的特点，选择适当的光源。显色性要求高的场所，应采用显色指数高的光源，如 $R_a>80$ 的三基色稀土荧光灯或混光光源。显色性要求不高的场所，则可采用显色指数较低而光效更高、寿命更长的光源。

二、常用灯具的类型及其选择与布置

(一) 常用灯具的类型

1. 按灯具的配光特性分类

有两种分类方法，一种是国际照明委员会(CIE)提出的分类法，另一种是传统的分类法。

(1) CIE分类法 根据灯具向下和向上投射的光通量百分比，将灯具分为以下5种类型：

① 直接照明型——灯具向下投射的光通量占总光通量的90%~100%，而向上投射的光通量极少。

② 半直接照明型——灯具向下投射的光通量占总光通量的60%~90%，向上投射的光通量只有10%~40%。

③ 均匀漫射型——灯具向下投射的光通量与向上投射的光通量差不多相等，各为40%~60%之间。

④ 半间接照明型——灯具向上投射的光通占总光通量的60%~90%，向下投射的光通量只有10%~40%。

⑤ 间接照明型——灯具向上投射的光通量占总光通量的90%~100%，而向下投射的光通量极少。

(2) 传统分类法 根据灯具的配光曲线形状，将灯具分为以下5种类型(参看图8-14)：

① 正弦分布型——其发光强度是角度的正弦函数，并且在 $\theta=90°$ 时发光强度最大。

② 广照型——其最大发光强度分布在较大角度上，可在较广的面积上形成均匀的照度。

③ 漫射型——其各个角度的发光强度基本一致。

④ 配照型——其发光强度是角度的余弦函数，并且在 $\theta=0°$ 时发光强度最大。

⑤ 深照型——其光通量和最大发光强度值集中在0°~30°的狭小立体角内。

2. 按灯具的结构特点分类

按灯具的结构特点可分为以下 5 种类型：

① 开启型——其光源与灯具外界的空间相通，例如一般的配照灯、广照灯和深照灯等。

② 闭合型——其光源被透明罩包合，但内外空气仍能流通，如圆球灯、双罩型（又称万能型）灯和吸顶灯等。

③ 密闭型——其光源被透明罩密封，内外空气不能对流，如防潮灯、防水防尘灯等。

④ 增安型——亦称"防爆型"，其光源被高强度透明罩密封，且灯具能承受足够的压力，能安全地应用在有爆炸危险介质的场所。

⑤ 隔爆型——其光源也被高强度透明罩密封，但不是靠其密封性来防爆，而是在其灯座的法兰与灯罩的法兰之间有一隔爆间隙。当气体在灯罩内部爆炸时，高温气体经过隔爆间隙被充分冷却，从而不致引起外部爆炸性混合气体爆炸，因此隔爆型灯也能安全地应用在有爆炸危险介质的场所。

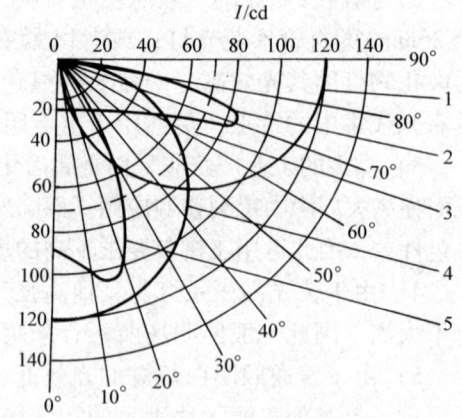

图 8-14　灯具按配光曲线分类
1—正弦分布型　2—广照型　3—漫射型
4—配照型　5—深照型

图 8-15 是工厂常用的几种灯具的外形和图形符号[⊖]，供参考。

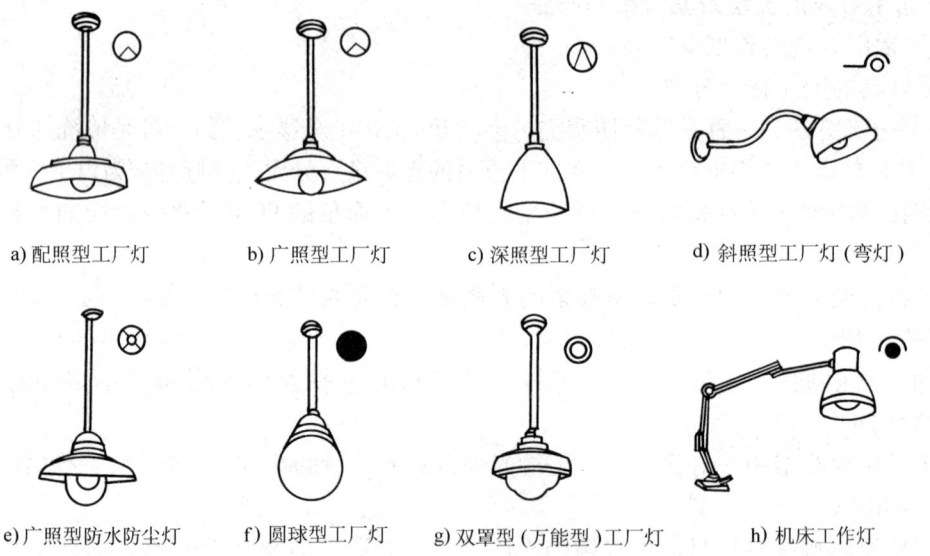

a) 配照型工厂灯　　b) 广照型工厂灯　　c) 深照型工厂灯　　d) 斜照型工厂灯（弯灯）

e) 广照型防水防尘灯　f) 圆球型工厂灯　g) 双罩型（万能型）工厂灯　h) 机床工作灯

图 8-15　工厂常用的几种灯具

（二）常用灯具类型的选择

选用照明灯具，也应符合 GB 50034—2013《建筑照明设计标准》的规定：

⊖ 图 8-15 中灯具的图形符号，除其中图 g 外，均引自 GB 4728.11—1985 的附录 B，现新国标 GB/T 4728.11—2008 已予取消，这里列出仅供参考。此外需说明，在 GB 4728.11—1985 中，配照型灯与广照型灯的图形符号相同。关于其中图 g 的图形符号，系按电工行业以往习惯绘制。

（1）在满足眩光限制和配光要求条件下，应选用效率高的灯具，并应符合下列规定：
① 直管形荧光灯灯具的效率不应低于表 8-3 的规定。

表 8-3　直管形荧光灯灯具的效率（据 GB 50034—2013）

灯具出光口形式	开敞式	保护罩（玻璃或塑料）		格栅
		透明	棱镜	
灯具效率	75%	70%	55%	65%

② 高强气体放电灯灯具的效率不应低于表 8-4 的规定。

表 8-4　高强气体放电灯灯具的效率（据 GB 50034—2013）

灯具出光口形式	开敞式	格栅或透光罩
灯具效率	75%	60%

GB 50034—2013 关于其他型式灯具效率的规定，限于篇幅，从略。
（2）根据照明场所的环境条件，分别选用下列灯具：
① 特别潮湿的场所，应采用相应防护措施的灯具。
② 有腐蚀性气体或蒸汽的场所，应采用相应防腐蚀要求的灯具。
③ 高温场所，宜采用散热性能好、耐高温的灯具。
④ 多尘埃的场所，应采用防护等级不低于 IP5X 的灯具。
⑤ 室外场所，应采用防护等级不低于 IP54 的灯具。
⑥ 装有锻锤、大型桥式吊车等震动、摆动较大场所使用的灯具，应有防震和防脱落的措施。
⑦ 易受机械损伤、光源自行脱落可能造成人身伤害或财物损失的场所使用的灯具，应有防护措施。
⑧ 有爆炸或火灾危险场所使用的灯具，可参考 GB 50058—1992《爆炸和火灾危险环境电力装置设计规范》的有关规定，如表 8-5 所示。

表 8-5　灯具防爆结构的选型（据 GB 50058—1992）

爆炸危险区域		1 区		2 区	
灯具防爆结构		隔爆型	增安型	隔爆型	增安型
灯具设备	固定式灯	适用	不适用	适用	适用
	移动式灯	慎用		适用	
	携带式电池灯	适用		适用	
	指示灯类	适用	不适用	适用	适用
	镇流器	适用	慎用	适用	适用

注：爆炸危险环境的分区，参看附表 23。由于 GB 50058—2014 中没有"灯具防爆结构的选型"内容，故在此列出 GB 50058—1992 的规定供参考。

⑨ 有洁净要求的场所，应采用不易积尘、易于擦拭的洁净灯具。
⑩ 需防止紫外线照射的场所，应采用隔紫外线灯具或无紫外线光源。
（3）直接安装在普通可燃材料表面上的灯具，当灯具发热部件紧贴在安装表面上时，必须采用带有▽F标志的灯具，以免一般灯具的发热导致可燃材料燃烧，酿成火灾。

（4）照明设计时，应按下列原则选择镇流器：

① 自镇流荧光灯应配用电子镇流器。

② 直管形荧光灯应配用电子镇流器或节能型电感镇流器。

③ 高压钠灯、金属卤化物灯应配用节能型电感镇流器；在电压偏差较大的场所，宜配用恒功率镇流器；功率较小者可配用电子镇流器。

④ 采用的镇流器应符合该产品的国家能效标准。

（5）高强气体放电灯的触发器与光源的安装距离应符合产品的要求。

（三）室内灯具的悬挂高度

室内灯具不能悬挂过高。如悬挂过高，一方面降低了工作面上的照度，而要满足照度要求，势必增大光源功率，不经济；另一方面运行维修（如擦拭或更换灯泡）也不方便。室内灯具也不能悬挂过低。如悬挂过低，一方面容易被人碰撞，不安全；另一方面会产生眩光，降低人的视觉。

室内一般照明灯具的最低悬挂高度，按机械工业行业标准 JBJ 6—1996《机械工厂电力设计规范》规定，如表 8-6 所示，可供照明设计参考。

表 8-6 室内一般照明灯具的最低悬挂高度（据 JBJ 6—1996）

光源种类	灯具型式	灯具遮光角	光源功率/W	最低悬挂高度/m
白炽灯	有反射罩	10°~30°	≤100	2.5
			150~200	3.0
			300~500	3.5
	乳白玻璃漫射罩	—	≤100	2.2
			150~200	2.5
			300~500	3.0
荧光灯	无反射罩		≤40	2.2
			>40	3.0
	有反射罩		≤40	2.2
			>40	2.2
荧光高压汞灯	有反射罩	10°~30°	<125	3.5
			125~250	5.0
			≥400	6.0
	有反射罩带格栅	>30°	<125	3.0
			125~250	4.0
			≥400	5.0
金属卤化物灯、高压钠灯、混光光源	有反射罩	10°~30°	<150	4.5
			150~250	5.5
			250~400	6.5
			>400	7.5
	有反射罩带格栅	>30°	<150	4.0
			150~250	4.5
			250~400	5.5
			>400	6.5

表 8-6 中所列灯具的遮光角，是指光源最边缘的一点和灯具出光口的连线与通过裸光源发光中心的水平线之间的夹角，如图 8-16 所示。遮光角表征了灯罩遮盖光源光线以免对人眼产生直接眩光的程度。

（四）室内灯具的布置

室内灯具的布置，与房间的结构及对照明的要求有关，既要实用经济，又要尽可能地协调美观。

室内一般照明灯具，通常有两种布置方案：

（1）均匀布置　灯具在整个房间内均匀分布，其布置方案与设备位置无关，如图 8-17a 所示。

（2）选择布置　灯具的布置方案与生产设备的位置有关。大多按工作面对称布置，力求使工作面获得最有利的光照并消除阴影，如图 8-17b 所示。

由于均匀布置较之选择布置更为美观，且使整个房间的照度较为均匀，所以在既有一般照明又有局部照明的场所，其一般照明宜采用均匀布置。

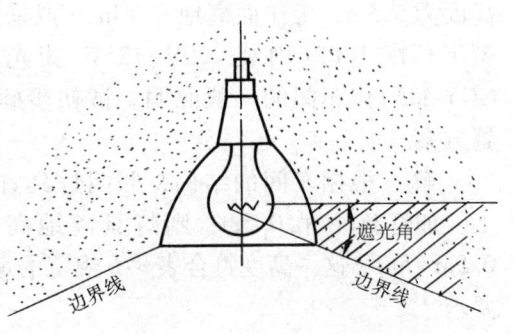

图 8-16　灯具的遮光角

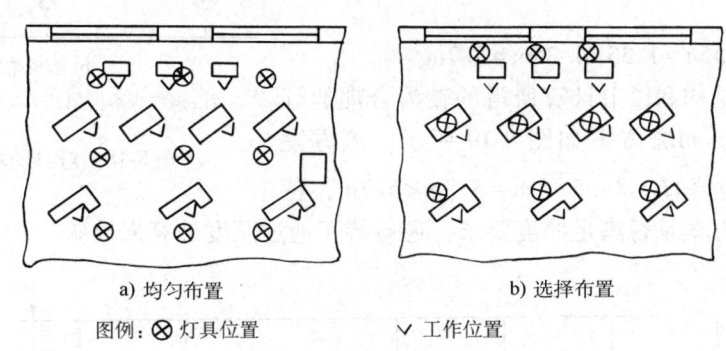

a) 均匀布置　　　　　　b) 选择布置

图例：⊗ 灯具位置　　　∨ 工作位置

图 8-17　一般照明灯具的布置

均匀布置的灯具可有两种排列方式：①灯具排列成矩形（含正方形），如图8-18a所示。矩形布置时，应尽量使 l 与 l' 相接近。②灯具排列成菱形，如图8-18b所示。等边三角形的菱形布置，即 $l'=\sqrt{3}l$ 时，照度分布最为均匀。

灯具间的距离，应按灯具的光强分布、悬挂高度、房屋结构及照度标准等多种因素而定。为了使工作面上获得较均匀的照度，应选择合理的"距高比"，即灯间距离 l 与灯在工作面上的悬挂高度 h 之比，一般不要超过各类灯具所规定的最大距高比，例如 GC1-A、B-2G 型⊖工厂配照灯的最大允许距高比为 1.35，如附表 29-1 中所列。其余灯具的最大距高比可参看有关设计手册。

从使整个房间获得较为均匀的照度考虑，靠边缘的一列灯具离墙的距离 l''（见图 8-18）为：靠墙有工作面时，可取 $l''=(0.25\sim0.3)l$；靠墙为通道时，可取 $l''=(0.4\sim0.6)l$。其中 l 为灯间距离（对矩形布置，可取其纵横两向灯距的几何平均值）。

例 8-1　某车间的平面面积为 $36\times18m^2$，桁架跨度为 18m，桁架之间相距 6m，桁架离地

⊖　灯具型号的含义：

```
        G C 1 - A 、 B - 2 G
        │ │ │   │   │ │ │
工厂灯具─┘ │ │   │   │ │ └─光源高压汞灯
  厂房照明──┘ │   │   │ └───尺寸代号
    设计序号──┘   │   └─────吊链式
              │
              └───────────直杆吊灯
```

高度为 5.5m，工作面离地 0.75m。拟采用 GC1-A-2G 型工厂配电灯（内装 220V、125W 荧光高压汞灯即 GGY-125）作车间的一般照明。试初步确定灯具的布置方案。

解 根据车间的结构，照明灯具宜悬挂在桁架上。如灯具下吊 0.5m，则灯具离地高度为 5.5m - 0.5m = 5m。这一高度符合表 8-6 规定的最低悬挂高度要求。

由于工作面离地 0.75m，故灯具在工作面上的悬挂高度 $h = 5m - 0.75m = 4.25m$，而由附表 29-1 得知，这种灯具的最大允许距高比为 1.35，因此较合理的灯间距离为：

$$l \leqslant 1.35h = 1.35 \times 4.25m = 5.7m$$

根据车间的结构和以上计算所得的较为合理的灯距，初步确定灯具布置方案如图 8-19 所示。该方案的灯距（几何平均值）$l = \sqrt{4.5 \times 6}\,m = 5.2m < 5.7m$，符合要求。但是此方案是否满足照度要求，还有待于通过照度计算来检验。

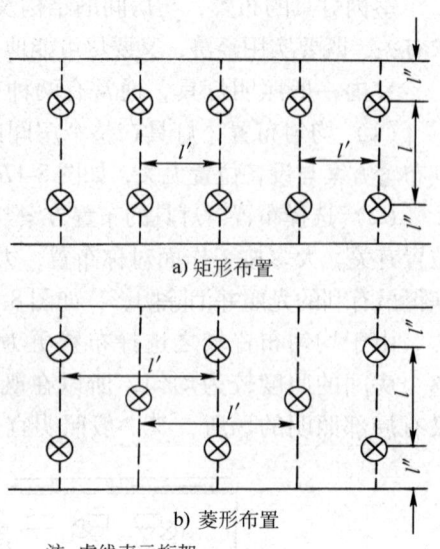

a) 矩形布置

b) 菱形布置

注：虚线表示桁架。

图 8-18 灯具的均匀布置

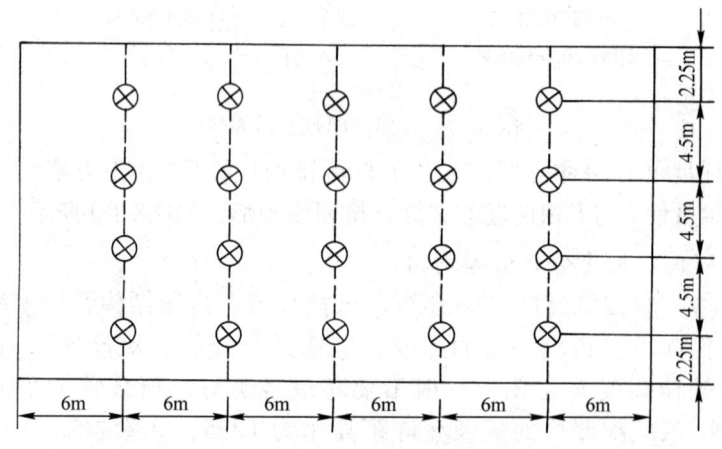

图 8-19 例 8-1 的灯具布置方案

第三节 照明质量及照度计算

一、照明质量与照度标准

照明质量包括眩光限制、光源颜色、照度均匀度及工作房间表面的反射比等问题，但最基本的是工作面上的照度是否达到规定的照度标准。此外，按 GB 50034—2013 规定，还需考虑照明的节能问题，在满足照度标准的前提下，照明功率密度值（W/m^2）也应满足要求。

（一）眩光限制

眩光能引起人眼视觉的不适或降低视力，因此在照明设计中必须限制眩光，以保证照明质量。

按 GB 50034—2013 规定，长期工作或停留的房间或场所，选用的直接型灯具的遮光角不应小于表 8-7 所列数值。

表 8-7 直接型灯具的遮光角（据 GB 50034—2013）

光源平均亮度（kcd/m²）	遮光角	光源平均亮度（kcd/m²）	遮光角
1~20	10°	50~500	20°
20~50	15°	≥500	30°

前面表 8-6 所列的灯具最低悬挂高度的规定，也是为了满足眩光限制的要求，可供参考。在需要有效地限制工作面上的光幕反射和反射眩光的房间和场所，应采用以下措施：

1）应将灯具安装在不易形成眩光的区域内。
2）可采用低光泽度的表面装饰材料。
3）应限制灯具出光口表面的发光亮度。
4）墙面的平均照度不宜低于 50lx，顶棚的平均照度不宜低于 30lx。

（二）光源颜色

按 GB 50034—2013 规定，室内照明光源的色表特征及适用场所如表 8-8 所示。

表 8-8 光源的色表特征及适用场所（据 GB 50034—2013）

色表特征	相关色温/K	适用场所举例
暖	<3300	客房、卧室、病房、酒吧
中间	3300~5300	办公室、教室、阅览室、商场、诊室、检验室、实验室、控制室、机加工车间、仪表装配车间
冷	>5300	热加工车间、高照度场所

长期工作或停留的房间或场所，照明光源的显色指数（R_a）不宜小于 80。在灯具安装高度大于 8m 的工业建筑场所，R_a 可低于 80，但必须能够辨别安全色。

（三）照度均匀度

照度均匀度是在给定的照明区域内最小照度与最大照度或平均照度之比。按 GB 50034—2013 规定。

（1）在有电视转播要求的体育场馆 其比赛时场地照明应符合下列规定：
1）比赛场地水平照度最小值与最大值之比不应小于 0.5。
2）比赛场地水平照度最小值与平均值之比不应小于 0.7。
3）比赛场地主摄像机方向的垂直照度最小值与最大值之比不应小于 0.4。
4）比赛场地主摄像机方向的垂直照度最小值与平均值之比不应小于 0.6。
5）比赛场地平均水平照度宜为平均垂直照度的 0.75~2.0。
6）观众席前排的垂直照度值不宜小于场地垂直照度的 0.25。

（2）在无电视转播要求的体育场馆 其比赛时场地的照度均匀度应符合下列规定：
1）业余比赛时，场地水平照度最小值与最大值之比不应小于 0.4，最小值与平均值之比不应小于 0.6。
2）专业比赛时，场地水平照度最小值与最大值之比不应小于 0.5，最小值与平均值之比不应小于 0.7。

(四) 反射比

按 GB 50034—2013 规定，长时间工作的房间，其表面反射比宜按表 8-9 选取。

表 8-9 工作房间表面的反射比（据 GB 50034—2013）

表面名称	顶 棚	墙 面	地 面	作 业 面
反射比	0.6~0.9	0.3~0.8	0.1~0.5	0.2~0.6

(五) 照度标准

为了创造良好的工作条件，提高工作效率和工作质量（含产品质量），保障人身安全，工作场所及其他活动环境的照明必须有足够的照度。

照度标准值的分级为：0.5lx、1lx、2lx、3lx、5lx、10lx、15lx、20lx、30lx、50lx、75lx、100lx、150lx、200lx、300lx、500lx、750lx、1000lx、1500lx、2000lx、3000lx、5000lx 等。

GB 50034—2013 规定的部分工业建筑一般照明标准值（含照度标准值、统一眩光值和一般显色指数值）列于附表 27；GB 50034—2013 规定的部分民用和公共建筑照明标准值列于附表 28。

GB 50034—2013 中规定的照度标准值，为作业面或参考平面上的平均照度值。

符合下列条件之一及以上时，作业面或参考平面的照度可按照度标准值分级提高一级：

1) 视觉要求高的精细作业场所，眼睛至识别对象的距离大于 0.5m 时。
2) 连续长时间紧张的视觉作业，对视觉器官有不良影响时。
3) 识别移动对象，要求识别时间短促而辨认困难时。
4) 视觉作业对操作安全有重要影响时。
5) 识别对象与背景辨认有困难时。
6) 作业精度要求较高、且产生差错会造成很大损失时。
7) 视觉能力显著低于正常能力时。
8) 建筑等级和功能要求高时。

符合下列条件之一及以上时，作业面或参考平面的照度可按照度标准值分级降低一级：

1) 进行很短时间的作业时。
2) 作业精度或速度无关紧要时。
3) 建筑等级和功能要求较低时。

按 GB 50034—2013 规定：设计照度值与照度标准值相比较，可有 -10%~+10% 的偏差。

作业面邻近周围照度可低于作业面照度，但不宜低于表 8-10 的数值。

表 8-10 作业面邻近周围照度（据 GB 50034—2013）

作业面照度/lx	作业面邻近周围照度/lx
≥750	500
500	300
300	200
≤200	与作业面照度相同

注：作业面邻近周围指作业面外宽度不小于 0.5m 的区域。

作业面背景区域一般照明的照度不宜低于作业面邻近周围照度的 1/3。

二、照度的计算

在灯具的型式、悬挂高度及布置方案初步确定之后，就应该根据初步拟定的照明方案计算工作面上的照度，检验是否符合照度标准的要求；也可以在初步确定灯具型式和悬挂高度之后，根据工作面上的照度标准要求来确定灯具数目，然后确定布置方案。

照度的计算方法，有利用系数法、概算曲线法、比功率法和逐点计算法等。前三种计算法只用于计算水平工作面上的照度，其中概算曲线法实质是利用系数法的实用简化；而后一种则可用于计算任一倾斜面包括垂直面上的照度。限于篇幅，下面只介绍计算水平面照度的利用系数法和概算曲线法。

（一）利用系数法

1. 利用系数的概念

照明光源的利用系数（utilization coefficient），是表征照明光源的光通量有效利用程度的一个参数，用投射到工作面上的光通量（包括直射光通量和各方面反射到工作面上的光通量）与全部光源发出的光通量之比来表示，即利用系数

$$u \stackrel{\text{def}}{=\!=\!=} \frac{\Phi_e}{n\Phi} \tag{8-8}$$

式中，Φ_e 为投射到工作面上的有效光通量；Φ 为每盏灯发出的光通量；n 为灯的盏数。

利用系数 u 与下列因素有关：

1）与灯具的型式、光效和配光曲线有关。灯具的光效越高，光通量越集中，利用系数也越高。

2）与灯具的悬挂高度有关。悬挂越高，工作面上反射的光通量越多，利用系数也越高。

3）与房间的面积和形状有关。房间的面积越大，越接近于正方形，工作面上直射的光通量越多，利用系数也越高。

4）与墙壁、顶棚和地面的颜色和洁污情况有关。其颜色越浅，越洁净，其反射比越大，反射光通量越多，因此利用系数也越高。

附表29列出 GC1-A、B-2G 型工厂配照灯的利用系数值，供参考。

2. 利用系数值的确定

由附表29所列 GC1-A、B-2G 型工厂配照灯的利用系数表可以看出，利用系数值应按墙壁、顶棚和地面的反射比 ρ_w、ρ_c 和 ρ_f 及"室空间比"（Room Cabin Ratio，缩写 RCR）来确定。

室空间比 RCR 是表征受照房间空间特征的一个参数，按下式计算：

$$\text{RCR} = \frac{5h_{RC}(a+b)}{a \cdot b} \tag{8-9}$$

式中，h_{RC} 为室空间高度，即灯具离工作面的高度；a、b 为房间的长、宽（参看图8-20）。

由图8-20可知，受照房间按照明情况不同可分为顶棚空间、室空间和地板空间三部分。对于装设吸顶式或嵌入式灯具的房间，则不存在顶棚空间，对于以地面为工作面的房间，则不存在地板空间。

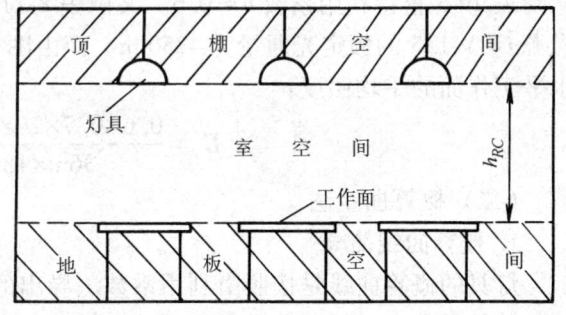

图 8-20 计算室空间比（RCR）的说明图

3. 按利用系数法计算工作面上的平均照度

由于灯具在使用期间，光源本身的光效要逐渐降低，灯具也会陈旧脏污，受照场所的墙

壁、顶棚也有污损的可能，从而使工作面上的光通量有所减少，因此在计算工作面上实际的平均照度时，应计入一个小于1的"减光系数"（light loss factor，缩写LLF，又称"维护系数"）。

表8-11为GB 50034—2013规定的灯具减光系数（维护系数）值。

表8-11　灯具的减光系数（维护系数）（据GB 50034—2013）

环境污染特征		房间或场所举例	灯具最少擦拭次数（次/年）	减光系数值（维护系数值）
室内	清洁	卧室、办公室、影院、剧场、餐厅、阅览室、教室、病房、客房、仪器仪表装配间、电子元器件装配间、检验室、商店营业厅、体育馆等	2	0.80
	一般	机场候机厅、候车室、机械加工车间、机械装配车间、农贸市场等	2	0.70
	污染严重	公用厨房、锻工车间、铸工车间、水泥车间等	3	0.60
开敞空间		雨篷、站台	2	0.65

工作面上实际的平均照度 E_{av} 按下式计算：

$$E_{av} = \frac{uKn\Phi}{A} \tag{8-10}$$

式中，K 为减光系数（维护系数）；u 为利用系数；Φ 为每盏灯的额定光通量；n 为受照房间灯的盏数；A 为房间面积。

如果已知工作面上的照度标准值即 E_{av}，并已确定灯具型式及光源类型、功率时，则可由下式确定灯具盏数：

$$n = \frac{E_{av}A}{uK\Phi} \tag{8-11}$$

例8-2 试计算例8-1所初步确定的灯具布置方案（参看图8-19）工作面上的平均照度。

解 该车间的室空间比为：

$$\text{RCR} = \frac{5 \times 4.25 \times (36+18)}{36 \times 18} = 1.77$$

假设车间顶棚的反射比 $\rho_c = 70\%$，墙壁的反射比 $\rho_w = 50\%$，地面的反射比 $\rho_f = 20\%$。可从附表29-3查得利用系数 $u \approx 0.6$。又由表8-11取减光系数 $K = 0.7$。再由附表29-1查得灯具光源GGY-125的额定光通量为4750lm。而由图8-18知 $n = 20$。因此按式（8-10）可求得该车间水平工作面的平均照度：

$$E_{av} = \frac{0.6 \times 0.7 \times 20 \times 4750 \text{lm}}{36\text{m} \times 18\text{m}} = 61.6 \text{lx}$$

（二）概算曲线法

1. 概算曲线简介

灯具的概算曲线是按照由利用系数法导出的公式（8-11）进行计算而绘制的被照房间面积与安装灯数之间的关系曲线，假设的条件是：被照水平工作面的平均照度为100lx。

附表29-4列出了GC1-A、B-2G型工厂配照灯的概算曲线图表，供参考。其他灯具的概算图表可查有关设计手册。

2. 按概算曲线法进行灯数或照度计算

首先根据房屋的环境污染特征确定其顶棚、墙壁和地面的反射比 ρ_c、ρ_w 和 ρ_f，并求出

该房间的水平面积 A。然后由相应的灯具概算曲线上查得对应的灯数 N。由于灯具概算曲线绘制依据的平均照度为 100lx，减光系数为某一值，均不一定与实际相符，因此实际需用的灯数 n 应按下式计算：

$$n = \frac{E_{av}K'}{100(\text{lx})K}N \tag{8-12}$$

式中，E_{av} 为实际要求达到的平均照度值(lx)；K 为灯具实际的减光系数(维护系数)；K' 为概算曲线绘制依据的减光系数(维护系数)。

例 8-3 试按灯具概算曲线法验算例 8-1 和例 8-2 所计算的工作面上的平均照度。

解 根据 $\rho_c = 70\%$、$\rho_w = 50\%$、$\rho_f = 20\%$ 及 $h = 4.25\text{m}$ 和 $A = 36\text{m} \times 18\text{m} = 648\text{m}^2$ 去查附表 29-4 的概算曲线，得 $N \approx 30$。因此由式(8-12)可得：

$$E_{av} = \frac{100(\text{lx})Kn}{K'N} = \frac{100 \times 0.7 \times 20}{0.7 \times 30}\text{lx} = 66.7\text{lx}$$

计算结果与例 8-2 的相近。

*第四节 照明供配电系统及电气安装图

一、照明供配电系统及应急照明供电方式

照明供配电系统一般由接户线、进户线、总配电箱、干线、分配电箱、支线和用电设备(灯具、插座等)所组成，如图 8-21 所示。

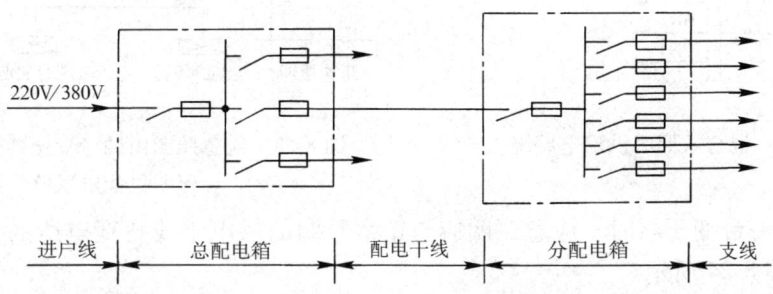

图 8-21 照明供配电系统的组成

照明供配电系统有放射式、树干式和混合式等接线方式。放射式接线的供电可靠性较高，但耗用的导线材料及控制保护设备较多，投资较大。树干式接线比较经济，但可靠性较差。实际的照明系统一般为混合式接线，如图 8-22 所示。

电气照明按照明地点分，有室内照明和室外照明两大类。按照明方式分，有一般照明和局部照明两大类。一般照明是不考虑局部的特殊需要，只为照亮整个场地而设置的照明。局部照明是为满足某些部位(如工作面)的特殊需要而设置的照明，例如工作台上的台灯和机床上的局部照明灯等。工厂的多数车间都采用由一般照明和局部照明组成的混合照明。

电气照明按用途分，有正常照明、应急照明、值班照明、警卫照明和障碍照明等。正常照明是指在正常情况下使用的室内外照明。应急照明(以往称为"事故照明")是指因正常照明的电源发生故障而启用的照明。应急照明又分备用照明、安全照明和疏散照明。备用照明是用以确保正常活动继续进行的应急照明。安全照明是用以确保处于潜在危险之中的人员安全的应急照

明。疏散照明是用以确保安全出口通道能被有效地辨认和应用、使人员能安全撤离的应急照明。

应急照明的电源，应区别于正常照明的电源。应急照明的供电方式，宜按下列之一选用：

1) 独立于正常电源的发电机组，如图1-7所示采用柴油发电机组做备用电源。
2) 蓄电池。
3) 供电系统中有效地独立于正常电源的供电线路。
4) 应急照明灯自带直流逆变器。
5) 当装有两台及以上变压器时，应急照明应与正常照明的供电干线分别接自不同的变压器，如图8-23所示。

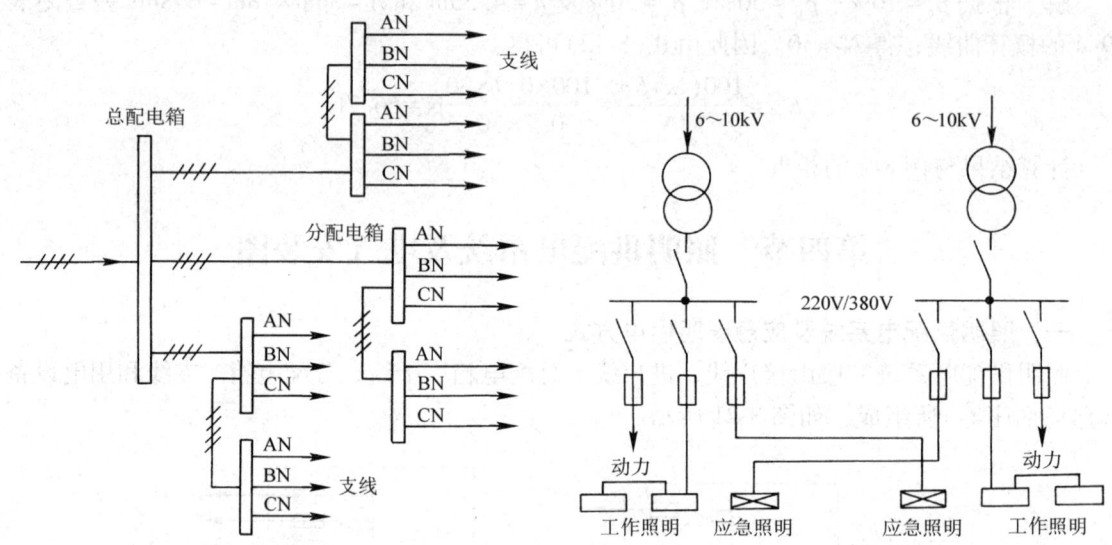

图 8-22　混合式照明供配电系统　　　图 8-23　应急照明由两台变压器交叉供电的照明供配电系统

6) 仅装有一台变压器时，应急照明应与正常照明的供电干线自变电所的低压屏上或母线上分开，如图8-24所示。

应急照明的正常电源在故障停电时宜实行备用电源自动投入（APD），如图8-25所示。当正常电源停电时，接触器 KM1 因失电而断开，同时由于 KM1 的常闭触头 KM1 1-2 闭合（KM2 的常闭触头 KM2 1-2 原已闭合），使时间继电器 KT 动作，其延时闭合触头 KT 1-2 经 0.5s 后闭合，使接触器 KM2 的线圈通电动作，其主触头闭合，从而投入备用电源。KM2 的常开触头 KM2 3-4 同时闭合，保持 KM2 线圈通电动作状态；而其常闭触头 KM2 1-2 断开，切断时间继电器 KT 的回路，其触头 KT 1-2 断开。同时 KM2 5-6断开，切断 KM1 线圈回路。

照明灯具的基本控制回路的接线图如图8-26所示。**注意：**控制开关应安装在相线（L）上，以保证灯具光源装卸及检修的安全。

二、照明线路导线及控制保护设备的选择

（一）照明线路导线的选择

GB 50096—2011《住宅设计规范》规定，住宅线路应采用铜芯绝缘线，每套住宅的进户线截面积不应小于 $10mm^2$，其分支回路导线截面积不应小于 $2.5mm^2$。因此室内照明线路一般应采用芯线截面积不小于 $2.5mm^2$ 的铜芯绝缘线（通常采用铜芯塑料线）敷设。而 $2.5mm^2$

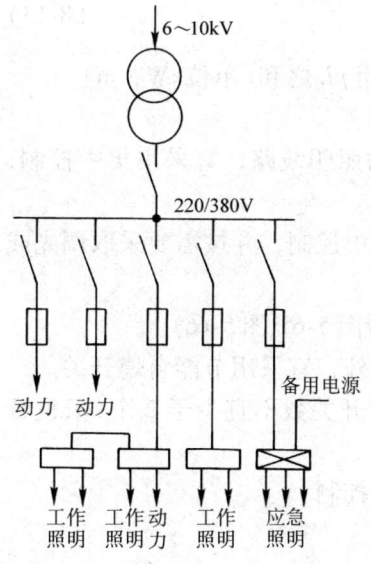
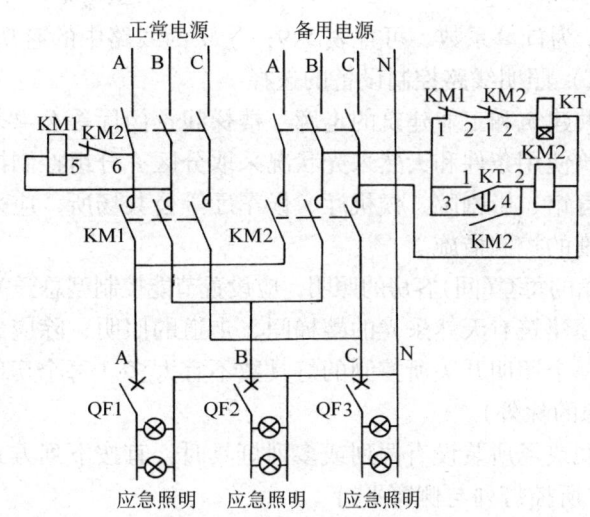

图 8-24 应急照明由一台变压器
供电的照明供配电系统

图 8-25 采用备用电源自动投入(APD)的应急照明
控制回路

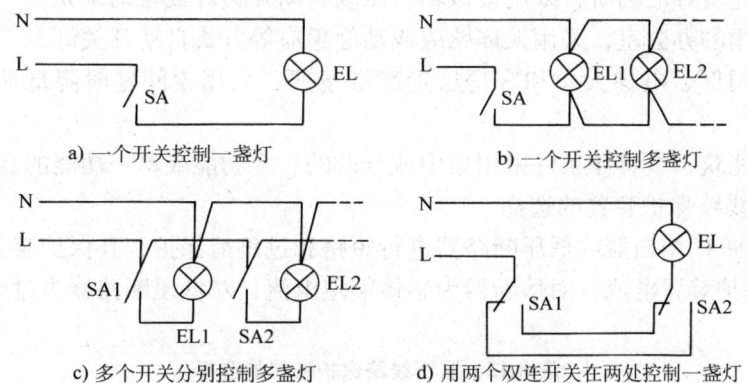

图 8-26 照明灯具的基本控制回路接线
EL—电灯　SA—控制开关

的铜芯塑料线穿管的允许载流量在 14A 以上（参看附表 16），从发热条件考虑，可接用白炽灯 100W 达 30 个，因此一般室内照明线路无需进行发热校验。由于室内照明线路不长，一般也无需进行电压损耗校验。但对于线路较长的照明干线和室外照明线路，则宜进行必要的选择校验。

按 GB 50034—2013 规定，灯的端电压一般不宜高于其额定电压的 105%，同时不宜低于其额定电压的下列数值：一般工作场所为 95%；远离变电所的小面积一般工作场所的照明难于满足 95% 时，可降到 90%；应急照明和采用安全特低电压供电的照明，可为 90%。

由于照明光源对电压水平要求较高，所以照明线路导线通常先按允许电压损耗进行选择，再校验发热条件和机械强度。

如式(5-28)所示，均一照明线路按允许电压损耗选择导线截面的公式为：

$$A = \frac{\sum M}{C \Delta U_{al}\%} \tag{8-13}$$

式中，C 为计算系数，可查表 5-9；$\sum M$ 为线路中的有功功率矩 pL 之和(单位 kW·m)。

（二）照明线路控制设备的选择

公共建筑和工业建筑的走廊、楼梯间、门厅等公共场所的照明线路，宜采用集中控制，并按建筑使用条件和天然采光状况采取分区、分组控制措施。

体育馆、影剧院、候机厅、候车厅等公共场所，应采用集中控制，并按需要采取调光或降低照度的控制措施。

旅馆的每套(间)客房的照明，应设置节能控制型总开关(参看图 5-65、图 5-66)。

居住建筑有天然采光的楼梯间、走道的照明，除应急照明外，宜采用节能自熄开关。

每一个照明开关所控制的灯具数不宜太多。每个房间灯的开关数不宜少于 2 个(只设置 1 只光源的除外)。

房间或场所装设有两列或多列灯具时，宜按下列方式分组控制：

1）所控灯列与侧窗平行。

2）生产场所按车间、工段或工序分组。

3）电化教室、会议厅、多功能厅、报告厅等场所，按靠近或远离讲台分组。

有条件的场所，宜采用下列控制方式：

1）天然采光良好的场所，采用按该场所照度自动开关灯或自动调光。

2）个人使用的办公室，采用人体感应或动静感应等方式自动开关灯。

3）旅馆的门厅、电梯大堂和客房层走廊等场所，采用夜间定时降低照度的自动调光装置。

4）大中型建筑，按具体条件采用集中或分散的、多功能或单一功能的自动控制系统。

（三）照明线路保护装置的选择

照明线路可采用熔断器或低压断路器进行短路和过负荷保护，其保护装置的选择可参看表 8-12，其中保护装置电流，对熔断器为熔体额定电流，对低压断路器为过电流脱扣器脱扣电流。

表 8-12 照明线路保护装置的选择

保护装置类型	保护装置电流/照明线路计算电流		
	白炽灯、卤钨灯、荧光灯、金属卤化物灯	高压汞灯	高压钠灯
RL1 型熔断器	1	1.3~1.7	1.5
RC1A 型熔断器	1	1.0~1.5	1.1
带热脱扣器低压断路器	1	1.1	1
带瞬时脱扣器低压断路器	6	6	6

必须注意：用熔断器保护照明线路时，熔断器应安装在相线上，而在 PE 线和 PEN 线上不能安装熔断器。用低压断路器保护照明线路时，其过电流脱扣器应安装在相线上。

三、照明供配电系统的电气安装图

(一) 照明供电系统图的绘制

照明供电系统图是用国家标准规定的电气简图符号概略地表示电气照明供电系统的一种简图,属一种电气安装图样。

绘制照明供电系统图必须注意以下几点:

1) 照明供电系统图的设计与绘制,必须遵循有关规范标准的规定,并结合设计对象的照明要求,合理布线。

2) 照明供电系统图一般采用单线图形式绘制,并在单线表示的线路上用短斜线加数字或数根短斜线标示出该线路的导线根数,如图 8-27a 所示。如果已另用虚线表示出 N 线、PE 线或 PEN 线时,则只在单线表示的相线上用短斜线标示出相线的导线根数,如图 8-27b 所示。必要时,照明供电系统图也可用多线图绘制,如图 8-27c 所示。

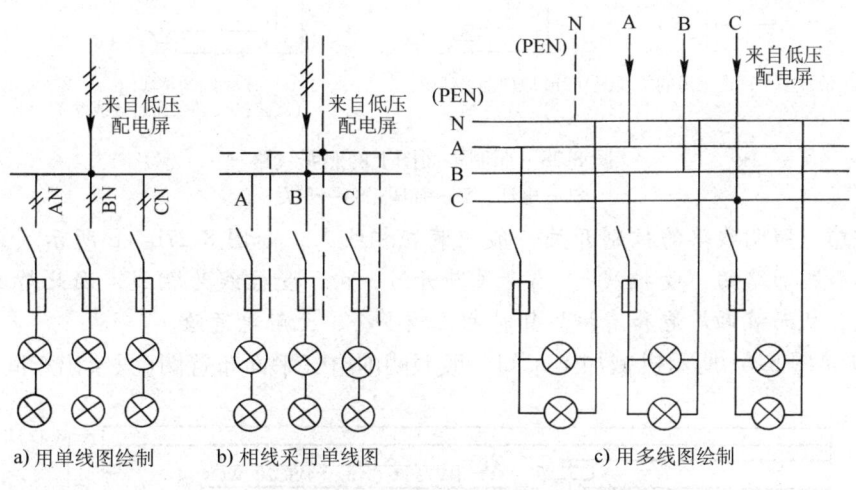

图 8-27 照明供电系统图(示例)

3) 用单线图绘制的照明供电系统图,通常着重表示其进出线,而线路上的控制和保护设备不一定一一绘出。用多线图绘制的照明供电系统图,通常全部绘出线路上的控制和保护设备。

4) 照明供电系统图应在对应的线路侧或元件的图形符号旁,标注出线路和元件的型号、规格和安装方式等。对单相线路,宜标示其相序代号 A、B、C 或 AN、BN、CN 等。

5) 照明供电系统图上标注的各种文字符号和编号,应与对应的照明平面布置图上标注的文字符号和编号相一致。

(二) 照明平面布置图的绘制

照明平面布置图又称"照明平面布线图"或"照明平面图"。它是用国家标准规定的建筑和电气平面图图形符号及有关文字符号,表示照明区域内照明灯具、开关、插座及配电箱等的平面位置及其型号、规格、数量和安装方式、部位,并表示照明线路走向、敷设方式及导线型号、规格、根数等的一种技术图样。照明平面图与照明系统图一样,都属于电气安装图样,是照明线路安装的重要依据。

照明平面布置图上的照明线路通常都绘成单线图,并用短斜线在单线表示的线路上标示出导线的根数(两根导线的单相线路一般不标),如图8-28a所示。它所对应的原理性多线图如图8-28b所示。但按有关安装规程规定,线槽布线和穿管布线的导线,中间不得接线和接头,接线和接头必须经过专门的接线盒,因此其实际的接线图如图8-28c所示,接头均在开关接线盒内。由此可见,照明平面图上所表示的导线根数(见图8-28a)通常是按构成照明回路所需的基本导线根数(见图8-28b)来表示的。

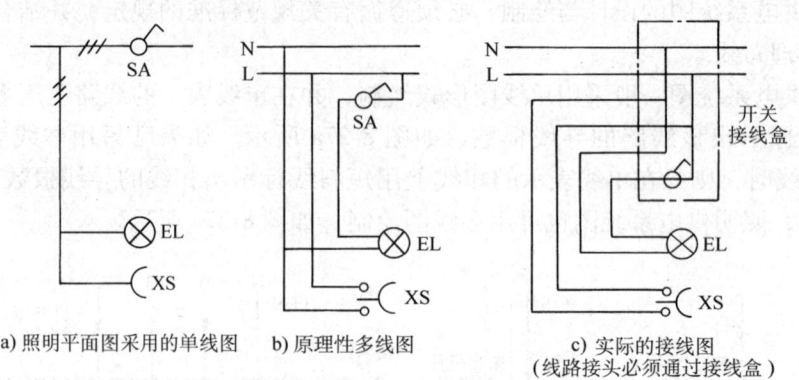

图8-28 照明平面图上的照明线路
EL—电灯 XS—插座 SA—开关

必须注意:照明线路的控制开关一般应装在相线上,如图8-27b、c所示。装有开关的相线,称为照明回路的"受控线"。当开关断开时,由于受控线为相线,因此灯具的灯头上就完全断电,从而装卸灯泡和清扫灯具时都比较安全,无触电危险。

图8-29是图5-61所示机械加工车间一般照明的电气平面布置图(只绘出车间一角)。

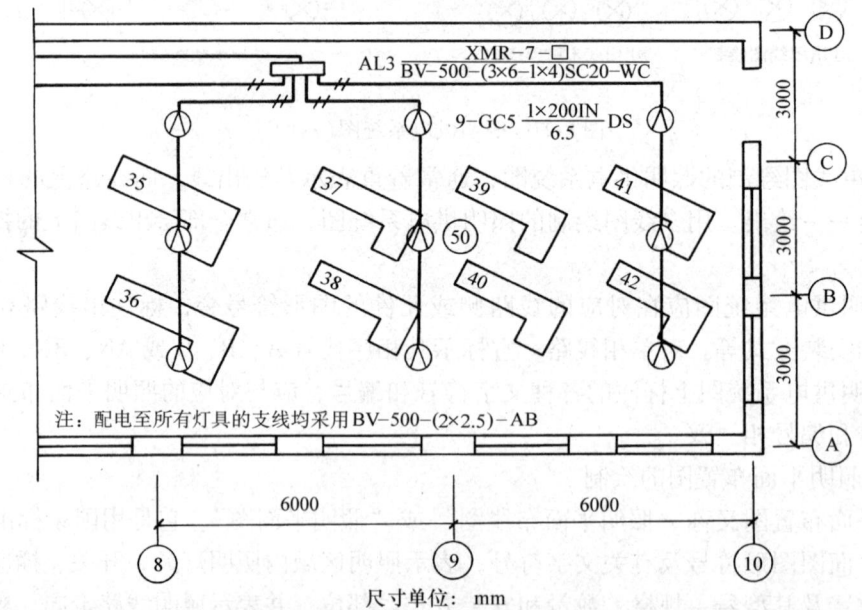

图8-29 ××机械加工车间(一角)的一般照明平面布置图

照明平面布置图上有关设备和安装方式的文字符号及标注方法,已在前面表5-11~表5-13讲述,不再重复。关于光源类型,GB/T 4728中已有明确规定,如果要求指出光源(灯)

类型，则在靠近灯的图形符号旁标以下列代号：IN—白炽灯，FL—荧光灯，Hg—汞灯，Na—钠灯，I—碘（钨）灯，ARC—弧光灯等。关于灯具安装方式的标注，如表8-13所示。

表8-13 灯具安装方式的标注（据00DX001）

安装方式	英文含义	文字符号	安装方式	英文含义	文字符号
线吊式	Wire suspension type	SW	顶棚内安装	Recessed in ceiling	CR
链吊式	Catenary suspension type	CS	墙壁内安装	Recessed in wall	WR
管吊式	Conduit suspension type	DS	支架上安装	Mounted on support	S
壁装式	Wall mounted type	W	柱上安装	Mounted on column	CL
吸顶式	Ceiling mounted type	C	座装	Holder mounting	HM
嵌入式	Flush type	R			

在照明平面图上，还可在灯具符号旁标注该处工作面上的设计照度（平均照度）。例如 ⑤⓪ 表示该处设计的平均照度为50lx。

为了施工方便，照明平面图上的多相线路中的灯具或灯管，可在灯的符号旁边加注其安装的相序代号（A、B、C）。为了消除荧光灯频闪效应的影响，每一灯具内的两支灯管应接在不同的相线上。在分配各灯管的相序时，应力求使各相的负荷功率均衡分配，且使各相的电压降大体相等，如图8-30所示。

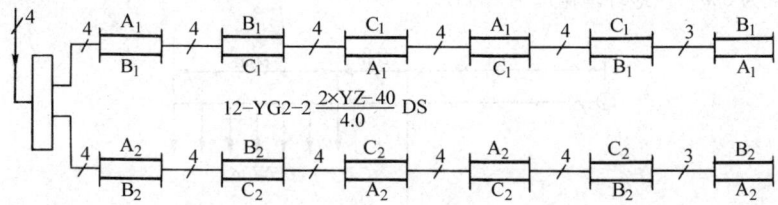

图8-30 安装双管荧光灯具（YG2型）的车间照明平面布线图

复习思考题

8-1 电气照明有哪些特点？对工业生产有什么作用？

8-2 可见光包括哪些单色光？哪种单色光的波长最长？哪种单色光的波长最短？哪一波长的光可引起正常人眼的最大视觉？

8-3 光通量、发光强度、照度、亮度等物理量的定义是什么？常用单位又各是什么？

8-4 什么叫反射比？反射比与照明有什么关系？

8-5 什么叫色温？什么叫显色指数？

8-6 什么叫热辐射光源和气体放电光源？各有什么主要特点？

8-7 荧光灯回路中的辉光启动器、镇流器和电容器各有什么作用？

8-8 哪些场合宜采用白炽灯照明？哪些场合宜采用荧光灯照明？

8-9 高压汞灯、高压钠灯和金属卤化物灯在光照性能方面各有哪些优缺点？各适用于哪些场合？

8-10 什么是灯具的距高比？什么是灯具的遮光角？各对灯具的布置方案有何影响？

8-11 照明质量包括哪些方面？什么是照度标准值？哪些条件下可按照度标准值分级提高一级？又哪些条件下可降低一级？

8-12 什么叫照明光源的利用系数？它与哪些因素有关？什么叫减光系数（维护系数）？它与哪些因素有关？

8-13 什么叫应急照明？应急照明的电源可有哪些？

8-14 住宅内的照明线路按规定应采用什么材质线芯的绝缘导线？对其线芯截面有何要求？

8-15 哪些场所的照明宜采用节能自熄开关？哪类场所的照明应设置节能控制型总开关？

8-16 图 8-27 所示照明平面图上标注在照明配电箱旁的 AL3 $\frac{\text{XMR-7-}\square}{\text{BV-500-}(3\times6+1\times4)\text{SC20-WC}}$ 中各符号的含义是什么？灯具旁标注的 9-GC5 $\frac{1\times200\text{IN}}{6.5}$ DS 中各符号的含义又是什么？

习 题

8-1 某大件装配车间的面积为 $10\times30\text{m}^2$，顶棚离地 5m，工作面离地 0.75m。现拟采用 GC1-A-2G 型工厂配照灯（装 GGY-125 型荧光高压汞灯）作为车间一般照明。灯从顶棚吊下 0.5m。车间顶棚、墙壁和地面的反射比分别为 50%、30% 和 20%，减光系数（维护系数）可取为 0.7。试用利用系数法确定灯数，并进行合理布置。

8-2 试用概算曲线法重作习题 8-1。

8-3 试选择图 8-31 所示 220V 照明线路的 BLV-500 型导线截面积。已知全线导线截面积一致，明敷，全线允许电压损耗为 3%，该地环境温度为 +30℃。

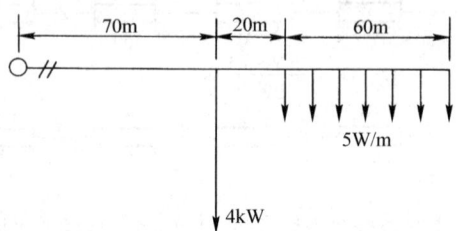

图 8-31 习题 8-3 的照明线路

第九章　安全用电、节约用电与计划用电

　　本章首先概述我国供用电的管理原则，然后重点讲述安全用电措施及触电急救、节约用电措施及并联电容器的装设与运行，最后讲述计划用电措施及电价与电费问题。

*第一节　电力供应与使用的管理原则

　　《中华人民共和国电力法》[一]规定："国家对电力供应和使用，实行安全用电、节约用电、计划用电的管理原则。"

　　为了加强电力供应与使用的管理，保障供用电双方的合法权益，维护供用电秩序，安全、经济、合理地供电和用电，根据《电力法》制定了《电力供应与使用条例》[二]。该条例中关于供用电管理原则的部分重要规定如下：

　　1）国务院电力管理部门负责全国电力供应与使用的监督管理工作。县级以上地方人民政府电力管理部门负责行政区域内电力供应与使用的监督管理工作。

　　2）电网经营企业依法负责本供区内的电力供应与使用的业务工作，并接受电力管理部门的监督。

　　3）供电企业和用户应当遵守国家有关规定，采取有效措施，做好安全用电、节约用电、计划用电工作。

　　4）电力管理部门应当加强对供用电的监督管理，协调供用电各方关系，禁止危害供用电安全和非法侵占电能的行为。

　　5）供电企业在批准的供电营业区内向用户供电。供电营业区的划分，应当考虑到电网的结构和供电合理性等因素。一个供电营业区内只设立一个供电营业机构。

　　6）县级以上各级人民政府应当将城乡电网的建设与改造规划，纳入城乡建设的总体规划。各级电力管理部门应当会同有关行政管理部门和电网经营企业做好城乡电网建设和改造的规划。供电企业应当按照规划做好供电设施建设和运行管理工作。

　　7）用户受电端的供电质量应当符合国家标准或者电力行业标准。

　　8）供电方式应当按照安全、可靠、经济、合理和便于管理的原则，由供用电双方根据国家有关规定以及电网规划、用电需求和当地供电条件等因素协商确定。

　　9）供电企业应当按照国家标准或者电力行业标准参与用户受送电装置设计图纸的审

[一] 《中华人民共和国电力法》由我国第八届全国人大常委第十七次会议于 1995 年 12 月 28 日通过并公布，自 1996 年 4 月 1 日起施行。

[二] 《电力供应与使用条例》于 1996 年 4 月 17 日公布，自 1996 年 9 月 1 日起施行。

核，对用户受送电装置隐蔽工程的施工过程实施监督，并在该受送电装置工程竣工后进行检验；检验合格的，方可投入使用。

10）县级以上人民政府电力管理部门应当遵照国家产业政策，按照统筹兼顾、保证重点、择优供应的原则，做好计划用电工作。

11）在用户受送电装置上作业的电工，必须经电力管理部门考核合格，取得电力管理部门颁发的《电工进网作业许可证》，方可上岗作业。

12）供电企业职工违反规章制度造成供电事故的，或者滥用职权、利用职务之便谋取私利的，依法给予行政处分；构成犯罪的，依法追究刑事责任。

13）违反本条例规定，逾期未交付电费，或者违章用电，或者盗窃电能，均应依法进行处理。

第二节　安全用电措施及触电急救

一、电气安全的有关概念

（一）电流对人体的作用

电流通过人体时，人体内部组织将产生复杂的反应。

人体触电可分两种情况：一种是雷击和高压触电，较大的安培数量级的电流通过人体所产生的热效应、化学效应和机械效应，将使人的肌体遭受严重的电灼伤、组织炭化坏死及其他难以恢复的永久性伤害。另一种是低压触电，在几十至几百毫安电流作用下，使人的肌体产生病理生理反应，轻的有针刺痛感，或出现痉挛、血压升高、心律不齐以致昏迷等暂时性的功能失常，重的可引起呼吸停止、心跳骤停、心室纤维性颤动等危及生命的伤害。

图 9-1 是 IEC 提出的人体触电时间与通过人体电流（50Hz）对人身机体反应的曲线。由该图可以看出，人体触电反应可分 4 个区域，其中①、②、③区可视为"安全区"。在③区

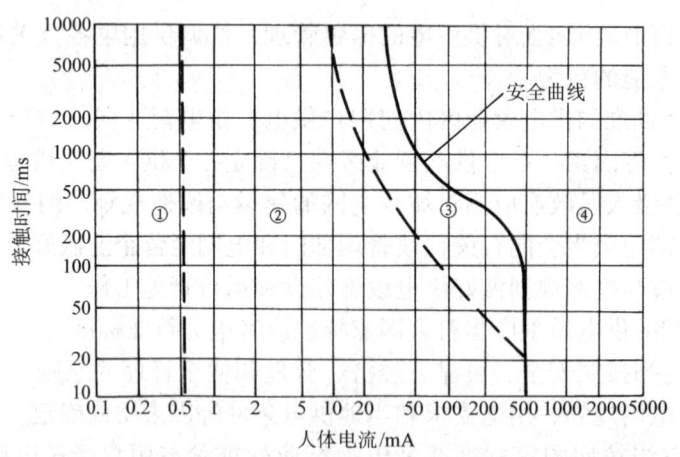

图 9-1　IEC 提出的人体触电时间与通过人体电流（50Hz）
对人身机体反应的曲线
①—人体无反应区　②—人体一般无病理生理性反应区
③—人体一般无心室纤维性颤动和器质性损伤区
④—人体可能发生心室纤维性颤动区

与④区间的一条曲线,称为"安全曲线"。④区是致命区,但③区也并非绝对安全的。

(二) 安全电流和安全电压

1. 安全电流

安全电流,就是人体触电后的最大摆脱电流。安全电流值,各国规定并不完全一致。我国一般采用 30mA(50Hz)为安全电流值,但其触电时间按不超过 1s 计,因此这安全电流值也称为 30mA·s。由图 9-1 所示安全曲线也可以看出,如果通过人体电流不超过 30mA·s 时,对人身机体不会有损伤,不致引起心室纤维性颤动和器质性损伤。如果通过人体电流达到 50mA·s 时,对人就有致命危险;而达到 100mA·s 时,一般要致人死命。

安全电流主要与下列因素有关:

(1) 触电时间 由图 9-1 的安全曲线可以看出,触电时间在 0.2s(即 200ms)以下和 0.2s 以上,电流对人体的危害程度是大有差别的。触电时间超过 0.2s 时,致颤电流值将急剧降低。

(2) 电流性质 试验表明,直流、交流和高频电流通过人体时对人体的危害程度是不一样的,通过 50~60Hz 的工频电流对人体的危害最为严重。

(3) 电流路径 电流对人体的伤害程度,主要取决于心脏受损的程度。试验表明,不同路径的电流对心脏有不同的损害程度,而以电流从手到脚特别是从一手到另一手最为危险。

(4) 体重和健康状况 健康人的心脏和衰弱病人的心脏对电流损害的抵抗能力是大不一样的。人的心理状态、情绪好坏以及人的体重等,也使电流对人的危害程度有所差异。

2. 安全电压

安全电压(safety voltage)是指不致使人直接致死或致残的电压。

我国国家标准 GB/T 3805—2008《安全电压》规定的安全电压分类见表 9-1。

表 9-1 安全电压分类(据 GB/T 3805—2008)

安全电压分类	应用场合
42V	特别危险环境中使用的手持电动工具应采用 42V 安全电压
36V/24V	在有电击危险环境中使用的手持照明灯和局部照明灯应采用 36V 或 24V 安全电压
12V	金属容器内、特别潮湿处等特别危险环境中使用的手持照明灯应采用 12V 安全电压
6V	水下作业等场所应采用 6V 安全电压

还必须说明的是,当电气设备采用 24V 以上安全电压时,必须采取防护直接接触电击的措施。

实际上,从电气安全的角度来说,安全电压与人体电阻是有关系的。

人体电阻由体内电阻和皮肤电阻两部分组成。体内电阻约为 500Ω,与接触电压无关。皮肤电阻随皮肤表面的干湿洁污状况及接触面积而变。从人身安全的角度考虑,人体电阻一般取下限值 1700Ω(平均值为 2000Ω)。由于安全电流取 30mA,而人体电阻取 1700Ω,因此人体允许持续接触的安全电压为

$$U_{saf} = 30\text{mA} \times 1700\Omega \approx 50\text{V} \tag{9-1}$$

这 50V(50Hz 交流有效值)称为一般正常环境条件下允许持续接触的"安全特低电压"。

(三) 直接触电防护和间接触电防护

1. 直接触电防护(直接接触防护)

这是指对人或动物直接接触危险的带电部分的防护,例如对带电导体加隔离栅栏,或加保护罩等的防护措施,属基本防护措施。

2. 间接触电防护(间接接触防护)

这是指对人或动物与外露可导电部分及故障时可变成带电的外部可导电部分危险的接触的防护,例如将电气设备的金属外壳(属外露可导电部分)及不是电气装置一部分的金属构架(属外部可导电部分)等予以接地,并装设漏电保护等防护措施。

二、安全用电的一般措施

(一) 加强电气安全教育

电能够造福人类,但如果使用不当,或稍有疏失,就可能造成严重的人身触电(或称"电击")事故,甚至致人死命,或者引发火灾或爆炸,给国家和人民带来巨大损失。因此必须加强电气安全教育,人人树立"安全第一"的思想,力争消灭电气安全事故。

(二) 严格执行安全工作规程

国家颁布的和现场制订的安全工作规程,是确保工作安全的基本依据。只有严格执行安全工作规程,才能确保工作安全。例如在变配电所工作,就必须严格执行电力行业标准国家电网公司 2009 年发布的《电力安全工作规程(变电部分)》(以下简称"2009 年《安规》")的有关规定。

1. 电气工作人员必须具备的条件

1) 经医师鉴定,无妨碍工作的病症(体格检查每两年至少一次)。

2) 具备必要的电气知识和业务技能,且按工作性质,熟悉《电力安全工作规程》的相关部分,并经考试合格。

3) 具备必要的安全生产知识,学会紧急救护法,特别要学会触电急救。

2. 人身与带电体的安全距离

1) 作业人员工作中正常活动范围与带电设备的安全距离不得小于表 9-2 的规定。

表 9-2 作业人员工作中正常活动范围与带电设备的安全距离(据 2009 年《安规》)

电压等级/kV	≤10(13.8)	20、35	66、110	220	330
安全距离/m	0.35	0.60	1.50	3.00	4.00

注:表中未列电压按高一级电压等级的安全距离。

2) 进行地电位带电作业时,人身与带电体间的安全距离不得小于表 9-3 的规定。

表 9-3 带电作业时人身与带电体的安全距离(据 2009 年《安规》)

电压等级/kV	10	35	66	110	220	330
安全距离/m	0.4	0.6	0.7	1.0	1.8*(1.6)	2.2

* 因受设备限制达不到 1.8m 时,经本单位主管生产领导(总工程师)批准,并采取必要措施后,可采用括号内(1.6m)的数值。

3) 等电位作业人员对邻相导线的安全距离不得小于表 9-4 的规定。

表 9-4　等电位作业人员对邻相导线的安全距离（据 2009 年《安规》）

电压等级/kV	10	35	66	110	220	330
安全距离/m	0.6	0.8	0.9	1.4	2.5	3.5

3. 在高压设备上工作的要求

在高压设备上工作，必须遵守下列各项：①填用工作票或口头、电话命令；②至少应有两人在一起工作；③完成保证工作人员安全的组织措施和技术措施。

保证安全的组织措施有：工作票制度、工作许可证制度、工作监护制度及工作间断、转移和终结制度。

保证安全的技术措施有：停电、验电、装设接地线、悬挂标示牌和装设遮栏（围栏）等。

（三）严格遵循设计、安装规范

国家制订的设计、安装规范，是确保设计、安装质量的基本依据。例如进行用户供电设计，就必须遵循国家标准 GB 50052—2009《供配电系统设计规范》、GB 50053—2013《20kV 及以下变电所设计规范》、GB 50054—2011《低压配电设计规范》及 GB 50096—2011《住宅设计规范》等一系列设计规范；而进行供电工程的安装，则必须遵循国家标准 GBJ 147—2010《电气装置安装工程·电力变压器、油浸电抗器、互感器施工及验收规范》、GB 50168—2015《电气装置安装工程·电缆线路施工及验收规范》、GB 50173—2014《电气装置安装工程·35kV 及以下架空电力线路施工及验收规范》等一系列施工及验收规范。

这里要特别强调低压配电系统中装设漏电保护和进行等电位联结的必要性，这是防止触电和电气火灾的重要保证。

（四）加强供用电设备的运行维护和检修试验工作

加强供用电设备的运行维护和检修试验工作，对于供用电系统的安全运行，也具有很重要的作用。这方面也应遵循有关的规程、标准。例如电气设备的交接试验，应遵循 GB 50150—2016《电气装置安装工程·电气设备交接试验标准》的有关规定。

（五）采用安全电压和符合安全要求的相应电器

对于容易触电及有触电危险的场所，应按表 9-1 的规定采用相应的安全电压，并应按 GB/T 12501—1990《电工电子设备防触电保护分类》的要求，对设备采取适当的安全措施，如表 9-5 所示。

对于在有爆炸和火灾危险的环境中使用的电气设备和导线电缆，应采用符合安全要求的相应设备和导线电缆，具体要求参看 GB 50058—2014《爆炸危险环境电力装置设计规范》。

表 9-5　设备按防触电保护分类的主要特征及基本绝缘失效时
所需安全措施（据 GB/T 12501—1990）

项　目	设备按防触电保护的分类			
	0 类	Ⅰ 类	Ⅱ 类	Ⅲ 类
设备主要特征	无保护接地	有保护接地	有附加绝缘，不需要保护接地	设计成由安全特低电压供电
安全措施	使用环境要与地绝缘	接地线与固定布线中的 PE 线连接	采取双重绝缘或加强绝缘	采用安全特低电压供电

(六) 按规定采用电气安全用具

电气安全用具分基本安全用具和辅助安全用具两大类。

1. 基本安全用具

基本安全用具的绝缘足以承受电气设备的工作电压，操作人员必须使用它，才允许操作带电设备，例如操作高压隔离开关的绝缘操作棒（参看图 2-26）和用来装拆低压熔断器熔断管的绝缘操作手柄（参看图 2-56d）等。

2. 辅助安全用具

辅助安全用具的绝缘不足以完全承受电气设备工作电压的作用，但是操作人员使用它，可使人身安全有进一步的保障，例如绝缘手套、绝缘靴、绝缘地毯、绝缘垫台、高压验电器（见图 9-2a）、低压试电笔（见图 9-2b）、临时接地线及表 9-6 所列各种标示牌等。

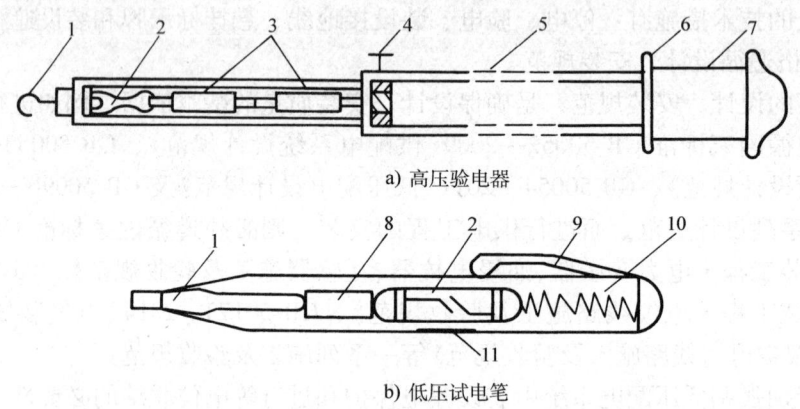

图 9-2　验电工具

1—触头　2—氖灯(指示灯)　3—电容器　4—接地螺钉　5—绝缘杆　6—护环
7—手柄　8—碳质电阻　9—导电弹簧　10—金属挂钩(握柄)　11—指示窗孔

表 9-6　标示牌内容及悬挂处所（据 2009 年《安规》）

标示内容	标示牌悬挂处所
禁止合闸，有人工作！	一经合闸即可送电到施工设备的断路器和隔离开关操作把手上
禁止合闸，线路有人工作！	线路断路器和隔离开关操作把手上
禁止分闸！	接地刀闸与检修设备之间的断路器操作把手上
在此工作！	工作地点或检修设备上
止步，高压危险！	施工地点临近带电设备的遮栏上；室外工作地点的围栏上；禁止通行的过道上；高压试验地点；室外构架上；工作地点临近带电设备的横梁上
从此上下！	工作人员可以上下的铁架、爬梯上
禁止攀登，高压危险！	高压配电装置构架的爬梯上，变压器、电抗器等设备的爬梯上

（七）普及安全用电常识

1) 不得随意加大熔体规格，不得以铜丝或铁丝代换原有铅锡合金熔丝。
2) 不得超负荷用电。多台大容量设备宜错开使用时间，以免出现过负荷。
3) 导线上不得晾晒衣物，以防导线绝缘破损，漏电伤人。

4) 不得在架空线路和室外变配电装置附近放风筝,以免造成短路或接地故障。也不得用鸟枪或弹弓射击线路上的鸟,以免击毁线路绝缘子或损伤导线。

5) 不得随意攀登电杆和变配电装置的构架。

6) 移动电器和手持电具的电源插座,一般应采用带保护接地(PE)插孔的三孔插座。

7) 当带电导线断落在地上时,不可走近。对落地的高压导线,应离开落地点 8~10m 以上;更不得用手去拣。遇此断线接地故障,应划定禁止通行区,派人看守,并通知电工或供电部门前来处理。

8) 如遇有人触电,应按规定方法进行急救处理。

(八) 正确处理电气火灾事故

1. 电气失火的特点

1) 失火的电气设备可能带电,灭火时要防止触电,应先尽快断开失火设备的电源。

2) 失火的电气设备可能充有大量的可燃油,可导致爆炸,使火势蔓延。

2. 带电灭火的措施和注意事项

1) 应使用二氧化碳(CO_2)灭火器、干粉灭火器或 1211(二氟一氯一溴甲烷)灭火器等。这些灭火器的灭火剂均不导电,可直接用来扑灭带电设备的失火。但使用二氧化碳灭火器时,要防止冻伤和窒息,因为其二氧化碳是液态的,灭火时它喷射出来后,强烈扩散,大量吸热,形成温度很低(可达-78.5℃)的雪花状干冰,降温灭火,并隔绝氧气。因此使用二氧化碳灭火器时,要打开门窗,并离开火区 2~3m,勿使干冰沾着皮肤,以防冻伤。

2) 不能用一般泡沫灭火器灭火,因为其灭火剂水溶液具有一定的导电性,而且对电气设备的绝缘有一定的腐蚀性。一般也不能用水来灭火,因为水中含有一些导电的杂质,用水进行带电灭火容易发生触电事故。

3) 可使用干砂覆盖进行带电灭火,但只能是小面积的。

4) 带电灭火时,应采取防触电的可靠措施。如遇有人触电,应即进行急救处理。

三、触电的急救处理

触电急救必须分秒必争,立即就地采用心肺复苏法(包括人工呼吸法和胸外按压心脏法)进行抢救,并坚持不懈地进行,同时及早与医疗部门联系,争取医务人员接替救治。在医务人员未接替救治前,不应放弃现场急救,更不能只根据没有呼吸或脉搏擅自判定触电者死亡,放弃抢救。只有医生才有权做出伤员死亡的诊断。

(一) 脱离电源

触电急救,首先要使触电者迅速脱离电源,越快越好,因为电流作用的时间越长,伤害越重。

1) 脱离电源就是要使触电者接触的那一部分带电设备的电源开关断开,或设法将触电者与带电设备脱离。在脱离电源时,救护人员既要救人,也要注意保护自己。触电者未脱离电源前,救护人员不得直接用手触及伤员,以免触电。

2) 如果触电者触及低压带电设备,救护人员应设法迅速切断电源。如拉开电源开关或拔除电源插头;或使用绝缘工具、干燥的木棒等不导电物体解脱触电者;也可抓住触电者干燥而不贴身的衣服将其拖开;也可戴绝缘手套或将手用干燥衣物等包裹绝缘后解脱触电者;救护人员也可站在绝缘垫台上或干木板上,绝缘自己进行救护,最好用一只手进行。

3) 如果触电者触及高压带电设备,救护人员应迅速切断电源,或使用适合该电压等级的绝缘工具(戴绝缘手套、穿绝缘靴,并用绝缘棒)解脱触电者。救护人员在抢救过程中应注意保持自身与周围带电部分必要的安全距离。

4) 如果触电者处于高处,应考虑到解脱电源后触电者可能从高处坠落,因此要采取相应的安全措施,以防触电者摔伤或致死。

5) 在切断电源救护触电者时,应考虑到断电后的应急照明,以便继续进行急救。

(二) 触电者脱离电源后的急救处理

触电伤员脱离电源后,应立即根据具体情况进行急救处理,同时赶快通知医生前来救治。

1) 如果触电者神志尚清醒,则应使之就地躺平,严密观察,暂时不要站立或走动。

2) 如果触电者已神志不清,则应就地仰面躺平,且确保其气道通畅,并用5s时间,呼叫伤员或轻拍其肩部,以判定伤员是否意识丧失。禁止摇动伤员头部呼叫伤员。

3) 如果触电者失去知觉,停止呼吸,但心脏微有跳动(可用两指轻拭喉结旁一侧凹陷处的颈动脉有无搏动)时,应在通畅气道后,立即施行口对口或口对鼻的人工呼吸。

4) 如果触电者的心跳和呼吸均已停止、完全失去知觉时,则在通畅气道后,立即同时进行口对口(鼻)的人工呼吸和胸外按压心脏的人工循环。如果是单人抢救,则先按下15次后吹气2次,如此反复进行。如果是双人抢救,则先由一人按压5次后,由另一人吹气1次,如此反复进行。

由于人的生命的维持,主要是靠心脏跳动而造成的血液循环和呼吸而形成的氧气与废气的交换,因此采用胸外按压心脏的人工循环和口对口(鼻)吹气的人工呼吸的心肺复苏法,能使处于因触电而停止了心跳和呼吸的"假死"状态的人起死回生。

(三) 人工呼吸法

人工呼吸法有仰卧压胸法、俯卧压背法和口对口(鼻)吹气法等,目的是恢复触电者肺部的呼吸功能。这里只介绍现在公认简便易行且效果较好的口对口(鼻)吹气法。

1) 首先迅速解开触电者的衣服、裤带,松开上身的紧身衣、胸罩和围巾等,使其胸部能自由扩张,不致妨碍呼吸。

2) 使触电者仰卧,不垫枕头。头先侧向一边,清除其口腔内的血块、假牙及其他异物。然后将其头部扳正,使之尽量后仰,鼻孔朝天,使气道畅通。如果舌根下陷,应将舌头拉出。

3) 救护人位于触电者头部的一侧,用一只手捏紧触电者的鼻孔,不使漏气;用另一只手将触电者下颌拉向前下方,使嘴巴张开。触电者嘴上可盖一层纱布,准备接受吹气。

4) 救护人做深呼吸后,紧贴触电者嘴巴,向其大口吹气,如图9-3a所示。如果掰不开触电者嘴,也可捏紧其嘴巴,紧贴其鼻孔吹气。吹气时,要使其胸部膨胀。

5) 救护人吹气完毕后换气时,应立即离开触电者嘴巴(或鼻孔),并放松紧捏的鼻(或嘴),让其自由排气,如图9-3b所示。

按照上述要求对触电者反复吹气、换气,每分钟约12次。对幼小儿童施行此法时,鼻子不捏紧,可任其自由漏气,而且吹气不能过猛,以免其肺包胀破。

(四) 胸外按压心脏的人工循环法

按压心脏的人工循环法,目的在于恢复触电者的心跳和血液循环功能。它分胸外按压和开胸直接挤压心脏两种。后者是在胸外按压心脏效果不大的情况下,由胸外科医生进行。这

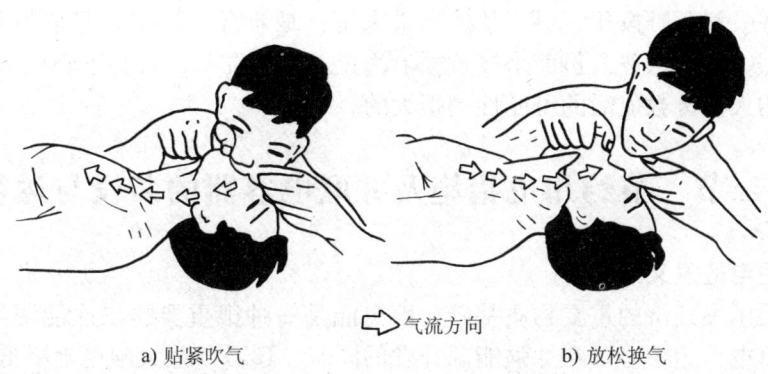

a) 贴紧吹气　　　　　　　　　　b) 放松换气

图 9-3　口对口吹气的人工呼吸法

里只介绍胸外按压心脏的人工循环法。

1) 首先解开触电者衣服、裤带及胸罩、围巾等，并清除其口腔内异物，使气道通畅。

2) 使触电者仰卧，也不垫枕头。注意其后背着地处的地面必须平整牢固，如硬地板或木板之类。

3) 救护人位于触电者一侧，最好是跨腰跪在触电者腰部，两手相叠（对儿童可只用一只手），手掌根部放在心窝稍高一点的地方，如图 9-4 所示。

4) 救护人找到触电者的正确压点后，自上而下、垂直均衡地用力向下按压，压出心脏内的血液，如图 9-5a 所示。对儿童，用力要适当小一些。

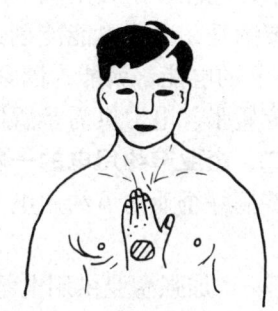

图 9-4　胸外按压心脏的正确压点

5) 按压后，掌根迅速放松（但手掌不要离开胸部压点），使触电者胸部自动复原，心脏扩张，血液又回到心脏，如图 9-5b 所示。

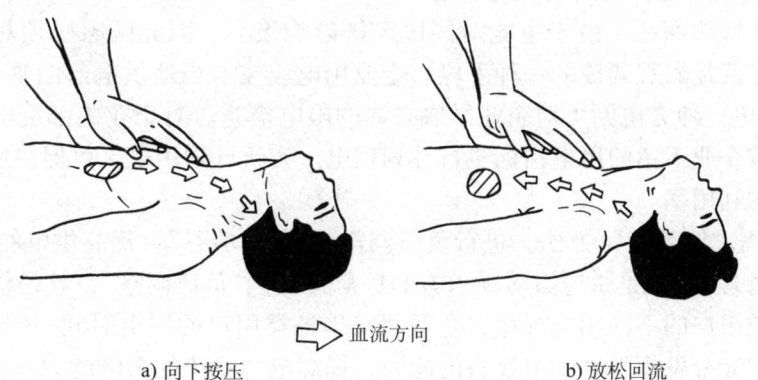

a) 向下按压　　　　　　　　　　b) 放松回流

图 9-5　人工胸外按压心脏法

按照上述要求反复地对触电者的心脏进行按压和放松，每分钟约 60 次。按压时定位要准确，用力要适当。

在施行上述心肺复苏法时，救护人员应密切观察触电者的反应。只要发现触电者有苏醒征象，如眼皮闪动或嘴唇微动，就应中止操作几秒钟，以让触电者自行呼吸和心跳。

施行人工呼吸和心脏按压，对于救护人员来说，是非常劳累的。但是为了救治触电者，还必须坚持不懈，直到医务人员前来接替救治为止。事实说明，只要正确地坚持施行人工救治，触电假死的人被抢救成活的可能性是很大的。

第三节　节约用电措施及并联电容器的装设与运行

一、节约用电的意义

能源是发展国民经济的重要物质基础，而电能是一种很重要的二次能源。我国 21 世纪的能源建设仍以电力为中心。在加强能源开发的同时，还必须最大限度地降低能源消耗，包括节约电能。

节约电能，不只是减少用户的电费开支，降低生产成本，可以为企业积累更多的资金，更重要的是，由于电能能创造比它本身价值高几十倍甚至上百倍的工业产值，因此多节约 $1kW \cdot h$ 的电能，就能为国家多创造可观的财富，有力地促进国民经济的发展。尤其是在能源供应紧张、电力供需矛盾依然很大的今天，节约用电更具有特殊重大的意义。

二、企业节约用电的一般措施

要搞好企业的节约用电工作，需从企业供用电系统的科学管理和技术改造两方面采取措施。

（一）加强企业供用电系统的科学管理

1. 加强能源管理，建立和健全能源管理机构和制度

对于企业的各种能源（包括电能），要进行统一管理。企业不仅要建立一个精干的能源管理机构，形成一个完整的能源管理体系，而且要建立一套科学的能源管理制度。能源管理的基础是能源定额管理。实践说明，实行能耗的定额管理和相应的奖惩制度，对开展企业的节电节能工作有巨大的推动作用。

2. 实行计划供用电，提高电能的利用率

电能是一种特殊商品。由于电能对国民经济影响极大，因此国家必须对它实行宏观调控。计划供用电就是宏观调控的一种手段。企业用电应按与当地供电部门签订的《供用电合同》实行计划用电。地方电网可对企业采取必要的限电措施。对企业内部配电系统来说，各车间用电也要按企业下达的用电指标实行计划用电。实行计划用电，可促使用户尽量降低能耗，提高电能的利用率。

3. 实行"需求侧管理"方法，进行负荷调整，"削峰填谷"，提高供电能力

"需求侧管理"，就是供应方对需求方的负荷管理。"负荷调整"，就是根据供电电网的供电情况和各类用户的不同用电规律，合理地安排各类用户的用电时间，以降低负荷高峰，填补负荷低谷，充分发挥发、变电设备的能力，提高电力系统的供电能力。负荷调整也是宏观调控的一种手段。调荷的一种有效手段是按照市场经济规律，实行分类分时电价。实践证明，这是运用电价这一经济杠杆进行调荷、实现"削峰填谷"的一项有效措施，对鼓励工业用户避开高峰时间用电、尽量将大容量设备安排在深夜用电有积极的作用。企业内部的调节措施有：①错开各车间的上下班时间和进餐时间等，使各车间的高峰负荷分散，从而降低总的负荷高峰；②调整各车间的生产班次和工作时间，特别是有的大容量设备应安排在低谷时间使用，实行高峰让电。由于实行负荷调整，"削峰填谷"，可提高电力变压器的负荷率

和功率因数,既能提高供电能力,又能节约电能。

4. 实行经济运行方式,全面降低系统能耗

所谓经济运行方式,就是能使整个电力系统的电能损耗减少、经济效益提高的一种运行方式。例如对负荷率长期偏低的电力变压器,可以考虑换以较小容量的电力变压器。如果运行条件许可,两台并列运行的电力变压器,可以考虑在低负荷时切除一台。对负荷率长期偏低的电动机,也可以考虑换以较小容量的电动机。但是负荷率具体低到多少时才宜于"以小换大"或"以单代双",就需通过计算。关于电力变压器经济运行负荷的计算,将在后面讲述。

5. 加强运行维护,提高设备的检修质量

节电工作,与供用电系统的运行维护和检修质量有密切的关系。例如电力变压器,通过大修,消除了铁心过热的故障,就能降低铁损,节约电能。又如电动机通过检修,使转子与定子间的气隙均匀或减小,或者减小转子的转动摩擦,也能降低电能损耗。再如将供配电线路中导线接头接触不良、严重发热的问题解决好,不仅能保证安全供电,而且使线路的电能损耗也得以减少。对于其他的动力设施,加强维护保养,减少水、气、热等能源的跑、冒、滴、漏,也能直接节约电能。从广义节能的概念来说,所有节约原材料和保养生产设备的措施,乃至爱护一切物质财富的行动,都属于节电节能的范畴,因为一切物质财富,都需要能源才能创造出来。所以,要切实做好企业的节电节能工作,单靠少数能源管理人员或电工人员是不行的,一定要动员所有员工重视才行。只有人人重视节能,时时注意节能,处处做到节能,在整个企业上下形成一种节电节能的新风尚,才能真正开创企业节电节能的新局面。

(二)搞好企业供用电系统的技术改造

1. 更新淘汰现有低效耗能的供用电设备

以高效节能的电气设备来取代低效耗能的电气设备,这是节电节能的一项基本措施,其经济效益十分显著。例如同是 10kV、1000kVA 的配电变压器,过去采用热轧硅钢片的 SJL 老型号变压器,其空载损耗为 3.9kW,而采用冷轧硅钢片的 S9 型低损耗变压器,其空载损耗仅为 1.7kW。如果以 S9-1000/10 型变压器来替换 SJL-1000/10 型变压器,则仅是变压器的空载损耗(铁心损耗)一项,全年就可节电 $(3.9-1.7)$ kW$\times 8760$h $= 1927$kW·h,相当可观。又如电动机,新的 Y 系列电动机与老的 JO2 系列电动机相比,效率提高 0.413%。如果全国按年产量 20×10^6 kW 计算,年工作时间考虑为 4000h,则全国一年就可因此节电 20×10^6kW$\times 4000$h$\times 0.413/100 \approx 3.3\times 10^8$kW·h 即 3.3 亿度(kW·h)电能。

2. 改造现有能耗大的供用电设备和不合理的供配电系统

对能耗大的电气设备进行技术改造,也是节电的一项有效措施。例如交流弧焊机,是间歇性工作的,其空载时间往往长于工作时间,而空载时的功率因数只有 0.1~0.3,造成系统很大的电能损耗。如果交流弧焊机加装空载自停装置,平均每台一年即可节约有功电能 1000kW·h,节约无功电能 3500kvar·h,效果十分明显。

对现有不合理的供配电系统进行技术改造,能有效地降低线路损耗,节约电能。例如将迂回配电的线路,改为直配线路;将截面偏小的导线更换为截面稍大的导线;将绝缘破损、漏电较大的绝缘导线予以换新;在技术经济指标合理的条件下将配电系统升压运行;改选变配电所所址,使变压器更接近负荷中心,等等,都能有效地节约电能,且改善了供电质量。

3. 合理选择供用电设备的容量,或进行技术改造,提高设备的负荷率

合理选择设备容量,发挥设备潜力,提高设备的负荷率和使用效率,也是节电的一项基本措施。例如合理选择电力变压器的容量,使之接近于经济运行状态,这是比较理想的。如果变压器的负荷率长期偏低,则应按经济运行条件进行考核,适当更换较小容量的变压器。又如感应电动机,若长期轻载运行而其定子绕组为三角形联结,则可将其改为星形联结,这时其转矩只有原转矩的 1/3,而由于其每相绕组承受的电压只是其原承受电压的 $1/\sqrt{3}$,定子旋转磁场也降为原来旋转磁场的 $1/\sqrt{3}$,因此电动机的铁损相应减小,节约了电能。若长期轻载运行的电动机定子绕组不便改为星形联结,也可将定子绕组改接,如图 9-6 所示,将定子绕组每相由原来三个并联支路改接为两个并联支路,因此每个支路承受的电压只有原来支路电压的 2/3,从而使定子旋转磁场减小,铁损降低,节约电能。如果电动机所带负载的生产工艺条件允许,也可将绕线型电动机转子改接为励磁绕组,使之同步化运行,这可大大提高功率因数,收到明显的节电效果。

4. 改革落后工艺,改进操作方法

生产工艺不仅影响产品的质量和产量,而且影响产品的耗电量。例如在机械加工中,有的零件加工以铣代刨的工艺,就可使耗电量减少 30%~40%;在铸造中,有的用精密铸造工艺以减少金属切削余量,可使耗电量减少 50% 左右。

改进操作方法也是节电的一条有效途径。例如在电加热处理中,电炉的连续作业比间歇性作业消耗的电能要少。

5. 采用无功补偿设备,人工地提高功率因数

上述各种采取技术措施减少系统的无功功率、提高自然功率因数的方法,不需借助无功补偿设备,从而可节约投资,因此应予优先采用。

但是当功率因数尚达不到规定的要求值时,则必须采用无功补偿设备,人工地提高功率因数。在一般用户变配电所内,通常采用并联电力电容器来进行无功功率的人工补偿。

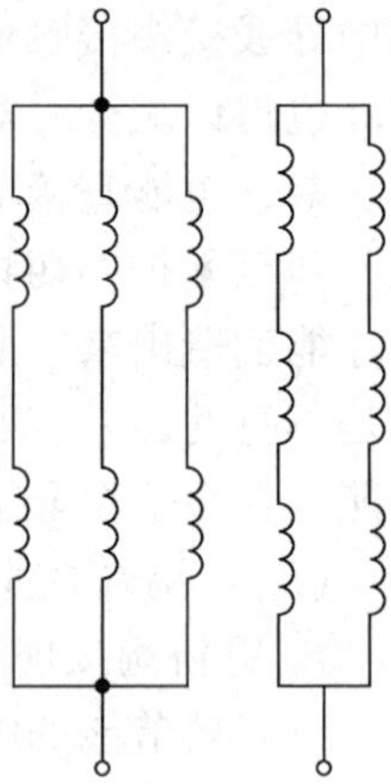

图 9-6 感应电动机定子绕组每相由三个并联支路改接为两个并联支路

a) 改接前　b) 改接后

三、电力变压器的经济运行

(一) 经济运行与无功功率经济当量的概念

经济运行是指能使电力系统的有功损耗最小、经济效益最佳的一种运行方式。

电力系统的有功损耗,不仅与设备的有功损耗有关,而且与设备的无功损耗有关,因为设备消耗的无功功率,也是电力系统供给的。由于无功功率的存在,使得电力系统中的电流增大,从而使电力系统的有功损耗增加。

为了计算由于设备的无功损耗而在电力系统中引起的有功损耗增加量,特引入一个换算系数,即"无功功率经济当量"。它是表示电力系统多发送 1kvar 的无功功率时,将使电力系统增加的有功功率损耗 kW 数,其符号为 K_q,单位为"kW/kvar"或为"1"。

对用户变配电所,$K_q = 0.02 \sim 0.15$,平均取 $K_q = 0.1$。其具体数值与系统容量、结构及计算点的位置等诸多因素有关。

对由发电机电压直配的用户,可取 $K_q = 0.02 \sim 0.04$;

对经两级变压的用户，可取 $K_q = 0.05 \sim 0.08$；
对经三级及以上变压的用户，可取 $K_q = 0.1 \sim 0.15$。

（二）一台变压器运行的经济负荷计算

电力变压器的功率损耗包括有功损耗和无功损耗两部分。而其无功损耗，通过 K_q 换算后，也可等效为有功损耗。因此变压器的有功损耗加上变压器无功损耗所换算的等效有功损耗，就称为"变压器有功损耗换算值"。

一台变压器在负荷为 S 时的有功损耗换算值为

$$\Delta P \approx \Delta P_T + K_q \Delta Q_T \approx \Delta P_0 + \Delta P_k \left(\frac{S}{S_{N.T}}\right)^2 + K_q \Delta Q_0 + K_q \Delta Q_N \left(\frac{S}{S_{N.T}}\right)^2$$

即

$$\Delta P \approx \Delta P_0 + K_q \Delta Q_0 + (\Delta P_k + K_q \Delta Q_N)\left(\frac{S}{S_{N.T}}\right)^2 \tag{9-2}$$

式中，ΔP_T 为变压器的有功损耗，按式（3-38）计算；ΔQ_T 为变压器的无功损耗，按式（3-41）计算；ΔP_0 为变压器的空载损耗；ΔP_k 为变压器的短路损耗；ΔQ_0 为变压器空载时的无功损耗，按式（3-39）计算；ΔQ_N 为变压器满载（二次侧短路）时的无功损耗，按式（3-40）计算；$S_{N.T}$ 为变压器的额定容量。

要使变压器运行在经济负荷 $S_{ec.T}$ 下，就必须满足变压器单位容量的有功损耗换算值 $\Delta P/S$ 为最小值的条件。因此令 $d(\Delta P/S)/dS = 0$，可得变压器的"经济负荷"为

$$S_{ec.T} = S_{N.T} \sqrt{\frac{\Delta P_0 + K_q \Delta Q_0}{\Delta P_k + K_q \Delta Q_N}} \tag{9-3}$$

变压器的经济负荷与变压器额定容量之比，称为变压器的"经济负荷系数"，或称"经济负荷率"，用 $K_{ec.T}$ 表示，即

$$K_{ec.T} = \sqrt{\frac{\Delta P_0 + K_q \Delta Q_0}{\Delta P_k + K_q \Delta Q_N}} \tag{9-4}$$

一般电力变压器的经济负荷率为 50% 左右。

例 9-1 试计算 S9-1000/10 型配电变压器（Yyn0 联结）的经济负荷和经济负荷率。

解 查附表 1-1 得 S9-1000/10 型配电变压器（Yyn0 联结）的有关技术数据：$\Delta P_0 = 1.7\text{kW}$，$\Delta P_k = 10.3\text{kW}$，$I_0\% = 0.7$，$U_z\% = U_k\% = 4.5$。

由式（3-39）得：$\Delta Q_0 \approx 1000 \times (0.7/100) \text{kvar} = 7\text{kvar}$

由式（3-40）得：$\Delta Q_N \approx 1000 \times (4.5/100) \text{kvar} = 45\text{kvar}$

取 $K_q = 0.1$，由式（9-3）可求得此变压器的经济负荷为：

$$S_{ec.T} = 1000\text{kVA} \sqrt{\frac{1.7 + 0.1 \times 7}{10.3 + 0.1 \times 45}} = 1000\text{kVA} \times 0.4 = 400\text{kVA}$$

而此变压器的经济负荷率为：

$$K_{ec.T} = \frac{S_{ec.T}}{S_{N.T}} = \frac{400\text{kVA}}{1000\text{kVA}} = 0.4$$

（三）两台变压器经济运行的临界负荷计算

假设变电所有两台同型号同容量 $S_{N.T}$ 的变压器，变电所的总负荷为 S。

如果一台变压器运行，承担负荷 S，因此由式（9-2）可得其有功损耗换算值为

$$\Delta P_I \approx \Delta P_0 + K_q \Delta Q_0 + (\Delta P_k + K_q \Delta Q_N)\left(\frac{S}{S_{N.T}}\right)^2 \tag{9-5}$$

如果两台变压器并列运行时,每台承担负荷 $S/2$,因此由式(9-2)可得两台变压器的有功损耗换算值为:

$$\Delta P_{\mathrm{II}} \approx 2(\Delta P_0 + K_q \Delta Q_0) + 2(\Delta P_k + K_q \Delta Q_N) \left(\frac{S}{2S_{\mathrm{N.T}}}\right)^2 \tag{9-6}$$

将以上式(9-5)和式(9-6)的 ΔP 与 S 的函数关系绘成图9-7所示的两条曲线。这两条曲线相交于 a 点,这 a 点所对应的变压器负荷值,就是这两台变压器经济运行的临界负荷,用 S_{cr} 表示。

当 $S = S' < S_{\mathrm{cr}}$ 时,则由于 $\Delta P'_{\mathrm{I}} < \Delta P'_{\mathrm{II}}$,因此宜一台运行。

当 $S = S'' > S_{\mathrm{cr}}$ 时,则由于 $\Delta P''_{\mathrm{I}} > \Delta P''_{\mathrm{II}}$,因此宜两台运行。

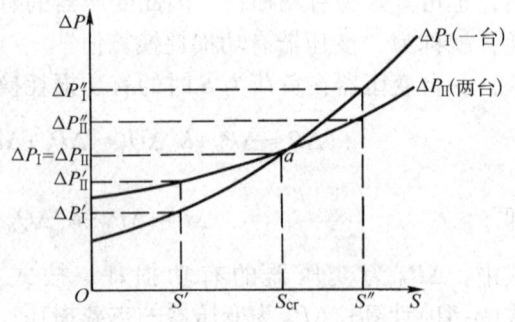

图9-7 两台变压器经济运行的临界负荷

当 $S = S_{\mathrm{cr}}$ 时,$\Delta P_{\mathrm{I}} = \Delta P_{\mathrm{II}}$,即

$$\Delta P_0 + K_q \Delta Q_0 + (\Delta P_k + K_q \Delta Q_N)\left(\frac{S}{S_{\mathrm{N.T}}}\right)^2$$

$$= 2(\Delta P_0 + K_q \Delta Q_0) + 2(\Delta P_k + K_q \Delta Q_N)\left(\frac{S}{2S_{\mathrm{N.T}}}\right)^2$$

由此可求得判别两台变压器经济运行的临界负荷为:

$$S_{\mathrm{cr}} = S_{\mathrm{N.T}} \sqrt{2 \times \frac{\Delta P_0 + K_q \Delta Q_0}{\Delta P_k + K_q \Delta Q_N}} \tag{9-7}$$

如果是 n 台同型号同容量的变压器并列运行,则判别 n 台与 $n-1$ 台经济运行的临界负荷为:

$$S_{\mathrm{cr}} = S_{\mathrm{N.T}} \sqrt{n(n-1) \frac{\Delta P_0 + K_q \Delta Q_0}{\Delta P_k + K_q \Delta Q_N}} \tag{9-8}$$

例9-2 某用户变电所装有两台 S9-1000/10 型配电变压器(均 Yyn0 联结)。试计算此两台变压器经济运行的临界负荷值。

解 利用例9-1的变压器 S9-1000/10 型的技术数据,代入式(9-7)即得判别其两台变压器经济运行的临界负荷为:

$$S_{\mathrm{cr}} = 1000\mathrm{kVA} \times \sqrt{2 \times \frac{1.7 + 0.1 \times 7}{10.3 + 0.1 \times 45}} = 569\mathrm{kVA}$$

因此当负荷 $S < 569\mathrm{kVA}$ 时,宜一台运行;当负荷 $S > 569\mathrm{kVA}$ 时,宜两台运行。

四、并联电容器的接线、装设与运行

(一)并联电容器的接线

并联补偿用电力电容器有△形和Y形两种接线。

三个电容为 C 的电容器接成△形,容量为 $Q_{C(\triangle)} = 3\omega C U^2$,式中,$U$ 为三相线路的线电压。如果三个电容为 C 的电容器接成Y形,则容量为 $Q_{C(Y)} = 3\omega C U_\varphi^2$,式中,$U_\varphi$ 为三相线路的相电压。由于 $U = \sqrt{3} U_\varphi$,因此 $Q_{C(\triangle)} = 3Q_{C(Y)}$。这是并联电容器采用△接线的一个优点。此外,电容器采用△接线时,其中任一电容器断线,三相线路仍得到其无功补偿;而采用Y

接线时，如果一相电容器断线，则断线的那个相将失去无功补偿。

但是也**必须指出**：电容器采用△接线时，任一电容器击穿短路时，将造成两相短路，短路电流很大，有可能引起电容器爆炸。这对高压线路特别危险。如果电容器采用Y接线，情况就完全不同。图9-8a为电容器Y接线时正常工作的电流分布；图9-8b为电容器Y接线时而其A相电容器击穿短路时的电流分布。

电容器正常工作时（参看图9-8a）
$$I_A = I_B = I_C = \frac{U_\varphi}{X_C} \tag{9-9}$$

式中，$X_C = 1/(\omega C)$；U_φ 为相电压。

当A相电容器击穿短路时（参看图9-8b）
$$I'_A = \sqrt{3} I'_B = \frac{\sqrt{3} U_{AB}}{X_C} = \frac{3 U_\varphi}{X_C} = 3 I_A \tag{9-10}$$

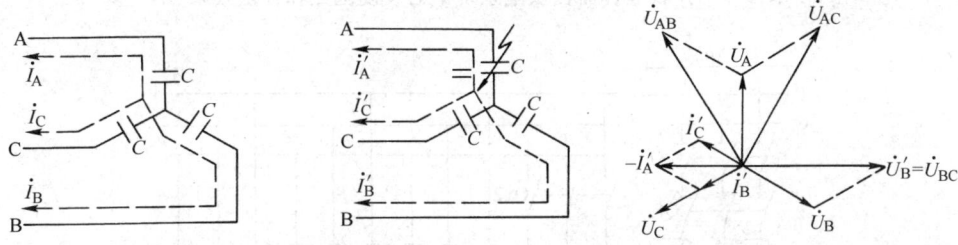

a) 电容器正常工作时的电流分布　　b) A相电容器击穿短路时的电流分布和相量图

图9-8　三相线路中电容器Y联结时的电流分布

由此可知，电容器采用Y接线，在其一相电容器击穿短路时，其短路电流仅为正常工作电流的3倍，因此电容器采用Y接线较之采用△接线安全多了。按GB 50053—2013《20kV及以下变电所设计规范》规定：高压电容器组应采用中性点不接地的星形（Y）接线，低压电容器组则可采用三角形（△）接线或星形（Y）接线。高压电容器组应直接与放电器件连接，中间不应设置开关或熔断器。低压电容器组宜与放电器件直接连接，也可设置自动接通接点。

（二）并联电容器的装设位置

并联电力电容器在供电系统中的装设位置，有高压集中补偿、低压集中补偿和个别就地补偿三种方式，如图9-9所示。

1. 高压集中补偿

高压集中补偿是将高压电容器组集中装设在变配电所的6~10kV母线上。这种补偿方式只能补偿6~10kV母线前所有线路上的无功功率，而此母线后配电线路上的无功功率得不到补偿，所以这种补偿方式的经济效果不如后两种补偿方式。但是这种补偿方式的初投资较少，便于集中运行维护，而且能对用户高压侧的无功功率进行有效补偿，以满足用户总功率因数的要求，因此这种补偿方式在一些大中型企业用户中应用相当普遍。

图9-10是接在变配电所6~10kV母线上的集中补偿的并联电容器组接线图。这里的电容器组采用星形（Y）接线，装在高压电容器柜内。为防止电容器击穿时引起的相间短路，故星形（Y）的各支路均装有高压熔断器保护。

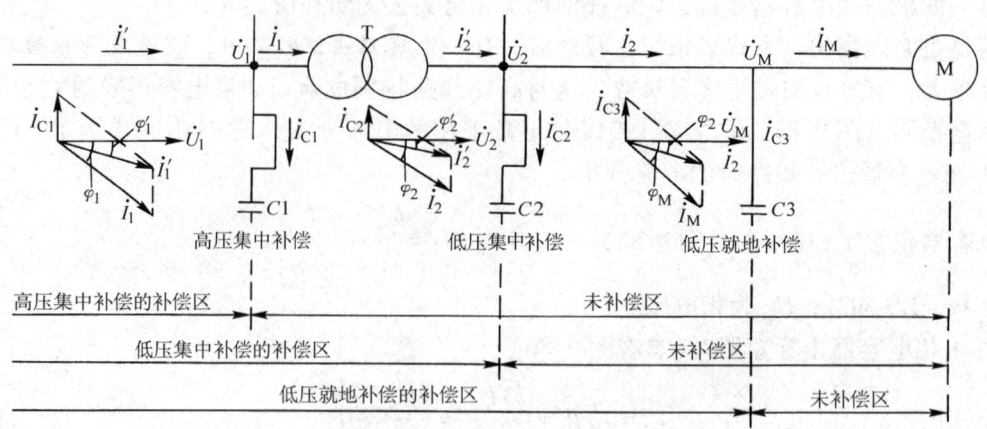

图 9-9 并联电容器在供电系统中的装设位置和补偿效果

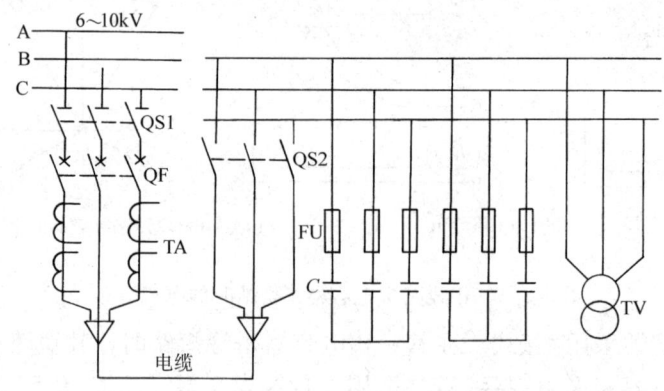

图 9-10 高压集中补偿电容器组的星形(Y)接线

由于电容器从电网切除后有残余电压,残余电压最高可达电网电压峰值,这对人身是很危险的。因此 GB 50053—2013 规定:电容器组应装设放电装置,使电容器组端电压从峰值 ($\sqrt{2}U_N$) 降到安全电压 50V 所需的时间,高压电容器不应大于 5s,低压电容器不应大于 3min。对高压电容器组,通常利用电压互感器(图 9-10 中 TV)的一次绕组来放电。为了确保可靠放电,电容器组的放电回路中不得接入开关和熔断器,以免放电回路断开,危及人身安全。

2. 低压集中补偿

低压集中补偿是将低压电容器组集中装设在车间变电所的低压母线上。这种补偿方式能补偿变电所低压母线前的变压器和所有高压系统的无功功率,因此其补偿效果比高压集中补偿方式好,特别是它能减少变压器的视在功率,从而可使变电所主变压器的容量选得较小,有利于减少变电所的投资和基本电费的开支。这种补偿方式在用户变电所中应用相当普遍。

图 9-11 是低压集中补偿的电容器组接线图。这种电容器组,都采用 △ 接线,通常利用 220V、15~25W 的白炽灯的灯丝电阻来放电(也有采用专门的放电电阻来放电的),这些放电灯同时作为电容器组正常工作的指示灯。

3. 个别就地补偿

个别(单独)就地补偿,是将并联电容器组装设在需进行无功补偿的用电设备近旁。这种补偿方式能够补偿其安装部位以前的所有高低压线路和电力变压器的无功功率，因此其补偿范围最大，补偿效果最好，应予优先采用。但是这种补偿方式总的投资较大，且在补偿的用电设备停止运转时，其补偿电容器组也将一并被切除，因此其利用率较低。这种个别就地补偿方式特别适用于负荷平稳、长期运行而容量又大的设备如大型感应电动机、高频电炉等，也适于容量虽小但数量多而分散且长期稳定运行的设备如荧光灯、高压汞灯、高压钠灯等采用。不过对于供电系统中高压侧和低压侧的基本无功功率的补偿，仍宜采用高压集中补偿和低压集中补偿的方式。

图 9-12 是直接接在感应电动机旁的个别就地补偿的低压电容器组接线图。这种电容器组通常就利用用电设备本身的绕组来放电。

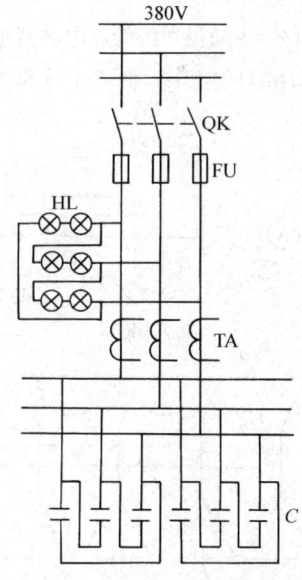

图 9-11　低压集中补偿电容器组的接线

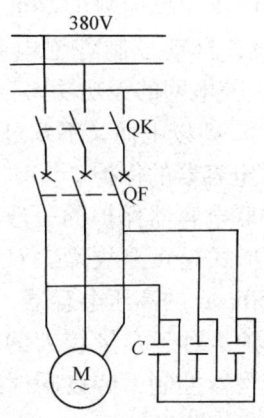

图 9-12　感应电动机旁就地补偿的低压电容器组的接线

在用户供配电设计中，实际上多是综合采用上述各种补偿方式，以求经济合理地达到总的无功补偿要求。

（三）并联电容器的控制和保护

1. 并联电容器的控制

并联电容器有手动投切和自动调节两种控制方式。

（1）手动投切的并联电容器　手动投切具有简单、经济、便于维护的优点，但不能按系统无功功率的变动随时进行调节。

具有下列情况之一时，宜采用手动投切：①补偿低压基本无功功率的电容器组；②常年稳定的无功功率；③长期投入运行的投切次数较少的高压电容器组。

图 9-13a 为利用接触器分组投切的低压电容器组电路；图 9-13b 为利用低压断路器分组投切的低压电容器组电路。

（2）自动调节的并联电容器　自动调节的并联电容器，通常称为"无功自动补偿装置"，它能按无功功率的变动随时自动补偿，但投资较大。

具有下列情况之一时，宜装设无功自动补偿装置：①避免过补偿，装设无功自动补偿装置在经济上合理时；②避免轻载时电压过高、造成设备损坏而装设无功自动补偿装置在经济上合理时；③只有装设无功自动补偿装置才能满足在各种运行负荷下的电压偏差允许值时。

高压电容器由于采用自动补偿时对电容器组回路切换元件的要求较高，价格较贵，而且检修比较困难，因此当补偿效果相同时，宜优先选用低压自动补偿装置。

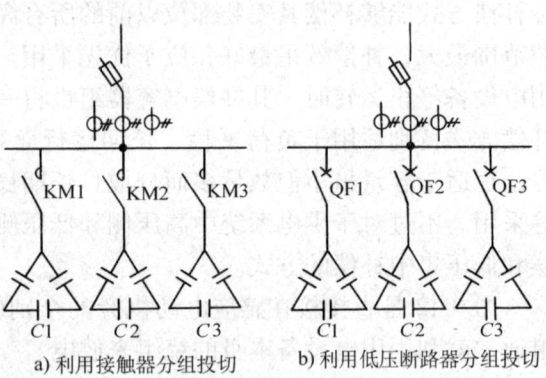

图 9-13 手动投切的低压电容器组

低压自动补偿装置的原理电路如图 9-14 所示。电路中的功率因数自动补偿控制器按电力负荷的变化及功率因数的高低，以一定的时间间隔（10~15s），自动控制各组电容器回路中接触器 KM 的投切，使电网的无功功率自动得到补偿，保持功率因数在 0.95 以上而又不致过补偿。

2. 并联电容器的保护

（1）并联电容器保护的一般要求　并联电容器的主要故障形式是短路故障。对于低压电容器及容量不超过 450kvar 的高压电容器，可装设熔断器作为相间短路保护。对于容量较大的高压电容器，则需采用高压断路器控制，装设瞬时或短延时的过电流保护作为相间短路保护。

如果电容器组安装在含有大型整流设备或电弧炉等"谐波源"的电网上时，电容器组宜装设过负荷保护，带时限动作于信号或跳闸。

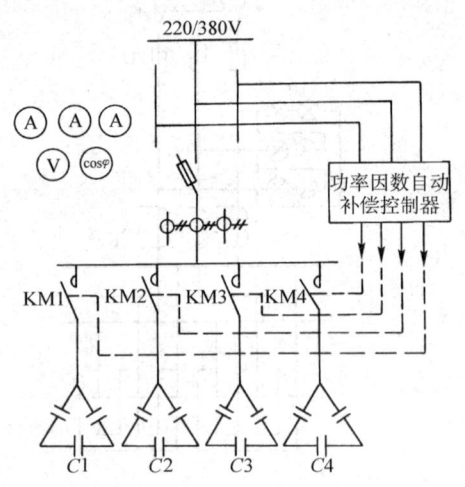

图 9-14 低压无功自动补偿装置的原理电路

电容器对电压十分敏感，一般规定电网电压不得超过其额定电压 10%。因此凡电容器安装地点的电网电压有可能超过额定电压 10% 时，应装设过电压保护，使之动作于信号或跳闸。

（2）熔断器保护的整定　采用熔断器保护并联电容器时，按 GB 50227—2008《并联电容器装置设计规范》规定，其熔体额定电流 $I_{N.FE}$ 应按电容器额定电流 $I_{N.C}$ 的 1.37~1.50 倍选择，即

$$I_{N.FE} = (1.37 \sim 1.50) I_{N.C} \tag{9-11}$$

（3）过电流保护的整定及保护灵敏度的检验　采用电流继电器作并联电容器相间短路保护时，电流继电器的动作电流应按下式计算：

$$I_{op} = \frac{K_{rel} K_w}{K_i} I_{N.C} \tag{9-12}$$

式中，K_{rel} 为保护装置可靠系数，取 2~2.5；K_w 为保护装置接线系数；K_i 为电流互感器的变流比（考虑到电容器的合闸涌流，互感器一次电流宜选为电容器额定电流 $I_{N.C}$ 的 1.5~2 倍）。

并联电容器过电流保护的灵敏度，应按电容器端子上发生两相短路的条件来检验，即

$$S_p = \frac{K_w I_{k.\min}^{(2)}}{K_i I_{op}} \geq 1.5 \tag{9-13}$$

式中，$I_{k.\min}^{(2)}$ 为在系统最小运行方式下电容器端子的两相短路电流。

（四）并联电容器的运行维护

1. 并联电容器的投入和切除

并联电容器在供电系统正常运行时是否投入，主要视供电系统的功率因数或电压是否符合要求而定。如果功率因数或电压过低时，则应投入电容器，或增加电容器的投入组数。

并联电容器是否切除或部分切除，也主要视系统的功率因数或电压情况而定。如果变配电所母线电压偏高（如超过电容器额定电压 10% 时），则应将电容器切除或部分切除。

当发生下列情况之一时，应立即切除电容器：①电容器爆炸；②接头严重过热；③套管闪络放电；④电容器喷油或燃烧；⑤环境温度超过 40℃。如果变配电所停电，也应将电容器切除，以免突然来电时，母线电压过高，击穿电容器。

在切除电容器时，须从仪表指示或指示灯来检查电容器放电回路是否完好。电容器从电网切除后，应立即通过放电回路放电。高压电容器放电时间应不短于 5min，低压电容器放电时间应不短于 1min。为确保人身安全，人体接触电容器之前，还应当用短接导线将所有电容器两端直接短接放电。

2. 并联电容器的维护

并联电容器在正常运行中，值班员应定期检视其电压、电流和室温等，并检查其外部，看看有无漏油、喷油、外壳膨胀等情况，有无放电声响和放电痕迹，接头有无发热现象，放电回路是否完好，指示灯是否指示正常。对装有通风装置的电容器室，还应检查通风装置各部分是否完好。

第四节　计划用电措施及电价与电费

一、计划用电的必要性

计划用电的必要性，首先是由电力这一特殊商品的生产特点所决定的。电力的生产、供应和使用的过程是同时进行的，只能用多少发多少，不像其他商品那样可以大量储存。发电、供电和用电每时每刻都必须保持平衡。如果用电负荷突然增加，则电力系统的频率和电压就要下降，可能造成严重的后果。

计划用电也是解决电力供需矛盾的一项措施。即使在电力供需矛盾出现缓和的情况下，实行计划用电也是完全必要的，它可以改善电网的运行状态，保证电能的质量。

计划用电也是实现电能节约的一项重要措施。实行计划用电，采取措施包括利用电价制度这一经济杠杆来调整负荷，使电力系统"削峰填谷"，就能降低系统的电能损耗，提高供电设备的利用率。

二、计划用电的一般措施

1) 建立健全计划用电的各级能源管理机构和制度，组建各级的能源办公室或"三电"办公室，做好用电负荷的预测和管理工作。

2) 供用电双方签订《供用电合同》。在合同中，按照电网的供电条件和用户的需求，确定用户的用电容量及对供电质量的要求，为计划用电提供基本依据。

3) 实行分时电价,包括峰谷分时电价和丰枯季节电价。峰谷分时电价就是峰高谷低的电价,以鼓励用户避峰用电。丰枯季节电价是水电比重较大地区的电网所实行的一种丰低枯高的电价,以鼓励用户在丰水季节多用电,充分发挥水电潜力。

4) 按用户的最大需量或最大装设容量收取基本电费,同时收取实际耗电量的电度电费,实行两部电费制,以促使用户尽可能压低负荷高峰,提高低谷负荷,以减少基本电费开支。

5) 装设电力负荷管理装置,实行"需求侧管理"。电力负荷管理装置是指能够监视、控制用户电力负荷的各种仪器装置,包括音频、载波、无线电等集中型电力负荷管理装置和电力定量器、电力时控开关、电力监控仪、多费率电能表等分散型电力负荷管理装置。装设电力负荷管理装置的目的,是贯彻落实国家有关计划用电的政策,实现管理到户的技术手段。通过推广应用负荷管理技术来加强计划用电和节约用电管理,保证重点用户用电和居民生活用电,有计划地均衡用电,保证电网的安全经济运行,提高电力资源的社会效益。

三、电价政策与电费计收

(一) 电价与电价政策

1. 电价的概念

电价是电力这类特殊商品在电力企业参与市场经济活动中进行贸易结算的货币表现形式,是电力商品价格的总称。

电价对电力的生产、供应和使用各方具有不同的作用:

1) 对电力企业,电价是获取资金以维持简单再生产和扩大再生产的手段。电价的合理与否直接关系到电力事业的发展。

2) 对电力用户,电价意味着他们在取得电力使用价值时必须付出的代价。电价的合理与否直接关系到国民经济的发展和人民的生活。

电价按电力生产和流通环节分,有电力生产企业的上网电价、电网之间的互供电价和电网的销售电价;按销售方式分,有直供电价、趸售电价;按用电类别分,有照明电价、商业电价、大工业电价、普通工业电价、非工业电价等。

2. 我国电价的管理原则

我国《电力法》规定:"电价实行统一政策、统一定价原则,分级管理。"这就是要求电价管理必须集中统一,在统一政策、统一定价原则的前提下,进行分级管理,发挥各方面的积极性,使电价管理更科学、合理和规范。

3. 制定电价的基本原则

我国《电力法》规定:"制定电价,应当合理补偿成本,合理确定收益,依法计入税金,坚持公平负担,促进电力建设。"

(1) 合理补偿成本 电价必须能够补偿电力生产和流通全过程的成本费用支出(但要排除非正常费用计入成本),以保证电力企业的正常运营。

(2) 合理确定收益 电价必须保证电力企业及有关投资者的合理收益。但由于电力企业具有垄断经营的性质,因此必须加以监控,以免借此获取超额利润,损害电力使用者的利益。

(3) 依法纳入税金 凡属于我国法律允许纳入电价的税种、税款应计入电价;但不是电力企业的其他应交纳的税金都可以计入电价之中。

(4) 坚持公平负担 公平负担是指在制定电价时,要从电力公用性和发、供、用的特殊性出发,使电力使用者价格负担公平合理。要使电力使用者对电费的负担与其用电特性相适应。用电特性不同,其电价也应有所差异,体现"优质优价"原则。

(5) 促进电力建设　电价应能促使电力资源优化配置,保证电力企业正常生产,并具有一定的自我发展能力,推动电力事业走上良性循环发展的道路。

(二) 用电计量与电费计收

1. 用电计量的一般要求

关于用电计量,《供电营业规则》规定了下列要求:

1) 供电企业应在用户每一个受电点内按不同电价类别,分别安装用电计量装置。每个受电点作为用户的一个计费单位。用户为满足内部核算的需要而自行装设的电能表,不得作为供电企业计费依据。

2) 计费电能表及附件的购置、安装、移动、更换、校验、拆除、加封、启封及表计接线等,均由供电企业负责办理,用户应提供工作上的方便。高压用户的成套设备中装有自备电能表及附件时,经供电企业检验合格、加封并移交供电企业维护管理的,可作为计费电能表。

3) 对10kV及以下电压供电的用户,应配置专用的电能计量柜;对35kV及以上电压供电的用户,应有专用的电流互感器二次线圈和专用的电压互感器二次连接线,并不得与保护、测量回路共用。

4) 用电计量装置原则上应装在供电设施的产权分界处。如果产权分界处不适宜装表时,对专线供电的高压用户,可在供电变压器出口装表计量;对公用线路供电的高压用户,可在用户受电装置的低压侧计量。当用电计量装置不安装在产权分界处时,线路与变压器损耗的有功和无功电能均须由产权所有者负担。在计算用户基本电费、电度电费及功率因数调整电费时,应将上述损耗电能计算在内。

5) 供电企业必须按规定的周期校验、轮换计费电能表,并对计费电能表进行不定期检查。

2. 电费计收

电费计收是按照国家批准的电价,依据用户实际用电情况和用电计量装置记录来计算和收取电费。

电费计收包括抄表、核算和收费等环节。

(1) 抄表　抄表就是供电企业抄表人员定期抄录用户所装用电计量装置记录的读数,以便计收电费。

(2) 电费核算　电费核算是电费管理的中枢。电费是否按照规定及时、准确地收回,账务是否清楚,统计数字是否准确,关键在于电费核算质量。因此电费核算一定要严肃认真、一丝不苟,逐项审核,而且要注意账务处理和汇总工作。

现行销售电价的计价方式分为单一制电价和两部制电价:①单一制电价:又称电度电价,按用户用电量的$kW \cdot h$数来计算电费,适用于非工业、普通工业、农业及居民生活等用电。②两部制电价:即用户的电价分为两部分,一部分为基本电价,以用户最大需电量的kW数或接装设备容量(主变压器容量)的kVA数来计算,与实际用电量无关;另一部分为电度电价,以用户实际使用的电能量($kW \cdot h$)数来计算。两部制电价适用于大工业用电。不论实施哪一种电价,其电度电价中,有的还实行峰谷分时电价和丰枯季节电价,并实行按月平均功率因数值调整电价,高于规定的功率因数值时少收电费,低于规定的功率因数值时则增收电费。附录表30列出功率因数调整电费表,供参考。

(3) 电费收取　电费收取的方式有:①上门收费,由供电企业收费人员逐户上门收取。

②定期定点收费,由用户按规定期限前往指定地点交纳。③委托银行代收,用户就近到委托银行交纳。④用户电费储蓄,由银行根据供电企业通知代扣用户电费,并划入供电企业账户内,用户存款余额可得到银行相应的活期储蓄利息。⑤付费购电方式,即用户持购电卡前往供电企业营业部门售电微机购电,将购电数量存储于购电卡中。用户持卡插入电卡式电能表后,其电源开关自动合上,即可用电。如果购电卡上的储存电量余额不足 50kW·h 时,电能表将显示余额,提醒用户再去购电。当余额不足 3kW·h 时,即停电一次以警告用户速去购电,用户将电卡再插入一次即可恢复供电。当所购电量全部用完时,则自动断电,直到用户插入新购电卡后,方可恢复用电。这种付费购电方式改革了传统落后的人工抄表、核收电费制度,从根本上解决了一些用户只管用电、不按时交纳电费的问题。这种电费收取方式已在一些高层建筑和智能建筑中推广应用。

复习思考题

9-1 我国对电力供应和使用实行一条什么管理原则?

9-2 什么叫安全电流?安全电流与哪些因素有关?我国一般采用的安全电流值为多少?

9-3 什么叫安全电压?我国规定的一般正常环境条件下的安全电压为多少?

9-4 什么叫直接触电防护?什么叫间接触电防护?各举例说明。

9-5 变配电所电气工作人员必须具备哪些条件?

9-6 什么叫基本安全用具?什么叫辅助安全用具?各举例说明。

9-7 电气失火有何特点?带电灭火时应注意哪些问题?

9-8 什么叫心肺复苏法?触电者心脏停止跳动可否判定死亡、放弃抢救?

9-9 节约电能有何重大意义?负荷调整如何能节约电能?

9-10 什么叫经济运行方式?什么叫无功功率经济当量?什么叫变压器的经济负荷?什么叫变压器经济运行的临界负荷?

9-11 并联电力电容器采用△形联结和采用丫形联结,各有哪些优缺点?为什么容量较大的高压电容器组应采用丫形联结?

9-12 高压集中补偿、低压集中补偿和个别就地补偿各有哪些优缺点?各适用于什么情况?各采取什么放电措施?对高低压电容器的放电各有何要求?

9-13 并联电容器在哪些情况下宜采用手动投切?又在哪些情况下宜采用自动调节?并联电容器在哪些情况下应予投入?又在哪些情况下应予切除?

9-14 为什么有必要实行计划用电?计划用电与节约用电有什么关系?

9-15 什么叫电价?我国对电价的管理原则是什么?制定电价应考虑哪些原则?

9-16 什么叫分时电价?分时电价对节约用电和计划用电有什么作用?

习 题

9-1 试分别计算 S9-500/10 型和 S9-800/10 型配电变压器(均 Yyn0 联结)的经济负荷率(取 $K_q=0.1$)。

9-2 某变电所有两台 Dyn11 联结的 S9-630/10 型配电变压器并列运行,而变电所负荷只有 520kVA。问是采用一台还是两台运行比较经济合理?(取 $K_q=0.1$)

9-3 现有 BWF10.5-30-1 型并联电容器 18 台,采用高压断路器控制,并采用 GL15 型电流继电器的两相两继电器接线的过电流保护。试选择电流互感器的变流比,并整定 GL15 型继电器的动作电流。

第十章 供配电系统的设计施工、运行维护与检修试验

本章首先讲述供配电工程的设计与施工的原则、程序及住宅电气设计的安全要求，然后讲述供配电系统的运行维护知识，最后介绍变配电所主要电气设备及配电线路的检修试验问题。

第一节 供配电工程的设计与施工

一、供配电工程设计与施工的一般原则

供配电工程（包括其新建和改造）的设计与施工必须遵守以下原则：

1) 用户供配电系统的新建或改造，应符合当地电网建设与改造的总体规划。
2) 用户供配电工程的设计、施工及试验与运行，均应符合国家的有关标准规范。
3) 用户供配电工程的设计施工文件，均应一式两份，送交当地供电企业审核。
4) 用户供配电工程在施工期间，应接受当地供电企业根据审核同意的设计和有关施工标准进行的监督和检查。如发现有不符合规定的，供电企业应以书面形式向用户提出意见，用户应按要求予以改正。
5) 用户供配电工程施工、试验完工以后，应向当地供电企业提供工程竣工报告，并由供电企业及时组织检验。检验不合格的，供电企业应以书面形式一次性通知用户改正。只有供电企业检验合格后，供电企业才对其装表接电。

二、供配电工程设计的程序与要求

供配电工程设计，通常分为扩大初步设计和施工设计两个阶段。大型工程设计则分为初步设计、技术设计和施工设计三个阶段，或者分为方案设计（或可行性研究）、初步设计和施工设计三个阶段。如果设计任务紧迫，设计规模较小，又经技术论证许可时，也可直接进行施工设计。下面主要分别介绍扩大初步设计和施工设计。

（一）扩大初步设计

扩大初步设计的任务，主要是根据设计任务书的要求，进行负荷的统计计算，确定用户的需电容量，选择用户供配电系统的原则性方案及主要设备，提出主要设备材料清单，并编制工程概算，报上级主管机关审批。因此扩大初步设计资料应包括用户供配电系统的总体布置图、主电路图、平面布置图等图样及设计说明书和工程概算等。

在进行扩大初步设计之前，设计者必须收集以下资料：

1) 用户的总平面图及其主要建筑的平、剖面图。
2) 用户的工艺、给水、排水、通风、采暖及动力等方面的用电设备平面布置图及主要用电设备清单。

3）用电设备对供电可靠性的要求及工艺允许停电的时间。

4）用户的年产量或年产值及年最大负荷利用小时数，用以估算用户的年用电量和最高需电量。

5）向当地供电企业收集用户供电电源方面的资料，如：①可供的电源容量和备用电源容量；②供电电源的电压、供电方式、供电电源回路数、导线或电缆的型号规格、长度及进户的方位；③电力系统的短路容量或供电电源线路首端的开关断流容量；④供电电源首端的继电保护方式及动作时限整定值，电力系统对用户进线端继电保护方式及动作时限整定配合的要求；⑤供电企业对用户电能计量方式的要求及电费计收办法；⑥对用户功率因数的要求；⑦电源线路用户区外部分的设计施工的分工及投资费用的分担问题等。

6）向当地气象、地质及建筑安装等部门收集下列资料：①当地气温数据，如年最高温度、年平均温度、最热月平均最高温度、最热月平均温度及当地最热月地下 0.8~1m 处的土壤平均温度等，以供选择电器和导体之用；②当地海拔、极端最高温度和最低温度等，也供电器选择之用；③当地年平均雷暴日数，供防雷设计用；④当地土壤性质或土壤电阻率，供接地装置设计之用；⑤当地常年主导风向、地下水位及最高洪水位等，供选择变配电所所址用；⑥当地曾经出现过或可能出现的最高地震烈度，供考虑防震措施用；⑦当地电气工程的技术经济指标及电气设备和材料的生产供应情况等，供编制工程概（预）算之用。

在向当地供电企业收集资料的同时，也须向供电企业提供用户用电负荷及要求等资料，并与供电企业签订《供用电合同》。

（二）施工设计

施工设计是在扩大初步设计经上级主管部门批准后，为满足安装施工要求而进行的技术设计，重点是绘制施工图，因此施工设计也称为施工图设计。

施工设计须对初步设计的原则性方案进行全面的技术经济分析和必要的计算和修订，以使设计方案更加完善和精细，有助于施工图的绘制。施工图应尽可能地采用国家颁发的标准图样。

施工设计资料，应包括施工说明图，各项工程的平、剖面图，各种设备的安装图，各种非标准件的安装图，设备和材料明细表以及工程预算等。

施工设计由于是即将付诸安装施工的最后决定性设计，因此设计时更有必要深入现场调查研究，核实资料，精心设计，以确保用户供配电工程的质量。

三、供配电系统设计的原则及住宅供配电设计的安全要求

（一）供配电系统设计必须遵循的设计原则

（1）遵守规程，执行政策　必须遵守国家的有关标准规范，执行国家的有关方针政策，包括节约能源、保护环境等技术经济政策。

（2）安全可靠，先进合理　应做到保障人身和设备安全、供电可靠、电能质量合格、技术先进和经济合理，采用效率高、能耗低和性能先进的电气产品。

（3）近期为主，考虑发展　应根据工程特点、规模和发展规划，正确处理近期建设与远期发展的关系，做到远、近结合，以近期为主，适当考虑扩建的可能性。

（4）全局出发，统筹兼顾　必须从全局出发，考虑当地电网的总体规划，统筹兼顾，按照负荷性质、用电容量、工程特点和地区电网供电条件等，合理确定设计方案。

（二）住宅供配电系统设计的安全要求

由于住宅内居住的人员，包括有各种不同年龄和文化层次的人，其中不乏对电气专业知

识缺乏了解的人,因此住宅供配电设计应将用电安全问题摆在首要的位置上。

按 GB 50096—2011《住宅设计规范》规定,住宅供配电系统设计,应符合下列基本安全要求:

1) 应采用 TT、TN-C-S 或 TN-S 接地型式,并应进行总等电位联结。

2) 电气线路应采用符合安全和防火要求的敷设方式配线,套内的电气管线应采用穿管暗敷方式配线。导线应采用铜芯绝缘线,每套住宅进户线截面积不应小于 $10mm^2$,分支线截面积不应小于 $2.5mm^2$。

3) 每套住宅的空调电源插座、其他一般电源插座与照明,应分路设计;厨房电源插座应设置独立回路,卫生间电源插座宜设置独立回路。

4) 除壁挂式分体空调电源插座外,其他电源插座应设置漏电保护装置。

5) 每套住宅应设置电源总断路器,并采用可同时断开相线和中性线的开关电器。

6) 设有洗浴设备的卫生间应作局部等电位联结。

7) 每幢住宅的总电源进线断路器,应具有漏电保护功能,动作于报警。

GB 50096—2011 还对住宅内电源插座的设置数量作了规定,如表 10-1 所示。表 10-1 规定的电源插座设置数量为最低限值。从电气安全和防电气火灾考虑,电源插座宜按实际需要予以增加。如果电源插座数量不足,用户在必要时就不得不加接插座板,而如果插座板质量不好,就极易引起人身触电和火灾事故。以客厅为例,我国一般设装 2~3 组。而香港地区因原执行英国 IEE 标准,其客厅较小,但墙上安装的固定插座却为 5 组以上。美国对电源插座的装设有更严格的规定,其住宅电气装置标准规定,墙上两固定插座之间的距离不得大于 3.6m,而美国的产品标准规定其用电器具的电源插头线长度不得小于 1.8m,这样就避免了用户因另外接用插座板而导致人身触电或电气火灾的问题,使用电安全得到有效的保障。

表 10-1 住宅内电源插座的设置数量(据 GB 50096—2011)

设 置 空 间	设置数量和内容
卧室	一个单相三线和一个单相二线的插座两组
兼起居的卧室	一个单相三线和一个单相二线的插座三组
起居室(厅)	一个单相三线和一个单相二线的插座三组
厨房	防溅水型一个单相三线和一个单相二线的插座两组
卫生间	防溅水型一个单相三线和一个单相二线的插座一组
布置洗衣机、冰箱、排油烟机、排风机及预留家用空调机处	专用单相三线插座各一个

关于电源插座在墙面上的装设位置,一般规定:

一般室内插座应选用 10A 的;无特殊要求时,宜距地 0.3m 安装,通常在灯开关垂直线下侧或靠近墙面尽端装设,但应避开家具放置的位置。

空调器专用电源插座应采用 16A 的,并靠近外墙或采光窗附近的承重墙上、离地约 2m 左右安装。

洗衣机专用电源插座宜距地不低于 1.8m 处安装,并宜选用带有指示灯和开关的插座。

卫生间内排风机和电热水器等用电源插座宜距地 1.8~2.0m 处安装,并宜选用防溅型插座。

厨房内小家电用电源插座的安装高度宜距地约 1.8m,最低不得小于 1.4m(距地),插座宜带有开关和指示灯。

在电话、共用电视天线插座附近应设有电源插座，相距宜在 15~50cm。

第二节　供配电系统的运行维护

一、变配电所的运行值班

（一）变配电所的运行值班制度

用户变配电所的运行值班制度，主要有轮班制和无人值班制。轮班制通常采取一天三班轮换的值班制度，全年都不间断。这种值班制度对于确保变配电所的安全运行有很大的好处，这是我国工矿企业普遍采用的一种传统的值班制度，但耗费的人力多，不经济。我国有些小型企业及中大型企业的一些车间变电所，则往往采取无人值班制，仅由企业的维修电工或企业总变配电所的值班电工每天定期巡视检查。不过如果变配电所自动化程度低，这种无人值班制很难确保变配电所的安全运行。现代化企业的变配电所的发展方向，就是要在实现自动化的基础上实现无人值班。

（二）变配电所值班员的职责

1）遵守变配电所值班工作制度，坚守工作岗位，作好变配电所的安全保卫工作，确保变配电所的安全运行。

2）积极钻研本职工作，认真学习和贯彻有关规程，熟悉变配电所的一、二次系统的接线及设备的装设位置、结构性能、操作要求和维护保养方法等，掌握各种安全工具和消防器材的使用方法和触电急救法，了解变配电所现在的运行方式、负荷情况及负荷调整和电压调节等措施。

3）监视所内各种设施的运行状态，定期巡视检查，按照规定要求抄报各种运行数据，记录运行日志。发现设备缺陷和运行不正常时，及时处理，并做好有关记录，以备查考。

4）按上级调度命令进行操作，发生事故时进行紧急处理，并做好有关记录，以备查考。

5）保管所内各种资料图表、工具仪器和消防器材等，并做好和保持所内设备和环境的清洁卫生。

6）按照规定进行交接班。值班员未办完交接手续时，不得擅离岗位。在处理事故时，一般不得交接班。接班的值班员可在当班的值班员要求和主持下，协助处理事故。如果事故一时难以处理完毕，在征得接班的值班员同意或上级同意后，可进行交接班。

（三）变配电所运行值班注意事项

1）不论高压设备带电与否，值班员不得单独移开或跨越高压设备的遮栏进行工作。如有必要移开遮栏时，须有监护人在场，并符合国家电网公司 2009 年发布的《电力安全工作规程》（以下简称《安规》）规定的设备不停电时的安全距离，如表 10-2 所示。

表 10-2　设备不停电时的安全距离（据 2009 年《安规》）

电压等级/kV	≤10(13.8)	20、35	66、110	220	330
安全距离/m	0.7	1.00	1.50	3.00	4.00

2）雷雨天巡视室外高压设备时，应穿绝缘靴，并且不得靠近避雷针和避雷器。

3）高压设备发生接地故障时，室内不得接近故障点 4m 以内，室外不得接近故障点 8m 以内。进入上述范围的人员必须穿绝缘靴。接触设备的外壳和构架时，应戴绝缘手套。

二、变配电所送电和停电的操作

（一）操作的一般要求

为了确保运行安全，防止误操作，按 2009 年《安规》规定，倒闸操作（即切换操作）必须根据值班调度员或值班负责人指令，受令人复诵无误后执行。倒闸操作由操作人员填写如表 10-3 所示的操作票。单人值班时，操作票由发令人用电话向值班员传达，值班员根据传达填写操作票，复诵无误后，在"监护人"签名处填入发令人的姓名。

表 10-3　变电所倒闸操作票格式（据 2009 年《安规》）

单位_____　　编号_____

发令人		受令人		发令时间		年　月　日　时　分	
操作开始时间：	年　月　日　时　分			操作结束时间：	年　月　日　时　分		
	（　）监护下操作　　（　）单人操作　　（　）检修人员操作						
操作任务：							

顺序	操 作 项 目	✓

备注：

操作人：　　　　监护人：　　　　值班负责人：（值长）

操作票内应填入下列项目：应拉合的断路器和隔离开关，检查断路器和隔离开关的位置，检查接地线是否拆除，检查负荷分配，装拆接地线，装拆控制回路或电压互感器回路的熔断器，切换保护回路和检验是否确无电压等。

操作票应填写设备的双重名称，即设备名称和编号。

操作票应用钢笔或圆珠笔填写。票面应清楚整洁，不得任意涂改。操作人和监护人应根据模拟电路图板或接线图核对所填写的操作项目，并分别签名，然后经值班负责人审核签名。特别重要和复杂的操作还应由值长审核签名。

开始操作前，应先在模拟电路图板上进行核对性模拟预演，无误后再进行操作。操作前应核对设备名称、编号和位置。操作中应认真执行监护和复诵制，宜全过程录音。操作过程中应按操作票填写的顺序逐项操作。每操作完一项，应检查无误后在操作票该项后画一个"✓"记号。全部操作完毕后进行复查。

倒闸操作必须由两人执行，其中对设备较为熟悉者作监护。单人值班的变电所，倒闸操作可由一人执行。特别重要和复杂的倒闸操作，应由熟练的值班员操作，值班负责人或值长监护。单人操作时不得进行登高或登杆操作。

操作中发生疑问时，应立即停止操作，并向发令人报告，待发令人再行许可后，方可再进行操作。不准擅自更改操作票，不准随意解除闭锁装置。

用绝缘棒拉合隔离开关或经操动机构拉合隔离开关和断路器，均应戴绝缘手套。雨天操作室外高压设备时，绝缘棒应有防雨罩，还应穿绝缘靴。接地网电阻不符合要求的，晴天也应穿绝缘靴。雷雨时，一般不进行倒闸操作。

在发生人身触电事故时，为了解救触电者，可不经许可，立即断开有关设备的电源，但事后必须立即报告上级。其他事故处理及拉合开关等的单一操作和全所仅有的一组临时接地线的拆除等，可不用操作票，但上述操作应记入操作记录簿内。

（二）变配电所的送电操作

变配电所送电时，一般应从电源侧的开关合起，依次合到负荷侧的开关。按这种程序操作，可使开关的闭合电流减至最小，比较安全；万一某部分存在故障，也容易发现。但是在有高压隔离开关—高压断路器及有低压刀开关—低压断路器的电路中，送电时一定要按下列程序操作：①合母线侧隔离开关或刀开关；②合负荷侧隔离开关或刀开关；③合高压或低压断路器。

如果变配电所是事故停电以后的恢复送电，则操作程序视变配电所所装设的开关类型而定。如果电源进线是装设的高压断路器，则高压母线发生短路故障时，断路器自动跳闸。在故障消除后，则可直接合上断路器来恢复送电。如果电源进线是装设的高压负荷开关，则在故障消除后，先更换熔断器的熔管，然后合上负荷开关即可恢复送电。如果电源进线装设的是高压隔离开关—熔断器，则在故障消除后，先更换熔断器的熔管，并断开所有出线开关，然后合上隔离开关，最后合上所有出线开关以恢复送电。如电源进线装设的是跌开式熔断器，送电操作的程序与进线装设隔离开关—熔断器的操作程序相同。

（三）变配电所的停电操作

变配电所停电时，一般应从负荷侧的开关拉起，依次拉到电源侧的开关。按这种程序操作，可使开关的开断电流减至最小，也比较安全。但是在有高压隔离开关—高压断路器及有低压刀开关—低压断路器的电路中，停电时一定要按下列程序操作：①拉高压或低压断路器；②拉负荷侧隔离开关或刀开关；③拉母线侧隔离开关或刀开关。

三、电力变压器的运行维护

（一）一般要求

电力变压器是变电所内最关键的设备，搞好电力变压器的运行维护至关重要。

在有人值班的变电所内，应根据控制盘或开关柜上的有关仪表信号来监视变压器的运行情况，并每小时抄表一次。如果变压器在过负荷下运行，则至少每半小时抄表一次。安装在变压器上的温度计，于巡视时检视和记录。

无人值班的变电所，应于每次定期巡视时，记录变压器的电压、电流和上层油温。

变压器应定期进行外部检查。有人值班的变电所，每天至少检查一次，每周至少进行一次夜间检查。无人值班的变电所，变压器容量为 315kVA 以上的变压器，每月至少检查一次；315kVA 及以下的变压器，可两月检查一次。根据现场具体情况，特别是在气候骤变时，应适当增加检查次数。

（二）巡视检查项目

1）油浸式变压器的油温是否正常。按规定，其上层油温一般不应超过 85℃，最高不应超过 95℃。油温过高，可能是变压器过负荷引起，也可能是变压器内部故障的缘故。

2）变压器的声响是否正常。变压器的正常声响应是均匀的嗡嗡声。如果其声响较平时（正常时）沉重，说明变压器过负荷；如果音响尖锐，说明电压过高。

3）变压器油枕和瓦斯继电器的油位和油色如何。油面过高，可能是变压器内部存在故障或者冷却器运行不正常；油面过低，可能存在渗油或漏油情况。变压器油色正常情况下应为透明略呈浅黄色。如果油色变深变暗，说明油质变坏。

4）变压器瓷套管是否清洁，有无破损裂纹和放电痕迹；高低压接头的螺栓是否紧固，有无接触不良和发热现象。

5）变压器防爆膜是否完好；吸湿器是否畅通，其硅胶是否吸湿饱和。

6）变压器的冷却、通风装置是否正常。

7）变压器的接地装置是否完好。

8）变压器上及其周围有无影响其安全运行的异物（如易燃易爆和腐蚀性物品等）和异常现象。

在巡视中发现的异常情况，应记入专用记录簿内，重要情况应及时向上级汇报，请示处理。

四、配电装置的运行维护

（一）一般要求

配电装置应定期进行巡视检查，以便及时发现运行中出现的设备缺陷和故障，例如导体接头发热、绝缘子闪络或破损、油断路器漏油等，并设法采取措施予以消除。

在有人值班的变配电所内，配电装置应每班或每天进行一次外部检查。无人值班的变配电所，配电装置应至少每月检查一次。如遇短路引起开关跳闸及其他特殊情况（如雷击后），应对设备进行特别检查。

（二）巡视检查项目

1）由母线及其接头的外观或其温度指示装置（如变色漆、示温蜡或变色示温贴片等）的指示，判断母线及其接头的发热温度是否超出允许值。

2）开关电器中所装的绝缘油的油色和油位是否正常，有无漏油现象，油位指示器有无破损。

3）绝缘子是否脏污、破损，有无放电痕迹。

4）电缆及其接头有无漏油及其他异常现象。

5）熔断器的熔体是否熔断，熔管有无破损和放电痕迹。

6）二次设备如仪表、继电器的工作状态是否正常。

7）接地装置及 PE 线或 PEN 线的连接处有无松脱、断线的情况。

8）整个配电装置的运行状态是否符合当时的运行要求。停电检修部分有无在其电源侧断开的开关操作手柄处悬挂"禁止合闸、有人工作"之类的标示牌，有无装设必要的临时接地线。

9）高低压配电室、电容器室的照明、通风及安全防火装置是否正常。

10）配电装置本身及其周围有无影响其安全运行的异物（如易燃易爆和腐蚀性物品等）和异常现象。

在巡视中发现的异常情况，应记入专用记录簿内，重要情况应及时向上级汇报，请示处理。

五、架空线路的运行维护

（一）一般要求

对厂区架空线路，一般要求每月进行一次巡视检查。如遇雷雨、大风、大雪及发生故障等特殊情况，应临时增加巡查次数。

（二）巡视检查项目

1) 电杆有无倾斜、变形、腐朽、损坏及基础下沉等现象。如有时，应设法修理。

2) 沿线路的地面有无堆放易燃、易爆和强腐蚀性物体。如有时，应设法挪开。

3) 沿线路周围，有无危险建、构筑物。在雷雨季节和大风季节里，这些建、构筑物应不致对线路造成损坏，否则应予修缮或拆除。

4) 线路上有无树枝、风筝等杂物悬挂。如有时，应设法消除。

5) 拉线和扳桩是否完好，绑扎线是否紧固可靠。如有毛病时，应设法修复或更换。

6) 导线的接头是否接触良好，有无过热发红、严重氧化、腐蚀或断脱现象，绝缘子有无破损和放电痕迹。如有时，应设法修复或更换。

7) 避雷装置的接地是否良好，接地线有无锈断损坏情况。在雷雨季节到来之前，应进行重点检查，以确保防雷安全。

8) 其他危及线路安全运行的异常情况。

在巡视中发现的异常情况，应记入专用记录簿内，重要情况应及时向上级汇报，请示处理。

六、电缆线路的运行维护

（一）一般要求

电缆多数是敷设在地下的，因此要做好电缆线路的运行维护工作，必须全面了解电缆的敷设方式、结构布置、走线方向及电缆头位置等。对电缆线路，一般要求每季度进行一次巡视检查，并应经常监视其负荷大小和发热情况。如遇大雨、洪水及地震等特殊情况及发生故障时，应临时增加巡视次数。

（二）巡视检查项目

1) 电缆头及瓷套管有无破损和放电痕迹。对充填电缆胶（油）的电缆头，还应检查其有无漏油溢胶情况。

2) 对明敷电缆，应检查电缆外皮有无锈蚀、损伤，沿线挂钩或支架有无脱落，线路上及线路附近有无堆放易燃易爆及强腐蚀性物体。

3) 对暗敷及埋地电缆，应检查沿线的盖板及其他覆盖物是否完好，有无挖掘痕迹，沿线标桩是否完整无缺。

4) 电缆沟内有无积水或渗水现象，是否堆有杂物及易燃、易爆等危险物品。

5) 线路上各种接地是否良好，有无松脱、锈蚀和断线现象。

6) 其他危及电缆安全运行的异常情况。

在巡视中发现的异常情况，应记入专用记录簿内。重要情况应及时向上级汇报，请示处理。

七、车间配电线路的运行维护

（一）一般要求

要搞好车间配电线路的运行维护工作,必须全面了解车间配电线路的布线情况、结构型式、导线型号规格及配电箱、开关、保护装置等的装设位置,并了解车间负荷的类型、特点、大小及车间变电所的有关情况。对车间配电线路,有专门的维修电工时,一般要求每周进行一次巡视检查。

(二)巡视检查项目

1)线路的负荷情况,可用钳形电流表来卡测线路的负荷电流。特别是绝缘导线,不允许长期过负荷,否则可导致导线绝缘燃烧,引起电气火灾事故。

2)导线的发热情况,是否超过正常允许发热温度,特别要检查导线接头处有无过热现象。

3)配电箱、分线盒、开关、熔断器、母线槽及接地装置等的运行是否正常,有无接头松脱、放电等异常情况。

4)线路上及其周围有无影响线路安全运行的异常情况。严禁在绝缘导线和绝缘子上悬挂物件,禁止在线路近旁堆放易燃易爆等危险物品。

5)对敷设在潮湿、有腐蚀性物质场所的线路和设备,要定期进行绝缘检查,绝缘电阻一般不得低于 0.5MΩ。

在巡视中发现的异常情况,应记入专用记录簿内。重要情况应及时向上级汇报,请示处理。

八、线路运行中突然故障停电的处理

电力线路在运行中,如果突然发生事故停电时,可按不同情况分别处理。

(1)进线没有电压时的处理 进线没有电压,表明电力系统方面暂时停电。这时总开关不必拉开,但出线开关宜全部拉开,以免突然来电时,用电设备同时起动,造成负荷过大和电压骤降,影响供配电系统的正常运行。

(2)双电源进线之一停电时的处理 当一路电源进线停电时,应立即进行倒闸操作,将负荷特别是重要负荷转移给另一路电源进线供电。

(3)架空线路首端开关突然跳闸的处理 开关突然跳闸一般是线路上发生了短路故障。由于架空线路的多数短路故障是暂时性的,例如雷击或者风筝、树枝等造成的相间短路等,一般能很快地自动消除,因此只要开关的断流容量允许,可予试合一次,以尽快恢复线路的供电。这在多数情况下能试合成功。如果试合失败,开关将再次跳闸。这时应对线路进行停电检修。

(4)放射式系统中故障线路的"分路合闸检查"法

以图 10-1 所示配电系统为例,假设短路故障发生在线路 WL8 上,由于保护装置失灵或选择配合不当,致使线路 WL1 的开关越级跳闸。"分路合闸检查"故障线路的步骤如下:

① 将出线 WL2~WL6 的开关全部拉开,然后合上 WL1 的开关。由于母线 WB1 正常,因此 WL1 的开关合闸成功。

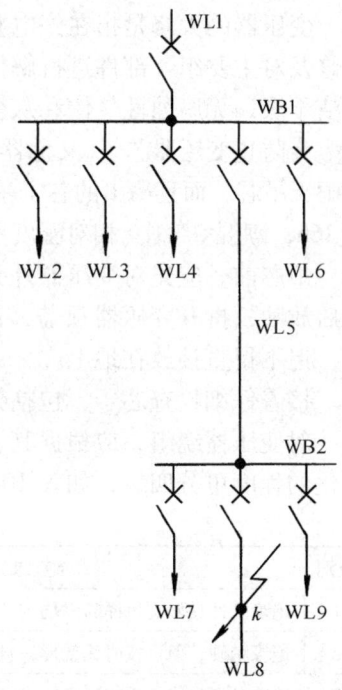

图 10-1 放射式配电系统"分路合闸检查"故障的说明图

② 依次试合 WL2~WL6 的开关，结果除 WL5 的开关因其分支线路 WL8 存在故障又跳闸外，其余出线开关均试合成功，恢复供电。

③ 将线路 WL7~WL9 的开关全部断开，然后合上 WL5 的开关。由于母线 WB2 正常，因此 WL5 的开关合闸成功。

④ 依次试合 WL7~WL9 的开关，结果除 WL8 的开关因线路上存在故障又跳闸外，其余出线开关均试合成功，恢复供电。由此确定故障线路为 WL8。

这种分路合闸检查故障线路的方法，可迅速找出故障线路，并迅速恢复其他完好线路的供电。

第三节　变配电所主要电气设备的检修试验

一、电力变压器的检修试验

（一）电力变压器的检修

电力变压器的检修，要贯彻预防为主、计划检修和状态检修相结合的方针，做到应修必修、修必修好，讲求实效。

电力变压器的检修，分大修、小修和临时检修。按 DL/T 573—2010《电力变压器检修导则》规定：变压器大修周期一般应在 10 年以上。变压器存在内部故障或严重渗漏油时或其出口短路后经综合诊断分析认为有必要时，也应进行大修。小修一般是 1~3 年一次。临时检修则视具体情况而定。

1. 变压器的大修

变压器的大修是指在停电状态下对变压器本体排油、吊罩（吊芯）或进入油箱内部进行检修及对主要组、部件进行解体检修的工作。变压器的大修应尽量安排在室内进行。室内应清洁干燥，无腐蚀性气体和灰尘。

为防止变压器芯子（又称器身）吊出后，暴露在空气中时间过长而使绕组受潮，应避免在阴雨天吊芯，而且吊出的芯子暴露在空气中的时间：干燥空气中（相对湿度不大于 65%）不超过 16h；潮湿空气中（相对湿度不大于 75%）不超过 12h。

吊芯前，应先对变压器外壳、套管、散热管、防爆管、油枕和放油阀等进行外部检查，然后放油，拆开变压器顶盖，吊出芯子，将芯子放置在平整牢靠的两根方木上或其他物体上，但不得直接放在地上。

接着仔细检查芯子，包括铁心、绕组、分接开关、接头部分和引出线等。

对变压器绕组，应根据其色泽和老化程度来判断其绝缘的好坏。根据经验，变压器绝缘老化的程度可分四级，如表 10-4 所列。

表 10-4　变压器绝缘老化的分级

级别	绝缘状态	说明
1	绝缘弹性良好，色泽新鲜均匀	绝缘良好
2	绝缘稍硬，但手按时无变形，且不裂纹不脱落，色泽稍暗	尚可使用
3	绝缘已经发脆，手按时有轻微裂纹，但变形不太大，色泽较暗	绝缘不可靠，应酌情更换绕组
4	绝缘已碳化发脆，手按时即出现较大裂纹或脱落	不能继续使用，应更换

对变压器铁心上及油箱内的油泥，可用铲刀刮除，再用不易脱毛的干布擦干净，最后用变压器油冲洗。对变压器绕组上的油泥，只能用手轻轻剥脱；对绝缘脆弱的绕组，尤其要细心，以防损坏绝缘。擦洗后，用强油流冲洗干净。变压器内的油泥，不可用碱水刷洗，以免碱水冲洗不净时，残留在芯子中影响油质。

对变压器铁心的穿芯螺杆，可用500V或1000V绝缘电阻表（习称"兆欧表"）来测量它与铁心间的绝缘电阻。6~10kV及以下变压器的穿芯螺杆对铁心的绝缘电阻，一般不应小于2MΩ。如果不满足要求时，应拆下其绝缘纸管检修，必要时予以更换。

对分接开关，主要是检修其表面和接触压力情况。触头表面不应有烧结的疤痕。触头烧损严重时，应予拆换。触头的接触压力应平衡。如果分接开关的弹簧可调时，可适当调节触头压力。运行较久的变压器，触头表面往往生有氧化膜和污垢。这种情况，轻者可将触头在各个位置上往返切换多次，使其氧化膜和污垢自行清除；重者则可用汽油擦洗干净。有时绝缘油的分解物在触头上结成有光泽的薄膜，看似黄铜色泽，其实是一种绝缘层，应该用丙酮擦洗干净。此外，应检查顶盖上分接开关的标示位置是否与其触头实际接触位置一致，并检查触头在每一位置的接触是否良好。对有载分接开关，采用500V或1000V绝缘电阻表，测量其辅助回路绝缘电阻应大于1MΩ。

对所有接头都应检查是否紧固；如有松动，应予紧好。对焊接的接头，如有脱焊情况，应予补焊。瓷套管如有破损，应予更换。

对变压器上的测量仪表、信号和保护装置，也应进行检查和修理。

变压器如有漏油现象，应查明原因。变压器漏油，一般有焊缝漏油和密封漏油两种情况。焊缝漏油的修补办法是补焊。密封漏油如系密封垫圈放得不正或压得不紧，则应放正或压紧。如系密封垫圈老化引起发粘、开裂或损坏，则必须更换密封垫圈。

变压器大修时，应滤油或换油。换的油必须先经过试验，合格的才能注入变压器。

运行中的变压器大修时一般不需干燥；只有经试验证明受潮，或检修中芯子暴露在空气中的时间过长导致其绝缘下降时，才须考虑进行干燥。

最后清洗变压器外壳，必要时进行油漆；然后装配还原，并进行规定的试验，合格后即可投入运行。

DL/T 573—2010对变压器异常情况的检修方法和质量要求，均有明文规定，应予遵循。

2. 变压器的小修

变压器的小修，指在停电状态下对变压器箱体及组、部件进行的检修，不需拆开变压器进行吊芯检修。

变压器小修的项目包括：①处理已发现的可就地消除的缺陷；②放出油枕下部的污油；③检修油位计，调整油位；④检修冷却装置，必要时吹扫冷却器管束；⑤检修安全保护装置，包括油枕、防爆管、瓦斯继电器等；⑥检修油保护装置、测温装置及调压装置等；⑦检查接地系统；⑧检修所有阀门和塞子，检查全部密封系统，处理渗漏油；⑨清扫油箱及附件，必要时进行补漆；⑩清扫套管，检查导电接头；⑪按有关规程规定进行测量和试验。如果满足要求，即可投入运行。

（二）电力变压器的试验

变压器试验的目的，在于检验变压器的性能是否符合有关规程标准的技术要求，是否存在缺陷或故障征象，以便确定能否出厂或者检修后能否投入运行。

变压器的试验，按试验目的分为出厂试验和交接试验等。这里主要介绍检修后的交接试验。

变压器的试验项目，包括测量绕组连同套管的绝缘电阻，测量铁心螺杆的绝缘电阻，变压器油试验（此项只适于油浸式变压器），测量绕组连同套管的直流电阻，检查变压器的联结组别和所有分接头的电压比，绕组连同套管的交流耐压试验等。

1. 变压器绕组连同套管的绝缘电阻测量

按 GB 50150—2006《电气装置安装工程·电气设备交接试验标准》规定：3kV 及以上的电力变压器应采用 2500V 绝缘电阻表来测量其绕组绝缘电阻，加压时间为 60s，因此其绝缘电阻表示为 $R_{60''}$。测量时，其他未测绕组连同套管应予接地。油浸式变压器的绝缘试验，应在充满合格油且静置 24h 以上待其中气泡消失后方可进行。测得的绝缘电阻值不低于出厂试验值的 70% 才算合格。当实测时温度高于出厂试验时温度（一般为 20℃）时，绝缘电阻值应乘以表 10-5 所示温度换算系数；当实测时温度低于出厂试验时温度时，则绝缘电阻值应除以表 10-5 所示温度换算系数。只有换算到出厂试验时温度的绝缘电阻才能与其出厂试验值进行比较。例如，温度 35℃ 时测量的绝缘电阻值为 80MΩ，则换算到出厂试验温度 20℃ 时的绝缘电阻为 $R_{60''}=80\mathrm{M}\Omega\times1.8=144\mathrm{M}\Omega$，式中系数 1.8 为温度差 (35−20)℃ = 15℃ 时的温度换算系数，由表 10-5 查得。

表 10-5　油浸式电力变压器绝缘电阻的温度换算系数（据 GB 50150—2006）

温度差/℃	5	10	15	20	25	30	35	40	45	50	55	60
换算系数	1.2	1.5	1.8	2.3	2.8	3.4	4.1	5.1	6.2	7.5	9.2	11.2

注：1. 表中温度差为实测时温度减去 20℃ 的绝对值。
　　2. 测量温度以变压器上层油温为准。

2. 铁心螺杆绝缘电阻的测量

3kV 及以上变压器的铁心螺杆与铁心间的绝缘电阻也应采用 2500V 绝缘电阻表测量，加压时间也是 60s，应无闪络及击穿现象。

3. 变压器油的试验

变压器的绝缘油，通常有 DB-10、DB-25 和 DB-45 等三种规格。DB-10 的凝固点不高于 −10℃，DB-25 的凝固点不高于 −25℃，DB-45 的凝固点不高于 −45℃。

变压器油在新鲜时呈浅黄色，运行后变为浅红色，均应清澈透明。如果油色变暗，则表示油质变坏。

依试验目的不同，绝缘油可进行三种试验：

（1）全分析试验　对每批新到的油及运行中发生故障后认为有必要检验的油应作此类试验，以全面检验油的质量。按 GB 50150—2006 规定，绝缘油的试验项目及标准如表 10-6 所列。

（2）简化试验　其目的在于按绝缘油的主要的、特征性的参数来检查其老化过程。对准备注入变压器的新油，应按表 10-6 中的序号 2~9 的规定进行。

表 10-6　绝缘油的试验项目及标准（据 GB 50150—2006）

序号	项目	标准	说明
1	外状	透明，无杂质或悬浮物	外观目视
2	水溶性酸（pH 值）	>5.4	按 GB/T 7598 中有关要求进行试验
3	酸值，mgKOH/g	≤0.03	按 GB/T 7599 中有关要求进行试验
4	闪点	DB-10，不低于 140℃ DB-25，不低于 140℃ DB-45，不低于 135℃	按 GB/T 261 中有关要求（闭口杯法）进行试验
5	水分	500kV，≤10mg/L 220~330kV，≤15mg/L 110kV 及以下，≤20mg/L	按 GB/T 7600 或 GB/T 7601 中有关要求进行试验
6	界面张力（25℃）	≥35mN/m	按 GB/T 6541 中有关要求进行试验
7	介质损耗因数 $\tan\delta$	90℃时， 注入电气设备前，≤0.5% 注入电气设备后，≤0.7%	按 GB/T 5654 中有关要求进行试验
8	击穿电压	500kV，≥60kV 330kV，≥50kV 60~220kV，≥40kV 35kV 及以下，≥35kV	① 按 GB/T 507 或 DL/T 429.9 中有关要求进行试验 ② 油样应取自被试设备 ③ 试验油杯采用平板电极 ④ 注入设备的新油均不应低于本标准
9	体积电阻率（90℃）	≥6×10^{10}Ω·m	按 GB/T 5654 或 DL/T 421 中有关要求进行试验
10	油中含气量（体积分数）	330~500kV，≤1%	按 DL/T 423 或 DL/T 450 中有关要求进行试验
11	油泥与沉淀物（质量分数）	≤0.02%	按 GB/T 511 有关要求进行试验

（3）电气强度试验　其目的在于对运行中的绝缘油进行日常检查。对注入 6kV 及以上设备的新油也需进行此项试验。

图 10-2 为绝缘油电气强度试验的电路图。图 10-3 为绝缘油电气强度试验用油杯和电极的结构尺寸图。油杯用瓷或玻璃制成，容积为 200mL。电极用黄铜或不锈钢制成，直径为 25mm，厚为 4mm，倒角半径为 2.5mm。两极的极面应平行，均垂直于杯底面。从电极到杯底、到杯壁及到上层油面的距离，均不得小于 15mm。

试验前，用汽油将油杯和电极清洗干净，并调整电极间隙，使间隙精确地等于 2.5mm。被试油样注入油杯后，应静置 10~15min，使油中气泡逸出。

试验时，合上电源开关，调节调压器，升压速度约为 3kV/s，直至油被击穿放电、电压表读数骤降至零、电源开关自动跳闸为止。

发生击穿放电前一瞬间的最高电压值，即为击穿电压。

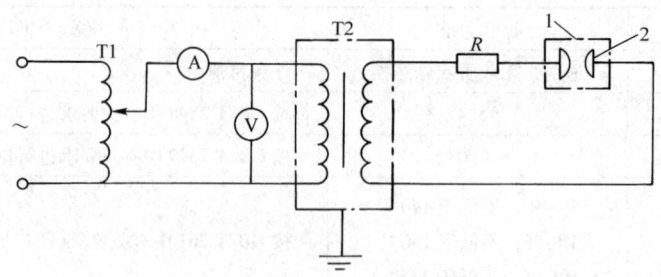

图 10-2 绝缘油电气强度试验电路

1—试验油杯　2—电极　T1—调压器　T2—试验变压器（升压 0~50kV）
R—保护电阻（水阻，5~10MΩ）

油样被击穿后，可用玻璃棒在电极中间轻轻搅动几次（注意不要触动电极），以清除滞留在电极间隙的游离碳。静置 5min 后，重复上述升压击穿试验。如此进行 5 次，取其击穿电压平均值作为试验结果。

试验过程中应记录：各次击穿电压值，击穿电压平均值，油的颜色，有无机械混合物和灰份，油的温度，试验日期和结论等。

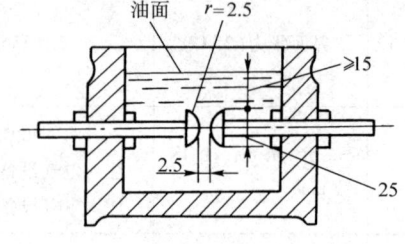

图 10-3 绝缘油电气强度试验用
油杯及电极结构尺寸

4. 变压器绕组连同套管的直流电阻测量

采用双臂电桥对所有各分接头进行直流电阻测量。按 GB 50150—2006 规定，1600kVA 及以下三相变压器，各相测得的相互差值应小于平均值的 4%，线间测得的相互差值应小于平均值的 2%；1600kVA 以上三相变压器，各相测得的相互差值应小于平均值的 1%。

5. 变压器联结组别的检查

变压器在更换绕组后，应检查其联结组别是否与变压器铭牌的规定相符。这里简介用以检查变压器绕组联结组别的直流感应极性测定法。

如图 10-4 所示，在三相变压器低压绕组接线端 ab、bc 和 ac 间分别接入直流电压表，而在高压绕组接线端 AB 间接入直流电压（电池），观察并记录直流电压接入瞬间各电压表指针偏转的方向（正、负）。然后又在 BC 间和 AC 间相继接入直流电压，同样观察并记录直流电压接入瞬间各电压表指针偏转的方向（正、负）。

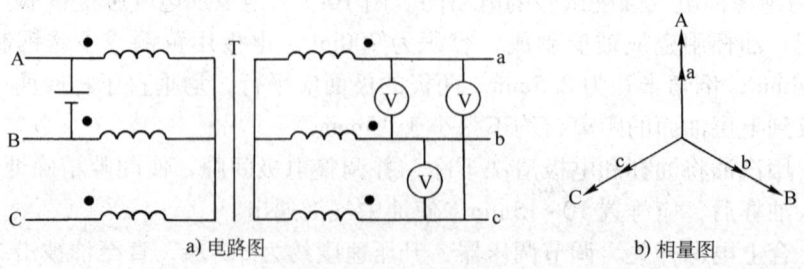

图 10-4 用直流感应法判别三相变压器的联结组别（Yy0）

表 10-7 列出了用直流感应法判别几种最常见的三相变压器联结组别时各电压表指示的情况。

表 10-7　用直流感应法判别三相变压器联结组别

三相变压器联结组别	变压器高低压绕组电路图	加直流电压的高压绕组	低压绕组 ab	bc	ac
Yy0（或 Yyn0）	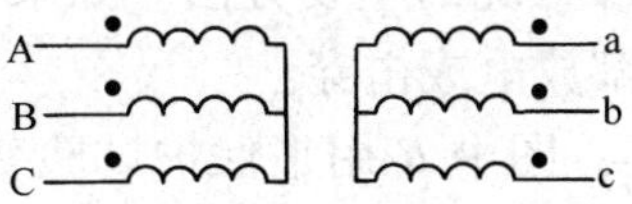	AB	+	−	+
		BC	−	+	+
		AC	+	+	+
Dy11（或 Dyn11）	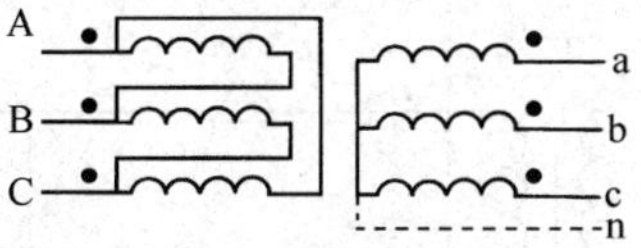	AB	+	0	+
		BC	−	+	0
		AC	0	+	+
Yd11	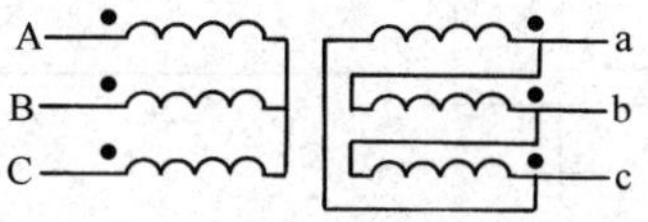	AB	+	0	+
		BC	−	+	0
		AC	0	+	+
Yz11（或 Yzn11）	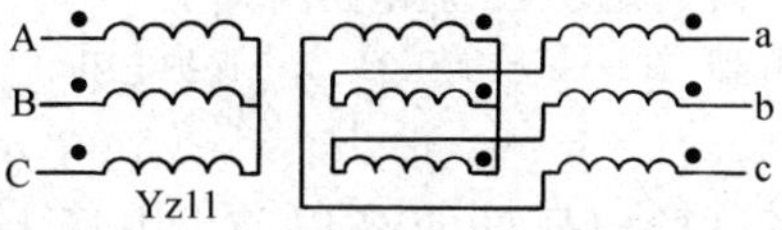	AB	+	0	+
		BC	−	+	0
		AC	0	+	+

图 10-4 和表 10-7 内电路图中变压器高低压绕组端部标示的黑点"●"表示两侧绕组对应的同名端（同极性端）。

6. 变压器电压比的测量

如图 10-5 所示，将变压器高压绕组接上比较平衡和稳定的三相电源，依次测量变压器两侧的相间电压 U_{AB}、U_{ab}、U_{BC}、U_{bc}、U_{AC}、U_{ac}，然后按下列公式计算出实测的电压比：

$$K_{AB} = \frac{U_{AB}}{U_{ab}} \quad (10-1)$$

$$K_{BC} = \frac{U_{BC}}{U_{bc}} \quad (10-2)$$

$$K_{AC} = \frac{U_{AC}}{U_{ac}} \quad (10-3)$$

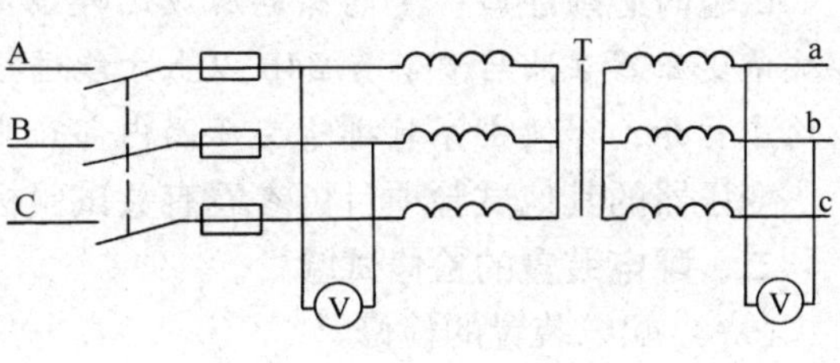

图 10-5　用双电压表法测量变压器的电压比

一般规定，实测的电压比对铭牌规定的电压比 K_N 的偏差范围为 ±1%（220kV 及以上变压器为 ±0.5%），即

$$\Delta K_{AB-N}\% = \frac{|K_{AB} - K_N|}{K_N} \times 100\% \leqslant 1\% \text{（或 0.5\%）} \quad (10-4)$$

$$\Delta K_{\text{BC-N}}\% = \frac{|K_{\text{BC}} - K_{\text{N}}|}{K_{\text{N}}} \times 100\% \leq 1\%(\text{或}\ 0.5\%) \tag{10-5}$$

$$\Delta K_{\text{AC-N}}\% = \frac{|K_{\text{AC}} - K_{\text{N}}|}{K_{\text{N}}} \times 100\% \leq 1\%(\text{或}\ 0.5\%) \tag{10-6}$$

7. 变压器交流耐压试验

变压器交流耐压试验，是检查变压器绝缘状况的主要方法。如果变压器绕组绝缘受潮、损坏或夹杂异物等，都可能在试验中产生局部放电或击穿。

图 10-6 为变压器交流耐压的试验电路图，图中 R 用来保护试验变压器，一般按试验电压每伏 $0.1 \sim 0.2\Omega$ 来选择。

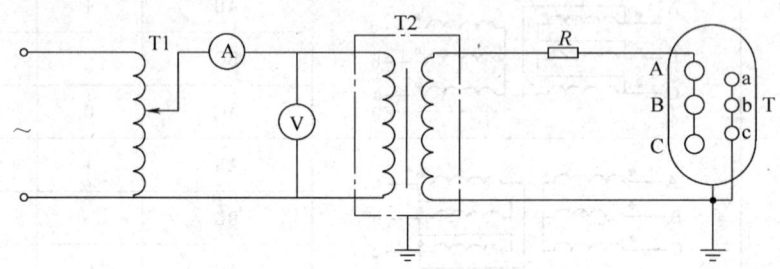

图 10-6 变压器交流耐压试验电路图
T—被试变压器 T1—调压器 T2—试验变压器 R—保护电阻

试验时，合上电源，调节调压器。在试验电压的 40% 以前，电压上升速度不限，但此后应以缓慢的均匀速度升压至要求的耐压试验电压值，并保持 1min。然后匀速降压，大约在 5s 内降至试验电压的 25% 以下时，切断电源。

在试验过程中，应仔细倾听变压器内部的声响。如果在耐压试验期间，仪表指示没有变化，没有击穿放电声，油枕及其排气孔没有表征变压器内部击穿的迹象，则应认为变压器的内部绝缘是满足规定的耐压要求的。

检修后的试验电压值一般按出厂试验电压的 85%。

试验时必须注意：①电源电压应比较稳定；②被试变压器应可靠接地，如图 10-6 所示；③被试变压器注油后要静置 24h 以上才能进行耐压试验；④被试变压器在试验时，其所有气孔均应打开，以便击穿时排除变压器内部产生的气体和油烟。

变压器的其他试验项目可参看有关试验标准和手册，此略。

二、配电装置的检修试验

（一）配电装置的检修

配电装置的检修，也分大修、小修和临时性检修。按《电力工业技术管理法规》规定，配电装置应按下列期限进行大修(内部检修)：

1）高压断路器及其操动机构，每 3 年至少一次；低压断路器及其操作机构，每 2 年至少一次。

2）高压隔离开关的操动机构，每 3 年至少一次。

3）配电装置其他设备的大修期限，按预防性试验和检查结果而定。

以检查操动机构动作和绝缘状况为主的小修，每年至少一次。

高低压断路器在断开 4 次短路故障后要进行临时性检修；但根据运行情况并经有关领导批准，可适当增加此项断开次数。

下面着重介绍 SN10-10 型高压少油断路器的停电内部检修（大修），其一般要求也适用于其他少油断路器。

1. 油箱的检修

油箱最常见的毛病是渗漏油，其原因大多是油封（密封垫圈）问题。如果是密封垫圈老化裂纹或损坏时，应予更换，一般可用耐油橡皮配制。如果油箱有砂眼时，应予补焊。如果外壳脱漆，应按原色补漆。

2. 灭弧室的检修

应采用干净布片擦去残留在灭弧室表面的烟灰和油垢。灭弧室烧伤严重时，应拆下进行清洗和修理。检修完毕后，应装配复原，注意对好各条灭弧沟道和喷口方向（参看图 2-33）。

3. 触头的检修

动触头（导电杆）端部的黄铜触头有轻微烧伤时，可用细锉刀锉平。为保持端面圆滑，可用零号砂布打磨。动触头端部的黄铜触头严重烧伤时，可用车床车光或更换触头。

4. 断路器的整体调整

调整断路器的转轴或拐臂从合闸到分闸的回转角度，使之恢复到原来设计的要求（110°～120°）。

调整动触头的行程，也使之达到原来设计的要求（约 160mm）。

在调整动触头的行程时，应同时进行三相触头合闸同时性的调整。检查断路器三相触头合闸同时性的电路如图 10-7 所示。检查时缓慢地用手操作合闸，观察灯亮是否同时。如果合闸时三灯同时亮，说明三相触头同时接通。如果三灯不同时亮，则应调节动触头的相对位置，直到三相触头基本上同时接触即三灯差不多同时亮为止。

总的来说，断路器的总体调整应使其符合产品规定的技术要求。

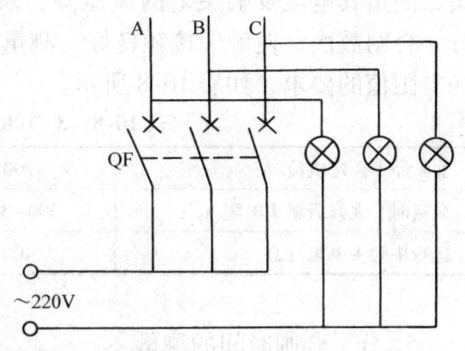

图 10-7 断路器三相合闸同时性试验电路

（二）配电装置的试验

按《电力工业技术管理法规》规定：新建和改建后的配电装置，在投入运行前，应进行下列各项检查和试验。大修后的配电装置，也应进行相应的检查和试验。检查和试验的项目如下：

1) 检查开关设备的各相触头接触的严密性、分合闸的同时性以及操动机构的灵活性和可靠性，测量分合闸所需时间及二次回路的绝缘电阻。按 GB 50150—2006 规定，小母线在断开其所有并联支路时，小母线的绝缘电阻不应小于 10MΩ；二次回路的每一支路和断路器、隔离开关的操动机构的电源回路等的绝缘电阻不应小于 1MΩ，在比较潮湿的场所，可不小于 0.5MΩ。

2) 检查和测量互感器的变比和极性等。

3) 检查母线接头接触的严密性。

4) 充油设备绝缘油的简化试验（参看前表10-6及相关说明）；油量不多的可仅作耐压试验。

5) 绝缘子的绝缘电阻、介质损耗角及多元件绝缘子的电压分布测量；对35kV及以下的绝缘子，可仅作耐压试验。

6) 检查接地装置，必要时测量接地电阻。

7) 检查和试验继电保护装置和过电压保护装置。

8) 检查熔断器及其防护设施。

下面以SN10-10型高压少油断路器为例，介绍高压少油断路器的试验项目。

1. 绝缘拉杆绝缘电阻的测量

采用2500V绝缘电阻表测量。由有机材料制成的绝缘拉杆在常温下的绝缘电阻不应小于1200MΩ（对3~15kV断路器）。

2. 分、合闸线圈和合闸接触器线圈绝缘电阻的测量

亦采用2500V的绝缘电阻表测量，绝缘电阻不应小于10MΩ。

3. 交流耐压试验

在交接时、大修后及每年一次的预防性试验中都要进行交流耐压试验。6~10kV的断路器应分别在分、合闸状态下进行试验。试验的方法与前述变压器的耐压试验相同（参看图10-6）。6kV断路器，试验电压用32kV（1min）；10kV断路器，试验电压用42kV（1min）。

4. 触头接触电阻的测量

在交接时、大修后、每年一次的预防性试验中及故障跳闸4次后，均应对断路器触头进行检查，并测量其接触电阻。触头接触电阻可采用双臂电桥，亦可采用较大直流电流通过触头，测量其电流及触头上的电压降，然后计算出触头的接触电阻值。测量前，应将断路器分、合闸数次，使触头接触良好。测量的结果，应取分散性较小的3次的平均值。对触头接触电阻值的要求，如表10-8所示。

表10-8 3~10kV油断路器触头接触电阻的要求

油断路器额定电流/A	200	400	630	1000
交接时、大修后触头电阻/μΩ	300~350	200~250	100~150	80~100
运行中触头电阻/μΩ	400	300	200	150

5. 分、合闸时间的测量

对于配有远距离分合闸操动机构（如CD10型等）的断路器，应在交接时和每次检修后，利用电气秒表（周波积算器）测量其固有分闸时间和合闸时间，以检查其是否符合断路器出厂的技术要求。所谓固有分闸时间，是指从断路器的跳闸线圈通电时起到断路器触头刚开始分离时止的一段时间。所谓合闸时间，是指从断路器的合闸接触器通电时起到断路器触头刚开始接触时止的一段时间。

图10-8为一种应用广泛的电气秒表（周波积算器）的原理结构和接线图。它的固定部分是一个马蹄形永久磁铁；可动部分是一个绕有电磁线圈的可偏转的电磁铁，置于固定的永久磁铁两极掌之间。

当电气秒表接上工频（50Hz）电压220V或110V时，可动电磁铁两端的极性就要随着外施电压的周波数而交变，从而使之在永久磁铁两极掌之间依外施电压的周波数而往复振动。

振动电磁铁的轴连接着一套齿轮计数机构,用以记录外施电压接通时间的周波数。由于工频电压 1 个周波的时间为 0.02s,因此将记录的周波数乘以 0.02s,即可得到外施电压作用的时间(单位为 s)。

图 10-9 为断路器固有分闸时间的测量电路。测量时,合上双极刀开关 QK(两极应同时接通),跳闸线圈 YR 通电(断路器联锁触点在断路器 QF 合闸时是闭合的),同时电气秒表开始动作,记录周波数(时间)。当断路器 QF 的主触头一分开,电气秒表立即断电停走,由此可测得断路器的固有分闸时间。

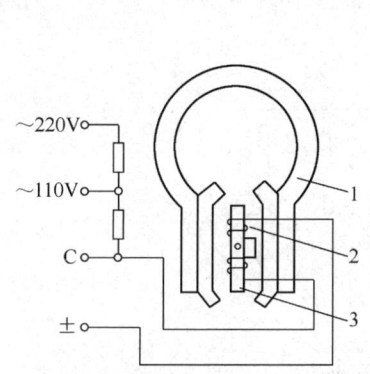

图 10-8 电气秒表(周波积算器)
1—永久磁铁 2—电磁线圈 3—振动电磁铁

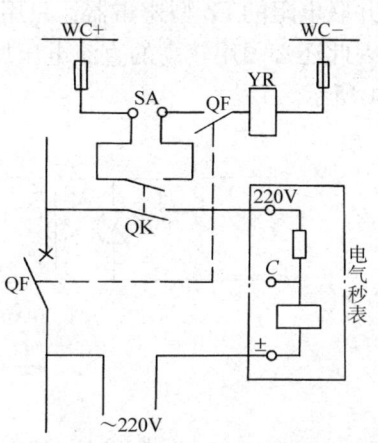

图 10-9 断路器固有分闸时间的测量电路
QF—被测断路器及其联锁触头 YR—断路器跳闸线圈
WC—控制小母线 SA—控制开关 QK—双极刀开关

图 10-10 为断路器合闸时间的测量电路。测量时,合上双极刀开关 QK(两极应同时接通),合闸接触器 KO 通电,同时电气秒表开始动作,记录周波数(时间)。当断路器 QF 的主触头一闭合,电气秒表的电磁线圈立即被短路而停走,由此可测得断路器的合闸时间。

6. 绝缘油的试验

在交接时、每次检修中及运行期间认为有必要时,应进行绝缘油试验。由于少油断路器的油量少,且只作灭弧介质用,因此可只作电气强度(耐压)试验,其方法与变压器油的试验方法相同(参看图 10-2)。

三、避雷器的试验

(一)阀式避雷器的试验

运行中的阀式避雷器的试验项目,有测量绝缘电阻、泄漏电流和工频放电电压等。对解体检修后的避雷器,还应进行密封检查。

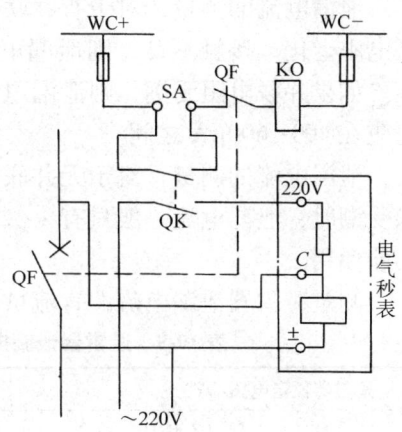

图 10-10 断路器合闸时间的测量电路
KO—合闸接触器(其余符号含义同图 10-9)

1. 绝缘电阻的测量

对 FS 型避雷器,交接时的绝缘电阻不应小于 2500MΩ,运行中的绝缘电阻不应小于 2000MΩ。一般用 2500V 绝缘电阻表测量。测试前应将避雷器表面清擦干净,以保证测量结果的准确性。

对 FZ 型避雷器，由于它带有并联电阻，所以其绝缘电阻的测量要受并联电阻质量的影响。如果并联电阻老化、断裂或接触不良，可使绝缘电阻较之正常值大得多。如果并联电阻完好，但内部受潮时，其绝缘电阻又将明显下降。这种类型避雷器的绝缘电阻值没有明确的要求，因此只有与上一次测量值或与同类型避雷器的绝缘电阻值相比较，不应有明显的差别。

2. 泄漏电流（电导电流）的测量

对于有并联电阻的 FZ 型避雷器，只用绝缘电阻表测量其绝缘电阻，并不能充分了解其内部缺陷，因此还必须用较高的直流电压加于避雷器以测量其泄漏电流。泄漏电流的测量电路如图 10-11 所示。

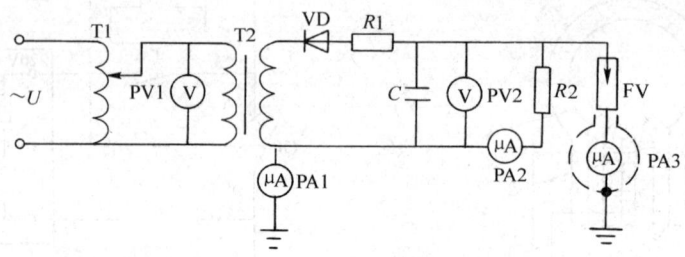

图 10-11　避雷器泄漏电流的测量电路

FV—被测阀式避雷器　T1—调压器　T2—试验变压器　VD—高压二极管
$R1$—保护电阻　$R2$—被测并联电阻　C—稳压电容器（0.1μF）
PV1、PV2—电压表　PA1~PA3—微安表

泄漏电流的测量，对于有并联电阻的 FZ 型避雷器，主要是检查并联电阻状况。如果并联电阻老化，接触不良，则泄漏电流明显减小。如果并联电阻断裂，则泄漏电流将减小到零。如果并联电阻受潮，则泄漏电流明显增大，可达 1mA 以上。并联电阻的泄漏电流正常值应在 400~600μA 之间。

泄漏电流的测量，对于无并联电阻的 FS 型避雷器，主要是检查其内部是否受潮。内部未受潮时，泄漏电流一般只有 1~2μA。如果泄漏电流大于 10μA，则说明其内部受潮严重，不能使用。

测量避雷器泄漏电流的直流试验电压值，按 GB 50150—1991 规定，如表 10-9 所示。

表 10-9　避雷器泄漏电流测量的直流试验电压值（据 GB 50150—1991）

避雷器额定电压/kV		3	6	10	15	20	30
直流试验电压/kV	FZ 型	4	6	10	16	20	24
	FS 型	4	7	11	—	—	—

注：GB 50150—2006 只规定有金属氧化物避雷器的试验项目和要求，因此本表仍采用 GB 50150—1991 的规定，供参考。

3. 工频放电电压的测量

测量避雷器的工频放电电压，目的是检查避雷器的保护性能。如果工频放电电压高于规定的上限值，则表示避雷器的冲击放电电压升高。如果工频放电电压低于规定的下限值，则表示避雷器的灭弧电压降低，避雷器可能在系统内部过电压下误动作。因此，阀式避雷器的工频放电电压应在规定的上下限范围内，才能使被保护的电气设备得到可靠的保护。

测量工频放电电压，是 FS 型避雷器的必试项目，其试验电路如图 10-12 所示。试验电源电压的波形要求为正弦波。为消除高次谐波电压的影响，调压器的电源应取线电压，或在试验变压器一次侧加滤波器。对每一避雷器应作 3 次工频放电试验，并取其平均值作为其工频放电电压，每次试验间隔时间不得小于 1min。FS 型避雷器的工频放电电压应符合表 10-10 要求。

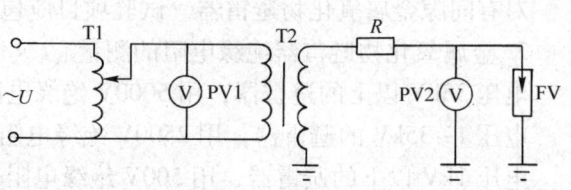

图 10-12 FS 型避雷器工频放电电压测量电路
FV—被试避雷器 T1—调压器 T2—试验变压器
R—保护电阻 PV1、PV2—电压表

表 10-10 FS 型避雷器的工频放电电压范围（据 GB 50150—1991）

避雷器额定电压/kV	3	6	10
放电电压有效值/kV	9~11	16~19	26~31

注：同表 10-10 的注释。

有并联电阻的 FZ 型避雷器可不作此项试验。

（二）排气式避雷器的试验

GX 型排气式避雷器一般只作检查性试验。检查项目如下：

1）用绝缘电阻表测量绝缘电阻，主要检查灭弧管是否受潮。
2）抽出棒形电极，检查灭弧管内部有无堵塞。如有异物应清除干净。
3）检查灭弧管内径，不得大于产品标准值的 140%。
4）检查内部火花间隙，3~10kV 避雷器的内部间隙与产品标准相差不得大于 3mm。
5）检查棒形电极端部有无烧伤。如烧伤不严重，可用细锉修磨。如烧伤严重，则应予更换。
6）检查灭弧管内外管壁有无破损，表面漆层有无脱落，棒形电极是否碰到管壁。
7）检查外部火花间隙是否符合要求。
8）检查连接部分有无松动情况。
9）检查其排气范围内有无导体及其他物体。

对 GSW 型无续流排气式避雷器还应进行工频耐压试验：6kV 的 GSW-6 型，试验电压为 12kV；10kV 的 GSW-10 型，试验电压为 18kV。

（三）金属氧化物避雷器的试验

1. 金属氧化物避雷器的试验项目

金属氧化物避雷器的试验项目，按 GB 50150—2006 规定，应包括下列内容：

1）测量避雷器及基座的绝缘电阻。
2）测量避雷器的工频参考电压和持续电流。
3）测量避雷器的直流参考电压和 0.75 倍直流参考电压下的泄漏电流。
4）检查放电计数器动作情况及监视电流表指示。

5) 工频放电电压试验。

对无间隙金属氧化物避雷器，试验项目应包括以上 1)、2)、3)、4) 项的内容，其中 2)、3) 两项可选做一项。

对有间隙金属氧化物避雷器，试验项目应包括以上 1)、5) 两项内容。

2. 金属氧化物避雷器绝缘电阻的测量

电压 35kV 以上的避雷器，用 5000V 绝缘电阻表测量，绝缘电阻不应小于 2500MΩ。

电压 1~35kV 的避雷器，用 2500V 绝缘电阻表测量，绝缘电阻不应小于 1000MΩ。

电压 1kV 以下的避雷器，用 500V 绝缘电阻表测量，绝缘电阻不应小于 2MΩ。

避雷器基座的绝缘电阻，用相应避雷器所用的绝缘电阻表测量，绝缘电阻均不应小于 5MΩ。

金属氧化物避雷器的其他试验项目要求，应遵循 GB 50150—2006 规定，此略。

四、接地装置的试验

这里主要介绍接地装置接地电阻的测量。

1. 间接法测量接地电阻

间接法是指用电压表、电流表和功率表来间接测量接地电阻，测量电路如图 10-13 所示。其中电压极和电流极是测量用的辅助电极。电压极、电流极与接地体（接地极）之间的布置方案有直线布置和等腰三角形布置两种，如图 10-14 所示。

（1）直线布置（见图 10-14a） 取 $s_{13} \geqslant (2~3)D$，这里 D 为被测接地网的对角线长度；而取 $s_{12} \approx 0.6 s_{13}$（理论上 $s_{12} = 0.618 s_{13}$）。

（2）等腰三角形布置（见图 10-14b） 取 $s_{12} = s_{13} \geqslant 2D$，夹角 $\alpha \approx 30°$。

图 10-13 所示接地电阻测量电路加上电源后，同时读取电压 U、电流 I 和功率 P 值后，即可由下式计算出接地装置的接地电阻：

$$R_E = \frac{U}{I} \quad (10\text{-}7)$$

或

$$R_E = \frac{P}{I^2} = \frac{U^2}{P} \quad (10\text{-}8)$$

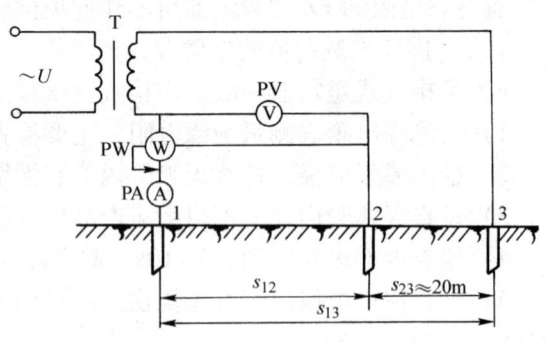

图 10-13 间接法测量接地电阻的电路
1—被测接地体　2—电压极　3—电流极
T—试验变压器　PV—电压表
PA—电流表　PW—功率表

2. 直接法测量接地电阻

直接法就是采用接地电阻测试仪（俗称"接地电阻摇表"）直接进行测量，其测量电路如图 10-15 所示。几个电极的布置方案仍如图 10-14a、b 所示。

摇测时，先将测试仪的"倍率标尺"开关置于较大倍率档。然后慢慢摇动测试仪的摇柄，同时调整"测量标度盘"，使指针归零（中线）。接着加快转速到 120r/min，并同时调整"测量标度盘"，使指针指示表盘中线。这时"测量标度盘"所指示的数值乘以"倍率标尺"的数值，即得接地装置的接地电阻值。

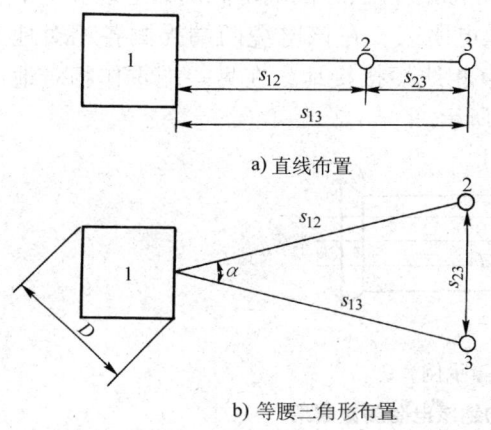
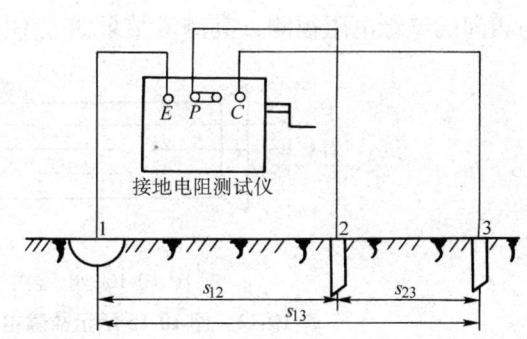

图 10-14 接地电阻测量的电极布置方案
1—接地网(含接地体) 2—电压极 3—电流极

图 10-15 直接法测量接地电阻的电路
1—被测接地体 2—电压极 3—电流极

第四节 供配电线路的检修试验

一、供配电线路的检修

供配电线路的检修,分停电检修和不停电(即带电)检修两种。不停电检修对保证供配电系统的连续供电、减少停电损失有很大意义,但对一般用户的供配电线路来说,主要还是采用停电检修。范围较小的短时间的停电检修,例如检修低压配电分支线,在不影响重要负荷用电的情况下,可随时通知用户停电进行。范围较大、时间较长的停电检修,例如检修高压线路或低压配电干线,则应按《供电营业规则》规定,提前通知用户,而且尽量安排在节假日进行,以减少停电造成的损失。

(一)架空线路的检修

对架空线路,如果发现缺陷时,其检修要求如表 10-11 所示。

表 10-11 导线缺陷的检修要求

导线类型	钢芯铝绞线	单一金属线	处 理 办 法
导线缺陷	磨损	磨损	不作处理
	铝线 7% 以下断股	截面 7% 以下断股	缠绕
	铝线 7%~25% 断股	截面 7%~17% 断股	补修
	铝线 25% 以上断股	截面 17% 以上断股	锯断重接

对架空线路电杆,如果电杆受损使其断面缩减至 50% 以下时,应立即补修或加绑桩;损坏更严重时,应予换杆。

(二)电缆线路的检修

电缆线路的故障,大多发生在电缆的中间接头和终端头,而且常见的毛病是漏油溢胶(当采用油浸纸绝缘电缆时)。如果电缆头漏油溢胶严重或者放电时,应立即停电检修,通常是重作电缆头。

电缆线路出现故障,一般须借助一定的测量仪器和测量方法才能确定。例如电缆发生了图 10-16 所示的故障,外观无法检查,只有借助绝缘电阻表,在该电缆两端摇测各相对地(电缆外皮)及相与相之间的绝缘电阻,并将一端所有相线短接接地,在另一端重作相对地及相与相间的绝缘电阻摇测,其测量结果如表 10-12 所示。

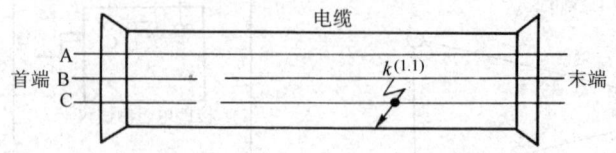

图 10-16 电缆内部故障示例

表 10-12 图 10-16 所示故障电缆的绝缘电阻测量结果

测量顺序	电缆绝缘电阻/MΩ					
	相-地			相-相		
	A	B	C	A—B	B—C	C—A
在首端测量	∞	∞	∞	∞	∞	∞
在末端测量	∞	0	0	∞	0	∞
末端短接接地,在首端测量	0	∞	∞	∞	∞	∞

注:表中 ∞ 值在实测中可为几百或几千兆欧。表中 0 值在实测中可为几千或几万欧。

通过对表 10-13 的测量结果进行分析,可得如下结论:此电缆发生了两相断线又对地(外皮)击穿的故障,如图 10-16 所示。

在确定了电缆故障性质以后,接着就要设法探测故障地点,以便检修。

探测电缆故障点的方法,按所利用的故障点绝缘电阻的高低来分,有低阻法和高阻法两大类。

采用低阻法探测电缆故障点,一般要经过烧穿、粗测和定点三道程序。

1. 烧穿

由于电缆内部的绝缘层较厚,往往在电缆内发生闪络性短路或接地故障后,故障点的绝缘水平能得到一定程度的恢复而呈高阻状态,绝缘电阻可达 0.1MΩ 以上。因此,采用低阻法探测故障点时,必须先将故障点的绝缘用高电压予以烧穿,使之变为低阻。加在故障电缆芯线上的高电压,一般为电缆额定电压的 4~5 倍,略低于电缆的直流耐压试验电压(直流耐压试验电压为电缆额定电压的 5~6 倍)。用于电缆故障点"烧穿"的高压电路,可采用后面图 10-19 的电路。

2. 粗测

粗测就是粗略地测定电缆故障点的大致线段。

对于芯线未断而有一相或多相短路或接地故障的电缆,可采用直流单臂电桥(回路法)来粗测故障点的位置,接线如图 10-17 所示。这里利用一根完好芯线(B 相)作为桥接线的回路。如果电缆无完好芯线时,则另接一根绝缘导线作为桥接线的回路。

当电桥平衡时,$R_1:R_2=R_3:R_4$,或 $(R_1+R_2):R_2=(R_3+R_4):R_4$。设电缆全长为 l,电缆首端至故障点距离为 d,则 $(R_3+R_4):R_4=2l:d$,因此 $(R_1+R_2):R_2=2l:d$。由此可

求得电缆首端至故障点的大致距离为

$$d = 2l \frac{R2}{R1+R2} \quad (10\text{-}9)$$

必须注意：为了提高测量的准确度，测量时应将电流计直接接在被测电缆的一端，以减小电桥与电缆间的接线电阻和接触电阻的影响；同时电缆另一端的短接线截面也应不小于电缆芯线的截面积。

对于芯线折断及可能兼有绝缘损坏的故障电缆，则应利用电缆的电容与其长度成正比的关系，采用交流电桥来测量电缆的电容（电容法），以粗测电缆的故障点。

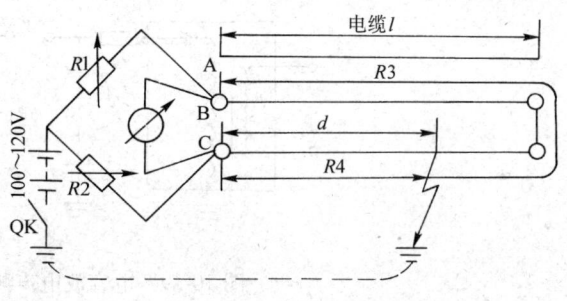

图 10-17　用单臂电桥粗测电缆故障点（回路法）

3. 定点

定点就是比较精确地确定电缆的故障点。通常采用音频感应法或电容放电声测法。

（1）采用音频感应法定点　接线如图 10-18 所示。将低压音频信号发生器（输出电压为 5~30V）接在电缆的一端，然后利用探测用感应线圈、接收放大器和耳机，沿电缆线路进行探测。音频信号电流沿电缆的故障芯线经故障点形成一个回路，使得探测线圈内感应出音频信号电流，经过放大，传送到耳机中去。探测人员可根据耳机内音响的改变，来确定电缆的故障点。探测人员一离开故障点，耳机内的音响将急剧降低乃至消失，由此可测定电缆的故障点。

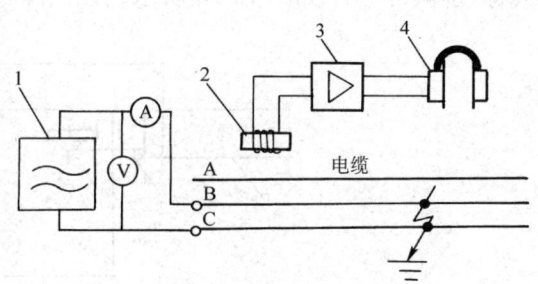

图 10-18　音频感应法探测电缆故障点
1—音频信号发生器　2—探测线圈
3—接收放大器　4—耳机

（2）采用电容放电声测法定点　接线如图 10-19 所示。利用高压整流设备使电容器组充电。电容器组充电到一定电压后，放电间隙就被击穿，此时电容器组对故障点放电，使故障点发出"pa"的火花放电声。电容器组放电后，接着又被充电。电容器组充电到一定电压后，放电间隙又被击穿，电容器组又对故障点放电，使故障点再次发出"pa"的火花放电声。因此利用探听棒或拾音器沿电缆线路侦听时，在故障点能够特别清晰地听到断续性的"pa-pa-pa"的火花放电声，由此可确定电缆的故障点。图 10-19 的电路也适用于电缆故障点的"烧穿"。

二、供配电线路的试验

供配电线路最常用的试验项目，是绝缘电阻的测量和定相。

1. 绝缘电阻的测量

绝缘电阻的测量，目的在于检查绝缘导线和电缆的绝缘是否完好，有无接地或相间短路故障。

绝缘电阻测量，是利用绝缘电阻表，其注意事项如下：

1）高压线路一般采用 2500V 绝缘电阻表测量，低压线路采用 1000V 绝缘电阻表测量。

2）在用绝缘电阻表摇测线路绝缘电阻之前，应仔细检查沿线有无外物搭接，是否有人

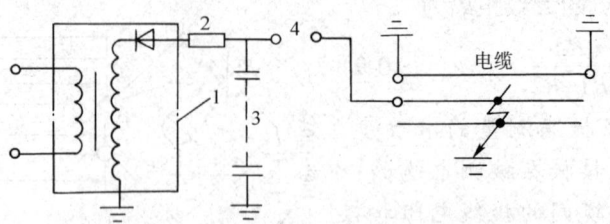

图 10-19 电容放电声测法探测电缆故障点
1—高压整流设备 2—保护电阻 3—电容器组 4—放电球间隙

在线路上工作，负荷和电源是否全部断开。只有线路上无外物搭接、无人在线路上工作且负荷和电源全部断开的情况下，才能摇测线路绝缘电阻。

3）雷雨时不得摇测室外线路的绝缘电阻，以免雷电过电压伤人。

4）摇测电缆和绝缘导线的绝缘电阻时，应将其绝缘层接到绝缘电阻表的"保护环"（或称"屏蔽环"），如图 10-20 所示，以消除其表面漏电电流的影响。

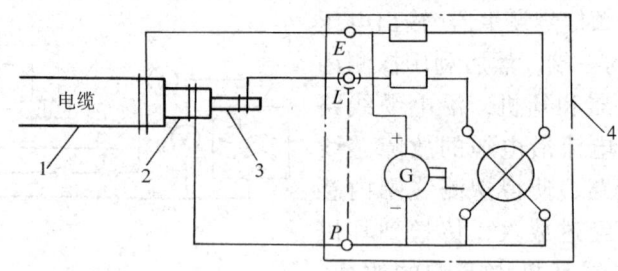

图 10-20 用绝缘电阻表测量电缆的绝缘电阻
1—电缆外皮 2—电缆绝缘层 3—电缆芯线 4—绝缘电阻表
E—接地端子 L—线路端子 P—保护端子

5）为避免线路的充电电压损坏绝缘电阻表，摇测完毕后，应先取下相线，再停止摇动；并应立即使线路短路放电，以免线路的充电电压伤人。

2. 三相线路的定相

定相就是测定三相线路的相序和核对相位。新安装或改装后的线路投入运行以及双回路要并列运行前，均需经过定相，以免相序和相位有错，投入运行时造成短路或环流而损坏设备。

（1）测定相序 测定三相线路的相序，可采用电容式或电感式指示灯相序表。

电容式指示灯相序表的原理接线如图 10-21a 所示。A 相电容 C 的容抗与 B、C 两相灯泡的阻值相等。此相序表接上待测的三相线路的电源后，灯亮的那一相为 B 相，而灯暗的那一相为 C 相。⊖

电感式指示灯相序表的原理接线如图 10-21b 所示。A 相电感 L 的感抗与 B、C 两相灯泡的阻值相等。此相序表接上待测的三相线路的电源后，灯暗的那一相为 B 相，而灯亮的那

⊖ 其理论证明参看《电工基础》或《电路原理》。

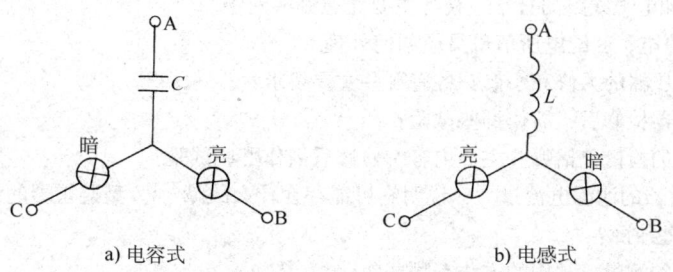

a) 电容式　　　　　　　　b) 电感式

图 10-21　指示灯相序表的原理接线

一相为 C 相。[⊖]

（2）核对相位　这里介绍常用的绝缘电阻表法和指示灯法。

绝缘电阻表法核对相位的接线如图 10-22a 所示。线路首端接绝缘电阻表，表的 L 端接线路，E 端接地。线路末端逐相接地。如果绝缘电阻表指零，则说明末端接地的那一相与首端测量的那一相属同一相。如此三相轮换测试，即可确定线路首端与末端各自对应的相位。

指示灯法核对相位的接线如图 10-22b 所示。线路首端接指示灯，末端逐相接地。如果线路接上电源时，指示灯亮，则说明末端接地的相线与首端接指示灯的相线属同一相。如此三相轮换测试，亦可确定线路两端各自对应的相位。

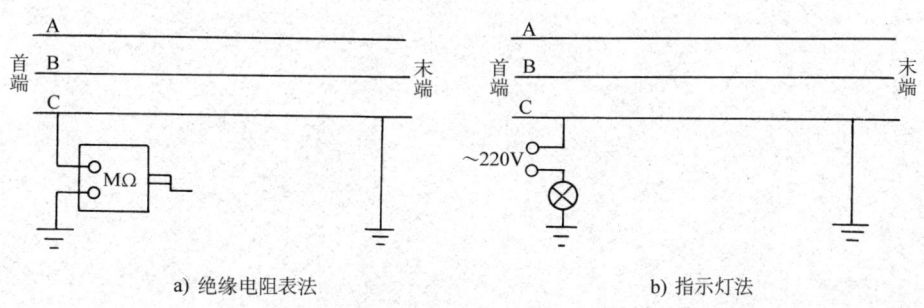

a) 绝缘电阻表法　　　　　　　　b) 指示灯法

图 10-22　核对线路两端相位的接线

复习思考题

10-1　供配电工程的设计与施工须遵循哪些原则？为什么强调供电企业的审核与监督检查？

10-2　什么叫扩大初步设计？什么叫施工设计？供配电系统设计须遵循哪些原则？

10-3　按 GB 50096—2011《住宅设计规范》规定，住宅供配电系统设计应符合哪些基本安全要求？

10-4　变配电所值班员有哪些基本职责？雷雨天巡查室外高压设备时应注意些什么？

10-5　变配电所送电和停电的操作一般情况下应是怎样的程序？在紧急情况下又该如何送电和停电操作？

10-6　电力变压器日常巡视时主要注意哪些问题？

10-7　配电装置日常巡视时主要注意哪些问题？

⊖　其理论证明参看《电工基础》或《电路原理》。

10-8　架空线路和电缆线路的日常巡视各主要注意哪些问题？

10-9　如果突然停电，变配电所值班员应如何处理？

10-10　什么叫变压器的大修和小修？各有哪些主要要求？

10-11　电力变压器检修后，需作哪些试验？

10-12　油断路器的检修包括哪些主要内容？检修后需作哪些试验？

10-13　FS 型避雷器的泄漏电流过大，说明它可能存在什么故障？FZ 型避雷器的泄漏电流过大或过小，说明它又可能存在哪些故障？

10-14　接地电阻的测量，常用的方法有哪些？

10-15　如何用低阻法来探测电缆的故障点？

10-16　用绝缘电阻表摇测电缆或绝缘导线线路的绝缘电阻时，应注意哪些问题？

10-17　如何测定三相线路的相序？如何核对线路两端的相位？

附 录

附表1 S9系列和SC9系列电力变压器的主要技术数据

1. 10kV级S9系列油浸式铜线电力变压器的主要技术数据

型号	额定容量 /kVA	额定电压/kV 一次	二次	联结组标号	损耗/W 空载	损耗/W 负载	空载电流（%）	阻抗电压（%）
S9-30/10(6)	30	11, 10.5, 10, 6.3, 6	0.4	Yyn0	130	600	2.1	4
S9-50/10(6)	50	11, 10.5, 10, 6.3, 6	0.4	Yyn0	170	870	2.0	4
				Dyn11	175	870	4.5	4
S9-63/10(6)	63	11, 10.5, 10, 6.3, 6	0.4	Yyn0	200	1040	1.9	4
				Dyn11	210	1030	4.5	4
S9-80/10(6)	80	11, 10.5, 10, 6.3, 6	0.4	Yyn0	240	1250	1.8	4
				Dyn11	250	1240	4.5	4
S9-100/10(6)	100	11, 10.5, 10, 6.3, 6	0.4	Yyn0	290	1500	1.6	4
				Dyn11	300	1470	4.0	4
S9-125/10(6)	125	11, 10.5, 10, 6.3, 6	0.4	Yyn0	340	1800	1.5	4
				Dyn11	360	1720	4.0	4
S9-160/10(6)	160	11, 10.5, 10, 6.3, 6	0.4	Yyn0	400	2200	1.4	4
				Dyn11	430	2100	3.5	4
S9-200/10(6)	200	11, 10.5, 10, 6.3, 6	0.4	Yyn0	480	2600	1.3	4
				Dyn11	500	2500	3.5	4
S9-250/10(6)	250	11, 10.5, 10, 6.3, 6	0.4	Yyn0	560	3050	1.2	4
				Dyn11	600	2900	3.0	4
S9-315/10(6)	315	11, 10.5, 10, 6.3, 6	0.4	Yyn0	670	3650	1.1	4
				Dyn11	720	3450	3.0	4
S9-400/10(6)	400	11, 10.5, 10, 6.3, 6	0.4	Yyn0	800	4300	1.0	4
				Dyn11	870	4200	3.0	4
S9-500/10(6)	500	11, 10.5, 10, 6.3, 6	0.4	Yyn0	960	5100	1.0	4
				Dyn11	1030	4950	3.0	4
		11, 10.5, 10	6.3	Yd11	1030	4950	1.5	4.5
S9-630/10(6)	630	11, 10.5, 10, 6.3, 6	0.4	Yyn0	1200	6200	0.9	4.5
				Dyn11	1300	5800	3.0	5
		11, 10.5, 10	6.3	Yd11	1200	6200	1.5	4.5
S9-800/10(6)	800	11, 10.5, 10, 6.3, 6	0.4	Yyn0	1400	7500	0.8	4.5
				Dyn11	1400	7500	2.5	5
		11, 10.5, 10	6.3	Yd11	1400	7500	1.4	5.5

（续）

型号	额定容量/kVA	额定电压/kV		联结组标号	损耗/W		空载电流(%)	阻抗电压(%)
		一次	二次		空载	负载		
S9-1000/10(6)	1000	11, 10.5, 10, 6.3, 6	0.4	Yyn0	1700	10300	0.7	4.5
				Dyn11	1700	9200	1.7	5
		11, 10.5, 10	6.3	Yd11	1700	9200	1.4	5.5
S9-1250/10(6)	1250	11, 10.5, 10, 6.3, 6	0.4	Yyn0	1950	12000	0.6	4.5
				Dyn11	2000	11000	2.5	5
		11, 10.5, 10	6.3	Yd11	1950	12000	1.3	5.5
S9-1600/10(6)	1600	11, 10.5, 10, 6.3, 6	0.4	Yyn0	2400	14500	0.6	4.5
				Dyn11	2400	14000	2.5	6
		11, 10.5, 10	6.3	Yd11	2400	14500	1.3	5.5
S9-2000/10(6)	2000	11, 10.5, 10, 6.3, 6	0.4	Yyn0	3000	18000	0.8	6
				Dyn11	3000	18000	0.8	6
		11, 10.5, 10	6.3	Yd11	3000	18000	1.2	6
S9-2500/10(6)	2500	11, 10.5, 10, 6.3, 6	0.4	Yyn0	3500	25000	0.8	6
				Dyn11	3500	25000	0.8	6
		11, 10.5, 10	6.3	Yd11	3500	19000	1.2	5.5
S9-3150/10(6)	3150	11, 10.5, 10	6.3	Yd11	4100	23000	1.0	5.5
S9-4000/10(6)	4000	11, 10.5, 10	6.3	Yd11	5000	26000	1.0	5.5
S9-5000/10(6)	5000	11, 10.5, 10	6.3	Yd11	6000	30000	0.9	5.5
S9-6300/10(6)	6300	11, 10.5, 10	6.3	Yd11	7000	35000	0.9	5.5

2. 10kV 级 SC9 系列树脂浇注干式铜线电力变压器的主要技术数据

型号	额定容量/kVA	额定电压/kV		联结组标号	损耗/W		空载电流(%)	阻抗电压(%)
		一次	二次		空载	负载		
SC9-200/10	200	10	0.4	Yyn0 Dyn11	480	2670	1.2	4
SC9-250/10	250	10	0.4	Yyn0 Dyn11	550	2910	1.2	4
SC9-315/10	315	10	0.4	Yyn0 Dyn11	650	3200	1.2	4
SC9-400/10	400	10	0.4	Yyn0 Dyn11	750	3690	1.0	4
SC9-500/10	500	10	0.4	Yyn0 Dyn11	900	4500	1.0	4
SC9-630/10	630	10	0.4	Yyn0 Dyn11	1100	5420	0.9	4
SC9-630/10	630	10	0.4	Yyn0 Dyn11	1050	5500	0.9	6
SC9-800/10	800	10	0.4	Yyn0 Dyn11	1200	6430	0.9	6
SC9-1000/10	1000	10	0.4	Yyn0 Dyn11	1400	7510	0.8	6
SC9-1250/10	1250	10	0.4	Yyn0 Dyn11	1650	8960	0.8	6
SC9-1600/10	1600	10	0.4	Yyn0 Dyn11	1980	10850	0.7	6
SC9-2000/10	2000	10	0.4	Yyn0 Dyn11	2380	13360	0.6	6
SC9-2500/10	2500	10	0.4	Yyn0 Dyn11	2850	15880	0.6	6

附表 2 部分高压断路器的主要技术数据

类别	型号	额定电压/kV	额定电流/A	开断电流/kA	断流容量/MVA	动稳定电流峰值/kA	热稳定电流/kA	固有分闸时间/s≤	合闸时间/s≤	配用操动机构型号
少油户外	SW2-35/1000	35 (40.5)	1000	16.5	1000	45	16.5(4s)	0.06	0.4	CT2-XG
	SW2-35/1500		1500	24.8	1500	63.4	24.8(4s)			
少油户内	SN10-35 I	35 (40.5)	1000	16	1000	45	16(4s)	0.06	0.2	CT10
	SN10-35 II		1250	20	1200	50	20(4s)		0.25	CT10 IV
	SN10-10 I	10 (12)	630	16	300	40	16(4s)	0.06	0.15	CT7、8
			1000	16	300	40	16(4s)		0.2	CD10 I
	SN10-10 II		1000	31.5	500	80	31.5(2s)	0.06	0.2	CD10 I、II
			1250	40	750	125	40(2s)			
	SN10-10 III		2000	40	750	125	40(4s)	0.07	0.2	CD10 III
			3000	40	750	125	40(4s)			
真空户内	ZN23-40.5	40.5	1600	25		63	25(4s)	0.06	0.075	CT12
	ZN3-10 I	10 (12)	630	8		20	8(4s)	0.07	0.15	CD10 等
	ZN3-10 II		1000	20		50	20(2s)	0.05	0.10	
	ZN4-10/1000		1000	17.3		44	17.3(4s)	0.05	0.2	CD10 等
	ZN4-10/1250		1250	20		50	20(4s)			
	ZN5-10/630		630	20		50	20(2s)	0.05	0.1	专用 CD 型
	ZN5-10/1000		1000	20		50	20(2s)			
	ZN5-10/1250		1250	25		63	25(2s)			
	ZN12-12/$\frac{1250}{2000}$-25		1250 2000	25		63	25(4s)	0.06	0.1	CT8 等
	ZN12-12/1250~3150-$\frac{31.5}{40}$		1250 2000 2500 3150	31.5 40		80, 100	31.5(4s) 40(4s)			
	ZN24-12/1250-20		1250	20		50	20(4s)	0.06	0.1	CT8 等
	ZN24-12/$\frac{1250}{2000}$-31.5		1250 2000	31.5		80	31.5(4s)			
六氟化硫(SF$_6$)户内	LN2-35 I	35 (40.5)	1250	16		40	16(4s)	0.06	0.15	CT12 II
	LN2-35 II		1250	25		63	25(4s)			
	LN2-35 III		1600	25		63	25(4s)			
	LN2-10	10 (12)	1250	25		63	25(4s)	0.06	0.15	CT12 I CT8 I

附表3　部分万能式低压断路器的主要技术数据

型　号	脱扣器额定电流/A	长延时动作整定电流/A	短延时动作整定电流/A	瞬时动作整定电流/A	单相接地短路动作电流/A	分断能力 电流/kA	分断能力 cosφ
DW15-200	100	64~100	300~1000	300~1000 800~2000	—	20	0.35
DW15-200	150	98~150	—	—	—	20	0.35
DW15-200	200	128~200	600~2000	600~2000 1600~4000	—	20	0.35
DW15-400	200	128~200	600~2000	600~2000 1600~4000	—	25	0.35
DW15-400	300	192~300	—	—	—	25	0.35
DW15-400	400	256~400	1200~4000	3200~8000	—	25	0.35
DW15-600(630)	300	192~300	900~3000	900~3000 1400~6000	—	30	0.35
DW15-600(630)	400	256~400	1200~4000	1200~4000 3200~8000	—	30	0.35
DW15-600(630)	600	384~600	1800~6000	—	—	30	0.35
DW15-1000	600	420~600	1800~6000	6000~12000	—	40(短延时)30	0.35
DW15-1000	800	560~800	2400~8000	8000~16000	—	40(短延时)30	0.35
DW15-1000	1000	700~1000	3000~10000	10000~20000	—	40(短延时)30	0.35
DW15-1500	1500	1050~1500	4500~15000	15000~30000	—	40(短延时)30	0.35
DW15-2500	1500	1050~1500	4500~9000	10500~21000	—	60(短延时)40	0.2(短延时)0.25
DW15-2500	2000	1400~2000	6000~12000	14000~28000	—	60(短延时)40	0.2(短延时)0.25
DW15-2500	2500	1750~2500	7500~15000	17500~35000	—	60(短延时)40	0.2(短延时)0.25
DW15-4000	2500	1750~2500	7500~15000	17500~35000	—	80(短延时)60	0.2
DW15-4000	3000	2100~3000	9000~18000	21000~42000	—	80(短延时)60	0.2
DW15-4000	4000	2800~4000	12000~24000	28000~56000	—	80(短延时)60	0.2
DW16-630	100	64~100	—	300~600	50	30(380V) 20(660V)	0.25(380V) 0.3(660V)
DW16-630	160	102~160	—	480~960	80	30(380V) 20(660V)	0.25(380V) 0.3(660V)
DW16-630	200	128~200	—	600~1200	100	30(380V) 20(660V)	0.25(380V) 0.3(660V)
DW16-630	250	160~250	—	750~1500	125	30(380V) 20(660V)	0.25(380V) 0.3(660V)
DW16-630	315	202~315	—	945~1890	158	30(380V) 20(660V)	0.25(380V) 0.3(660V)
DW16-630	400	256~400	—	1200~2400	200	30(380V) 20(660V)	0.25(380V) 0.3(660V)
DW16-630	630	403~630	—	1890~3780	315	30(380V) 20(660V)	0.25(380V) 0.3(660V)

(续)

型号	脱扣器额定电流/A	长延时动作整定电流/A	短延时动作整定电流/A	瞬时动作整定电流/A	单相接地短路动作电流/A	分断能力 电流/kA	分断能力 cosφ
DW16-2000	800	512~800	—	2400~4800	400	50	—
	1000	640~1000		3000~6000	500		
	1600	1024~1600		4800~9600	800		
	2000	1280~2000		6000~12000	1000		
DW16-4000	2500	1400~2500	—	7500~15000	1250	80	—
	3200	2048~3200		9600~19200	1600		
	4000	2560~4000		12000~24000	2000		
DW17-630 (ME630)	630	200~400 350~630	3000~5000 5000~8000	1000~2000 1500~3000 2000~4000 4000~8000	—	50	0.25
DW17-800 (ME800)	800	200~400 350~630 500~800	3000~5000 5000~8000	1500~3000 2000~4000 4000~8000	—	50	0.25
DW17-1000 (ME1000)	1000	350~630 500~1000	3000~5000 5000~8000	1500~3000 2000~4000 4000~8000	—	50	0.25
DW17-1250 (ME1250)	1250	500~1000 750~1250	3000~5000 5000~8000	2000~4000 4000~8000	—	50	0.25
DW17-1600 (ME1600)	1600	500~1000 900~1600	3000~5000 5000~8000	4000~8000	—	50	0.25
DW17-2000 (ME2000)	2000	500~1000 1000~2000	5000~8000 7000~12000	4000~8000 6000~12000	—	80	0.2
DW17-2500 (ME2500)	2500	1500~2500	7000~12000 8000~12000	6000~12000	—	80	0.2
DW17-3200 (ME3200)	3200	—	—	8000~16000	—	80	0.2
DW17-4000 (ME4000)	4000	—	—	10000~20000	—	80	0.2

注：表中低压断路器的额定电压：DW15，直流 220V，交流 380V、660V、1140V；DW16，交流 400、660V；DW17 (ME)，交流 380~660V。

附表 4 　RM10 型低压熔断器的主要技术数据和保护特性曲线

1. 主要技术数据

型　号	熔管额定电压 /A	额定电流/A		最大分断能力	
		熔　管	熔　体	电流/kA	$\cos\varphi$
RM10-15	交流 220，380，500 直流 220，440	15	6，10，15	1.2	0.8
RM10-60		60	15，20，25，35，45，60	3.5	0.7
RM10-100		100	60，80，100	10	0.35
RM10-200		200	100，125，160，200	10	0.35
RM10-350		350	200，225，260，300，350	10	0.35
RM10-600		600	350，430，500，600	10	0.35

2. 保护特性曲线

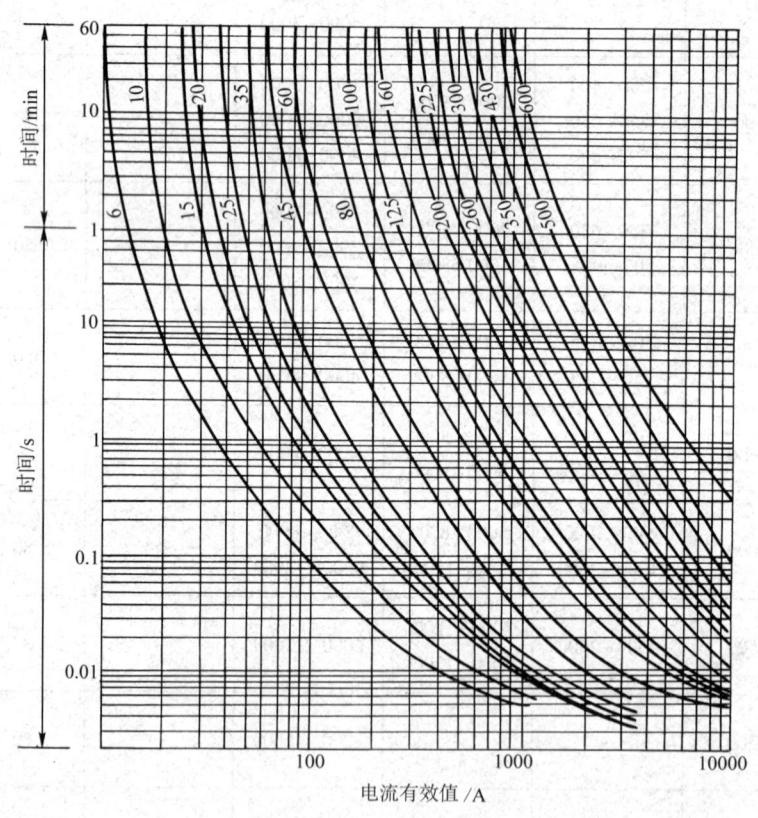

附表 5　RT0 型低压熔断器的主要技术数据和保护特性曲线

1. 主要技术数据

型　号	熔管额定电压 /V	额定电流/A		最大分断电流/kA
		熔管	熔体	
RT0-100	交流 380 直流 440	100	30，40，50，60，80，100	50 ($\cos\varphi = 0.1 \sim 0.2$)
RT0-200		200	(80,100)，120，150，200	
RT0-400		400	(150,200)，250，300，350，400	
RT0-600		600	(350,400)，450，500，550，600	
RT0-1000		1000	700，800，900，1000	

2. 保护特性曲线

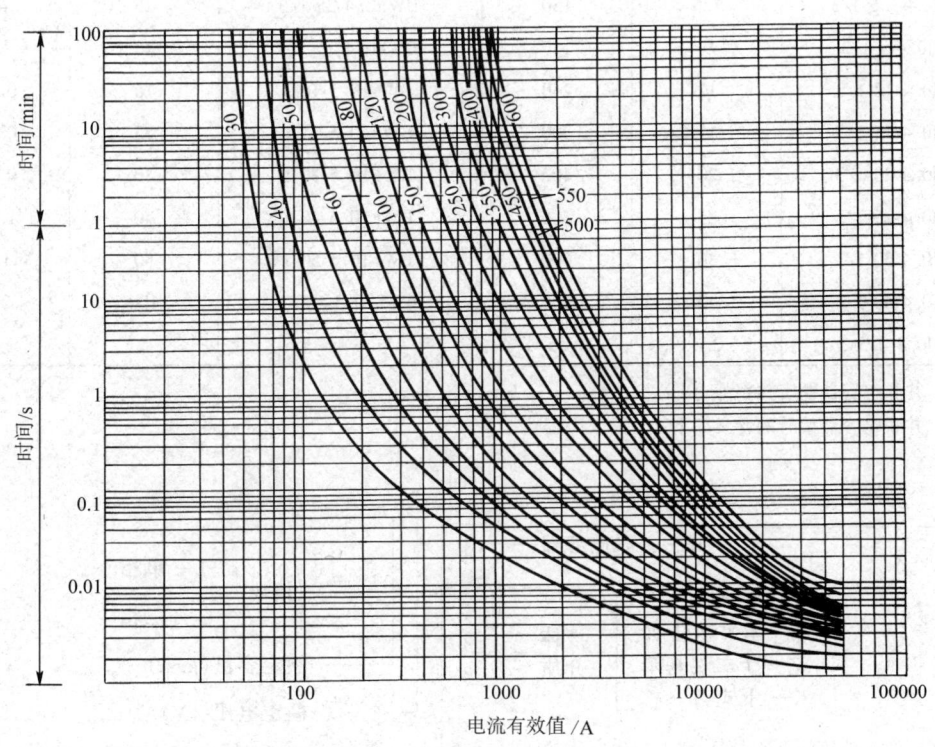

注：表中括号内的熔体电流尽量不采用。

附表6 部分并联电容器的主要技术数据

型 号	额定容量/kvar	额定电容/μF	型 号	额定容量/kvar	额定电容/μF
BCMJ0.4-4-3	4	80	BGMJ0.4-3.3-3	3.3	66
BCMJ0.4-5-3	5	100	BGMJ0.4-5-3	5	99
BCMJ0.4-8-3	8	160	BGMJ0.4-10-3	10	198
BCMJ0.4-10-3	10	200	BGMJ0.4-12-3	12	230
BCMJ0.4-15-3	15	300	BGMJ0.4-15-3	15	298
BCMJ0.4-20-3	20	400	BGMJ0.4-20-3	20	398
BCMJ0.4-25-3	25	500	BGMJ0.4-25-3	25	498
BCMJ0.4-30-3	30	600	BGMJ0.4-30-3	30	598
BCMJ0.4-40-3	40	800	BWF0.4-14-1/3	14	279
BCMJ0.4-50-3	50	1000	BWF0.4-16-1/3	16	318
BKMJ0.4-6-1/3	6	120	BWF0.4-20-1/3	20	398
BKMJ0.4-7.5-1/3	7.5	150	BWF0.4-25-1/3	25	498
BKMJ0.4-9-1/3	9	180	BWF0.4-75-1/3	75	1500
BKMJ0.4-12-1/3	12	240	BWF10.5-16-1	16	0.462
BKMJ0.4-15-1/3	15	300	BWF10.5-25-1	25	0.722
BKMJ0.4-20-1/3	20	400	BWF10.5-30-1	30	0.866
BKMJ0.4-25-1/3	25	500	BWF10.5-40-1	40	1.155
BKMJ0.4-30-1/3	30	600	BWF10.5-50-1	50	1.44
BKMJ0.4-40-1/3	40	800	BWF10.5-100-1	100	2.89
BGMJ0.4-2.5-3	2.5	55			

注：1. 并联电容器额定频率为50Hz。
    2. 并联电容器型号的含义如下：

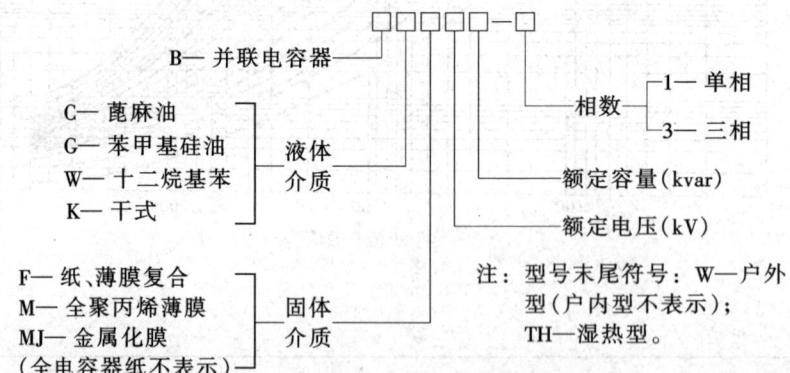

附表7　并联电容器的无功补偿率 Δq_C

补偿前的功率因数 $\cos\varphi_1$	补偿后的功率因数 $\cos\varphi_2$								
	0.85	0.86	0.88	0.90	0.92	0.94	0.96	0.98	1.00
0.60	0.71	0.74	0.79	0.85	0.91	0.97	1.04	1.13	1.33
0.62	0.65	0.67	0.73	0.78	0.84	0.90	0.98	1.06	1.27
0.64	0.58	0.61	0.66	0.72	0.77	0.84	0.91	1.00	1.20
0.66	0.52	0.55	0.60	0.65	0.71	0.78	0.85	0.94	1.14
0.68	0.46	0.48	0.54	0.59	0.65	0.71	0.79	0.88	1.08
0.70	0.40	0.43	0.48	0.54	0.59	0.66	0.73	0.82	1.02
0.72	0.34	0.37	0.42	0.48	0.54	0.60	0.67	0.76	0.96
0.74	0.29	0.31	0.37	0.42	0.48	0.54	0.62	0.71	0.91
0.76	0.23	0.26	0.31	0.37	0.42	0.49	0.56	0.65	0.85
0.78	0.18	0.21	0.26	0.32	0.38	0.44	0.51	0.60	0.80
0.80	0.13	0.16	0.21	0.27	0.32	0.39	0.46	0.55	0.75
0.82	0.08	0.10	0.16	0.21	0.27	0.33	0.40	0.49	0.70
0.84	0.03	0.05	0.11	0.16	0.22	0.28	0.35	0.44	0.65
0.85	0.00	0.03	0.08	0.14	0.19	0.26	0.33	0.42	0.62
0.86	—	0.00	0.05	0.11	0.17	0.23	0.30	0.39	0.59
0.88	—	—	0.00	0.06	0.11	0.18	0.25	0.34	0.54
0.90	—	—	—	0.00	0.06	0.12	0.19	0.28	0.48

附表8　工业与民用建筑部分重要电力负荷的级别

序号	建筑物名称	电力负荷名称	负荷级别
1		工业重要电力负荷的级别(据JBJ 6—1996)	
1.1	炼钢车间	容量为100t及以上的平炉加料起重机、浇铸起重机、倾动装置及冷却水系统的用电设备	一级
		容量为100t以下的平炉加料起重机、浇铸起重机、倾动装置及冷却水系统的用电设备	二级
		平炉鼓风机、平炉用其他用电设备；5t及以上电弧炼钢炉的电极升降机构、倾炉机构及浇铸起重机	二级
		总安装容量为30MV·A及以上，停电会造成重大经济损失的多台大型电热装置(包括电弧炉、矿热炉、感应炉等)	一级
1.2	铸铁车间	30t及以上的浇铸起重机、部重点企业冲天炉鼓风机	二级
1.3	热处理车间	井式炉专用淬火起重机、井式炉油槽抽油泵	二级
1.4	锻压车间	锻造专用起重机、水压机、高压水泵、油压机	二级
1.5	金属加工车间	价格昂贵、作用重大、稀有的大型数控机床；停电会造成设备损坏，如自动跟踪数控仿形铣床、强力磨床等设备	一级
		价格贵、作用大、数量多的数控机床工部	二级

(续)

序号	建筑物名称	电力负荷名称	负荷级别
1.6	电镀车间	大型电镀工部的整流设备、自动流水作业生产线	二级
1.7	试验站	单机容量为 200MW 以上的大型电机试验、主机及辅机系统、动平衡试验的润滑油系统	一级
		单机容量为 200MW 及以下的大型电机试验、主机及辅机系统、动平衡试验的润滑油系统	二级
		采用高位油箱的动平衡试验润滑油系统	二级
1.8	层压制品车间	压机及供热锅炉	二级
1.9	线缆车间	熔炼炉的冷却水泵、鼓风机、连铸机的冷却水泵、连轧机的水泵及润滑泵 压铅机、压铝机的熔化炉、高压水泵、水压机 交联聚乙烯加工设备的挤压交联冷却、收线用电设备；漆包机的传动机构、鼓风机、漆泵 干燥浸油缸的连续电加热、真空泵、液压泵	二级
1.10	磨具成型车间	隧道窑鼓风机、卷扬机构	二级
1.11	油漆树脂车间	2500L 及以上的反应釜及其供热锅炉	二级
1.12	焙烧车间	隧道窑鼓风机、排风机、窑车推进机、窑门关闭机构 油加热器、油泵及其供热锅炉	二级
1.13	热煤气站	煤气加压机、加压油泵及煤气发生炉鼓风机	一级
		有煤气罐的煤气加压机、有高位油箱的加压油泵	二级
		煤气发生炉加煤机及传动机构	二级
1.14	冷煤气站	鼓风机、排送机、冷却通风机、发生炉传动机构、高压整流器等	二级
1.15	锅炉房	中压及以上锅炉的给水泵	一级
		有汽动水泵时，中压及以上锅炉的给水泵	二级
		单台容量为 20t/h 及以上锅炉的鼓风机、引风机、二次风机及炉排电机	二级
1.16	水泵房	供一级负荷用电设备的水泵	一级
		供二级负荷用电设备的水泵	二级
1.17	空压站	部重点企业单台容量为 60m³/min 及以上空压站的空气压缩机、独立励磁机	二级
		离心式压缩机润滑油泵	一级
		有高位油箱的离心式压缩机润滑油泵	二级
1.18	制氧站	部重点企业中的氧压机、空压机冷却水泵、润滑液压泵（带高位油箱）	二级
1.19	计算中心	大中型计算机系统电源（自带 UPS 电源）	二级
1.20	理化计量楼	主要实验室、要求高精度恒温的计量室的恒温装置电源	二级

(续)

序号	建筑物名称	电力负荷名称	负荷级别
1.21	刚玉、碳化硅冶炼车间	冶炼炉及其配套的低压用电设备	二级
1.22	涂装车间	电泳涂装的循环搅拌、超滤系统的用电设备	二级
2	民用建筑重要电力负荷的级别（据 JGJ 16—2008）		
2.1	国家级会堂、国宾馆、国家级国际会议中心	主会场、接见厅、宴会厅照明，电声、录像、计算机系统用电	一级*
		客梯、总值班室、会议室、主要办公室、档案室用电	一级
2.2	国家及省部级政府办公建筑	客梯、主要办公室、会议室、总值班室、档案室及主要通道照明用电	一级
2.3	国家及省部级计算中心	计算机系统用电	一级*
2.4	国家及省部级防灾中心、电力调度中心、交通指挥中心	防灾、电力调度及交通指挥计算机系统用电	一级*
2.5	地、市级办公建筑	主要办公室、会议室、总值班室、档案室及主要通道照明用电	二级
2.6	地、市级及以上气象台	气象业务用计算机系统用电	一级*
		气象雷达、电报及传真收发设备、卫星云图接收机及语言广播设备、气象绘图及预报照明用电	一级
2.7	电信枢纽、卫星地面站	保证通信不中断的主要设备用电	一级*
2.8	电视台、广播电台	国家及省、市、自治区电视台、广播电台的计算机系统用电，直接播出的电视演播厅、中心机房、录像室、微波设备及发射机房用电	一级*
		语音播音室、控制室的电力和照明用电	一级
		洗印室、电视电影室、审听室、楼梯照明用电	二级
2.9	剧场	特、甲等剧场的调光用计算机系统用电	一级*
		特、甲等剧场的舞台照明、贵宾室、演员化妆室、舞台机械设备、电声设备、电视转播用电	一级
		甲等剧场的观众厅照明、空调机房及锅炉房电力和照明用电	二级
2.10	电影院	甲等电影院的照明与放映用电	二级
2.11	博物馆、展览馆	大型博物馆及展览馆安防系统用电；珍贵展品展室照明用电	一级*
		展览用电	二级

(续)

序号	建筑物名称	电力负荷名称	负荷级别
2.12	图书馆	藏书量超过100万册及重要图书馆的安防系统、图书检索用计算机系统用电	一级*
		其他用电	二级
2.13	体育建筑	特级体育场（馆）及游泳馆的比赛场（厅）、主席台、贵宾室、接待室、新闻发布厅、广场及主要通道照明、计时记分装置、计算机房、电话机房、广播机房、电台和电视转播及新闻摄影用电	一级*
		甲级体育场（馆）及游泳馆的比赛场（厅）、主席台、贵宾室、接待室、新闻发布厅、广场及主要通道照明、计时记分装置、计算机房、电话机房、广播机房、电台和电视转播及新闻摄影用电	一级
		特级及甲级体育场（馆）及游泳馆中非比赛用电、乙级及以下体育建筑比赛用电	二级
2.14	商场、超市	大型商场及超市的经营管理用计算机系统用电	一级*
		大型商场及超市营业厅的备用照明用电	一级
		大型商场及超市的自动扶梯、空调用电	二级
		中型商场及超市营业厅的备用照明用电	二级
2.15	银行、金融中心、证交中心	重要的计算机系统和安防系统用电	一级*
		大型银行营业厅及门厅照明、安全照明用电	一级
		小型银行营业厅及门厅照明用电	二级
2.16	民用航空港	航空管制、导航、通信、气象、助航灯光系统设施和台站用电，边防、海关的安全检查设备用电，航班预报设备用电，三级以上油库用电	一级*
		候机楼、外航驻机场办事处、机场宾馆及旅客过夜用房、站坪照明、站坪机务用电	一级
		其他用电	二级
2.17	铁路旅客站	大型站和国境站的旅客站房、站台、天桥、地道用电	一级
2.18	水运客运站	通信、导航设施用电	一级
		港口重要作业区、一级客运站用电	二级
2.19	汽车客运站	一、二级客运站用电	二级
2.20	汽车库（修车库）、停车场	Ⅰ类汽车库、机械停车设备及采用升降梯作车辆疏散出口的升降梯用电	一级
		Ⅱ、Ⅲ类汽车库和Ⅰ类修车库、机械停车设备及采用升降梯作车辆疏散出口的升降梯用电	二级

(续)

序号	建筑物名称	电力负荷名称	负荷级别
2.21	旅游饭店	四星级及以上旅游饭店的经营及设备管理用计算机系统用电	一级*
		四星级及以上旅游饭店的宴会厅、餐厅、厨房、康乐设施、门厅及高级客房、主要通道等场所的照明用电,厨房、排污泵、生活水泵、主要客梯用电,计算机、电话、电声和录像设备、新闻摄影用电	一级
		三星级旅游饭店的宴会厅、餐厅、厨房、康乐设施、门厅及高级客房、主要通道等场所的照明用电,厨房、排污泵、生活水泵、主要客梯用电,计算机、电话、电声和录像设备、新闻摄影用电,除上栏所述之外的四星级及以上旅游饭店的其他用电	二级
2.22	科研院所、高等院校	四级生物安全实验室等对供电连续性要求极高的国家重点实验室用电	一级*
		除上栏所述之外的其他重要实验室用电	一级
		主要通道照明用电	二级
2.23	二级以上医院	重要手术室、重症监护等涉及患者生命安全的设备(如呼吸机等)及照明用电	一级*
		急诊部、监护病房、手术部、分娩室、婴儿室、血液病房的净化室、血液透析室、病理切片分析、核磁共振、介入治疗用CT及X光机扫描室、血库、高压氧仓、加速器机房、治疗室及配血室的电力照明用电,培养箱、冰箱、恒温箱用电,走道照明用电,百级洁净度手术室空调系统用电,重症呼吸道感染区的通风系统用电	一级
		除上栏所述之外的其他手术室空调系统用电、电子显微镜、一般诊断用CT及X光机用电、客梯用电,高级病房、肢体伤残康复病房照明用电	二级
2.24	一类高层建筑	走道照明、值班照明、警卫照明、障碍照明用电,主要业务和计算机系统用电,安防系统用电,电子信息设备机房用电,客梯用电,排污泵、生活水泵用电	一级
2.25	二类高层建筑	主要通道及楼梯间照明用电,客梯用电,排污泵、生活水泵用电	二级

注:1. 负荷分级表中"一级*"为一级负荷中特别重要负荷。
2. 各类建筑物的分级见现行的有关设计规范。
3. 本表未包含消防负荷分级,消防负荷分级见相关的国家标准、规范。
4. 当序号2.1~2.23各类建筑物与一类或二类高层建筑的用电负荷级别不相同时,负荷级别应按其中高者确定。

附表9　工业用电设备组的需要系数、二项式系数及功率因数参考值

用电设备组名称	需要系数 K_d	二项式系数 b	二项式系数 c	最大容量设备台数 x[①]	$\cos\varphi$	$\tan\varphi$
小批生产的金属冷加工机床电动机	0.16~0.2	0.14	0.4	5	0.5	1.73
大批生产的金属冷加工机床电动机	0.18~0.25	0.14	0.5	5	0.5	1.73
小批生产的金属热加工机床电动机	0.25~0.3	0.24	0.4	5	0.6	1.33
大批生产的金属热加工机床电动机	0.3~0.35	0.26	0.5	5	0.65	1.17
通风机、水泵、空压机及电动发电机组电动机	0.7~0.8	0.65	0.25	5	0.8	0.75
非连锁的连续运输机械及铸造车间整砂机械	0.5~0.6	0.4	0.4	5	0.75	0.88
连锁的连续运输机械及铸造车间整砂机械	0.65~0.7	0.6	0.2	5	0.75	0.88
锅炉房和机加、机修、装配等类车间的起重机($\varepsilon=25\%$)	0.1~0.15	0.06	0.2	3	0.5	1.73
铸造车间的起重机($\varepsilon=25\%$)	0.15~0.25	0.09	0.3	3	0.5	1.73
自动连续装料的电阻炉设备	0.75~0.8	0.7	0.3	2	0.95	0.33
实验室用的小型电热设备（电阻炉、干燥箱等）	0.7	0.7	0	—	1.0	0
工频感应电炉（未带无功补偿装置）	0.8	—	—	—	0.35	2.68
高频感应电炉（未带无功补偿装置）	0.8	—	—	—	0.6	1.33
电弧熔炉	0.9	—	—	—	0.87	0.57
点焊机、缝焊机	0.35	—	—	—	0.6	1.33
对焊机、铆钉加热机	0.35	—	—	—	0.7	1.02
自动弧焊变压器	0.5	—	—	—	0.4	2.29
单头手动弧焊变压器	0.35	—	—	—	0.35	2.68
多头手动弧焊变压器	0.4	—	—	—	0.35	2.68
单头弧焊电动发电机组	0.35	—	—	—	0.6	1.33
多头弧焊电动发电机组	0.7	—	—	—	0.75	0.88
生产厂房及办公室、阅览室、实验室照明[②]	0.8~1	—	—	—	1.0	0
变配电所、仓库照明[②]	0.5~0.7	—	—	—	1.0	0
宿舍（生活区）照明[②]	0.6~0.8	—	—	—	1.0	0
室外照明、应急照明[②]	1	—	—	—	1.0	0

① 如果用电设备组的设备总台数 $n<2x$ 时，则最大容量设备台数取 $x=n/2$，且按"四舍五入"修约规则取整数。

② 这里的 $\cos\varphi$ 和 $\tan\varphi$ 值均为白炽灯照明数据。如为荧光灯照明，则 $\cos\varphi=0.9$，$\tan\varphi=0.48$；如为高压汞灯、钠灯，则 $\cos\varphi=0.5$，$\tan\varphi=1.73$。

附表10　民用建筑用电设备组的需要系数及功率因数参考值

序号	用电设备分类	需要系数 K_d	$\cos\varphi$	$\mathrm{tg}\varphi$
1	通风和采暖用电			
	各种风机，空调器	0.7~0.8	0.8	0.75
	恒温空调箱	0.6~0.7	0.95	0.33
	冷冻机	0.85~0.9	0.8	0.75
	集中式电热器	1.0	1.0	0
	分散式电热器（20kW 以下）	0.85~0.95	1.0	0
	分散式电热器（100kW 以上）	0.75~0.85	1.0	0
	小型电热设备	0.3~0.5	0.95	0.33
2	给排水用电			
	各种水泵（15kW 以下）	0.75~0.8	0.8	0.75
	各种水泵（17kW 以上）	0.6~0.7	0.87	0.57
3	起重运输用电			
	客梯（1.5t 及以下）	0.35~0.5	0.5	1.73
	客梯（2t 及以上）	0.6	0.7	1.02
	货梯	0.25~0.35	0.5	1.73
	输送带	0.6~0.65	0.75	0.88
	起重机械	0.1~0.2	0.5	1.73
4	锅炉房用电	0.75~0.85	0.85	0.62
5	消防用电	0.4~0.6	0.8	0.75
6	厨房及卫生用电			
	食品加工机械	0.5~0.7	0.8	0.75
	电饭锅、电烤箱	0.85	1.0	0
	电炒锅	0.7	1.0	0
	电冰箱	0.6~0.7	0.7	1.02
	热水器（淋浴用）	0.65	1.0	0
	除尘器	0.3	0.85	0.62
7	机修用电			
	修理间机械设备	0.15~0.2	0.5	1.73
	电焊机	0.35	0.35	2.68
	移动式电动工具	0.2	0.5	1.73
8	其他动力用电			
	打包机	0.2	0.6	1.33
	洗衣房动力	0.65~0.75	0.5	1.73
	天窗开闭机	0.1	0.5	1.73
9	家用电器（包括：电视机、收录机、洗衣机、电冰箱、风扇、吊扇、冷热风扇、电吹风、电熨斗、电褥、电钟、电铃）	0.5~0.55	0.75	0.88

（续）

序号	用电设备分类	需要系数 K_d	$\cos\varphi$	$\text{tg}\varphi$
10	通信及信号设备 载波机 收讯机 发讯机 电话交换台 客房床头电气控制箱	 0.85~0.95 0.8~0.9 0.7~0.8 0.75~0.85 0.15~0.25	 0.8 0.8 0.8 0.8 0.6	 0.75 0.75 0.75 0.75 1.33

附表 11 部分企业的需要系数、功率因数及年最大有功负荷利用小时参考值

企业名称	需要系数	功率因数	年最大有功负荷利用小时数	企业名称	需要系数	功率因数	年最大有功负荷利用小时数
汽轮机制造厂	0.38	0.88	5000	量具刃具制造厂	0.26	0.60	3800
锅炉制造厂	0.27	0.73	4500	工具制造厂	0.34	0.65	3800
柴油机制造厂	0.32	0.74	4500	电机制造厂	0.33	0.65	3000
重型机械制造厂	0.35	0.79	3700	电器开关制造厂	0.35	0.75	3400
重型机床制造厂	0.32	0.71	3700	电线电缆制造厂	0.35	0.73	3500
机床制造厂	0.20	0.65	3200	仪器仪表制造厂	0.37	0.81	3500
石油机械制造厂	0.45	0.78	3500	滚珠轴承制造厂	0.28	0.70	5800

附表 12 LJ 型铝绞线、LGJ 型钢芯铝绞线和 LMY 型硬铝母线的主要技术数据

1. LJ 型铝绞线的主要技术数据

额定截面积/mm^2	16	25	35	50	70	95	120	150	185	240
实际截面积/mm^2	15.9	25.4	34.4	49.5	71.3	95.1	121	148	183	239
股数/外径（单位为 mm）	7/ 5.10	7/ 6.45	7/ 7.50	7/ 9.00	7/ 10.8	7/ 12.5	19/ 14.3	19/ 15.8	19/ 17.5	19/ 20.0
50℃时电阻/($\Omega\cdot\text{km}^{-1}$)	2.07	1.33	0.96	0.66	0.48	0.36	0.28	0.23	0.18	0.14
线间几何均距/mm	线路电抗/($\Omega\cdot\text{km}^{-1}$)									
600	0.36	0.35	0.34	0.33	0.32	0.31	0.30	0.29	0.28	0.28
800	0.38	0.37	0.36	0.35	0.34	0.33	0.32	0.31	0.30	0.30
1000	0.40	0.38	0.37	0.36	0.35	0.34	0.33	0.32	0.31	0.31
1250	0.41	0.40	0.39	0.37	0.36	0.35	0.34	0.34	0.33	0.32
1500	0.42	0.41	0.40	0.38	0.37	0.36	0.35	0.35	0.34	0.33
2000	0.44	0.43	0.41	0.40	0.40	0.38	0.37	0.37	0.36	0.35

（续）

额定截面积/mm²		16	25	35	50	70	95	120	150	185	240
导线温度	环境温度/℃	允许持续载流量/A									
70℃（室外架设）	20	110	142	179	226	278	341	394	462	525	641
	25	105	135	170	215	265	325	375	440	500	610
	30	98.7	127	160	202	249	306	353	414	470	573
	35	93.5	120	151	191	236	289	334	392	445	543
	40	86.1	111	139	176	217	267	308	361	410	500

备注：
① 线间几何均距 $a_{av} = \sqrt[3]{a_1 a_2 a_3}$，式中 a_1、a_2、a_3 为三相导线的各相之间的线间距离。三相导线正三角形排列时，$a_{av} = a$；三相导线等距水平排列时，$a_{av} = 1.26a$
② 铜绞线 TJ 的电阻约为同截面 LJ 电阻的 61%；TJ 的电抗与 LJ 同。TJ 的载流量约为同截面 LJ 载流量的 1.29 倍

2. LGJ 型钢芯铝线的主要技术数据

额定截面积/mm²		35	50	70	95	120	150	185	240
铝线实际截面积/mm²		34.9	48.3	68.1	94.4	116	149	181	239
铝股数/钢股数/外径（单位为 mm）		6/1/8.16	6/1/9.60	6/1/11.4	26/7/13.6	26/7/15.1	26/7/17.1	26/7/18.9	26/7/21.7
50℃时电阻/(Ω·km⁻¹)		0.89	0.68	0.48	0.35	0.29	0.24	0.18	0.15
线间几何均距/mm		线路电抗/(Ω·km⁻¹)							
1500		0.39	0.38	0.37	0.35	0.35	0.34	0.33	0.33
2000		0.40	0.39	0.38	0.37	0.37	0.36	0.35	0.34
2500		0.41	0.41	0.40	0.39	0.38	0.37	0.37	0.36
3000		0.43	0.42	0.41	0.40	0.39	0.39	0.38	0.37
3500		0.44	0.43	0.42	0.41	0.40	0.40	0.39	0.38
4000		0.45	0.44	0.43	0.42	0.41	0.40	0.40	0.39
导线温度	环境温度/℃	允许持续载流量/A							
70℃（室外架设）	20	179	231	289	352	399	467	541	641
	25	170	220	275	335	380	445	515	610
	30	159	207	259	315	357	418	484	574
	35	149	193	228	295	335	391	453	536
	40	137	178	222	272	307	360	416	494

3. LMY 型涂漆矩形硬铝母线的主要技术数据

母线截面积 $\left(\dfrac{宽}{mm} \times \dfrac{厚}{mm}\right)$	65℃时电阻 /(Ω·km⁻¹)	相间距离为 250mm 时电抗 /(Ω·km⁻¹)		母线竖放时的允许持续载流量/A（导线温度 70℃）			
				环境温度			
		竖放	平放	25℃	30℃	35℃	40℃
25×3	0.47	0.24	0.22	265	249	233	215
30×4	0.29	0.23	0.21	365	343	321	296
40×4	0.22	0.21	0.19	480	451	422	389

(续)

母线截面积 $\left(\dfrac{宽}{mm} \times \dfrac{厚}{mm}\right)$	65℃时电阻 /(Ω·km⁻¹)	相间距离为250mm时电抗 /(Ω·km⁻¹)		母线竖放时的允许持续载流量/A（导线温度70℃）			
				环境温度			
		竖放	平放	25℃	30℃	35℃	40℃
40×5	0.18	0.21	0.19	540	507	475	438
50×5	0.14	0.20	0.17	665	625	585	539
50×6	0.12	0.20	0.17	740	695	651	600
60×6	0.10	0.19	0.16	870	818	765	705
80×6	0.076	0.17	0.15	1150	1080	1010	932
100×6	0.062	0.16	0.13	1425	1340	1255	1155
60×8	0.076	0.19	0.16	1025	965	902	831
80×8	0.059	0.17	0.15	1320	1240	1160	1070
100×8	0.048	0.16	0.13	1625	1530	1430	1315
120×8	0.041	0.16	0.12	1900	1785	1670	1540
60×10	0.062	0.18	0.16	1155	1085	1016	936
80×10	0.048	0.17	0.14	1480	1390	1300	1200
100×10	0.040	0.16	0.13	1820	1710	1600	1475
120×10	0.035	0.16	0.12	2070	1945	1820	1680
备注	本表母线载流量系母线竖放时的数据。如母线平放，且宽度大于60mm时，表中数据应乘以0.92；如母线平放，且宽度不大于60mm时，表中数据应乘以0.95						

附表13 绝缘导线和电缆的电阻和电抗值

1. 室内明敷和穿管的绝缘导线的电阻和电抗值

导线线芯额定截面积 /mm²	电阻/(Ω·km⁻¹)				电抗/(Ω·km⁻¹)					
	导线温度				明敷线距/mm				导线穿管	
	50℃		60℃		100		150			
	铝芯	铜芯	铝芯	铜芯	铝芯	铜芯	铝芯	铜芯	铝芯	铜芯
1.5	—	14.00	—	14.50	—	0.342	—	0.368	—	0.138
2.5	13.33	8.40	13.80	8.70	0.327	0.327	0.353	0.353	0.127	0.127
4	8.25	5.20	8.55	5.38	0.312	0.312	0.338	0.338	0.119	0.119
6	5.53	3.48	5.75	3.61	0.300	0.300	0.325	0.325	0.112	0.112
10	3.33	2.05	3.45	2.12	0.280	0.280	0.306	0.306	0.108	0.108
16	2.08	1.25	2.16	1.30	0.265	0.265	0.290	0.290	0.102	0.102
25	1.31	0.81	1.36	0.84	0.251	0.251	0.277	0.277	0.099	0.099
35	0.94	0.58	0.97	0.60	0.241	0.241	0.266	0.266	0.095	0.095

（续）

导线线芯额定截面积/mm²	电阻/(Ω·km⁻¹)				电抗/(Ω·km⁻¹)					
	导线温度				明敷线距/mm				导线穿管	
	50℃		60℃		100		150			
	铝芯	铜芯	铝芯	铜芯	铝芯	铜芯	铝芯	铜芯	铝芯	铜芯
50	0.65	0.40	0.67	0.41	0.229	0.229	0.251	0.251	0.091	0.091
70	0.47	0.29	0.49	0.30	0.219	0.219	0.242	0.242	0.088	0.088
95	0.35	0.22	0.36	0.23	0.206	0.206	0.231	0.231	0.085	0.085
120	0.28	0.17	0.29	0.18	0.199	0.199	0.223	0.223	0.083	0.083
150	0.22	0.14	0.23	0.14	0.191	0.191	0.216	0.216	0.082	0.082
185	0.18	0.11	0.19	0.12	0.184	0.184	0.209	0.209	0.081	0.081
240	0.14	0.09	0.14	0.09	0.178	0.178	0.200	0.200	0.080	0.080

2. 电力电缆的电阻和电抗值

额定截面积/mm²	电阻/(Ω·km⁻¹)								电抗/(Ω·km⁻¹)					
	铝芯电缆				铜芯电缆				纸绝缘电缆			塑料电缆		
	缆芯工作温度/℃								额定电压/kV					
	55	60	75	80	55	60	75	80	1	6	10	1	6	10
2.5	—	14.38	15.13	—	—	8.54	8.98	—	0.098	—	—	0.100	—	—
4	—	8.99	9.45	—	—	5.34	5.61	—	0.091	—	—	0.093	—	—
6	—	6.00	6.31	—	—	3.56	3.75	—	0.087	—	—	0.091	—	—
10	—	3.60	3.78	—	—	2.13	2.25	—	0.081	—	—	0.087	—	—
16	2.21	2.25	2.36	2.40	1.31	1.33	1.40	1.43	0.077	0.099	0.110	0.082	0.124	0.133
25	1.41	1.44	1.51	1.54	0.84	0.85	0.90	0.91	0.067	0.088	0.098	0.075	0.111	0.120
35	1.01	1.03	1.08	1.10	0.60	0.61	0.64	0.65	0.065	0.083	0.092	0.073	0.105	0.113
50	0.71	0.72	0.76	0.77	0.42	0.43	0.45	0.46	0.063	0.079	0.087	0.071	0.099	0.107
70	0.51	0.52	0.54	0.56	0.30	0.31	0.32	0.33	0.062	0.076	0.083	0.070	0.093	0.101
95	0.37	0.38	0.40	0.41	0.22	0.23	0.24	0.24	0.062	0.074	0.080	0.070	0.089	0.096
120	0.29	0.30	0.31	0.32	0.17	0.18	0.19	0.19	0.062	0.072	0.078	0.070	0.087	0.095
150	0.24	0.24	0.25	0.26	0.14	0.14	0.15	0.15	0.062	0.071	0.077	0.070	0.085	0.093
185	0.20	0.20	0.21	0.21	0.12	0.12	0.13	0.13	0.062	0.070	0.075	0.070	0.082	0.090
240	0.15	0.16	0.16	0.17	0.09	0.09	0.10	0.11	0.062	0.069	0.073	0.070	0.080	0.087

注：1. 表中塑料电缆包括聚氯乙烯绝缘电缆和交联电缆。

2. 1kV级4~5芯电缆的电阻和电抗值可近似地取用同级3芯电缆的电阻和电抗值（本表为三芯电缆值）。

附表 14　导体在正常和短路时的最高允许温度及热稳定系数

导体种类及材料			最高允许温度/℃		热稳定系数 C /($A\sqrt{s} \cdot mm^{-2}$)
			正常 θ_L	短路 θ_k	
母线	铜		70	300	171
	铜（接触面有锡层时）		85	200	164
	铝		70	200	87
油浸纸绝缘电缆	铜芯	1~3kV	80	250	148
		6kV	65	220	145
		10kV	60	220	148
	铝芯	1~3kV	80	200	84
		6kV	65	200	90
		10kV	60	200	92
橡皮绝缘导线和电缆		铜芯	65	150	112
		铝芯	65	150	74
聚氯乙烯绝缘导线和电缆		铜芯	65	130	100
		铝芯	65	130	65
交联聚乙烯绝缘电缆		铜芯	80	230	140
		铝芯	80	200	84
有中间接头的电缆（不包括聚氯乙烯绝缘电缆）		铜芯	—	150	—
		铝芯		150	

附表 15　电力变压器配用的高压熔断器规格

变压器容量/kVA		100	125	160	200	250	315	400	500	630	800	1000
$I_{1N \cdot T}$/A	6kV	9.6	12	15.4	19.2	24	30.2	38.4	48	60.5	76.8	96
	10kV	5.8	7.2	9.3	11.6	14.4	18.2	23	29	36.5	46.2	58
RN1 型熔断器 $I_{N \cdot FU}/I_{N \cdot FE}$ （A/A）	6kV	20/20		75/30		75/40	75/50		75/75	100/100		200/150
	10kV	20/15		20/20		50/30	50/40		50/50	100/75		100/100
RW4 型熔断器 $I_{N \cdot FU}/I_{N \cdot FE}$ （A/A）	6kV	50/20		50/30		50/40	50/50		100/75	100/100		200/150
	10kV	50/15		50/20		50/30	50/40		50/50	100/75		100/100

附表 16　绝缘导线明敷、穿钢管和穿塑料管时的允许载流量

（导线正常最高允许温度为 65℃）　　　　　　　（单位：A）

1. 绝缘导线明敷时的允许载流量

芯线截面积 /mm²	橡皮绝缘线 环境温度								塑料绝缘线 环境温度							
	25℃		30℃		35℃		40℃		25℃		30℃		35℃		40℃	
	铜芯	铝芯	铜芯	铝芯	铜芯	铝芯	铜芯	铝芯	铜芯	铝芯	铜芯	铝芯	铜芯	铝芯	铜芯	铝芯
2.5	35	27	32	25	30	23	27	21	32	25	30	23	27	21	25	19
4	45	35	41	32	39	30	35	27	41	32	37	29	35	27	32	25
6	58	45	54	42	49	38	45	35	54	42	50	39	46	36	43	33
10	84	65	77	60	72	56	66	51	76	59	71	55	66	51	59	46
16	110	85	102	79	94	73	86	67	103	80	95	74	89	69	81	63
25	142	110	132	102	123	95	112	87	135	105	126	98	116	90	107	83
35	178	138	166	129	154	119	141	109	168	130	156	121	144	112	132	102
50	226	175	210	163	195	151	178	138	213	165	199	154	183	142	168	130
70	284	220	266	206	245	190	224	174	264	205	246	191	228	177	209	162
95	342	265	319	247	295	229	270	209	323	250	301	233	279	216	254	197
120	400	310	361	280	346	268	316	243	365	283	343	266	317	246	290	225
150	464	360	433	336	401	311	366	284	419	325	391	303	362	281	332	257
185	540	420	506	392	468	363	428	332	490	380	458	355	423	328	387	300
240	660	510	615	476	570	441	520	403	—	—	—	—	—	—	—	—

注：型号表示：铜芯橡皮线—BX，铝芯橡皮线—BLX，铜芯塑料线—BV，铝芯塑料线—BLV。

2. 橡皮绝缘导线穿钢管时的允许载流量

芯线截面积 /mm²	芯线材质	2 根单芯线 环境温度				2 根穿管 管径/mm		3 根单芯线 环境温度				3 根穿管 管径/mm		4~5 根单芯线 环境温度				4 根穿管 管径/mm		5 根穿管 管径/mm	
		25℃	30℃	35℃	40℃	SC	MT	25℃	30℃	35℃	40℃	SC	MT	25℃	30℃	35℃	40℃	SC	MT	SC	MT
2.5	铜	27	25	23	21	15	20	25	22	21	19	15	20	21	18	17	15	20	25	20	25
	铝	21	19	18	16			19	17	16	15			16	14	13	12				
4	铜	36	34	31	28	20	25	32	30	27	25	20	25	30	27	25	23	20	25	20	25
	铝	28	26	24	22			25	23	21	19			23	21	19	18				
6	铜	48	44	41	37	20	25	44	40	37	34	20	25	39	36	32	30	25	25	25	32
	铝	37	34	32	29			34	31	29	26			30	28	25	23				
10	铜	67	62	57	53	25	32	59	55	50	46	25	32	52	48	44	40	25	32	32	40
	铝	52	48	44	41			46	43	39	36			40	37	34	31				

(续)

芯线截面积 /mm²	芯线材质	2根单芯线 环境温度				2根穿管 管径/mm		3根单芯线 环境温度				3根穿管 管径/mm		4~5根单芯线 环境温度				4根穿管 管径/mm		5根穿管 管径/mm	
		25℃	30℃	35℃	40℃	SC	MT	25℃	30℃	35℃	40℃	SC	MT	25℃	30℃	35℃	40℃	SC	MT	SC	MT
16	铜	85	79	74	67	25	32	76	71	66	59	32	32	67	62	57	53	32	40	40	(50)
	铝	66	61	57	52			59	55	51	46			52	48	44	41				
25	铜	111	103	95	88	32	40	98	92	84	77	32	40	88	81	75	68	40	(50)	40	—
	铝	86	80	74	68			76	71	65	60			68	63	58	53				
35	铜	137	128	117	107	32	40	121	112	104	95	32	(50)	107	99	92	84	40	(50)	50	—
	铝	106	99	91	83			94	87	83	74			83	77	71	65				
50	铜	172	160	148	135	40	(50)	152	142	132	120	50	(50)	135	126	116	107	50	—	70	—
	铝	135	124	115	105			118	110	102	93			105	98	90	83				
70	铜	212	199	183	168	50	(50)	194	181	166	152	50	(50)	172	160	148	135	70	—	70	—
	铝	164	154	142	130			150	140	129	118			133	124	115	105				
95	铜	258	241	223	204	70	—	232	217	200	183	70	—	206	192	178	163	70	—	80	—
	铝	200	187	173	158			180	168	155	142			160	149	138	126				
120	铜	297	277	255	233	70	—	271	253	233	214	70	—	245	228	216	194	70	—	80	—
	铝	230	215	198	181			210	196	181	166			190	177	164	150				
150	铜	335	313	289	264	70	—	310	289	267	244	70	—	284	266	245	224	80	—	100	—
	铝	260	243	224	205			240	224	207	189			220	205	190	174				
185	铜	381	355	329	301	80	—	348	325	301	275	80	—	323	301	279	254	80	—	100	—
	铝	295	275	255	233			270	252	233	213			250	233	216	197				

注：1. 穿线管符号：SC—焊接钢管，管径按内径计；MT—电线管，管径按外径计。

2. 4~5根单芯线穿管的载流量，是指低压TN-C系统、TN-S系统或TN-C-S系统中的相线载流量，其中N线或PEN线中可有不平衡电流通过。如三相负荷平衡，则虽有4根或5根线穿管，但其载流量仍按三根线穿管考虑，而穿线管管径则按实际穿管导线数选择。

3. 塑料绝缘导线穿钢管时的允许载流量

芯线截面积 /mm²	芯线材质	2根单芯线 环境温度				2根穿管 管径/mm		3根单芯线 环境温度				3根穿管 管径/mm		4~5根单芯线 环境温度				4根穿管 管径/mm		5根穿管 管径/mm	
		25℃	30℃	35℃	40℃	SC	MT	25℃	30℃	35℃	40℃	SC	MT	25℃	30℃	35℃	40℃	SC	MT	SC	MT
2.5	铜	26	23	21	19	15	15	23	21	19	18	15	15	19	18	16	14	15	15	15	20
	铝	20	18	17	15			18	16	15	14			15	14	12	11				

(续)

芯线截面积/mm²	芯线材质	2根单芯线 环境温度				2根穿管 管径/mm		3根单芯线 环境温度				3根穿管 管径/mm		4~5根单芯线 环境温度				4根穿管 管径/mm		5根穿管 管径/mm	
		25℃	30℃	35℃	40℃	SC	MT	25℃	30℃	35℃	40℃	SC	MT	25℃	30℃	35℃	40℃	SC	MT	SC	MT
4	铜	35	32	30	27	15	15	31	28	26	23	15	15	28	26	23	21	15	20	20	20
	铝	27	25	23	21			24	22	20	18			22	20	19	17				
6	铜	45	41	39	35	15	20	41	37	35	32	15	20	36	34	31	28	20	25	25	25
	铝	35	32	30	27			32	29	27	25			28	26	24	22				
10	铜	63	58	54	49	20	25	57	53	49	44	20	25	49	45	41	39	25	25	25	32
	铝	49	45	42	38			44	41	38	34			38	35	32	30				
16	铜	81	75	70	63	25	25	72	67	62	57	25	32	65	59	55	50	25	32	32	40
	铝	63	58	54	49			56	52	48	44			50	46	43	39				
25	铜	103	95	89	81	25	32	90	84	77	71	32	32	84	77	72	66	32	40	32	(50)
	铝	80	74	69	63			70	65	60	55			65	60	56	51				
35	铜	129	120	111	102	32	40	116	108	99	92	32	40	103	95	89	81	40	(50)	40	—
	铝	100	93	86	79			90	84	77	71			80	74	69	63				
50	铜	161	150	139	126	40	50	142	132	123	112	40	(50)	129	120	111	102	50	(50)	50	—
	铝	125	116	108	98			110	102	95	87			100	93	86	79				
70	铜	200	186	173	157	50	50	184	172	159	146	50	(50)	164	150	141	129	50	—	70	—
	铝	155	144	134	122			143	133	123	113			127	118	109	100				
95	铜	245	228	212	194	50	(50)	219	204	190	173	50	—	196	183	169	155	70	—	70	—
	铝	190	177	164	150			170	158	147	134			152	142	131	120				
120	铜	284	264	245	224	50	(50)	252	235	217	199	50	—	222	206	191	175	70	—	80	—
	铝	220	205	190	174			195	182	168	154			172	160	148	136				
150	铜	323	301	279	254	70	—	290	271	250	228	70	—	258	241	223	204	70	—	80	—
	铝	250	233	216	197			225	210	194	177			200	187	173	158				
185	铜	368	343	317	290	70	—	329	307	284	259	70	—	297	277	255	233	80	—	100	—
	铝	285	266	246	225			255	238	220	201			230	215	198	181				

注：同上表注。

4. 橡皮绝缘导线穿硬塑料管时的允许载流量

芯线截面积 /mm²	芯线材质	2根单芯线 环境温度				2根穿管管径 /mm	3根单芯线 环境温度				3根穿管管径 /mm	4~5根单芯线 环境温度				4根穿管管径 /mm	5根穿管管径 /mm
		25℃	30℃	35℃	40℃		25℃	30℃	35℃	40℃		25℃	30℃	35℃	40℃		
2.5	铜	25	22	21	19	15	22	19	18	17	15	19	18	16	14	20	25
	铝	19	17	16	15		17	15	14	13		15	14	12	11		
4	铜	32	30	27	25	20	30	27	25	23	20	26	23	22	20	20	25
	铝	25	23	21	19		23	21	19	18		20	18	17	15		
6	铜	43	39	36	34	20	37	35	32	28	20	34	31	28	26	25	32
	铝	33	30	28	26		29	27	25	22		26	24	22	20		
10	铜	57	53	49	44	25	52	48	44	40	25	45	41	38	35	32	32
	铝	44	41	38	34		40	37	34	31		35	32	30	27		
16	铜	75	70	65	58	32	67	62	57	53	32	59	55	50	46	32	40
	铝	58	54	50	45		52	48	44	41		46	43	39	36		
25	铜	99	92	85	77	32	88	81	75	68	32	77	72	66	61	40	40
	铝	77	71	66	60		68	63	58	53		60	56	51	47		
35	铜	123	114	106	97	40	108	101	93	85	40	95	89	83	75	40	50
	铝	95	88	82	75		84	78	72	66		74	69	64	58		
50	铜	155	145	133	121	40	139	129	120	111	50	123	114	106	97	50	65
	铝	120	112	103	94		108	100	93	86		95	88	82	75		
70	铜	197	184	170	156	50	174	163	150	137	50	155	144	133	122	65	75
	铝	153	143	132	121		135	126	116	106		120	112	103	94		
95	铜	237	222	205	187	50	213	199	183	168	65	194	181	166	152	75	80
	铝	184	172	159	145		165	154	142	130		150	140	129	118		
120	铜	271	253	233	214	65	245	228	212	194	65	219	204	190	173	80	80
	铝	210	196	181	166		190	177	164	150		170	158	147	134		
150	铜	323	301	277	254	75	293	273	253	231	75	264	246	228	209	80	90
	铝	250	233	215	197		227	212	196	179		205	191	177	162		
185	铜	364	339	313	288	80	329	307	284	259	80	299	279	258	236	100	100
	铝	282	263	243	223		255	238	220	201		232	216	200	183		

注：如前附表16-2注2所述，如三相负荷平衡，则虽有4根或5根线穿管，但导线载流量仍应按三根线穿管的载流量选择，但穿线管管径则按实际穿管导线数选择。硬塑料管符号为PC。

（续）

5. 塑料绝缘导线穿硬塑料管时的允许载流量

芯线截面积/mm²	芯线材质	2根单芯线 环境温度				2根穿管管径/mm	3根单芯线 环境温度				3根穿管管径/mm	4~5根单芯线 环境温度				4根穿管管径/mm	5根穿管管径/mm
		25℃	30℃	35℃	40℃		25℃	30℃	35℃	40℃		25℃	30℃	35℃	40℃		
2.5	铜	23	21	19	18	15	21	18	17	15	15	18	17	15	14	20	25
	铝	18	16	15	14		16	14	13	12		14	13	12	11		
4	铜	31	28	26	23	20	28	26	24	22	20	25	22	20	19	20	25
	铝	24	22	20	18		22	20	19	17		19	17	16	15		
6	铜	40	36	34	31	20	35	32	30	27	20	32	30	27	25	25	32
	铝	31	28	26	24		27	25	23	21		25	23	21	19		
10	铜	54	50	46	43	25	49	45	42	39	25	43	39	36	34	32	32
	铝	42	39	36	33		38	35	32	30		33	30	28	26		
16	铜	71	66	61	51	32	63	58	54	49	32	57	53	49	44	32	40
	铝	55	51	47	43		49	45	42	38		44	41	38	34		
25	铜	94	88	81	74	32	84	77	72	66	40	74	68	63	58	40	50
	铝	73	68	63	57		65	60	56	51		57	53	49	45		
35	铜	116	108	99	92	40	103	95	89	81	40	90	84	77	71	50	65
	铝	90	84	77	71		80	74	69	63		70	65	60	55		
50	铜	147	137	126	116	50	132	123	114	103	50	116	108	99	92	65	65
	铝	114	106	98	90		102	95	89	80		90	84	77	71		
70	铜	187	174	161	147	50	168	156	144	132	50	148	138	128	116	65	75
	铝	145	135	125	114		130	121	112	102		115	107	98	90		
95	铜	226	210	195	178	65	204	190	175	160	65	181	168	156	142	75	75
	铝	175	163	151	138		158	147	136	124		140	130	121	110		
120	铜	266	241	223	205	65	232	217	200	183	65	206	192	178	163	75	80
	铝	206	187	173	158		180	168	155	142		160	149	138	126		
150	铜	297	277	255	233	75	267	249	231	210	75	239	222	206	188	80	90
	铝	230	215	198	181		207	193	179	163		185	172	160	146		
185	铜	342	319	295	270	75	303	283	262	239	80	273	255	236	215	90	100
	铝	265	247	220	209		235	219	203	185		212	198	183	167		

注：1. 同上表注。
2. 管径在工程中常用英寸(in)表示，管径的SI制(mm)与英制(in)的近似对照如下：

SI制/mm	15	20	25	32	40	50	65	70	80	90	100
英制/in	$\frac{1}{2}$	$\frac{3}{4}$	1	$1\frac{1}{4}$	$1\frac{1}{2}$	2	$2\frac{1}{2}$	$2\frac{3}{4}$	3	$3\frac{1}{2}$	4

附表 17 10kV 常用三芯电缆的允许载流量及校正系数

1. 10kV 常用三芯(铝芯)电缆的允许载流量

项目		电缆允许载流量/A					
绝缘类型		不滴流纸		交联聚乙烯			
钢铠护套				无		有	
缆芯最高工作温度		65℃		90℃			
敷设方式		空气中	直埋	空气中	直埋	空气中	直埋
缆芯截面/mm²	16	47	59	—	—	—	—
	25	63	79	100	90	100	90
	35	77	95	123	110	123	105
	50	92	111	146	125	141	120
	70	118	138	178	152	173	152
	95	143	169	219	182	214	182
	120	168	196	251	205	246	205
	150	189	220	283	223	278	219
	185	218	246	324	252	320	247
	240	261	290	378	292	373	292
	300	295	325	433	332	428	328
	400	—	—	506	378	501	374
	500	—	—	579	428	574	424
环境温度		40℃	25℃	40℃	25℃	40℃	25℃
土壤热阻系数/(℃·m·W⁻¹)		—	1.2	—	2.0	—	2.0

注：1. 本表系铝芯电缆数值。铜芯电缆的允许载流量可乘以 1.29。
  2. 当地环境温度不同时的载流量校正系数如附表 17-2 所示。
  3. 当地土壤热阻系数不同时(以热阻系数 1.2 为基准)的载流量校正系数如附表 17-3 所示。
  4. 本表据 GB 50217—2007《电力工程电缆设计规范》编制。

2. 电缆在不同环境温度时的载流量校正系数

电缆敷设地点		空 气 中				土 壤 中			
环境温度		30℃	35℃	40℃	45℃	20℃	25℃	30℃	35℃
缆芯最高工作温度	60℃	1.22	1.11	1.0	0.86	1.07	1.0	0.93	0.85
	65℃	1.18	1.09	1.0	0.89	1.06	1.0	0.94	0.87
	70℃	1.15	1.08	1.0	0.91	1.05	1.0	0.94	0.88
	80℃	1.11	1.06	1.0	0.93	1.04	1.0	0.95	0.90
	90℃	1.09	1.05	1.0	0.94	1.04	1.0	0.96	0.92

(续)

3. 电缆在不同土壤热阻系数时的载流量校正系数

土壤热阻系数/(℃·m·W^{-1})	分类特征(土壤特性和雨量)	校正系数
0.8	土壤很潮湿,经常下雨。如湿度大于9%的沙土;湿度大于14%的沙-泥土等	1.05
1.2	土壤潮湿,规律性下雨。如湿度大于7%但小于9%的沙土;湿度为12%～14%的沙-泥土等	1.0
1.5	土壤较干燥,雨量不大。如湿度为8%～12%的沙-泥土等	0.93
2.0	土壤干燥,少雨。如湿度大于4%但小于7%的沙土;湿度为4%～8%的沙-泥土等	0.87
3.0	多石地层,非常干燥。如湿度小于4%的沙土等	0.75

附表18 LQJ-10型电流互感器的主要技术数据

1. 额定二次负荷

铁心代号	额定二次负荷					
	0.5级		1级		3级	
	阻抗/Ω	容量/V·A	阻抗/Ω	容量/V·A	阻抗/Ω	容量/V·A
0.5	0.4	10	0.6	15	—	—
3	—	—	—	—	1.2	30

2. 热稳定度和动稳定度

额定一次电流/A	1s热稳定倍数	动稳定倍数
5,10,15,20,30,40,50,60,75,100	90	225
160(150),200,315(300),400	75	160

注:括号内数据,仅限老产品。

附表19 外壳防护等级的分类代号

项 目	代号组成格式
代号含义说明	IP□□ ——防止进水造成有害影响的代号(第二位特征数字) ——防止固体进入设备造成危害的代号(第一位特征数字) ——外壳防护的代号(代码字母) 注:只用于单一防水或防固体时,则另一特征数字用字母X表示

(续)

特征数字		含义说明
第一位特征数字	0	无防护
	1	防止直径大于等于 50mm 的固体异物进入
	2	防止直径大于等于 12.5mm 的固体异物进入
	3	防止直径大于等于 2.5mm 的固体异物进入
	4	防止直径大于等于 1mm 的固体异物进入
	5	防尘（尘埃进入量不致妨碍正常运转）
	6	尘密（无尘埃进入）
第二位特征数字	0	无防护
	1	防滴（垂直滴水对设备无有害影响）
	2	15°防滴（倾斜15°，垂直滴水无有害影响）
	3	防淋水（倾斜60°以内淋水无有害影响）
	4	防溅水（任何方向溅水无有害影响）
	5	防喷水（任何方向喷水无有害影响）
	6	防强烈喷水（任何方向强烈喷水无有害影响）
	7	防短时浸水影响（浸入规定压力的水中经规定时间后外壳进水量不致达到有害程度）
	8	防持续浸水影响（持续浸水后外壳进水量不致达到有害程度）

附表20 架空裸导线的最小截面积

线路类别		导线最小截面积/mm²		
		铝及铝合金线	钢芯铝线	铜绞线
35kV 及以上线路		35	35	35
3~10kV 线路	居民区	35①	25	25
	非居民区	25	16	16
低压线路	一般	16②	16	16
	与铁路交叉跨越档	35	16	16

① DL/T 599—2005《城市中低压配电网改造技术导则》规定，中压架空线路宜采用铝绞线，主干线截面积应为150~240mm²，分支线截面积不宜小于70mm²。但此规定不是从满足机械强度要求考虑的，而是考虑到城市电网设施标准化的要求。

② 低压架空铝绞线原规定最小截面积为16mm²。而 DL/T 599—2005 规定：低压架空线宜采用铝芯绝缘线，一般干线截面积宜采用 120~185mm²，支线截面积宜采用50mm²。这些规定是从设施标准化和电网发展需要考虑的。

附表 21　绝缘导线芯线的最小截面积

线　路　类　别			芯线最小截面积/mm²		
			铜芯软线	铜芯线	铝芯线
照明用灯头引下线		室内	0.5	1.0	2.5
		室外	1.0	1.0	2.5
移动式设备线路		生活用	0.75	—	—
		生产用	1.0	—	—
敷设在绝缘支持件上的绝缘导线（L 为支持点间距）	室内	$L\leq 2m$	—	1.0	10
	室外	$L\leq 2m$	—	1.5	10
		$2m<L\leq 6m$	—	2.5	10
		$6m<L\leq 16m$	—	4	10
		$16m<L\leq 25m$	—	6	10
穿管敷设或在槽盒中敷设的绝缘导线			1.5	1.5	2.5
沿墙明敷的塑料护套线			—	1.0	2.5
板孔穿线敷设的绝缘导线			—	1.0	2.5
PE 线和 PEN 线	有机械保护时		—	1.5	2.5
	无机械保护时	多芯线	—	2.5	4
		单芯干线	—	10	16

注：GB 50096—2011《住宅设计规范》规定：住宅导线应采用铜芯绝缘线，每套住宅的进户线截面积不应小于 10mm²，分支回路导线截面积不应小于 2.5mm²。

附表 22　GL-$\frac{11、15}{21、25}$型电流继电器的主要技术数据及其动作特性曲线

1. 主要技术数据

型　号	额定电流/A	额定值		速断电流倍数	返回系数
		动作电流/A	10 倍动作电流的动作时间/s		
GL-11/10，-21/10	10	4, 5, 6, 7, 8, 9, 10	0.5, 1, 2, 3, 4	2~8	0.85
GL-11/5，-21/5	5	2, 2.5, 3, 3.5, 4, 4.5, 5			
GL-15/10，-25/10	10	4, 5, 6, 7, 8, 9, 10	0.5, 1, 2, 3, 4		0.8
GL-15/5，-25/5	5	2, 2.5, 3, 3.5, 4, 4.5, 5			

(续)

2. 动作特性曲线

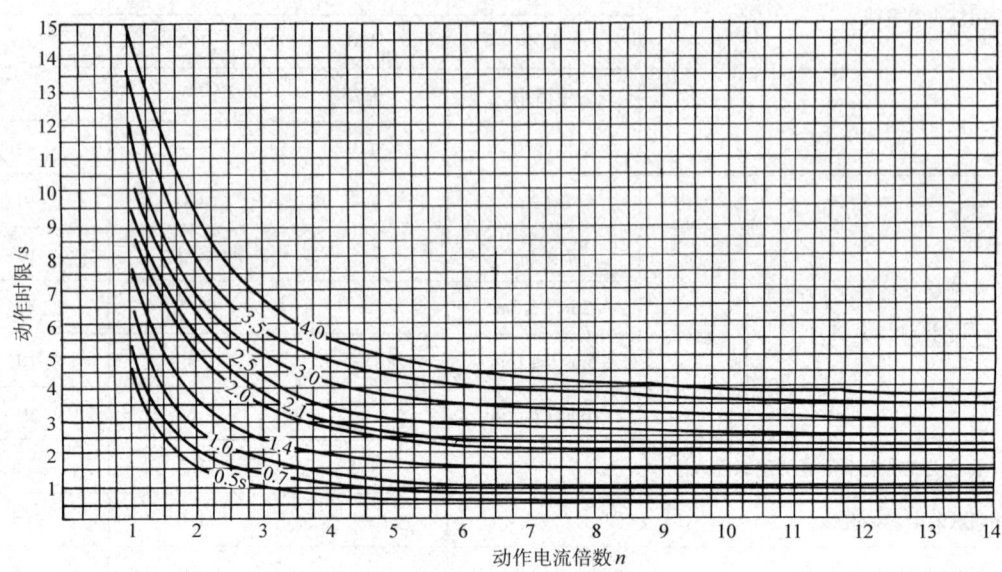

注：速断电流倍数=电磁元件动作电流(速断电流)/感应元件动作电流(整定电流)。

附表 23　爆炸性气体和粉尘危险区域的划分(据 GB 50058—2014)

分区代号		环境特征
爆炸性气体环境	0区	连续出现或长期出现爆炸性气体混合物的环境
	1区	在正常运行时可能出现爆炸性气体混合物的环境
	2区	在正常运行时不太可能出现爆炸性气体混合物的环境，或即使出现也仅是短时存在的爆炸性气体混合物的环境
爆炸性粉尘环境	20区	空气中的可燃性粉尘云持续地或长期地或频繁地出现于爆炸性环境中的区域
	21区	在正常运行时，空气中的可燃性粉尘云很可能偶尔出现于爆炸性环境中的区域
	22区	在正常运行时，空气中的可燃性粉尘云一般不可能出现于爆炸性环境中的区域，即使出现，持续时间也是短暂的

附表 24　部分电力装置要求的工作接地电阻值

序号	电力装置名称	接地的电力装置特点		接地电阻值
1	1kV 以上大电流接地系统	仅用于该系统的接地装置		$R_E \leq \dfrac{2000V}{I_k^{(1)}}$ 当 $I_k^{(1)} > 4000A$ 时 $R_E \leq 0.5\Omega$
2	1kV 以上小电流接地系统	仅用于该系统的接地装置		$R_E \leq \dfrac{250V}{I_E}$ 且 $R_E \leq 10\Omega$
3		与 1kV 以下系统共用的接地装置		$R_E \leq \dfrac{120V}{I_E}$ 且 $R_E \leq 10\Omega$
4	1kV 以下系统	与总容量在 100kVA 以上的发电机或变压器相联的接地装置		$R_E \leq 10\Omega$
5		上述(序号4)装置的重复接地		$R_E \leq 10\Omega$
6		与总容量在 100kVA 及以下的发电机或变压器相联的接地装置		$R_E \leq 10\Omega$
7		上述(序号6)装置的重复接地		$R_E \leq 30\Omega$
8	避雷装置	独立避雷针和避雷线		$R_{sh} \leq 10\Omega$
9		变配电所装设的避雷器	与序号4装置共用	$R_E \leq 4\Omega$
10			与序号6装置共用	$R_E \leq 10\Omega$
11		线路上装设的避雷器或保护间隙	与电机无电气联系	$R_E \leq 10\Omega$
12			与电机有电气联系	$R_E \leq 5\Omega$
13	防雷建筑物	第一类防雷建筑物		$R_{sh} \leq 10\Omega$
14		第二类防雷建筑物		$R_{sh} \leq 10\Omega$
15		第三类防雷建筑物		$R_{sh} \leq 30\Omega$

注：R_E 为工频接地电阻；R_{sh} 为冲击接地电阻；$I_k^{(1)}$ 为流经接地装置的单相短路电流；I_E 为单相接地电容电流，按式(1-3)计算。

附表 25　土壤电阻率参考值

土壤名称	电阻率/$(\Omega \cdot m)$	土壤名称	电阻率/$(\Omega \cdot m)$
陶黏土	10	砂质黏土、可耕地	100
泥炭、泥灰岩、沼泽地	20	黄土	200
捣碎的木炭	40	含砂黏土、砂土	300
黑土、田园土、陶土	50	多石土壤	400
黏土	60	砂、砂砾	1000

附表 26　垂直管形接地体的利用系数值

1. 敷设成一排时（未计入连接扁钢的影响）

管间距离与管子长度之比 a/l	管子根数 n	利用系数 η_E	管间距离与管子长度之比 a/l	管子根数 n	利用系数 η_E
1	2	0.84~0.87	1	5	0.67~0.72
2		0.90~0.92	2		0.79~0.83
3		0.93~0.95	3		0.85~0.88
1	3	0.76~0.80	1	10	0.56~0.62
2		0.85~0.88	2		0.72~0.77
3		0.90~0.92	3		0.79~0.83

2. 敷设成环形时（未计入连接扁钢的影响）

管间距离与管子长度之比 a/l	管子根数 n	利用系数 η_E	管间距离与管子长度之比 a/l	管子根数 n	利用系数 η_E
1	4	0.66~0.72	1	20	0.44~0.50
2		0.76~0.80	2		0.61~0.66
3		0.84~0.86	3		0.68~0.73
1	6	0.58~0.65	1	30	0.41~0.47
2		0.71~0.75	2		0.58~0.63
3		0.78~0.82	3		0.66~0.71
1	10	0.52~0.58	1	40	0.38~0.44
2		0.66~0.71	2		0.56~0.61
3		0.74~0.78	3		0.64~0.69

附表 27　部分工业建筑一般照明标准值（据 GB 50034—2013）

照明房间或场所		参考平面及其高度	照度标准值/lx	统一眩光值(UGR)	一般显色指数(Ra)	备注
1. 通用房间或场所						
试验室	一般	0.75m 水平面	300	22	80	可另加局部照明
	精细	0.75m 水平面	500	19	80	可另加局部照明
检验室	一般	0.75m 水平面	300	22	80	可另加局部照明
	精细，有颜色要求	0.75m 水平面	750	19	80	可另加局部照明
计量室，测量室		0.75m 水平面	500	19	80	可另加局部照明
变、配电站	配电装置室	0.75m 水平面	200	—	60	
	变压器室	地面	100	—	20	
电源设备室，发电机室		地面	200	25	60	
控制室	一般控制室	0.75m 水平面	300	22	80	
	主控制室	0.75m 水平面	500	19	80	
电话站、网络中心		0.75m 水平面	500	19	80	

（续）

照明房间或场所		参考平面及其高度	照度标准值/lx	统一眩光值(UGR)	一般显色指数(Ra)	备 注
计算机站		0.75m 水平面	500	19	80	防光幕反射
动力站	风机房、空调机房	地面	100	—	60	
	水泵房	地面	100	—	60	
	冷冻站	地面	150	—	60	
	压缩空气站	地面	150	—	60	
	锅炉房、煤气站的操作层	地面	100	—	60	锅炉水位表的照度不小于50lx
仓库	大件库(如钢坯、钢材、大成品、气瓶)	1.0m 水平面	50	—	20	
	一般件库	1.0m 水平面	100	—	60	
	精细件库(如工具、小零件)	1.0m 水平面	200	—	60	货架垂直照度不小于50lx
车辆加油站		地面	100	—	60	油表照度不小于50lx
2. 机、电工业						
机械加工	粗加工	0.75m 水平面	200	22	60	可另加局部照明
	一般加工(公差≥0.1mm)	0.75m 水平面	300	22	60	应另加局部照明
	精密加工(公差<0.1mm)	0.75m 水平面	500	19	60	应另加局部照明
机电、仪表装配	大件	0.75m 水平面	200	25	80	可另加局部照明
	一般件	0.75m 水平面	300	25	80	可另加局部照明
	精密	0.75m 水平面	500	22	80	应另加局部照明
	特精密	0.75m 水平面	750	19	80	应另加局部照明
电线、电缆制造		0.75m 水平面	300	25	60	
线圈绕制	大线圈	0.75m 水平面	300	25	80	
	中等线圈	0.75m 水平面	500	22	80	可另加局部照明
	精细线圈	0.75m 水平面	750	19	80	应另加局部照明
线圈浇注		0.75m 水平面	300	25	80	
焊接	一般	0.75m 水平面	200	—	60	
	精密	0.75m 水平面	300	—	60	
钣金		0.75m 水平面	300	—	60	
冲压、剪切		0.75m 水平面	300	—	60	
热处理		地面至0.5m 水平面	200	—	20	

（续）

照明房间或场所		参考平面及其高度	照度标准值/lx	统一眩光值(UGR)	一般显色指数(Ra)	备注
铸造	熔化、浇铸	地面至0.5m水平面	200	—	20	
	造型	地面至0.5m水平面	300	25	60	
精密铸造的制模、脱壳		地面至0.5m水平面	500	25	60	
锻工		地面至0.5m水平面	200	—	20	
电镀		0.75m水平面	300	—	80	
喷漆	一般	0.75m水平面	300	—	80	
	精细	0.75m水平面	500	22	80	
酸洗、腐蚀、清洗		0.75m水平面	300	—	80	
抛光	一般装饰性	0.75m水平面	300	22	80	防频闪
	精细	0.75m水平面	500	22	80	防频闪
复合材料加工、铺叠、装饰		0.75m水平面	500	22	80	
机电修理	一般	0.75m水平面	200	—	60	可另加局部照明
	精密	0.75m水平面	300	22	60	可另加局部照明
3. 电力工业						
火电厂锅炉房		地面	100	—	40	
发电机房		地面	200	—	60	
主控室		0.75m水平面	500	19	80	
4. 电子工业						
电子元器件		0.75m水平面	500	19	80	应另加局部照明
电子零部件		0.75m水平面	500	19	80	应另加局部照明
电子材料		0.75m水平面	300	22	80	应另加局部照明
酸、碱、药液及粉配制		0.75m水平面	300	—	80	

注：其他工业建筑的一般照明标准值参看 GB 50034—2013，此略。

附表 28　部分民用和公共建筑照明标准值（据 GB 50034—2013）

照明房间或场所		参考平面及其高度	照度标准值/lx	统一眩光值(UGR)	一般显色指数(Ra)
1. 居住建筑					
起居室	一般活动	0.75m 水平面	100	—	80
	书写、阅读		300*		
卧室	一般活动	0.75m 水平面	75	—	80
	床头、阅读		150*		
餐厅		0.75m 餐桌面	150	—	80
厨房	一般活动	0.75m 水平面	100	—	80
	操作台	台面	150*		
卫生间		0.75m 水平面	100	—	80

注：* 宜用混合照明，即一般照明加局部照明。

2. 商业建筑					
一般商店营业厅		0.75m 水平面	300	22	80
高档商店营业厅		0.75m 水平面	500	22	80
一般超市营业厅		0.75m 水平面	300	22	80
高档超市营业厅		0.75m 水平面	500	22	80
收款台		台面	500	—	80
3. 旅馆建筑					
客房	一般活动区	0.75m 水平面	75	—	80
	床头	0.75m 水平面	150	—	80
	写字台	台面	300	—	80
	卫生间	0.75m 水平面	150	—	80
中餐厅		0.75m 水平面	200	22	80
西餐厅、酒吧间、咖啡厅		0.75m 水平面	100	—	80
多功能厅		0.75m 水平面	300	22	80
门厅、总服务台		地面	300	—	80
休息厅		地面	200	22	80
客房层走廊		地面	50	—	80
厨房		台面	200	—	80
洗衣房		0.75m 水平面	200	—	80
4. 学校建筑					
教室		课桌面	300	19	80
实验室		实验桌面	300	19	80

(续)

照明房间或场所	参考平面及其高度	照度标准值/lx	统一眩光值(UGR)	一般显色指数(Ra)
美术教室	桌面	500	19	90
多媒体教室	0.75m 水平面	300	19	80
教室黑板	黑板面	500	—	80
5. 图书馆建筑				
一般阅览室	0.75m 水平面	300	19	80
国家、省、市及其他重要图书馆的阅览室	0.75m 水平面	500	19	80
老年阅览室	0.75m 水平面	500	19	80
珍善本、舆图阅览室	0.75m 水平面	500	19	80
陈列室、目录厅(室)、出纳厅	0.75m 水平面	300	19	80
书库	0.25m 垂直面	50	—	80
工作间	0.75m 水平面	300	19	80
6. 办公建筑				
普通办公室	0.75m 水平面	300	19	80
高档办公室	0.75m 水平面	500	19	80
会议室	0.75m 水平面	300	19	80
接待室、前台	0.75m 水平面	300	—	80
营业厅	0.75m 水平面	300	22	80
设计室	实际工作面	500	19	80
文件整理、复印、发行室	0.75m 水平面	300	19	80
资料、档案室	0.75m 水平面	200	—	80

注：其他民用建筑的照明标准值参看 GB 50034—2013，此略。

附表 29 GC1-A、B-2G 型工厂配照灯的主要技术数据和计算图表

1. 主要规格数据

光源型号	光源功率	光源光通量	遮光角	灯具效率	最大距高比
GGY-125	125W	4750lm	0°	66%	1.35

2. 灯具外形及其配光曲线

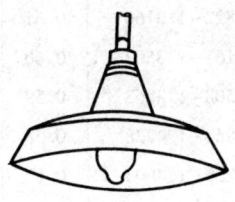
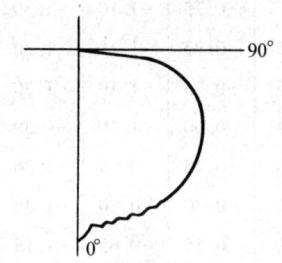

3. 灯具利用系数 u

	顶棚反射比 ρ_c(%)		70			50			30			0
	墙壁反射比 ρ_ω(%)		50	30	10	50	30	10	50	30	10	0
室空间比（RCR） 地面反射比（ρ_f=20%）		1	0.66	0.64	0.61	0.64	0.61	0.59	0.61	0.59	0.57	0.54
		2	0.57	0.53	0.49	0.55	0.51	0.48	0.52	0.49	0.47	0.44
		3	0.49	0.44	0.40	0.47	0.43	0.39	0.45	0.41	0.38	0.36
		4	0.43	0.38	0.33	0.42	0.37	0.33	0.40	0.36	0.32	0.30
		5	0.38	0.32	0.28	0.37	0.31	0.27	0.35	0.31	0.27	0.25
		6	0.34	0.28	0.23	0.32	0.27	0.23	0.31	0.27	0.23	0.21
		7	0.30	0.24	0.20	0.29	0.23	0.19	0.28	0.23	0.19	0.18
		8	0.27	0.21	0.17	0.26	0.21	0.17	0.25	0.20	0.17	0.15
		9	0.24	0.19	0.15	0.23	0.18	0.15	0.23	0.18	0.15	0.13
		10	0.22	0.16	0.13	0.21	0.16	0.13	0.21	0.16	0.13	0.11

4. 灯具概算图表

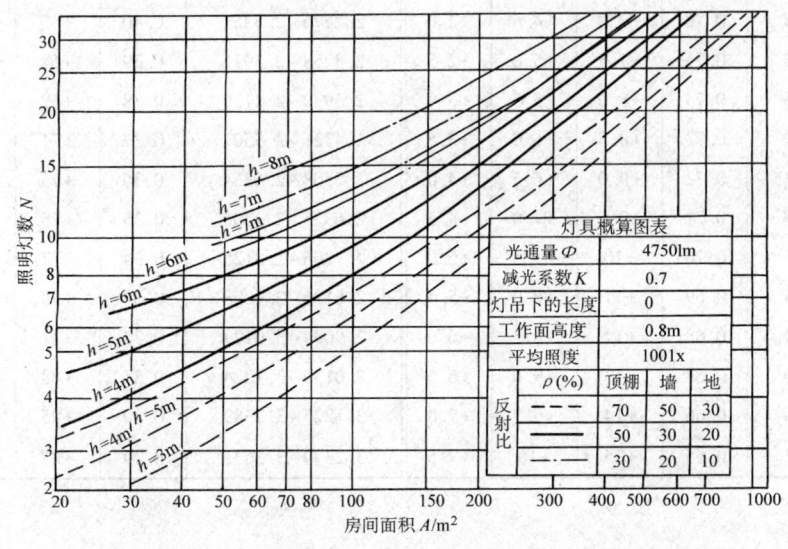

附表30 功率因数调整电费表

月无功电能/月有功电能	功率因数	电费调整(%) 0.90	0.85	0.80	月无功电能/月有功电能	功率因数	电费调整(%) 0.90	0.85	0.80
0.0000~0.1003	1.00	-0.75	-1.10	-1.30	1.1848~1.2165	0.64	+17	+11	+8.0
0.1004~0.1751	0.99	-0.75	-1.10	-1.30	1.2166~1.2490	0.63	+19	+12	+8.5
0.1752~0.2279	0.98	-0.75	-1.10	-1.30	1.2491~1.2821	0.62	+21	+13	+9.0
0.2280~0.2717	0.97	-0.75	-1.10	-1.30	1.2822~1.3160	0.61	+23	+14	+9.5
0.2718~0.3105	0.96	-0.75	-1.10	-1.30	1.3161~1.3507	0.60	+25	+15	+10
0.3106~0.3461	0.95	-0.75	-1.10	-1.30	1.3508~1.3863	0.59	+27	+17	+11
0.3462~0.3793	0.94	-0.60	-1.10	-1.30	1.3864~1.4228	0.58	+29	+19	+12
0.3794~0.4107	0.93	-0.45	-0.95	-1.30	1.4229~1.4603	0.57	+31	+21	+13
0.4108~0.4409	0.92	-0.30	-0.80	-1.30	1.4604~1.4988	0.56	+33	+23	+14
0.4410~0.4700	0.91	-0.15	-0.65	-1.15	1.4989~1.5384	0.55	+35	+25	+15
0.4701~0.4983	0.90	0	-0.50	-1.0	1.5385~1.5791	0.54	+37	+27	+17
0.4984~0.5260	0.89	+0.5	-0.4	-0.9	1.5792~1.6211	0.53	+39	+29	+19
0.5261~0.5532	0.88	+1.0	-0.3	-0.8	1.6212~1.6644	0.52	+41	+31	+21
0.5533~0.5800	0.87	+1.5	-0.2	-0.7	1.6645~1.7091	0.51	+43	+33	+23
0.5801~0.6065	0.86	+2.0	-0.1	-0.6	1.7092~1.7553	0.50	+45	+35	+25
0.6066~0.6328	0.85	+2.5	0	-0.5	1.7554~1.8031	0.49	+47	+37	+27
0.6329~0.6589	0.84	+3.0	+0.5	-0.4	1.8032~1.8526	0.48	+49	+39	+29
0.6590~0.6850	0.83	+3.5	+1.0	-0.3	1.8527~1.9038	0.47	+51	+41	+31
0.6851~0.7109	0.82	+4.0	+1.5	-0.2	1.9039~1.9571	0.46	+53	+43	+33
0.7110~0.7370	0.81	+4.5	+2.0	-0.1	1.9572~2.0124	0.45	+55	+45	+35
0.7371~0.7630	0.80	+5.0	+2.5	0	2.0125~2.0699	0.44	+57	+47	+37
0.7631~0.7891	0.79	+5.5	+3.0	+0.5	2.0700~2.1298	0.43	+59	+49	+39
0.7892~0.8154	0.78	+6.0	+3.5	+1.0	2.1299~2.1923	0.42	+61	+51	+41
0.8155~0.8418	0.77	+6.5	+4.0	+1.5	2.1924~2.2575	0.41	+63	+53	+43
0.8419~0.8685	0.76	+7.0	+4.5	+2.0	2.2576~2.3257	0.40	+65	+55	+45
0.8686~0.8953	0.75	+7.5	+5.0	+2.5	2.3258~2.3971	0.39	+67	+57	+47
0.8954~0.9225	0.74	+8.0	+5.5	+3.0	2.3972~2.4720	0.38	+69	+59	+49
0.9226~0.9499	0.73	+8.5	+6.0	+3.5	2.4721~2.5507	0.37	+71	+61	+51
0.9500~0.9777	0.72	+9.0	+6.5	+4.0	2.5508~2.6334	0.36	+73	+63	+53
0.9778~1.0059	0.71	+9.5	+7.0	+4.5	2.6335~2.7205	0.35	+75	+65	+55
1.0060~1.0365	0.70	+10	+7.5	+5.0	2.7206~2.8125	0.34	+77	+67	+57
1.0366~1.0635	0.69	+11	+8.0	+5.5	2.8126~2.9098	0.33	+79	+69	+59
1.0636~1.0930	0.68	+12	+8.5	+6.0	2.9099~3.0129	0.32	+81	+71	+61
1.0931~1.1230	0.67	+13	+9.0	+6.5	2.0130~3.1224	0.31	+83	+73	+63
1.1231~1.1636	0.66	+14	+9.5	+7.0	3.1225~3.2389	0.30	+85	+75	+65
1.1637~1.1847	0.65	+15	+10	+7.5	3.2390~3.3632	0.29	+87	+77	+67

习题参考答案

第一章 概 论

1-1 T1：6.3kV/121kV；WL1：110kV；WL2：35kV。

1-2 G：10.5kV；T1：10.5kV/38.5kV；T2：35kV/6.6kV；T3：10kV/0.4kV。

1-3 昼夜电压偏差为-5.26%~+7.89%。主变压器的分接头宜切换至"-5%"的位置运行，晚上宜切除主变压器，投入联络线，由邻近车间变电所供电。

1-4 $I_C = 17A$，不必改变系统中性点运行方式。

第二章 供配电系统的主要电气设备

2-1 变压器实际容量为550kVA，冬季的过负荷能力达649kVA。

2-2 将使S9—315/10型变压器过负荷7.9%。

第三章 电力负荷及其计算

3-1 负荷计算结果如下表所示：

设备名称	设备容量 P_e/kW	需要系数 K_d	$\cos\varphi$	$\tan\varphi$	计算负荷 P_{30}/kW	Q_{30}/kvar	S_{30}/kVA	I_{30}/A
金属切削机床	800	0.2	0.5	1.73	160	277	320	486
通风机	56	0.8	0.8	0.75	44.8	33.6	56	85
车间总计	856	—			204.8	310.6		
		取 $K_{\Sigma p}=0.9$，$K_{\Sigma q}=0.95$			184	295	348	529

3-2 负荷计算结果如下表所示：

序号	设备名称	设备台数	设备容量 铭牌值	设备容量 换算值	需要系数 K_d	$\cos\varphi$	$\tan\varphi$	计算负荷 P_{30}/kW	Q_{30}/kvar	S_{30}/kVA	I_{30}/A
1	冷加工机床	52	200	200	0.2	0.5	1.73	40	69.2	—	—
2	行车	1	5.1	3.95	0.15	0.5	1.73	0.59	1.02		
3	通风机	4	5	5	0.8	0.8	0.75	4	3		
4	点焊机	3	10.5	8.47	0.35	0.6	1.33	2.96	3.94		
车间总计		60	220.6	217.4	—	—	—	47.55	77.16		
			取 $K_{\Sigma p}=0.9$，$K_{\Sigma q}=0.95$					42.8	73.3	84.9	129

3-3 两种方法的负荷计算结果如下表所示：

序号	计算方法	计算系数			计算负荷			
		K_d 或 b/c	$\cos\varphi$	$\tan\varphi$	P_{30} /kW	Q_{30} /kvar	S_{30} /kVA	I_{30} /A
1	需要系数法	0.25	0.5	1.73	26.3	45.5	52.6	80
2	二项式法	0.14/0.5	0.5	1.73	29	50.2	58	88.2

3-4 单相电阻炉宜 A 相 4 台 1kW，B 相 3 台 1.5kW，C 相 2 台 2kW。等效三相计算负荷按 B 相负荷的 3 倍计算。因此 $P_{30}=9.45$kW，$Q_{30}=0$，$S_{30}=9.45$kVA，$I_{30}=14.4$A。

3-5 $P_{30}=19$kW，$Q_{30}=15.3$kvar，$S_{30}=24.5$kVA，$I_{30}=37.2$A（按 A 相计算）。

3-6 高压线路的 $\Delta P_{WL}=10.5$kW，$\Delta Q_{WL}=7.88$kvar，$\Delta W_{WL.a}=31.5\times 10^3$kW·h；两电力变压器的 $\Delta P_T=10.5$kW，$\Delta Q_T=52.3$kvar，$\Delta W_{T.a}=31.5\times 10^3$kW·h。

3-7 变电所一次侧的 $P_{30.1}=426$kW，$Q_{30.1}=377$kvar，$\cos\varphi=0.75$。低压侧 $\cos\varphi=0.77$，按低压侧提高到 0.92 计，低压侧需装设并联电容器 $Q_C\approx 170$kvar。

3-8 查附表 11 得 $K_d=0.35$，$\cos\varphi=0.75$，$T_{max}=3400$h，可求得 $P_{30}=2044$kW，$Q_{30}=1799$kvar，$S_{30}=2725$kVA。取年工作小时 $T_a=2000$h（一班制），$\alpha=0.75$，可求得 $W_{p.a}=3066\times 10^3$kW·h。

3-9 需装设 BWF10.5-30-1 型电容器 56 个。补偿后企业的视在计算负荷 $S_{30}=2667$kVA，比补偿前减少 1025kVA。

3-10 $I_{pk}=229.5$A（取 $K_\Sigma=0.9$）。

第四章　短路计算及电器的选择校验

4-1 短路计算结果如下表所示：

短路计算点	短路电流/kA					短路容量/MVA
	$I_k^{(3)}$	$I''^{(3)}$	$I_\infty^{(3)}$	$i_{sh}^{(3)}$	$I_{sh}^{(3)}$	$S_k^{(3)}$
k-1	3.74	3.74	3.74	9.54	5.65	68.0
k-2	38.8	38.8	38.8	71.4	42.3	26.9

4-2 短路计算结果与习题 4-1 相同或相近。

4-3 $\sigma_c=29.7$MPa$<\sigma_{al}=70$MPa，故该母线满足短路动稳定度的要求。

4-4 $A_{min}=420$mm$^2<A=80\times 10$mm^2，故该母线满足短路热稳定度的要求。

4-5 $A_{min}=38$mm$^2<A=50$mm^2，故该电缆满足短路热稳定度的要求。

4-6 可选 RT0-200 型熔断器，熔体选 120A，即选 RT0-200/120。

4-7 由于 $t_1/t_2\approx 3.6>3$，故能保证前后两熔断器的保护选择性。

4-8 可选 DW16-630 型，脱扣器 100A，瞬时脱扣电流整定为 400A。

4-9 应选 SN10-10 Ⅱ 型断路器。

4-10 电流互感器 0.5 级的二次负荷 $S_2=6.06$VA，小于 $S_{2N}=10$VA；其 3 级的二次负荷 $S_2=18.2$VA，也小于 $S_{2N}=30$VA。因此均满足准确度级的要求。

第五章 供配电系统的接线、结构及安装图

5-1 选 BLV-500-(3×120+1×70+PE 70)—PC80,其 I_{al} = 149A。

5-2 按发热条件选 BLX-500-3×25,其 I_{al} = 102A;$\Delta U\%$ = 2.06%<ΔU_{al} = 5%,满足允许电压损耗要求;也满足机械强度要求。

第六章 供配电系统的保护

6-1 过电流保护动作电流整定为 8A,灵敏系数达 2.7,满足要求。速断电流倍数整定为 4.5 倍,灵敏系数为 1.6,也基本满足要求。

6-2 整定为 0.8s。

6-3 反时限过电流保护的动作电流整定为 6A,动作时间整定为 0.8s;速断电流倍数整定为 6.7 倍。过电流保护灵敏系数达 3.8,电流速断保护灵敏系数达 1.9,均满足要求。

6-4 避雷针保护半径约为 16.1m,能保护该建筑物。

6-5 需补充装设人工接地装置的接地电阻值为 16.7Ω,可采用 5 根直径 50mm、长 2.5m 的钢管打入地下,管间用 40×4mm² 扁钢连成一排,管距 5m。经短路热稳定度校验,满足要求。

第七章 供配电系统的二次回路及其自动装置与自动化

PA1:1——X:1,PA1:2——PJR:1,PA2:1——X:2,PA2:2——PJR:6,PA3:1——X:3(X:3 与 X:4 并联后接地),PA3:2——PJ:8,PJR:1——PA1:2,PJR:2——X:5,PJR:3——PJR:8,PJR:4——X:7,PJR:6——PA2:2,PJR:7——X:9,PJR:8——PJR:3 与 PA3:2,X:1——PA1:1,X:2——PA2:1,X:3——PA3:1,X:4——与 X:3 并联后接地,右端空白,X:5——PJR:2,X:7——PJR:4,X:9——PJ:7。

第八章 电气照明

8-1 由附表 27 查得 E_{av} = 200lx。可选 36 盏灯均匀矩形布置,车间纵向每隔 3m 安装一排 4 盏灯,共 9 排,每排灯距 2.5m,边灯距墙 1.25m。

8-2 查附表 29-4 的概算图表,可得 $N \approx 18$,而 E_{av} = 200lx,因此计算得 n = 36,布置与习题 8-1 相同。

8-3 选用 BLV—500—1×16 型铝芯塑料线。

第九章 安全用电、节约用电和计划用电

9-1 S9-500/10 型变压器的 $K_{ec.T}$ = 0.453,S9-800/10 型变压器的 $K_{ec.T}$ = 0.429。

9-2 S_{cr} = 376kVA,而变电所负荷为 520kVA,因此以两台变压器并列运行较为经济。

9-3 电流互感器变比选为 75/5A,电流继电器的动作电流整定为 5A。

参考文献

[1] 刘介才. 供配电技术[M]. 3版. 北京：机械工业出版社，2012.
[2] 刘介才. 工厂供电[M]. 2版. 北京：机械工业出版社，2015.
[3] 刘介才. 工厂供电[M]. 6版. 北京：机械工业出版社，2015.
[4] 刘介才，戴绍基. 工厂供电[M]. 2版. 北京：机械工业出版社，1998.
[5] 中国航空工业规划设计研究院. 工业与民用配电设计手册[M]. 3版. 北京：水利电力出版社，2005.
[6] 陈一才. 高层建筑电气设计手册[M]. 北京：中国建筑工业出版社，1990.
[7] 苏文成. 工厂供电[M]. 2版. 北京：机械工业出版社，1990.
[8] 陈小虎. 工厂供电技术[M]. 北京：高等教育出版社，2001.
[9] 许晓慧. 智能电网导论[M]. 北京：中国电力出版社，2009.
[10] 王厚余. 低压电气装置的设计、安装和检验[M]. 北京：中国电力出版社，2003.
[11] 上海市电力公司市区供电公司. 配电网新设备新技术问答[M]. 北京：中国电力出版社，2002.
[12] 王仁祥. 常用低压电器原理及其控制技术[M]. 北京：机械工业出版社，2002.
[13] 刘思亮. 建筑供配电[M]. 北京：中国建筑工业出版社，1998.
[14] 中华人民共和国国家标准[S]. 北京：中国标准出版社，1983~2015.
[15] GB 50096—2011 住宅设计规范[S]. 北京：中国建筑工业出版社，2011.
[16] GB 50150—2006 电气装置安装工程·电气设备交接试验标准[S]. 北京：中国计划出版社，2006.
[17] 刘介才. 工厂供电设计指导[M]. 北京：机械工业出版社，1998.
[18] 刘介才. 工厂供用电实用手册[M]. 北京：中国电力出版社，2000.
[19] 刘介才. 实用供配电技术手册[M]. 北京：中国水利水电出版社，2002.
[20] 本手册编写组. 工厂常用电气设备手册[M]. 2版. 北京：中国电力出版社，1998.
[21] 刘宝林. 简明建筑电气设计图册[M]. 北京：中国建筑工业出版社，1990.
[22] 刘介才. 三相交流相序代号问题的商榷[J]. 电工技术杂志，1997(3)：19-20.
[23] 刘介才. 供电设计中若干问题的探讨[C]·四川省电工技术学会优秀论文集(1)：85-89，1990.
[24] 刘介才. 浅谈电气图形符号的派生[J]. 电世界，1993(8)：13(本文收入朱光亚、周光召主编的大型文献《中国科学技术文库·电工技术卷》.北京:科学技术文献出版社,1998).
[25] 刘介才. 关于电气符号的"明文规定"[J]. 电气时代，2000(11)：25.
[26] 刘介才. 接地电阻简化计算公式辨析[J]. 建筑电气季刊，1998(2)：17-20.

注：参考文献[23]被美国柯尔比科学文化信息中心推荐进入全球信息网络。网址：http://www.collby-usa.com。参考的国家标准规范目录从略。